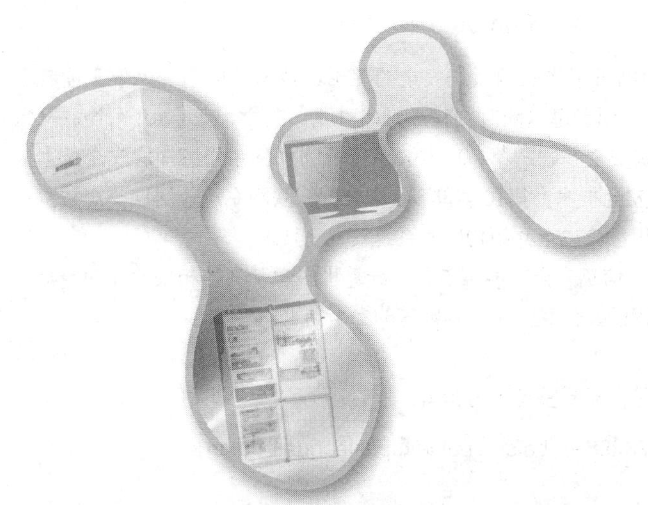

物联网系统安全

余智豪 编著

清華大学出版社
北 京

内 容 简 介

本书共分为13章，全面、深入地剖析了物联网系统安全的理论、技术及应用。为便于读者学习，本书所有章节均录制有微课视频，读者可以随时扫描二维码浏览。其中，第1章介绍物联网系统的安全体系；第2章介绍物联网系统安全基础；第3章～第6章分析物联网系统感知层安全技术；第7章～第9章分析物联网系统网络层安全技术；第10章和第11章分析物联网系统应用层安全技术；第12章介绍物联网安全技术的典型应用；第13章介绍物联网系统安全新技术。

本书可作为高等院校物联网工程、信息安全、网络工程、计算机科学及其他相关专业的教材，也可作为网络安全研究者、物联网工程师、信息安全工程师等的参考用书。

图书在版编目 (CIP) 数据

物联网系统安全 / 余智豪编著 . —北京：清华大学出版社，2024.1
ISBN 978-7-302-65352-3

Ⅰ . ①物…　Ⅱ . ①余…　Ⅲ . ①物联网－网络安全　Ⅳ . ① TP393.48

中国国家版本馆 CIP 数据核字 (2024) 第 012191 号

责任编辑：刘向威
封面设计：文　静
责任校对：李建庄
责任印制：宋　林

出版发行：清华大学出版社
　　网　　址：https://www.tup.com.cn，https://www.wqxuetang.com
　　地　　址：北京清华大学学研大厦 A 座　　**邮　　编**：100084
　　社 总 机：010-83470000　　**邮　　购**：010-62786544
　　投稿与读者服务：010-62776969，c-service@tup.tsinghua.edu.cn
　　质 量 反 馈：010-62772015，zhiliang@tup.tsinghua.edu.cn
　　课 件 下 载：https://www.tup.com.cn,010-83470236
印 装 者：三河市龙大印装有限公司
经　　销：全国新华书店
开　　本：185mm×260mm　　**印　　张**：26　　**字　　数**：631 千字
版　　次：2024 年 1 月第 1 版　　**印　　次**：2024 年 1 月第 1 次印刷
印　　数：1 ～ 1500
定　　价：79.00 元

产品编号：101786-01

前言

物联网作为国家的战略新兴产业，近年来得到了大力发展，在国家科技创新、可持续发展和产业升级中具有非常重要的地位。在工业和信息化部发布的《物联网“十二五”发展规划》中，“加强信息安全保障”已经成为主要任务之一。目前，国内已经有众多高校开办了物联网工程专业，“物联网安全”已经成为物联网工程及其他相关专业的一门专业理论课。

物联网技术的发展和应用能够给人们的工作和生活带来便利，大大提高人们的工作效率和生活质量，推动国民经济的大力发展。但是，我们也必须清醒地认识到物联网的应用同样存在巨大的安全隐患，信息化与网络化带来的风险问题在物联网中变得更加迫切和复杂。因此，在物联网时代，安全问题面临前所未有的挑战，如何建立安全、可靠的物联网系统是摆在人们面前的迫切问题。

本书结构完整、内容全面、难度适中，既可作为各高等院校物联网工程、信息安全、计算机科学、网络工程等专业的“物联网系统安全”“物联网信息安全”等相关课程的教材，也可以作为网络安全领域的科研工作者、物联网工程师、信息安全工程师和计算机工程师等的参考用书。

为了方便读者学习，本书所有章节都录制了完整的微课视频，读者扫描二维码即可随时浏览。全书共分为13章，全面、深入、完整地剖析了物联网系统安全的理论体系和典型应用。

第1章　物联网系统的安全体系，简要介绍了物联网的起源与发展、物联网的定义与特征、物联网的体系架构、物联网的关键技术、物联网系统的安全特征、物联网安全体系结构、感知层安全分析、网络层安全分析和应用层安全分析等知识。

第2章　物联网系统安全基础，深入、详细地分析了密码学概论、常用加密技术、密码技术的应用和互联网的安全协议等基础知识。

第3章　感知层RFID系统安全，深入、详细地分析了RFID系统的工作原理、典型应用、安全需求、安全机制和安全协议等知识。

第4章　感知层无线传感器网络安全，深入、详细地分析了无线传感器网络的系统结构、安全体系、MAC协议和各种安全路由协议等知识。

第5章　感知层智能终端与接入网安全，深入、详细地分析了嵌入式系统安全、智能手机系统安全和感知层终端接入安全等知识。

第6章　感知层摄像头与条形码及二维码安全，深入、详细地分析了物联网感知层摄像头安全、感知层条形码系统安全、感知层二维码系统安全等知识。

第7章　网络层近距离无线通信安全，深入、详细地分析了蓝牙、Wi-Fi、ZigBee、

NFC和超宽频等通信技术的安全知识。

第8章　网络层移动通信系统安全，深入、详细地分析了从第一代至第五代移动通信系统的工作原理和安全知识。

第9章　网络层网络攻击与防范，深入、详细地分析了防火墙技术、网络虚拟化技术、黑客攻击与防范、网络病毒的防护、入侵检测技术和网络安全扫描技术的工作原理和安全知识。

第10章　应用层云计算与中间件安全，深入、详细地分析了国内外优秀云计算平台的核心技术、云计算安全和中间件安全的知识。

第11章　应用层数据安全与隐私安全，深入、详细地分析了数据安全、数据保护、数据库保护、数据容灾和各种典型的隐私保护技术等知识。

第12章　物联网安全技术的典型应用，深入、详细地分析了物联网安全技术在智慧城市、智慧医疗、智能家居、智慧交通等领域的应用。

第13章　物联网系统安全相关新技术，简要分析了人工智能技术、区块链技术和大数据技术等与物联网系统安全密切相关的新技术知识。

本书具有如下的特色。

① 内容新颖：本书紧扣物联网系统安全的发展方向，内容新颖、分析透彻、反映最新的物联网安全技术，并融入了国内外最新的物联网系统安全领域的科研成果。

② 关键技术：本书全面、深入、系统地论述了物联网系统安全的关键技术，包括感知层安全、网络层安全、应用层安全等。

③ 结构严谨：提供清晰完整的知识体系，全书结构严谨，以物联网系统安全体系为基础，按照“从下层到上层的、从概括到深入”的原则编写，便于读者从系统整体上理解物联网安全的内涵。

④ 图文并茂：本书的内容由浅入深、易于理解，从具体的物联网系统典型应用案例讲起，图文并茂，力图将深奥的、复杂的理论转化为便于读者理解的知识。

⑤ 便于教学：为了方便教师的教学，除了配备完整的微课视频和每一章的复习思考题外，随书还配备了详细的教学课件，这些课件均可从清华大学出版社官网下载。书末还配有二套模拟试题及答案。

本书由余智豪老师编写、审校和定稿。在本书的编写过程中，编者参考和引用了国内外大量物联网系统安全方面的书刊和网文等相关技术资料。在此，对这些资料的作者表示衷心的感谢。本书的顺利出版得到了清华大学出版社的大力支持和帮助，在此致以诚挚的感谢。本书的编写得到了许多同事和朋友的帮助，在此表示衷心的感谢。最后，感谢家人一直以来的鼓励、关心和爱护，使我得以安心编写本书。

由于编者的水平和学识有限，本书难免存在错误和不妥之处，恳请广大同行和读者不吝赐教。

佛山科学技术学院　余智豪

2023年12月

目录

第 1 章

物联网系统的安全体系

1.1 物联网系统的起源与发展

物联网系统的应用领域很广，物联网系统在家庭中的典型应用是智能家居（smart home 或 home automation）。因此，不妨从分析智能家居的美妙功能开始介绍物联网。如图 1-1 所示，所谓智能家居，就是通过物联网技术将家庭中的各种设备（如音 / 视频设备、照明设备、窗帘控制设备、空调、安防设备、计算机、家庭影院系统、网络家电等）连接到一起，组成一个智能化的家居系统，提供灯光控制、风扇控制、空调控制、厨房设备控制、浴室设备控制、安全防盗报警、主人身体健康状况监测、家居环境监测、可编程家电控制等多种功能和手段。与普通家居相比，智能家居除了具有传统的居住功能，还兼备了智能建筑、网络通信、智能家电等自动化功能，提供智能的全方位的家居服务。

图 1-1 智能家居示意图

下面让我们描绘一下应用物联网技术的智能家居的美好生活——在杨柳轻飘、百花盛开的春天，你可以在美梦醒来之前，就已经让智能茶壶自动为你热好牛奶、红茶或咖啡，或者让智能榨汁机自动为你榨好苹果汁，让智能煎锅自动为你煎好鸡蛋，或者让智能电饭锅做好营养丰富的早餐；当你享受早餐时，可以让智能电视自动为你播放当天的新闻，或者让智能音响设备自动播放美妙的音乐；你可以让智能淋水器根据当天阳光的照射量自动为种植的花草淋上适量的水；你还可以让扫地机器人自动打扫你的房间。

在阳光灿烂、酷热难熬的夏天，当你忙碌了一天，可以在下班回到家之前，遥控家中的空调开始工作；也可以遥控智能高压锅开始熬汤，遥控电饭锅开始煮饭；也许你打算品尝美酒，你可以在回家的路上到商店购买一瓶美酒，只要简单地用手机扫描一下电子标签，就可以识别这瓶酒的真伪；当你的汽车快回到家门口的时候，车库会“聪明”地认出你，自动为你打开大门；当你迈进客厅的时候，智能电视自动为你播放喜爱的节目。

在风和日丽、心旷神怡的秋天，当你和家人回到家前，可以遥控打开家里的智能窗户和智能窗帘，达到通风和更换室内新鲜空气的目的；你还可以让智能机器人陪伴你的孩子，一起玩猜谜语游戏，教孩子背诵《三字经》或者唐诗，或者给孩子讲生动有趣的故事。

在寒风凛凛、风雪交加的冬天，当你准备离开家去上班的时候，智能机器人会给你说明当前户外实际的气温，提醒你要及时穿上御寒衣服，以免受寒生病；你只要提前用遥控器简单地发出一条指令，就可以指挥停在户外的汽车化雪解冻……

以上这些美好的设想，都可以用物联网技术轻易地实现。

比尔·盖茨的智能家居，就是物联网技术应用的一个典型案例。这幢豪宅位于美国华盛顿湖东岸，依山傍水，修建于20世纪90年代，从设计、施工到建成，整整花了七年时间，耗资6000万美元。整幢建筑物共铺设了长达80千米的光纤和电缆，家中几乎所有的设施都通过网络连接在一起。大门外安装有天气感知器，可以根据各项天气指标通知户内的空调系统调节室内的温度和湿度，主人在回家途中只要用手机发布指令，家中的浴缸就开始放水调温，为主人洗澡做好准备。更为奇妙的是，每一位来访的客人都可以领到一个含有电子标签的胸针，胸针中存放了每位客人对灯光的亮度和颜色、电视频道、室内的通风、温度、湿度、音乐、绘画等的个人喜好。当客人走进某个房间时，电子标签就会通过传感系统与房间中的设备交换信息，所有设备自动将环境调整到使客人最舒适、最满意的状况。

物联网的应用，可以大大改善人们的工作和生活，帮助人们更好地实现对一切智能物体的远程管理，让人们轻松地做到“运筹帷幄之中，决胜千里之外”。

早在1991年，美国麻省理工学院（MIT）的凯文·阿什顿（Kevin Ashton）教授，就已经提出了物联网的概念。

1995年，比尔·盖茨在其著作《未来之路》一书中也提及了物联网，但当时并未引起人们的广泛重视。

1999年，美国麻省理工学院建立了自动识别中心（Auto-ID），提出“万物皆可通过网络互连”，阐明了物联网的基本概念。早期的物联网是基于射频识别（Radio Frequency Identification，RFID）技术的物流网络。

2004年，日本总务省提出u-Japan计划，该战略力求实现人与人、物与物、人与物之间的连接，希望将日本建设成一个随时、随地、任何物体、任何人均可连接的泛在网络社会。

2005年，国际电信联盟电信标准化部（International Telecommunication Union-Telecommunication Standardization Sector，ITU-T）在突尼斯举行的信息社会世界峰会（World Summit on Information Society，WSIS）上正式确定了“物联网”的概念，并随后发布了《ITU互联网报告2005：物联网》（*ITU Internet Reports 2005: the Internet of Things*），介绍了物联网的特征、相关的技术、面临的挑战和未来的市场机遇，声称在未来10年左右时间里，物联网将得到大规模应用，革命性地改变世界的面貌。

2006年，韩国确立了u-Korea计划，该计划旨在建立无所不在的社会（ubiquitous

society），在民众的生活环境里建设智能型网络（如 IPv6、BcN、USN）和各种新型应用（如 DMB、Telematics、RFID），让民众可以随时随地享有科技智慧服务。

2006 年 3 月，欧盟召开“从 RFID 到物联网”会议，对物联网做了进一步的描述。

2008 年，在法国召开的欧洲物联网大会的重要议题包括未来互联网和物联网的挑战、物联网中的隐私权、物联网在主要工业部门中的影响等内容。

2008 年 7 月，美国国家情报委员会发表的《2025 年对美国利益潜在影响的 6 种关键技术》报告将“物联网”技术列入其中，认为物联网技术存在裂变性的影响能力，将对人类社会的生产和生活产生巨大的影响。

“智慧地球”概念最初是美国的 IBM 公司提出的，2009 年被上台伊始的美国总统奥巴马积极回应，物联网被提升为一种战略性新技术，全面纳入到智能电网、智能交通、建筑节能和医疗保健制度改革等经济刺激计划中。IBM 公司的“智慧地球”市场战略在美国获得广泛关注，随后迅速推广到全球范围。

2009 年，时任美国总统奥巴马响应 IBM 公司“智慧地球”的战略，提出了“感知地球”的概念。

2009 年 6 月 10 日，中国科学院发布了《创新 2050：科学技术与中国的未来，中国至 2050 年信息科技发展路线图》系列报告，描述了物联网的发展路线图。

2009 年 8 月，时任中国总理温家宝在视察中国科学院无锡物联网产业研究所时，对物联网应用也提出了“感知中国”的理念，由此推动了物联网概念在中国的重视。

2009 年，欧盟执委会发表了欧洲物联网行动计划，描绘了物联网技术的应用前景，提出欧盟政府要加强对物联网的管理，促进物联网的发展。

2009 年 12 月 15 日，欧洲物联网项目总体协调组发布了《物联网战略研究路线图》，将物联网研究分为感知、宏观架构、通信、组网、软件平台及中间件、硬件、情报提炼、搜索引擎、能源管理、安全 10 个层面，系统地提出了物联网战略研究的关键技术和路径。

2010 年 6 月，欧盟委员会推出了《数字议程》（*Digital Agenda*）五年行动计划，该议程是《欧盟 2020 战略》七项旗舰举措之一，明确了利用 ICT 帮助实现欧盟 2020 战略目标的使能作用。

2012 年 2 月，中国工信部发布了《物联网“十二五”发展规划》，将超高频和微波 RFID 标签、智能传感器明确为支持重点，并明确在九大领域开展示范工程。

2012 年 5 月，国务院审议通过的《“十二五”国家战略性新兴产业发展规划》明确将物联网作为重要任务和重大工程。

近年来，由于世界各国政府的重视和发展，全球物联网行业呈现快速发展的趋势，应用领域快速扩张，大数据、人工智能、云计算、区块链等新技术与物联网系统快速融合。

1.2　物联网系统的定义与特征

1.2.1　物联网系统的定义

物联网是一个综合性的智能网络系统，有许多种不同的定义。各个领域的专家和学者们都先后提出了自己的定义，众说纷纭、各抒己见。这些定义是专家和学者们基于个人研究角度提出来的。在本书中，编者选择了最具代表性的几种定义供读者们参考。

（1）物联网是实现物体与物体连接的互连网络。英语中“物联网”一词为Internet of Things（IoT），可以翻译成物与物的互联网。

（2）美国麻省理工学院的自动识别中心（Auto-ID）指出：物联网把所有的物品通过射频识别和条形码等信息传感设备，与互联网紧密地连接起来，实现智能化的识别和管理。

（3）物联网指将各种信息传感设备，如射频识别装置、红外感应器、全球定位系统、激光扫描器与互联网结合起来。其目的是把所有物品连接在一起。

（4）物联网经过接口与无线网络（也含固定网络）连接，使物体与物体之间及人与物体之间实现沟通与对话。

（5）中国电信对物联网的定义：物联网是基于特定的终端，以有线或无线等接入手段，为集团和家庭客户提供机器到机器、机器到人的解决方案，满足客户对生产过程、家居生活监控、指挥调度、远程数据采集和测量、远程诊疗等方面的信息化需求。

以上5种对物联网的定义都具有一定的局限性，目前比较准确的是2005年由国际电信联盟给出的定义：物联网是通过射频识别、红外感应器、全球定位系统、激光扫描器等信息传感设备，按照约定的协议，把任何物品与互联网连接起来，进行信息交换和通信，以实现对物品的智能化识别、定位、跟踪、监控和管理的一种网络。

物联网有狭义与广义之分，狭义的物联网指物与物之间的连接和信息交换；广义的物联网不仅包括物与物的信息交换，还包括人与物、人与人之间的泛在连接和信息交换。广义的物联网是一种基于泛在网及其多制式、多系统、多终端等的综合网络。

在广义物联网中不仅包括机器到机器（Machine to Machine，M2M），也包括机器到人（Machine to Person，M2P）、人到人（Person to Person，P2P）、人到机器（Person to Machine，P2M）之间广泛的通信和信息的交流。而在这个物联网中的机器（Machine，M），被定义为可以获取信息的各种终端，包括各类无线传感器、RFID读写器、智能手机、个人计算机（Personal Computer，PC）、平板电脑、摄像头、电子望远镜、卫星定位设备（GPS）等。

物联网系统可以感知到人类需要的各种信息终端（即传感器），这些信息终端都被连接到泛在网上。这里所说的泛在网，几乎囊括了当代各种信息通信网络，不仅仅包括固定互联网和移动互联网，还包括电话通信网、移动通信网、广播电视网和各种其他专用网络。并基于这些网络的整合将各种智能终端与人紧密联系在一起，构成了一个在任何时间、任何地点都可以取得服务的物联网。总之，物联网的最终目的是为人类提供各种现代化服务。

1.2.2 物联网系统的特征

根据物联网系统实现的功能来进行分析，物联网系统具备以下四个特征。

（1）全面感知：可以利用RFID、无线传感器、条形码、二维码等识别设备随时随地获取物体的信息。

（2）可靠传输：通过各种接入网络与互联网的融合，可以实时、可靠、准确地传输物体的信息。

（3）智能处理：可以利用云计算、模糊识别等各种智能计算技术，对海量的物体信息进行分析和处理，对物体实施智能化的控制。

（4）综合应用：可以根据各个行业、各种业务的具体特点，形成各种单独的业务应用方案，或者整个行业及系统的应用方案。

1.3　物联网系统的体系结构

物联网系统的体系结构如图 1-2 所示。

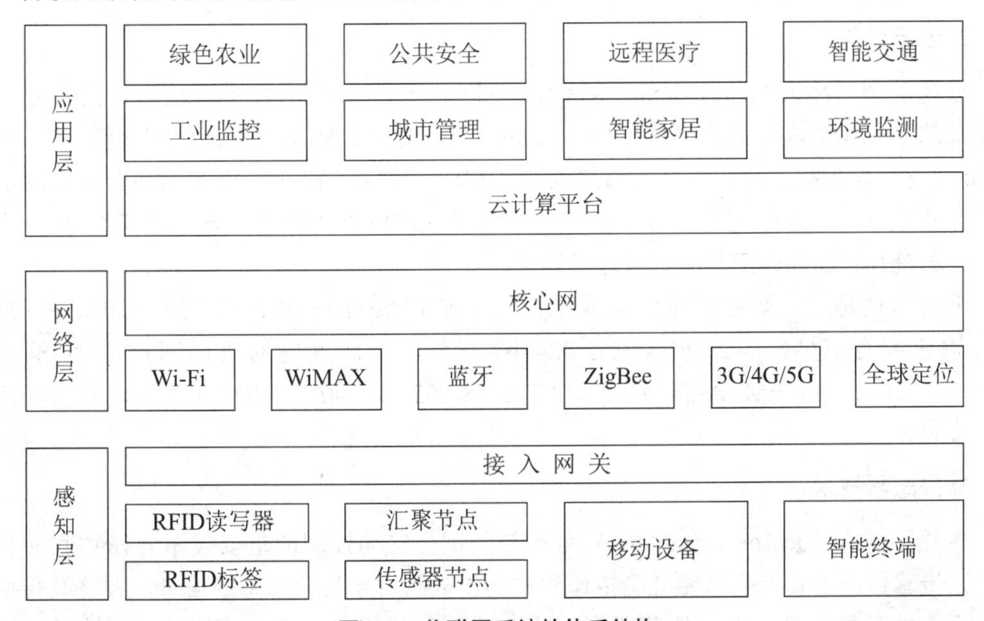

图 1-2　物联网系统的体系结构

到目前为止，物联网系统的体系结构还没有统一的标准。在本书中，我们采用业界广泛认可的体系结构，将物联网系统分为三个层次：感知层、网络层、应用层。

下面将对感知层、网络层、应用层这三层的结构及功能进行简要分析。

1.3.1　感知层

感知层由传感器节点和接入网关等组成，传感器感知外部世界的温度、湿度、声音和图像等信息，并传送到上层的接入网关，由接入网关将收集到的信息通过网络层提交到后台处理。当后台对数据处理完毕后，发送执行命令到相应的执行机构，完成对被控对象或被测对象的控制参数调整，或者发出某种信号以实现远程监控。

感知层是物联网技术发展和应用的基础，涉及 RFID、近距离无线通信技术、传感器技术、无线传感器网络等技术。

1. RFID

RFID 全称为 Radio Frequency Identification，即射频识别技术，又称为无线射频识

别，是一种近距离无线通信技术，通过无线电信号识别特定目标并读写相关数据，而无须在识别系统与特定目标之间建立机械或光学接触。RFID 常用的工作频率可分为低频（125 ～ 134.2kHz）、高频（13.56MHz）、超高频和微波等。RFID 读写器也分为移动式和固定式两类。RFID 技术的应用很广泛，在图书馆、门禁系统、食品安全等领域都有广泛的应用。

粘贴或者安装在物品上的 RFID 标签，以及用来识别 RFID 信息的读写器等，都属于物联网的感知层。在感知层中，被检测的信息是 RFID 标签中与它所粘贴的物品对应的物品身份标识。高速公路不停车收费系统、超市仓储管理系统等都是 RFID 的典型应用案例。

2. 近场通信

近场通信（Near Field Communication，NFC，也称为近距离无线通信）技术是一种短距离的高频无线通信技术，允许电子设备之间进行非接触式点对点数据传输，在 10cm（3.9in）内交换数据。NFC 技术由免接触式 RFID 技术演变而来，由飞利浦公司和索尼公司共同开发推广，是一种非接触式识别和互连技术，可以在移动设备、消费类电子产品、个人计算机和智能控件工具间进行近场通信。

近场通信是一种短距高频的无线电技术，在 13.56MHz 频率下运行于 20cm 距离内。其传输速度有 106kb/s、212kb/s 或者 424kb/s 三种。目前近场通信已通过成为 ISO/IEC IS 18092 国际标准、EMCA-340 标准与 ETSI TS 102 190 标准。NFC 采用主动和被动两种读取模式。

3. 传感器技术

传感器技术（sensor technology）是实现测试与自动控制的重要技术。在物联网感知层中，传感器的主要特征是能准确传递和检测出被测对象某一形态的信息，并将其转换成另一形态的信息。具体地，传感器指那些对被测对象的某一确定的信息具有感受（或响应）与检出能力，并使之按照一定规律转换成与之对应的可输出信号的元器件或装置。如果没有传感器对被测对象的原始信息进行准确可靠的捕获和转换，一切准确的测试与控制都将无法实现。

4. 无线传感器网络

无线传感器网络实现了数据的采集、处理和传输三种功能。它与通信技术和计算机技术并称信息技术的三大支柱。

无线传感器网络（Wireless Sensor Network，WSN）是由大量静止的或移动的传感器以自组织和多跳的方式构成的无线网络。它以协作方式感知、采集、处理和传输网络覆盖地理区域内被感知对象的信息，并最终把这些信息发送给物联网的所有者。

无线传感器网络具有众多不同类型的传感器，可以探测包括地震、电磁、温度、湿度、风力、噪声、光强度、大气压强、土壤成分，移动物体的形状、大小、运动速度和方向等周边环境下多种多样的现象。其潜在的应用领域包括军事、航空、防爆、救灾、环境、医疗、保健、家居、工业、商业等。

1.3.2　网络层

在物联网的体系架构中，网络层位于中间，它向下与感知层相连接，向上则与应用层相连接，高效、稳定、实时、安全地传输上层与下层之间的数据。

网络层是物联网的“神经中枢”和“大脑”，用于实现信息传递和处理。网络层包括通信与互联网的融合网络、网络管理中心和信息处理中心等。

网络层的主要功能是传输和预处理感知层所获得的数据。这些数据可以通过移动通信网、互联网、企业内部网、各类专线网、局域网、城域网等进行传输。特别是在三网（有线电话网、有线电视网、光纤网）融合后，有线电视网也能承担物联网网络层的功能，有利于物联网的快速推进。网络层所需要的关键技术包括核心网技术、近场技术和移动通信技术等。

物联网网络层构建在现有互联网等通信网络基础之上。物联网通过各种接入设备与互联网相连。例如，手机付费系统中由刷卡设备将内置手机的 RFID 信息采集上传到互联网，网络层完成后台鉴权认证，并从银行网络划账。

网络层中的感知数据管理与处理技术是实现以数据为中心的物联网的核心技术，包括传感网数据的存储、查询、分析、挖掘和理解，以及基于感知数据决策的理论与技术。

1.3.3　应用层

应用层位于物联网体系结构的最上层。应用层与各种不同的行业相结合，实现广泛智能化。应用层是物联网与行业专业技术的深度融合，与行业需求结合，实现行业智能化，这类似人的社会分工，最终构成人类社会。

在各层之间，信息不是单向传递的，也有交互、控制等，所传递的信息多种多样，其中最关键是物品信息，包括在特定应用系统范围内能唯一标识物品的识别码和物品的静态与动态信息。

云计算平台作为海量感知数据的存储、分析平台，是物联网的重要组成部分，也是应用层众多应用的基础支撑。在产业链中，通信网络运营商和云计算平台提供商将在物联网中占据重要地位。

应用层主要根据行业特点，借助物联网的技术手段，开发各类的行业应用解决方案，将物联网的优势与行业的生产经营、信息化管理、组织调度结合起来，形成各类的物联网解决方案，构建智能化的行业应用。

例如，交通行业涉及智能交通技术；电力行业涉及智能电网技术；物流行业涉及智慧物流技术等。

物联网在各行业的应用还涉及系统集成技术、资源打包技术等。

物联网应用层利用经过分析处理的感知数据，为各行业的用户提供丰富的特定服务。物联网的应用可分为监控型（物流监控、污染监控）、查询型（智能检索、远程抄表）、控制型（智能交通、智能家居、路灯控制）、扫描型（手机钱包、高速公路不停车收费）等。

应用层是物联网发展的目的，软件开发、智能控制技术将为用户提供丰富多彩的物联网应用。各种行业和家庭应用的开发将推动物联网的普及，给整个物联网产业链带来利润。

1.4 物联网的关键技术

1.4.1 RFID 技术

射频识别（RFID）是一种基于近场通信的识别技术，可以通过无线电信号识别特定目标并读写相关数据，而无须在识别系统与特定目标之间建立机械或者光学接触。RFID 的系统结构如图 1-3 所示。

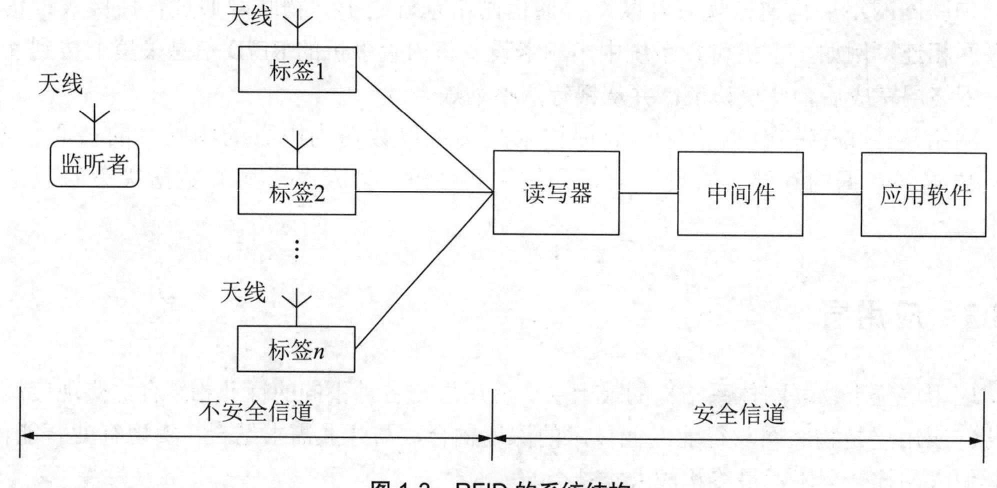

图 1-3 RFID 的系统结构

RFID 技术把电信号调制成某个制定频率的电磁波，把数据从附着在物品上的电子标签上传送出去，以自动辨识与追踪该物品。某些电子标签在工作时，能够从读写器发出的电磁场中得到能量，并不需要电池；也有些电子标签本身配有电源，并可以主动发出无线电波。电子标签包含了物品的相关信息，在几米之内就可以被读写器感知。与条形码不同，RFID 标签不需要处在读写器视线范围内，因此也可以嵌入被追踪物品之内。

从系统结构上分析，一套完整的 RFID 系统，由电子标签、读写器、中间件和应用软件等部分组成。

1. 电子标签

电子标签由天线、耦合元件及芯片组成。在 RFID 系统中，通常用电子标签作为物品的应答器，每个电子标签具有唯一的电子编码，粘贴或附着在物体上，用于标识物品。天线是将 RFID 标签的数据信息传递给读写器的设备。RFID 天线可分为标签天线和读写器天线两种类型。

2. 读写器

读写器（reader）由天线、耦合元件和芯片组成，是读取（写入）标签信息的设备，分为手持式或固定式两种类型。读写器发射某一特定频率的无线电波，将能量传送给标签，用以驱动电子标签中的电路，从而将其内部的数据送出。此时，读写器便按照次序接收这些数据，并发送给中间件做相应的处理。

3. 中间件

中间件（middleware）位于读写器与应用软件之间，是一种面向消息的、可以接收应用软件端发送的请求，并同时与一个或者多个读写器交互通信，在接收和处理数据后向应用软件返回处理结果的特殊软件。

4. 应用软件

顾名思义，应用软件是工作在应用层的软件，主要用于进一步处理收集的数据，并使其为人们所使用。应用软件系统是计算机的后台处理系统，计算机通过有线或无线网络与阅读器相连，获取电子标签的内部信息，对读取的数据进行筛选和分析，并进行后台处理。

RFID 技术的基本工作原理并不复杂：标签进入磁场后，接收读写器发出的射频信号，凭借感应电流所获得的能量发送存储在芯片中的产品信息（无源标签或被动标签），或者由标签主动发送某一频率的信号（有源标签或主动标签），读写器读取信息并解码后，送至计算机系统进行相关数据处理。

以 RFID 读写器与电子标签之间的通信及能量感应方式来划分，应用软件大致可以分为感应耦合式（inductive coupling）及后向散射耦合式（backscatter coupling）两种类型。一般低频的 RFID 多采用第一种方式，而较高频的 RFID 多采用第二种方式。

根据使用的结构和技术不同，读写器可以是读出设备，也可以是读写设备。它是 RFID 系统的信息控制和处理中心。读写器通常由耦合模块、收发模块、控制模块和接口单元组成。读写器和电子标签之间一般采用半双工通信方式进行信息交换，同时通过耦合给无源电子标签提供能量和时序。在实际应用中，则进一步通过以太网（Ethernet）或无线局域网（Wireless Local Area Network，WLAN）等实现对物体识别信息的采集、处理及远程传送等管理功能。

许多行业都可以应用射频识别技术。例如，将 RFID 电子标签粘贴在一辆正在生产中的汽车上，生产厂家便可以追踪此车的生产进度；将电子标签粘贴在产品上，仓库就可以追踪该产品所在的位置；将电子标签附于牲畜与宠物上，可以方便地识别牲畜与宠物的身份。此外，RFID 身份识别也可以使企业员工能够进入紧闭的大门；汽车上的 RFID 标签可以用于收费路段或停车场的自动缴费。

1.4.2 无线传感器网络技术

1. 无线传感器网络的定义

无线传感器网络是由部署在监测区域内大量的廉价微型传感器节点组成，通过无线通信方式形成的一个多跳自组织网络。其目的是协作地感知、采集和处理网络覆盖区域中被感知对象的信息，并发送给观察者。传感器、感知对象和观察者构成了无线传感器网络的三个要素。

近年来，微机电系统（Micro-Electro-Mechanism System，MEMS）、片上系统（SoC）、无线通信和低功耗嵌入式技术飞速发展，孕育出无线传感器网络（WSN），并以其低功耗、低成本、分布式和自组织的特点带来了信息感知的一场变革。

正如互联网使计算机能够访问各种数字信息，而可以不管其保存到什么位置一样，无线传感器网络能扩展人们与现实世界进行远程交互的能力。它甚至被人们称为一种全新类型的计算机系统，因为它具有区别于过去硬件的可以到处散布的和集体感知与分析的能力。

2. 无线传感器网络的结构

无线传感器网络的结构如图 1-4 所示。

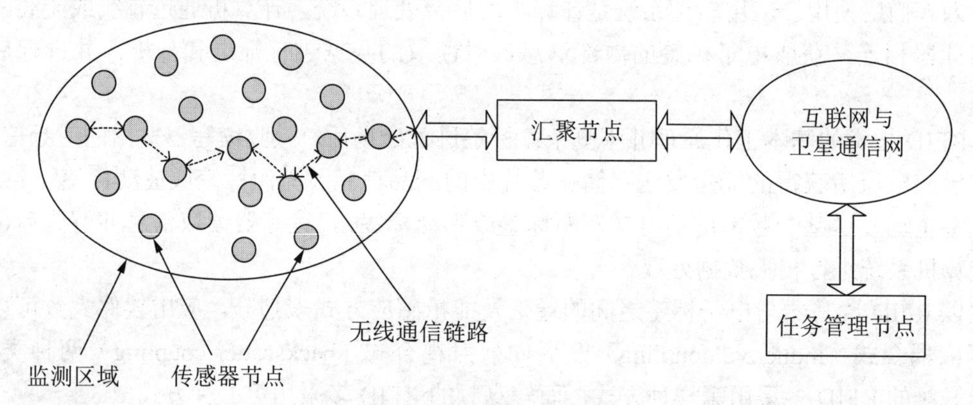

图 1-4　无线传感器网络的结构

无线传感器网络系统通常包括传感器节点（sensor）、汇聚节点（sink）和任务管理节点（coordinator）。

大量传感器节点随机部署在监测区域内部或附近，能够通过自组织方式构成网络。传感器节点监测的数据沿着其他传感器节点逐跳地进行传输，在传输过程中监测数据可能被多个节点处理，经过多跳后路由到汇聚节点，最后通过互联网或卫星通信网到达任务管理节点。用户通过任务管理节点对传感器网络进行配置和管理，发布监测任务，以及收集监测数据。

（1）传感器节点。传感器节点处理能力、存储能力和通信能力相对较弱，通过小容量电池供电。从网络功能上看，每个传感器节点除了进行本地信息收集和数据处理外，还要对其他节点转发来的数据进行存储、管理和融合，并与其他节点协作完成一些特定任务。

（2）汇聚节点。汇聚节点的处理能力、存储能力和通信能力相对较强，是连接传感器网络与 Internet 等外部网络的网关，用以实现两种协议间的转换，同时向传感器节点发布来自管理节点的监测任务，并把 WSN 收集到的数据转发到外部网络。汇聚节点既可以是一个具有增强功能的传感器节点，有足够的能量供给和更多的内存与计算资源，Flash 和 SRAM 中的所有信息传输到计算机中，通过汇编软件，可方便地把获取的信息转换成汇编文件格式，从而分析出传感节点所存储的程序代码、路由协议及密钥等机密信息，同时还可以修改程序代码，并加载到传感器节点中。

（3）任务管理节点。任务管理节点用于动态地管理整个无线传感器网络。无线传感器网络的所有者通过任务管理节点访问无线传感器网络的资源。

1.4.3 M2M 技术

M2M 平台的系统结构如图 1-5 所示。

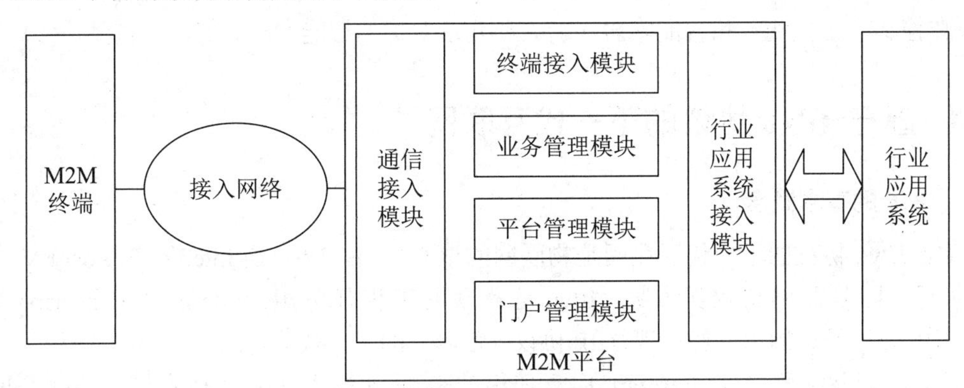

图 1-5　M2M 平台的系统结构

M2M 是“机器对机器通信”的英文简称，主要指通过“通信网络”传递信息从而实现机器对机器的数据交换，也就是通过通信网络实现机器之间的互连互通。移动通信网络由于其网络的特殊性，终端侧不需要人工布线，可以提供移动性支撑，有利于节约成本，并可以满足危险环境下的通信需求，使得以移动通信网络作为承载的 M2M 服务得到了业界的广泛关注。

通信接入模块主要实现平台与 M2M 终端的通信连接，包括实现各种有线接入网络、无线接入网络的通信功能，如 3G/4G/5G、Wi-Fi、WiMAX、ADSL 等。

终端接入模块主要实现平台对终端接入的认证管理、连接保持及流量控制功能。在终端接入时，通过平台可以完成包括报文收发、报文认证、终端流控和协议适配等功能；在终端接入后，平台将完成终端注册、终端登录、终端退出及终端注销等功能。此外终端接入模块还实现终端信息查询、状态监测、故障管理、参数查询和配置、远程控制和终端操作任务管理等功能。该模块中需要实现不同运营商的 M2M 终端接入协议，如中国移动通信企业标准无线机器通信协议（Wireless Machine-to-Machine Protocol，WMMP）、中国电信技术规范 M2M 终端监测控制协议（M2M Device Management Protocol，MDMP），以实现与 M2M 终端的数据交互。

业务管理模块主要实现对终端和应用基本信息的维护，对相应的行业应用业务的受理、计费及下单等。

平台管理模块主要完成 M2M 业务系统正常运行所需的基础数据管理、操作员账号管理、系统安全管理等功能。

门户管理模块提供人性化的 Web 登录界面，供平台管理员、业务管理员、企业客户、终端厂商、服务提供商等完成终端管理、应用管理、系统管理等功能。

行业应用系统接入模块实现平台与行业应用系统的对接，为行业应用系统提供终端管理服务和行业应用数据转发服务，包括应用接入的建立和维护、流量控制、终端管理请求处理、应用数据转发请求处理等基本功能。

由以上分析可以看出，M2M 平台涉及的技术主要包括门户管理技术、通信接入技术、安全管理技术、流量控制技术和数据库管理技术等。

M2M 与社会的发展和人们的生活、工作密切相关，其应用遍布各个领域，如交通领域（交通监控、定位导航）、电力领域（远程抄表和负载监控）、农业领域（大棚监控、动物溯源）、智慧城市（电梯监控、路灯控制）、安全领域（城市和企业安防）、环保领域（污染监控、水土检测）和智能家居（老人和儿童看护、智能安防）等。

1.4.4 基于 IPv6 协议的下一代互联网

1. IPv6 的基本概念

基于 IPv6 协议的下一代互联网是物联网的核心网络。IPv6 是 Internet Protocol Version 6 的缩写，即互联网协议第 6 版。IPv6 是互联网工程任务组（Internet Engineering Task Force，IETF）发布的用于替代现行 IP 协议（IPv4）的下一代 IP 协议。

目前，国际互联网（Internet）广泛使用的是 IPv4 技术，IPv4 技术最大问题是网络地址资源有限。理论上，IPv4 可以编址 1600 万个网络、40 亿台主机。但采用 A、B、C 三类编址方式后，可用的网络地址和主机地址的数目大打折扣。IPv4 地址已于 2011 年 2 月 3 日分配完毕，其中，北美占有 IPv4 全部地址的 3/4，约 30 亿个，而人口最多的亚洲只有不到 4 亿个，中国截至 2010 年 6 月 IPv4 地址数量达到 2.5 亿个，远远落后于 4.2 亿网民的需求。IPv4 地址资源的不足，严重地制约了中国及其他国家互联网技术的应用和发展。

一方面 IPv4 地址资源数量有限，另一方面随着电子技术及网络技术的发展，物联网将进入人们的日常生活，需要海量的 IP 地址资源。在这样的需求下，IPv6 应运而生。单从数量级上看，IPv6 所拥有的地址容量约为 IPv4 的 8×10^{28} 倍，达到 2^{128} 个。这不但解决了网络地址资源数量的问题，同时也为除计算机外的设备接入网络在数量限制上扫清了障碍。

如果说 IPv4 实现的只是人机对话，那么 IPv6 则扩展到任意事物之间的对话，它不仅可以为人类服务，还可以为众多硬件设备服务，如家用电器、传感器、远程照相机、汽车等。它将使无时不在、无处不在的深入社会每个角落的真正的物联网成为可能，并带来无可估量的经济利益。

2. IPv6 技术的优势

与 IPv4 技术相比，IPv6 技术具有以下几个优势。

（1）IPv6 具有更大的地址空间。

IPv4 中规定 IP 地址长度为 32 位，最大地址个数为 2^{32} 个；而 IPv6 中 IP 地址的长度为 128 位，即最大地址个数为 2^{128} 个。与 32 位地址空间相比，其地址空间增加了（$2^{128}-2^{32}$）个。

目前，IPv4 采用 32 位二进制数地址长度，约有 43 亿个 IP 地址，而 IPv6 采用 128 位二进制数地址长度，具有海量的地址资源。地址的丰富将完全突破在 IPv4 互联网应用上的种种限制。

以智慧家庭为例，家中每一个传感器、每一台家电都可以有一个独立的 IP 地址，可以真正形成一个智慧家庭。

IPv6 在地址空间上的优势在很大程度上解决了 IPv4 互联网存在的问题，这也成为国际互联网从 IPv4 向 IPv6 演进的重要动力。

（2）IPv6 使用更小的路由表。

IPv6 的地址分配一开始就遵循聚类（aggregation）的原则，这使得路由器能在路由表中用一条记录（entry）表示一个子网，大大缩短了路由器中路由表的长度，提高了路由器转发数据包的速度。

（3）IPv6 增强了对多媒体应用的支持。

IPv6 增加了增强的组播（multicast）支持，以及对流的控制（flow control），这使得基于 IPv6 的网络在多媒体应用方面有良好的发展前景，为服务质量（Quality of Service，QoS）控制提供了良好的网络平台。

（4）对自动配置的支持。

IPv6 技术增加了对自动配置（auto configuration）的支持。这是对动态主机配置协议（Dynamic Host Configuration Protocol，DHCP）的改进和扩展，使得网络（尤其是局域网）的管理更加方便和快捷。

（5）IPv6 具有更高的安全性。

在 IPv6 网络中，用户可以对网络层的数据进行加密并对 IP 报文进行校验，在 IPv6 的加密与鉴别选项提供了分组的保密性与完整性，极大地增强了网络的安全性。

（6）允许扩充。

如果新的技术或应用需要时，IPv6 允许协议进行扩充。

（7）更好的头部格式。

IPv6 使用新的头部格式，其选项与基本头部分开，如果需要，可将选项插入到基本头部与上层数据之间。这简化和加速了路由选择过程，因为大多数的选项不需要由路由选择。

（8）实现附加的功能。

IPv6 可以通过一些新的选项来实现附加功能。

3. IPv6 的关键技术

（1）IPv6 DNS 技术。IPv6 DNS 体系结构与 IPv4 DNS 体系结构相同，都是统一采用树状结构的域名空间。在从 IPv4 向 IPv6 的演进阶段，正在访问的域名可以对应多个 IPv4 和 IPv6 地址，未来，随着 IPv6 网络的普及，IPv6 地址将逐渐取代 IPv4 地址。

（2）IPv6 路由技术。IPv6 路由查找的原理与 IPv4 一样，均遵循最长地址匹配原则，选择最优路由还允许地址过滤、聚合、注射操作。原来的 IPv4 IGP 和 BGP 的路由技术，如 RIP、ISIS、OSPFv2 和 BGP-4 动态路由协议一直延续到 IPv6 网络中，新的版本分别是 RIPng、ISISv6、OSPFv3，BGP4+。

（3）IPv6 安全技术。与 IPv4 相比，IPv6 并没有提供新的安全技术，但 IPv6 协议可以通过 128 字节的 IPSec 报文头包、ICMP 地址解析和其他安全机制来提高安全性。

1.4.5 无线通信网络

无线通信网络主要包括无线局域网（Wi-Fi）、无线城域网（WiMAX）、紫蜂技术（ZigBee）、蓝牙技术、红外通信技术和5G移动通信等技术。

1. Wi-Fi 技术

无线保真（Wireless Fidelity，Wi-Fi）技术是通过在互联网连接基础上，安装无线访问点来实现的。这个访问点对无线信号做短距离传输，一般仅覆盖100m以内的范围。当一台支持Wi-Fi的设备（如智能手机、平板电脑等）遇到一个无线接入点时，该设备可以用无线方式连接到这个无线局域网。大部分无线接入点布置在公共区域，如机场、咖啡店、餐厅、旅馆、书店、校园等。许多家庭和办公室也拥有Wi-Fi网络。虽然有些无线接入点是免费的，但是大部分稳定的公共Wi-Fi网络都是由私人互联网服务提供商（Internet Service Provider，ISP）提供的，因此当用户连接到无线接入点时也许商家会收取一定费用。

2. WiMAX 技术

全球微波互连接入（World Interoperability for Microwave Access，WiMAX），也称为无线城域网或802.16。WiMAX是一种新兴的宽带无线接入技术，能提供面向整个城市的无线互联网高速连接服务，数据传输距离最远可达50km。WiMAX还具有QoS保障、传输速率高、业务丰富多样等优点。WiMAX技术的起点较高，它同时采用了OFDM/OFDMA、AAS、MIMO等先进的通信技术。

随着WiMAX技术的发展，可以逐步实现宽带业务的移动化，而5G移动通信技术则可以实现移动业务的宽带化，这两种技术的融合程度会越来越高。

WiMAX系统的结构如图1-6所示。

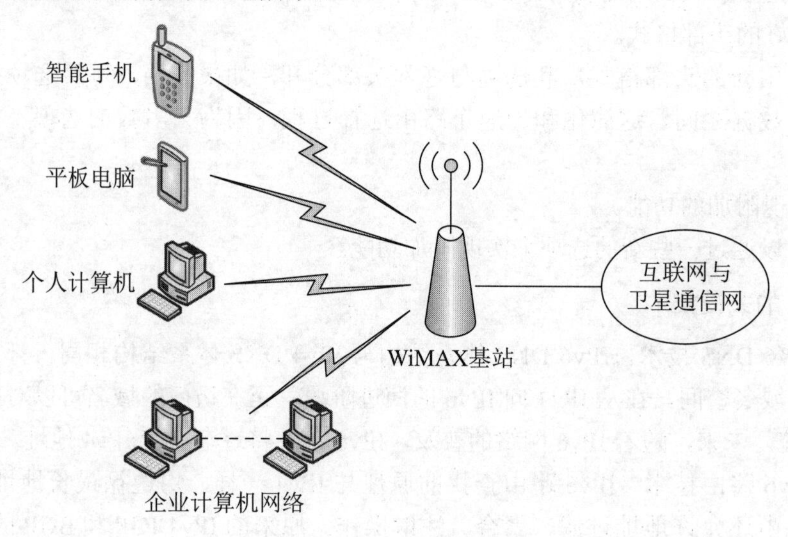

图 1-6　WiMAX 系统的结构

3. ZigBee 技术

紫蜂（ZigBee）是一种近距离、低复杂度、低功耗、低速率、低成本的无线通信技术，主要用于距离短、功耗低且传输速率不高的各种电子设备之间进行数据传输，以及典型的有周期性数据、间歇性数据和低反应时间数据传输的应用。

与移动通信的CDMA网或GSM网络不同的是，ZigBee网络主要为工业现场自动化控制数据传输而建立，因此具有简单、使用方便、工作可靠、价格低的特点。而移动通信网主要是为语音通信而建立的，每个基站价值一般在百万元人民币以上，而每个ZigBee“基站”却不到一千元人民币。每个ZigBee网络节点不仅本身可以作为监控对象，如其所连接的传感器直接进行数据采集和监控，还可以自动中转其他网络节点传过来的数据资料。除此之外，每一个ZigBee网络节点（FFD）还可在自己信号覆盖范围内，和多个不承担网络信息中转任务的孤立的子节点（RFD）进行无线连接。

4. 蓝牙技术

蓝牙（Bluetooth）技术，是一种支持设备短距离（一般10m内）通信的无线电技术。能在移动电话、PDA、无线耳机、笔记本计算机、相关外设等众多设备之间进行无线信息交换。利用“蓝牙”技术，能够有效地简化移动通信终端设备之间的通信，也能够成功地简化设备与Internet之间的通信，从而使数据传输变得更加迅速高效，为无线通信拓宽道路。蓝牙采用分散式网络结构、快跳频和短包技术，支持点对点及点对多点通信，工作在全球通用的2.4GHz ISM（Industrial，Science，Medicine，即工业、科学、医学）频段。其数据速率为1Mb/s。采用时分双工传输方案实现全双工传输。

5. 红外通信技术

红外通信技术利用950nm近红外波段的红外线作为传递信息的媒体，即通信信道。简言之，红外通信的实质就是对二进制数字信号进行调制与解调，以便利用红外信道进行传输；红外通信接口就是针对红外信道的调制解调器。发送端将基带二进制信号调制为一系列脉冲串信号，通过红外发射管发射红外信号。接收端将接收到的光脉冲转换为电信号，再经过放大、滤波等处理后送给解调电路进行解调，还原为二进制数字信号后输出。常用的有通过脉冲宽度来实现信号调制的脉宽调制（Pulse Width Modulation，PWM）和通过脉冲串之间的时间间隔来实现信号调制的脉时调制（Pulse Position Modulation，PPM）两种方法。

6. 5G技术

近年来，第五代移动通信技术（5th Generation Mobile Communication Technology，5G）快速发展。5G具有高速率、低时延和大连接的特点，是新一代宽带移动通信技术。5G通信设施是实现人机物互联的网络基础设施。

国际电信联盟（ITU）定义的5G的三大类应用场景如图1-7所示。

国际电信联盟（ITU）定义的5G的三大类应用场景包括增强移动宽带（enhanced Mobile Broadband，eMBB）、超高可靠低时延通信（ultra-Reliable Low-Latency Communication，uRLLC）和海量机器类通信（massive Machine Type Communication，mMTC）。其中，增强移动宽带主要面向移动互联网流量爆炸式增长的应用需求，为移动互联网用户提供更加极致的应用体验；超高可靠低时延通信主要面向工业控制、远程医疗、自动驾驶等对时延和可靠性具有极高要求的垂直行业应用需求；海量机器类通信主要面向智慧城市、智能家居、环境监测等以传感和数据采集为目标的应用需求。

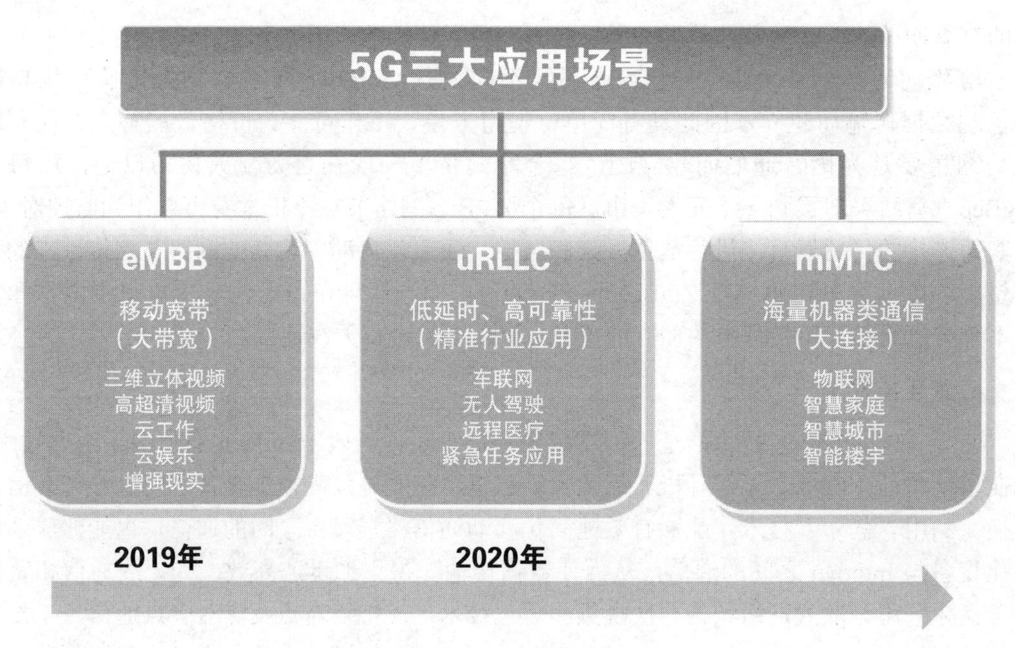

图 1-7　5G 的三大类应用场景

1.4.6　GPS 全球定位系统

全球定位系统（Global Positioning System，GPS），是具有海、陆、空全方位实时三维导航与定位能力的卫星导航与定位系统。

GPS 结构如图 1-8 所示。

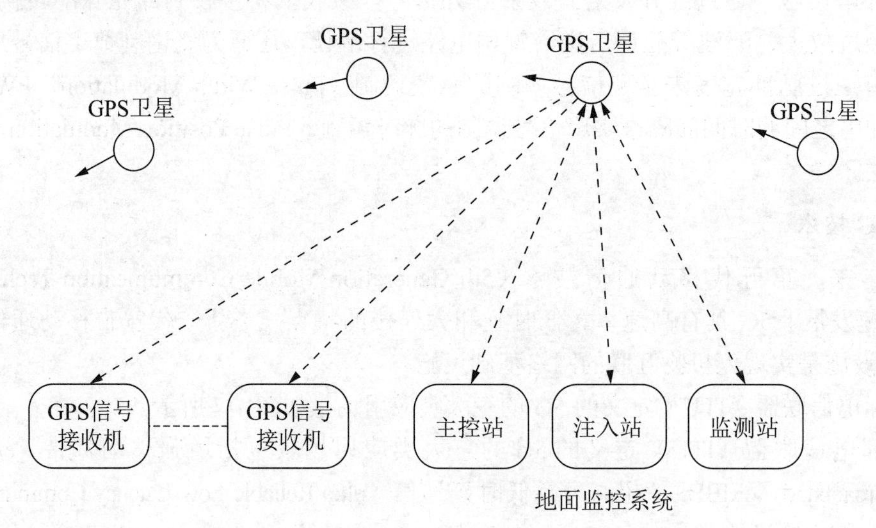

图 1-8　GPS 结构

全球定位系统由 GPS 卫星星座、地面监控系统和 GPS 信号接收机三部分构成。

1. GPS 卫星星座

GPS 卫星星座由 21 颗工作卫星和 3 颗在轨备用卫星组成，记作（21+3）GPS 星座。

24 颗卫星均匀分布在 6 个轨道平面内，轨道倾角为 55°，各个轨道平面之间相距 60°，即轨道的升交点赤经各相差 60°。每个轨道平面内各卫星之间的升交角距相差 90°，每一轨道平面上的卫星比西边相邻轨道平面上的相应卫星超前 30°。

对于在 20000km 高空的 GPS 卫星，当地球相对恒星自转一周时，它们绕地球运行二周；也就是说它们每 12 恒星时绕地球一周。这样对于地面观测者来说，每天将提前 4min 见到同一颗 GPS 卫星。位于地平线以上的卫星颗数随着时间和地点的不同而不同，最少可见到 4 颗，最多可见到 11 颗。在使用 GPS 信号导航定位时，为了计算观测站的三维坐标，必须观测到至少 4 颗 GPS 卫星，它们称为定位星座。这 4 颗卫星在观测过程中的几何位置分布对定位精度有一定的影响。此外，某地某时甚至不能精确测得观测点的位置坐标，这种时间段称作“间隙段”。但这种时间间隙段很短暂，并不影响全球绝大多部分地区全天候、高精度、连续实时的导航定位测量。GPS 工作卫星的编号和试验卫星基本相同。

2. 地面监控系统

GPS 工作卫星的地面监控系统包括一个主控站、三个注入站和五个监测站。

对于导航定位来说，GPS 卫星是一个动态已知点。卫星的位置是依据卫星发射的星历——描述卫星运动及其轨道的参数算得的。每颗 GPS 卫星所播发的星历由地面监控系统提供。卫星上的各种设备是否正常工作，以及卫星是否一直沿着预定轨道运行，都要由地面设备进行监测和控制。地面监控系统的另一重要作用是保持各颗卫星处于同一时间标准——GPS 时间系统。这就需要地面站监测各颗卫星的时间求出钟差，然后由地面注入站发给卫星，再由卫星将导航电文发给用户的 GPS 信号接收机。

3. GPS 信号接收机

GPS 信号接收机的作用是捕获按一定卫星高度截止角所选择的待测卫星的信号，并跟踪这些卫星的运行，对所接收到的 GPS 信号进行变换、放大和处理，以便测量出 GPS 信号从卫星到接收机天线的传播时间。它可以解译出 GPS 卫星所发送的导航电文，实时地计算出测站的三维位置，甚至三维速度和时间。

GPS 卫星发送的导航定位信号是一种可供广大用户共享的信息资源。对于陆地、海洋和空中的广大用户，只要拥有能够接收、跟踪、变换和测量 GPS 信号的接收设备，即 GPS 信号接收机，就可以在任何时候用 GPS 信号进行导航定位测量。

根据使用目的的不同，用户要求的 GPS 信号接收机也各有差异。目前世界上已有数十家工厂生产 GPS 接收机，产品有数百种。这些产品可以按照原理、用途、功能等来分类。

静态定位中，GPS 接收机在捕获和跟踪 GPS 卫星的过程中固定不变，接收机高精度地测量 GPS 信号的传播时间，利用 GPS 卫星在轨的已知位置计算接收机天线所在位置的三维坐标。而动态定位则是用 GPS 接收机测定一个运动物体的运行轨迹。GPS 信号接收机所位于的运动物体称作载体（如航行中的船只、空中的飞行器、行驶中的车辆等）。载体上的 GPS 接收机天线在跟踪 GPS 卫星的过程中相对地球而运动，接收机用 GPS 信号实时测得运动载体的状态参数（瞬间三维位置和三维速度）。

GPS 接收机硬件、机内软件、GPS 数据的后处理软件包构成了完整的 GPS 用户设备。

GPS 接收机分为天线单元和接收单元两部分。对于测地型接收机来说，两个单元一般分成两个独立的部件，观测时天线单元安置在测站上，接收单元则置于观测站附近的适当位置，用电缆线将两者连接成一个整机。也有的将天线单元和接收单元制作成一个整体，观测时将其安置在观测站点上。

GPS 接收机一般用蓄电池作电源，同时采用机内、机外两种直流电源。设置机内电池的目的是当更换机外电池时不会中断连续观测。在使用机外电池的过程中，机内电池自动充电。关机后，机内电池会自动为 RAM 存储器供电以防止丢失数据。

GPS 技术能够快速、高效、准确地提供点、线、面要素的精确三维坐标及其他相关信息，具有全天候、高精度、自动化、高效益等显著特点，广泛应用于军事、民用交通（船舶、飞机、汽车等）导航、大地测量、摄影测量、野外考察探险、土地利用调查、精确农业及日常生活等不同领域。

GPS 与现代通信技术相结合，使得测定地球表面三维坐标的方法从静态发展到动态，从数据后处理发展到实时的定位与导航，极大地扩展了它的应用广度和深度。载波相位差分法 GPS 技术可以极大提高相对定位精度，在小范围内可以达到厘米级精度。此外，由于 GPS 测量技术对观测点间的通视和几何图形等方面的要求比常规测量方法更加灵活、方便，已完全可以用来观测各种等级的物联网。

目前，全球卫星系统已经有美国的 GPS、欧盟的伽利略卫星定位系统、俄罗斯的格洛纳斯卫星定位系统和中国的北斗卫星定位系统。

如今，随着技术的进步，各种受中国的北斗卫星定位系统支持 5G 智能手机都已经具备了全球卫星导航功能，国内常用的卫星导航软件包括百度地图、高德地图和腾讯地图等。

1.4.7 云计算技术

1. 云计算的概念与特点

云计算（cloud computing）是一种基于互联网的相关服务的增加、使用和交付模式，通常涉及通过互联网来提供动态易扩展的虚拟化资源。云是网络、互联网的一种比喻。过去往往用云来表示电信网，后来也用它来表示互联网和底层基础设施的抽象。

云计算可以让使用者体验高达每秒 10 万亿次的运算能力，可以用于模拟核爆炸、预测气候变化和市场发展趋势。用户可以通过计算机、手机等方式接入数据中心，按自己的需求进行运算。云计算系统的结构如图 1-9 所示。

云计算让计算分布在大量的分布式计算机上，而非本地计算机或远程服务器上，企业数据中心的运行与互联网更相似。这使得企业能够将资源切换到需要的应用上，根据需求访问计算机和存储系统。

正如从早期的单台发电机模式转向后来的电厂集中发电的模式，云计算意味着计算能力也可以作为一种商品进行流通，就像煤气、水、电一样，使用方便，费用低廉。二者最大的不同在于，它的数据是通过互联网进行传输的。

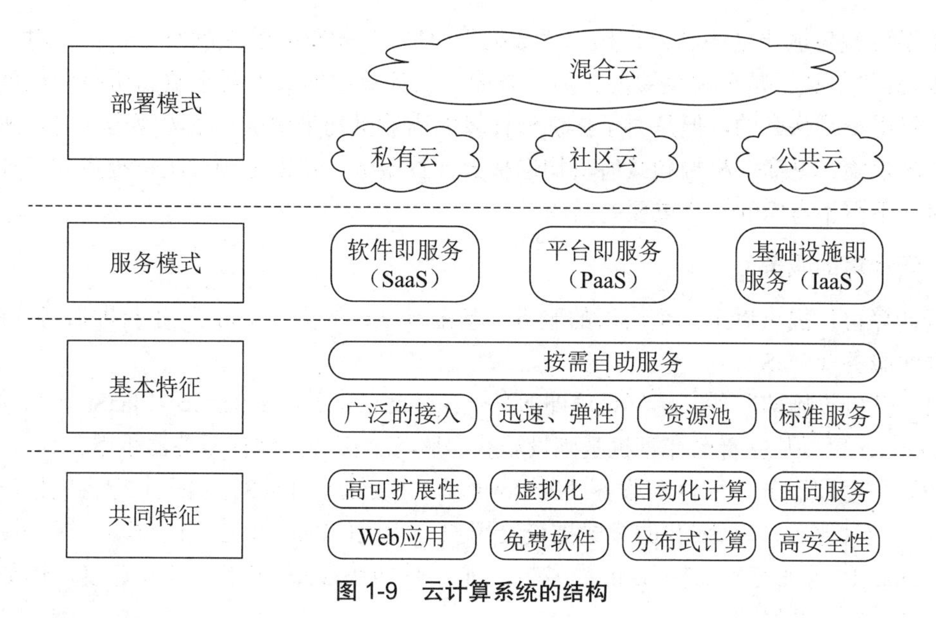

图 1-9　云计算系统的结构

云计算的主要特点如下。

（1）超大规模。“云”具有相当的规模，Google 云计算已经拥有 100 多万台服务器，Amazon、IBM、微软、Yahoo 等的“云”均拥有几十万台服务器。企业私有云一般拥有数百上千台服务器。“云”能赋予用户前所未有的计算能力。

（2）虚拟化。云计算支持用户在任意位置、使用各种终端获取应用服务。所请求的资源来自“云”，而不是固定的有形的实体。应用在“云”中某处运行，但实际上用户无须了解，也不必担心应用运行的具体位置。只需要一台笔记本计算机或者一部手机，就可以通过网络服务实现需要的一切，包括超级计算这样的任务。

（3）高可靠性。“云”使用数据多副本容错、计算节点同构可互换等措施来保障服务的高可靠性，使用云计算比使用本地计算机更可靠。

（4）通用性。云计算不针对特定的应用，在“云”的支撑下可以构造出千变万化的应用，同一个“云”可以同时支撑不同的应用运行。

（5）高可扩展性。“云”的规模可以动态伸缩，满足应用和用户规模增长的需要。

（6）按需服务。“云”是一个庞大的资源池，可以按需购买；“云”可以像水、电、煤气那样计费。

（7）极其廉价。由于“云”的特殊结构，可以采用极其廉价的节点来构成云，“云”的自动化集中式管理使大量企业无须负担日益高昂的数据中心管理成本，“云”的通用性使资源的利用率较传统系统大幅提升，因此用户可以充分享受“云”的低成本优势，经常只要花费几百美元、几天时间，就能完成以前需要数万美元、数月时间才能完成的任务。

云计算可以彻底改变人们未来的生活，但同时也要重视环境问题，这样才能真正为人类进步做贡献，而不是简单的技术提升。

（8）潜在的危险性。云计算服务除了提供计算服务外，还必然提供了存储服务。但是云计算服务当前垄断在私人机构（企业）手中，而他们仅仅能够提供商业信用。政府机构、商业机构（特别是银行这样持有敏感数据的商业机构）对于选择云计算服务应保持足够的警惕。一旦商业用户大规模使用私人机构提供的云计算服务，无论其技术优势有多强，都不可避免地让这些私人机构以“数据”（信息）的重要性挟制整个社会。对于信息社会来说，“信息”是至关重要的。另一方面，云计算中的数据对于数据所有者以外的其他云计算用户是保密的，但是对于提供云计算的商业机构来说确实毫无秘密可言。所有这些潜在的危险，是商业机构和政府机构选择云计算服务（特别是国外机构提供的云计算服务）时，不得不考虑的一个重要的问题。

2. 云计算的服务

云计算可以提供以下三个层次的服务：基础设施即服务（IaaS）、平台即服务（PaaS）和软件即服务（SaaS）。

（1）基础设施即服务。基础设施即服务（Infrastructure as a Service，IaaS），指消费者通过 Internet 可以从完善的计算机基础设施获得服务。例如，硬件服务器租用。

（2）平台即服务。平台即服务（Platform as a Service，PaaS）实际上指将软件研发的平台作为一种服务，以 SaaS 的模式提交给用户。因此，PaaS 也是 SaaS 模式的一种应用。但是，PaaS 的出现可以加快 SaaS 的发展，尤其是加快 SaaS 应用的开发速度。例如，软件的个性化定制开发。

（3）软件即服务。软件即服务（Software as a Service，SaaS）是一种通过 Internet 提供软件的模式，用户无须购买软件，而是向提供商租用基于 Web 的软件来管理企业经营活动。例如，阳光云服务器就是一种 SaaS 应用。

1.4.8 中间件技术

国际数据中心对中间件的定义：“中间件（middleware）是一种独立的系统软件或服务程序，分布式应用软件借助中间件在不同的技术之间共享资源。中间件位于客户机、服务器的操作系统之上，管理计算机资源和网络通信，是连接两个独立应用程序或独立系统的软件”。对于相连接的系统，即使它们具有不同的接口，但通过中间件相互之间仍能交换信息。执行中间件的一个关键途径是信息传递。通过中间件，应用程序可以工作于多平台或多操作系统（Operating System，OS）环境。

中间件是一类连接软件组件和应用的计算机软件，它包括一组服务，以便于运行在一台或多台机器上的多个软件通过网络进行交互。该技术所提供的互操作性，推动了一致分布式体系架构的演进，该架构通常用于支持并简化那些复杂的分布式应用程序。它包括 Web 服务器、事务监控器和消息队列软件。

中间件处于操作系统、网络和数据库之上，应用软件之下，为处于自己上层的应用软件提供运行与开发环境，帮助用户灵活、高效地开发和集成复杂的应用软件。

国际数据中心关于中间件的定义表明，中间件是一类软件，而非一种软件；中间件不仅仅实现互连，还实现应用之间的互操作；中间件是基于分布式处理的软件，最突出的特点是其网络通信功能。

具体地，中间件屏蔽了底层操作系统的复杂性，使程序开发人员面对一个简单而统一的开发环境，降低了程序设计的复杂性。程序开发人员可以将注意力集中在自己的业务上，不必再为程序在不同系统软件上的移植而重复工作，从而大大减少了技术上的负担。

中间件带给应用系统的，不只是开发的简便、开发周期的缩短，也减少了系统维护、运行和管理的工作量，还减少了计算机总体费用的投入。

由于标准接口对于可移植性和标准协议对于互操作性的重要性，中间件已成为许多标准化工作的主要部分。对于应用软件开发，中间件远比操作系统和网络服务更为重要，中间件提供的程序接口定义了一个相对稳定的高层应用环境，不管底层的计算机硬件和系统软件怎样更新换代，只要将中间件升级更新，并保持中间件对外的接口定义不变，应用软件几乎不需任何修改，从而保护了企业在应用软件开发和维护中的重大投资。

基于中间件的物联网终端体系结构如图 1-10 所示。

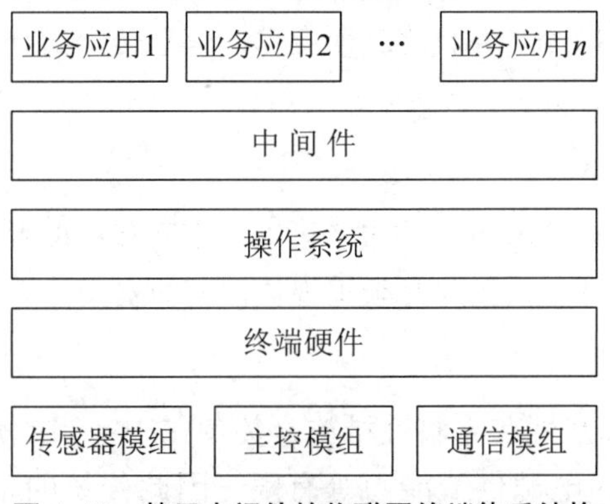

图 1-10　基于中间件的物联网终端体系结构

中间件大致可以分为六类：终端仿真 / 屏幕转换中间件、数据访问中间件、远程过程调用中间件、消息中间件、交易中间件、对象中间件。

物联网终端主要由传感器模组、主控模组和通信模组组成。中间件主要加载在主控模组上，这样可以加强终端管理功能。中间件对终端提供统一的接入规范，在通信层面屏蔽不同终端和外设传输协议的差异，从而实现标准化。

通过中间件可以实现物联网终端业务的灵活扩展，与业务需求完全独立实现，可以为物联网终端协议增加或删除协议栈。

1.5　物联网系统的安全特征

物联网系统安全，指物联网系统可以连续地、可靠地和正常地运行，服务不会中断，物联网系统中的软件、硬件和系统中的数据受到保护，不受人为的恶意攻击、破坏和更改。

感知信息的多样性、网络环境的复杂性和应用需求的多样性，使物联网安全面临新的严峻的考验。信息和网络安全的目标是保证被保护信息的机密性、完整性和可利用性。物联网以数据为中心且与应用密切相关，这一特征决定了物联网总体安全目标要达到机密性，避免攻击者读取机密信息；物联网系统应具有数据鉴别能力，避免节点被注入虚假信息；物联网系统应具有设备鉴别能力，避免非法设备接入物联网；物联网系统应保证数据完整性，校验数据是否被修改；物联网系统还应具有可用性，保证系统的网络服务无论在任何时间都可以提供给合法的用户。

1.5.1 传统网络面临的安全威胁

物联网是基于互联网技术将设备连接起来的一个综合性网络，因此，互联网技术是物联网的基础，互联网的安全直接关系到整个物联网的安全。互联网安全问题涉及网络设备基础安全、网络安全、Web安全和基于Web应用的安全等各个方面，包括编码安全、数据帧安全和密钥管理与交换等。

1. 编码安全

由于任意一个标签的标识或识别码都能被远程主机任意地扫描，标签可能会自动地、不加区分地回复读写器的指令，并且将其所存储的信息传输给读写器，因此编码的安全性必须引起重视。

2. 数据帧安全

由于在互联网信息传输环境下，攻击者可能会窃听和截取数据帧的内容，获取相关的信息，并为进一步攻击做准备，因此必须重视数据帧的安全。

3. 密钥管理与交换

在互联网中实施的机密性和完整性措施，关键在于密钥的建立和管理过程，由于物联网中节点的计算能力和电源供给能力等有限，因此传统的密钥管理方式不适用于物联网。

1.5.2 物联网面临的安全威胁

根据物联网本身的特点，物联网除了面临传统网络的安全问题以外，还存在着一些有别于现有互联网安全的特殊安全问题。这是因为物联网是由大量的传感器等设备构成的，缺少人对设备的有效监控，并且物联网设备种类繁多、数量庞大。

1. 点到点消息认证

由于物联网可以代替人完成一些复杂、危险和机械的工作，物联网传感器和设备往往部署在无人监控的场景中，因此攻击者可以轻易接近这些设备，从而对它们进行破坏，甚至通过本地操作更换机器的软硬件，使得物联网中可能存在大量的恶意节点和已经损坏的节点。

2. 重放攻击

在物联网的标签体系中，无法证明信息已经传递给读写器，攻击者可以获得已认证的身份，从而获得相应的服务。

3. 拒绝服务攻击

一方面，物联网以域名服务（Domain Name Service，DNS）技术为基础，同样继承了DNS技术的安全隐患；另一方面，由于物联网中节点数量庞大且以集群方式布置，因此在传输数据时，大量机器的数据传输会引发网络拥塞，形成拒绝服务攻击。另外，攻击者广播Hello信息，或者利用通信机制中的优先级策略、虚假路由等协议安全漏洞，同样可以发起拒绝服务攻击。

4. 篡改或泄露标签数据

攻击者一方面可以破坏标签数据，使得物品服务无法正常使用；另一方面可能会窃取标签数据，获得相关的服务，为进一步攻击做准备。

5. 权限提升攻击

攻击者可以通过协议漏洞或物联网的其他脆弱环节，获得高级别服务，甚至控制物联网其他节点的运行。

6. 业务安全

传统的认证是区分不同层次的，例如，网络层的认证负责网络层的身份鉴别，业务层的认证负责业务层的身份鉴别，二者独立存在。然而在物联网体系中，在多数情况下，设备都有专门的用途，其业务应用与网络通信紧密地捆绑在一起。由于网络层的认证是必不可少的，因此业务层的认证机制就不再是必需的，而是根据业务由谁来提供和业务的敏感程序来设计。

7. 隐私安全

在物联网系统中，每一个人包括其拥有的每一个物品都将随时随地连接到网络上，随时随地被感知，在这样的网络环境下，如何确保信息的安全性和隐私性，防止个人信息、业务信息和物品丢失或被他人盗用，将是物联网发展过程中需要解决的技术难题之一。

1.5.3　物联网系统的安全特征

物联网系统除了面临传统网络安全威胁以外，还具有一些特殊的安全问题。从物联网的信息处理过程来分析，感知信息经历了采集、汇聚、融合、传输、决策和控制等过程，整个信息处理的过程体现了物联网安全的特征和要求。因此，物联网安全与传统网络安全存在较大的差别。

物联网系统的安全特征如图 1-11 所示。

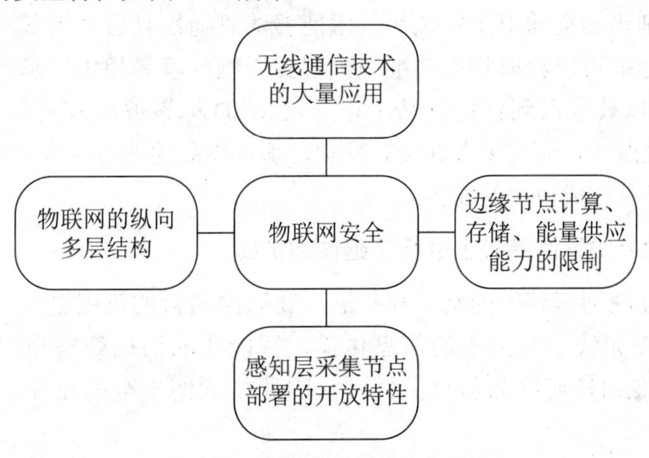

图 1-11　物联网系统的安全特征

1. 设备、节点无人看管，容易受到黑客操纵

物联网常用来替代人完成一些复杂、危险和机械的工作。在这种工作环境下，物联网中的设备、节点均无人看管。因此，攻击者很容易就能接触到这些设备，从而对设备或者嵌入其中的传感器节点进行破坏。攻击者甚至可以通过更换设备的软硬件，对物联网进行非法操控。例如，在远距离电力输送过程中，供电企业可以使用物联网来远程操控一些供电设备。由于缺乏看管，攻击者有可能使用非法装置来干扰这些设备上的传感器。假如供电设备的某些重要工作参数被篡改，其后果不堪设想。

2. 信息传输主要靠无线通信方式，信号容易被窃取和干扰

物联网的信息传输中一般采用无线传输方式，暴露在空中的无线电信号很容易成为攻击者窃取和干扰的对象，这会对物联网的信息安全产生严重的威胁。例如，目前的第二代身份证都嵌入了RFID标签，在使用过程中，攻击者可以通过窃取、感知节点发射的信号来获取所需要的信息，甚至是用户的隐私信息，并据此来伪造身份，其后果非常严重。又如，攻击者可以在物联网无线信号覆盖区域内，通过发射无线干扰信号，使无线通信网络无法正常工作，甚至瘫痪。再如，在物流运输过程中，嵌入物品中的标签或读写设备的信号受到恶意干扰时，很容易造成一些物品丢失。

3. 基于低成本的设计，传感器节点通常是资源受限的

在物联网的实际应用中，通常需要部署大量的传感器，以充分覆盖特定区域。对于已经部署的传感器，一般不会进行回收或维护。因为具有数量多和一次性的特点，传感器必须具有较低的成本，只有这样，大规模使用才可行。为了降低成本，传感器通常是资源受限的。传感器一般体积较小，而且能量、处理能力、存储空间、传输距离、无线信号频率和带宽等都是受限的。由于上述原因，传感器节点无法使用比较复杂的安全协议，因此传感器设备或节点无法拥有较强的安全保护能力。攻击者针对传感器的这一弱点，可以采用连续通信的方式来使节点的能量耗尽。

4. 物联网中的物品的信息能够被自动地获取和传送

物品的感知是物联网应用的前提。物品与互联网相连接后，通过射频识别（RFID）、传感器、二维识别码和全球卫星定位等技术能够随时随地且自动地获取物品的信息。因此，人们随时随地都可以获取物品的准确位置和周围环境等相关信息。在物联网的应用中，RFID标签可以被嵌入到任何物品中。一旦RFID标签被嵌入到人们的生活用品中，如嵌入到帽子或衣服中，而使用者并没有察觉，那么物品的使用者将会被定位和跟踪，这无疑会对个人的隐私构成极大的威胁。

5. 物联网在原有的网络基础上进行了延伸和扩展

物联网是在互联网基础上的延伸和扩展。物联网覆盖的范围更加广泛，涵盖无处不在的数据感知、以无线信号为主的信息传输、智能化的信息处理和广泛的应用，用户端可以延伸和扩展到任何物品与物品之间。因此物联网安全的设计、部署和管理更为困难。

1.6　物联网安全体系结构

物联网安全的总体需求是物理安全、信息采集安全、信息传输安全和信息处理安全的综合，物联网安全的最终目标是确保信息的机密性、完整性、真实性和网络的容错性。

结合物联网的分布式连接和管理（Device Connect Manage，DCM）模式，可以得出物联网的安全体系结构，如图 1-12 所示。

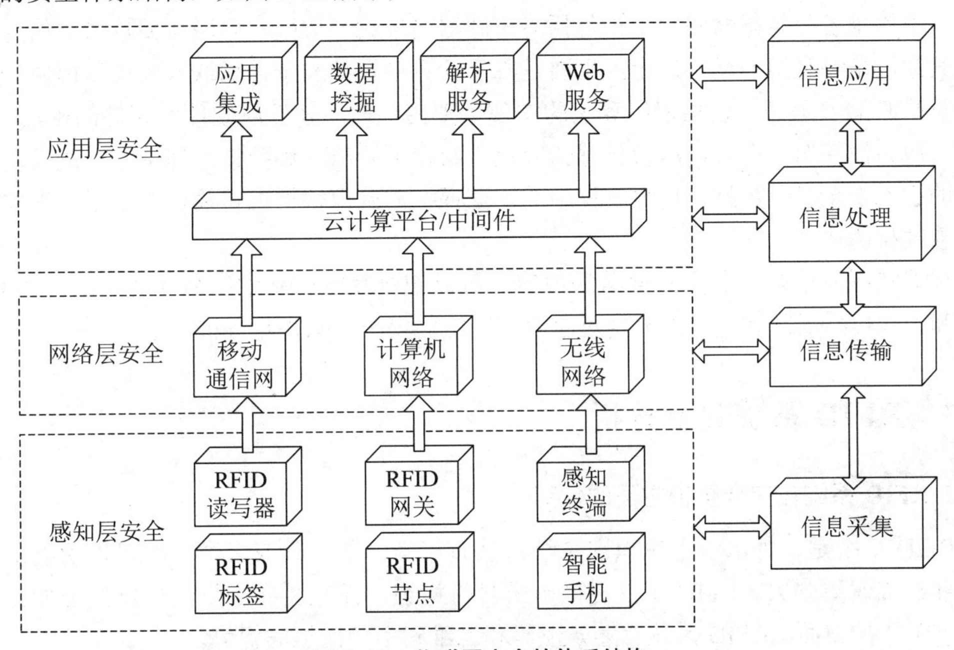

图 1-12　物联网安全的体系结构

正如前面所述，物联网的三个基本特征是全面感知、可靠传输和智能处理。

虽然人们对物联网的概念有多种不同的描述，但其内涵基本相同。因此，在分析物联网安全性时，也相应地将其分为三个层次，即感知层安全、网络层安全和应用层安全。在物联网的综合应用方面，应用层是对智能处理后的信息的利用。尽管在某些物联网安全框架中，将信息处理安全与信息应用安全分开进行分析，但是从物联网系统的整体信息安全角度考虑，将二者的安全问题统一到应用层，更容易建立物联网安全体系结构。

1.7　感知层安全分析

物联网感知层的任务是实现智能感知外界信息的功能。感知层也称为原始信息收集层，包括信息采集、信息、捕获和物体识别。该层的典型设备包括射频识别装置、各类传感器（如红外、声音、温度、湿度、速度等）、图像捕捉装置（摄像头）、卫星导航系统（GPS、北斗卫星导航系统等）、激光扫描仪、环境检测仪和地震监测仪等。这些设备所收集的信息一般都具有明确的目的，所以在传统观念中这些信息直接被处理并进行应用。例如，公路边摄像头捕捉的视频信息直接用于交通监控。然而，在物联网应用中，多种类型的感知信息可能会同时处理，综合应用，甚至不同感应信息的结果会反馈给控制方，产生控制和调节行为。例如，湿度传感器收集到的湿度信息，可能会导致温度或光照程度的调节。同时，物联网应用强调的是信息共享，这是物联网区别于传感网的最大特点之一。又如，交通监控的录像信息可能同时被用于公安侦破、城市规划、环境监测等领域。因此，由什么部门来统一处理这些信息将直接影响应用的有效性。为了使这些信息能够被不同的应用领域共同分享并有效使用，应该有一个综合物联网信息处理平台，这就是物联网的智能应用层。物联网感知的所有信息，都需要传输到该信息处理平台中。

物联网的安全状况，主要体现在其体系结构的各个要素中。首先，是物联网的物理安全，主要是各类传感器的安全，包括对传感器的干扰、屏蔽、电磁泄漏攻击、信道攻击等；其次，是物联网的运行安全，主要是各个计算模块的安全，如嵌入式计算模块、服务器计算中心的安全等，包括密码算法的实现、密钥管理（软件或硬件所存储的密钥）、数据接口和通信接口管理等，涉及传感器节点、数据汇聚节点和数据处理中心；最后，是物联网的通信安全，即数据在传输过程中的安全保护，确保数据在传输过程中不会被非法窃取、篡改和伪造。

根据物联网感知层安全所涵盖的内容，可以把物联网的感知层分为两大类，即 RFID 系统和无线传感器网络。以下分别对这两类网络的安全技术进行分析。

1.7.1 RFID 系统安全分析

1. RFID 系统在安全防护方面的优势

RFID 系统是一种电子身份识别系统，性质相当于条形码或二维码，但是功能却比条形码和二维码更强大。RFID 不仅提供电子身份标识，而且具有少量的计算处理能力，因此在安全防护方面，RFID 系统有着条形码和二维码不可比拟的优势。

RFID 系统一般包括一个或多个 RFID 电子标签，一个或多个读写器和一个后台数据库。读写器通过与后台数据库的交互，判断标签所提供的数据是否真实，RFID 标签也可以通过一些安全机制识别试图读取数据的读写器是否合法。RFID 标签与读写器之间的通信距离很短。尤其是无源标签，通常与读写器之间的通信距离只有几十厘米。而有源标签与读写器之间的通信距离，通常也仅有几十米，而且在很短的时间内就可以完成数据通信。

2. RFID 系统面临的安全问题

RFID 系统与无线传感器网络有着本质的区别。无线传感器网络传输的是采集到的环境信息，包括传感器自己的身份信息，而 RFID 标签传输的仅是身份标识信息。从表面上看，似乎 RFID 系统的工作机制要简单得多，然而实际情况却并非如此。原因是 RFID 系统面临着以下安全问题。

（1）非法复制。对于条形码或者二维码，非法复制非常容易实现，而 RFID 系统同样也会面对非法复制问题，但是 RFID 系统应有能力对抗非法复制。

（2）非法跟踪。非法读写器可能试图对合法的 RFID 标签进行访问，以获取合法 RFID 标签的身份标识，从而判断该标签是否与在其他位置读取的 RFID 身份信息属于同一个标签。这种攻击的目的在于对某些标签实施跟踪。

（3）近距离攻击。攻击者同时使用一对非法的 RFID 标签和读写器来实施攻击。首先使用非法的读写器接近一个合法的 RFID 标签，然后将该合法标签的数据传给远方的非法标签。该非法标签试图接近一个合法读写器，将非法读写器传来的信息发送给它，并将该合法读写器返回的任何信息传给远方的非法读写器返回给它所接近的合法标签。通过这种攻击方式，将远处的合法标签与合法读写器连接起来，看起来就像二者在真正地交互一样，从而试图通过认证。这种攻击行为是近年来提出的，其目的是通过 RFID 标签非法进入物联网系统。

RFID 标签的主要用途是识别某个账户或者某个物品，并且能够在数据库中记录该账户或该物品的相关信息。非法复制是攻击者希望实现的，通过一些密码技术和物理保护措施可以有效防止非法复制，至少可以使非法复制的成本大大提高；即使不能非法复制，追踪 RFID 标签也是一种重要的攻击手段。因此，隐私保护是 RFID 系统安全的重要部分。此外，近年来提出的近距离攻击也对 RFID 系统安全提出了新的挑战。

3. RFID 系统安全技术

针对以上所描述的 RFID 系统的安全问题，其安全技术可以归纳如下。

（1）信息加密技术。通过信息加密技术，将 RFID 标签的机密信息存储在一个抗破解的硬件区域，可以有效地防止标签复制。同时，RFID 标签与读写器之间的信息交互过程也需要精心设计，否则在信息交互过程中可能出现信息泄露。

（2）身份隐私保护技术。通过加密措施，使标签提供给读写器的标识数据每次都产生变化，掌握机密信息的数据库可以识别该标签，但是非法截获数据的攻击者则无法识别这些不同的身份标识之间是否存在关联，这样就避免标签被非法读写器识别，从而提供隐私保护机制。

（3）抗近距离攻击技术。近年来，研究者们针对近距离攻击技术提出了许多解决方案，但是这些方案需要经过较长时间的实践考验，才能确认是否可行，因此针对这种攻击行为的研究尚停留在实验室阶段。

1.7.2 无线传感器网络安全分析

当感知信息从传感器采集以后但尚未传输到网络层之前，可以把传感器网络本身（由各种传感器构成的网络）看作感知的部分。感知信息的传输要通过一个或多个与外部网络相连接的传感节点，这些节点称为网关（gateway）节点或汇聚（sink）节点。所有与传感网内部节点的通信，都需要经过网关节点与外部网络联系。因此，在物联网的感知层，仅需要分析无线传感器网络本身的安全性。

1. 无线传感器网络面临的安全威胁

典型的传感器网络是无线传感器网络，解决传感器网络安全的目标也应针对无线传感器网络，因为适合无线传感器网络的安全技术对有线传感器网络同样适用。下面分别对无线传感器网络所面临的常见安全威胁进行分析。

（1）遭受非法用户的入侵。

无线传感器网络最容易遭受的是非法用户的入侵，即使入侵失败，攻击者反复地尝试入侵的过程，也可以造成对传感器节点的拒绝服务攻击。原因是无线传感器终端节点的资源有限，特别是采用电池供电的传感器节点，在不断对攻击者进行认证的过程中将会产生大量额外的功耗，从而造成电能耗尽。另外，在接收入侵请求的过程中，也可能造成自身计算超负荷而导致拒绝服务攻击。对于汇聚节点，通常在能耗上没有太多的限制，绝大多数汇聚节点都可以保证电能的供应，但是由于其设计目标是服务于少数传感器节点的，并且每一个传感器节点与汇聚节点之间的通信量一般都有限，因此汇聚节点应对拒绝服务攻击的能力很弱，在拒绝服务攻击下很容易导致计算资源耗尽。有时候，造成网络服务器受到攻击的原因不一定是拒绝服务攻击，可能是入侵尝试过程造成的拒绝服务攻击。当物联网被接入互联网，成为物联网系统的一部分时，受到拒绝服务攻击的概率将会大幅提高。因此，感知层能否抵抗拒绝服务攻击，应作为一个物联网系统是否健康的重要指标，这也是物联网安全所面临的重要挑战。

（2）被攻击者非法捕获。

由于无线传感器网络所处的环境一般都具有公开性，因此容易被攻击者非法捕获。最容易捕获的是传感节点发出的信号，不需要知道它们的预置密码和通信密码，只需要鉴别传感节点的种类即可。例如，检查传感节点是用于检测温度还是用于检测噪声等。有时候这种分析对攻击者也很有用。因此，安全的传感器网络应该具有保护其工作类型的安全机制。

（3）被攻击者剖析密钥。

攻击者不仅可以捕获无线传感器数据，而且可以捕获无线传感器网络的物理实体，然后进行离线分析。例如，将数据带回实验室进行深入剖析，这样就有可能得到传感器所用的密钥信息，从而恢复该传感器之前的所有通信数据，甚至非法复制传感器，添加到无线传感器网络上发送虚假数据。

（4）对汇聚节点的攻击。

攻击者对无线传感器网络更为严重的攻击是对汇聚节点的攻击。如果攻击者能够控制汇聚节点，则不仅能得到所有该汇聚节点所服务的传感节点所上传的数据，而且可以任意制造虚假数据，甚至蒙骗数据处理中心和感知终端。攻击者对汇聚节点的安全性分析，不一定需要到实验室进行硬件剖析，更多的是根据传感器网络所使用的认证安全技术，通过协议漏洞和其他方面可能的漏洞分析，找到成功入侵的机会。一旦入侵成功，就可以对汇聚节点实施所有可能的攻击，如解密数据、捏造虚假数据等，并有可能导致服务器端的混乱。

2. 无线传感器网络的安全技术

针对以上所描述的安全威胁，无线传感器网络的安全技术可以归纳如下。

（1）节点认证。这主要包括普通传感器节点之间、普通传感器节点与汇聚节点之间的单向和双向认证，从而确保信息的来源和去向正确，防止假冒攻击。

（2）消息机密性。消息机密性主要指保护数据不被非法截获者获知。在实施过程中，需要考虑密钥管理问题。在无线传感器网络中使用公钥系统是不现实的，因为公钥系统所消耗的计算资源过多，而且公钥基础设施在传感器网络中无法运转。假如使用对称密钥，无论是给每一个传感节点赋一个单独的密钥，还是让一个传感器网络内的所有节点共享一个预置密钥，都是现实中需要考虑的问题。

（3）数据完整性。数据完整性指保护传输的数据不被非法修改，同时可以有效地拒绝攻击者制造的假信息。

（4）数据新鲜性。在互联网中数据的新鲜性保障不是很强，在无线传感器网络中则需要保障数据的新鲜性。一方面，传感器上传的数据具有很高的时效性甚至实时性；另一方面，从数据中心传给传感节点的消息通常都是重要的控制指令，如果仅仅保证机密性和完整性，并不能完全满足要求。因为简单的重放攻击可以通过消息机密性和数据完整性验证，可能造成很大的问题，例如，控制开关的开启或者关闭指令的重放，就有可能导致非常严重的后果。

（5）安全路由。安全路由在一些无线传感器网络中非常重要，但并不是所有的无线传感器网络都需要安全路由。许多物联网无线传感器网络根本就不需要路由，感知节点可以直接将感知数据传送给汇聚节点。

（6）密钥管理。尽管无线传感器网络大多使用对称密钥技术，但是在资源有限的环境下，对密钥的有效和安全管理同样具有技术挑战性。在汇聚节点和感知终端节点使用同一个密钥，虽然有利于物联网系统的搭建，但是只要攻击者控制传感器网络中任意一个感知节点，则整个无线传感器网络将不再具有安全性；如果在每个感知节点使用不同的密钥，则会增加汇聚节点的计算工作量，因为汇聚节点需要管理所有节点对应的密钥。此外，汇聚节点处于相对公开的环境，容易遭受入侵甚至物理攻击，因此这些与感知节点共享的密钥，无论是长期保存还是临时存放，都是对物联网安全技术的挑战。

（7）抗拒绝服务攻击。拒绝服务攻击并不是互联网独有的，在无线传感器网络中实施拒绝服务攻击更加容易。每当出现某个访问请求时，接收节点就对该请求进行一系列的认证，许多同类请求导致许多次重复认证，对一个处理能力不强的汇聚节点来说，很容易造成计算超出负荷，从而导致拒绝服务；对于计算能力更弱的一个普通传感节点来说，则更容易导致瘫痪，甚至电能耗尽。对于传感节点来说，对抗拒绝服务攻击的有效手段是采取适当的睡眠机制。但是对于汇聚节点来说，睡眠机制是否有效还有待进一步的研究。

1.7.3　感知层安全机制

在物联网感知层，需要提供消息机密性、数据完整性和认证等安全机制，然而物联网感知层的感知节点受资源所限，常常只能执行少量的计算和通信任务。特别地，对于一些资源非常受限的感知节点（包括 RFID 标签），如何提供所需要的安全机制面临着诸多技术挑战。为此，针对物联网感知层的安全，需要轻量级加密算法和轻量级安全认证协议。

1. 轻量级加密算法

随着移动电子设备的普及和 RFID、无线传感器网络等技术的发展，越来越多的应用需要解决相应的安全问题。但是，相对于传统的台式和高性能计算机，移动设备的资源环境通常有限，存在计算能力较弱、计算时可以使用的内存空间较少、能耗有限的问题。传统的加密算法并不能很好地应用于这种环境，这样就使得资源受限环境下加密算法的研究成为当前的一个热点。适用于资源受限环境下的加密算法称为轻量级加密算法。

轻量级加密算法与传统加密算法互相促进，互相影响。一方面，传统加密算法为轻量级加密算法的设计与安全性分析提供了理论依据和技术支持；另一方面，轻量级加密算法的“轻量级”特点，使传感器网络的安全性分析能够更加深入、全面地展开。在这个过程中，可能会出现新的问题，从而促进加密算法和安全技术的发展。

物联网的感知层安全需要轻量级加密算法，以适应资源受限的感知节点的环境需求。然而，到底什么是轻量级并没有严格的定义，也很难给出严格的定义。根据国际 RFID 标准委员会的规定，RFID 标签需要留出 2000 个门电路和相当的硬件资源用于加密算法的实现。因此，研究者通常把轻量级加密算法定义为那些在 2000 个门电路硬件资源之内可以实现的加密算法。准确地说，2000 个门电路硬件资源仅仅是一个供参考的性能技术指标，实际上，轻量级加密算法允许有不同的性能技术指标，某些传感节点对硬件资源的限制可能更为苛刻，而另一些传感节点则允许使用更多的硬件资源。

基于物联网技术的发展，近年来轻量级加密算法引起了业界的广泛关注。轻量级加密算法逐步从实验室迈向实用阶段。轻量级加密算法设计的关键问题是处理安全性、实现代价和性能之间的平衡。有些研究者针对已有的标准分组密码算法，如 AES 算法和 IDEA 算法等，进行高度优化并面向硬件资源尝试简化实现，希望将硬件资源需求降低到 RFID 系统所允许的范围之内，然而效果并不理想；有些研究者对传统加密算法稍做修改，使其适用于轻量级环境，例如，在 DES 算法的基础上对 S 盒加以改进产生了 DESL 算法；还有些研究者提出一些专门为低资源环境设计的分组加密算法，如 PRESENT 算法和 CLEFIA 算法等。

虽然目前已经提出了许多种轻量级加密算法，但是其安全性和可靠性还有待时间考验。KATAN 密码在发表之后不到两年的时间就已经被破译，还有一些轻量级加密算法的整体结构和算法设计有待进一步优化。因此，轻量级加密算法的商业化应用可能还需要一些时间，尤其是对轻量级加密算法的标准化需要谨慎对待，因为标准化后的轻量级加密算法可能无法适应众多感知环境的需求。

2. 轻量级认证技术

认证技术通过基础服务设施的形式将用户身份管理与设备身份管理关联起来，以实现物联网中所有人员和接入设备的数字身份管理、授权、追踪，以及传输消息的完整性保护，这是整个物联网的安全核心和命脉。

轻量级认证技术可以分为两类，一类是对消息本身的认证，通常使用消息认证码，目的是提供消息完整性认证，使得接收方能够验证消息是否在传输过程中被修改；另一类是认证协议，用于对通信双方身份的确认，通常使用挑战–应答协议。身份认证协议通常伴随着会话密钥的建立，在移动通信中的认证协议称为 AKA（Authentication and Key Agreement）协议。

1.8 网络层安全分析

1.8.1 网络层面临的安全挑战

物联网的网络层主要用于把感知层收集到的信息安全可靠地传输到应用层，然后根据不同的应用需求进行信息处理，即网络层主要提供信息传输所用的网络基础设施，包括互联网、移动通信网和一些专用网络。在信息传输过程中，可能需要在一个或多个不同架构的网络中进行信息交换。例如，手机与固定电话机之间的通话就是一个典型的跨网络架构的信息传输实例。在传统的信息传输过程中，跨越不同类型网络的信息传输很常见，在物联网环境下，这种传输方式变得更为典型，并且很可能在传输过程中产生信息安全隐患。

物联网网络层涉及移动通信网、国际互联网和无线网络等多种网络环境。

移动通信网的发展早已超越了提供语音服务的原始用途。以智能手机为代表的移动设备的普及，也给移动通信网不断地提出新的需求。目前移动通信网所提供的服务主要包括移动互联网、多媒体服务、互动游戏、网络聊天等。因此，对移动通信网的攻击也远远超越了窃听语音的范围。

在物联网中，当前的IPv4网络和下一代的IPv6网络都是物联网信息传输的核心载体，绝大多数信息要经过互联网传输。传统的互联网受到的拒绝服务攻击（DoS攻击）和分布式拒绝服务攻击（DDoS攻击）依然存在，因此需要有更好的防范措施和灾难恢复机制。由于物联网所连接的终端设备的性能和对网络的需求存在着巨大差异，抵抗网络攻击的能力也存在很大差别，因此很难设计通用的安全方案，需要针对不同的网络安全需求采取不同的解决方案。

物联网中感知层所获取的感知信息通常由无线传感器网络传输到系统，与互联网相比，恶意程序在无线网络环境和传感器网络环境下有很多入口。对这些暴露在公共场所之中的信息，如果不进行合适的保护，就很容易被入侵。例如，类似蠕虫病毒的恶意代码一旦入侵成功，其隐蔽性、传播性和破坏性等就更加难以防范，将直接影响物联网系统的安全性。物联网建立在互联网基础之上，对互联网高度依赖，在互联网中存在的各种危害信息安全的因素，在一定程度上同样也会对物联网造成危害。随着物联网的发展，病毒攻击、黑客入侵、非法授权访问等都会对物联网用户造成损害。

总之，传统的互联网网络环境遭遇到前所未有的安全挑战，而物联网网络层所处的网络环境也同样存在安全隐患。与此同时，由于不同架构的网络需要相互连通，因此在跨网络架构的安全认证方面面临着更大的挑战。

1.8.2　网络层安全分析

在网络层，异构网络的信息交换将成为安全性的脆弱点，尤其是在网络认证方面，难免出现中间人攻击和其他类型的攻击。针对这些攻击，需要有更高层的安全防护措施。如果仅仅考虑互联网、移动网络及其他专用网络，物联网网络层对安全的需求可以概括如下。

（1）数据机密性。数据机密性，指网络层需要保证数据在传输过程中不泄露其内容。

（2）数据完整性。数据完整性，指网络层需要保证数据在传输过程中不被非法篡改，或者非法篡改的数据很容易被检测出来。

（3）数据流机密性。数据流机密性，指在网络层，需要对数据流进行保密。

（4）分布式拒绝服务攻击的检测与预防。物联网网络层需要解决如何对脆弱节点的分布式拒绝服务攻击进行防护。

（5）跨区域、跨网络认证机制。该机制包括不同无线网络所使用的跨区域认证、跨网络认证机制。

1.8.3 网络层的安全机制

物联网网络层的安全机制，可以分为端到端的机密性和节点到节点的机密性两种类型。

端到端的机密性，需要建立以下安全机制：端到端认证机制、端到端密钥协商机制、密钥管理机制和机密性算法选择机制等。在这些安全机制中，可以按需增加数据完整性服务。

节点到节点的机密性，需要用到节点间的认证和密钥协商协议，这一类协议要重点考虑效率因素。机密性算法的选择和数据完整性服务，可以根据需求选取或省略。由于存在跨网络架构的安全需求，因此需要建立不同网络环境的认证衔接机制。此外，根据应用层的不同需求，网络传输模式又可分为单播通信、组播通信和广播通信。针对不同类型的通信模式，也应具备相应的认证机制和机密性保护机制。

1.9 应用层安全分析

1.9.1 云计算平台

1. 云计算平台概述

物联网应用层的任务就是对感知数据进行处理与应用。从物联网的行业应用方面分析，应用层必须是具有一定规模的信息处理中心和应用平台，否则无法支撑物联网的各种行业应用。为了支持物联网产业的发展，目前许多国家和地区都建立了自己的云计算平台，因此物联网应用层的安全机制主要是针对云计算平台来说的。

作为物联网应用层基础设施的云计算平台，应当具有处理海量数据的能力。云计算平台除了需要具有强大的信息处理能力以外，还必须具有备份和抗击灾害等能力；云计算平台应能够应对大量不同用户的访问，而这种访问不同于普通的网站访问，需要为用户提供私有数据空间和私有计算处理能力，因此虚拟化成为云计算的典型特征；云计算平台将难免遭受各类网络攻击和系统安全的威胁，因此云计算平台还必须具有抗攻击和抗病毒的能力。

2. 云计算面临的安全挑战

云计算的重要特征是智能，智能的技术实现少不了自动处理技术，其目的是使处理过程方便快捷，而非智能的处理手段可能无法应对海量数据。但是在自动处理过程中，对恶意数据特别是恶意代码的判断能力有限，而智能也仅限于按照一定规则进行过滤和判断，因此攻击者很容易避开这些规则。例如，对于垃圾电子邮件的过滤就是一个多年无法彻底解决的棘手问题。制定防御规则时需要考虑尽可能多的攻击手段，而攻击者只需要应对已知的规则。云计算面临的安全挑战主要包括以下几方面。

（1）来自超大量终端的海量数据的识别和及时处理。

（2）智能是否会被敌方利用。

（3）自动是否会变为失控。

（4）灾难控制和恢复能力。

（5）如何杜绝非法攻击。

由于在物联网时代需要处理的信息是海量的，云计算平台也是分布式的，因此当不同性质的数据通过一个云计算平台处理时，这个云计算平台需要多个功能各异的处理平台协同处理。但是首先应该知道将哪些数据分配到哪个处理平台，因此数据的分类是必需的。同时，基于安全性的要求使得许多信息都是以加密形式存在的，因此如何快速有效地处理海量加密数据是智能处理阶段遇到的一个重大挑战。

3. 云计算平台的安全机制

云计算技术的智能处理过程与人类的智能相比仍存在本质的区别，但是计算机的智能判断在速度上是人类智力判断所无法比拟的。因此，基于物联网环境的云计算技术，在智能处理的水平上有望不断提高。换言之，只要智能处理过程存在，就有可能让攻击者躲过智能处理的识别和过滤，从而达到攻击的目的。因此，物联网云计算平台需要具备高智能的处理机制。

如果智能水平很高，那么就可以有效识别并自动处理恶意数据和指令。但是再好的智能也会存在失误的可能，特别是在物联网环境下，即使失误概率非常小，但由于自动处理过程的数据量非常庞大，失误的情况还是难以避免。在处理发生失误而使攻击者成功入侵后，如何将攻击所造成的损失降到最低，并尽快使系统从灾难中恢复到正常工作状态，是物联网智能应用层需要解决的另一个重要问题。

云计算虽然使用智能的自动处理手段，但是同样允许人工干预，而且人工干预在某些时候是必需的。人工干预可能发生在智能处理过程中无法做出正确判断的时候，也可能发生在智能处理过程中出现关键性中间结果或最终结果的时候，还可能发生在出于任何其他原因而需要人工干预的时候。人工干预的目的是使应用层更好地工作。此外，由于来自于人的恶意破坏行为具有很大的不可预测性，因此针对人类的恶意破坏行为，除了采用技术手段以外，还需要依靠严格和科学的管理手段。

为了实现物联网云计算的安全需求，需要提供以下安全机制。

（1）可靠的认证机制和密钥管理方案。

（2）高强度数据机密性和完整性服务。

（3）可靠的密钥管理机制。

（4）密文查询、秘密数据挖掘、安全云计算技术。

（5）可靠和高智能的处理能力。

（6）抗网络攻击，具有入侵检测和病毒检测能力。

（7）恶意指令分析与预防、访问控制及灾难恢复机制。

（8）保密日志跟踪和行为分析、恶意行为模型的建立机制。

（9）具有数据安全备份、数据安全销毁及流程全方位审计能力。

（10）移动设备的识别、定位和追踪机制。

1.9.2 应用层行业应用安全分析

物联网应用层行业应用针对的是某个具体行业的综合性或者个性化的应用业务。行业应用所涉及的安全问题，仅仅通过感知层、网络层、应用层这三层的安全解决方案，仍然有可能无法解决。在这些安全问题中，隐私保护就是一个典型的应用需求。无论是感知层、网络层还是应用层，都没有涉及隐私保护问题，但是它却是物联网特殊应用环境下的实际需求，即应用层的特殊安全需求。其次，物联网的数据共享分多种情况，涉及不同权限的数据访问。最后，物联网应用层还涉及知识产权保护、计算机数据取证、计算机数据销毁等安全需求及相关技术。

1. 应用层行业应用面临的安全挑战

物联网应用层的安全需求和安全挑战主要来自以下几方面。

（1）根据不同访问权限对同一数据库的内容进行筛选。

（2）提供用户隐私信息保护，同时又能正确认证。

（3）解决信息泄露和追踪问题。

（4）进行计算机数据取证。

（5）销毁计算机数据。

（6）保护电子产品和软件的知识产权。

物联网需要根据不同的应用需求给共享数据分配不同的访问权限，并且不同权限访问同一数据时可能得到不同的结果。例如，当道路交通监控视频数据用于城市规划时仅需要很低的分辨率，因为城市规划仅需要了解交通拥塞的大致情况；而监控视频用于交通管制时分辨率需要清晰一些，因为交通管制需要准确地了解交通实际情况，及时发现究竟哪里发生了交通事故，以及交通事故的基本情况等；当监控视频用于公安侦查时可能需要更高的分辨率，以便看清楚嫌疑人的身材和外貌，或者识别汽车牌照等信息。因此，如何以安全方式处理信息是物联网应用中的一项挑战。

在很多情况下，用户信息是认证过程中的必需信息，如何为这些信息提供隐私保护，是一个必须解决的安全问题。

随着商业信息和个人信息的网络化，越来越多的信息被认为是用户隐私信息。需要隐私保护的场景至少应包括以下几种。

（1）移动用户既需要知道自己的位置信息，又不希望非法用户获取该信息。

（2）物联网用户既需要证明自己合法使用某种业务，又不希望别人知道自己在使用这种业务，如金融交易、在线游戏等。

（3）许多物联网业务需要匿名操作，如网络投票。

（4）在医疗管理系统中，需要保存病人的相关信息，以便医生诊病时可以获取正确的病例数据，但又要避免这些病例数据跟病人的身份信息相关联。在应用过程中，主治医生允许知道病人的病历数据。在这种情况下，对隐私信息的保护具有一定的困难，可以通过加密技术对病人病历的隐私信息加以保护。

在互联网环境的商业活动中，无论采用何种技术，都难以避免恶意行为的发生。假如能够根据恶意行为所造成的后果的严重程度给予相应的惩罚，则可以减少恶意行为的发生。在技术上，这需要收集相关的犯罪证据。因此，计算机取证就显得尤为重要。然而计算机取证技术难度较大，原因在于计算机平台种类繁多，包括多种计算机操作系统和智能设备操作系统等。

与计算机取证相对应的是计算机数据销毁。数据销毁的目的是销毁那些在密码算法和密码协议实施过程中所产生的临时中间变量。一旦加密算法和密码协议实施完成，这些中间变量将不再有用，但是这些中间变量如果落入攻击者手中，就有可能为攻击者提供重要的信息，进而提高成功攻击的可能性。因此，这些临时中间变量需要及时从计算机内存和硬盘存储空间中删除。计算机数据销毁技术有可能为计算机犯罪者提供证据销毁工具，从而增大计算机取证的难度。如何在计算机取证与计算机数据销毁之间权衡，也是物联网应用中需要解决的安全问题之一。

2. 应用层行业应用的安全机制

物联网的典型应用是商业应用，在商业应用中存在大量需要保护的知识产权产品，包括专利、商标、软件和电子产品等。在物联网应用中，对电子产品知识产权的保护将会提高到一个新的高度，对相应的安全技术要求也是一项新的挑战。

基于物联网应用层的安全需求和安全挑战，需要实现以下的安全机制。

（1）有效的数据库访问控制和内容筛选机制。

（2）不同应用场景中的隐私信息保护技术。

（3）叛逆追踪和其他信息泄露追踪机制。

（4）有效的数据取证技术。

（5）安全的数据销毁技术。

（6）安全的电子产品和软件的知识产权保护技术。

针对物联网应用层的安全机制，需要提供相应的加密技术，包括访问控制、匿名签名、匿名认证、密文验证、门限密码、叛逆追踪、数字水印和数字指纹技术等。

1.10　本章小结

物联网是通过射频识别器、红外感应器、全球定位系统、激光扫描器等信息传感设备，按照约定的协议，把任何物品与互联网连接起来，从而进行信息交换和通信，以实现对物品的智能化识别、定位、跟踪、监控和管理的一种网络。

物联网具备四个特征：全面感知、可靠传输、智能处理和综合应用。

物联网体系结构分为三个层次：感知层、网络层和应用层。

感知层由传感器节点和接入网关等组成，传感器感知外部世界的温度、湿度、声音和图像等信息，并传送给上层网关，由网关将收集到的信息通过网络层提交给后台处理。当后台将数据处理完毕后，发送执行命令到相应的执行机构，完成对被控对象或被测对象的控制参数调整，或者发出某种信号以实现远程监控。

网络层是物联网的“神经中枢”和“大脑”，用于实现信息传递和处理。网络层包括通信与互联网的融合网络、网络管理中心和信息处理中心等。

应用层主要根据行业特点，借助物联网的技术手段，开发各类行业的应用解决方案，将物联网的优势与本行业的生产经营、信息化管理、组织调度有效结合起来，从而形成各类物联网解决方案，构建智能化的行业应用。

物联网的关键技术很多，主要包括RFID技术、身份认证技术、无线传感器网络技术、M2M技术、全球定位技术、云计算技术、中间件技术、IPv6技术等。

RFID是一种无线通信技术，可以通过无线电信号识别特定目标并读写相关数据，而无须在识别系统与特定目标之间建立机械或者光学接触。

身份认证技术用于识别物联网用户的身份，可以分为基于PKI的身份认证技术和各种生物识别技术，如指纹识别、掌形识别、虹膜识别、视网膜识别、面部识别、签名识别、声音识别等。

无线传感器网络（WSN）是由大量静止的或移动的传感器以自组织和多跳的方式构成的无线网络。它以协作方式感知、采集、处理和传输网络覆盖地理区域内被感知对象的信息，并最终把这些信息发送给网络的所有者。

M2M是机器对机器通信（Machine to Machine）的简称，主要指通过"通信网络"传递信息从而实现机器之间的数据交换，也就是通过通信网络实现机器之间的互连互通。

全球定位系统由空间星座、地面控制和用户设备等三部分构成。全球定位技术能够快速、高效、准确地提供点、线、面要素的精确三维坐标及其他相关信息，具有全天候、高精度、自动化、高效益等显著特点，广泛应用于军事导航、民用交通（如船舶、飞机、汽车等）导航、大地测量、摄影测量、野外考察探险、土地利用调查、精确农业及日常生活（如人员跟踪、休闲娱乐）等不同领域。

云计算是基于互联网相关服务的增加、使用和交付模式，通常涉及通过互联网来提供动态、易扩展且经常是虚拟化的资源。云是对网络、互联网的一种比喻。过去人们往往用云来表示电信网，后来也用来表示对互联网和底层基础设施的抽象。

中间件是一种独立的系统软件或服务程序，分布式应用软件借助这种软件在不同的技术之间共享资源。中间件位于客户机、服务器操作系统之上，管理计算机资源和网络通信，是连接两个独立应用程序或独立系统的软件。相连接的系统，即使它们具有不同的接口，但通过中间件相互之间仍能交换信息。执行中间件的一个关键途径是信息传递。通过中间件，应用程序可以工作于多平台或多操作系统（Operating System，OS）环境。

IPv6是英文Internet Protocol version 6的缩写，其中Internet Protocol译为"互联网协议"。IPv6是IETF设计的用于替代现行版本IP协议（IPv4）的下一代IP协议。IPv6不但解决了网络地址资源数量的问题，而且为除计算机以外的海量传感器接入物联网在数量限制上扫清了障碍。

物联网系统安全指物联网系统可以连续地、可靠地和正常地运行，服务不会中断，物联网系统中的软件、硬件和系统中的数据受到保护，不受人为的恶意攻击、破坏和更改。

互联网技术是物联网的基础，互联网的安全直接关系到整个物联网的安全。互联网安全问题涉及网络设备基础安全、网络安全、Web安全和基于Web应用的安全等各个方面，包括安全编码、数据帧安全、密钥管理与交换等。

物联网的感知层由大量的传感器等设备构成，缺少人对设备的有效监控，并且物联网设备种类繁多、数量庞大，所以物联网还面临其特有的安全威胁，包括点到点消息认证、重放攻击、拒绝服务攻击、篡改或泄露标签数据、权限提升攻击、业务安全和隐私安全等。

物联网感知层安全的特点包括设备、节点无人看管，容易受到物理操纵；信息传输主要依靠无线电信号，信号容易被窃取和干扰；基于低成本的设计，传感器节点通常是资源受限的；物联网中的物品信息能够被自动地获取和传送；物联网在原有的网络基础上进行了延伸和扩展。

物联网安全体系结构包括信息采集安全、信息传输安全、信息处理安全和信息应用安全。

根据物联网感知层安全所涵盖的内容，可以把物联网的感知层分为两大类，即传感器网络和 RFID 系统。针对物联网感知层的安全，需要轻量级加密算法和轻量级安全认证协议。

物联网网络层涉及移动通信网、国际互联网和无线网络等多种网络环境。物联网网络层的安全机制，可以分为端到端的机密性和节点到节点的机密性。

代表物联网应用层的云计算平台，除了需要有能力处理海量数据，还必须具有备份和防灾等能力，能为用户提供私有数据空间和私有计算处理能力，并且具有抗攻击和抗病毒的能力。

物联网的典型应用是商业应用，在商业应用中存在着大量需要保护的知识产权产品，包括专利、商标、软件和电子产品等。针对物联网应用层的安全机制，需要提供相应的加密技术，包括访问控制、匿名签名、匿名认证、密文验证、门限密码、叛逆追踪、数字水印和数字指纹技术等。

复习思考题

一、单选题

1. 早在（　　）年，美国麻省理工学院（MIT）的凯文·阿什顿教授（Kevin Ashton），就已经提出了物联网的概念。

A. 1990　　B. 1991　　C. 1992　　D. 1993

2. 2009 年 8 月，温家宝总理在（　　）视察时提出“感知中国”。

A. 无锡　　B. 杭州　　C. 苏州　　D. 广州

3. 做到“运筹帷幄之中，决胜千里之外”的是（　　）。

A. 物联网　　B. 广域网　　C. 城域网　　D. 局域网

4. 在广义物联网中，不仅包括机器到机器（M2M），也包括（　　）之间广泛的通信和信息的交流。

A. 机器到人（M2P）　　B. 人到人（P2P）

C. 人到机器（P2M）　　D. 以上都是

5. 物联网具备以下的特征：全面感知、（　　）、智能处理、综合应用。

A. 可靠传输　　B. 单向传输　　C. 双向传输　　D. 加密传输

6. 业界广泛认可的物联网体系结构分为（　　）个层次。

A. 3　　B. 4　　C. 5　　D. 7

7. 射频识别技术的英文简写为（　　）。

A. AFID　　B. BFID　　C. RFID　　D. VFID

8. 网络层是物联网的（　　）。

A. 神经中枢和大脑　B. 心脏　C. 四肢　D. 以上都不是

9. 无线传感器网络系统通常包括传感节点、汇聚节点和（　　）。

A. 任务管理节点　B. 任务处理节点　C. 中央管理节点　D. 中央处理节点

10. M2M 平台包括（　　）个模块。

A. 3　B. 4　C. 5　D. 6

11. 无线通信网络不包括（　　）技术。

A. 蓝牙　B. xDSL　C. Wi-Fi　D. 4G/5G

12. 云计算可以提供的三个层次的服务中，IaaS 指（　　）。

A. 基础设施即服务　B. 平台即服务　C. 软件即服务　D. 以上都不是

13. 云计算的主要特点包括（　　）。

A. 超大规模　B. 虚拟化　C. 极其廉价　D. 以上都是

14. 中间件位于（　　）之间。

A. 传感器与操作系统　B. 操作系统与应用软件

C. 传感器与应用软件　D. 终端与无线网络

15. 信息和网络安全的目标是保证被保护信息的（　　）。

A. 机密性　B. 完整性　C. 可利用性　D. 以上都是

16. 传统的互联网安全问题涉及网络设备基础安全、网络安全、Web 安全和基于 Web 应用的安全等各个方面，包括（　　）。

A. 安全编码　B. 数据帧安全　C. 密钥管理与交换　D. 以上都是

17. 物联网面临的安全威胁分为（　　）种。

A. 4　B. 5　C. 6　D. 7

18. 物联网的安全特征可以分为（　　）方面。

A. 3　B. 4　C. 5　D. 6

19. RFID 系统面临的安全问题包括（　　）。

A. 非法复制　B. 非法跟踪　C. 近距离攻击　D. 以上都是

20. 无线传感器网络的安全技术可以归纳为（　　）点。

A. 4　B. 5　C. 6　D. 7

21. 针对物联网感知层的安全，需要（　　）的加密算法。

A. 轻量级　B. 中量级　C. 重量级　D. 以上都可以

22. 云计算面临的安全挑战主要包括（　　）方面。

A. 3　B. 4　C. 5　D. 6

23. 物联网应用层的安全需求和安全挑战主要来自（　　）方面。

A. 3　B. 4　C. 5　D. 6

24. 基于物联网应用层的安全需求和安全挑战，需要实现（　　）种安全机制。

A. 3　B. 4　C. 5　D. 6

25. 针对物联网应用层的安全机制，需要提供相应的加密技术，包括访问控制、匿名签名、匿名认证、密文验证、门限密码和（　　）等。

A. 叛逆追踪　B. 数字水印　C. 数字指纹技术　D. 以上都是

二、简答题

1. 请简述物联网的起源和发展历程。
2. 请简述物联网的定义。
3. 请指出物联网的四个特征。
4. 请画图表示物联网的体系结构，并分别说明每一层实现的功能。
5. 什么是 RFID 技术？
6. 什么是身份认证技术？
7. 生物识别技术主要包括哪些技术？
8. 什么是无线传感器网络技术？
9. 什么是 M2M 技术？
10. 什么是 Wi-Fi 技术？
11. 什么是 WiMAX 技术？
12. 什么是 ZigBee 技术？
13. 什么是蓝牙技术？
14. 什么是全球定位系统？
15. 什么是云计算技术？云计算的主要特点是什么？
16. 什么是中间件技术？
17. 什么是 IPv6 技术？
18. 物联网安全的含义是什么？
19. 传统网络面临哪些安全威胁？
20. 物联网面临哪些特有的安全威胁？
21. 请分析物联网的安全特征。
22. 请画图描述物联网安全的体系结构。
23. 请简要分析无线传感网的安全威胁。
24. 请简要分析 RFID 系统的安全威胁。
25. 请简要说明物联网感知层的安全机制。
26. 请简要说明物联网网络层的安全机制。
27. 请简要说明物联网云计算平台的安全机制。
28. 请简要说明物联网行业应用的安全机制。

第 2 章

物联网系统安全基础

物联网系统安全建构在密码学与安全协议之上，密码学与安全协议是物联网系统安全的核心技术。本章主要介绍物联网系统安全涉及的常用密码算法、密码技术的应用和互联网安全协议等知识，为后续学习打下坚实的理论基础。

2.1 密码学概论

密码学（cryptography）是一门古老而深奥的学科，它以认识密码变换为本质，以加密与解密基本规律为研究对象。cryptography 一词来源于古希腊的 crypto 和 graphen，意思是密写。保密通信的思想和方法早在几千年前就已经有了，埃及人使用特别的象形文字作为密文。随着时间的推移，巴比伦、美索不达米亚和希腊也开始使用一些方法来保密他们的书面信息。对信息进行编码曾被凯撒大帝使用，也曾用于国内外历次战争中，包括美国独立战争、美国内战和两次世界大战。最广为人知的编码机器是德国的 Enigma，第二次世界大战中德国人利用它创建了加密信息。此后，得益于艾伦·图灵（Alan Turing）和 Ultra 计划参与者的努力，终于破译了 Enigma 密码。最初，计算机的研发就是为了破译德国人的密码，人们并没有想到计算机会给今天带来信息革命。近年来，密码学研究之所以十分活跃，主要是因为它与计算机科学的蓬勃发展密切相关；此外，还有电信、金融领域安全和防止日益泛滥的计算机犯罪的需要。在互联网出现之前，密码技术已经广泛应用于军事和民用领域。现在，密码技术应用于计算机网络中的实例越来越多。

2.1.1 密码学的发展历程

密码学的发展历程大致经历了三个阶段：古代加密方法、古典密码和近代密码。

1. 古代加密方法（手工阶段）

这一时期的密码技术源于战争需求，可以说是一种艺术，而不是一种科学。存于石刻或史书中的记载表明，许多古代文明，包括古埃及人、古希伯来人、古亚述人及中国古人都在实践中逐步发明了密码系统。从某种意义上说，战争是科学技术进步的催化剂。人类自从有了战争，就面临着通信安全的需求，密码技术源远流长。古代加密方法的典型代表是公元前 440 年出现在古希腊的隐写术，当时为了安全传送军事情报，奴隶主会剃光奴隶的头发，将情报写在奴隶头上，待头发长长后将奴隶送到另一个部落，再次剃光头发，原有的信息就复现出来，从而实现两个部落之间的秘密通信。

我国古代也早有以藏头诗、藏尾诗、漏格诗及绘画等形式，将要表达的真正意思或“密语”隐藏在诗文或画卷特定位置的记载，一般人只注意诗或画的表面意境，而不会去注意或很难发现隐藏其中的“话外之音”。例如，我画蓝江水悠悠，爱晚亭上枫叶愁；秋月溶溶照佛寺，香烟袅袅绕轻楼（藏头诗，即“我爱秋香”）。

早在公元前2000年就有了密码技术。古希伯来人的一种加密方法是把字母表调换顺序，这样字母表的每一个字母就被映射为调换顺序后的字母表中的另一个字母，这种加密方法称为Atbash。例如，单词security加密后成为hvxfirgb，这是一种代换密码，因为一个字母被另一个字母所代替。这种代换密码称为单一字母替换法，因为它只使用一个字母表，而其他加密方法一次用多个字母表，称为多字母替换法。公元前400年，斯巴达人发明了“塞塔式密码”，即把长条麻布螺旋斜绕在一个多棱棒上，将文字沿木棒的水平方向从左向右书写，写一个字旋转一下，写完一行再另起一行从左向右写，直到写完。解下来后，麻布条上的文字消息杂乱无章、无法理解，这就是密文，但将它绕在另一个同等尺寸的木棒上后，就能看到原始的消息。

后来，凯撒发明了一种近似于Atbash密码的替换字母的方法。当时，没多少人能够第一时间读懂，这种方法提供了较高的机密性。欧洲人在中世纪不断利用新的方法、新的工具和新的实践优化自己的加密方案。到19世纪晚期，密码学已经被广泛应用于军事通信领域。

2. 古典密码（机械阶段）

古典密码的加密方法一般是文字替换，使用手工或机械变换的方式实现。古典密码系统是近代密码系统的雏形，比古代加密方法复杂，变化较小。

随着机械和电子技术的发展，电报和无线通信的出现，加密装置飞速进化。其中，转子加密机是军事密码学上的一个里程碑，这种加密机用机器内不同的转子来替换字母，提供了很高的复杂性，从而很难攻破。

德国的Enigma机是历史上最著名的加密机，如图2-1所示。这种机器有三个转子，一个线路连接板和一个反转转子。在加密过程开始之前，消息产生者将Enigma机配置为初始设置，操作员把消息的第一个字母输入加密机，加密机用另一个字母来代替并把该字母显示给操作员。它的加密机制如下：通过把转子旋转预定的次数用另一个不同的字母来代替原来的字母。因此，如果操作员把T作为第一个字符输入机器中，Enigma机可能会把M作为密文，操作员就把字母M记录下来，然后加快转子的速度再输入下一个字符，每加密一个字符，操作员就加快转子的速度作为一个新的设置。如此重复，直到整个消息被加密。然后，加密后的密文通过电波传输。这种对每个字母有选择性地替换依赖转子装置，因此这个过程的关键和秘密的部分（密钥）在于在加密和解密的过程中操作员怎样加速转子。两端的操作员需要知道转子的速度增量顺序以使得双方能够正确地通信。尽管Enigma机的装置在当时非常复杂，但还是被一组波兰密码学家攻破，从而使英国可以随时了解德国的进攻计划和军事行动。有人说，Enigma机的破译使第二次世界大战缩短了两年。

图 2-1　Enigma 机

3. 近代密码（计算机阶段）

前面介绍了古代加密方法和古典密码，它们的研究还称不上是一门科学。直到 1949 年香农发表了论文《保密系统的通信理论》，首次将信息论引入了密码学，才把已有数千年历史的密码学推向了科学的轨道，奠定了密码学的理论基础。该论文利用数学方法对信息源、密钥源、接收和截获的密文进行了数学描述和定量分析，提出了通用的密钥密码体制模型。

需要指出的是，由于历史的局限，20 世纪 70 年代中期以前的密码学研究基本上是秘密进行的，而且主要应用于军事和政府部门。密码学的真正蓬勃发展和广泛的应用是从 20 世纪 70 年代中期开始的。1977 年，美国国家标准局颁布了数据加密标准（Data Encryption Standard，DES）用于非国家保密机关。该系统完全公开了加密、解密算法，此举突破了早期密码学信息保密的单一目的，使得密码学得以在商业等民用领域广泛应用，从而给这门学科以巨大的生命力。

在密码学发展进程中的另一个值得注意的事件是，1976 年美国密码学家迪菲和赫尔曼在《密码学的新方向》一文中提出了一种崭新的思想：不仅加密算法本身可以公开，甚至加密用的密钥也可以公开。但这并不意味着保密程度的降低。因为如果加密密钥和解密密钥并不一致，则将解密密钥保密就可以了。这就是著名的公钥密码体制。若存在这样的公钥体制，就可以将加密密钥像电话簿一样公开，任何用户希望经其他用户传送一条加密信息时，就可以从这本密钥簿中查到该用户的公开密钥，用它来加密，而接收者能用只有他所具有的解密密钥得到明文，任何第三者都不能获得该明文。1978 年，美国麻省理工学院的里维斯特、沙米尔和阿德曼提出了 RSA 公钥密码体制，它是第一个成熟的、迄今为止理论上最成功的公钥密码体制。它的安全性是基于数论中的大整数因子分解。该问题是数论中的一个难题，至今没有有效的算法，这使得该体制具有较高的保密性。

按照人们对密码的一般理解，密码用于加密信息使其不易被破译，但在现代密码学中，除了信息保密外，还有另一方面的要求，即信息安全体制还要能抵抗对手的主动攻击。所谓主动攻击指的是攻击者可以在信息通道中注入他自己伪造的消息，以骗取合法接收者的相信。主动攻击还可能篡改信息，或者冒名顶替，这就产生了现代密码学中的认证体制。该体制的目的就是保证用户收到一个信息时，能够验证信息是否来自合法的发送者，以及该信息是否被篡改。在许多场景中，如电子汇款，能对抗主动攻击的认证体制甚至比信息保密还重要。

在密码学的发展过程中，数学和计算机科学至关重要。数学中的许多分支如数论、概率统计、近世代数、信息论、椭圆曲线理论、算法复杂性理论、自动机理论、编码理论等都可以在其中找到自己的位置。

密码学成为一门新的学科是受计算机科学蓬勃发展刺激和推动的结果。电子计算机和现代数学方法一方面为加密技术提供了新的概念和工具，另一方面也给破译者提供了强有力的武器。计算机和电子科学时代的到来给密码设计者带来了前所未有的自由，他们可以轻易地摆脱原先用铅笔和纸进行手工设计时易犯的错误，也不用再面对昂贵的电子机械式密码机。总之，利用电子计算机可以设计出更为复杂的密码系统。

2.1.2　密码系统的概念

密码系统又称为密码体制，是能完整地解决信息安全中的机密性、数据完整性、认证、身份识别及不可抵赖等问题中的一个或几个的系统。其目的是让人们能够使用不安全信道进行安全的通信，如图 2-2 所示。

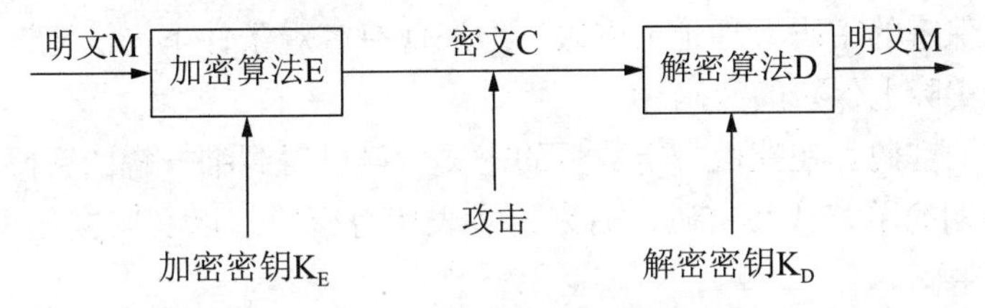

图 2-2　密码系统

一个密码系统由算法及所有可能的明文、密文和密钥组成。因此，一个完整的密码体制应包括五个要素：M、C、K、E、D。

（1）M：明文（Plain-text），是明文的有限集，也称为明文空间。

（2）C：密文（Cipher-text），是密文的有限集，也称为密文空间。它是明文变换的结果。

（3）K：密钥（Key），是一切可能的密钥构成的有限集，也称为密钥空间。

（4）E：加密算法（Encrypt），是一组含有参数的变换。

（5）D：解密算法（Decrypt），加密的逆变换。

密码体制的设计要求应符合 1883 年由柯克霍夫（A.Kerckhoffs）提出的一个重要原则：密码系统中的算法即使为密码分析者所知，也无助于用来推导出明文和密文。

密码体系的加密过程描述：$C=K_E(M)$。

密码体系的解密过程描述：$M=K_D(C)$。

2.1.3 密码学的分类

从不同的角度根据不同的标准，可以把密码分成若干类。

1. 按应用技术或历史发展阶段划分

按应用技术或历史发展阶段可以将密码分为以下几类。

（1）手工密码。以手工完成加密操作或者以简单器具辅助操作的密码，称为手工密码。第一次世界大战前主要采用这种形式的密码。

（2）机械密码。以机械密码机或电动密码机来完成加解密操作的密码，称为机械密码。这种密码从第一次世界大战开始出现，第二次世界大战中得到普遍应用。

（3）电子机内乱密码。通过电子电路以严格的程序进行逻辑运算，以少量制乱元素生产大量的加密乱数，因为其制乱是在加解密过程中完成的，不需预先制作，所以称为电子机内乱密码。这种密码从 20 世纪 50 年代末期开始出现到 20 世纪 70 年代被广泛应用。

（4）计算机密码。计算机密码是一种以计算机软件编程进行算法加密为特点，适用于计算机数据保护和网络通信等广泛用途的密码。

2. 按保密程度划分

按保密程度可以将密码分为以下几类。

（1）理论上保密的密码。不管获取多少密文和有多强的计算能力，对明文始终不能得到唯一解的密码，称为理论上保密的密码，也称理论不可破的密码。如，客观随机一次一密的密码就属于这种类型。

（2）实际上保密的密码。理论上可破，但在现有客观条件下无法通过计算来确定唯一解的密码，称为实际上保密的密码。

（3）不保密的密码。在获取一定数量的密文后可以得到唯一解的密码，称为不保密的密码。例如，早期的单表代替密码，后来的多表代替密码，以及明文加少量密钥等密码，均称为不保密的密码。

3. 按密钥方式划分

按密钥方式可以将密码分为以下几类。

（1）对称式密码。收发双方使用相同密钥的密码，称为对称式密码。传统密码都属于此类。

（2）非对称式密码。收发双方使用不同密钥的密码，称为非对称式密码。例如，现代密码中的公共密钥密码就属于此类。

4. 按明文形态划分

按明文形态可以将密码分为以下几类。

（1）模拟型密码。用以加密模拟信息，如对动态范围之内连续变化的语音信号加密的密码，称为模拟型密码。

（2）数字型密码。用于加密数字信息，对两个离散电平构成 0、1 二进制关系的电报信息加密的密码称为数字型密码。

5. 按编制原理划分

按编制原理可以将密码分为移位、代替和置换三类，以及它们的组合形式。古今中外的密码，不论其形态多么繁杂，变化多么巧妙，都是基于这三种基本原理编制而成的。移位、代替和置换这三种原理在密码编制和使用中相互结合，灵活应用，形成了各种不同的密码算法。

2.2　常用加密技术

加密技术是对信息进行编码和解码的技术，编码是把原来的可读信息（又称明文）译为代码形式（又称密文）的过程，其逆过程就是解码（解密）。常用加密技术分为对称加密算法和非对称加密算法两大类。

2.2.1　对称加密算法

对称加密算法（symmetric algorithm）也称为传统密码算法，指加密和解密使用相同密钥的加密算法。换言之，就是加密密钥能够通过解密密钥推算出来，同时解密密钥也可以通过加密密钥推算出来。而在大多数的对称算法中，加密密钥和解密密钥是相同的，所以也称这种加密算法为秘密密钥算法或单密钥算法。对称算法的安全性依赖密钥的保密，泄露密钥意味着任何人都可以对他们发送或接收的消息解密，所以密钥的保密性对通信性至关重要。此外，每对用户每次使用对称加密算法时，都需要使用其他人不知道的唯一密钥，这会使得收发双方所拥有的密钥数量成几何级数增长，密钥管理成为用户的负担。对称加密算法在分布式网络系统上使用较为困难，主要是因为密钥管理困难，使用成本较高。在计算机系统中广泛使用的对称加密算法有 DES、IDEA 和 AES。

1. DES 算法

美国国家标准局（National Bureau of Standards，NBS）于 1977 年公布了由 IBM 公司研制的一种加密算法，并批准将其作为非机要部门使用的数据加密标准（DES）。DES 自公布以来，一直超越国界，成为国际上商用保密通信和计算机通信最常用的加密算法。当时规定 DES 的使用期为 10 年。后来美国政府宣布延长其使用期，其原因大概有两条：一是 DES 尚未受到严重的威胁，二是一直没有新的数据加密标准问世。DES 超期服役了很长时间，在国际通信保密舞台上活跃了 20 年。

DES 明文按 64 位进行分组，密钥长 64 位，密钥事实上是 56 位参与 DES 运算（第 8 位、第 16 位、第 24 位、第 32 位、第 40 位、第 48 位、第 56 位、第 64 位是校验位，使得每个密钥都有奇数个 1），分组后的明文组和 56 位密钥根据按位替代或交换的方法形成密文组的加密方法。

（1）DES 工作基本原理。

DES 入口参数有三个：key、data 和 mode。其中，key 为加解密密钥，data 为加解密数据，mode 为其工作模式。当模式为加密模式时，明文按照 64 位进行分组，形成明文组，key 用于对数据进行加密；当模式为解密模式时，key 用于对数据进行解密。而在实际运用中，密钥只使用了64位中的56位，这样才具有高安全性。DES工作基本原理如图2-3所示。

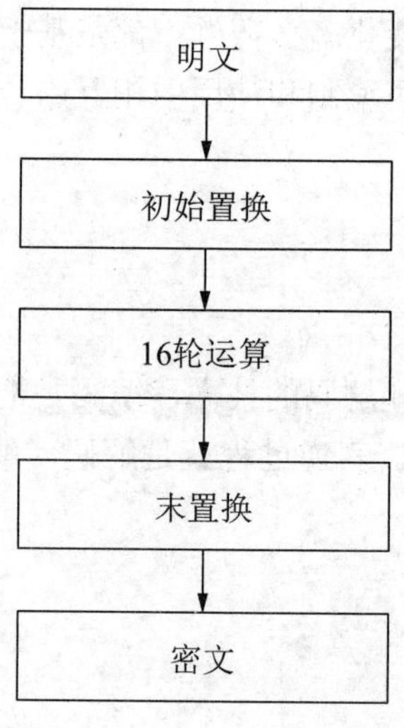

图2-3　DES工作基本原理

（2）DES算法主要流程。

DES算法把64位的明文输入块变为64位的密文输出块，所使用的密钥同样为64位。整个算法的主要流程如图2-4所示。DES算法大致可以分成3部分：初始置换、迭代过程和逆置换，迭代过程中又涉及置换表、函数f、S盒及子密钥生成等。

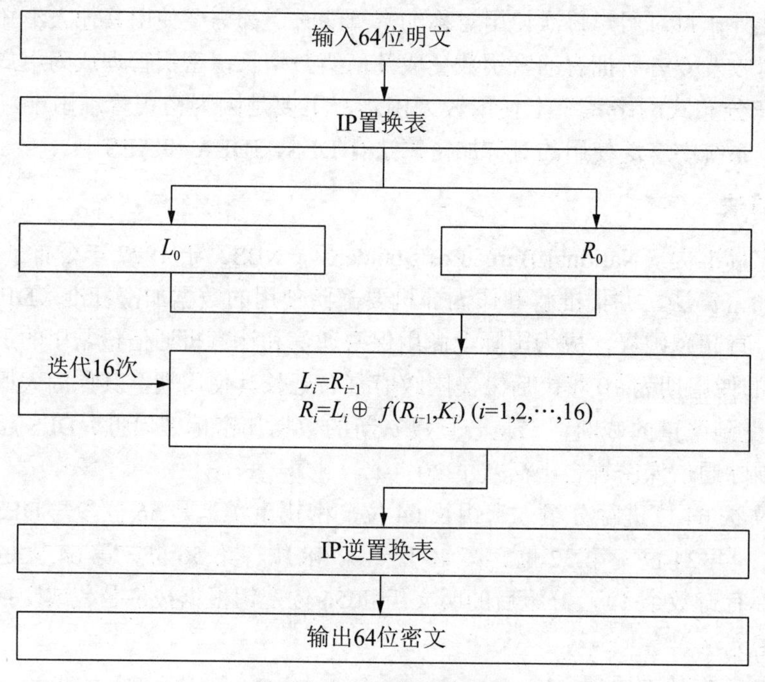

图2-4　DES算法流程图

① 置换规则表。初始置换和逆置换均按照一张置换表的置换规则进行置换。初始置换主要由输入的64位数据按IP置换表进行重新组合，并把输出分为L_0、R_0两部分，每部分各长32位。IP置换表如表2-1所示。

表 2-1　IP 置换表

58	50	12	34	26	18	10	2	60	52	44	36	28	20	12	4
62	54	46	38	30	22	14	6	64	56	48	40	32	24	16	8
57	49	41	33	25	17	9	1	59	51	43	35	27	19	11	3
61	53	45	37	29	21	13	5	63	55	47	39	31	23	15	7

即将输入的第 58 位换到第 1 位，第 50 位换到第 2 位，以此类推，最后一位是原来的第 7 位。L_0、R_0 则是换位输出后的两部分，L_0 是输出的左 32 位，R_0 是右 32 位，例如，设置换前的输入值为 $D_1D_2D_3\cdots D_{64}$，则经过初始置换后的结果为 $L_0=D_{58}D_{50}\cdots D_8$；$R_0=D_{57}D_{49}\cdots D_7$。

经过 16 轮迭代运算后，得到 L_{16}、R_{16}，将此作为输入进行逆置换即得到密文输出。逆置换正好是初始置换的逆运算，例如，第 1 位经过初始置换后处于第 40 位，而通过逆置换 IP-1，又将第 40 位换回到第 1 位。IP-1 逆置换表如表 2-2 所示。

表 2-2　IP-1 逆置换表

40	8	48	16	56	24	64	32	39	7	47	15	55	23	63	31
38	6	46	14	54	22	62	30	37	5	45	13	53	21	61	29
36	4	44	12	52	20	60	28	35	3	43	11	51	19	59	27
34	2	42	10	50	18	58	26	33	1	41	9	49	17	57	25

② 迭代过程。在 16 轮迭代过程中，将每轮 64 位的输入分成左右两个 32 位输入，分别记为 L 和 R，则每轮变换可由下列公式表示。

$$L_i=R_{i-1}$$

$$R_i=L_{i-1}\oplus f(R_{i-1},K_i)$$

如上述公式所示，第 i 轮迭代的左半部分即为第（i-1）轮的右半部分，而第 i 轮右半部分为第（i-1）轮左半部分异或 $f(R_{i-1}, K_i)$。

③ 函数 f。函数 f 有两个输入：32 位的 R_{i-1} 和 48 位的 K_i。f 函数的处理流程如图 2-5 所示。

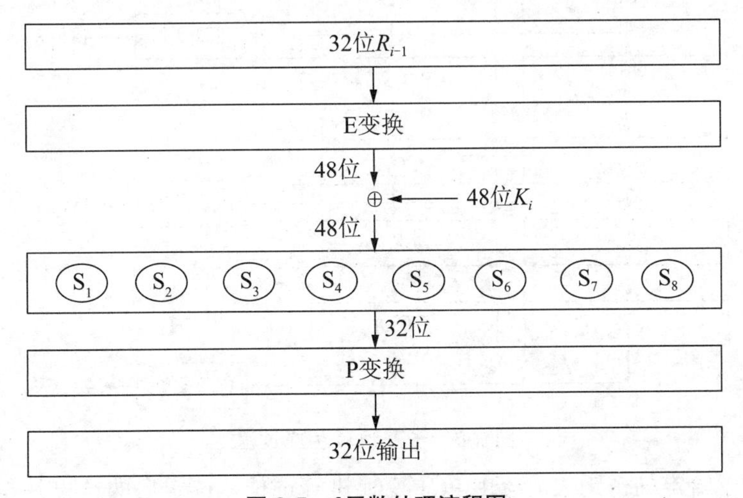

图 2-5　f 函数处理流程图

④ 换位表。

图 2-5 中 E 变换算法是从 R_{i-1} 的 32 位中选取某些位，构成 48 位。即 E 将 32 位扩展变换为 48 位，变换规则遵循 E 置换表。E 置换表如表 2-3 所示。

表 2-3 E 置换表

32	1	2	3	4	5	4	5	6	7	8	9	8	9	10	11
12	13	12	13	14	15	16	17	16	17	18	19	20	21	20	21
22	23	24	25	24	25	26	27	28	29	28	29	30	31	32	1

图 2-5 中 P 变换算法将 S 盒的输出作为 P 变换的输入，从而对输入进行置换。P 置换表如表 2-4 所示。

表 2-4 P 置换表

16	7	20	21	29	12	28	17	1	15	23	26	5	18	31	10
2	8	24	14	32	27	3	9	19	13	30	6	22	11	4	25

⑤ 子密钥 K_i。假设密钥为 K，长度为 64 位，但是其中第 8 位、第 16 位、第 24 位、第 32 位、第 40 位、第 48 位、第 64 位用作奇偶校验位，实际上密钥长度为 56 位。子密钥 K_i 的下标 i 取值 1 ～ 16，迭代 16 轮生成最终的子密钥。子密钥 K_i 的生成过程如图 2-6 所示。

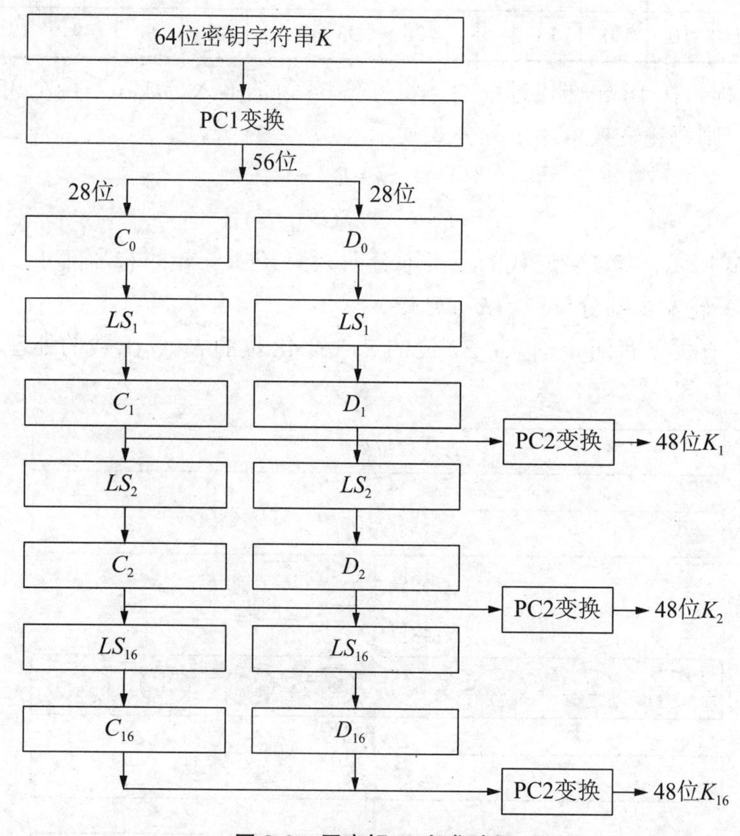

图 2-6 子密钥 K_i 生成过程

首先，对于给定的密钥 K，应用 PC1 变换进行选位，选定后的结果是 56 位，设其前 28 位为 C_0，后 28 位为 D_0。PC1 变换表如表 2-5 所示。

表 2-5　PC1 变换表

57	49	41	33	25	17	9	1	58	50	42	34	26	18
10	2	59	51	43	35	27	19	11	3	60	52	44	36
63	55	47	39	31	23	15	7	62	54	46	38	30	22
14	6	61	53	45	37	29	21	13	5	28	20	12	4

第一轮：将 C_0 左移 LS_1 位得到 C_1，将 D_0 左移 LS_1 位得到 D_1，对 C_1、D_1 应用 PC2 变换进行选位，得到 K_1。其中，LS_1 是左移的位数。LS 左移表如表 2-6 所示。

表 2-6　*LS* 左移表

1	1	2	2	2	2	2	2	1	2	2	2	2	2	2	1

表 2-6 中的第一列是 LS_1，第二列是 LS_2，以此类推。左移的原理是所有二进位向左移动，原来最右侧的位移动到最左侧。PC2 变换表如表 2-7 所示。

表 2-7　PC2 变换表

14	17	11	24	1	5	3	28	15	6	21	10
23	19	12	4	26	8	16	7	27	20	13	2
41	52	31	37	47	55	30	40	51	45	33	48
44	49	39	56	34	53	46	42	50	36	29	32

第二轮：将 C_1、D_1 左移 LS_2 位得到 C_2 和 D_2，进一步对 C_2、D_2 应用 PC2 变换进行选位，得到 K_2。如此继续，分别得到 K_3，K_4，…，K_{16}。

⑥ S 盒的工作原理。S 盒以 6 位作为输入，以 4 位作为输出，现在以 S_1 盒为例说明其过程。假设输入为 $A=a_1a_2a_3a_4a_5a_6$，则 $a_2a_3a_4a_5$ 所代表的数是 0 到 15 之间的一个数，记为 $k=a_2a_3a_4a_5$；由 a_1a_6 所代表的数是 0 到 3 之间的一个数，记为 $h=a_1a_6$。在 S_1 的 h 行 k 列找到一个数 B，B 在 0 到 15 之间，它可以用 4 位二进制表示，为 $B=b_1b_2b_3b_4$，这就是 S_1 的输出。S 盒变换如图 2-7 所示。

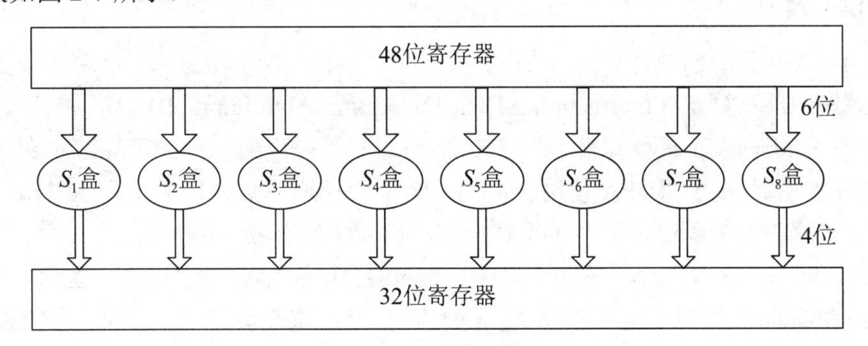

图 2-7　S 盒变换

假如 6 位输入的第 1 位和第 6 位组合构成了 2 位二进制数，可表示十进制数 0 ～ 3，它对应表中的一行；6 位输入的第 2 位到第 5 位组合构成了 4 位二进制数，可表示十进制数 0 ～ 15，它对应表中的一列。假设 S_1 盒的 6 位输入是 110100，则其第 1 位和第 6 位组合为 10，对应 S_1 盒的第 2 行；中间 4 位组合为 1010，对应 S_1 盒的第 10 列。S_1 盒的第 2 行第 10 列的数是 9，其二进制数为 1001（行和列的计数均从 0 开始而非从 1 开始）。1001 即为输出，则 1001 就代替了 110100。

DES 算法的解密过程是一样的，区别仅仅在于第一轮迭代时使用子密钥 K_{15}，第二轮使用子密钥 K_{14}、最后一轮使用子密钥 K_0，算法本身并没有任何变化。DES 的算法是对称的，既可用于加密又可用于解密。

（3）DES 算法安全性。

DES 算法是安全性比较高的一种算法，目前只有一种方法可以破解该算法，那就是穷举法。采用 64 位密钥技术，实际只有 56 位有效，8 位用来校验。例如，假设有这样的一台计算机，它能每秒计算一百万次，那么采用它破解 256 位空间需要穷举 2285 年，所以 DES 算法还是比较安全的。

2. 三重 DES

DES 的主要密码学缺点就是密钥长度较短。为了解决使用 DES 技术 56 位密钥日益减弱的强度问题，办法之一是采用三重 DES（Triple DES，3DES）算法，即，使用两个独立密钥 K_1 和 K_2 对明文运行 DES 算法三次，得到 112 位有效密钥强度。此时对 3DES 的穷举攻击需要 2^{112} 次，而不是 DES 的 2^{64} 次。该算法的实现步骤如下。

（1）用密钥 K_1 进行 DES 加密。

（2）对步骤①的结果应用密钥 K_2 进行 DES 解密。

（3）对步骤②的结果应用密钥 K_1 进行 DES 加密。

这个过程称为 EDE，因为它是由加密 - 解密 - 加密（encrypt-decrypt-encrypt）步骤组成的。在 EDE 中，中间步骤是解密，所以，可以通过让 K_1=K_2 来使用三重 DES 方法执行常规的 DES 加密。

三重 DES 的缺点是时间开销较大，是 DES 算法的 3 倍。但从另一方面看，三重 DES 的 112 位密钥长度在可以预见的将来可认为是适合的。

DES 被认为是安全的，这是因为要破译它可能需要尝试 256 位密钥直到找到正确的密钥。

3. IDEA 加密

（1）IDEA 加密算法概述。

国际数据加密算法（International Data Encryption Algorithm，IDEA）是由瑞士的詹姆斯 · 梅西（James Massey）、来学嘉（Xuejia Lai）等提出的一种加密算法，在密码学中属于数据块加密算法类。IDEA 使用长度为 128 位的密钥，数据块大小为 64 位。理论上，IDEA 属于“强”加密算法，至今还没有出现对该算法的有效攻击算法。

早在 1990 年，来学嘉等在 EuroCrypt'90 年会上提出了分组密码建议（Proposed Encryption Standard，PES）。在 EuroCrypt'91 年会上，来学嘉等人又提出了 PES 的修正版 IPES（Improved PES）。目前 IPES 已经商品化，并改名为 IDEA。IDEA 已由瑞士的 Ascom 公司注册专利，以商业目的使用 IDEA 算法必须向该公司申请许可。

IDEA 算法是在 DES 算法基础上发展起来的，类似三重 DES，用以取代 DES。IDEA 的密钥为 128 位，这么长的密钥在今后若干年内应该是安全的。类似 DES，IDEA 算法也是一种数据块加密算法，它设计了一系列加密轮次，每轮加密都使用从完整的加密密钥中生成的一个子密钥。与 DES 不同，IDEA 无论采用软件实现还是采用硬件实现均十分快速。由于 IDEA 是在美国之外提出并发展起来的，避开了美国法律上对加密技术的诸多限制，因此有关 IDEA 算法和实现技术的书籍可以自由出版和交流，极大地促进了 IDEA 的发展和完善。

目前 IDEA 在工程中已有大量应用实例，PGP（Pretty Good Privacy）就使用 IDEA 作为其分组加密算法；安全套接字（Secure Socket Layer，SSL）也将 IDEA 包含在其加密算法库 SSLRef 中；IDEA 算法专利的所有者 Ascom 公司也推出了一系列基于 IDEA 算法的安全产品，包括基于 IDEA 的 Exchange 安全插件、IDEA 加密芯片、IDEA 加密软件包等。IDEA 算法的应用和研究正在不断走向成熟。

（2）IDEA 算法原理。

IDEA 是一种由 8 个相似圈（round）和一个输出变换（output transformation）组成的迭代算法。IDEA 的每个圈都由三种函数：模（216+1）乘法、模 216 加法和按位 XOR 组成。

在加密之前，IDEA 通过密钥扩展（key expansion）将 128 位的密钥扩展为 52 字节的加密密钥（Encryption Key，EK），然后由 EK 计算出解密密钥（Decryption Key，DK）。EK 和 DK 分为 8 组半密钥，每组长度为 6 字节，前 8 组密钥用于 8 圈加密，最后半组密钥（4 字节）用于输出变换。IDEA 的加密过程和解密过程相同，只不过使用不同的密钥（加密时用 EK，解密时用 DK）。

IDEA 密钥扩展过程如下。

① 将 128 位的密钥作为 EK 的前 8 字节。

② 将前 8 字节循环左移 25 位，得到下一个 8 字节，将这个过程循环 7 次。

③ 在第 7 次循环时，取前 4 字节作为 EK 的最后 4 字节。

④ 至此 52 字节的 EK 生成完毕。

（3）IDEA 算法的安全性。

IDEA 算法的密钥为 128 位（DES 的密钥为 56 位），设计者尽最大努力使该算法不受差分密码分析的影响，数学家已证明 IDEA 算法在其 8 圈迭代的第 4 圈之后便不受差分密码分析的影响了。假定穷举法攻击有效，那么即使设计一种每秒钟可以试验 10 亿个密钥的专用芯片，并将 10 亿片这样的芯片用于此项工作，仍需 10^{13} 年才能解决问题；另一方面，若用 10^{24} 片这样的芯片，有可能在一天内找到密钥，不过人们目前还无法找到足够的硅原子来制造这样一台机器。目前尚无公开发表的试图对 IDEA 进行密码分析的文章。因此，就目前看 IDEA 非常安全。此外，IDEA 算法较 RSA 算法加密、解密速度要快得多，对比 DES 算法又相对安全得多。

2.2.2　非对称加密算法

美国斯坦福大学的两名学者 W. Diffie 和 M. Hellman 于 1976 年在 *IEEE Transactions on Information* 杂志上发表了文章 *New Direction in Cryptography*，提出了“公开密钥密码体制”的概念，开创了密码学研究的新方向。公开密钥密码体制的产生主要源于两方面的因素：一是对称密钥密码体制的密钥分配问题，二是对数字签名的需求。

非对称密码系统的加密密钥与解密密钥是不同的，前者称为公开密钥（公钥），后者称为私人密钥或秘密密钥（私钥），因此这种密码体系也称为公钥密码体系。公钥密码体系算法中最著名的代表是RSA算法，此外还有椭圆曲线、背包密码、McEliece密码、Diffie-Hellman、Rabin和ElGamal算法等。

1. RSA算法

RSA算法是最著名、应用最广泛的公钥密码算法。它于1978年由Rivest、Shamir和Adleman三人共同提出，并以三者名字的首字母命名。RSA的安全性取决于大模数因子分解的困难性，其公开密钥和私人密钥是一对大素数（100～200位的十进制数或更大）的函数，从一个公开密钥和密文中恢复出明文的难度等同于分解两个大素数之积的难度。从严格的技术角度上说这是不正确的，在数学上至今还没有证明分解模数就是攻击RSA的最佳方法，也未能证明分解大整数就是NP问题。事实上，大整数因子分解问题过去数百年来一直是一个令数学家头疼而又未能有效解决的世界性难题。人们设想了一些非因子分解的途径来攻击RSA算法，但这些方法都不比分解模数来得容易。因此，严格地说，RSA的安全性基于求解其单向函数的逆的困难性。RSA单向函数求逆的安全性没有真正的因子分解模数的安全性高，而且目前人们也无法证明这两者是等价的。许多研究人员都试图改进RSA算法，使它的安全性等价于因子分解模数。

RSA是最具代表性的公钥密码算法，可能也是最知名和最古老的公钥密码算法。由于算法完善（既可以用于数据加密，又可用于数字签名），高安全性，易于理解和实现，RSA已经成为了一种应用极为广泛的公钥密码算法。

RSA算法的实现思路如下。

（1）密钥生成。

① 系统产生两个大素数p和q（保密）。为了获得最大程度的安全性，选两数的长度一致。

② 计算模数$n=p\times q$（公开），欧拉函数$\phi(n)=(p-1)\times(q-1)$（保密）。

③ 随机选取加密密钥e，使e和$\phi(n)$互素，即满足：$0<e<\phi(n)$且$\gcd(e，\phi(n))=1$。

④ 用欧几里得扩展算法计算解密密钥d，d满足$e\times d\equiv 1 \bmod \phi(n)$，即$d=e-1 \bmod \phi(n)$。

⑤ e和n为公开密钥，d是私人密钥。两个大数p和q应该立即丢弃，不让任何人知道。一般选择公开密钥e比私人密钥d小。最常选用的e值有3个，即3、17、65537。

（2）RSA加密和解密过程。

加密消息时，首先将明文分组并数字化，每个数字化分组明文的长度不大于n（采用二进制数，选到小于n的$2d$的最大次幂），设m_i表示消息分组，c_i表示加密后的密文，它与m_i具有相同的长度。

对每个明文分组m依次进行加解密运算。

① 加密运算：使用公钥e和要加密的明文m进行$c_i=m_{ie}$（mod n）运算即得到密文。

② 解密运算：使用私钥d和要解密的密文c进行$m_i=c_{id}$（mod n）运算即得到明文。

RSA算法的实现过程如图2-8所示。

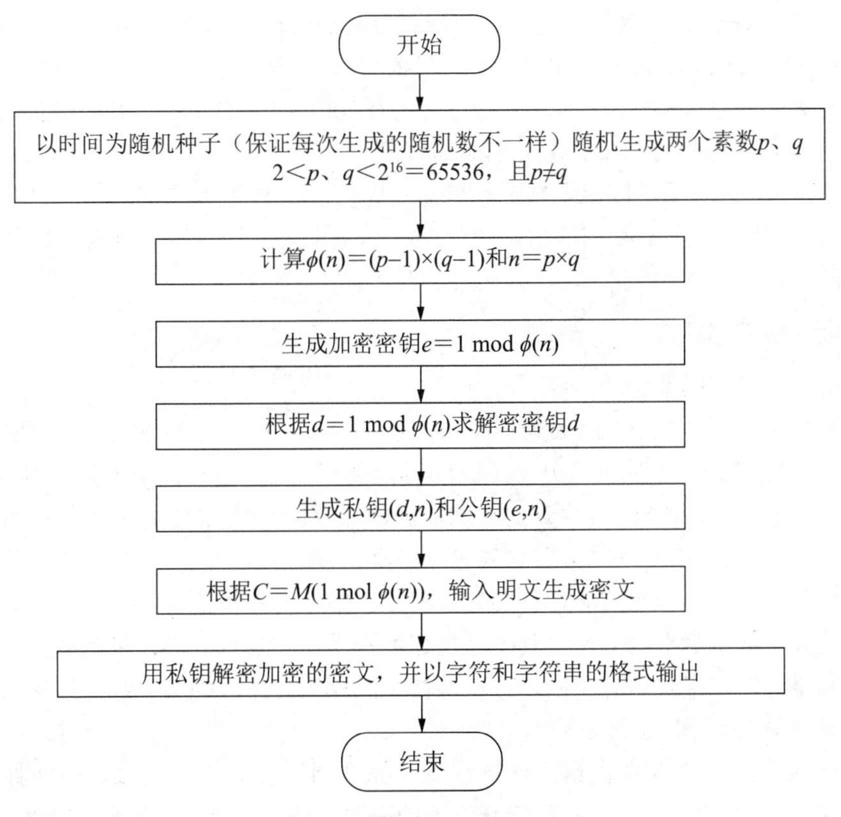

图 2-8　RSA 算法的实现过程

下面举例说明 RSA 算法的实现过程。

① 取两个质数 p=11，q=13，p 和 q 的乘积为 $n=p\times q=143$。

② 算出另一个数 $\phi(n)=(p-1)\times(q-1)=120$。

③ 再选取一个与 $\phi(n)=120$ 互质的数，如 e=7，则公开密钥 =(n，e)=(143，7)。

④ 对于这个 e 值，可以算出其逆：d=103。因为 $e\times d=7\times 103=721$，满足 $e\times d \bmod \phi(n)=1$；即 721 mod 120=1 成立。则私钥 =(n，d)=(143，103)。

若张小姐需要发送机密信息（明文）m=85 给李先生，她已经从公开媒体得到了李先生的公钥 (n, e)=(143，7)，于是她算出加密值：$c=me \bmod n$=857 mod 143=123 并发送给李先生。

李先生在收到密文 c=123 后，利用只有他自己知道的私钥计算 $m=cd \bmod n$= 123103 mod 143=85，得到张小姐发给他的真正的信息 m=85，实现了解密。

（3）RSA 算法的特点及应用。

RSA 算法具有密钥管理简单（网上每个用户仅需保密一个密钥，且不需配送密钥）、便于数字签名、可靠性较高（取决于分解大素数的难易程度）等优点，但也具有算法复杂、加解密速度慢、难于用硬件实现等缺点。因此，公钥密码体系通常被用来加密关键性的、核心的、少量的机密信息，而对于大量要加密的数据通常采用对称密码体系。

RSA 算法的安全性建立在难于对大整数提取因子的基础上，已知的证据都表明大整数因式分解问题是一个极其困难的问题。但是，随着分解大整数方法的进步及完善、计算机速度的提高及计算机网络的发展，要求作为 RSA 加解密安全保障的大整数越来越大。

RSA 算法的保密性，取决于对大素数因式分解的时间。假定用 10^6 次 / 秒的计算机进行运算，用最快的公式分解 n=100 位十进制数要用 74 年，分解 200 位数用 3.8×10^9 年。可见，当 n 足够大时（p 和 q 各为 100 位时，n 为 200 位），对其进行分解是很困难的。可以说，RSA 的保密强度等价于分解 n 的难易程度。

RSA 算法为公用网络上信息的加密和鉴别提供了一种基本的方法。它通常先生成一对 RSA 密钥，其中之一是私钥，由用户保存；另一个为公钥，可对外公开，甚至在网络服务器中注册。

2. 椭圆曲线密码算法

（1）椭圆曲线密码概述。

椭圆曲线密码学（Elliptic Curve Cryptography，ECC）是基于椭圆曲线数学的一种公钥密码学科。椭圆曲线在密码学中的应用是在 1985 年由尼尔・科布利茨（Neal Koblitz）和维克多・米勒（Victor Miller）分别独立提出的。ECC 的主要优势是在某些情况下比其他的方法使用更小的密钥提供相当的或更高等级的安全。ECC 的另一个优势是可以定义群之间的双线性映射，基于 Weil 对或是 Tate 对。双线性映射已经在密码学中获得了大量的应用，例如，基于身份的加密。其缺点是加解密操作的实现比其他机制时间开销大。椭圆曲线密码学的许多形式稍有不同，均依赖被广泛承认的解决椭圆曲线离散对数问题的困难性，对应有限域上椭圆曲线的群。

椭圆曲线用三次方程来表示，该方程与计算椭圆周长的方程相似，因而称为椭圆曲线。在 ECC 中，人们关心的是某种特殊形式的椭圆曲线，即定义在有限域上的椭圆曲线，椭圆曲线的吸引人之处在于提供了由“元素”和“组合规则”来组成群的构造方式。用这些群来构造密码算法具有完全相似的特性，且没有减少密码分析的分析量。

（2）椭圆曲线国际标准。

椭圆曲线密码系统已经形成了若干国际标准，涉及加密、签名、密钥管理等方面。

① IEEE P1363：加密、签名、密钥协商机制。

② ANSI X9：椭圆曲线数字签名算法，即椭圆曲线密钥协商和传输协议。

③ ISO/IEC：椭圆曲线 ElGamal 体制签名。

④ IETF：椭圆曲线 DH 密钥交换协议。

⑤ ATM Forum：异步传输安全机制。

⑥ FIPS 186-2：美国政府提出的用于保证其电子商务活动机密性和完整性的标准。

（3）椭圆曲线技术实现。

ECC 的技术实现可以分成运算层、密码层、接口层和应用层。运算层最基础、最核心；应用层最接近用户。

① 运算层。运算层的主要功能是提供密码算法的所有数论运算支持，包括大整数加、减、乘、除、模、逆、模幂等。运算层的实现效率将决定整个密码系统的效率。因而运算层的编程工作是算法实现最核心、最基础，也是最艰巨的部分。

② 密码层。密码层的主要功能是在运算层的支持上选择适当的密码体制，科学地、准确地、安全地实现密码算法。在同一运算层基础上，可以构建多种密码体制。对于密码体制和具体结构的选择和实现是密码层的核心内容。最终，密码系统的安全性将决定于密

码层的实现能力。在密码层中，为了支持公钥密码系统，通常必须提供 5 种操作，即生成密钥对、加密、解密、签名和验证签名。

③ 接口层。接口层的主要功能是对各种软硬件平台提供公钥密码功能支持。其工作重点在于对各种硬件环境的兼容、对各种操作系统的兼容、对各种高级语言的兼容、对多种应用需求兼容。其难点主要在于保持良好的一致性、可移植性、可重用性，以有限的资源换取应用层尽可能多的自由空间。

④ 应用层。应用层是最终用户所能接触到的唯一层面，为用户提供应用功能和操作界面。应用功能包括交易、网络、文件、数据库、加解密、签名及验证等。操作界面包括图形、声音、指纹、键盘、鼠标等。

ECC 的实现效率一般表现为 ECC 公钥密码功能的效率。实现效率一般被多种因素制约和影响。下面列举了在实现 ECC 的过程中涉及 ECC 实现效率的各个方面。

① ECC 密码机制。众所周知，任何密码理论都必须在某种密码机制上实现才能完成密码功能（如加密、签名等）。同一种密码理论也可以应用于不同的密码机制，而且它们的实现效率也不尽相同。人们在自行发明的、拥有自主知识产权的密码机制上实现 ECC，并且容易证明其安全性不低于其他常用密码体制，且效率更高。

② 安全前瞻性。由于公钥系统的安全性建立在数学的困难性上，因此在选择 ECC 参数时，不能一味地追求速度，而是应该在理论上、实现上都要为安全性留出一定的余量，以保证在密码分析技术进步后，不致受到重大威胁。ECC 安全性的保障需要通过降低一定的效率来换取。

③ 应用环境。应用环境是 ECC 软硬件实现的约束条件。硬件环境要求空间小、指令简单、高稳定性、低成本；软件环境要求兼容性好、可移植性好、易于维护升级。

因此，从高端到低端，从高级语言到汇编语言、从系统到门电路设计，每个应用环境对 ECC 实现所提供的支持和约束都不相同。所以，ECC 实现效率也依应用环境而异。

④ 算法优化。算法优化始终都是提高效率的根本所在。对 ECC 实现算法的优化主要从以下方面入手：对数学公式的变形和组合优化；在软件实现中，根据编译系统的特点、CPU 指令集的特点优化；在硬件实现中，根据硬件资源的具体特点优化。

2.3　密码技术的应用

物联网系统安全的一个重要方面是防止非法用户对系统的主动攻击，如伪造信息、篡改信息等。这种安全要求对实际网络系统的应用（如电子商务）非常重要。以下介绍的鉴别、数字签名、物联网认证与访问控制及公钥基础设施等都基于数据加密的应用技术。

2.3.1　鉴别技术

1. 基本概念

鉴别（authentication，也称为验证）是防止主动攻击的重要技术。鉴别的目的就是验证用户身份的合法性，以及用户间传输信息的完整性、真实性。

鉴别服务主要包括信息鉴别和身份验证两方面内容。信息鉴别和身份验证可采用数据加密技术、数字签名技术及其他相关技术来实现。

信息鉴别是为了确保数据的完整性和真实性，对信息的来源、时间及目的地进行验证。信息鉴别过程通常涉及加密和密钥交换。加密可使用对称密钥加密、非对称密钥加密或混合加密。信息经验证后表明，它在发送期间没有经过篡改；发送者经验证后表明，他就是合法的发送者。

身份验证是验证进入网络系统者是否是合法用户，以防非法用户访问系统。身份验证的方式一般有用户口令验证、摘要算法验证、基于 PKI 的验证等。验证、授权和访问控制都与网络实体安全有关。

网络中的通信除需要进行消息的验证外，还需要建立一些规范的协议对数据来源的可靠性、通信实体的真实性加以认证，以防止欺骗、伪装等攻击。例如，A 和 B 是网络中的两个用户，他们想通过网络先建立安全的共享密钥再进行保密通信，那么 A 如何确信自己正在和 B 通信而不是和 C 通信呢？这种通信方式为双向通信，因此此时的认证称为互相认证。类似地，对于单向通信来说，认证称为单向认证。

认证中心（Certificate Authority，CA）在网络通信认证技术中具有特殊的地位。例如，在电子商务中，认证中心是为了从根本上保障电子商务交易活动顺利进行而设立的，主要用于电子商务活动中参与各方的身份、资信的认定，维护交易活动的安全。CA 是提供身份验证的第三方机构，通常由一个或多个用户信任的组织实体组成。例如，持卡人（客户）要与商家通信，持卡人从公开媒体上获得了商家的公开密钥，但无法确定商家是否为冒充的，于是请求 CA 对商家进行认证。此时，CA 对商家进行调查、验证和鉴别后，将包含商家公钥的证书传给持卡人。同样，商家也可对持卡人进行验证，其过程为持卡人→商家；持卡人→ CA；CA →商家。证书一般包含拥有者的标识名称和公钥，并且由 CA 进行数字签名。

CA 的功能主要包括接收注册申请，处理、批准或拒绝请求、颁发证书、证书更新和证书撤销等。

在实际运作中，CA 也可由大家都信任的一方担当，例如，在客户、商家、银行三角关系中，客户使用的是由某家银行发的卡，而商家又与此银行有业务关系（有账号）。在此情况下，客户和商家都信任该银行，可由该银行担当 CA 角色，接受和处理客户证书和商家证书的验证请求。又如，对商家自己发行的购物卡，则可由商家自己担当 CA 角色。

2. 信息的验证

从概念上说，信息的签名就是用专用密钥对信息进行加密，而签名的验证就是用对应的公用密钥对信息进行解密。但是，完全按照这种方式行事也有缺点。因为，同普通密钥系统相比，公用密钥系统的速度很慢，用公用密钥系统对长信息加密来达到签名的目的，并不比用公用密钥系统来达到信息加密的目的更有吸引力。

解决方案就是引入另一种普通密码机制，这种密码机制称为信息摘要或散列函数。信息摘要算法从任意大小的信息中产生固定长度的摘要，而其特性是没有一种已知的方法能找到两个摘要相同的信息。这就意味着，虽然摘要一般比信息小得多，但是可以在很多方面看作与完整信息等同。最常用的信息摘要算法是 MD5，它可产生一个 128 位长的摘要。

使用信息摘要时，信息签名的过程如下。

（1）用户制作信息摘要。

（2）信息摘要由发送者的专用密钥加密。

（3）将原始信息和加密信息摘要发送到目的地。

（4）目的地接收信息，并使用与原始信息相同的信息摘要函数制作自己的信息摘要。

（5）目的地对接收到的信息摘要进行解密。

（6）目的地将制作的信息摘要同接收的附有信息的信息摘要进行对比，如果二者相吻合，目的地就知道信息的文本与用户发送的信息文本是相同的；如果二者不吻合，则目的地知道原始信息已被修改。

这一过程还有另一个长处，这个长处可取名为数字签名。由于只有用户知道私钥，因而只有用户能够制作加密的信息摘要。任何一个可以获取公钥的目的地都可弄清楚签名者的身份。这一技术可用于最流行的程序，用以保护包括 PGP（Pretty Good Privacy，优良保密协议）和 PEM（Privacy-Enhanced Mail，保密增强邮件）在内的电子邮件。

3. 身份验证

身份认证是在计算机网络中确认操作者身份的过程。身份认证可分为用户与主机间的认证和主机与主机之间的认证。用户与主机之间的认证可以基于以下一个或多个因素：用户所知道的内容，如口令、密码等；用户所拥有的东西，如印章、智能卡（如信用卡）等；用户所具有的生物特征，如指纹、声音、视网膜、签字和笔迹等。

计算机网络世界中的一切信息，包括用户的身份信息，都是用一组特定的数据来表示的，计算机只能识别用户的数字身份，所有对用户的授权也是针对用户数字身份的授权。那么如何保证以数字身份进行操作的操作者就是该数字身份的合法拥有者呢？也就是说，如何保证操作者的物理身份与数字身份相对应？身份认证就是为了解决这个问题。作为保护网络资产的第一道关口，身份认证有着举足轻重的作用。

在真实世界中，用户身份认证的基本方法可以分为以下三种。

（1）根据你所知道的信息来证明你的身份（what you know，你知道什么）。

（2）根据你所拥有的东西来证明你的身份（what you have，你有什么）。

（3）直接根据独一无二的身份特征来证明你的身份（who you are，你是谁），如指纹、面貌等。

网络世界中的手段与真实世界中一致，为了达到更高的身份认证安全性，某些场景会将上述三种认证方法中的两种混合使用，即所谓的双因素认证。

进入电子信息社会，虽然有不少学者试图使用电子化生物唯一识别信息，但是这种方法代价高、准确性低、存储空间大、传输速率低，不适合计算机读取和判断，只能作为辅助措施应用。而使用密码技术，特别是公钥密码技术，能够设计出安全性高的识别协议，因此受到人们的青睐。

过去人们采用通行字作为用户身份识别的依据，通行字短、固定、规律性强、易暴露、安全性差。现在采用密码技术进行交互式询答，只有拥有正确密码的合法用户才能通过询答。目前已经用于身份认证的 IC 卡、数字证书、一次性口令等都采用了密码技术。

2.3.2 数字签名技术

1. 数字签名概述

数字签名，又称为公钥数字签名、电子签章，是只有信息的发送者才能产生的他人无法伪造的一段数字串，这段数字串同时也是对信息的发送者发送信息真实性的一个有效证明。数字签名是一种类似写在纸上的普通的物理签名，但是使用公钥加密领域的技术实现，用于鉴别数字信息的方法。

目前的数字签名大多建立在公钥体制基础之上，这是公钥加密技术的另一种重要应用，如基于 RSA 的公钥加密标准 PKCS、数字签名算法 DSA、PGP 加密软件等。1994 年，美国标准与技术协会公布了数字签名标准，从而使公钥加密技术得到了广泛应用。

目前，广泛应用的数字签名算法主要有三种：RSA 签名、DSS 签名和散列签名。这三种算法可单独使用，也可综合在一起使用。数字签名是通过密码算法对数据进行加解密变换实现的，用 DES 算法、RSA 算法都可实现数字签名。

用 RSA 或其他公钥密码算法的最大便利是不存在密钥分配问题（网络越复杂、网络用户越多，其优点越明显）。因为公钥加密使用两个不同的密钥，其中有一个是公开的，另一个是保密的（私钥）。公钥可以保存在系统目录内、未加密的电子邮件中、电话号码簿或公告牌中，网络上的任何用户都可获得公钥。而私钥是用户专用的，由用户本身持有，可以对由公钥加密的信息进行解密。

一套数字签名通常定义两种互补的运算，一个用于签名，另一个用于验证。数字签名是非对称密钥加密技术与数字摘要技术的应用，其机制需要实现以下目的。

（1）消息源认证：消息的接收者通过签名可以确信消息确实来自声明的发送者。

（2）不可伪造：签名应是独一无二的，其他人无法假冒和伪造。

（3）不可重用：签名是消息的一部分，不能被挪用到其他的文件上。

（4）不可抵赖：签名者事后不能否认自己签过的文件。

DSS 数字签名是由美国国家标准化研究院和国家安全局共同开发的。由于它是由美国政府颁布实施的，并且 DSS 只是一个签名系统，而且美国政府不提倡使用任何削弱政府窃听能力的加密软件，认为这才符合美国的国家利益，因此，DSS 主要应用于与美国政府有商务往来的公司，其他公司则较少使用。

2. 单向散列函数

单向散列函数，又称单向 Hash 函数、杂凑函数，就是把任意长的输入消息串变化成固定长的输出串且由输出串难以得到输入串的一种函数。这个输出串称为该消息的散列值。一般用于产生消息摘要、密钥加密等。

（1）一个安全的单向散列函数应该至少满足以下几个条件。

① 输入长度是任意的。

② 输出长度是固定的，根据目前的计算技术应至少取 128 位长，以便抵抗攻击。

③ 对于每一个给定的输入，计算输出即散列值很容易。

④ 给定散列函数的描述，找到两个不同的输入消息杂凑到同一个值是计算上不可行的，或给定散列函数的描述和一个随机选择的消息，找到另一个与该消息不同的消息使得

它们杂凑到同一个值是计算上不可行的。

（2）常用的单向散列函数。

① MD5（Message Digest Algorithm 5）：RSA 数据安全公司开发的一种单向散列算法。MD5 被广泛使用，可以把不同长度的数据块转换成一个 128 位的数据。

② SHA（Secure Hash Algorithm）：一种较新的散列算法，可以对任意长度的数据运算生成一个 160 位的数据。

③ MAC（Message Authentication Code）：消息认证代码，是一种使用密钥的单向函数，可以用来在系统上或用户之间认证文件或消息。HMAC（用于消息认证的密钥散列算法）就是这种函数的一个例子。

④ CRC（Cyclic Redundancy Check）：循环冗余校验码。CRC 算法由于实现简单，检错能力强，被广泛应用于各种数据校验应用中。它占用系统资源少，用软硬件均能实现，是进行数据传输差错检测的一种很好的手段（CRC 并不是严格意义上的散列算法，但它的作用与散列算法大致相同，所以也归入此类）。

3. 数字签名过程

数字签名技术将摘要信息用发送者的私钥加密，与原文一起传送给接收者。接收者只有用发送者的公钥才能解密被加密的摘要信息，然后用散列函数对收到的原文生成一条摘要信息，然后与解密的摘要信息进行对比。如果二者相同，则说明收到的信息是完整的，在传输过程中没有被修改；否则说明信息被修改过，因此数字签名能够验证信息的完整性。

发送报文时，发送方用一个散列函数从报文文本中生成报文摘要，然后用自己的私钥对这个摘要进行加密，加密后的摘要将作为报文的数字签名和报文一起发送给接收方；接收方首先用与发送方一样的散列函数从接收到的原始报文中计算出报文摘要，然后再用发送方的公钥对报文附加的数字签名进行解密，如果这两个摘要相同，那么接收方就能确认该数字签名是发送方的，如图 2-9 所示。

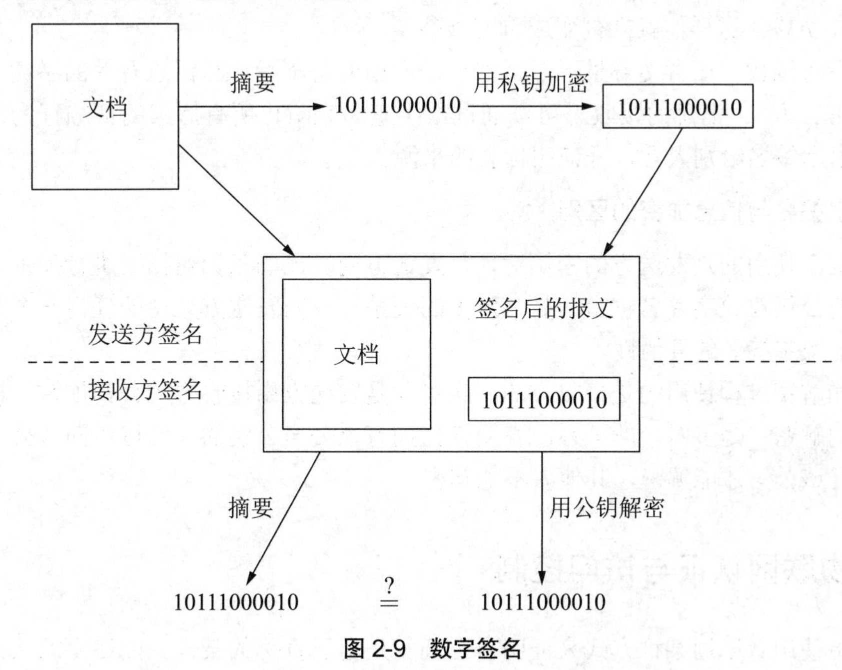

图 2-9　数字签名

数字签名有两方面的作用：一是能确定消息确实是由发送方签名并发出的，因为他人无法假冒发送方的签名；二是能确定消息的完整性，因为数字签名代表了文件的特征，文件如果发生改变，数字签名的值也将发生变化。不同的文件将得到不同的数字签名。一次数字签名涉及一个散列函数、发送者的公钥、发送者的私钥。

4. 数字签名的原理和特点

每个人都有两把"钥匙"（数字身份），其中一把钥匙只有她 / 他本人知道（私钥），另一把钥匙是公开的（公钥）。签名的时候用私钥，验证签名的时候用公钥。又因为任何人都可以落款声称她 / 他就是你，所以公钥必须由接收者信任的人（身份认证机构）来注册。注册后，身份认证机构给用户分配一个数字证书。对文件签名后，把此数字证书连同文件及签名一起发送给接收者，接收者向身份认证机构求证是否真的是用你的私钥签发的文件。

在通信中使用数字签名一般基于以下原因。

（1）鉴权。公钥加密系统允许任何人在发送信息时使用公钥进行加密，数字签名能够让信息接收者确认发送者的身份。当然，接收者不可能百分之百确信发送者的真实身份，而只能在密码系统未被破译的情况下才能有理由确信。

鉴权的重要性在财务数据上表现得尤为突出。举个例子，假设一家银行将指令由它的分行传输到它的中央管理系统，指令格式是（a，b），其中 a 是账户号码，而 b 是账户的现有金额。这时一位远程客户可以先存入 100 元，观察传输的结果，然后接二连三地发送格式为（a，b）的指令。这种方法被称为重放攻击。

（2）完整性。传输数据的双方总希望确认消息未在传输的过程中被修改。加密使得第三方想要读取数据十分困难，然而第三方仍然能采取可行的方法在传输过程中修改数据。一个通俗的例子就是同形攻击：回想一下，还是上面的那家银行从它的分行向它的中央管理系统发送格式为（a，b）的指令，一个远程客户可以先存 100 元，然后拦截传输结果，再传输（a，b3），这样他就立刻变成百万富翁了。

（3）不可抵赖。在密文背景下，抵赖这个词指的是不承认与消息有关的举动（即声称消息来自第三方）。消息的接收方可以通过数字签名来防止所有后续的抵赖行为，因为接收方可以出示签名给别人看，来证明信息的来源。

5. 数字签名与信息加密的区别

数字签名使用的是发送方的密钥对，是发送方用自己的私钥对摘要进行加密，接收方用发送方的公钥对数字签名解密，是一对多的关系，表明发送方公司的任何一个贸易伙伴都可以验证数字签名的真伪性。

密钥加解密过程使用的是接收方的密钥对，是发送方用接收方的公钥加密，接收方用自己的私钥解密，是多对一的关系，表明任何拥有该公司公钥的人都可以向该公司发送密文，但只有该公司才能解密，其他人不能解密。

2.3.3 物联网认证与访问控制

认证指使用者采用某种方式来证明自己确实是自己宣称的某人。网络中的认证主要包括身份认证和消息认证。身份认证可以使通信双方确信对方的身份后交换会话密钥，消息认证主要是接收方希望能够保证其接收的消息确实来自真正的发送方。

在物联网的认证过程中，传感器网络的认证机制是重要的研究部分，无线传感器网络中的认证技术主要包括基于轻量级公钥的认证技术、预共享密钥的认证技术、随机密钥预分布的认证技术、基于辅助信息的认证技术和基于单向散列函数的认证技术等。

访问控制是对用户合法使用资源的认证和控制，目前信息系统的访问控制主要基于角色的访问控制（Role-Based Access Control，RBAC）机制及其扩展模型。RBAC 机制主要由 Sandhu 于 1996 年提出的基本模型 RBAC96 构成，一个用户先由系统分配一个角色，如管理员或普通用户等，登录系统后，根据用户的角色所设置的访问策略实现对资源的访问。

对物联网来说，末端是感知网络，可能是一个感知节点或一个物体，采用用户角色的形式进行资源的控制显得不够灵活，主要表现在以下 3 点。

（1）基于角色的访问控制在分布式网络环境下已呈现出不适应的趋势，如对具有时间约束资源的访问控制，访问控制的多层次适应性等方面需要进一步探讨。

（2）节点不是用户，而是各类传感器或其他设备，且种类繁多。基于角色的访问控制机制中角色类型无法一一对应这些节点，因此 RBAC 机制难于实现。

（3）物联网主要是信息的感知互动过程，包含了信息的处理、决策和控制等过程，特别是反向控制是物物相连的特征之一，资源的访问呈现动态性和多层次性，而 RBAC 机制中一旦用户被指定为某种角色，他的可访问资源就相对固定了，所以寻求新的访问控制机制是物联网乃至互联网值得研究的问题。

基于属性的访问控制（Attribute-Based Access Control，ABAC）是近年来研究的热点。如果将角色映射成用户的属性，可以构成 ABAC 与 RBAC 的对等关系，而属性的增加相对简单，同时基于属性的加密算法可以使 ABAC 得以实现。ABAC 方法的问题是对于较少的属性，其加解密效率较高，但随着属性数量的增加，加密的密文长度增加，算法的实用性受到限制。目前有两个发展方向：基于密钥策略和基于密文策略，其目标就是改善基于属性的加密算法的性能。

2.3.4　公钥基础设施——PKI

1. PKI 概述

公钥基础设施（Public Key Infrastructure，PKI）是一类遵循既定标准的密钥管理平台，能够为所有网络应用提供加密和数字签名等密码服务，以及必需的密钥和证书管理体系。简言之，PKI 就是利用公钥理论和技术建立的提供安全服务的基础设施。PKI 技术是信息安全技术的核心，也是电子商务的关键和基础技术。

PKI 的基础技术包括加密、数字签名、数据完整性机制、数字信封和双重数字签名等。

PKI 是用公钥概念和技术来实施和提供安全服务的具有普适性的安全基础设施，任何以公钥技术为基础的安全基础设施都是 PKI。若没有好的非对称算法和好的密钥管理，则不可能提供完善的安全服务，不能称为PKI，即该定义中已经隐含了必须具有的密钥管理功能。

在X.509标准中，为了区别权限管理基础设施（Privilege Management Infrastructure，PMI），人们将PKI定义为支持公开密钥管理并能支持认证、加密、完整性和可追究性服务的基础设施。这个概念与第一个概念相比，不仅叙述了PKI能提供的安全服务，更强调了PKI必须支持公开密钥的管理。也就是说，仅仅使用公钥技术还不能称为PKI，还要提供公钥的管理。因为PMI仅仅使用公钥技术并不管理公钥，所以PMI可以单独进行描述，而不至于跟公钥证书等概念混淆。

美国国家审计总署在2001年和2003年的报告中，将PKI定义为由硬件、软件、策略和人构成的系统，当完善实施后，能够为敏感通信和交易提供一套信息安全保障，包括保密性、完整性、真实性和不可否认性。

2. PKI的基本组成

完整的PKI系统必须具有权威认证机构（CA）、数字证书库、密钥备份及恢复系统、证书作废系统、应用接口等基本构成部分。构建PKI也将围绕着这5大系统进行。PKI技术是信息安全技术的核心，也是电子商务的关键和基础技术。PKI的基础技术包括加密、数字签名、数据完整性机制、数字信封和双重数字签名等。

（1）认证机构。作为数字证书的申请及签发机关，认证机构必须具备权威性的特征。

（2）数字证书库。数字证书库用于存储已签发的数字证书及公钥，用户可由此获得所需的其他用户的证书及公钥。

（3）密钥备份及恢复系统。如果用户丢失了用于解密数据的密钥，则数据将无法解密，导致合法数据丢失。为了避免这种情况发生，PKI提供了备份与恢复密钥的机制。但需注意，密钥的备份与恢复必须由可信的机构来完成，并且密钥备份与恢复只能针对解密密钥，签名私钥为确保其唯一性而不能够进行备份。

（4）证书作废系统。证书作废处理系统是PKI的一个必备组件。与日常生活中的各种身份证件一样，当密钥介质丢失或用户身份变更时，证书有效期内也可能作废，即PKI必须提供作废证书的一系列机制。

（5）应用接口。PKI的价值在于使用户能够方便地使用加密、数字签名等安全服务，因此一个完整的PKI必须提供良好的应用接口系统，使得各种各样的应用能够以安全一致、可信的方式与PKI交互，确保安全网络环境的完整性和易用性。

通常来说，认证机构是证书的签发机构，是PKI的核心。众所周知，构建密码服务系统的核心内容是如何实现密钥管理。公钥体制涉及一对密钥（即私钥和公钥），私钥只由用户独立掌握，无须在网络上传输，而公钥则是公开的，需要在网络上传播，故公钥体制的密钥管理主要是针对公钥的管理问题，目前较好的解决方案是数字证书机制。

3. PKI的目标

PKI是一种基础设施，其目标就是充分利用公钥密码学的理论基础，建立起一种普遍适用的基础设施，为各种网络应用提供全面的安全服务。公开密钥密码提供了一种非对称性质，使得安全的数字签名和开放的签名验证成为可能。而这种优秀技术的使用却面临着理解困难、实施难度大等问题。正如让电视机的开发者理解和维护发电厂有一定的难度一样，要让每一个应用程序的开发者完全正确地理解和实施基于公钥密码的安全有一定的难度。PKI 希望通过一种专业的基础设施的开发，让网络应用系统的开发人员从烦琐的密码技术中解脱出来，但同时享有完善的安全服务。

PKI 在网络信息空间的地位与电力基础设施在工业生活中的地位类似。电力基础设施通过延伸到用户家的标准插座为用户提供电力，而 PKI 通过延伸到用户家的本地接口为各种应用提供安全服务。有了 PKI，安全应用程序的开发者可以不用再关心那些复杂的数学运算和模型，而直接按照标准使用一种插座（接口）。正如电冰箱的开发者不用关心发电机的原理和构造一样，只要开发出符合电力基础设施接口标准的应用设备，就可以享受基础设施提供的能源。

PKI 与应用的分离也是 PKI 作为基础设施的重要标志。正如电力基础设施与电器的分离一样，网络应用与安全基础实现分离不仅有利于网络应用更快地发展，也有利于安全基础设施更好地建设。正是由于 PKI 与其他应用能够很好地分离，才使得人们能够将之称为基础设施，将其从千差万别的安全应用中独立出来，并发展壮大。PKI 与网络应用的分离实际上就是网络社会的一次“社会分工”，这种分工可能会成为网络应用发展史上的一个里程碑。

4. PKI 的内容

PKI 在公钥密码的基础上，主要解决密钥属于谁，即密钥认证的问题。通过数字证书，PKI 很好地证明了公钥是谁的，PKI 的核心技术就是围绕着数字证书的申请、颁发、使用与撤销等整个生命周期展开的。其中，证书撤销是 PKI 中最容易被忽视，但却是很关键的技术之一，也是基础设施必须提供的一项服务。

PKI 技术的研究对象包括数字证书、数字证书认证中心、证书持有者和证书用户，以及为了更好地成为基础设施而必须具备的证书注册机构、证书存储和查询服务器、证书状态查询服务器、证书验证服务器等。

PKI 作为基础设施，两个或多个 PKI 管理域的互连就显得非常重要。PKI 域间如何互连，如何更好地互连是建设一个无缝的大范围的网络应用的关键。在 PKI 互连过程中，PKI 关键设备之间、PKI 末端用户之间、网络应用与 PKI 系统之间的互操作与接口技术是 PKI 发展的重要保证，也是 PKI 技术的研究重点。

5. PKI 的优势

PKI 作为一种安全技术，已经深入到网络的各个层面。这从一个侧面反映了 PKI 强大的生命力和无与伦比的技术优势。PKI 的灵魂来源于公钥密码技术，这种技术使得“知其然不知其所以然”成为一种可以证明的状态，使得网络上的数字签名有了理论上的安全保障。围绕着如何用好这种非对称密码技术，数字证书应运而生，并成为 PKI 中最为核心的元素。

PKI 的优势主要表现在以下几方面。

（1）采用公开密钥密码技术，能够支持可公开验证并无法仿冒的数字签名，从而在支持可追究的服务上具有不可替代的优势。这种可追究的服务也为原发数据完整性提供了更高级别的担保。支持可公开验证，能更好地保护弱势个体，完善平等的网络系统间的信息和操作的可追究性。

（2）由于密码技术的采用，保护机密性是 PKI 最吸引人的优点。PKI 不仅能够为相互认识的实体提供机密性服务，也可以为陌生的用户之间的通信提供保密支持。

（3）由于数字证书可以由用户独立验证，不需要在线查询，理论上能够保证服务范围的无限制扩张，这使得 PKI 能够成为一种服务巨大用户群的基础设施。PKI 采用数字证书方式进行服务，即通过第三方颁发的数字证书证明末端实体的密钥，而不是在线查询或在线分发。这种密钥管理方式突破了过去安全验证服务必须在线的限制。

（4）PKI 提供了证书的撤销机制，从而使得其应用领域不受具体应用的限制。撤销机制提供了在意外情况下的补救措施，在各种安全环境下都可以让用户更加放心。另外，因为有撤销技术，不论是永远不变的身份，还是经常变换的角色，都可以得到 PKI 的服务而不用担心被窃后身份或角色被永远作废或被他人恶意盗用。为用户提供“改正错误”或“后悔”的途径是良好工程设计中必须的一环。

（5）PKI 具有极强的互连能力。不论是上下级的领导关系，还是平等的第三方信任关系，PKI 都能够按照人类世界的信任方式进行多种形式的互连互通，从而使 PKI 能够很好地服务于符合人类习惯的大型网络信息系统。PKI 中各种互连技术的结合使建设一个复杂的网络信任体系成为可能。PKI 互连技术为消除网络世界的信任孤岛提供了充足的技术保障。

2.4 互联网的安全协议

互联网的核心技术 TCP/IP 协议在数据传输安全方面有很多欠缺之处，因此如何在互联网环境下保证数据传输安全成为网络安全研究的一个重要课题。在这一方面已经取得了很多有应用价值的成果，其中可以用于物联网网络安全传输的协议主要有网络层的 IPSec 协议、传输层的 SSL 协议，以及应用层的 SET 协议、HTTPS 协议、VPN 协议和电子邮件安全协议等。

2.4.1 IPSec 协议

IP 协议本质上是不安全的，伪造一个 IP 分组、篡改 IP 分组的内容、窥探传输中的分组内容都比较容易。接收端不能保证一个 IP 分组确实来自它的源 IP 地址，也不能保证 IP 分组在传输过程中没有被泄露或篡改。为了解决 IP 协议的安全性问题，IETF 于 1995 年成立了一个制定 IP 协议与密钥管理机制的组织，研究在 IP 协议上保证互联网数据传输安全性的标准。这个组织经过几年的努力，提出了一系列的协议，构成了一个 IPSec（IP Security）体系。IPSec 在 IP 层对数据分组进行高强度的加密与验证服务，使得安全服务独立于应用程序，各种应用程序都可以共享 IP 层所提供的安全服务用于密钥管理。

IPSec 协议的主要功能为加密和认证，为了进行加密和认证，IPSec 协议还需要具有密钥的管理和交换的功能，以便为加密和认证提供所需要的密钥并对密钥的使用进行管理。以上三方面的工作分别由 AH、ESP 和 IKE 三个协议规定。要介绍这三个协议，需要先引入一个非常重要的术语——安全关联（Security Association，SA）。安全关联指安全服务与它服务的载体之间的一个“连接”。AH 和 ESP 都需要使用 SA，而 IKE 的主要功能就是实现 SA 的建立和维护。要实现 AH 和 ESP，都必须提供对 SA 的支持。通信双方如果要用 IPSec 协议建立一条安全的传输通路，需要事先协商好将要采用的安全策略，包括使用的加密算法、密钥、密钥的生存期等。双方协商好使用的安全策略后，就说双方建立了一个 SA。给定一个 SA，就能确定 IPSec 要执行的处理，如加密、认证等。SA 可以进行两种方式的组合，分别为传输临近和嵌套隧道。

IPSec 协议的工作原理类似包过滤防火墙，可以看作包过滤防火墙的一种扩展。当接收到一个 IP 数据包时，包过滤防火墙使用其头部在一个规则表中进行匹配。当找到一个相匹配的规则时，包过滤防火墙就按照该规则制定的方法对接收到的 IP 数据包进行处理。这里的处理工作只有两种：丢弃或转发。IPSec 协议通过查询安全策略数据库（Security Policy Database，SPD）决定对接收到的 IP 数据包的处理。但是 IPSec 不同于包过滤防火墙的是，对 IP 数据包的处理方法除了丢弃、直接转发（绕过 IPSec）外，还可以进行 IPSec 处理。正是这新增添的处理方法提供了比包过滤防火墙更进一步的网络安全性。

进行 IPSec 处理意味着对 IP 数据包进行加密和认证。包过滤防火墙只能控制来自或去往某个站点的 IP 数据包的通过，可以拒绝来自某个外部站点的 IP 数据包访问内部某些站点，也可以拒绝某个内部站点对某些外部网站的访问。但是包过滤防火墙不能保证自内部网络出去的数据包不被截取，也不能保证进入内部网络的数据包未经篡改。只有在对 IP 数据包实施了加密和认证后，才能保证在外部网络传输的数据包的机密性、真实性、完整性，通过 Internet 进行安全的通信才成为可能。IPSec 既可以只对 IP 数据包进行加密或认证，也可以同时实施二者。但无论是进行加密还是进行认证，IPSec 都有两种工作模式，一种是隧道模式，另一种是传输模式。

2.4.2　SSL 协议

安全套接层（Secure Socket Layer，SSL）协议是美国网景公司在开发浏览器的过程中研发的一种安全协议，该协议主要保证网络数据传输的安全，采用数据加密技术，可以很好地防止数据在上行或下行过程中被窃取。因此，现在的 Web 浏览器基本上都支持该协议。SSL 协议在 TCP/IP 协议栈中处于 TCP 和 HTTP 之间，SSL 协议可以选择多种加密算法来进行认证。SSL 协议的认证是双向的，首先是服务器的认证，客户机向服务器发送请求信息，服务器接收到用户的请求后，返回用于生成密钥的相关信息，用户收到这个信息后生成密钥，完成对服务器的认证，最后服务器向客户机发送一个询问信息，客户机返回相应的数据后，完成双方的认证。SSL 协议的应用非常广泛，几乎所有涉及 Web 通信的领域，都可以采用该协议来保证网络的安全，该协议的优点是设置非常简单，只需要少量的成本，不需要安装任何的插件和软件，缺点是该协议只能保证传输过程的安全。

SSL 协议主要由以下协议构成，分别是握手协议、记录协议、警告协议。下面一起来了解一下这三个协议的具体作用。

1. 握手协议

握手协议负责建立会话并且传递用于客户机和服务器之间会话的加密参数。当一个 SSL 客户机和服务器开始通信时，它们在一个协议版本上达成一致，选择加密算法和认证方式，并使用公钥技术来生成共享密钥。

2. 记录协议

记录协议用于交换应用数据。应用程序消息被分割成多个可管理的数据块，还可以压缩，并产生一个 MAC（消息认证代码），然后结果被加密并传输。接收方接收数据并对它解密，校验 MAC，解压并重新组合信息，并把结果提供给应用程序协议。

3. 警告协议

警告协议用于警示在何时发生了错误或两个主机之间的会话在何时终止。

SSL 协议通信的握手步骤如图 2-10 所示。

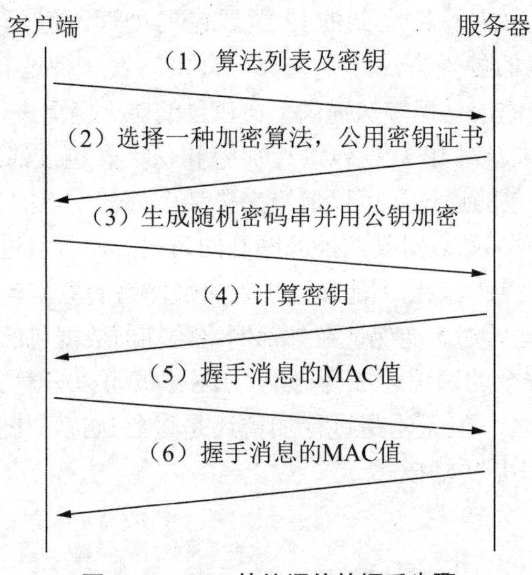

图 2-10　SSL 协议通信的握手步骤

（1）客户端将它所支持的算法列表连同一个密钥产生过程作为输入的随机数发送给服务器。

（2）服务器根据列表内容选择一种加密算法，并将其连同一份包含服务器公钥的证书返回给客户端。该证书还包含了用于认证目的的服务器标识，服务器同时还提供了一个作为密钥产生过程部分输入的随机数。

（3）客户端对服务器的证书进行验证，并抽取服务器的公钥。然后，再产生一个名称为 pre_master_secret 的随机密码串，并使用服务器的公钥对其进行加密，客户端将加密后的信息发送给服务器。

（4）客户端与服务器根据 pre_master_secret 及客户端与服务器的随机数值独立计算出加密和 MAC 密钥。

（5）客户端将所有握手消息的 MAC 值发送给服务器。

（6）服务器将所有握手消息的 MAC 值发送给客户端。

2.4.3　SET 协议

近年来，电子商务高速发展，已经成为互联网中一类主要的应用，同时也是物联网中一种基本的服务。为了保证互联网与物联网中不同的应用系统能够互连互通，必须考虑采用成熟和广泛使用的安全电子交易（Secure Electronic Transaction，SET）协议。同时，SET 协议也为物联网应用层协议的设计提供了一种可以借鉴的思路。

1. SET 协议概述

基于 Web 的电子商务需要以下几方面的安全服务。

（1）鉴别贸易伙伴、持卡人的合法身份，以及交易商家身份的真实性。

（2）确保订购与支付信息的保密性。

（3）保证在交易过程中数据不被非法篡改或伪造，确保信息的完整性。

（4）不依赖特定的硬件平台、操作系统。

SET 协议是由 VISA 和 MastCard 两家信用卡公司于 1997 年提出的，目前已经成为公认的最成熟的应用层电子支付安全协议。SET 协议采用常规的对称加密与非对称加密体系，以及数字信封技术、数字签名技术、信息摘要技术与双重签名技术，以保证信息在 Web 环境下传输和处理的安全性。

2. SET 协议系统结构

为了保证电子商务、网上购物与网上支付的安全性，SET 协议定义了自己的体系结构、电子支付协议与证书管理过程。图 2-11 给出了 SET 协议系统结构的示意图。

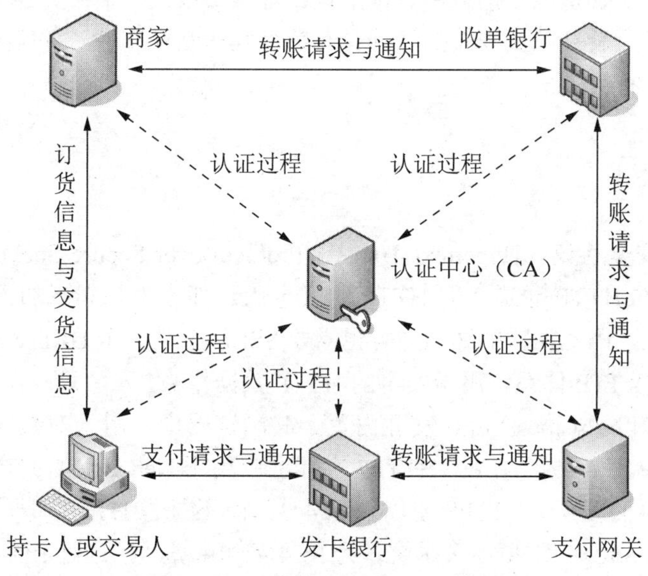

图 2-11　SET 协议系统结构示意图

基于 SET 协议构成的电子商务系统由持卡人、商家、发卡银行、收单银行、支付网关与认证中心 6 部分组成。

（1）持卡人指由发卡银行所发行的支付卡的合法持有人。

（2）商家指向持卡人出售商品或服务的个人或商店。商家必须和收单银行建立业务联系，支付电子支付形式。

（3）发卡银行指向持卡人提供支付卡的金融授权机构。

（4）收单银行指与商家建立业务联系，可以处理支付卡授权和支付业务的金融授权机构。

（5）支付网关是由收单银行或第三方运作，用来处理商家支付信息的机构。

（6）认证中心是一个可信任的实体，可以为持卡人、商家与支付网关签发数字证书。

3. SET 协议基本工作原理

SET 结构的设计思想是，在持卡人、商家与收单银行之间建立一个可靠的金融信息传递体系，解决网上三方支付机制的安全性。

（1）机密性。数据的机密性指保证敏感信息和个人信息的安全，防止受到攻击与泄露。SET 协议采用对称、非对称密码机制与数字信封技术保护交易中数据的机密性。

（2）认证。SET 协议通过认证中心实现对通信实体、持卡人、商家、支付网关的身份认证。

（3）完整性。ST 协议通过数字签名机制，确保系统内部交换信息在传输过程中没有被篡改或伪造。

SET 协议保证电子商务各个参与者之间的信息隔离，持卡人的信息经过加密后发送给银行，商家不能看到持卡人的账户与密码等信息：保证商家与持卡人交互的信息在互联网上安全传输，不被黑客窃取或篡改：通过认证中心或第三方机构实现持卡人与商家、商家与银行之间的相互认证，确保电子商务交易各方身份的真实性。

SET 协议规定了加密算法的应用、证书授权过程与格式、信息交互过程与格式、认证信息格式等，使不同软件厂商开发的软件具有兼容性和互操作性，并能够在不同的硬件和操作系统平台上运行。

2.4.4 HTTPS

超文本传输安全协议（Hypertext Transfer Protocol over Secure Socket Layer，HTTPS）是以安全为目标的 HTTP 通道，即 HTTP 的安全版。即在 HTTP 下加入 SSL 层，HTTPS 的安全基础是 SSL，因此加密的详细内容也需要 SSL。它是一个 URI scheme（抽象标识符体系），句法类似 HTTP 体系，用于安全的 HTTP 数据传输。

HTTPS 由美国 Netscape 公司开发并内置于其浏览器中，用于对数据进行压缩和解压操作，并返回网络上回传的结果。HTTPS 实际上应用了 Netscape 的完全套接字层（SSL）作为 HTTP 应用层的子层。HTTPS 使用端口 443，而不是像 HTTP 那样使用端口 80 来和 TCP/IP 协议通信。SSL 使用 40 位关键字作为 RC4 流加密算法，这对于商业信息的加密是合适的。HTTPS 和 SSL 支持使用 X509 数字认证，如果有需要，用户可以确认发送者是谁。

HTTPS 的信任继承基于预先安装在浏览器中的证书颁发机构（如 VeriSign、Microsoft 等），即“我信任证书颁发机构告诉我应该信任的”。因此，一个到某网站的 HTTPS 连接可被信任，当且仅当：

- 用户相信他们的浏览器正确实现了 HTTPS 且安装了正确的证书颁发机构；
- 用户相信证书颁发机构仅信任合法的网站；
- 被访问的网站提供了一个有效的证书，即它是由一个被信任的证书颁发机构签发的（大部分浏览器会对无效的证书发出警告）；

- 该证书正确地验证了被访问的网站，如访问 https：//example 网站时收到了给“Example Inc.”而不是其他组织的证书；
- 互联网上相关的节点是值得信任的，或者用户相信本协议的加密层（TLS 或 SSL）不能被窃听者破坏。

当浏览器连接到提供无效证书的网站时，旧浏览器会使用对话框询问用户是否继续，而新浏览器会在整个窗口中显示警告；新浏览器也会在地址栏中凸显网站的安全信息，如 extended validation 证书通常会使地址栏变绿。大部分浏览器在网站含有由加密和未加密内容组成的混合内容时会发出警告。大部分浏览器使用地址栏来提示用户到网站的连接是安全的，或对无效证书发出警告。

2.4.5　VPN 协议

虚拟专用网络（Virtual Private Network，VPN）协议的功能是，在公用网络上建立专用的网络隧道，进行加密通信，这在企业网络中有广泛应用。VPN 网关通过对数据包的加密和数据包目标地址的转换实现远程访问。VPN 可通过服务器、硬件、软件等多种方式实现。

VPN 可以是远程访问（将计算机连接到网络）或站点到站点（连接两个网络）。在企业环境下，远程访问 VPN 允许员工从家中或在外出旅行时访问公司的内部网，站点到站点 VPN 允许地理位置不同的办公室的员工共享一个连贯的虚拟网络。VPN 也可用于通过不同的中间网络互连两个类似的网络，例如，在 IPv4 网络上连接两个 IPv6 网络。

为了防止泄露私人信息，VPN 通常仅允许使用隧道协议和加密技术进行经过身份验证的远程访问。

VPN 安全模型提供机密性、发件人身份验证和消息完整性。其中，机密性使得即使网络流量在数据包级别被嗅探，攻击者也只会看到加密数据；发件人身份验证防止未经授权的用户访问 VPN；消息完整性检测传输的消息是否被篡改。

VPN 协议包括以下安全协议。

1. IPSec 协议

Internet 安全（IPSec）协议最初是由互联网工程任务组（Internet Engineering Task Force，IETF）为 IPv6 开发的，在 RFC 6434 中仅作为建议，IPv6 的所有符合标准的实现都需要它。这种基于标准的安全协议也广泛应用于 IPv4 和第 2 层隧道协议。其设计符合大多数安全目标：身份验证、完整性和机密性。 IPSec 使用加密，将 IP 数据包封装在 IPSec 数据包中。解封装发生在隧道的末端，其中原始 IP 分组被解密并转发到其预期目的地。

2. SSL 协议

SSL 协议可以穿透整个网络。许多互联网供应商通过 SSL 提供远程访问 VPN 功能。SSL VPN 可以使网络用户从运行的位置连接到任意网络地址，解决 IP 地址转换和穿透防火墙等问题。

3. DTLS 协议

数据包传输层安全性协议（Datagram Transport Layer Security，DTLS）用于 Cisco Any Connect VPN 和 Open Connect VPN，解决 SSL、TLS 在 UDP 上进行隧道传输时遇到的问题。

4. MPPE 协议

微软点对点加密协议（Microsoft Point-to-Point Encryption，MPPE）是由 Microsoft 公司设计的，规定了在数据链路层的通信机密性保护机制。它通过对 PPP 链接中 PPP 分组的加密及 PPP 封装处理，实现数据链路层的机密性保护。

MPPE 包传输前，PPP 必须已经进入网络层协议阶段，CPP 控制协议必须处于 Opened 状态。每个 PPP 信息中只能携带一个 MPPE 包，对于加密了的 PPP 包，其 PPP 类型是 0x00FD。每个 MPPE 数据包的最大长度等于 PPP 所能封装的最大信息长度。只对从 0x0021 到 0x00FA 类型的 PPP 包进行加密，加密后 PPP 包类型变为 0x00FD，其他类型的 PPP 包不通过 MPPE 处理。

5. SSTP 协议

安全套接字隧道协议（Secure Socket Tunneling Protocol，SSTP）可以创建一个在 HTTPS 上传送的异地组网隧道，从而消除与基于点对点隧道协议（Point-to-Point Tunneling Protocol，PPTP）或第 2 层隧道协议（Layer-2 Tunneling Protocol，L2TP）异地组网连接有关的诸多问题。因为这些协议有可能受到某些位于客户端与服务器之间的 Web 代理、防火墙和网络地址转换（Network Address Translation，NAT）路由器的阻拦。

SSTP 协议只适用于远程访问，不支持站点与站点之间的异地组网隧道。IPSec 异地组网连接受到防火墙或路由器的阻拦后，SSTP 可以帮助客户减少与 IPSec 异地组网有关的问题。此外，SSTP 也不会产生保留的问题，因为它不会改变最终用户的异地组网控制权。基于异地组网隧道的 SSTP 可直接插入当前的微软异地组网客户端和服务器软件的接口中。

6. SSH 协议

安全外壳（Secure Shell，SSH）协议是一种用于在不安全网络上进行安全远程登录和其他安全网络服务的协议。SSH 由 IETF 的网络小组制定，是一种建立在应用层基础上的安全协议。SSH 是较可靠的专为远程登录会话和其他网络服务提供安全性的协议。利用 SSH 协议可以有效防止远程管理过程中的信息泄露问题。SSH 最初是 UNIX 系统上的一个程序，后来迅速扩展到其他操作平台。SSH 在正确使用时可弥补网络中的漏洞。SSH 客户端适用于多种平台。几乎所有 UNIX 平台，包括 HP-UX、Linux、AIX、Solaris、Digital UNIX、Irix 及其他平台，都可运行 SSH。

2.4.6 电子邮件安全协议

电子邮件在传输中使用的是 SMTP，但是它并不提供加密服务，攻击者可在邮件传输中截获数据。用户经常收到的好像是好友发来的邮件，可能是一封冒充的、带着病毒或其他欺骗信息的邮件。此外，电子邮件误发给陌生人或不希望发给的人，电子邮件的不加密性也会带来信息泄露。

为了解决电子邮件的安全问题，国际上提出了一系列安全电子邮件协议，如 PEM 协议、PGP 协议、S/MIME 协议等。

下面将简要介绍这些电子邮件安全协议。

1. PEM 协议

保密增强邮件（Privacy Enhancement for Internet Electronic Mail，PEM）协议是一个只能够保密文本信息的非常简单的信息保密协议。PEM 协议定义了一个简单又严格的全球认证分级。无论是公共的还是私人的，商业的还是其他的，所有的认证中心（CA）都是这个分级中的一部分。这种做法存在许多问题，由于根认证是由一个单一机构实现的，灵活性较差，并且可能并非所有的组织都信任该机构。PEM 使用了 MD5、RSA、DES 等加密算法。

PEM 协议的基本原理是用户代理认证（User Agent-CA）。认证中心（CA）提出 PEM 用户证件的注册申请（按照 X.509 协议）。用户的证件被存储在一个可公开访问的数据库之中，该数据库提供一种基于 X.500 的目录服务。密钥等机密信息则存储在用户的个人安全环境（Personal Secure Environment，PSE）中。用户使用本地 PEM 软件及 PSE 环境信息生成 PEM 邮件，然后通过基于 SMTP 的报文传递代理发送给对方。接收方在自身的 PSE 中将报文解密，并通过目录检索其证件，查阅证件注销表以核实证件的有效性。

PEM 协议的加密过程通常包括以下四个步骤。

（1）报文生成：一般使用用户所常用的格式。

（2）规范化：转换成 SMTP 的内部表示形式。

（3）加密：执行选用的密码算法。

（4）编码：对加密后的报文进行编码以便传输。

2. PGP 协议

优良保密（Pretty Good Privacy，PGP）协议是一个完整的电子邮件安全协议，包括加密、鉴别、电子签名和压缩等技术。PGP 所采用的算法经过检验和审查后被证实非常安全。由于适用范围广泛，它在机密性和身份验证服务上得到了大量的应用。虽然 PGP 协议已经被广泛使用，但 PGP 并不是因特网的正式标准。

PGP 协议提供以下 4 种服务。

（1）数字签名：PGP 提供的数字签名服务包括散列编码或消息摘要的使用，签名算法及公钥加密算法。它提供了对发送方的身份验证。

（2）保密性：PGP 通过使用常规的加密算法，对将要传送的消息或在本地存储的文件进行加密，在 PGP 中每个常规密钥只使用一次，会话密钥和消息则绑定在一起进行传送，为了保护会话密钥，还要用接收方的公钥对其进行加密。

（3）压缩：在默认情况下，PGP 在数字签名服务和保密性服务之间提供压缩服务，首先对消息进行签名，然后进行压缩，最后再对压缩消息加密。

（4）基数 64 转换：为了达到签名、加密及压缩的目的，PGP 使用了名为基数 64 转换的方案。在该方案中，每 3 个二进制数据组被映射为 4 个 ASCII 字符，同时也使用了循环冗余校验来检测数据传输中的错误，基数 64 转换作为对二进制 PGP 消息的包装，用于一些非二进制通道。

3. S/MIME 协议

安全的多用途网际邮件扩充协议（Secure Multipurpose Internet Mail Extensions，S/MIME）通过签名、加密或者两者并用的方式来保证 MIME 实体的安全。

（1）加密消息。

值得注意的问题是，在使用 S/MIME 对消息进行加密而没有签名时，没有提供消息的完整性验证。其传输过程中，密文有可能被更改或替换，改变其含义。

使用 S/MIME 加密消息的步骤如下。

① 根据 S/MIME 规范准备要加密的 MIME 实体。

② 使用 MIME 实体和其他必需的信息产生类型为 EnvelopeData 的 CMS 对象。另外，为每个接收方生成一个加密的会话密钥副本，并一起放入该 CMS 对象中。

③ 将此 CMS 对象封装在类型为 application/pkcs7-mime 的 MME 实体中，该类型 smime-type 参数的值为 EnvelopeData，消息文件的扩展名为“.p7m”。

（2）签名消息。

消息签名有两种格式：一种使用 application/pkcs7-mime 类 SignedData，另一种使用 multipart/signed。发送消息时通常使用后一种，但接收方在接收消息时应当支持全部两种格式。

对于使用 SignedData 格式进行签名的消息，如果接收方不支持 S/MIME，那么它就不能够查看原始消息。使用 SignedData 格式进行签名消息的步骤如下。

① 根据 S/MIME 规范准备要签名的 MIME 实体。

② 使用 MIME 实体和其他必需的信息产生类型为 SignedData 的 CMS 对象。

③ 将此 CMS 对象封装在类型为 application/pkcs7-mime 的 MIME 实体中，该类型中 smime-type 参数的值为 SignedData，消息文件的扩展名为“.p7m”。

对于使用 multipart/signed 格式进行签名的消息，无论接收方是否支持 S/MIME，原始消息都能被查看。这种格式包括两部分内容，第一部分是用于签名的 MM 正实体，第二部分是数字签名。使用该格式进行签名消息的步骤如下。

① 根据 S/MIME 规范准备要签名的 MIME 实体。

② 使用 MIME 实体产生类型为 SignedData 的 CMS 对象，该对象不包括涉及信息内容的部分。

③ 将 MIME 实体放入 multipart/signed 的第一部分中。

④ 对步骤②中 SignedData 类型的 CMS 对象进行编码，并将其封装在类型为 application/pkcs7-signature 的 MIME 实体中。

⑤ 将类型为 application/pkcs7-signature 的 MIME 实体放入 multipart/signed 的第二部分中。

（3）加密和签名。

用于加密和签名的所有格式都是安全的 MIME 实体，因此加密和签名可以进行嵌套，这就要求 S/MIME 的实现者必须能够处理任意层次嵌套的消息格式。

在进行嵌套时，可由实现者和用户选择先签名消息还是先加密消息。从安全方面考虑，对于先加密后签名的消息，接收者能够验证加密消息块是否被修改过，但不能保证原始消息是否由签名者所发。对于先签名后加密的消息，接收者能够确认原始消息是否被修改过，但不能保证加密消息块不被修改。

（4）纯证书消息。

纯证书消息用于传输证书及证书撤销列表（Certificate Revocation List，CRL），如在收到注册请求时发出证书。

具体步骤如下。

① 用需要传输的证书产生类型为 SignedData 的 CMS 对象，该对象中不包含涉及消息内容的部分，而且涉及签名的部分为空。

② 将此 CMS 对象封装在 application/pkcs7-mime 的 MIME 实体中，该类型中 smime--type 参数的值为 certs-only，消息文件的扩展名为“.p7c”。

（5）注册请求。

对消息进行签名的发送方代理必须拥有证书，这样，接收方代理才能够验证签名。获得证书的方法有很多，如通过物理存储介质获得证书或访问认证中心以获取证书。

2.5　本章小结

本章先介绍了密码学的历史、密码系统的概念、密码的分类，然后重点介绍了几种常用加密技术原理及其应用，最后介绍了几种常用的安全协议。

密码系统又称为密码体制，指能完整地解决信息安全中的机密性、数据完整性、认证、身份识别及不可抵赖等问题中的一个或多个的系统。其目的是让人们能够使用不安全信道进行安全通信。

加密技术主要分为对称加密算法和非对称加密算法。对称加密算法指加密和解密使用相同密钥的加密算法，也就是说，其加密密钥能够依据解密密钥推算得到，同理，其解密密钥也可以依据加密密钥推算得到。在计算机专网系统中广泛使用的对称加密算法有 DES、IDEA 和 AES。非对称加密算法指加密密钥与解密密钥不同，一个称为公钥，另一个称为私钥（或秘密密钥），因此这种密码体系也称为公钥密码体系。公钥密码体系算法的典型代表是 RSA 系统，此外还有椭圆曲线、背包密码和 ElGamal 算法等。

基于数据加密的应用技术包括鉴别、数字签名、物联网认证与访问控制、公钥基础设施等。

在互联网安全协议中，常用的网络层安全协议是 IPSec 协议，常用的传输层安全协议是 SSL 协议，常用的应用层协议是 SET 协议，常用的电子邮件安全协议是 PEM 协议、PGP 协议和 S/MIME 协议等。

复习思考题

一、单选题

1. 密码学的发展历程大致经历了（　　）个阶段。

A. 1　　B. 2　　C. 3　　D. 4

2. 一个完整的密码体制要包括（　　）个要素。

A. 2　　B. 3　　C. 4　　D. 5

3. 以下不属于对称加密算法的是（　　）。

A. DES　　B. 3DES　　C. IDEA　　D. RSA

4. IDEA 加密算法的密钥长度为（　　）位。

A. 64　　B. 128　　C. 256　　D. 512

5. DES 算法是由（　　）公司研制的对称加密算法。

A. IBM　　B. DEC　　C. HP　　D. Intel

6. RSA 算法建立在（　　）难于因式分解的基础之上。

A. 大整数　　B. 大奇数　　C. 大偶数　　D. 以上都不是

7. ECC 的技术实现可以分为（　　）个层次。

A. 4　　B. 5　　C. 6　　D. 7

8. 目前广泛应用的数字签名算法是（　　）。

A. RSA 签名　　B. DSS 签名　　C. 散列签名　　D. 以上都是

9. 作为一种安全技术，PKI 的优势主要表现在（　　）方面。

A. 4　　B. 5　　C. 6　　D. 7

10. SSL 是（　　）公司研发的一种网络安全协议。

A. IBM　　B. Microsoft　　C. Google　　D. Netscape

11. 三重 DES 加密算法具有（　　）位有效的密钥长度。

A. 56　　B. 112　　C. 168　　D. 224

12. 常用的单向散列函数是（　　）。

A. MD5　　B. SHA　　C. MAC　　D. 以上都是

13. 基于 SET 协议构成的电子商务系统由（　　）部分组成。

A. 4　　B. 5　　C. 6　　D. 7

14. 数字签名的原理是每个人都有两个“钥匙”（数字身份），其中一个钥匙只有她/他本人知道（私钥），另一个钥匙是公开的（公钥）。签名的时候用（　　），验证签名的时候用公钥。

A. 私钥　　B. 公钥　　C. 私钥和公钥　　D. 私钥或公钥

15. 椭圆曲线在密码学中的使用是在（　　）年由 Neal Koblitz 和 Victor Miller 分别独立提出的。

A. 1984　　B. 1985　　C. 1986　　D. 1987

二、简答题

1. 简述密码学的定义和作用。

2. 古典密码学主要分成哪几种类型？请详述其中一种。

3. 什么是非对称加密，有哪些特点？请介绍几种非对称加密算法。

4. 什么是公钥加密，有哪些特点？请介绍几种公钥加密算法。

5. 什么是单向散列函数？请举例说出有哪些单向散列函数。

6. 简述数字签名技术的原理。

7. 数字签名与加密技术在密钥对的使用上有什么区别？

8. PKI 的优势主要体现在哪些方面？

9. 网络中的认证包括哪些方面？什么是物联网认证？

10. 目前信息系统的访问控制有哪几种？请分别简述其特点。

11. 常用的网络安全协议有哪些？请简要说明每一种安全协议的工作原理。

第 3 章 感知层RFID系统安全

物联网的感知层包括 RFID 系统、无线传感器网络、智能终端系统和接入网系统等重要的组成部分。本章将深入剖析 RFID 系统的工作原理和安全技术。

3.1 RFID 技术的起源与发展

射频识别（RFID）技术被认为是取代条形码技术的新一代数据自动采集技术。20 世纪 70 年代，商品条形码技术的应用引发了一场商业革命。条形码技术的应用，减轻了零售业员工的劳动强度，提高了工作效率，并为顾客提供了舒适、方便的购物环境。但是，条形码技术本身存在着一些弊端，不能满足人们的需求。例如，在配送过程中，需要人工干预以确保条形码都是朝向激光扫描的。货物运送过程中或到达商店后，必须经过人工扫描，才能知道货物的准确数量或判断是否丢失。而且在这一过程中，可能会出现重复扫描或遗漏扫描的现象。此外，条形码一般只能反映商品的制造商和商品的种类（或型号），有关保质期等信息只能靠人工输入。这很容易造成统计错误，导致货物短缺或积压。近年来出现的二维条形码虽然解决了信息存储不足的问题，但仍未改变需要借助光源才能读取信息和必须逐件扫描的难题。本书的第 6 章将进一步分析条形码技术和二维码技术。

RFID 技术是人们在物联网中获取信息的一种途径。RFID 技术的引入源自美国沃尔玛商业集团的一项激进政策。2003 年 6 月 19 日，在美国芝加哥举行的零售系统展览会上，沃尔玛宣布了应用 RFID 技术的计划。根据该计划，沃尔玛的 100 家供应商应该从 2005 年 1 月 1 日起，将 RFID 标签贴在供应商的包装（托盘）上，并且一个一个地扩展。如果供应商在 2008 年未能达到上述要求，将会失去沃尔玛的供应商资格。该计划使得沃尔玛成为首个正式推出 RFID 技术的公司。因此，可以说沃尔玛是 RFID 技术的主要推动力。从 2004 年起，沃尔玛将 RFID 技术应用于物流供应链。

经过统计与分析，采用 RFID 技术后，沃尔玛的零售店、配送中心商品缺货量减少了约 17%，商品库存管理效率提高了约 11%，商品补充速度提高了 3 倍。商店（超级市场）进货效率提高了 63%，零售店和配送中心的平均库存下降了 10%。在管理层面上，沃尔玛利用 RFID 技术实现了以下好处：商品管理和仓库管理成本降低，管理精确度提高；员工工作效率大幅提升；供应链实时性、透明度进一步提高；及时响应能力提高，客户满意度明显改善。这一切都增强了沃尔玛的核心竞争能力。

目前，RFID 技术已广泛应用于生产、销售、物流、运输等领域，能实现物料在全球范围内的动态、快速、精确识别和管理，因此受到各国政府和实业界的高度重视，成为物联网发展的关键技术之一。

虽然与条形码技术相比，RFID 技术具有可自动识别的优点，但是由于 RFID 技术更适合物品的自动识别，而条形码技术更适合廉价的一次性物品的识别，因此在短期内，RFID 技术还不能完全替代条形码技术。

3.2 感知层 RFID 系统的工作原理

3.2.1 RFID 系统的组成

RFID 技术是一种非接触式自动识别技术。它通过无线射频方式自动识别特定目标的标签，并读写标签中的相关信息。

RFID 并非传感器，而是一种利用无线电波来获取预先嵌入在物体或物体标签上的信息的技术。

RFID 技术可以识别高速运动的目标对象，如行驶中的汽车，并可以同时识别多个标签，能够快速地进行物品的追踪和管理，具有可靠性高、保密性强、成本低廉等特点。它广泛应用于仓库管理、物品追踪、防伪、物流配送、过程控制、访问控制、门禁、自动收费、供应链管理、图书管理等领域。

RFID 系统的基本组成部分如图 3-1 所示。

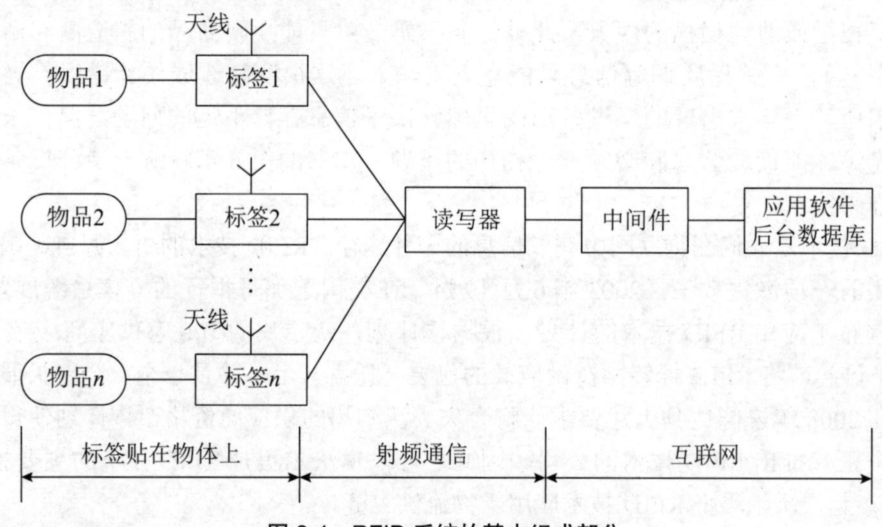

图 3-1　RFID 系统的基本组成部分

一套完整的 RFID 系统，通常由物品（physical thing）、电子标签（tag）、天线（antenna）、读写器（reader and writer）、中间件（middleware）和应用软件（application software）等 6 部分组成。各个组成部分的主要功能如下。

1. 物品

物品指物理世界中真实存在的物体，如服装、食物、汽车、文具、书刊、家具等。在物联网中，这些物品均可以互连。

2. 电子标签

RFID 标签俗称电子标签，也称为应答器（responder）。根据工作方式的不同，电子标签又分为主动式（有源）和被动式（无源）两大类。在本书中，仅仅介绍常用的被动式电子标签。

被动式 RFID 标签由标签芯片和标签天线（或线圈）组成，利用电感耦合或电磁反向散射耦合原理实现与读写器之间的通信。RFID 标签中存储一个唯一编码，通常是一个 64 位、96 位或者更多位数的二进制数，其地址空间远大于条形码所能提供的空间，因此可以实现全球唯一的物品编码。当 RFID 标签进入读写器的作用区域，就可以根据电感耦合原理（近场作用范围内）或电磁反向散射耦合原理（远场作用范围内）在标签天线两端产生感应电势差，并在标签芯片通路中形成微弱电流；如果这个电流强度超过一个阈值，就将激活 RFID 标签芯片电路工作，从而对标签芯片中的存储器进行读写操作。微控制器还可以进一步加入密码或防碰撞算法等复杂功能。RFID 标签芯片的内部结构主要包括射频前端、模拟前端、数字基带处理单元和 EEPROM 存储单元四部分。

3. 天线

天线是 RFID 标签和读写器之间实现射频信号空间传播和建立无线通信连接的设备。RFID 系统中包括两类天线，一类是 RFID 标签上的天线，由于它已经和 RFID 标签集成为一体，因此不再单独讨论；另一类是读写器天线，它既可以内置于读写器中，也可以通过同轴电缆与读写器的射频输出端口相连。目前的天线产品多采用收发分离技术来实现发射和接收功能的集成。天线在 RFID 系统中的重要性往往被人们所忽视，在实际应用中，天线设计参数是影响 RFID 系统识别范围的主要因素。高性能的天线不仅要求具有良好的阻抗匹配特性，还需要根据应用环境的特点对方向特性、极化特性和频率特性等进行专门设计。

4. 读写器

读写器也称为阅读器或询问器（interrogator），是对 RFID 标签进行读写操作的设备，主要包括射频模块和数字信号处理单元两部分。读写器是 RFID 系统中最重要的基础设施。

一方面，RFID 标签返回的微弱电磁信号通过天线进入读写器的射频模块转换为数字信号，再经过读写器的数字信号处理单元进行必要的加工整形，从中解调出返回的信息，完成对 RFID 标签的识别或读写操作；另一方面，上层中间件及应用软件与读写器进行交互，实现操作指令的执行和数据汇总上传。

当上传数据时，读写器会对 RFID 标签原子事件进行去重过滤或简单的条件过滤，将其加工为读写器事件后再上传，以减少与中间件及应用软件之间的数据交换量。因此，很多读写器中还集成了微处理器和嵌入式系统，以实现一部分中间件的功能，如信号状态控制、奇偶位错误校验与修正等。目前读写器呈现出智能化、小型化和集成化趋势，还将具备更加强大的前端控制功能，例如，直接与工业现场的其他设备进行交互，甚至作为控制器进行在线调度。在物联网中，读写器将成为同时具有通信、控制和计算（communication，control，computing）功能的 C3 核心设备。

5. 中间件

中间件是一种面向消息的、可以接收应用软件端发出的请求、对指定的一个或者多个读写器发起操作并接收、处理后向应用软件返回结果数据的特殊软件。中间件在 RFID 应用中除了可以屏蔽底层硬件带来的多种业务场景、硬件接口、适用标准造成的可靠性和稳定性问题，还可以为上层应用软件提供多层、分布式、异构的信息环境下业务信息和管理信息的协同。中间件的内存数据库还可以根据一个或多个读写器的读写器事件进行过滤、聚合和计算，抽象出对应用软件有意义的业务逻辑信息构成业务事件，以满足来自多个客户端的检索、发布 / 订阅和控制请求。

6. 应用软件

应用软件采用位于后台的数据库管理系统来实现其管理功能，提供直接面向 RFID 应用最终用户的人机交互界面，协助使用者完成对读写器的指令操作，以及对中间件的逻辑设置，逐级将 RFID 标签上的原始资料转化为使用者可以理解的业务数据，并使用可视化界面进行展示。由于应用软件需要针对不同应用领域的用户专门编制，因此很难具有通用性。从应用评价标准看，使用者在应用软件界面上的用户体验，是判断一个 RFID 应用系统成功与否的决定性因素。

3.2.2 RFID 系统的工作原理

如前所述，一套完整的 RFID 系统，由物品、电子标签、天线、读写器、中间件和应用软件等部分组成。

在基于 RFID 技术的物联网系统中，标签与读写器之间是通过射频信号进行通信的，而读写器与应用系统之间是通过互联网进行通信的。

RFID 系统的工作原理是读写器发射某个特定频率的无线电波能量给电子标签，用以驱动电子标签电路将内部的数据送出，此时读写器按次序接收并解读数据，然后送给应用系统做相应的处理。

当电子标签进入磁场后，读写器发出射频信号，电子标签凭借天线感应电流所获得的能量，发送存储在芯片中的产品信息（无源标签或被动标签），或者由电子标签主动发送某一频率的信号（有源标签或主动标签），读写器读取信息并解码后，送至中间件进行有关数据处理。

以 RFID 读写器与电子标签之间的通信及能量感应方式来分类，RFID 大致可以分成两类：感应耦合和后向散射耦合。通常，低频的 RFID 系统大都采用感应耦合方式，而较高频的 RFID 系统大多采用后向散射耦合方式。

读写器是 RFID 系统的信息控制和处理中心。按照所采用的结构和技术的不同，读写器可以是读出装置，也可以是读写装置。读写器通常由耦合模块、收发模块、控制模块和接口单元组成。读写器与电子标签之间一般采用半双工通信方式进行信息交换，同时读写器通过耦合给无源电子标签提供能量和信号。

在实际应用中，可进一步通过有线局域网或无线局域网（Wireless Local Area Network，WLAN）等实现对标签提供的物体标识信息的采集、处理和远程传送等管理功能。电子标签是RFID系统的信息载体，目前电子标签大多是由耦合元件（线圈、微带天线等）和微芯片组成的无源单元。

RFID射频识别系统的基本工作方式可以分为全双工（full duplex）、半双工（half duplex）系统和时序（SEQ）系统。

全双工表示电子标签与读写器之间可在同一时刻互相传送信息；半双工表示电子标签与读写器之间可以双向传送信息，但在同一时刻只能向一个方向传送信息。

在全双工和半双工系统中，电子标签的响应是在读写器发出电磁场或电磁波的情况下发生的。因为与读写器发出的信号相比，在电子标签接收天线上的信号很微弱，所以必须使用合适的传输方法，以便把电子标签的信号与读写器的信号区别开来。在实际应用中，对于从电子标签到读写器的数据传输，一般采用负载反射调制技术将电子标签数据加载到反射回波上。

时序方法则与负载反射调制技术相反，读写器发出的电磁波短时间周期性地断开。这些间隔被电子标签识别出来，并被用于从电子标签到读写器的数据传输。实际上，这是一种典型的雷达工作方式。时序方法的缺点是，在读写器发送间歇时，电子标签的能量供应中断，必须通过装入足够大的辅助电容器或辅助电池的方式来提供电源。

读写器发送信号时使用的频率称为RFID系统的工作频率。按工作频率来划分，RFID系统又可分为低频系统和高频系统两种。

低频RFID系统一般指工作频率小于30MHz的RFID系统，其典型的工作频率为125kHz、225kHz、13.56MHz等，工作在这些频率的射频识别系统一般都适用于相应的国际标准。低频RFID系统的基本特点是电子标签的成本较低、电子标签内保存的数据量较少、阅读距离较短、电子标签外形多样（卡状、环状、纽扣状、笔状）、阅读天线方向性不强等。

高频RFID系统一般指工作频率大于400MHz的RFID系统，其典型的工作频率为915MHz、2.45GHz、5.8GHz等。高频RFID系统在这些频率上也得到众多国际标准的支持。高频RFID系统的基本特点是电子标签及读写器的成本较高、电子标签内保存的数据量较大、阅读距离较远（可达几米至十几米）、适应高速运动的物体、外形一般为卡状、阅读天线和电子标签天线都有较强的方向性等。

3.2.3　RFID技术的优点

RFID技术的工作原理是利用电磁信号和空间耦合（电感或电磁耦合）的传输特性实现对象信息的无接触传递，进而实现对静止或移动物体的非接触自动识别。与传统的条形码技术相比，RFID技术具有以下优点。

1. 快速扫描

条形码一次只能扫描一个，而RFID读写器可同时读取多个RFID标签。

2. 体积小、形状多样

RFID在读取时不受尺寸与形状的限制，不需要为了读取精度而要求纸张的尺寸和印刷品质。此外，RFID标签不断往小型化与形态多样化方向发展，能更好地用于不同产品。

3. 抗污染能力和耐久性好

传统条形码的载体是纸张，因此容易损毁，而 RFID 标签对水、油和化学药品等物质具有很强的耐腐蚀性。此外，由于条形码是贴附于塑料袋或外包装纸箱上，特别容易折损，而 RFID 是将数据存储在芯片中，因此可以免受损毁。

4. 可重复使用

条形码印刷后就无法更改，RFID 标签则可以不断新增、修改、删除其中存储的数据，方便信息的更新。

5. 可穿透性阅读

在被覆盖的情况下，RFID 能够穿透纸张、木材和塑料等非金属或非透明的材质，在通信时有很好的穿透性。而条形码扫描器必须在近距离、没有物体遮挡的情况下，才可以辨识条形码。

6. 数据容量大

一维条形码的容量通常是 50 字节，二维条形码可存储 2 ～ 3000 个字符，RFID 最大的容量则有数兆字节（MB）。随着存储介质的发展，数据容量也有不断扩大的趋势。未来物品所携带的数据量会越来越大，对 RFID 标签容量的需求也会相应增加。

7. 安全性

由于 RFID 承载的是电子信息，其数据内容可由密码保护，因此内容不易被伪造及篡改。

目前，RFID 技术已广泛应用于工业自动化、智能交通、物流管理和零售业等领域。近年来，随着物联网系统的快速发展，RFID 技术展现出新的技术价值。

3.2.4 RFID 技术的典型应用

RFID 技术以其独特的优势，逐渐地被广泛应用于工业自动化、商业自动化和交通运输控制管理等领域。随着大规模集成电路技术的进步及生产规模的不断扩大，RFID 产品的成本不断降低，其应用也越来越广泛。

1. RFID 技术在物流管理中的应用

现代社会不断进步，物流涉及大量纷繁复杂的产品，其供应链结构极其复杂，经常有较大的地域跨度，传统的物流管理不断反映出不足。为了跟踪产品，目前配送中心和零售业多采用条形码技术，但市场要求更为及时的信息来管理库存和货物流。美国麻省理工学院自动识别中心对消费品公司的调查显示，一个配送中心每年花在人工清点货物和扫描条形码的时间达到 11000 小时。将 RFID 系统应用于智能仓库的货物管理，不仅能够处理货物的出库、入库和库存管理，而且可以监管货物的一切信息，从而克服条形码的缺陷，将该过程自动化，为供应链提供及时的数据。此外，在物流管理领域引入 RFID 技术，能够有效节省个人成本，提高工作精度，确保产品质量，加快处理速度。另外，通过物流中心配置的读写设备，能够有效地避免粘贴有 RFID 标签的货物被偷窃、损坏和遗失的情况发生。零售业分析师证明，采用RFID后，沃尔玛每年可以节约83.5亿美元，其中大部分是扫描条形码的人力成本。RFID技术还可解决零售业物品脱销、盗窃及供应链被搅乱带来的损耗，而仅因盗窃，每年沃尔玛就损失约20亿美元。由此可见，RFID技术的确可以在企业自身的物流活动中，发挥很大的作用。

2. RFID技术在防伪中的应用

现代主要采用的防伪技术有防伪标识及电话识别系统、激光防伪、数字防伪等技术，然而利用RFID技术防伪，与其他防伪技术相比，好处在于每个标签都有一个全球唯一的ID号码——UID，UID在制作芯片时放入ROM中，无法被修改、仿造。RFID技术还有以下特点：无机械磨损，防污损，读写器具有不直接对最终用户开放的物理接口，保证了其自身的安全性；在安全方面除标签的密码保护外，读写器与标签之间存在相互认证的过程，数据存储量大、内容可多次擦写，不仅可以记录产品的品种信息、生产信息、序列号、销售信息等，还可以记录更详细的商品销售区域、销售负责人、关键配件序列号等数据和信息，从而为商品添加了一个唯一、完整、保密、可追溯的身份和属性标识符。数据安全方面除标签的密码保护外，数据部分可用一些算法实现安全管理等。目前国际上在一些行业的包装上利用RFID技术已经取得了突破。

每款产品出厂时都被附有存储相关信息的电子标签，然后通过读写器写入唯一的识别代码，并将物品的信息录入到数据库中。此后，装箱销售、验证分发、零售上架等各个环节都可以通过读写器反复读写标签。电子标签就是物品的“身份证”，借助电子标签，可以实现对商品的原料、半成品、成品的全程监管，对运输、仓储、配送、上架、最终销售，甚至退货处理等环节的实时监控。RFID技术提高了物品分拣的自动化程度，降低了差错率，使整个供应链管理显得透明而高效。为了打击造假行为，美国麻醉药OxyContin的生产厂家宣布将在药瓶上采用RFID技术，以实现对药品从生产到药剂厂的全程电子监控，此举是打击日益增长的药品造假现象的有效手段。药品、食品、危险品等物品与个人的日常生活安全息息相关，都属于国家监管的特殊物品，其生产、运输和销售的过程必须严格管理，一旦管理不善，假冒伪劣商品散落到社会上，必然会给人民的生命财产安全带来极大的威胁。我国政府也已经开始在国内射频识别领域先导厂商的帮助下，尝试利用RFID技术实现药品、食品、危险品等特殊商品的防伪。

3. RFID技术在交通管理领域中的应用

人口、车辆数量不断增长，但是有限的可用土地及经济要素的制约却使得城市道路扩建增容有限，不可避免地带来了一系列交通问题。当今世界各地的大中城市无不被交通问题所困扰。随着信息与科学技术的发展，智能交通系统得到不断发展。智能交通系统指将先进的信息技术、电子通信技术、自动控制技术、计算机技术及网络技术等有机地运用于整个交通运输管理体系，而建立的一种实时、准确、高效的交通运输综合管理和控制系统。它由若干子系统组成，通过系统集成将道路、驾驶员和车辆有机地结合在一起，加强三者之间的联系。

由于RFID具有远距离识别、可存储携带较多的信息、读取速度快、可应用范围广等优点，非常适合在智能交通和停车管理领域使用。目前RFID已经在交通领域逐步推广应用，并且取得了良好的社会和经济效益，其应用前景为业内人士一致看好。在智能交通领域，RFID 主要应用于停车场管理、车辆自动识别管理、电子不停车收费（Electronic Toll Collection，ETC）、交通调度管理、车辆智能称重和电子注册管理等多个方向。

4. RFID 技术在智能建筑中的应用

对于高档小区、写字楼和政府机关，可采用 RFID 技术对来访人员、员工进行信息化管理，其中重要部门可监控来访的人员信息，重要的文件、物件也可采用 RFID 标签进行安全管理。采用 RFID 技术可实现家庭生活的智能化，不但可提高家庭的安全，还可有效管理各种家庭电器、宠物及吃穿住行的各方面。例如，在每件衣服上贴上 RFID 标签，其中包括衣服的颜色、尺寸信息，可以根据当天的气温及出行目的智能选择组合方式等。此外，还可根据主人的需要智能地完成烧水、清洁及开关灯等功能。

3.3 RFID 系统安全分析

3.3.1 RFID 系统的安全问题

随着 RFID 技术的快速发展，它在物联网中的应用已经远远超出了原有计算机系统的范畴。其安全问题也成为业界广泛关注的问题，主要包括以下几个因素。

1. 标签的计算能力较弱

由于标签成本、工艺、计算能力和功耗等方面的局限性，RFID 标签的存储空间极其有限，本身无法包含完善的安全模块，很容易被攻击者操控。例如，最便宜的标签只有 64 ～ 128 位的存储空间，仅仅可以容纳唯一的标识符。攻击者可以利用合法的读写器或者自行构造读写器直接与 RFID 标签进行通信，读取、篡改甚至删除标签内所存储的数据。在没有足够可信任的安全机制的保护下，标签的安全性、有效性、完整性、可用性和真实性都难以得到保障。

2. 通信链路的脆弱性

RFID 系统的通信链路包括前端标签到读写器的空中接口无线链路和后端读写器到后台系统的计算机网络。在前端的空中接口链路中，标签层和读写器层采用无线射频信号进行通信，通信过程中无任何物理或者可见的接触（通过电磁波的形式进行）。由于无线传输信号本身具有开放性，使得数据安全性十分脆弱，非法用户可以利用非授权的读写器截取数据，阻塞通信信道进行拒绝服务攻击，假冒用户身份篡改、删除标签的数据，甚至采用非法标签发送数据。在后端通信链路中，系统面临计算机网络普遍存在的安全问题，即传统信息安全的问题，相对来说，安全机制较成熟。通信链路的脆弱性使得在给应用系统数据采集提供灵活性和方便性的同时，也使传递的信息暴露于大庭广众之下。

3. RFID 读写器的脆弱性

当读写器接收到标签发送的数据后，除了中间件实现数据筛选、时间过滤和管理外，读写器只提供用户业务接口，而不能提供让用户自行提升的安全性能接口。此外，读写器在收到数据以后，要进行一些相关的处理，在处理过程中，数据安全可能会遇到类似计算机安全脆弱性的问题。因此，读写器同样存在与计算机终端数据类似的安全隐患。

4. 业务应用的隐私安全

在传统的网络中，网络层的安全和业务层的安全是相互独立的，而在物联网中，网络连接和业务使用是紧密结合的。物联网中传输信息的安全性和隐私性问题，也成为了制约物联网进一步发展的重要因素。

根据 RFID 物联网的系统结构，可以把物联网面临的威胁和攻击分为两类：第一类是针对物联网系统的实体的威胁，主要是针对标签、读写器和应用系统的攻击；另一类是针对物联网通信过程的威胁，包括对射频通信和互联网通信的威胁。

3.3.2　RFID 系统的安全需求

1. 电子标签

在电子标签中需要保护的数据有 4 种类型：标签标识、用于认证和控制标签内数据访问的密钥、标签内的业务数据、标签的执行代码。

电子标签的安全需求包括机密性、完整性、可用性和可审计性四方面。

（1）机密性。机密性指标签内的数据不能被未授权的用户访问。尤其是标签标识，由于其相对固定并与物理世界中的人和物体紧密关联，其机密性作为隐私问题而被特别关注。在考虑保护标签机密性时，除了传统安全领域的安全策略之外，还需要考虑标签的低成本、低性能的特性。由于标签体积很小且成本很低，因此其计算能力有限，在考虑引入传统加密机制、认证机制和访问控制时，应充分考虑其实现时的计算能力问题。

（2）完整性。完整性指标签中的数据不能被未授权的用户所修改。标签的完整性主要用于保护标签中的业务数据不受恶意修改，因为这些数据通常包括大量与业务相关的信息。特别是当标签用于银行、股市和保险等金融领域时，标签中的数据往往具有经济意义。

（3）可用性。可用性指标签中的数据和功能可以进行正常读取和响应。标签一般都粘贴在物品的表面或嵌入在物品内部，而粘贴在物品上的标签很容易被毁坏。另外，Kill 命令可以删除标签中的部分或者全部数据，甚至使之完全失效。Kill 命令是为了保护用户的隐私而制定的，攻击者有可能利用这一命令毁坏标签。因此，应保证标签的可用性，使之能够正常响应读写器的请求。

（4）可审计性。可审计性指对标签的任何读写操作都能被审计追踪，从而保证标签的可审计性。

2. 读写器

读写器中需要保护的数据主要包括与标签进行相互认证的密钥、与标签相关的数据、读写器的执行代码。

读写器的安全需求也包括机密性、完整性、可用性和可审计性四方面。

（1）机密性。机密性，指读写器中的数据只能被授权用户访问。特别是与标签进行相互认证的密钥，如果密钥信息泄露，攻击者很可能通过假冒读写器与标签进行通信，因此必须保证读写器中的密钥的机密性。由于读写器不需要严格考虑成本，因此可以沿用传统的加密机制来保护机密性。

（2）完整性。完整性，指读写器中的数据仅能被授权用户修改。特别是要保护与标签相关的信息不被攻击者修改，因为这些数据与业务密切相关。

（3）可用性。可用性，指读写器能够正常发送请求并且响应标签的回复。攻击者可能利用或毁坏读写器，因此需要保证读写器的可用性。

（4）可审计性。可审计性，指保证读写器读取标签或者写入标签的记录都可以被监测、追踪和审计。

3. 应用软件

在应用软件中需要保护的数据包括与标签相关的数据、与用户相关的数据、与业务应用相关的数据、代码。

应用软件的安全需求同样包括机密性、完整性、可用性和可审计性四方面。

（1）机密性。机密性，指应用系统中的数据不能被未授权用户访问。特别是与标签相关和与用户相关的信息，这些信息往往涉及用户的隐私，通常都保存在后台数据库中，一旦被攻击者获取，使用者的隐私将无法得到保障。此外，还必须保证与业务应用相关的数据的机密性，因为攻击者很可能通过分析这些数据来追踪用户的行踪，甚至分析用户的消费习惯。

（2）完整性。完整性，指应用系统中的数据不能被未授权用户篡改。特别是与用户相关的数据和业务数据，一旦被攻击者篡改，可能造成严重的经济损失。

（3）可用性。可用性，指保证应用系统正常运转，满足用户的需求。

（4）可审计性。可审计性，指保证应用系统可以被监测、追踪和审计。

4. 射频通信模块

射频通信模块需要保护的对象包括通信数据和通信信道。

射频通信模块的安全需求也包括机密性、完整性、可用性和可审计性四方面。

（1）机密性。机密性，指保护射频通信数据的机密性。射频通信模块是通过无线射频信号进行通信的，攻击者可以通过窃听分析微处理器正常工作过程中产生的各种电磁特征，获取标签与读写器之间或标签与其他 RFID 设备之间的通信数据。而且，由于从读写器到标签的前向信道具有较大的覆盖范围，因而它比从标签到读写器的后向信道更不安全。因此，射频通信层的通信数据的机密性也更为重要。

（2）完整性。完整性，指保护射频通信模块的通信数据不被非法篡改。攻击者可以利用射频通信模块无线网络固有的脆弱性来篡改或重放信息，从而破坏读写器与标签之间的正常通信，因此，需要运用加密、散列算法和 CRC 校验等措施来保证通信数据的完整性。

（3）可用性。可用性，指保护通信信道能够正常通信。射频信号很容易受到干扰，恶意攻击者可能通过干扰广播、阻塞信道等方法来破坏射频通信信道，因此需要保证射频通信层的可用性。

（4）可审计性。可审计性，指保证射频通信模块可以被监测、追踪和审计。

3.3.3 针对 RFID 系统的攻击

如前所述，RFID 系统一般由电子标签、天线、读写器、中间件、应用软件等组成。对于攻击者来说，它们都有可能成为攻击的目标。

1. 针对标签和读写器的攻击

针对标签和读写器的常见的攻击方法，主要包括窃听、略读、克隆、重放、追踪、扰乱等。

（1）窃听。RFID系统通过无线电传递信息，读写器与标签之间的通信内容可以被窃听到。窃听是一种特殊的攻击行为，可以远程实施且难以发觉，因为窃听是一个隐藏的行为，不会产生任何信号。当敏感消息在信道内传输时，窃听攻击就构成了一个严重的威胁。例如，将一个天线安装在RFID信用卡读写器附近，读写器与RFID信用卡之间的无线电信号有可能被捕获并翻译成可被人识别的形式。如果捕获到持卡人姓名、完整的信用卡号码、信用卡到期日期、信用卡类型、软件版本、支持的通信协议等重要信息，就可能给持卡人带来损失。

攻击者通过窃听获取非公开的内部或机密的信息后，可以利用这些信息，也可以出售这些信息谋利，或者公开这些信息使RFID系统处于被动状态，或者保存这些信息以备将来使用。

（2）略读。略读，指在标签所有者不知情和没有得到所有者同意的情况下读取存储在RFID标签中的数据。它通过一个非法的读写器与标签交互来获取标签中存储的数据。由于某些标签在不需要认证的情况下会广播存储的内容，因此这种攻击行为有可能奏效。

略读攻击的一个典型例子是针对电子护照的攻击。电子护照中包含敏感信息，现有的强制被动认证机制要求使用数字签名，读写器能够证实来自正确的护照颁发机构的数据。然而，由于读写器不被认证，标签会不加判断地进行回答。如果数字签名并没有与护照中的特定数据相关联，仅仅支持被动认证，那么拥有读写器的攻击者就能够获得护照持有人的姓名、性别、出生日期、护照号码甚至面部照片等敏感信息。

（3）克隆。克隆即攻击者非法复制标签，并用复制的标签冒充合法的标签。

对于信用卡、电子车票等具有高安全性应用的支付系统，在设计RFID系统时，应当考虑实际的需求，选择具有加密功能的系统。如果忽视了加密过程，攻击者将有可能使用克隆的假冒标签而获取未经许可的服务，导致严重的安全隐患。

主动认证方法具有防克隆的特性，这种方法使用公钥加密，它依靠电子标签提供的私钥来工作：标签随机产生一个现时数据（nonce），并且用自己的私钥对其进行数字签名，然后将它发送给读写器，读写器利用标签中携带的与私钥配对的公钥来验证该签名的正确性。

（4）重放。重放攻击即攻击者复制通信双方之间的一串信息流，并且重放给其中某一方或者双方。重放攻击是针对安全协议的攻击，即用不同的内容来替代原来的内容，从而欺骗通信参与者，使之误认为攻击者已经成功地完成了认证。这种攻击对加密通信仍然可行，因为信息只是通过快速通信信道进行重放，而不需要知道其内容。

避免重放攻击的方法可以使用时间同步、递增的序列号或者现时数据等。但是，在RFID系统中，时间同步是不可行，因为被动的RFID标签没有电源，不使用时钟；递增的序列号对不关心跟踪的RFID应用是一种可行的方案；对RFID标签来说，使用现时数据也是一种合适的方案。

（5）追踪。攻击者有可能利用RFID标签上的信息，对RFID携带者进行跟踪，获取携带者所在的地理位置，即地址隐私信息。

（6）扰乱系统。攻击者扰乱系统可以使目标陷入混乱状态，使RFID系统无法正常运行。攻击者的目的可能是为了商业竞争，也可能是炫耀自己的技术。这种攻击通过一个装置广播无线电干扰信号来实现攻击，阻止RFID读写器与标签之间的通信，从而导致系统无法正常工作。

2. 针对应用软件和后台数据库的攻击

针对应用软件和后台数据库的常见攻击方法，主要包括标签伪造与复制、对象名称解析服务攻击和病毒攻击等。

（1）标签伪造与复制。

尽管伪造电子标签很困难，但在某些场合中，电子标签仍有可能被复制。这与信用卡被不法分子复制并在多个地点同时被使用的情况很类似。由于复制的标签很难在使用时被区分出来，因此在进行应用系统设计时应考虑到这种可能的安全隐患，并能防范这种非法复制标签的攻击行为。

（2）对象名称解析服务攻击。

对象名称解析服务（Object Name Service，ONS）是一个非常权威的分布式目录服务，为请求关于EPC的信息提供路由。当一个RFID标签被制造成带有EPC编码时，EPC编码就被注册到ONS系统中。当RFID标签被贴在产品上时，EPC编码就成了产品的一部分，跟随供应链一起移动。

ONS在技术与功能上都与域名解析服务（Domain Name Service，DNS）非常类似。一个开放式的、全球性的追踪物品的网络需要特殊的网络结构。因为除了将EPC编码存储在标签中外，还需要一些将EPC码与相应商品信息进行匹配的方法。这个功能就由对象名称解析服务（ONS）来实现，它是一个自动网络服务系统，类似DNS。DNS是将一台计算机定位到万维网上的某一具体IP地址的服务。

当一个读写器读取一个EPC标签的信息时，EPC码就传递给了后台数据库系统。后台数据库系统在局域网或Internet上利用ONS找到这个产品信息所存储的位置。ONS给后台数据库系统指明了存储这个产品的索引信息的服务器，因此就能够在后台数据库系统中找到这条索引信息，并且将这条索引信息所对应的产品的详细信息传递过来，从而实现供应链的管理。

ONS面临的主要安全威胁如下。

① 包拦截。操纵携带DNS信息的IP包。

② 查询预测。操纵DNS协议的查询 / 回答方案。

③ 缓存中毒。注入被操纵的信息进入DNS缓存。

④ DoS攻击。即拒绝服务攻击，透过大量合法或伪造的请求占用大量网络及器材资源，以达到瘫痪网络及系统的目的。

（3）病毒攻击。

RFID电子标签的存储器中存储了许多重要信息，数据的长度从几字节到几千字节不等。其中存储额外信息的空间有可能被重写。由于标签传送的信息被绝对信任，因此带来了安全隐患。

① 缓存溢出。这是应用软件常见的安全隐患之一。在C++语言中，输入的长度不被

检查，攻击者可以引入任意长度的输入，甚至溢出缓存。当程序控制数据位于邻近数据缓存的存储区域时，缓存溢出可能会导致程序执行某段恶意代码。

② 编码植入。攻击者可能使用某种脚本语言（CGI、Java、Perl 等）将恶意代码注入一个应用软件。带有注入脚本语言代码的电子标签可能会执行这些代码，从而使 RFID 系统受到攻击。

③ 结构化查询语言注入。结构化查询语句注入指在数据库中执行非授权的结构化查询（SQL 查询）。这类攻击的主要目的是分析数据库结构、检索数据、进行非授权的修改或删除。RFID 标签有可能被注入包含 SQL 攻击的恶意代码。

3.3.4 RFID 系统的物理安全机制

RFID 系统的物理安全机制通常用于低成本的电子标签中，因为这些电子标签难以采用复杂的密码机制来实现与读写器之间的安全通信。物理安全机制主要包括五大类：Kill 命令机制、休眠机制、阻塞机制、静电屏蔽机制和主动干扰机制等。

1. Kill 命令机制

Kill 命令机制是解决信息泄露的一种简单方法。这种方法可以从物理上毁坏标签，一旦对电子标签下达 Kill（杀死）命令，电子标签便处于失效状态，无法被再次使用。执行 Kill 命令之后，标签便终止了其生命，不能再发送或接收数据，这是一个不可逆的操作。为了防止标签被非法杀死，通常需要进行口令认证。

在实际应用中，当超市结账时，可以使用 Kill 命令杀死粘贴在商品上的电子标签。然而，当商品售出之后，还有可能遇到反向物流的问题，如退货、维修、召回等，如果电子标签已经被杀死，就不可能再利用 RFID 系统的优势。对此，IBM 公司开发了一种可裁剪标签。使用者可以将 RFID 标签的天线刮除，从而缩小标签的可阅读范围，使标签不能被随意读取。使用该标签时，虽然天线不能再使用，但是读写器仍能近距离读取标签；当消费者需要退货时，可以从 RFID 中读取相关的信息。

2. 休眠机制

休眠（sleeping）机制是使电子标签进入睡眠状态，而不是死亡。处于睡眠状态的电子标签，以后还可以通过唤醒命令唤醒。

对于某些商品，消费者往往希望在保持隐私的前提下，还能够继续读取和利用标签中的信息。例如，当食品上的标签并未失效时，安装在家用智能电冰箱中的 RFID 读写器可以自动识别食品的类别、数量、有效期等相关信息，如果食品即将到期或者已经过期，则会提醒主人取出过期的食品。采用休眠机制，休眠之后的标签虽然不再响应读写命令，但是如果收到唤醒命令并且口令正确，标签可以被重新激活，再次投入使用。

3. 阻塞机制

阻塞（blocking）机制通过标签中的特定隐私位来限制读写器对电子标签的访问。如果隐私位为 0，则表示标签接受无限制的公共扫描；如果隐私位为 1，则表示标签是私有的。工厂生产出的产品在出售之前，即在仓库中、运输途中、超级市场的货架中的时候，其隐私位设置为0。此时，任何读写器都可以扫描标签。当消费者购买了贴有RFID标签的商品时，销售终端设备将隐私位设置为1，从而限制读写器对电子标签的访问。

4. 静电屏蔽机制

静电屏蔽（electrostatic shielding）也称为法拉第网罩（Faraday cage）屏蔽。由于无线电波会被金属材料制成的屏蔽网屏蔽，因此可以将贴有RFID标签的商品放入由金属网罩或金属箔片组成的容器中，阻止标签与非法读写器之间的通信。然而，由于每一件商品都需要一个网罩，因此静电屏蔽机制会增加成本。

5. 主动干扰机制

主动干扰机制指标签用户通过一个设备主动广播无线电信号用于阻止或破坏附近的非法RFID读写器的窃听攻击。但是这一方法也可能干扰附近合法RFID系统的正常读写，甚至阻塞附近的无线电信号，对其他通信系统造成干扰。

3.3.5 RFID系统的安全协议

感知层RFID系统的安全协议指利用各种成熟的加密算法和安全机制，来设计和实现符合安全需求的RFID系统。

三次握手认证协议是RFID系统认证的一般模式。第1次握手时，读写器向标签发送信息，标签接收到信息后，即可明确自身的接收功能是正常的；第2次握手时，标签向读写器发送信息作为应答，读写器接收到信息后，即可明确自身的发送和接收功能都正常；第3次握手时，读写器向标签发送信息，读写器接收到信息后，标签可以明确自身的发送功能是正常的。通过三次握手，就能明确双方的收发功能均正常，也就是说，可以保证建立的连接是可靠的。在这种认证过程中，属于同一应用的所有标签和读写器共享同一加密密钥，所以3次握手的认证协议具有安全隐患。

为了提高RFID认证的安全性，研究人员设计了大量轻量级的RFID安全认证协议。其中，典型的RFID安全认证协议包括散列锁协议、随机化散列锁协议、散列链协议、散列函数构造算法、基于矩阵密钥的认证协议和数字图书馆协议等。

1. 散列锁协议

散列锁（Hash-lock）协议最早由Sarma等学者提出，它是一种基于单向散列（Hash）函数的加密机制。每一个具有散列锁的标签中，都有一个散列函数，并存储一个临时的标识metaID。基于散列锁协议的标签，可以工作在锁定或非锁定两种状态。当具有散列锁的标签处于锁定状态时，对于读写器对其进行查询的请求，仅仅回复标识metaID；只有标签处于非锁定状态时，对于读写器对其进行查询的请求，标签才会向读写器提供除了标识metaID以外的完整信息。

基于散列锁协议的标签工作的具体步骤如下。

（1）读写器选定一个随机密钥key，并用散列函数metaID=Hash（key）计算metaID的数值。

（2）读写器将标识metaID的数值写入电子标签。

（3）标签进入锁定状态。

（4）读写器以 metaID 为索引，将（metaID，key，ID）保存到本地后台数据库。

基于散列锁协议的认证过程如图 3-2 所示。

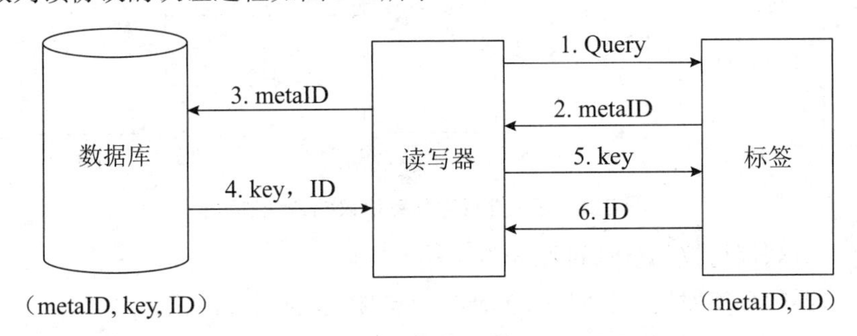

图 3-2　基于散列锁协议的认证过程

基于散列锁协议的认证过程如下。

（1）读写器向标签发送认证请求 Query，即向标签问询其标识。

（2）标签将 metaID 发送给读写器。

（3）读写器将 metaID 转发到后台数据库。

（4）后台数据库查询自己的数据，如果能找到与 metaID 匹配的项，则将该项的（key，ID）发送给读写器，其中 ID 为待认证标签的标识；否则，返回给读写器认证失败信息。

（5）读写器将从后台数据库接收的部分信息 key 发送给标签。

（6）标签验证 metaID=Hash(key) 是否成立，如果成立，则对读写器的认证通过，将其 ID 发送给读写器，否则认证失败。

（7）读写器比较从标签接收到的 ID 是否与后台数据库发送过来的 ID 一致，如果一致，则对标签的认证通过，否则认证失败。

散列锁协议的优点是标签运算量小，数据库查询快，并且可以实现标签对读写器的认证。但是其安全漏洞也比较多：没有 ID 动态刷新机制，且 metaID 保持不变，并以明文传输，因此标签很容易被跟踪、窃听和克隆；此外，重放攻击、中间人攻击、拒绝服务攻击等均可实施。由于存在上述漏洞，因此其安全性不高，不能完全达到保护 ID 不产生泄露的目标。

2. 随机散列锁协议

随机散列锁（random Hash-lock）协议最早由 Weis 等学者提出。它将原来的散列锁协议加以改进，把原来取固定数值的标识 metaID 加密，使之变成随机的数值，不停地变化，从而避免攻击者的追踪。标签中除了散列函数以外，还嵌入了伪随机数发生器，在后台数据库存储所有标签的 ID，它采用了基于随机数的询问 – 应答机制。即由认证方询问，被认证方回答。如果回答正确，则说明被认证方的身份合法，可以通过认证；否则，说明被认证方身份有误，无法通过认证。

基于随机散列锁协议的认证过程如图 3-3 所示。

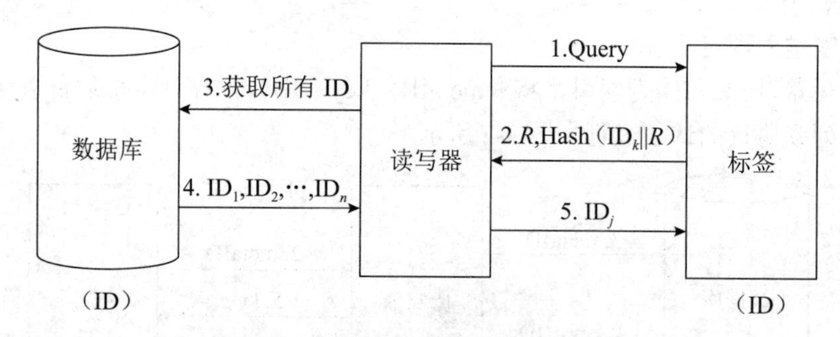

图 3-3　基于随机散列锁协议的认证过程

基于随机散列锁协议的认证过程如下。

（1）读写器向标签发送认证请求 Query，即向标签问询其标识。

（2）标签生成一个随机数 R，计算 Hash（$ID_k||R$），其中 ID_k 为标签的标识。标签将（R，Hash（$ID_k||R$））发送给读写器。

（3）读写器向后台数据库请求获得所有标签的标识。

（4）后台数据库将自己数据库中的所有标签的标识（$ID_1, ID_2, \cdots, ID_n$）发送给读写器。

（5）读写器检查是否有某个 $ID_j(1 \leqslant j \leqslant n)$，使得 Hash（$ID||R$）成立；如果有，则对标签的认证通过，并且将这个 ID 发送给读写器，否则认证失败。

（6）标签验证。检查 ID_j 与 ID_k 是否相同，如果相同则认证通过，否则认证失败。

随机散列锁协议也采取双向认证，虽然消息 2 随机变化，但是在认证过程中仍然存在安全漏洞：认证通过后的标签标识 ID_j 仍以明文的形式在不安全信道中传输，攻击者仍然可以对标签进行追踪。并且，一旦获得了标签的标识 ID_j，攻击者就可以对标签进行假冒。因此，随机散列锁协议同样并不安全。此外，每一次标签认证时，应用软件都需要将所有标签的标识发送给读写器，两者之间的数据通信量很大，所以效率比较低。

3. 散列链协议

散列链（Hash-chain）协议是一种共享秘密的“询问 – 应答”协议。当不同的读写器发起认证请求时，如果读写器中的散列函数不同，则标签的应答也不同。其认证过程如图 3-4 所示。

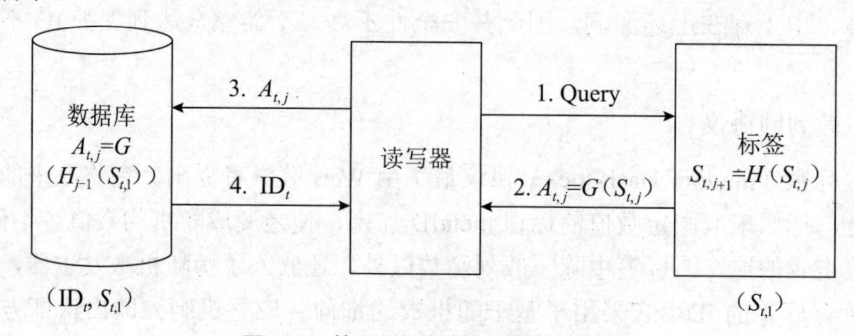

图 3-4　基于散列链协议的认证过程

在系统运行之前，电子标签和后台数据库首先要共享一个初始密钥 $S_{t,j}$，标签与读写器之间执行第 j 次散列链协议的过程如下。

（1）读写器向标签发送认证请求 Query，即向标签问询其标识。

（2）标签使用当前的密钥 $S_{t,j}$ 计算 $A_{t,j}=G(S_{t,j})$（注意，G 也是一个安全的散列函数），

并更新其密钥为 $S_{t,j+1}$=Hash($S_{t,j}$)，标签将 $A_{t,j}$ 发送给读写器。

（3）读写器将 $A_{t,j}$ 转发给后台数据库。

（4）后台数据库针对所有的标签项查找并计算是否存在某个 $ID_t(1 \leqslant t \leqslant n)$，以及是否存在某一个 $j(1 \leqslant j \leqslant m)$，使得 $A_{t,j}=G(H_{j-1}(S_{t,1}))$ 成立，其中 m 为系统预先设定的最大链长度。如果有，则认证通过，并将 ID_t 发送给标签，否则认证失败。

由于 G 函数是单向函数，攻击者观察到的 $A_{t,j}$ 与 $A_{t,j+1}$ 是不可关联的，因此散列链协议实现了不可追踪性。但是散列链协议仍然容易受到假冒和重传攻击，只要攻击者截获某个 $A_{t,j}$，就可以伪装成合法的标签，进行重传攻击。每次认证时，后台都要对每个标签进行 j 次散列计算，运算量比较大。此外，协议至少需要两个散列函数，增加了硬件的成本。

4. 散列函数构造算法

散列函数构造算法最早由中国学者杨骅等提出，其实现流程如图 3-5 所示。

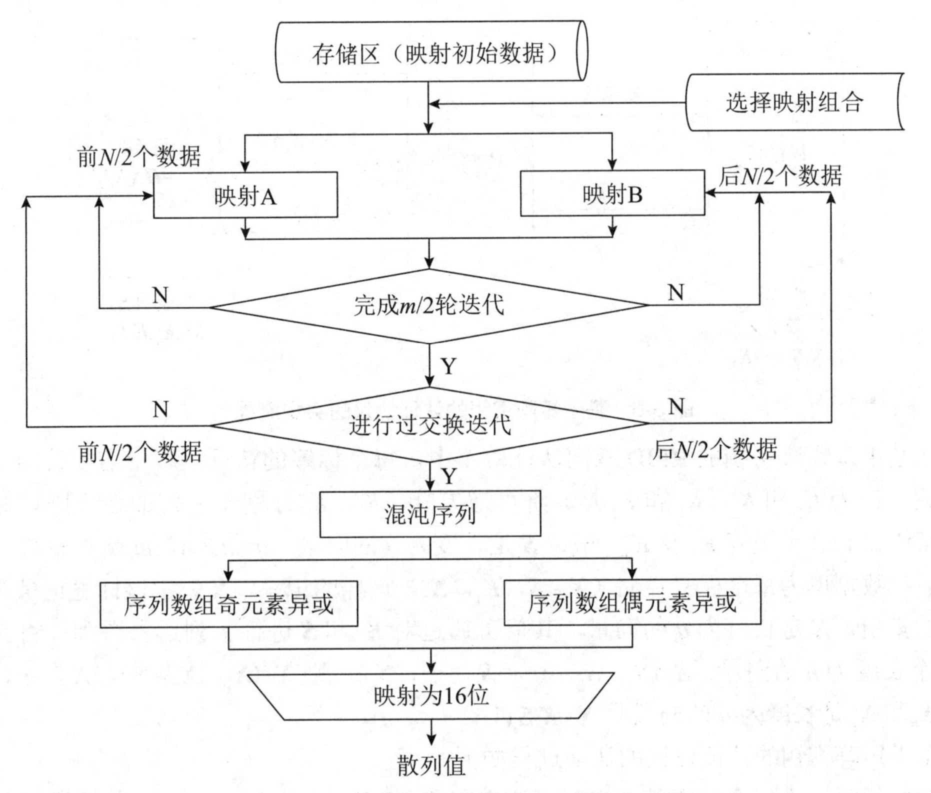

图 3-5　散列函数构造算法的实现流程

散列函数构造算法最终要生成可供 UHF RFID 进行安全认证的 16 位散列（Hash）值。算法共选取 4 个映射，分别为帐篷映射、立方映射、锯齿映射和虫口映射。将每两个映射作为一组，共可以组成 6 组。映射组合的选择由读写器通过命令参数传递给标签。读写器发送命令给标签。标签根据读写器命令中的参数，在存储区域选择数据作为计算散列值的初值，计算出散列值回传给读写器。在 RFID 系统中，可以利用标签的 ID 号或其他存储内容作为初始的消息数。把 N 个初值元素平分为 2 组，每组元素选择不同映射各迭代 $m/2$ 轮，交换映射后再迭代 $m/2$ 轮，每个元素共迭代 m 轮。将奇数位置上的数组元素进行按位异或运算，经过 $N/2-1$ 次异或运算，得到 n 位数值；同理，偶数位上的数组元素也可以得到 n 位数值，将两个 n 位数值分别映射为 8 位数值，最终组合成 16 位的散列值。

散列函数构造算法基于混沌映射，通过 4 个混沌映射构造出 6 种组合，RFID 系统可以灵活选择映射组合，从而构造安全认证需要的散列值。该算法实现了较低的复杂度，可以在芯片面积、功耗、速度方面满足 UHF RFID 标签芯片的要求；同时，由于混沌系统固有的特点，该算法对初值有高度敏感性，具有很好的单向散列函数性能，满足了 UHF RFID 系统的安全性要求。

5. 基于矩阵密钥的认证协议

基于矩阵密钥的认证协议最早由中国学者裴友林等提出。该协议的特点是以双矩阵作为密钥。当进行加密时，由明文与密钥矩阵相乘得到密文；当解密时，则由密文与密钥逆矩阵相乘还原得到明文。其算法实现流程如图 3-6 所示。

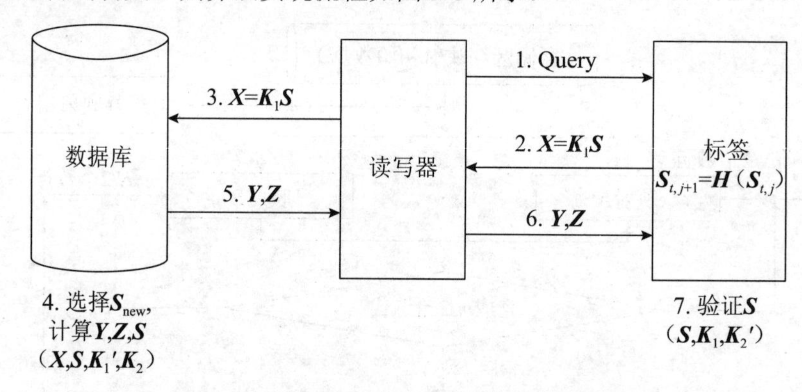

图 3-6 基于矩阵密钥的认证协议的实现流程

在基于双矩阵密钥的 RFID 双向认证协议中，每个标签的认证过程中需要使用 2 个矩阵密钥，记为 $\boldsymbol{K}_1$ 和 $\boldsymbol{K}_2$，$\boldsymbol{K}_1$ 和 $\boldsymbol{K}_2$ 是 n 阶可逆方阵。$\boldsymbol{K}_1'$、$\boldsymbol{K}_2'$ 分别是它们的逆方阵。标签中存储密值 $\boldsymbol{S}$ 和 2 个矩阵 $\boldsymbol{K}_1$ 及 $\boldsymbol{K}_2'$。密值 $\boldsymbol{S}$ 是长度为 q 的向量，$q=m\times n$，m 是正整数。

后台数据库为每个标签存储（$\boldsymbol{X}$，$\boldsymbol{S}$，$\boldsymbol{K}_1'$，$\boldsymbol{K}_2$）这样的记录，$\boldsymbol{X}$ 表示该标签记录在数据库中的索引。$\boldsymbol{X}$ 是长度为 q 的向量，其值可通过对 $\boldsymbol{K}_1$ 和 $\boldsymbol{S}$ 进行下列运算得到：将 $\boldsymbol{S}$ 划分成 m 个长度为 n 的向量，$\boldsymbol{S}=(\boldsymbol{S}_1, \boldsymbol{S}_2, \cdots, \boldsymbol{S}_i, \cdots, \boldsymbol{S}_m)$，则 $\boldsymbol{X}=(\boldsymbol{X}_1, \boldsymbol{X}_2, \cdots, \boldsymbol{X}_i, \cdots, \boldsymbol{X}_m)$，其中 $\boldsymbol{S}_i$ 和 $\boldsymbol{X}_i$ 是长度为 n 的向量且 $\boldsymbol{X}_i=\boldsymbol{K}_1\boldsymbol{S}_i(1 \leqslant i \leqslant m)$。

基于矩阵密钥的认证协议的认证过程如下。

初始化时，为每个标签随机选择可逆方阵 $\boldsymbol{K}_1$ 和 $\boldsymbol{K}_2$。选择唯一的 $\boldsymbol{X}$，并根据 $\boldsymbol{X}$ 值，计算 $\boldsymbol{K}_1'\boldsymbol{X}$，得到密值 $\boldsymbol{S}$。将这些信息存入标签和数据库。

（1）读写器向标签发送 Query 认证请求。

（2）标签计算 $\boldsymbol{X}=\boldsymbol{K}_1\boldsymbol{S}$，将 $\boldsymbol{X}$ 发送给读写器。

（3）读写器将 $\boldsymbol{X}$ 转发给后台数据库。

（4）后台数据库搜索数据，找到相应的 $\boldsymbol{X}$。计算 $\boldsymbol{K}'\boldsymbol{X}$，并验证此值与 $\boldsymbol{S}$ 是否相同。如果不同，认证不通过；如果相同，选择使 $\boldsymbol{X}_{\text{new}}$ 唯一的 $\boldsymbol{S}_{\text{new}}$，计算 $\boldsymbol{Y}=\boldsymbol{K}_2\boldsymbol{S}$, $\boldsymbol{Z}=\boldsymbol{K}_2\boldsymbol{S}_{\text{new}}$，更新 $\boldsymbol{S}$。将 $\boldsymbol{Y}$、$\boldsymbol{Z}$ 发送给读写器。

（5）读写器将 $\boldsymbol{Y}$，$\boldsymbol{Z}$ 转发给标签。

（6）标签计算 $\boldsymbol{K}_2'\boldsymbol{Y}$，验证此值是否与 $\boldsymbol{S}$ 相同。如果不同，则认证不通过；如果相同，则计算 $\boldsymbol{K}_2'\boldsymbol{Z}$，并将 $\boldsymbol{S}$ 更新为此值。

基于密钥矩阵的安全认证协议，在保证标签隐私安全的前提下，提高了认证的执行效率及应用成本。但此协议仍有不足之处——标签中存储信息量较大。此外，需要做到标签中信息和后台数据库的同步更新，不适用于分布式环境。

6. 改进型 David 数字图书馆协议

改进型 David 数字图书馆协议最早由中国学者郭维等提出，其实现流程如图 3-7 所示。

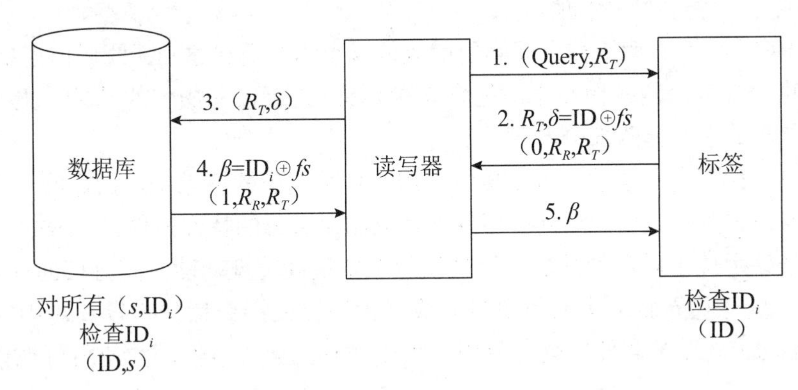

图 3-7 改进型 David 数字图书馆协议实现流程

系统运行之前，后台数据库和每一个标签之间需要预先共享一个秘密值 s。标签中有一个 R_T 值，用来存放一个模拟的随机数。其中，fs 是带密钥的散列函数，fs^L 和 fs^R 分别表示其运算结果的左部分和右部分，即将散列值一分为二。该协议的执行过程如下。

（1）读写器生成一个秘密随机数 R_T，并向标签发送（Query，R_T）认证请求。

（2）标签使用自己的 ID、秘密值 s 和预存的模拟随机数 R_R，计算 $\delta=\mathrm{ID}\oplus fs^L(0, R_R, R_T)$，标签将 (R_T, δ) 发送给读写器，然后刷新 R_R 为 $R_R=fs^R(0, R_R, R_T)$。

（3）读写器将 (R_T, δ) 转发给后台数据库。

（4）后台数据库查询自己的数据库，如果找到某个 ID_j（$1 \leqslant j \leqslant n$），使得 $\mathrm{ID}_j\oplus f^L$（$0, R_R, R_T$）成立，则认证通过，并计算 $\beta=\mathrm{ID}_j\oplus fs^L(1, R_R, R_T)$，然后将 β 发送给读写器，否则返回给读写器认证失败信息。

（5）读写器将 β 转发送给标签。

（6）标签验证 $\mathrm{ID}=\beta\oplus fs^L(1，R_R，R_T)$ 是否成立。如果成立，则认证通过，否则认证失败。

由于 R_T 是由读写器生成的，故具有随机性，而 $R_R=fs^R(0，R_R，R_T)$，故 R_R 也具有随机性，攻击者无法事先获得 R_R。这是该协议的关键，将原来由在标签中专门设置伪随机数函数来生成伪随机数 R_R 转为直接由散列函数来生成伪随机数 R_R，从而减少了标签中用来实现伪随机数函数的电路模块，大幅降低了成本。

由于 $\delta=\mathrm{ID}\oplus fs^L(0，R_R，R_T)$ 中含有不可预知的随机数 R_R，故每次通信时，δ 都具有随机性，所以无法跟踪，保护了隐私性。

3.4 本章小结

射频识别（RFID）是一种非接触式自动识别技术。它通过无线射频方式自动识别特定目标的标签，并读写标签中的相关信息。

一套完整的 RFID 系统，通常由物理世界、电子标签、天线、读写器、中间件和应用软件等部分组成。

RFID 标签俗称电子标签，也称为应答器（tag、transponder 或 responder），根据其工作方式又可分为主动式（有源）标签和被动式（无源）标签两大类。

被动式 RFID 标签由标签芯片和标签天线或线圈组成，利用电感耦合或电磁反向散射耦合原理实现与读写器之间的通信。

天线是 RFID 标签和读写器之间实现射频信号空间传播和建立无线通信连接的设备。

读写器也称为读写器或询问器，是对 RFID 标签进行读写操作的设备，主要包括射频模块和数字信号处理单元两部分。

中间件是一种面向消息的、可以接收应用软件端发出的请求、对指定的一个或者多个读写器发起操作并接收、处理后向应用软件返回结果数据的特殊软件。

应用系统使用位于后台的数据库管理系统来实现其管理功能，是直接面向 RFID 应用最终用户的人机交互界面，协助使用者完成对读写器的指令操作，以及对中间件的逻辑设置，逐级将 RFID 原子事件转化为使用者可以理解的业务事件，并使用可视化界面进行展示。

一套完整的 RFID 系统的工作原理是读写器发射特定频率的无线电波能量给电子标签，用以驱动电子标签电路将内部的数据送出，此时读写器便依序接收解读数据，送给应用系统作相应的处理。

当电子标签进入磁场后，读写器发出射频信号，电子标签（无源标签或被动标签）凭借天线感应电流所获得的能量，发送存储在芯片中的产品信息，或者由电子标签（有源标签或主动标签）主动发送某一频率的信号，读写器读取信息并解码后，送至中间件进行有关数据处理。

RFID 技术以其独特的优势，逐渐被广泛应用于工业自动化、商业自动化和交通运输控制管理等领域。随着大规模集成电路技术的进步，以及生产规模的不断扩大，RFID 产品的成本不断降低，其应用也越来越广泛。

一套比较完美的 RFID 系统安全解决方案，应当具备机密性、完整性、可用性、真实性和隐私性。

RFID 系统一般由电子标签、天线、读写器、中间件、应用软件等部分组成。对于攻击者而言，这几部分都可能成为攻击的目标。

针对标签和读写器的攻击手段包括窃听、略读、克隆、重放、追踪、扰乱系统等；针对应用系统和后台数据库的攻击则包括标签伪造与复制、ONS 攻击、病毒攻击等。

实现 RFID 系统安全性所采用的安全机制分为三大类：物理安全机制、密码安全机制及两者相结合的混合机制。

物理安全机制通常用于低成本标签中，因为这些标签难以采用复杂的密码机制来实现与读写器之间的安全通信。物理机制主要包括五大类：Kill 命令机制、休眠机制、阻塞机制、静电屏蔽机制和主动干扰机制等。

密码安全机制指利用各种成熟的加密算法和安全机制，来设计和实现符合 RFID 系统的安全机制。RFID 系统的信息系统安全是物联网研究的热点之一。近年来，研究者们提出了很多低成本的安全认证协议，典型的 RFID 安全认证协议包括散列锁协议、随机化散列锁协议、散列链协议、散列函数构造算法、基于矩阵密钥的认证协议和数字图书馆协议等。

复习思考题

一、单选题

1. 一套完整的 RFID 系统，通常由（　　）部分组成。

A. 3　　B. 4　　C. 5　　D. 6

2. 高频 RFID 系统一般指其工作频率大于 400MHz，典型的工作频率为（　　）。

A. 915MHz　　B. 2.45GHz　　C. 5.8GHz　　D. 以上都是

3. 在电子标签中需要的保护数据包括（　　）种类型。

A. 3　　B. 4　　C. 5　　D. 6

4. 在读写器中需要保护的数据主要包括（　　）种类型。

A. 3　　B. 4　　C. 5　　D. 6

5. 针对 RFID 标签和读写器的常见攻击方法，主要包括（　　）、重放、追踪、扰乱等。

A. 窃听　　B. 略读　　C. 克隆　　D. 以上都是

6. 在 RFID 系统中，针对应用软件和后台数据库的常见攻击方法主要包括（　　）。

A. 标签伪造与复制　　B. 对象名称解析服务攻击

C. 病毒攻击　　D. 以上都是

7. 在 RFID 系统中，物理安全机制主要包括（　　）大类。

A. 4　　B. 5　　C. 6　　D. 7

8. ONS 面临的主要安全威胁有（　　）种。

A. 3　　B. 4　　C. 5　　D. 6

9. 散列函数构造算法最早由（　　）的学者提出。

A. 中国　　B. 日本　　C. 英国　　D. 美国

10. 基于矩阵密钥的认证协议最早由中国学者（　　）等提出。

A. 裴友林　　B. 杨骅　　C. 郭维　　D. 魏飞

11. 2003 年 6 月 19 日，在美国芝加哥举行的零售系统展览会上，（　　）宣布了应用 RFID 技术的计划。

A. 沃尔玛　　B. 亚马逊　　C. 吉之岛　　D. 好又多

12. 与传统的条形码技术相比，RFID 技术具有（　　）个优点。

A. 4　　B. 5　　C. 6　　D. 7

13. ONS 在技术与功能上都与（　　）非常类似。

A. DNS　　B. DMS　　C. EMS　　D. QOS

14. 改进型 David 数字图书馆协议最早由中国学者（　　）等提出。

A. 裴友林　　B. 杨骅　　C. 郭维　　D. 魏飞

15. 散列函数构造算法最终要生成可供 UHF RFID 进行安全认证的（　　）位散列值。

A. 8　　B. 16　　C. 32　　D. 64

二、简答题

1. RFID 系统通常由哪几部分组成？各部分的主要功能是什么？
2. RFID 系统的工作原理是什么？
3. RFID 系统有哪些典型应用？
4. RFID 系统各部分的安全需求是什么？
5. 针对标签和读写器的攻击主要包括哪些手段？
6. 针对应用系统和后台数据库的攻击主要包括哪些手段？
7. RFID 系统的物理安全机制通常用于什么场合？
8. RFID 系统的物理安全机制主要包括哪些类别？
9. 什么是 RFID 系统的物理安全机制？
10. RFID 系统安全的密码机制包括哪些典型的安全认证协议？
11. 请画图并用文字说明散列锁协议。
12. 请画图并用文字说明随机化散列锁协议。
13. 请画图并用文字说明散列链协议。
14. 请画图并用文字说明散列函数构造算法。
15. 请画图并用文字说明基于矩阵密钥的认证协议。
16. 请画图并用文字说明数字图书馆协议。

第 4 章
感知层无线传感器网络安全

无线传感器网络是物联网系统感知层的重要组成部分，本章将深入探讨无线传感器网络的工作原理和安全技术。

4.1 感知层无线传感器网络

4.1.1 感知层无线传感器网络概述

物联网感知层的无线传感器网络（Wireless Sensor Network，WSN）是由部署在监测区域内大量的廉价微型传感器节点组成，并通过无线通信方式形成的一个多跳的、自组织的网络系统，其目的是协作地感知、采集和处理网络覆盖区域中被感知对象的信息，并发送给观察者。传感器、感知对象和观察者构成了无线传感器网络的三要素。

微机电系统（Micro Electron Mechanism System，MEMS）、片上系统（System on Chip，SoC）、无线通信和低功耗嵌入式技术的飞速发展，孕育了无线传感器网络。无线传感器网络以其低功耗、低成本、分布式和自组织的特点带来了信息感知的一场变革。

许多学者认为，无线传感器网络技术的重要性可与国际互联网相媲美：正如国际互联网使得计算机能够访问各种数字信息而不必关注其保存位置，传感器网络将扩展人们与现实世界进行远程交互的能力。它甚至被人们称为一种全新类型的计算机系统，因为它具有有别于过去硬件的可到处散布的特点及集体分析能力。然而，从很多方面来看，目前的无线传感器网络类似 1970 年的国际互联网，当时的国际互联网仅仅连接了不到 200 所大学和军事实验室，并且研究者还在试验各种通信协议和寻址方案。而现在，大多数传感器网络仅仅连接了不到 100 个节点，更多的节点及通信线路会使其变得十分复杂而无法正常工作。还有一个原因，就是单个传感器节点的价格目前还并不低廉，而且电池寿命在最好的情况下也只能维持几个月。不过，这些问题都并非不可逾越，一些无线传感器网络产品已经上市，相信更吸引人的产品在未来几年之内就会出现。

无线传感器网络具有众多不同类型的传感器，可以探测包括地震、电磁波、温度、湿度、噪声、光强度、压力、土壤成分，移动物体的大小、速度和方向等周边环境下多种多样的物理量和化学量。基于 MEMS 的微传感技术和无线连网技术为无线传感器网络赋予了广阔的应用前景。这些潜在的应用领域归纳如下：军事、航空、反恐、防爆、救灾、环境、医疗、保健、家居、工业、商业等。

4.1.2 无线传感器网络的发展历程

到目前为止，无线传感器网络的发展共经历了三个阶段：传感器→无线传感器→无线传感器网络。

1. 传感器阶段

传感器最早可以追溯至越战时期美国军方使用的传感器系统。当年，美越双方在密林覆盖的“胡志明小道”进行了一场血腥的较量，“胡志明小道”是越南部队向南方游击队输送军事物资的秘密通道，美军对其进行了狂轰滥炸，但是效果不理想。后来，美军投放了2万多个“热带树”传感器。“热带树”实际上是由震动和声响传感器组成的系统，它由飞机投放，落地后插入泥土中，只露出伪装成树枝的无线电天线，因而被称为“热带树”。一旦越方的车队经过，传感器就能探测出目标产生的震动和声响信息，并自动发送到指挥中心，而美方的军机会立即展开轰炸。

2. 无线传感器阶段

20世纪八九十年代，是无线传感器阶段，典型代表是美国军方研制的分布式传感器网络系统、海军协同交战能力系统、远程战场传感器系统等。这种现代微型化的传感器具备感知能力、计算能力和通信能力。因此在1999年，商业周刊将传感器网络列为21世纪最具影响的21项技术之一。

3. 无线传感器网络阶段

从21世纪开始至今是无线传感器网络阶段。这个阶段的传感器网络技术的特点是网络传输自组织、节点设计低功耗。在这一时期，除了应用于反恐活动以外，传感器在其他领域也获得了很好的应用，所以2002年美国国家重点实验室——橡树岭实验室提出了“网络就是传感器”的论断。

在现代意义上的无线传感器网络研究及应用方面，我国与发达国家几乎同步启动，它已经成为我国信息领域位居世界前列的少数研究方向之一。2006年，我国发布了《国家中长期科学与技术发展规划纲要》，为信息技术确定了三个前沿研究方向，其中有两项就与传感器网络直接相关，那就是智能感知和自组网技术。当然，传感器网络的发展也符合计算设备的演化规律。

4.2 无线传感器网络的系统结构

无线传感器网络系统通常包括无线传感器节点、网络协调器和中央控制器。大量无线传感器节点随机部署在监测区域内部或附近，这一过程可以通过飞机撒播、人工掩埋或火箭发射等方式完成。无线传感器能够以自组织的方式构成网络。传感器节点监测的数据沿着其他传感器节点逐跳地进行传输，在传输过程中监测数据可能被多个节点处理以提高处理效率，监测数据经过多跳后路由到网络协调器，最后通过互联网或卫星到达中央控制器。用户通过中央控制器对传感器网络进行配置和管理、发布监测任务及收集监测数据。典型的无线传感器网络的系统结构如图4-1所示。

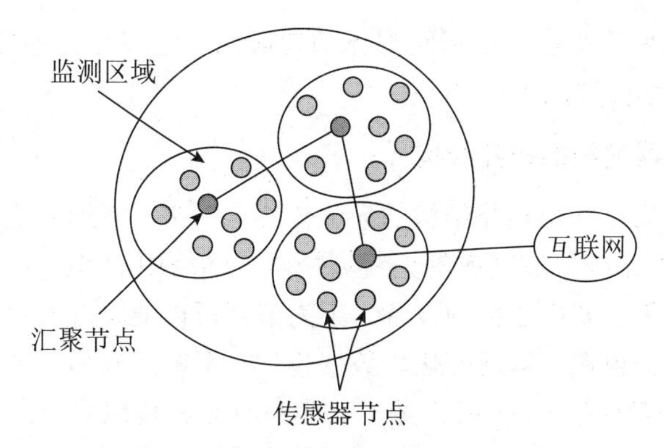

图 4-1　典型的无线传感器网络的系统结构

在各种无线传感器网络中，传感器数据采集及传输常用的方式主要有周期性采样、事件驱动和存储与转发。实现其技术的网络拓扑结构也分为 3 种：星形、网形和混合型（星形＋网形），如图 4-2 所示。每一种拓扑网络结构都有其各自的优点和缺点，用户应充分了解这些网络的特点，以满足各种不同应用的实际需求。

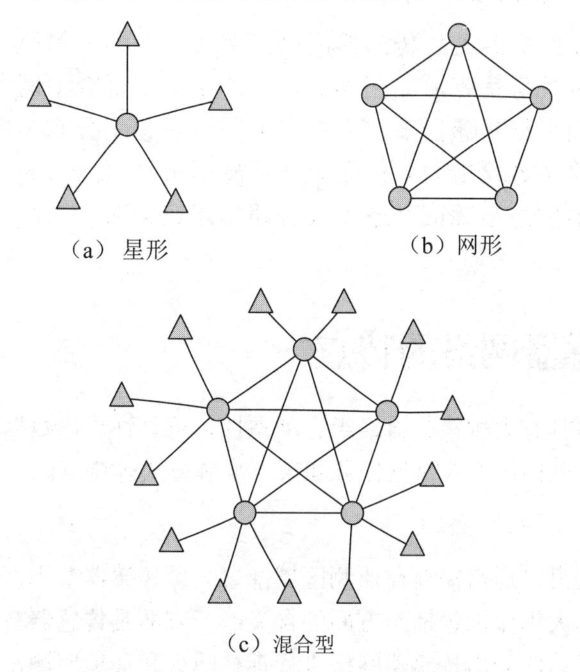

图 4-2　无线传感器网络拓扑结构

1. 星形无线传感器网络的拓扑结构

图 4-2（a）表示采用星形拓扑结构的无线传感器网络，其中心节点可以是 Wi-Fi 接入点、WiMAX 基站、蓝牙主设备或紫蜂 PAN 协调器，其作用与有线局域网中的交换机类似，采用不同的无线网络技术，其中心控制节点的功能也各有不同。星形拓扑结构是一种单跳系统，网络中所有无线传感器都与基站、网关或汇聚节点进行双向通信。基站可以是一台计算机、手机、PDA、专用控制设备、嵌入式网络服务器，或其他与高数据率设备通信的网关，网络中各传感器节点基本相同。除了向各节点传输数据和命令外，基站还向互联网等更高层的系统传输数据。各节点将基站作为一个中间点，相互之间并不传输数据或命

令。在各种无线传感器网络中，星形网整体功耗最低，但节点与基站间的传输距离有限，通常 ISM 频段的传输距离为 10 ～ 30 m。

2. 网形无线传感器网络的拓扑结构

图 4-2（b）表示采用网形拓扑结构的无线传感器网络。网形无线传感器网络也称为移动 Ad hoc 网络，属于无线局域网或者无线城域网，网络中的节点可以移动，而且可以直接与相邻节点通信而不需要中心控制设备。因为节点可以随时进入或者离开网络，所以无线网状网络的拓扑结构也在不停地变化。数据包从一个节点到另一个节点直至目的地的过程称为“跳”。网形网络是一个多跳系统，其中所有无线传感器节点都相通，而且可以互相通信，或经过其他节点与基站进行通信、传输数据和命令。由于网形网络的每一个传感器节点都有多条路径到达网关或其他节点，因此它的容错能力比较强。网形网络比星形网络的传输距离远得多，但功耗也更大，因为节点必须一直“监听”网络中某些路径上的信息和变化。

3. 混合型无线传感器网络的拓扑结构

采用混合型拓扑结构的无线传感器网络，兼具了星形网的简洁、低功耗和网形网的长传输距离、自愈性等优点，如图 4-2（c）所示。在混合型网中，路由器和中继设备组成网状结构，而无线传感器节点则在它们附近呈星型分布。中继设备扩展了网络传输距离，同时提供了容错能力。由于无线传感器节点可以与多个路由器或中继设备通信，当某个路由器发生故障或某条无线链路出现错误时，网络可以与其他路由器进行自组网。

4.3　无线传感器网络的特点

无线传感器网络具有大规模、自组织、动态性、可靠性、以数据为中心、集成化、具有密集的节点布置、以协作方式执行任务和节点唤醒方式等特点。

1. 大规模

为了获取精确信息，通常需要在监测区域部署大量传感器节点，可能成千上万，甚至更多。传感器网络的大规模性包括两方面的含义：一方面是传感器节点分布在很大的地理区域内，如在原始森林内采用传感器网络进行森林防火和环境监测，需要部署大量的传感器节点；另一方面，传感器节点部署很密集，在面积较小的空间内，密集部署了大量的传感器节点。

无线传感器网络的大规模性具有如下优点：通过不同空间视角获得的信息具有更大的信噪比；通过分布式处理大量的采集信息能够提高监测的精确度，降低对单个节点传感器的精度要求；大量冗余节点的存在，使得系统具有很强的容错性；大量节点能够增大覆盖的监测区域，减少洞穴或者盲区。

2. 自组织

在传感器网络应用中，通常传感器节点被放置在不存在基础结构的位置，传感器节点的位置不能预先精确设定，节点之间的相互邻居关系也无法预先知道，如通过飞机播撒大量传感器节点到面积广阔的原始森林，或随意放置到人不可到达或危险的区域。这样就要求传感器节点具有自组织的能力，能够自动进行配置和管理，通过拓扑控制机制和网络协议自动形成转发监测数据的多跳无线网络系统。

在无线传感器网络使用过程中，部分传感器节点由于能量耗尽或环境因素而失效，也有一些节点为了弥补失效节点、增加监测精度而补充到网络中，这样传感器网络中的节点数量就会动态地增加或减少，从而使网络的拓扑结构随之动态变化。传感器网络的自组织性应能够适应这种网络拓扑结构的动态变化。

之所以采用自组织工作方式，是由无线传感器自身的特点决定的。由于事先无法确定无线传感器节点的位置，也不能明确它与周围节点的位置关系，同时，有的节点在工作中有可能会因为能量不足而失去效用，则另外的节点将会补充进来，替换这些失效的节点，还有一些节点被调整为休眠状态，这些因素共同决定了网络拓扑的动态性。这种自组织工作方式主要包括自组织通信、自调度网络功能及自管理网络等。

3. 动态性

无线传感器网络的拓扑结构可能会因下列因素而改变。

（1）环境因素或电能耗尽造成传感器节点故障或失效。

（2）环境条件变化造成无线通信链路带宽变化，甚至时断时通。

（3）传感器网络的传感器、感知对象和观察者三要素都可能具有移动性。

（4）新节点的加入。这就要求传感器网络系统要能够适应这种变化，具有动态的系统可重构性。

4. 可靠性

无线传感器网络特别适合部署在恶劣环境或人类不宜到达的区域，节点可能工作在露天环境下，遭受日晒、风吹、雨淋，甚至人或动物的破坏。传感器节点往往采用随机部署，如通过飞机撒播或发射炮弹到指定区域进行部署。在这些特殊的应用场合中，都要求传感器节点非常坚固、不易损坏，以适应各种恶劣环境条件。

由于监测区域环境的限制，以及传感器节点数量巨大，不可能人工“照顾”每一个传感器节点，网络的维护十分困难甚至不可维护。传感器网络的通信保密性和安全性也十分重要，要防止监测数据被盗取和获取伪造的监测信息。因此，传感器网络的软硬件必须具有鲁棒性和容错性。

5. 以数据为中心

众所周知，互联网先有计算机终端系统，再互连成为网络，终端系统可以脱离网络独立存在。在互联网中，网络设备用网络中唯一的IP地址标识，资源定位和信息传输依赖终端、路由器、服务器等网络设备的IP地址。如果想访问互联网中的资源，首先要知道存放该资源的服务器IP地址。可以说，现有的互联网是一个以地址为中心的网络。

而无线传感器网络是任务型的网络，脱离传感器网络谈论传感器节点没有任何意义。传感器网络中的节点采用节点编号标识，节点编号是否需要全网唯一取决于网络通信协议的设计。由于传感器节点随机部署，因此构建的传感器网络与节点编号之间的关系是完全动态的，表现为节点编号与节点位置没有必然联系。用户使用传感器网络查询事件时，直接将所关心的事件告知网络，而不是告知某个确定编号的节点。网络在获得指定事件的信息后汇报给用户。这种以数据本身作为查询或传输线索的思想更接近自然语言交流的习惯。所以通常认为传感器网络是一个以数据为中心的网络。

例如，在应用于目标跟踪的传感器网络中，跟踪目标可能出现在任何位置，对目标感兴趣的用户只关心目标出现的位置和时间，并不关心哪个节点监测到目标。事实上，在目标移动过程中，必然是由不同的节点提供目标的位置消息。

6. 集成化

无线传感器节点功耗低、体积小、价格便宜、集成化。其中，微机电系统技术的快速发展为无线传感器网络接点实现上述功能提供了相应的技术条件，在未来，类似“灰尘”的微型传感器节点也将被研发出来。

7. 具有密集的节点布置

在安置无线传感器节点的监测区域内，布置有数量庞大的传感器节点。通过这种布置方式可以对空间抽样信息或者多维信息进行捕获，通过相应的分布式处理，即可实现高精度的目标检测和识别。另外，也可以降低单个传感器的精度要求。密集布设节点之后，将会存在大多的冗余节点，这一特性能够提高系统的容错能力，对单个传感器的要求大大降低。最后，适当将其中的某些节点进入休眠状态，还可以延长网络的使用寿命。

8. 以协作方式执行任务

协作方式通常包括协作式采集、处理、存储及传输信息。通过协作，传感器的节点可以共同实现对对象的感知，得到完整的信息。这种方式可以有效克服处理和存储能力不足的缺点，共同完成复杂任务的执行。在协作方式下，传感器之间的节点实现远距离通信，可以通过多跳中继转发，也可以通过多节点协作发射的方式实现。

9. 节点唤醒方式

在无线传感器网络中，节点的唤醒方式有以下几种。

（1）全唤醒模式。在这种模式下，无线传感器网络中的所有节点同时被唤醒，探测并跟踪网络中出现的目标。虽然这种模式下可以得到较高的跟踪精度，但代价是网络能量的巨大消耗。

（2）随机唤醒模式。在这种模式下，无线传感器网络中的节点由给定的唤醒概率 p 随机唤醒。

（3）由预测机制选择唤醒模式。在这种模式下，无线传感器网络中的节点根据跟踪任务的需要，选择性地唤醒对跟踪精度收益较大的节点，通过本时刻的信息预测目标下一时刻的状态，并唤醒节点。由预测机制选择唤醒模式可以获得较低的能耗损耗和较高的信息收益。

（4）任务循环唤醒模式。在这种模式下，无线传感器网络中的节点周期性地处于唤醒状态。这种工作模式的节点可以与其他工作模式的节点共存，并协助其他工作模式的节点工作。

4.4 无线传感器网络安全体系

由于无线传感器的资源有限，网络往往运行在十分恶劣的环境下，因此很容易受到恶意攻击。无线传感器网络面临的安全威胁与传统移动网络类似。

4.4.1 无线传感器网络面临的安全威胁

由于无线传感器网络自身条件的限制，再加上网络的运行多处于攻击者区域内（主要是军事应用），使得网络很容易受到各种安全威胁，其中一些与一般的自组织（Ad Hoc）网络受到的安全威胁类似。

（1）窃听：一个攻击者能够窃听网络节点传送的部分或全部信息。

（2）哄骗：节点能够伪装其真实身份。

（3）模仿：一个节点能够表现出另一节点的身份。

（4）危及传感器节点安全：若一个传感器及其密钥被俘获，存储在该传感器中的信息便可以被攻击者读取。

（5）注入：攻击者把破坏性数据加入到网络传输的信息或广播流中。

（6）重放：攻击者会使节点误认为加入了一个新的会话，对旧的信息进行重新发送。重放通常与窃听和模仿混合使用。

（7）拒绝服务（DoS）：通过耗尽传感器节点资源来使节点丧失运行能力。

除了以上的安全威胁外，无线传感器网络还有其独有的安全威胁。

（1）Hello 扩散法。这是一种 DoS 攻击，利用了无线传感器网络路由协议的缺陷，许多攻击者使用强信号和强处理能量让节点误认为网络有一个新的基站。

（2）陷阱区。攻击者能够让周围的节点改变数据传输路线，从而经过一个被俘获的节点或一个陷阱。

在物联网中，RFID 标签是对物体静态属性的标识，而传感技术则用来标识物体的动态属性，构成物体感知的前提。从网络层次结构分析，现有的传感器网络组网技术面临的安全问题如表 4-1 所示。

表 4-1　无线传感器网络组网技术面临的安全问题

网络层次	受到的攻击
物理层	物理破坏、信道阻塞
数据链路层	制造冲突攻击、反馈伪造攻击、耗尽攻击、链路层阻塞
网络层	路由攻击、虫洞攻击、女巫攻击、Hello 泛洪攻击
应用层	去同步攻击、拒绝服务攻击

4.4.2 无线传感器网络的信息安全需求

无线传感器网络的信息安全需求的总目标是保证网络中传输信息的安全性。无线传感器网络的信息安全需求主要包括以下七方面。

1. 机密性

机密性，指传输的信息对非授方是保密的。机密性是确保无线传感器网络节点间传输的敏感信息（如传感器身份、密钥等）安全的基本要求。如上所述，无线通信的广播特性使得信息很容易被截取，机密性可以使攻击方即使在截获节点间通信信号的情况下也无法掌握这些信息的具体内容。

2. 完整性

无线传感器网络的工作环境给恶意节点实施数据丢失或损坏攻击提供了方便。完整性要求网络节点收到的数据包在传输过程中未执行插入、删除、篡改等操作，即保证收到的信息与发送方发出的信息完全一致。

3. 健壮性

无线传感器网络一般被部署在恶劣环境、无人区域或敌方阵地中，外部环境条件具有不确定性。另外，随着旧节点的失效与新节点的加入，网络的拓扑结构不断发生变化。因此，无线传感器网络必须具有很强的适应性，使得单个节点或者少量节点的变化不会威胁整个网络的安全。

4. 新鲜性

在无线传感器网络中，由于网络多路径传输延时的不确定性和恶意节点的重放攻击，使得接收方可能收到延后的相同数据包。新鲜性要求接收方收到的数据包都是最新的、非重放的，即体现消息的时效性。无线传感器网络中共享密钥的传输对新鲜性比较敏感，易受重放攻击。

5. 真实性

无线传感器网络的真实性需求主要体现在点到点的信息认证和广播认证上。点到点的信息认证，指任何一个节点在收到来自另一个节点的信息时，能够核实这一信息来源的真实性，即不能被假冒或伪造。广播认证，则能够核实单一节点向一组节点发送信息时的真实性。

6. 可用性

可用性要求无线传感器网络能够随时按预先设定的工作方式向系统合法用户提供信息访问服务，但攻击者往往通过复制、伪造和信号干扰等方式使无线传感器网络处于全部瘫痪或部分瘫痪的状态，从而破坏系统的可用性。此外，无线传感器网络为保证安全等增加的计算和通信量将消耗额外的能量，也会削弱无线传感器网络的可用性。

7. 适应性

无线传感器网络通信具有很强的动态性和不确定性，例如，网络拓扑结构的变化、节点的加入或删除、面临攻击的多样性等。无线传感器网络面对各种安全威胁时，应具有较强的适应性和存活性，即使某个攻击行为得逞，也不会导致整个网络瘫痪。

8. 访问控制

访问控制要求能够对访问无线传感器网络的用户身份进行确认，确保其合法性。但是传感器网络有别于传统的互联网，它并没有进出网络的概念，每一个节点都是可以访问的，不能使用防火墙等技术来进行访问控制；无线传感器网络资源受限的特性也使得传统的基于非对称密码机制的数字签名和公钥证书机制难以应用。因此，必须建立一套适合无线传感器网络特点的，综合考虑安全性、效率和性能的访问控制机制。

4.4.3　无线传感器网络安全体系

如上所述，无线传感器网络由多个传感器节点、网关节点、基站和后台应用软件等组成。通信链路位于传感器与传感器之间、传感器与网关节点之间或网关节点与后台系统之间。对于攻击者来说，这些设备和通信链路都有可能成为攻击的目标。

为了实现无线传感器网络的安全需求，必须综合运用多种不同的安全技术。设计并实现无线传感器网的安全体系，是实现无线传感器网络安全的关键。无线传感器网络安全体系能够从整体上应对无线传感器网络所面临的各种安全威胁，达到满意的效果。无线传感器网络安全体系通过整体安全设计和分层安全设计将无线传感器网的各类安全问题统一解决，包括认证、密钥管理、安全路由等。无线传感器网络安全体系结构如图 4-3 所示。

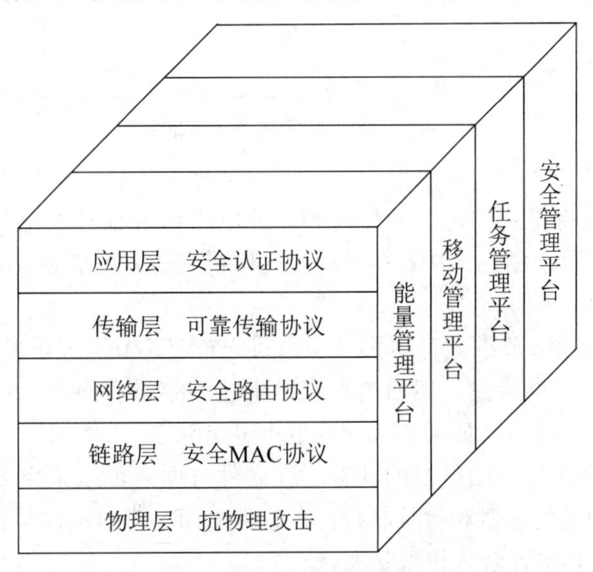

图 4-3　无线传感器网络的安全体系结构

对于无线传感器网络来说，提供安全机制和协议以对系统进行安全防护是十分必要的。物理层需要对抗节点被捕获，链路层需要满足机密性、完整性和真实性，但是仅仅保护传感器网络中两个节点间的通信信道是不够的，网络的核心协议，即提供服务的协议集也应该是安全的。网络协议和服务必须足以对抗任何可能的恶意攻击，以抵御来自无线传感器网络内外的安全威胁。

4.5　无线传感器网络物理层安全

在无线传感器网络中，物理层主要指传感器的节点电路和天线部分。在实现传感器节点基本功能的基础上，分析其电路组成，测试其功耗及各个元器件的功耗，综合各种设计方案的优点，设计一种廉价、低功耗、性能稳定、多传感器的节点。对于天线部分，则分析各种传感器节点的天线架构，测试它们的性能并进行分析，设计一种低功耗、抗干扰、通信质量好的天线。

为了保证节点的物理层安全，必须解决节点的身份认证和通信问题。应研究使用合适的天线来解决节点间的通信，保证各个节点间及基站与节点间可以有效地互相通信。研究多信道问题，防范针对传感器节点的物理攻击。

4.5.1 安全无线传感器节点

安全无线传感器节点由数据采集单元、数据处理单元及数据传输单元三部分组成。其结构如图 4-4 所示。

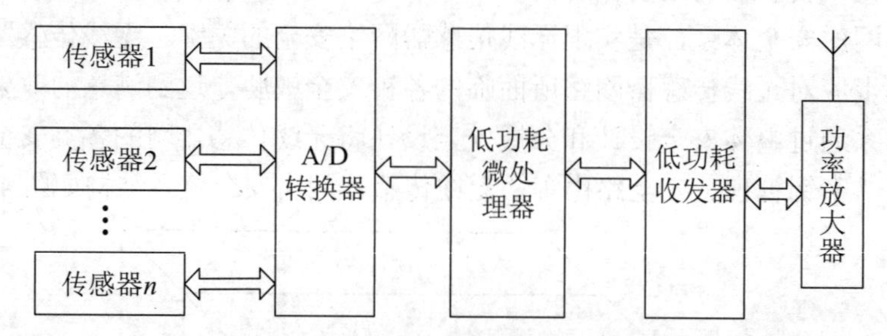

图 4-4　安全无线传感器节点的结构

无线传感器网络工作时，每个节点首先通过数据采集单元，将周围环境的特定信号转换成电信号，然后将得到的电信号传输到滤波电路和 A/D 转换电路，送入数据处理单元进行处理，最后由数据单元将从数据处理单元中得到的有用信息以无线通信的方式传输出去。

安全无线传感器网络节点具有体积小、空间分布广、节点数量多、动态性强等特点，通常采用电池对节点提供能量。然而电池存贮电能的容量有限，一旦某个节点的电能耗尽，该节点将退出整个网络。如果有大量的节点退出网络，网络将失去作用。因此，在电路设计中，低功耗设计是一项重要的任务。在硬件方面，可以采用太阳能电池来补充能源，并使用低功耗的微处理器和射频芯片；在软件方面，可以关闭数据采集单元和数据传输单元，并将数据处理单元转入休眠状态。

4.5.2 无线传感器的天线设计

由于无线传感器网络的设备要求体积小、功耗低，因此在设计这类无线通信系统时一般都采用微带天线。微带天线具有体积小、质量轻、电性能多样化、易集成、能与有源电路集成为统一组件等众多优点。但是，受其结构和体积限制，微带天线存在频带窄、损耗较大、增益较低、仅向一半空间辐射、功率容量较低等缺点。

IEEE 802.15.4 标准是针对低速无线局域网制定的一个标准。这个标准采用倒 F 天线，工作频段为 2.4GHz 或 868/915 频段，为个人或家庭范围内的不同设备之间的无线通信提供了统一的平台，可以实现低能量消耗、低速率传输、低成本的目标。

4.5.3 针对物理层攻击的防护

针对物理层的攻击可能通过手动微探针探测、激光切割、聚集离子束操纵、短时脉冲波形干扰、能量分析等方法实施。相应的安全防护手段如下。

（1）在任何可观察的反应和关键操作间加入随机时间延迟。

（2）设计多线程处理器，在两个以上的执行线程间随机地执行指令。

（3）建立传感器自销毁功能，使任何拆卸传感器的企图都将导致整个器件功能的损坏。

（4）测试电路的结构被破坏或失效。

（5）在传感器的实际电路上设置金属屏蔽网。

为加强物理层的保护，可以在传感器节点加入配置防篡改模块（Tamper Proof Module，TPM）。该模块允许安全地存储证书，当传感器节点受到威胁时阻止攻击者检索证书，一旦发现针对传感器的篡改行为，配置防篡改模块就会实施自销毁，破坏存储在模块中的所有数据和密钥。在拥有足够冗余信息的传感器网络中，这是一种切实可行的解决方案。因为一个传感器节点的价值远低于被俘获所带来的损失。关键在于发现物理攻击，一个简单的方法是定期进行邻居核查。

针对外部存储器的读取攻击，一种可行的应对措施是对外部存储器进行定期检查，对断开微控制器和外部存储器的时间进行严格的限制。

4.6 无线传感器网络 MAC 协议安全

媒体访问控制（Media Access Control，MAC）协议处于无线传感器网络的底层，对无线传感器网络的性能有较大的影响，是保证无线传感器网络高效通信的关键网络协议之一。无线传感器网络的 MAC 协议是由传统的载波侦听多路访问（Carrier Sense Multiple Access，CSMA）协议改进而来，典型的协议有 SMACS/EAR、S-MAC、T-MAC、DMAC 等。以下仅对 S-MAC 协议进行分析。

S-MAC 协议是在 IEEE 802.11 协议的 SC9636-006 基础上，专门针对无线传感器网络节能的特殊需求而设计的。S-MAC 协议同时采取了多种节能技术，如空闲侦听、冲突、串音和控制开销等。

无线传感器网络由多个节点组成，利用短距离多跳通信来节省能量，大部分通信都发生在对等节点之间。网内处理对网络生存期很重要，数据将作为整个消息以存储转发的方式进行处理。无线传感器网络的应用具有很长的空闲时间，并且能容忍网络传递的延迟。

4.6.1 周期性侦听和休眠

如上所述，在多数无线传感器网络应用中，如果没有监测到事件发生，节点将长期空闲。人们假设这样一个事实，在该段时期内数据速率非常低，因此没有必要使节点一直保持侦听。S-MAC 协议通过让节点处于周期休眠状态来降低侦听时间，每个节点休眠一段时间，然后唤醒并侦听是否有其他节点想和它通信。在休眠期间，节点关闭无线装置，并设置定时器，随后来唤醒自己。

侦听和休眠的一个完整周期被称为一帧。侦听间隔通常是固定的，根据物理层和MAC层的参数来决定，如无线带宽和竞争窗口大小。占空比，指侦听间隔与整个帧长度之比。休眠间隔可能根据不同的应用需求而改变，它实际上改变了占空比。简言之，这些值对所有节点都是一样的，所有节点都可以自由选择它们各自的侦听/休眠时间表。然而，为了降低控制开销，人们更希望邻居节点保持同步，也就是说，它们同时侦听和休眠。值得注意的是，在多跳网络中并非所有邻居节点都能够保持同步。如果节点A和节点B必须分别与不同的节点C和节点D同步，那么节点A和节点B可能具有不同的时间表，邻居节点A和B具有不同的时间表，它们分别与节点C和节点D保持同步。

节点通过周期地向它们的直接邻居广播SYNC同步包来交换它们的时间表。一个节点在预定侦听时间与它的邻居节点通信，以确保所有邻居节点能够通信，即使它们具有不同的时间表。如果节点A想与节点B通信，节点A必须等待直到节点B侦听到节点C发送的一个SYNC同步包。S-MAC协议的一个特征是它将节点形成一个平面型的对等拓扑结构，不像簇协议，S-MAC协议不需要通过簇头协作。相反，节点在公用时间表形成虚拟簇，与对等节点之间直接通信。该方法的一个优点是在拓扑结构发生变化时，它比基于簇的方法健壮。该机制的不足是由于周期休眠增加了延迟，而且延迟有可能在每跳积聚。

4.6.2 冲突避免

如果多个邻居节点同时想与一个节点通信，它们将试图在该节点开始侦听时发送消息，在这种情况下，它们需要竞争媒体。在竞争协议中，IEEE 802.11在冲突避免这方面做得很好。S-MAC协议遵循类似的流程，包括虚拟载波侦听和物理载波侦听，解决隐藏终端问题的RTS/CTS（请求发送/清除发送）交换。每个传输包中都有一个持续时间域来标识该包要传输多长时间，如果一个节点收到一个传输给另一个节点的包，该节点就能从持续时间域知道在多长时间内不能发送数据。节点以变量形式记录该值，称为网络分配向量（Network Allocation Vector，NAV），NAV可以被看作一个计时器，每次计时器开始计时，节点递减它的NAV，直到减少到0。在传输之前，节点首先检查它的NAV，如果它的值不为0，节点就认为媒体忙，这被称为虚拟载波侦听。物理载波侦听在物理层执行，通过侦听信道进行可能的传输。载波侦听时间是竞争窗口内的一个随机值，以避免冲突和饥饿现象。如果虚拟载波侦听和物理载波侦听都标识媒体空闲，那么媒体就是空闲的。

在开始传输前，所有发送者都执行载波侦听。如果一个节点没有获得媒体，它将进入休眠，当接收机空闲和再一次侦听时唤醒。广播分组的发送不需要RTS/CTS，单播分组在发送者和接收者之间遵循RTS/CTS/DATA/ACK序列。RTS和CTS成功交换后，两个节点将利用它们的休眠时间进行数据分组传输，直到它们完成传输才遵循它们的休眠时间表。在每个侦听间隔内，由于占空比操作和竞争机制，S-MAC可以有效地标识由于侦听和碰撞产生的能量消耗。

4.6.3　S-MAC 协议实现的关键技术

1. 数据包的嵌套结构

在 S-MAC 协议中，上一层数据包包含下一层数据包的内容。数据包传送到哪一层，这一层只需要处理属于它的部分。

2. 堆栈结构和功能

在 S-MAC 协议堆栈内，MAC 层接收到上层传送过来的数据包后，它就开始载波侦听。如果结果显示 MAC 层空闲，它就会把数据传到物理层；如果结果显示 MAC 层忙，它将会进入睡眠状态，直到下一个可用时间的到来，再重新发送。MAC 层在收到物理层传送过来的数据包后，先通过循环冗余校验（Cyclic Redundancy Check，CRC）表示没有错误，MAC 层就会将数据包传向上层。

3. 选择和维护调度表

在开始周期性侦听和睡眠之前，每个节点都需要选择睡眠调度机制并与邻居节点一致。如何选择和保持调度机制分为以下 3 种情况。

（1）节点在侦听时间内，如果没有侦听到其他节点的睡眠调度机制，则立即选择一个睡眠调度机制。

（2）当节点在选择和宣布自己的睡眠调度机制之前，收到了邻居节点广播的睡眠调度机制，它将采用邻居节点的睡眠调度机制。

（3）当节点在选择和广播自己的睡眠调度机制之后，收到几种不同的睡眠调度机制时，需要分以下两种情况考虑：当节点没有邻居节点时，它会舍弃自己当前的睡眠调度机制，采用刚接收到的睡眠调度机制；当节点有一个或更多邻居节点时，它将同时采用不同的睡眠调度机制。

4. 时间同步

在 S-MAC 协议中，节点与邻居节点需要保持时间同步来同时侦听和睡眠。S-MAC 协议采用的是相对时间戳而不是绝对时间戳，同时令侦听时间远大于时钟误差和漂移，以减少同步误差。并且节点会根据收到的邻居节点的数据包来更新自己的时间，从而与邻居节点保持时间同步。

5. 带冲突避免的载波侦听多路访问

带冲突避免的载波侦听多路访问（CSMA/CA）的基本机制是在接收者和发送者之间建立一个握手机制来传输数据。

握手机制如下：由发送端发送一个请求发送（RTS）包给它的接收者，接收者在收到以后就回复一个准备接收（CTS）包，发送端在收到 CTS 包后，开始发送数据包。RTS 与 CTS 之间的握手是为了使发送端和接收端的邻居节点知道它们正在进行数据传输，从而减少传输碰撞。

6. 网络分配向量

在 S-MAC 协议中，每个节点都保持了一个 NAV 来表示邻居节点的活动时间，

S-MAC 协议中在每个数据包中都包含了一个持续时间指示值，持续时间指示值表示目前这个通信需要持续的时间。邻居节点收到发送者或接收者发往其他节点的数据包时，就可以知道它需要睡眠多久，即用数据包中的持续时间更新 NAV 值。当 NAV 的值不为零时，节点应该进入睡眠状态来避免串音；当 NAV 变为零时，它就马上醒来，准备进行通信。

与 IEEE 802.11 MAC 相比，S-MAC 协议尽量延长其他节点的休眠时间，降低了碰撞概率，减少了空闲侦听所消耗的能源；通过流量自适应的侦听机制，减少消息在网络中的传输延迟；采用带内信令来减少重传和避免监听不必要的数据；通过消息分割、突发传递机制和带内数据处理来减少控制消息的开销和消息的传递延迟。因而 S-MAC 协议具有很好的节能特性，这对无线传感器网络的需求和特点来说是合理的，但是由于 S-MAC 中占空比固定不变，因此它不能很好地适应网络流量的变化，而且协议的实现非常复杂，需要占用大量的存储空间。这点对于资源受限的传感器节点尤为突出。

4.7 无线传感器网络安全路由协议

无线传感器网络安全路由协议的设计是一个技术难题，无线传感器网络中所有节点都应可达（连通性），网络节点还要求尽量多地覆盖目标区域，并且要容许无线传感器网络中部分节点由于能量或其他原因无法正常工作。安全路由算法也要能适应不同的网络规模和节点密度，并要具有一定的服务质量要求。因此，除了低存储器容量、低功耗以外，无线传感器网络的安全是设计者不可忽视的重要因素。

无线传感器网络的攻击者都希望控制路由器，以便截取、篡改、欺骗或丢弃网络中传输的数据包。攻击者可以通过广播自己控制的节点有更好的连通性或通信速度的方式将网络中的数据流导向自己控制的节点；攻击者也可能篡改路由控制数据包。

对于任何路由协议，路由失败将导致网络的数据传输能力下降，严重时会导致整个网络瘫痪。如何在动态拓扑、有限计算能力和严格能量约束的网络环境下确保安全路由的实现是一个挑战。

目前，适用于无线传感器网络的安全路由协议比较多，主要分为单层路由协议、多层路由协议和基于地理位置的路由协议三大类。

典型的单层无线传感器网络路由协议包括 SPIN 协议、Directed Diffusion 协议和谣言协议等。

多层路由协议与单层路由协议相比较，具有更好的可扩展性，更易于进行数据融合，从而减少能量的消耗。在单层路由协议中，由于网络规模的扩大，网关的负载将加大，导致网络延时增大。典型的多层路由协议包括 LEACH 协议、PEGASIS 协议、TEEN 协议和 SEC-Tree 协议等。

基于地理位置的路由协议需要知道传感器节点的位置信息，这些信息可用于计算节点之间的距离、估计能量的消耗及构建更加高效的路由协议。由于无线传感器节点散布在一个区域内，并且没有类似 IP 地址这样的地址方案，因而可以利用位置信息来构建高效的路由协议，以延长网络的寿命。典型的基于地理位置的路由协议包括 GPSR 协议、GEAR 协议和 TBF 协议等。

4.7.1 SPIN 协议

基于信息协商的传感器协议（Sensor Protocol for Information via Negotiation，SPIN）是一种以数据为中心的自适应通信路由协议。它通过使用节点间的协商制度和资源自适应机制，来解决泛洪算法中的“内爆”和“重叠”问题，降低了能量的消耗。SPIN 协议有 3 种数据包类型，即 ADV、REQ 和 DATA。ADV 用于元数据的广播，REQ 用于请求发送数据，DATA 为传感器采集的数据包。SPIN 协议以抽象的元数据命名，节点收到数据后，为了避免盲目传播，用包含元数据的 ADV 消息向邻节点通告，需要数据的邻节点用 REQ 消息提出请求，数据通过 DATA 消息发送到请求节点。

传感器节点采用 SPIN 协议交互的过程如下。

（1）节点 A 采集到数据 *m*。向外广播带有 *m* 元数据（元数据指数据的属性）的 ADV 数据包。

（2）邻居节点 B 收到 A 的 ADV 数据包，根据其携带的元数据判断自身是否需要数据 *m*。如果不需要，则销毁 ADV 数据包。如果需要，则生成相应的 REQ 数据包，向外广播。

（3）节点 A 收到 B 的 REQ 数据包请求，生成相应的 DATA 数据包向外广播。

（4）节点 B 收到 A 的 DATA 数据包，进行数据 *m* 的存储。

（5）节点 B 继续向外广播带有 *m* 元数据的 ADV 数据包，从而数据 *m* 在网络中被传递。

当节点 A 采集到有效数据 *m* 的时候，生成与数据 *m* 相匹配的元数据，并将元数据和自身的地址封装成 ADV 数据包，将其向外广播。

邻居节点 B 收到 ADV 数据包后，查看其元数据是否为自身需要的数据，如果不需要，则销毁 ADV 数据包；如果需要，则提取 ADV 数据包中的 A 节点的地址作为目的地址，将其和元数据及自身地址封装成相应的 REQ 数据包向外广播。

节点 A 收到 REQ 数据包后，判断其中的目的地址是否和自身的地址相同。如果不相同，则表示此 REQ 不是自身需要的，销毁 REQ 数据包。如果相同，则表明此数据包是发给自身的，将目的地址、元数据域和与元数据相匹配的数据一同封装生成相应的 DATA 包向外广播。

邻居节点 B 收到 DATA 包之后，同样通过检查其目的地址来判断其是否为自身所需要的 DATA 包。相符则存储数据，否则销毁数据包。当数据真正存储到了节点 B 之后，就完成了一个数据的转移。此时，节点 B 可以发送 ADV 数据包，通知其他邻居节点，节点 B 拥有这个数据，从而达到将数据传播出去的目的。

SPIN 协议的主要优点包括：通过小 ADV 消息减轻了“内爆”问题；通过数据命名解决了“重叠”问题；节点根据自身资源和应用信息决定是否进行 ADV 通告，避免了盲目利用资源的问题，有效节约了能量。

SPIN 协议的主要缺点包括：当产生或收到数据的节点的所有邻居节点都不需要该数据时，将导致数据不能继续转发，以致较远节点无法得到数据。当网络中汇聚节点较少时，问题就变得比较严重；当某汇聚节点对所有数据都需要时，其周围节点的能量容易耗尽。SPIN 协议虽然在一定程度上减轻了数据内爆，但是在较大规模的网络中，ADV 内爆问题仍然存在。

4.7.2 Directed Diffusion 协议

定向扩散路由（Directed Diffusion，DD）协议是一种专为传感器网络设计的路由协议，该协议是以数据为中心的路由协议的一次飞跃。此后许多路由协议都是以这个协议为基础提出的。

Directed Diffusion 协议的实现过程包括三个阶段：兴趣扩散、梯度建立和路径加强。

1. 兴趣扩散

汇聚节点查询兴趣消息，兴趣消息采用泛洪的方法传播到网络，来通知整个网络中的其他节点它需要的信息。

2. 梯度建立

在兴趣消息扩散的同时，相应的路由路径也建立完成。有“兴趣消息”相关数据的普通节点将自己采集的数据通过建立好的路径传送到汇聚节点。

3. 路径加强

最后，汇聚节点选择一条最优路径作为强化路径。

Directed Diffusion 协议是一个层次路由协议，主要解决网络中存在多个汇聚节点及汇聚节点移动的问题。当多个节点探测到事件发生时，选择一个节点作为发送数据的源节点，源节点以自身作为格状网（grid）的一个交叉点构造一个格状网。其过程如下：源节点先计算出相邻交叉点位置，利用贪心算法请求最接近该位置的节点成为新交叉点，新交叉点继续该过程直至请求过期或到达网络边缘交叉点保存事件和源节点信息。进行数据查询时，汇聚节点本地 flooding 查询请求到最近的交叉节点，此后查询请求在交叉点间传播，最终源节点收到查询请求，数据反向传送到汇聚节点。汇聚节点在等待数据时，可继续移动，并采用代理机制保证数据可靠传递。与 Directed Diffusion 协议相比，该协议采用单路径，能够提高网络生存时间，但计算与维护格状网的开销较大；节点必须知道自身位置；非汇聚节点位置不能移动；要求节点密度较大。

4.7.3 谣言协议

谣言（rumor）协议是在 Directed Diffusion 协议的基础上改进而来的。对于 Directed Diffusion 协议，如果汇聚节点的一次查询只需一次上报，Directed Diffusion 协议开销就太大了。谣言协议正是为解决此问题而设计的。

谣言协议借鉴了欧氏平面图上任意两条曲线交叉概率很大的思想。节点监测到事件后将其保存，并创建称为代理（Agent）的生命周期较长的包括事件和源节点信息的数据包，将其按一条或多条随机路径在网络中转发。收到代理数据包的节点根据事件和源节点信息建立反向路径，并将代理数据包再次随机发送到相邻节点，并可在再次发送前在代理数据包中增加其已知的事件信息。汇聚节点的查询请求也沿着一条随机路径转发，当两路径交叉时路由建立；如不交叉，汇聚节点可 flooding 查询请求。

在多汇聚节点、查询请求数目很大、网络事件很少的情况下，谣言协议较为有效。但如果事件非常多，维护事件表和收发 Agent 带来的开销会很大。

4.7.4 LEACH 协议

低功耗自适应集簇分层型（Low Energy Adaptive Clustering Hierarchy，LEACH）协议是一种无线传感器网络路由协议，是第一个数据聚合的层次路由协议。基于 LEACH 协议的算法，称为 LEACH 算法。

LEACH 算法的基本思想如下：以循环的方式随机选择簇头节点，将整个网络的能量负载平均分配到每个传感器节点，从而达到降低网络能源消耗、提高网络整体生存时间的目的。与一般的平面多跳路由协议和静态分层算法相比，LEACH 分簇协议可以将网络生命周期延长 15%。

LEACH 算法在运行过程中不断循环执行簇的重构过程，每个簇重构过程可以用回合的概念来描述。每个回合可以分成两个阶段：簇建立阶段和（传输数据的）稳定运行阶段。为了节省资源开销，稳定运行阶段的持续时间要大于簇建立阶段的持续时间。簇的建立过程可分成 4 个阶段：簇头节点的选择、簇头节点的广播、簇头节点的建立和调度机制的生成。

簇头节点的选择依据网络中所需要的簇头节点总数和迄今为止每个节点已成为簇头节点的次数来决定。具体的选择办法如下：每个传感器节点随机选择 0 到 1 之间的一个值。如果选定的值小于某一个阈值，那么这个节点成为簇头节点。

选定簇头节点后，通过广播告知整个网络。网络中的其他节点根据接收信息的信号强度决定从属的簇，并通知相应的簇头节点，完成簇的建立。最后，簇头节点采用 TDMA 方式为簇中每个节点分配向其传递数据的时间点。

在稳定运行阶段，传感器节点将采集的数据传送到簇头节点。簇头节点对簇中所有节点所采集的数据进行信息融合再传送给汇聚节点，这是一种较少通信业务量的合理工作模型。稳定运行阶段持续一段时间后，网络重新进入簇建立阶段，进行下一回合的簇重构，不断循环，每个簇采用不同的 CDMA 代码进行通信来减少其他簇内节点的干扰。

LEACH 路由协议主要分为两个阶段：簇建立阶段（setup phase）和稳定运行阶段（ready phase）。簇建立阶段和稳定运行阶段所持续的时间总和为一轮（round）。为减少协议开销，稳定运行阶段的持续时间要长于簇建立阶段。

在簇建立阶段，传感器节点随机生成一个 0 到 1 之间的随机数，并且与阈值 $T(n)$ 做比较，如果小于该阈值，则该节点就会当选为簇头。$T(n)$ 按照下列公式计算。

$$T(n)=\begin{cases}\dfrac{p}{1-p\times\left(r \bmod \dfrac{1}{p}\right)}, n\in G\\ 0, n\notin G\end{cases}$$

式中：p 为节点成为簇头节点的百分数，r 为当前轮数，G 为在最近的 $1/p$ 轮中未当选簇头的节点集合。

LEACH 协议是一种完全分布式的路由协议，节点不需要保存任何关于网络拓扑结构的信息；同时，通过动态和随机地选择簇头的方法，延长了网络的寿命。但是，在 LEACH 协议中，每一个簇头都可以直接和汇聚节点进行通信，限制了网络的规模。换言之，LEACH 协议仅适用于节点可以直接和汇聚节点进行通信的无线传感器网络。此外，动态地选择簇头需要额外的开销。

4.7.5 PEGASIS 协议

传感器信息系统中的能量有效聚集（Power Efficient Gathering in Sensor Information System，PEGASIS）协议是LEACH协议的一种改进。PEGASIS协议的思想是，为了延长网络的生命周期，节点只和与它们最近的邻居进行通信。

在PEGASIS协议中，节点与汇聚点间的通信过程是轮流进行的，所有节点都与汇聚点通信后，节点间再进行新一回合的通信。由于这种轮流通信机制使得能量消耗能够统一地分布到每个节点上，因此降低了整个传输所需要消耗的能量。

不同于LEACH的多簇结构，PEGASIS协议在传感器节点中采用链式结构进行链接。运行PEGASIS协议时每个节点首先利用信号的强度来衡量其所有邻居节点距离的远近，在确定其最近邻居的同时调整发送信号的强度以便只有这个邻居能够听到。其次，链中每个节点向邻居节点发送数据，并且只选择一个节点作为链首向汇聚节点传输数据。采集到的数据以点对点的方式传递、融合，并最终被送到汇聚节点。PEGASIS协议是LEACH协议的改进，它减少了LEACH簇重构产生的能量开销，并通过数据融合技术降低了节点的能量消耗，与LEACH协议比较，PEGASIS协议使网络生存周期延长到LEACH协议的2倍。

PEGASIS协议与LEACH协议相比较，在节省能量方面主要体现在以下几点。

（1）在传感器节点进行本地数据通信阶段，PEGASIS协议的算法中，每个节点只和离自己最近的邻居节点进行通信。在LEACH协议算法中，每个非簇头节点都需要直接与所在簇的簇头节点进行通信。因此，PEGASIS协议的算法减少了每轮通信中每个节点的通信距离，从而节省了每个节点的能量。

（2）在PEGASIS协议算法中，链首节点最多只接收两个邻居节点的数据以及向基站发送网络的数据。而LEACH协议的算法中，每个簇头节点除了向基站发送网络的数据之外，还要接收来自所在簇内的所有非簇头节点的数据，簇头节点接收的数据量远远大于PEGASIS协议中链首节点所接收的数据量。所以LEACH协议中簇头节点的能量消耗过快，不利于均衡节点的能量消耗。

（3）在每一轮通信的过程中，PEGASIS协议中只有1个链节点与基站通信，而LEACH协议中有许多簇头节点与基站通信。而基站的位置又是远离网络的，这样就使得网络中节点的能量消耗过快，不利于节省能量。所以PEGASIS协议的网络生命周期要长于LEACH协议的网络生命周期。

PEGASIS协议的缺点如下。

（1）PEGASIS协议假定每个传感器节点能够直接与汇聚节点通信，而在实际网络中，传感器节点一般需要采用多跳方式到达汇聚节点。

（2）PEGASIS协议假定所有的传感器节点都具有相同级别的能量，因此节点很可能在同一时间全部死亡。

（3）尽管协议避免了重构簇的开销，但由于传感器节点需要知道邻居的能量状态以便传送数据，协议仍需要动态调整拓扑结构。对那些利用率高的网络来说，拓扑的调整会带来更大的开销。

（4）协议所构建的链接中，远距离的节点会引起过多的数据延迟，而且链首节点的唯一性使得链首会成为瓶颈。

4.7.6 TEEN 协议

阈值敏感的高效节能的传感器网络协议（Threshold-sensitive Energy Efficient sensor Network protocol，TEEN）是一种层次路由协议，利用过滤的方式来减少数据传输量。TEEN 协议采用与 LEACH 相同的多簇结构运行方式。不同的是，在簇的建立过程中，随着簇首节点的选定，簇首节点除了通过 TDMA 方法实现数据的调度，还向簇内成员广播有关数据的硬阈值和软阈值这两个门限参数。

硬阈值指被检测数据所不能逾越的阈值；软阈值指被检测数据的变动范围。

在传输数据的稳定阶段，节点通过传感器不断地感知其周围环境。当节点首次检测到数据到达硬阈值时，便打开收发器进行数据传送，同时将该检测值存入内部变量 SV 中，节点再次进行数据传送时要满足两个条件：当前的检测值大于硬阈值；当前的检测值与 SV 的差异等于或大于软阈值。只要节点发送数据，变量 SV 便设置为当前的检测值，在簇重构的过程中，如果新一回合的簇首节点已经确定，该簇首将重新设定和发布以上 2 个参数。

TEEN 协议适用于需要实时感知的应用环境，通过设置硬阈值和软阈值 2 个参数，TEEN 可以大大减少数据传送的次数，比 LEACH 节约能量。由于软阈值可以改变，监控者可以通过设置不同的软阈值方便地平衡监测准确性与系统节能指标。随着簇首节点的变化，用户可以根据需要重新设定 2 个参数的值，从而控制数据传输的次数。

TEEN 协议的缺点是不适合应用于需要周期性采集数据的应用系统中，这是因为如果网络中的节点没有收到相关的阈值，那么节点就不会与汇聚节点进行通信，用户也就完全得不到网络的任何数据。

4.7.7 SEC-Tree 协议

中国刘丹等学者针对无线传感器网络的广泛应用及其对低能耗、高安全性的迫切需求，提出了顾及安全和能量的树形（Security and Energy Considering Tree，SEC-Tree）拓扑结构，并以 SEC-Tree 拓扑结构为基础，设计了多层多路径路由协议，提出自适应多路径路由算法——PSK 生成算法。他们将 PSK 应用于 SEC-Tree 初始化及路由维护中，实现了基于局部化的加密和鉴别技术，使 SEC-Tree 协议具有良好的安全特征、抗攻击能力和多跳、多路径路由的可靠特征。

为防止各类攻击，PSK 密钥在 WSN 路由邻居节点对间进行信息加密传输，在相邻节点相互身份鉴别之后才生成密钥，以提高网络安全性。具体步骤如下。

（1）在网络初始化阶段，由可信任的接收中心（汇聚节点）生成主密钥 k_m，并配置给各个传感器节点。节点 i 根据主密钥生成自己的对称密钥 k_i=f_k（i），其中 f_k 是伪随机函数。

（2）节点对（i，j）在路由初始化时进行双向身份鉴别。

（3）节点 i 给节点 j 发送请求身份鉴别消息包，其中包含自己的 ID 和消息认证码 {i，MAC(k_i，i)}。

（4）节点 j 收到节点 i 的消息后，根据 i 计算出 k_i，并用其解密，完成对 i 的鉴别，鉴别成功则进入下一步，否则算法结束。

（5）节点 j 给节点 i 发送确认信息，其中包含自己的 ID 和消息认证码 $\{j$，MAC（k_j，j）$\}$。

（6）节点 i 收到 j 的应答信息后，根据 j 计算出 k_j，并用其解密，完成对 j 的鉴别，鉴别成功则进入下一步，否则算法结束。

（7）节点对（i，j）各自生成 i、j 间的 PSK 密钥：$k_{ij}=f_k(i)$。

（8）各节点保留自己的密钥和 PSK 密钥，清除其他密钥，对于 i，保留密钥 k_i 和 k_{ij}。

SEC-Tree 对分层路由机制进行改进，将节点到簇头的数据交付修改为多跳交付机制，以减小数据传递的能耗，适应大规模 WSN 应用需求。同时，针对 SEC-Tree 的特性，设计自适应多路径安全路由策略，增强路由协议的抗攻击能力与容错能力，提高了可靠性。

4.7.8 GPSR 协议

贪婪周边无状态路由（Greedy Perimeter Stateless Routing，GPSR）协议是一种典型的基于地理位置的路由协议，在这种 GPSR 协议中，网络节点都知道自身的地理位置并被统一编址，各节点利用贪婪算法尽量沿直线转发数据。

GPSR 是使用地理位置信息实现路由（非辅助作用）的一种路由协议，使用贪婪算法来建立路由。当节点 S 需要向节点 D 转发数据分组的时候，它首先在自己的所有邻居节点中选择一个距节点 D 最近的节点作为数据分组的下一跳，然后将数据传送给它。该过程一直重复，直到数据分组到达目的节点 D 或某个最佳主机。

产生或收到数据的节点向以欧氏距离计算出的最靠近目的节点的邻居节点转发数据，但由于数据会到达没有比该节点更接近目的节点的区域（称为空洞），导致数据无法传输。当出现这种情况时，空洞周围的节点能够探测到，并利用右手法则沿空洞周围传输来解决此问题。该协议避免了在节点中建立、维护、存储路由表，只依赖直接邻居节点进行路由选择，几乎是一个无状态的协议；且使用接近于最短欧氏距离的路由，数据传输时延小，并能保证只要网络连通性不被破坏，一定能够发现可达路由。

GPSR 协议的缺点是，当网络中汇聚节点和源节点分别集中在两个区域时，由于通信量不平衡易导致部分节点失效，从而破坏网络连通性；需要 GPS 或其他定位方法协助计算节点位置信息。

4.7.9 GEAR 协议

地理和能量感知路由（Geographic and Energy Aware Routing，GEAR）协议也是 Directed Diffusion 协议的一种改进，并不采用向整个网络广播的方式，而是利用地理位置信息向某一特定区域发布数据包，利用能量和地理位置信息作为启发式选择路径向目标区域传送数据。由于 GEAR 只向某个特定区域发送数据包，而不是像 Directed Diffusion 那样发布到整个网络，因此 GEAR 相对 Directed Diffusion 协议更加节省能量。

GEAR 协议的开销包括预估费用和修正费用两部分。预估费用，指节点剩余能量的费用和到目的节点的费用；修正费用，则是对描述网络中环绕在空洞周围路由所需预估费用的修正，如果没有空洞现象的产生，那么预估费用等于修正费用。这里的空洞指某个节点周围的没有任何邻居节点比它自身更接近目标的区域。每当一个数据包成功到达目的地，该节点的修正费用就要传播到上一跳以便于对下一跳数据包的路由建立进行调整。

GEAR 协议的工作过程分为以下 2 个阶段。

（1）向目标区域传递数据包。当节点收到数据包时，首先要检查是否有邻居节点比它更接近目标区域。如果有，就选择距离目标区域最近的节点作为数据传递的下一跳节点。如果相对该节点，所有邻居都比它更远离目标区域，这就意味着该节点存在空洞现象。在这种情况下，利用修正费用选择其中的一个邻居节点来转发数据包。

（2）在目标区域内广播数据包。如果数据包已经到达目标区域，可以利用递归的地理传递方式和受限的泛洪方式发布该数据包。当传感器节点的分布不太紧密时，受限的泛洪方式是比较好的选择。而在高密度的无线传感器网络内，递归的地理传递方式相对受限的泛洪方式更加节能。在这种情况下，目标区域被划分为 4 个子区域，数据包也相应地被复制了 4 次，这种分割和数据传递过程不断重复，直到区域内只剩下一个节点为止。

4.7.10　TBF 协议

临时数据块流（Temporary Block Flow，TBF）协议是一种基于源节点和位置的路由协议。与基于源节点的路由协议不同，TBF 协议利用参数在数据包的头部指定一条连续的传输通道，而不是路由节点序列；与前面介绍的基于位置的 GPSR 路由协议不同，TBF 协议不是沿着最短路径传播数据的。

临时数据块流是两个无线资源实体所使用的一个数据块流，用于在分组数据信道（Packet Data CHannel，PDCH）上支持单向传递逻辑链路控制协议数据单元（Logical Link Control Protocol Data Unit，LLC PDU）。网络可以给 TBF 分配一条或多条 PDCH 信道。一个 TBF 包含很多 RLC/MAC 块，用来承载一个或多个 LLC PDU。

网络给每一个 TBF 安排一个临时数据块标识（Temporary Flow Indicator，TFI），用来唯一标识一个 TBF。在上行链路方向，TBF 协议使用上传状态标记（Uplink Status Flag，USF），从而允许不同的移动站点（Mobile Site，MS）动态复用一个无线数据块。USF 包含在下行 RLC/MAC 块的块头内，当 MS 收到一个下行 RLC/MAC 块内的 USF 值与之前分配给移动站点的 USF 值相同时，MS 就准备在上行链路的对应时隙进行上行 RLC/MAC 块的传递。

TBF 协议主要有以下几个特点：可利用 GPSR 协议的方法或其他方法避开空洞；通过指定不同的轨道参数，容易实现多路径传播、广播、对特定区域的广播和多播；允许网络拓扑变化，可避免传统源站路由协议的缺点。现代网络发展中的不利因素主要是随着网络规模的变大，路径的加长，沿途节点进行计算的开销也相应增加，且需要 GPS 或其他定位方法协助计算节点位置信息。

4.8　无线传感器网络密钥管理机制

在所有的无线传感器网络安全解决方案中，加密技术是一切安全技术的基础，通过加密可以满足感知信息认证、机密性、不可否认性、完整性等安全需求。对于加密技术来

说，密钥管理是其中最关键的一个因素。

针对无线传感器网络的特点，近年来研究者们已经提出了许多关于密钥管理的方案，但这些方案都有不同的侧重点和优缺点。本节从无线传感器网络的安全角度入手，分别对各种方案的计算复杂度、节点被俘后网络的恢复能力、网络的扩展性和支持的网络规模等方面进行分析，讨论各种适合无线传感器网络的典型密钥管理方案的优缺点。

由于无线传感器网络面临特殊的安全威胁，因此传统的网络密钥管理方案已经不再适用于无线传感器网络。针对其特殊性，目前已经提出多种密钥管理方案，包括分布式密钥管理方案（如预置所有节点对密钥方案、随机密钥预分配方案等）和分簇式密钥管理方案（如低能耗密钥管理方案、轻量级密钥管理方案等）。

4.8.1 分布式密钥管理方案

在分布式无线传感器网络中，因为没有固定基础设施，所以网络节点之间的能量和功能都是相同的。当部署分布式网络时，将节点随机地投掷到目标区域，各节点自组织地形成网络，其体系结构如图 4-5 所示。

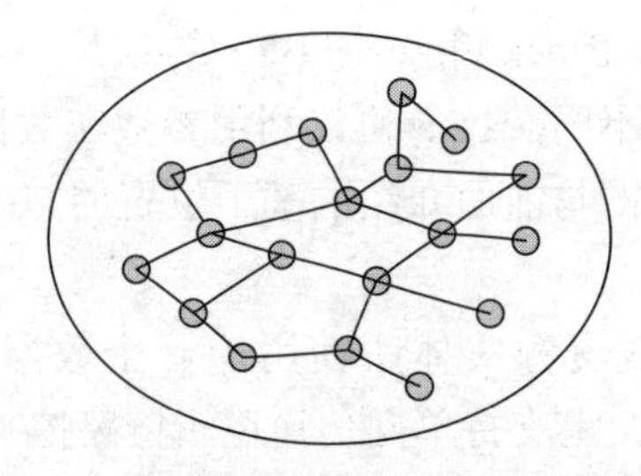

图 4-5 分布式无线传感器网络体系结构

目前，已经提出了多种分布式密钥管理方案。例如，预置全局密钥方案、预置所有节点对密钥方案和随机预分配密钥方案等。

1. 预置全局密钥方案

TinyOS 的 TinySec 中便采取了这种安全机制，它是最简单的密钥建立过程。所有传感器节点预配置一个相同的密钥，所有节点均利用该密钥进行加密、解密、认证，以及密钥的协商和更新。这种方案的优点是计算复杂度低，由于网络中只有一个密钥，所以很容易增加新的节点；缺点是网络的安全性较差，任何一个节点被俘获都会导致整个网络瘫痪。

2. 预置所有节点对密钥方案

预置所有节点对密钥的密钥管理方案是由 Bocheng 等人提出的。其主要思想是每对节点之间共享一对密钥，以保证每对节点间的通信都可以使用预配置的共享密钥加密，其要求每个节点存储的节点对密钥数为（n−1）个（n 为网络节点总数）。该方案的优点是不依赖基站，灵活性较强，计算复杂度低，任意两个节点间的密钥是独享的，所以当一个节点被俘获后不会影响网络中其他节点通信的安全性；缺点是支持网络的规模小，因为传感器节点的存储量有限，当网络中节点数目足够大的时候，（n−1）个密钥的存储量将大大超过节点的存储量，可扩展性不好，不支持新节点的加入。

3. 随机密钥预分配方案

随机密钥预分配方案是由Eschenauer和Gligor等人最早提出的，其主要思想是从预置所有节点对密钥方案改进。它将预存网络中的所有节点对密钥改为预存部分节点对密钥，减小了对节点资源的要求。随机密钥预分配的具体实施过程如下。

（1）密钥的产生。

首先，产生一个大的密钥池 S，并为每个密钥分配一个标识符ID；然后，从密钥池 S 中随机选取 K 个密钥存入节点的存储器，K 个密钥称为节点的密钥环。K 的选择应保证每两个节点之间至少拥有一个共享密钥的概率大于一个预先设定的概率 P。

（2）共享密钥的发现。

每个节点广播自己密钥链中所有密钥的标识符ID，找出位于自己通信范围内的与自己有共享密钥的节点。共享密钥发现阶段建立了节点排列的拓扑结构，当两个节点间存在共享密钥时，这两个节点间就存在一个链接，通过链路加密所有基于该链接的通信都是安全的。

（3）路径密钥的建立。

节点和那些与自己没有共享密钥的邻居节点通过已有的安全链接协商路径密钥，以后这些节点之间就可以通过路径密钥建立安全链接了。

当检测到一个节点被俘获时，为了有效地删除节点的密钥链，控制节点广播被俘节点所有密钥的标识符ID，其他节点收到信息后删除自己密钥链中含有相同标识符ID对应的密钥。一旦密钥从密钥链上删除，与删除的密钥相关的链接将会消失，受影响的节点需要重新启动共享密钥发现及建立路径密钥。这种方案的优点是计算复杂度比较低，网络具有一定的扩展能力，实现简单；缺点是对部分节点被俘获的抵抗性太差，攻击者可以通过交换的标识符ID分析出网络的安全链接，从而攻破少数的节点而获取较大份额的密钥，从而影响其他节点间的通信。

Chan等研究者在Eschenauer和Gligor方案的基础上，又提出了Q2 composite随机密钥预分配方案，该方案将任意两个相邻节点间的共享密钥数提高到 q 值。通过提高 q 值增强了网络对节点攻击的抵抗性，缺点是密钥的重叠度增加，限制了网络的可扩展性。

此外，还有基于多项式的随机密钥预配置方案，如基于多项式池的密钥方案（Polynomial Pool Based Key Scheme）和基于配对的双位置聪明结构方案（Location 2 Based Pair 2 Wise Establishments Scheme）密钥管理方案，这些方案能有效地抵抗部分节点被俘获后对网络安全造成的影响，只有当攻击者获取了同一多项式的 t 项才能计算出多项式。这些网络的优点是可扩展性较好，可以支持大规模的网络；缺点是需要的计算开销太大，由于节点计算能力有限，因此需要对算法做进一步的优化。

4.8.2 分簇式密钥管理方案

在分簇式无线传感器网络结构中，根据各个节点的功能和能量不同，可以将节点分成三类：基站、簇头和普通的传感器节点，其体系结构如图4-6所示。

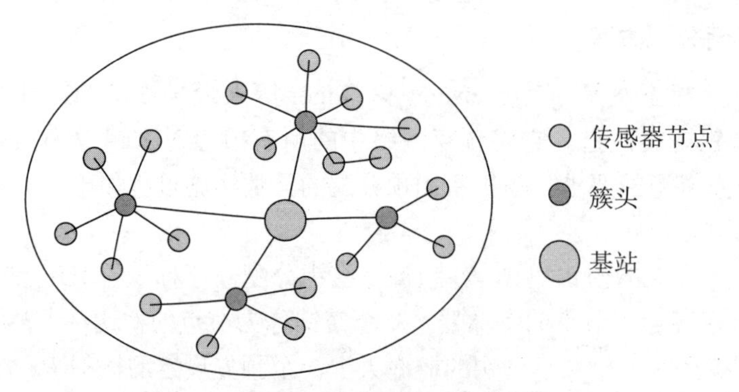

图 4-6　分簇式无线传感器网络体系结构

在分簇式无线传感器网络中，基站的能量和存储能力是不受限制的，主要负责收集和处理传感器节点发送来的数据及管理整个网络。

在大多数的应用中，假定基站是安全的、可以信任的，因此把基站用作密钥服务器。相对于传感器节点，簇头拥有较高的信息处理和存储能力，负责将节点分簇，收集并处理来自节点的信息，然后将信息发送给基站。在部署网络时，传感器节点被随机地投掷在目标区域，随后节点搜寻自己无线范围内的临近簇头自组织形成网络。针对分簇式网络现已提出了低能耗密钥管理和轻量级密钥管理等方案。

1. 基于密钥颁发中心的节点对密钥管理方案

基于密钥颁发中心（Key Distribution Center，KDC）的节点对密钥管理方案的基本思想是每个传感器节点与 KDC 共享一个密钥。在这里，基站可以作为 KDC。KDC 保存与所有节点的共享密钥，如一个节点要与另一个节点通信，它需要向 KDC 发出请求，然后 KDC 产生会话密钥，并将其传给相应的节点。这种方案的优点是计算复杂度低，对节点存储和计算能力要求不高，网络有很好的自恢复能力，部分节点被俘获不会影响网络其他节点的通信；缺点是网络的可扩展性与支持的网络规模取决于基站的能力，网络通信过分依赖基站，如果基站被俘，整个网络就被攻破。

2. 低能耗密钥管理方案

低能耗的密钥管理方案由 Jolly 等人提出，是对 IBSK 协议的扩展，继承了 IBSK 支持增加、删除节点及密钥更新的优点，同时为了减少能量的消耗，取消了节点与节点之间的通信。由于目前一些技术的不成熟，因此该协议是在一些假设的基础上进行的。首先假定基站有入侵检测机制，可以检测出节点正常与否，并由此决定是否触发删除节点的操作；对传感器节点不做任何信任的假设，簇头之间可以通过广播或单播与节点通信。在网络部署前，分配给每个传感器节点两个密钥，一个与簇头共享，一个与基站共享，所有簇头共享一个密钥用于簇头间的广播通信，每个簇头还分配有一个与基站共享的密钥和随机指定的 $|S|/|G|$ 个传感器节点的密钥（$|S|$ 为传感器节点的个数，$|G|$ 为簇头的个数）。在簇形成阶段，节点广播用与簇头共享的密钥加密后的自己的位置和能量的信息，簇头收到该信息后与其他簇头交换属于自己通信范围内节点的密钥，密钥交换完成后簇头指定自己通信范围内的节点形成簇。增加新的节点时，首先基站随机选取一个簇头，将新节点的密钥发送给该簇头，然后通过簇形成阶段，新节点就加入了该簇。该方案的优点是对节点的存储和计算能力要求不高，由于预存了所有密钥，计算复杂度也较低，网络的自恢复能力强；缺点

是网络的可扩展性不高，通信过于依赖簇头，多个相邻簇头的被俘可能导致整个网络的瘫痪。当删除簇头时，方案中要给出一个指定的新簇头，然后将旧簇内的节点分配给新簇头。这种思想在实际应用中是不可行的，因为不能保证重新部署的新簇头正好位于旧簇头的位置上，也就是不能保证新的簇头能涵盖旧簇内的所有节点。

3. 轻量级密钥管理方案

Eltoweissy、Younis 和 Ghumman 等学者也提出了轻量级密钥管理方案，这个方案采用了组合最优组 EBS（Exclusion Basis System）密钥的算法，用于密钥的分配与更新。在网络部署前每个传感器节点预配置唯一的 ID 标识符和两个密钥，这两个密钥一个与簇头共享，另一个与基站共享。当簇头被俘获后，通过与基站共享的密钥，节点可以重新获得新的簇头与密钥。簇头预配置一个与基站共享的密钥和唯一的 ID 标识符，且假定其有一定入侵检测能力；密钥只能由基站产生且也假定其具有入侵检测能力。

在网络的初始化阶段，簇头广播自己的信息，基站在收到簇头的信息后，根据簇头的数目构建 EBS 并发送信息给簇头，该信息包括管理密钥和簇头间的会话密钥。在簇的形成阶段，节点发送自己的 ID 和位置信息，簇头接收到后将节点的 ID 和位置信息制成表，与其他簇头协商形成簇，簇头最后根据簇内节点的数目决定需要的密钥数并将需要的密钥数和节点的标识符列表发送给基站。基站产生需要的密钥并据此为每个簇构建 EBS，然后将信息传给簇头，最后由簇头指定节点的归属。当检测到簇头被俘获时，首先将簇头从网络中删除，然后依靠其他正常的簇头确认那些孤立的传感器节点，并将在自己通信范围内的节点加入簇内。

轻量级密钥管理方案的主要优点是引入了组播的概念和组播密钥管理算法。利用 EBS 较好地实现了密钥的产生、分配及更新，有效地保护了当前、前向与后向秘密；网络的可扩展性较高，可以支持大规模网络，以及网络的动态变化，单个节点的俘获对网络的安全通信影响不大。其缺点是，当节点被频繁俘获时，频繁的密钥更新大大增加了网络的通信负载。同时，该方案也没有很好地解决删除簇头后簇内节点的分配问题，这是分簇式密钥管理方案中普遍存在的问题，需要对分簇算法做进一步优化。

4.9　本章小结

无线传感器网络（WSN）是由部署在监测区域内大量的廉价微型传感器节点组成，并通过无线通信方式形成的一个多跳的、自组织的网络系统，其目的是协作地感知、采集和处理网络覆盖区域中被感知对象的信息，并发送给观察者。

无线传感器网络的发展历程共经历了三个阶段：传感器→无线传感器→无线传感器网络。

在各种无线传感器网络中，传感器数据采集及传输常用的方式主要有周期性采样、事件驱动和存储与转发。实现其技术的网络结构也有 3 种：星形、网形和混合型（星形 + 网形）。每种网络都有各自的优点及缺点，用户应当充分了解这些网络的特点以满足不同应用的实际需要。

无线传感器网络的特点包括：大规模、自组织、动态性、可靠性、以数据为中心、集成化、具有密集的节点布置、以协作方式执行任务、节点唤醒方式。

由于无线传感器的资源有限，网络往往运行在十分恶劣的环境下，因此很容易受到恶意攻击。无线传感器网络面临的安全威胁与传统移动网络类似。无线传感器网络的安全威胁主要包括：干扰、截取、篡改和假冒。

网络系统安全需求的目标是要保证网络中传输信息的安全性。无线传感器网络中的信息安全需求主要包括：机密性、完整性、真实性、可用性、新鲜性、鲁棒性和访问控制。

为了实现无线传感器网络的安全需求，必须同时采取多种不同的安全技术。设计并实现通信安全一体化的无线传感器网络协议栈，是实现安全无线传感器网络的关键。安全一体化的网络协议栈能够从整体上应对无线传感器网络所面临的各种安全威胁，达到满意的效果。安全一体化的网络协议栈通过整体设计、优化设计将传感器网络的各类安全问题统一解决，包括认证、密钥管理、安全路由等。

为了保证节点的物理层安全，必须解决节点的身份认证和通信问题。应研究使用合适的天线来解决节点间的通信，保证各个节点间及基站与节点间可以有效地互相通信。研究多信道问题，防范针对传感器节点的物理攻击。

为加强物理层的保护，可以在传感器节点加入配置防篡改模块（Tamper Proof Module，TPM），该模块允许安全地存储证书，并在传感器节点受到威胁时阻止攻击者检索证书。一旦发现针对传感器的篡改行为，配置防篡改模块就会实施自销毁，破坏存储在模块中的所有数据和密钥。在拥有足够冗余信息的传感器网络中，这是一种切实可行的解决方案。

针对外部存储器的读取攻击，一种可行的应对措施是对外部存储器进行定期检查，对断开微控制器和外部存储器的时间设置严格的约束。

媒体访问控制协议（MAC）处于传感器网络的底层，对传感器网络的性能有较大的影响，是保证无线传感器网络高效通信的关键网络协议之一。无线传感器网络的 MAC 协议由传统的 CSMA 协议改进而来，典型的协议有 SMACS/EAR、S-MAC、T-MAC、DMAC 等。

无线传感器网络路由协议的设计是一个技术难题，网络中所有节点都应可达（连通性），网络节点还要求尽量大地覆盖目标区域，要容许网络中部分节点由于能量或别的原因无法正常工作。路由算法也要能适应不同的网络规模和节点密度，并要具有一定的服务质量要求。除了低存储器容量、低功耗，安全也是不可忽略的重要因素。

目前，适用于无线传感器网络中的路由协议有多种，大致可以分为三类：以数据为中心的路由协议、层次式路由协议和基于位置的路由协议。

在所有的无线传感器网络安全解决方案中，加密技术是一切安全技术的基础，通过加密可以满足感知信息认证、机密性、不可否认性、完整性等安全需求。对于加密来说，密钥管理是其中最关键的问题。

由于无线传感器网络面临特殊的安全威胁，因此传统的密钥管理方案已经不再适用于无线传感器网络。针对其特殊性，现已提出许多相应的密钥管理方案，主要有分布式密钥管理方案（如预置所有节点对密钥方案、随机密钥预分配方案等）和分簇式密钥管理方案（如低能耗密钥管理方案、轻量级密钥管理方案等）两类方案。

复习思考题

一、单选题

1. 到目前为止，无线传感器网络的发展历程共经历了（　　）个阶段。

A. 3　　B. 4　　C. 5　　D. 6

2. 无线传感器网络的特点可以分为（　　）方面。

A. 6　　B. 7　　C. 8　　D. 9

3. 无线传感器网络面临的安全威胁分为（　　）类。

A. 6　　B. 7　　C. 8　　D. 9

4. S-MAC 协议实现的关键技术包括数据包的嵌套结构、堆栈结构和功能、选择和维护调度表和（　　）。

A. 时间同步　　B. 带冲突避免的载波侦听多路访问

C. 网络分配向量　　D. 以上都是

5. 适用于无线传感器网络的安全路由协议比较多，主要分为（　　）大类。

A. 3　　B. 4　　C. 5　　D. 6

6. 无线传感器网络的 MAC 协议是由传统的（　　）协议改进而来。

A. CSMA　　B. 令牌环　　C. IPX　　D. TCP/IP

7. 属于单层无线传感器网络路由协议的是（　　）。

A. SPIN　　B. Directed Diffusion 协议

C. 谣言协议　　D. 以上都是

8. 基于地理位置的路由协议包括（　　）协议。

A. GPSR　　B. GEAR　　C. TBF　　D. 以上都是

9. 分布式密钥管理方案包括（　　）。

A. 预置全局密钥方案　　B. 预置所有节点对密钥方案

C. 随机密钥预分配方案　　D. 以上都是

10. 分簇式传感器网络的密钥管理方案包括（　　）。

A. 基于密钥颁发中心的管理方案　　B. 低能耗密钥管理方案

C. 轻量级密钥管理方案　　D. 以上都是

二、简答题

1. 什么是无线传感器网络？无线传感器网络由哪些部分组成？各部分的主要功能是什么？

2. 无线传感器网络的发展经历了哪几个阶段？

3. 无线传感器网络有哪些网络结构？

4. 无线传感器网络有哪些特点？

5. 无线传感器网络的安全威胁主要包括哪些手段？

6. 无线传感器网络中的信息安全需求主要包括哪些方面？

7. 请简要说明 S-MAC 协议。

8. 以数据为中心的路由协议包括哪些典型的协议？请简要说明各个协议。

9. 层次式路由协议包括哪些典型的协议？请简要说明各个协议。

10. 基于位置的路由协议包括哪些典型的协议？请简要说明各个协议。

11. 无线传感器网络包括哪些典型的分布式密钥管理方案？

12. 无线传感器网络包括哪些典型的分簇式密钥管理方案？

第 5 章 感知层智能终端与接入安全

5.1 感知层智能终端概述

物联网感知层的智能终端由大量嵌入式系统和智能设备组成，通过大量的无线传感器与智能设备采集环境信息，实时地向人们描述了一个真实的物理世界。这些传感器与智能设备能够全面地、实时地感知物理世界的各种参数，包括温度、湿度、大气压强、风向、风力、物体的地理位置、物体的移动方向、物体的移动轨迹等。物联网能够根据采集到的海量信息为人们提供各种便捷的服务。

嵌入式技术是开发物联网智能终端设备的重要手段。无线传感器与RFID标签节点都是微小型的嵌入式系统。同时，平板电脑、智能手机等智能设备为人们提供了丰富的应用程序开发工具。目前，许多物联网应用系统是在智能设备的基础上开发的。

广义上，物联网的智能终端通常可分为两大类：一类是感知识别型终端，以二维码、RFID标签和无线传感器为主，实现对“物”的识别或环境状态的感知；另一类是应用型智能终端，包括平板电脑（如苹果的iPad）、智能手机、智能手表等。

智能手机可以说是一种可以随身携带的“超级”感知和识别设备。智能手机上可以配备的传感器种类繁多，如加速度传感器、陀螺仪传感器、温度传感器、地磁传感器、方向传感器、压力传感器、距离传感器、光线亮度传感器等，智能手机还能接收导航卫星的信号，从而具备卫星定位功能，可以实时地获得位置信息。

手机上的摄像头也是一种功能强大的感知设备，能够采集物理世界的图像、视频等信息。如果在智能手机上加入语音识别和图像识别人工智能程序，则会令智能手机具备与人相似的耳朵和眼睛功能；如果在智能手机上加入文字识别（Optical Character Recognition，OCR）人工智能程序，则可以快捷地识别书刊上的文字甚至手写的书稿；如果RFID标签附着在手机内部，手机便具有标识（手机使用者）的功能，于是产生了手机门票；如果在手机的触摸屏上安装RFID读写器，则手机就具有了读取RFID标签的功能，从而能够准确地识别物体。

在本章中，将剖析物联网感知层的嵌入式系统安全、智能手机安全和接入安全等技术。

5.2　嵌入式系统安全

5.2.1　嵌入式系统的特点

嵌入式系统由硬件和软件组成，是能够独立进行运作的电子器件。其软件部分只包括软件运行环境及其操作系统。硬件部分包括信号处理器、存储器、通信模块等。相比于一般的计算机处理系统，嵌入式系统存在较大的差异性，它不能实现大容量的存储功能，存储介质多采用EPROM、EEPROM等，软件部分则以API编程接口作为开发平台的核心。

从计算机技术发展的角度分析嵌入式系统的发展，可以看到嵌入式系统具备如下特点。

1. 芯片技术的发展为嵌入式系统研究奠定了基础

早期的计算机体积大、耗电多，只能安装在计算机机房中。微型机的出现使得计算机进入个人计算机与便携式计算机阶段。而微型机的微型化得益于微处理器芯片技术的发展、微型机应用技术的发展、微处理器芯片的可定制。芯片技术的发展则为嵌入式系统的研发奠定了基础。

2. 嵌入式系统的发展适应了智能控制的需求

计算机系统可以分为两大并行分支：通用计算机系统与嵌入式计算机系统。通用计算机系统的发展适应了大数据量、复杂计算的需求。而生活中大量的电子设备，如传感器、RFID读写器、PDA、电视机顶盒、手机、数字电视、数字相机、汽车控制器、工业控制器、机器人，以及医疗设备的智能控制，都对计算机模块的功能、体积、耗电有着特殊的要求。这种特殊的电子设备的设计要求是推动小型、嵌入式计算机系统发展的动力。

3. 嵌入式系统的发展促进了芯片、计算机体系结构研究的发展

由于嵌入式系统要适应传感器、RFID、PDA、汽车控制器、工业控制器、机器人等物联网设备的智能控制要求，而传统的通用计算机的体系结构、操作系统、编程语言都不能满足嵌入式系统的这一需求，因此研究人员必须为嵌入式系统研究适应特殊要求的微处理器芯片、嵌入式操作系统与嵌入式软件编程语言。

4. 嵌入式系统的研究体现出多学科交叉融合的特点

假如要完成一项用于机器人控制的嵌入式计算机系统开发任务，只有通用计算机的设计与编程能力是远远不够的，还必须有计算机、机器人、电子学等多方面的专业技术人员参加。目前在实际工作中，从事嵌入式系统开发的技术人员主要分为两类，一类是电子工程、通信工程专业的技术人员，他们的主要工作是完成硬件设计，开发与底层硬件关系密切的软件；另一类是从事计算机与软件专业的技术人员，他们主要从事嵌入式操作系统和应用软件的开发。因此，同时具备软硬件设计能力，具有底层硬件驱动程序、嵌入式操作系统与语言程序开发能力的复合型人才是社会急需的人才。

5.2.2 嵌入式系统的发展过程

嵌入式系统从20世纪70年代出现以来，已经有40多年的发展历史。嵌入式系统大致经历了四个发展阶段。

1. 以可编程控制器系统为核心的研究阶段

嵌入式系统最初的应用是基于单片机的，大多以可编程控制器的形式出现，具有监测、伺服、设备指示等功能，通常应用于各类工业控制和飞机、导弹等武器装备中，一般无操作系统的支持，只能通过汇编语言对系统进行直接控制，运行结束后再清除内存。这些装置虽然已经初步具备了嵌入式的应用特点，但仅仅使用8位CPU芯片来执行程序，因此严格地说仍然谈不上“系统”的概念。

2. 以嵌入式中央处理器为基础、简单操作系统为核心的阶段

这一阶段嵌入式系统的主要特点是系统结构和功能相对单一，处理效率较低，存储容量较小，几乎没有用户接口。由于这种嵌入式系统使用简便、价格低廉，因而曾经在工业控制领域中得到非常广泛的应用，但无法满足当今高执行效率、高存储容量的智能家电等场景的需要。

3. 以嵌入式操作系统为标志的阶段

20世纪80年代，随着微电子工艺水平的提高，集成电路制造商开始把嵌入式应用中所需要的微处理器、I/O接口、串行接口，以及RAM、ROM等部件，集成到一片超大规模集成电路芯片中，制造出微控制器，并在嵌入式系统中广泛应用。与此同时，嵌入式系统的程序员也可以在嵌入式操作系统的基础上开发嵌入式应用软件，从而大大缩短了应用系统设计与开发周期，提高了工作效率。

这一阶段嵌入式系统的主要特点是出现了大量高可靠、低功耗的嵌入式微控制器，各种简单的嵌入式操作系统开始出现。这一阶段的嵌入式操作系统虽然还比较简单，但已经具有一定的兼容性和扩展性，内核精巧且效率高，主要用来控制系统负载，以及监控应用程序的运行。嵌入式操作系统的运行效率高、模块化程度高，具有图形窗口界面和便于二次开发的应用程序接口（API）。

4. 基于网络操作的嵌入式系统发展阶段

20世纪90年代，在分布控制、柔性制造、数字化通信和智能家电需求的推动之下，嵌入式系统进一步飞速发展。一方面，微控制器向着高速度、高精度、低功耗的方向发展。另一方面，随着硬件实时性要求的提高，嵌入式系统的软件规模也不断扩大，逐渐形成了实时多任务嵌入式操作系统，并开始成为嵌入式系统的主流。

这一阶段嵌入式系统的主要特点是嵌入式操作系统的实时性得到了很大改善，已经能够运行在各种不同类型的微处理器上，具有高度模块化和扩展性好的特点。嵌入式操作系统已经具备文件和目录管理、设备管理、多任务、网络、图形用户界面等功能，并提供了大量的应用程序接口，从而使得应用软件的开发变得更加简单。

随着物联网应用的进一步发展，适应物联网应用系统要求的智能设备设计和制作将成为嵌入式技术下一阶段研究与开发的重点。

5.2.3　嵌入式系统常用的操作系统

嵌入式操作系统（Embedded Operating System，EOS），指用于嵌入式系统的操作系统。嵌入式操作系统是一种用途广泛的系统软件，通常包括与硬件相关的底层驱动软件、系统内核、设备驱动接口、通信协议、图形界面、标准化浏览器等。嵌入式操作系统负责嵌入式系统软硬件资源分配、任务调度，控制、协调并发活动。它必须体现其所在系统的特征，能够通过装卸某些模块来达到系统所要求的功能。

目前已经出现多种适合无线传感器网络应用的操作系统，如TinyOS、Mantis OS、SOS等。其中，TinyOS是目前无线传感器网络研究领域中使用最为广泛的操作系统。

TinyOS的标志如图5-1所示。TinyOS是加州大学伯克利分校开发的开放源代码操作系统，专为嵌入式无线传感器网络设计，操作系统基于构件（component-based）的架构使得快速更新成为可能，而这又减小了受传感器网络存储器限制的代码长度。TinyOS是一个具备较高专业性，专门为低功耗无线设备设计的操作系统，主要应用于传感器网络、普适计算、个人局域网、智能家居和智能测量等领域。

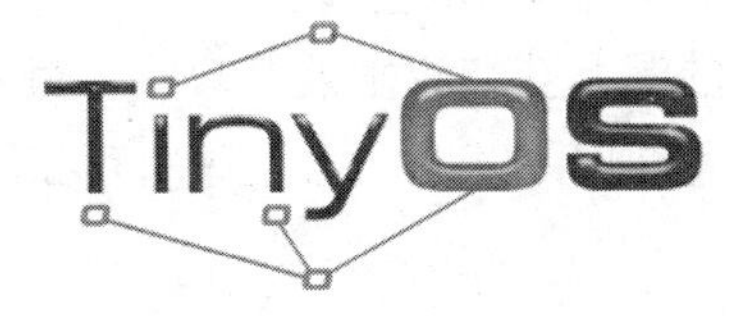

图5-1　TinyOS的标志

TinyOS的特性使其在传感器网络中得到广泛应用，并在物联网中占据了举足轻重的地位。

TinyOS是一款开源的操作系统，所有人都可查看和修改TinyOS的源代码，参与到TinyOS及配套软件的开发，并应用到商业和工业领域中。TinyOS已经有很多产品，例如，用于神经信号接收、调解、显示的接收器，用于能源领域中的石油和气体监控器，用于传感器网络的控制和优化装置，用于无线传感器网络健康监测的装置等。

相对于主流操作系统成百上千兆字节的庞大体积，TinyOS显得十分迷你，只需要几千字节的内存空间和几万字节的编码空间就可以运行，而且功耗较低，特别适合传感器这种受内存、功耗限制的设备。

TinyOS本身提供了一系列的组件，包括网络协议、分布式服务器、传感器驱动及数据识别工具等，使用者可以通过简单方便的编制程序将多个组件连接起来，来获取和处理传感器的数据并通过无线电传输信息。

TinyOS在构建无线传感器网络时，通过一个基地控制台控制各个传感器子节点，聚集和处理各子节点采集到的信息。TinyOS只需要在控制台发出管理信息，然后由各个节点通过无线网络互相传递采集到的信息，就可以达到协同一致的目的。

5.2.4　嵌入式系统的安全需求分析

根据攻击层次的不同，针对嵌入式系统的恶意攻击可以分为软件级攻击、硬件级攻击和基于芯片的物理攻击。在各个攻击层次上均存在一批非常典型的攻击手段，这些攻击手

段针对嵌入式系统不同的设计层次展开攻击，威胁嵌入式系统的安全。下面将对嵌入式系统不同层次上的攻击分别予以介绍。

1. 软件层次的安全性分析

在软件层次，嵌入式系统运行着各种应用程序和驱动程序。在这个层次上，嵌入式系统所面临的恶意攻击主要有木马、蠕虫和病毒等。从表现特征上看，这些不同的恶意软件攻击都具有各自不同的攻击方式。病毒是通过自我传播以破坏系统的正常工作为目的的一类计算机程序：蠕虫以网络传播、消耗系统资源为特征；木马则通过窃取系统权限从而控制处理器。从传播方式上看，这些恶意软件都是利用通信网络扩散的。

在嵌入式系统中，应用最为普遍的恶意软件就是针对智能手机所开发的病毒、木马。这些恶意软件体积小巧，可以通过短信服务（Short Messaging Service，SMS）短信、软件下载等隐秘方式侵入智能手机系统，然后等待合适的时机发动攻击。尽管在嵌入式系统中恶意软件的代码规模都很小，但是其破坏力却是巨大的。2005 年，在芬兰赫尔辛基世界田径锦标赛上大规模爆发的手机病毒 Cabir 便是恶意软件攻击的典型代表。而到了 2006 年 4 月，全球仅针对智能手机的病毒就出现了近两百种，并且数量还在迅猛增加。恶意程序经常利用程序或操作系统中的漏洞获取权限展开攻击。最常见的例子就是由缓冲区溢出所引起的恶意软件攻击。攻击者利用系统中正常程序所存在的漏洞对系统进行攻击。

2. 硬件层次的安全性分析

在嵌入式设备的硬件系统层次中，设计者需要将各种电容电阻及芯片等不同的器件焊接在印刷电路板上组成嵌入式系统的基本硬件，而后将相应的程序代码写入电路板上的非易失性存储器中，使嵌入式系统具备运行能力，从而构成整个系统。为了能够破解嵌入式系统，攻击者在电路系统层次上设计了多种攻击方式。这些攻击都是通过在嵌入式系统的电路板上施加少量的硬件改动，配合适当的底层汇编代码，来达到欺骗处理器、窃取机密信息的目的的。在这类攻击中，具有代表性的攻击方式有总线监听、总线篡改、存储器非法复制等。

3. 芯片层次的安全性分析

嵌入式系统的芯片是硬件实现中最低的层次，然而在这个层次上依然存在着面向芯片的硬件攻击。这些攻击主要期望能从芯片器件的角度寻找嵌入式系统安全漏洞，从而实现破解嵌入式系统的目的。

根据实现方式的不同，芯片级的攻击方式可以分为侵入式和非侵入式两种。其中，侵入式攻击方式需要将芯片的封装去除，然后利用探针等工具直接对芯片的电路进行攻击。侵入式攻击方式中，以硬件木马攻击最具代表性。而非侵入式的攻击方式主要指在保留芯片封装的前提下，利用芯片在运行过程中泄露的物理信息进行攻击，这种攻击方式也被称为边频攻击。

硬件木马攻击是一种新型的芯片级硬件攻击。这种攻击方式通过逆向工程分析芯片的裸片电路结构，然后在集成电路的制造过程中，向芯片硬件电路注入带有特定恶意目的的硬件电路，即“硬件木马”，从而达到在芯片运行过程中对系统运行予以控制的目的。硬件木马攻击包括木马注入、监听触发、木马发作三个步骤。首先，攻击者需要分析芯片的内部电路结构，在芯片还在芯片代工厂制造时便将硬件木马电路注入正常的功能电路，待芯片投入使用后，硬件木马电路监听功能电路中的特定信号；当特定信号达到某些条件后，硬件木马电路便被触发，完成攻击者所期望的恶意功能。经过这些攻击步骤，硬件木马甚至可以轻易地注入加密模块，干扰其计算过程，从而降低加密的安全强度。在整个攻击过程中，硬件木马电路的设计与注入是攻击能否成功的关键。攻击者需要根据实际电路设计，将硬件木马电路寄生在某一正常功能电路之中，使其成为该功能电路的旁路分支。

5.2.5 嵌入式系统的安全架构

物联网的感知识别型终端系统通常是嵌入式系统。所谓嵌入式系统，指以应用为中心，以计算机技术为基础，并且软硬件可定制，适用于对功能、可靠性、成本、体积、功耗等有严格要求的专用计算机系统。

嵌入式系统的安全架构如图 5-2 所示。

安全应用层（应用程序、网络安全协议等）
软件安全架构层（操作系统、虚拟机等）
硬件安全架构层（CPU、内存、加密芯片等）
安全电路层（电路元件、封装等）

图 5-2　嵌入式系统的安全架构

下面根据嵌入式系统的安全架构，分别从硬件平台、操作系统和应用软件三方面对嵌入式系统的安全性进行分析。

1. 硬件平台的安全性

为适应不同应用功能的需要，嵌入式系统采取多种多样的体系结构，攻击者可能采取的攻击手段也呈现多样化的特点。区别于 PC 系统，嵌入式系统遭到攻击的位置可能位于嵌入式系统安全架构的某一层。

对于可能发射各类电磁信号的嵌入式系统，为了利用其传导或辐射的电磁波，攻击者可能使用灵敏的测试设备对其进行探测、窃听甚至拆卸，以便提取数据，实现电磁泄漏攻击或者侧信道攻击。而对于嵌入式存储元件或移动存储卡，存储部件内的数据也容易被窃取。

针对各类嵌入式信息传感器、探测器等低功耗敏感设备，攻击者可能引入极端温度、电压偏移和时钟变化，从而强迫系统在设计参数范围之外工作，表现出异常性能。特殊情况下，强电磁干扰或电磁攻击则可能将毫无物理保护的小型嵌入式系统彻底摧毁。

2. 操作系统的安全性

与 PC 不同的是，嵌入式系统产品采用数十种体系结构和操作系统，这些系统的安全等级各不相同，但各类嵌入式操作系统普遍存在由于运行的硬件平台计算能力和存储空间有限，精简代码而牺牲其安全性的情况。嵌入式操作系统普遍存在如下安全隐患。

（1）由于系统代码的精简，系统进程控制能力并没有达到一定的安全级别。

（2）由于嵌入式处理器的计算能力受限，缺少系统的身份认证机制，攻击者可能很容易破解嵌入式操作系统的登录口令。

（3）大多数嵌入式操作系统文件和用户文件缺乏必要的完整性保护控制。

（4）嵌入式操作系统缺乏数据的备份和可信恢复机制，系统一旦发生故障便无法恢复。

（5）各种嵌入式信息终端病毒正在不断出现，并通过无线网络注入终端。

3. 应用软件的安全性

应用软件的安全问题包括三个层面：应用层面的安全问题，如病毒、恶意代码攻击等；中间件的安全问题；系统层面（如网络协议栈）的安全问题，如数据窃听、源地址欺骗、源路由选择欺骗、鉴别攻击、TCP 序列号欺骗、拒绝服务攻击等。

5.2.6 嵌入式系统的安全机制

嵌入式系统的安全机制可以根据嵌入式系统不同层次的安全需求来制定。

1. 安全电路层

通过对传统的电路加入安全措施和改进设计，实现对涉及敏感信息的电子器件的保护。可以在安全电路层采用的措施包括：通过降低电磁辐射、加入随机信息等来降低非入侵攻击所能测量到的敏感数据特征；加入开关、电路等对攻击进行检测，如用开关检测电路的物理封装是否被打开。在关键应用（如工业控制）中还可以使用容错硬件设计和可靠性电路设计。

2. 硬件安全架构层

这种方法借鉴了可信平台模块（Trusted Platform Module，TPM）的思路，采取的措施包括：加入部分硬件处理机制以支持加密算法甚至安全协议；使用分离的安全协处理器模块处理所有敏感信息；使用分离的存储子系统作为安全存储空间，这种隔离可以限制存取权限，只有可靠的系统部件才可以对安全存储区间进行存取；如果上述功能不能实现，可以利用存储保护机制，即通过总线监控硬件来区分对安全存储区域的存取是否合法来实现，从而对经过总线的数据在进入总线前进行加密以防止总线窃听。典型的例子包括 ARM 公司的 TrustZone 和 Intel 公司的 LaGrande 等。

3. 软件安全架构层

软件安全架构层主要通过增强操作系统和虚拟机的安全性来增强系统安全。例如，微软公司的下一代安全计算基础（Next-Generation Secure Computer Base，NGSCB），通过与相应硬件的协同工作提供如下增强机制：进程分离，用来隔离应用程序，免受外来攻击；封闭存储，让应用程序安全地存储信息；安全路径，提供从用户输入到设备输出的安全通道；认证证书，用来认证软硬件的可信性。其他方法还有通过加强 Java 虚拟机的安全性，使非可靠的代码在受限制和监控的环境下运行。另外，该层还对应用层的安全处理提供必要的支持。例如，在操作系统之内或之上充分利用硬件安全架构的硬件处理能力优化和实现加密算法，并向上层提供统一的 API 等。

4. 安全应用层

利用下层提供的安全机制，实现涉及敏感信息的安全应用程序，保障用户数据安全。这种应用程序可以是包含诸如提供 SSL 安全通信协议的复杂应用，也可以是仅仅简单查看敏感信息的小程序，但必须符合软件安全架构层的结构和设计要求。

5.3　智能手机系统安全

5.3.1　智能手机概述

1. 智能手机的基本概念

智能手机，指像个人计算机一样，具有独立的操作系统，独立的运行空间，可以由用户自行安装软件、游戏、导航等第三方服务商提供的程序，并可以通过移动通信网络来实现无线网络接入的手机类型的总称。目前智能手机的发展趋势是充分融入人工智能、5G 等多项新技术，使智能手机成为用途最为广泛的电子产品。

智能手机是从掌上电脑（Pocket PC）演变而来的。最早的掌上电脑并不具备手机通话功能，但是用户对掌上电脑的个人信息处理方面功能的依赖不断提升，又不习惯同时携带手机和掌上电脑这两种设备，所以厂商将掌上电脑系统移植到了手机中，将两者合二为一，于是就发明了智能手机。因此，智能手机具有比传统手机更强大的信息处理功能。

智能手机的外观和操作方式与传统手机类似，不仅包含触摸屏手机，也包含非触摸屏数字键盘手机和全尺寸键盘操作的手机。但是传统手机使用的是生产厂商自行开发的封闭式操作系统，所能实现的功能非常有限，不具备智能手机的扩展性。

所谓的“智能手机”，就是一部像计算机一样可以随意安装和卸载应用软件的手机。世界上第一款智能手机是 IBM 公司 1993 年推出的 Simon，它也是世界上第一款使用触摸屏的智能手机，使用 Zaurus 手机操作系统，只有一款名为 *DispatchIt* 的第三方应用软件。它为以后智能手机的广泛应用奠定了基础，有着里程碑的意义。

如图 5-3 所示，2007 年，苹果公司 CEO 乔布斯发布了第一代 iPhone 智能手机。2008 年 7 月 11 日，苹果公司推出了 iPhone 3G。自此，智能手机的发展进入了一个全新的时代，iPhone 也成了业界的标杆产品。

图 5-3　乔布斯发布第一代 iPhone 智能手机

智能手机具有优秀的操作系统、可以自由安装各类软件（仅安卓系统）、完全大屏的全触屏式操作感这三大特性，其中，苹果（Apple）、华为（HUAWEI）、三星（SAMSUNG）都是世界性的知名品牌产品，而小米（Mi）、OPPO、魅族（MEIZU）、联想等品牌在国内也备受关注。

2. 智能手机的特点

（1）智能手机具备无线接入互联网的能力。即智能手机能够支持GSM网络下的GPRS或者CDMA网络的CDMA 1X或3G（WCDMA、CDMA-2000、TD-SCDMA）网络、4G（HSPA+、FDD-LTE、TDD-LTE）甚至5G（NOMA、SCMA、PDMA、MUSA、IGMA）网络。接入互联网后，智能手机可以在网上下载并安装第三方软件，增强智能手机的功能。此时，智能手机就相当于一台移动的微型计算机，具备了微型计算机的功能，用户可以随时使用，非常方便。

（2）具有掌上电脑（Personal Digital Assistant，PDA）的功能。包括个人信息管理（Personal Information Management，PIM）、日程记事、任务安排、多媒体应用、浏览网页等功能。手机一般都具有个人信息管理、日程记事、任务安排等功能，而智能手机除此以外，还增添了浏览网页、多媒体应用（如网易云音乐、抖音）等功能，给用户带来了更多的乐趣。

（3）具有开放性的操作系统。智能手机具有多种开放性的操作系统，如微软的Windows Phone、Nokia的塞班操作系统、谷歌的安卓操作系统、华为的鸿蒙操作系统等，这些智能手机操作系统各具特色，而且更新的速度很快，可以安装更多的应用程序，使智能手机的功能可以得到扩展。

（4）人性化。可以根据个人需要扩展机器功能。智能手机中内置了操作系统，而操作系统支持第三方软件的下载和安装，用户可以根据自己的需要，实时扩展机器内置功能，以及升级软件，智能识别软件兼容性，实现了软件市场同步的人性化功能。

（5）运行速度快。随着集成电路芯片技术的发展，智能手机硬件的处理器（CPU）运行速度更快、内存容量更大，使智能手机运行越来越快，用户体验更好。

5.3.2 智能手机的操作系统

1. 谷歌的安卓操作系统

安卓（Android）操作系统的标志如图5-4所示。安卓操作系统是由谷歌、开放手持设备联盟（Open Handset Alliance，OHA）联合研发，由谷歌独家推出的智能手机操作系统。据2019年的数据显示，安卓占据当时全球智能手机操作系统市场87%的份额，国内市场占有率为90%，是全球最受欢迎的智能手机操作系统。

中国和亚洲部分手机生产商在原安卓操作系统的基础上，又进行二次研发，为自己的品牌推出操作系统，其中源自中国手机生产商的操作系统应用最为广泛，如Flyme、IUNI OS、MIUI、乐蛙、点心OS、腾讯tita、百度云OS、乐OS、CyanogenMod、JOYOS、Emotion UI、魔趣、OMS、EMUI、阿里云OS等。

图 5-4 安卓操作系统的标志

2. 苹果的 iOS

iOS 的标志如图 5-5 所示。iOS 是苹果公司开发的智能手机操作系统。苹果公司最早于 2007 年 1 月 9 日的 Macworld 大会上公布了这款操作系统，最初是设计给 iPhone 使用的，后来陆续套用到 iPod touch、iPad 上。iOS 与苹果的 macOS 一样，属于类 UNIX 的商业操作系统。原本这个系统名为 iPhone OS，因为 iPad、iPhone、iPod touch 都使用 iPhone OS，所以在 2010 年苹果全球开发者大会上宣布将其改名为 iOS（注：iOS 原来为美国思科公司网络设备操作系统注册商标，苹果的改名已获得思科公司授权）。

图 5-5 iOS 的标志

iOS 最为强大的竞争对手是谷歌推出的安卓操作系统和微软推出的 Windows Phone 操作系统，但 iOS 因其所具有的独特又极为人性化、极为强大的交互界面和性能深受用户的喜爱。

3. 微软 Windows Phone 操作系统

Windows Phone 是微软公司研发的智能手机操作系统，也是全球第三大智能操作系统，是诺基亚与微软组成战略同盟并且深度合作共同研发的成果。

Windows Phone 具有桌面定制、图标拖曳、滑动控制等一系列前卫的操作体验。其主屏幕通过提供类似仪表盘的体验来显示新的电子邮件、短信、未接来电、日历约会等，让人们对重要信息保持时刻更新。它还包括一个增强的触摸屏界面，更方便手指操作；一个最新版本的 IE Mobile 浏览器。很容易看出微软在用户操作体验上所做出的努力，而史蒂夫·鲍尔默也表示："全新的 Windows 手机把网络、个人计算机和手机的优势集于一身，让人们可以随时随地享受到想要的体验"。

4. 塞班操作系统

塞班（Symbian）是塞班公司研发推出的操作系统，包括智能操作系统和非智能操作系统。最初塞班公司被诺基亚公司收购，该公司利用它开发了多款非智能手机和智能手机，一度成为全球第一大手机生产商。但随着苹果iOS和谷歌安卓操作系统两款智能手机操作系统的问世，塞班在竞争中迅速落入下风，目前所占市场份额已经很小。

Symbian系统是一款实时性、多任务的纯32位操作系统，具有功耗低、内存占用少等特点，支持GPRS、蓝牙、SyncML、NFC及3G技术。

与微软产品不同的是，塞班将移动设备的通用技术，也就是操作系统的内核，与图形用户界面技术分开，能很好地适应不同方式的输入平台，厂商可以为自己的产品制作更加友好的操作界面，符合个性化的潮流，这也是用户能见到不同面貌的塞班操作系统的主要原因。为这个平台开发的Java程序在互联网上盛行，用户可以通过安装软件，自行扩展手机功能。

5. 三星的BADA系统

BADA系统是三星研发的新型智能手机平台，与当前广泛流行的Android OS和iOS形成竞争关系，该平台结合当前热度较高的体验操作方式，承接三星TouchWiz的经验，支持Flash界面，对互联网应用、重力感应应用、SNS应用都能很好地支持。此外，电子商务与游戏开发也列入BADA的主体规划中，Twitter、CAPCOM、EA和Gameloft等公司均为BADA的紧密合作伙伴。

6. 华为公司的鸿蒙操作系统

华为鸿蒙操作系统（HUAWEI Harmony OS）的标志如图5-6所示。鸿蒙操作系统是华为公司2019年8月9日于广东省东莞市举行的华为开发者大会（HDC.2019）上正式发布的智能手机操作系统。

图5-6　华为鸿蒙操作系统的标志

华为鸿蒙操作系统是一款全新的面向全场景的分布式操作系统，创造了一个超级虚拟终端互连世界，将人、设备、场景有机地联系在一起，从而实现极速发现、极速连接、硬件互助、资源共享，用合适的设备提供场景体验。

5.3.3　智能手机的安全威胁

智能手机操作系统的安全问题主要集中在接入语音及数据网络后所面临的安全威胁。

例如，系统是否存在能够引起安全问题的漏洞，信息存储和传送的安全性是否有保障，是否会受到病毒等恶意软件的威胁等。由于目前智能手机用户比计算机用户多得多，而且智能手机可以提供多种数据连接方式，因此病毒对手机系统特别是智能手机操作系统是一个非常严峻的安全威胁。

随着终端操作系统的多样化，智能手机病毒将呈现多样性的趋势。随着基于安卓（Android）操作系统的智能手机快速发展，基于此种操作系统的智能手机也日渐成为黑客攻击的主要目标。针对智能手机的常见攻击手段如下。

1. 攻击 Android 操作系统

目前我国智能手机软件应用平台以谷歌的Android操作系统为主，占据国内全部移动应用的86.4%，不法厂商借助其开源和开放的特点，通过伪装篡改热门游戏（软件）嵌入木马、在游戏（软件）中捆绑恶意广告插件来构建谋利链条，使不少手机游戏（软件）用户频频上当，落入吸费、隐私窃取、流氓推广陷阱之中。

2. 黑客伪装电商 App

网络购物改变了人们的生活方式，如今不少年轻用户会使用手机购物，手机支付方便快捷，而黑客们往往对电商的App进行二次打包，伪装成知名应用程序混淆用户，还企图通过输入法窃取用户的淘宝或支付宝账号密码，从而窃取用户的隐私和财产。

3. 智能手机感染病毒

据手机安全报告显示，今年上半年，中国手机病毒感染率跃居全球首位，国内的手机安全现状非常严峻。导致此现象的主要原因在于国内手机用户刷机或“越狱”情况较为普遍，这种行为在国外是受到严格限制的。

4. 恶意链接

人们的手机经常会收到一些短信信息，里面经常含有一些恶意链接，用户一旦点击，就会导致手机感染病毒，同时此安全隐患也是木马传播的重要途径之一。

5. 恶意应用商店

由于我国尚未出台针对移动应用商店安全要求的准则，导致部分应用商店安全门槛较低，大量恶意应用可以轻易进驻应用商店。第三方应用商店是手机病毒传播的重要途径，很多手机应用软件都被黑客恶意篡改后二次打包并重新上传，使用户上当受骗。

6. 刷二维码感染病毒

目前，刷二维码感染病毒的风险日益增多。许多用户没有防范意识，见码就刷，殊不知这正是病毒的主要传播渠道。

7. 在水货手机植入木马

水货手机是目前手机木马、恶意广告插件的主要传播渠道之一，因为刷入或内置入ROM的程序通常很难用常规手段卸载或清除。很多消费者会贪便宜购买水货手机，或选择一些低信誉度的渠道购买手机，在不知不觉中被植入恶意程序。

5.3.4 智能手机的安全防护措施

以下分别针对三种情况讨论智能手机的防护措施：本机防护、手机上网防护、手机操作系统防护。

1. 本机防护

本机防护带来的常见安全问题包括：手机的通讯录、短信、通话记录等用户私密信息会被窃取；被他人伪装成用户本人使用手机进行短信诈骗等；被他人使用手机从事其他违法活动等。

本机的防护措施包括：设置手机开机密码、手机登录密码和SIM卡登录密码；使用指纹识别方式或人脸识别方式登录手机；进行手机数据加密；使用手机远程控制销毁数据。

2. 手机上网防护

上网是智能手机的主要功能之一，也是智能手机最容易被攻击的一种方式。针对智能手机上网的常见攻击方式包括：用户信息被窃取、手机被恶意扣费、手机用户位置被追踪、通话被监听、手机行为被控制等。

此外，上网的手机也常常被植入恶意代码，植入恶意代码的方式如下。

（1）出厂时被植入恶意代码。手机出厂时已经被植入手机恶意代码，这种情况在一些山寨手机中比较常见。

（2）手机在被他人使用过程被植入恶意代码。手机借他人使用时，特别是把手机借给不熟悉的人使用时，也有可能被植入恶意代码。

（3）手机感染病毒后被植入恶意代码。当手机访问某些网站时，也有可能感染病毒，并且也会被植入恶意代码。

针对手机被植入恶意代码的防范措施，主要是避免手机被他人使用，对他人赠与的手机要用手机安全软件彻底扫描病毒、彻底扫描恶意代码，并且要避免手机与他人的计算机进行连接。

3. 手机操作系统防护

手机操作系统安全漏洞带来的安全隐患和防护措施需要对手机的操作系统进行升级或者漏洞修复。手机操作系统常见的安全漏洞如下。

（1）手机信号被窃取带来的安全隐患。目前市面上一些比较先进的监听设备，可以窃取手机信号，达到实时监听的功能。

（2）手机接口安全漏洞。目前，手机提供的接口越来越多，包括红外、蓝牙、USB、Wi-Fi、NFC、射频识别、条码扫描、GPS、5G网络等接口，但是这些接口在芯片设计、接口协议、传输协议等方面，都可能带有安全漏洞。

（3）手机短信和电子邮件的安全漏洞。一些手机会存在短信和电子邮件漏洞，利用该漏洞可以造成手机损坏、被植入恶意代码等后果，导致查看该类短信时，手机运行变慢，甚至死机。

（4）手机破解、越狱带来的安全漏洞。利用某些安全漏洞，能够自动对手机进行越狱。值得注意的是，该安全漏洞可以被利用作为手机恶意代码远程植入。另外，对手机进行破解、越狱，等于是解除未签名、未认证程序的安装限制，这些操作也会给手机带来很多安全隐患。

对于安全漏洞导致的危害，可以采取以下防范措施：关注官方发布的手机操作系统更新信息，手机漏洞被发现后，智能手机操作系统研发公司一般会在最短的时间内发布补丁或升级版本；关闭手机不需要的蓝牙、Wi-Fi 等接口；利用手机安全软件针对手机恶意代码的查杀和防护；对手机破解、越狱可能带来的安全隐患要有足够的认识，不要对手机进行破解、越狱等危险操作。

5.4 感知层终端接入安全

在物联网业务中，需要为多种类型的终端设备提供统一的网络接入，终端设备可以通过相应的网络、网关接入到核心网，也可以是重构终端，能够基于软件定义无线电（Software Defined Radio，SDR）技术动态地、智能地选择接入网络，再接入移动核心网。近年来各种无线接入技术涌现，各国纷纷开始研究新的安全接入技术，显然，未来网络的异构性更加突出。其实，不仅在无线接入方面具有这样的趋势，在终端技术、网络技术和业务平台技术等方面，异构化、多样化的趋势也同样引人注目。随着物联网应用的发展，广域的、局域的、车域的、家庭域的、个人域的各种物联网感应设备，从太空中游弋的卫星到嵌入身体内的医疗传感器，如此种类繁多、接入方式各异的终端如何安全、快速、有效地进行互连互通及获取所需的各类服务成为移动运营商、通信行业与信息安全产业价值链上各个环节所共同关注的主要问题。

随着人们对移动通信网络安全威胁认识的不断提高，网络安全需求也推动了信息安全技术迅猛发展。终端设备安全接入与认证是移动通信网络安全中较为核心的技术，且呈现新的安全需求。

1. 基于多种技术融合的终端接入认证技术

目前，在主流的 3 类接入认证技术中，网络接入设备上采用网络接入控制（Network Access Control，NAC）技术，而客户终端上则采用网络接入点（Network Access Point，NAP）技术，从而达到两者互补的目的。而终端网络控制（Terminal Network Control，TNC）技术的目标是解决可信接入问题，其特点是制定详细规范，技术细节公开，各个厂家都可以自行设计开发兼容 TNC 的产品，并且可以兼容可信平台模块（Trusted Platform Module，TPM）安全芯片技术。从信息安全的远期目标来看，在接入认证技术领域中，芯片、操作系统、安全程序、网络设备等多种技术缺一不可，在“接入认证的安全链条”中，缺少了任何一个环节，都会导致“安全长堤毁于一蚁”。

2. 基于多层防护的终端接入认证体系

终端接入认证是网络安全的基础，为了保证终端的安全接入，需要从多个层面分别认证检查接入终端的合法性、安全性。例如，通过网络准入、应用准入、客户端准入等多个层面的准入控制，强化各类终端事前、事中、事后接入核心网络的层次化管理和防护。

3. 接入认证技术的标准化、规范化

目前，虽然各核心设备厂商的安全接入认证方案技术原理基本一致，但各厂商采用的标准和协议及相关规范各不相同。例如，思科、华为采用可扩展身份验证协议（Extensible Authentication Protocol，EAP）、远程用户拨号认证服务（Remote Authentication Dial In User Service，RADIUS）协议和 802.1x 协议实现准入控制；微软则采用 DHCP 和 RADIUS 协议实现准入控制；而其他厂商也陆续推出了多种网络准入和控制标准。标准与规范是技术长足发展的基石，因此标准化、规范化是接入认证技术发展的必然趋势。

5.5 本章小结

物联网感知层的智能终端由大量嵌入式系统和智能设备组成，通过大量的无线传感器与智能设备采集环境信息，实时地描述一个真实的物理世界。

广义上，物联网的智能终端通常可分为两大类：一类是感知识别型终端，以二维码、RFID 标签和无线传感器为主，实现对“物”的识别或环境状态的感知：另一类就是应用型的智能终端，包括平板电脑（如苹果的 iPad）、智能手机、智能手表等。

嵌入式系统由硬件和软件组成，是能够独立进行运作的电子器件。其软件部分只包括软件运行环境及其操作系统，硬件部分则包括信号处理器、存储器、通信模块等。

嵌入式系统大致经历了四个发展阶段。

（1）以可编程控制器系统为核心的研究阶段。

（2）以嵌入式中央处理器为基础、简单操作系统为核心的阶段。

（3）以嵌入式操作系统为标志的阶段。

（4）基于网络操作的嵌入式系统发展阶段。

嵌入式操作系统（Embedded Operating System，EOS）指用于嵌入式系统的操作系统。嵌入式操作系统是一种用途广泛的系统软件，通常包括与硬件相关的底层驱动软件、系统内核、设备驱动接口、通信协议、图形界面、标准化浏览器等。

目前已经出现多种适用于无线传感网络应用的操作系统，如 TinyOS、Mantis OS、SOS 等。其中，TinyOS 是目前无线传感器网络研究领域中使用最为广泛的操作系统。

根据攻击层次的不同，针对嵌入式系统的恶意攻击可以分为软件级攻击、硬件级攻击和基于芯片的物理攻击。在各个攻击层次上均存在一些非常典型的攻击手段，这些攻击手段针对嵌入式系统不同的设计层次展开攻击，威胁嵌入式系统的安全。

嵌入式系统的安全机制可以根据嵌入式系统不同层次的安全需求来制定。

（1）安全电路层。

（2）硬件安全架构层。

（3）软件安全架构层。

（4）安全应用层。

嵌入式系统利用下层提供的安全机制，实现涉及敏感信息的安全应用程序，保障用户数据安全。这种应用程序可以是包含诸如提供 SSL 安全通信协议的复杂应用，也可以是仅仅简单查看敏感信息的小程序，但都必须符合软件安全架构层的结构和设计要求。

智能手机，是像个人计算机一样，具有独立的操作系统，独立的运行空间，可以由用户自行安装软件、游戏、导航等第三方服务商提供的程序，并可以通过移动通信网络来实现无线网络接入的手机类型的总称。目前智能手机的发展趋势是充分融入人工智能、5G等多项新技术，使智能手机成为用途最为广泛的电子产品。

智能手机使用的操作系统包括安卓操作系统、iOS、Windows Phone 操作系统、塞班操作系统和鸿蒙操作系统等。

随着终端操作系统的多样化，智能手机病毒也呈现多样性的趋势。随着基于安卓（Android）操作系统的智能手机快速发展，基于此种操作系统的手机也日渐成为黑客攻击的主要目标。

针对智能手机的常见攻击手段如下。

（1）攻击 Android 操作系统。

（2）黑客伪装电商 App。

（3）智能手机感染病毒。

（4）恶意链接。

（5）恶意应用商店。

（6）刷二维码感染病毒。

（7）在水货手机植入木马。

随着人们对移动通信网络安全威胁认识的不断提高，网络安全需求也推动着信息安全技术迅猛发展。终端设备安全接入与认证是移动通信网络安全中较为核心的技术，且呈现新的安全需求。

复习思考题

一、单选题

1. 物联网感知层的智能终端由大量（　　）和智能设备组成。

A. 嵌入式系统　　B. PDA　　C. iPad　　D. iPhone

2. 嵌入式系统大致经历了（　　）个发展阶段。

A. 2　　B. 3　　C. 4　　D. 5

3. 嵌入式系统的安全机制可以根据嵌入式系统的安全需求分为（　　）层。

A. 2　　B. 3　　C. 4　　D. 5

4.（　　）是目前无线传感器网络研究领域中使用最为广泛的操作系统。

A. TinyOS　　B. Mantis OS　　C. SOS　　D. 以上都不是

5. 智能手机是从（　　）演变而来的。

A. 掌上电脑　　B. 模拟手机

C. 数字手机　　D. 以上都不是

6. 华为的鸿蒙操作系统（HUAWEI Harmony OS），是华为公司在 2019 年（　　）于广东省东莞市举行的华为开发者大会（HDC.2019）上正式发布的。

A. 8 月 8 日　　B. 8 月 9 日　　C. 8 月 10 日　　D. 8 月 11 日

7. 目前我国智能手机软件应用平台以（　　）的 Android 为主。

A. 谷歌　　B. 苹果　　C. 三星　　D. 华为

8. 针对智能手机的常见攻击手段有（　　）种。

A. 5　　B. 6　　C. 7　　D. 8

9. 世界上第一款智能手机是（　　）公司 1993 年推出的。

A. 谷歌　　B. 苹果　　C. IBM　　D. 华为

10. 智能手机具有（　　）方面的特点。

A. 2　　B. 3　　C. 4　　D. 5

二、简答题

1. 物联网的智能终端分为哪些类型？主要包括哪些设备？
2. 什么是嵌入式系统？嵌入式系统具有哪些特点？
3. 嵌入式系统的发展经历了哪些阶段？
4. 请画图说明嵌入式系统的安全架构。
5. 如何制定嵌入式系统的安全机制？
6. 什么是智能手机？
7. 智能手机包括哪些常用的操作系统？
8. 针对智能手机的常见攻击手段有哪些？
9. 智能手机有哪些安全防护措施？
10. 感知层终端接入包括哪些安全技术？

第 6 章 感知层摄像头与条形码及二维码安全

智能摄像头是物联网感知层的视频采集设备，可以主动捕捉异常画面并自动发送警报，大大降低了用户精力的投入，方便、简单，因此广泛被应用于视频捕捉、监控等领域。

在物联网中，条形码和二维码都可以用作物品的标签。条形码可以标识物品的生产地、制造厂家、商品名称、生产日期、产品分类号、运输起止地点等信息，因而在商品流通、图书管理、邮政管理、银行系统等许多领域得到广泛应用。

与条形码相比，二维码存储的信息量较大，可以将网址、文字、照片等信息通过相应的编码算法编译成为一个方块形条码图案，手机用户可以通过摄像头和解码软件将相关信息重新解码并查看内容。

6.1 物联网感知层摄像头安全

6.1.1 网络摄像头简介

摄像头（camera）可以分为网络摄像头、智能摄像头等，是一种视频采集设备，被广泛应用于视频会议、远程医疗及实时监控等领域，如图 6-1 所示。

图 6-1 摄像头

用户也可以通过摄像头彼此在网络中进行有影像、有声音的交谈和沟通。另外，它还可以用于当前流行的短视频、影音处理等领域。

摄像头一般具有视频摄像、传输和静态图像捕捉等基本功能，镜头采集图像后，摄像头内的感光组件电路及控制组件对图像进行处理并转换成计算机所能识别的数字信号，经并行端口或USB接口输入计算机后由软件还原图像。

网络摄像头（Web Camera，Webcam）是传统摄像头与网络视频技术相结合的产品，除了具备一般传统摄像头所具有的图像捕捉功能外，还内置了数字化压缩控制器和基于Web的操作系统，使得视频数据经压缩加密后，可以通过局域网、Internet或无线网络送至终端用户。远端用户可在计算机上使用标准的网络浏览器，根据网络摄像头的IP地址，对网络摄像头进行访问，实时监控目标现场的情况，并可对图像资料进行实时编辑和存储，同时还可以控制摄像头的拍摄方向，进行全方位的监控。

6.1.2 智能摄像头简介

传统的摄像头，一般指传统的只能存储监控画面的摄像头，如果要找出画面中的异常情况，需要长时间回看视频。

而智能摄像头之所以称为“智能”，就是因为智能摄像头可以主动捕捉异常画面并自动发送警报，大大降低了用户精力的投入，方便、简单。智能摄像头的核心为物联网及云计算应用，缺一不可。要实现即时且随时随地的监控，摄像头需要支持通过手机App与手机相连，启动App便可查看摄像头即时拍摄的画面；同时，当拍摄画面出现异常动态或声响时，摄像头除了可自动捕捉异常、启动云录像并自动上传外，还可通过短信或手机App向用户发送警报信息，从而实现全天候智能监控。

目前市场上销售的智能摄像头一般都包含摄像头设备端、云计算端和手机端三部分。

（1）摄像头设备端。摄像头设备端主要存放设备密码、与云端交互的信息、协议相关信息等。

（2）云计算端。云计算端主要提供存储空间、对用户进行管理、对App进行管理、提供API等。

（3）手机端。手机端通过蓝牙、Wi-Fi等方式管理智能设备、用户注册、密码修改等。

6.1.3 摄像头的技术指标

选购摄像头时，一般需要关注以下技术指标。

1. 镜头焦距

摄像头的镜头焦距，也就是常说的镜头毫米数，镜头的焦距越大，可视距离就越远，但视场角就越小；镜头的焦距越小，可视距离就越近，但视场角就越大。因此不同的监控场景，要选择对应的镜头焦距。

2. 供电方式

摄像头的供电方式一般有直流供电、交流供电、基于以太网供电（Power over Ethernet，PoE）等，常用的是PoE供电方式。PoE供电一个摄像头只需一根网线，数据传输、供电同时进行，安装简单方便、节省线材。非PoE供电则每个摄像头需要一根电线接电源供电和一根网线传输数据。

3. 分辨率

摄像头的分辨率越高、传感器像素越高，拍摄的图像就越清晰。常见的摄像头像素有200万、300万、400万、500万和800万等。分辨率越高，它所占用的带宽和内存空间也会越大，同样大小的硬盘所能录像的时间也就越短。

4. 编码格式

现在摄像头的常见编码格式有H.264、H.265、H.264+和H.265+、Smart 265/264等，像H265+、Smart 265/264为智能编码格式，可以在保证图像质量的前提下，比H.265编码使用更低的码率。只要摄像头的码率降低，那么占用的录像空间也就小了，同样的硬盘容量录像时间也就更久。同时，摄像头的带宽也变小了，同样的交换机上就可以连接更多的摄像头。

总之，在选购摄像头时，主要考虑的就是以上四个技术指标，各项参数也并非越大越好，按需选配才能达到最佳的监控效果。

6.1.4 物联网感知层摄像头的安全案例

物联网摄像头为了方便管理员远程监控，一般都会通过公网IP（或端口映射）接入互联网，因此，许多暴露在互联网上的摄像头就成了黑客攻击的目标。

2016年10月发生在美国的大面积断网事故，导致美国东海岸地区大面积网络瘫痪，究其原因，就是美国域名解析服务公司Dyn当天遭到了海量的DDoS攻击。Dyn公司称此次DDoS攻击行为来自一千万个IP源，其中重要的攻击来源于物联网设备。这些物联网设备遭受了一种称为Mirai的病毒的入侵攻击，同时被黑客远程劫持，变成了执行DDoS攻击的网络僵尸设备。遭受Mirai病毒入侵的物联网设备包括大量网络摄像头，Mirai病毒劫持这些物联网网络摄像头设备的主要手段是通过出厂时的登录用户名和并不复杂的口令猜测。

6.1.5 针对智能摄像头的攻击

根据智能网络摄像头系统的网络结构，可以把攻击方法分为摄像头设备端攻击、手机端攻击、云计算端攻击、通信协议攻击等四类。

1. 针对摄像头设备端的攻击

（1）针对物理设备的攻击。针对物理设备的攻击途径包括调试接口暴露、固件提取、设备序列号篡改、存储介质篡改、普通用户权限获取、权限提升等。

（2）针对固件的攻击。针对固件的攻击途径包括获取敏感数据、获取硬编码密码、逆向加密算法、获取敏感API、FTP或SSH等服务攻击、固件降级等。

（3）针对内存的攻击。针对内存的攻击途径包括获取内存中的敏感数据（如用户名、密码等）、获取加密密钥等。

2. 针对手机端的攻击

针对手机端App的攻击较为常见，结合摄像头的特殊性，可以从以下几方面入手。

（1）静态反编译。例如，对App进行脱壳、使用反编译工具获取源码、本地敏感数据存储、logcat日志、WebView风险测试等。

（2）通信安全。例如，中间人攻击、访问控制是否合理、数据加密强度等。

3. 针对云计算端的攻击

云计算端面临的风险和常规的应用服务器类似。

（1）Web应用安全。例如，用户注册的各种问题、任意用户注册、用户枚举、验证码缺陷、各种越权、密码复杂度、单点登录、密码修改等。

（2）服务安全。攻击者可能针对服务器开放的各种服务存在的缺陷进行攻击，如针对FTP、SSH、MySQL等的弱口令攻击，针对操作系统的各种N日和零日攻击等。

（3）其他攻击行为。例如，针对各种C段、子域名的攻击等，还可以先渗透进摄像头所属公司内部办公网再觊觎服务器，DDoS打乱对方部署也是一种思路。

4. 针对通信协议的攻击

除了智能摄像头设备端、云计算端和手机端这三个重要节点外，三者之间的通信安全也非常关键。

（1）App与云端一般通过HTTP、HTTPS通信，分析中应判断通信流量是否加密，可否抓包劫持通信数据。

（2）设备与云端一般采用MQTT、XMPP、CoAP等协议通信，也会使用HTTP、HTTPS等协议通信。部分厂家的设备会使用私有协议进行通信，如京东、小米、broadlink等。

（3）App与设备之间通信一般利用短距离无线网络实现，如紫蜂、Wi-Fi及蓝牙等。

6.1.6 物联网感知层摄像头风险分析

据统计，受劫持的物联网摄像头存在的漏洞主要包括弱口令类漏洞、越权访问类漏洞、远程代码执行类漏洞、专用协议远程控制类漏洞四种类型。

弱口令类漏洞比较普遍，目前在互联网上还可以查到大量使用初始弱口令的物联网监控设备。这类漏洞通常被认为是容易被别人猜测或被破解工具破解的口令，此类口令仅包含简单数字和字母，如12345、abcde和admin等。这些摄像头被大量运用在工厂、商场、企业、写字楼等场所。

越权访问类漏洞，指攻击者能够执行其本身没有资格执行的一些操作，属于访问控制问题。通常情况下，人们使用应用程序提供的功能时，流程是登录→提交请求→验证权限→数据库查询→返回结果。如果在“验证权限”环节存在缺陷，那么便会导致越权。一种常见的越权情形是，应用程序的开发者安全意识不足，认为通过登录即可验证用户的身份，而对用户登录之后的操作不做进一步的权限验证，进而导致越权问题产生。这类漏洞属于影响范围比较广的安全风险，涉及的对象包括配置文件、内存信息、在线视频流信息等。通过此类漏洞，攻击者可以在非管理员权限的情况下访问摄像头产品的用户数据库，提取用户名与散列密码。攻击者可以利用用户名与散列密码直接登录该摄像头，从而获得该摄像头的相关权限。

远程代码执行类漏洞产生的原因是开发人员编写源码时，没有针对代码中可执行的特殊函数入口进行过滤，导致客户端可以提交恶意构造语句，并交由服务器端执行。命令注入攻击过程中，Web 服务器没有过滤类似 system()、eval()、exec() 等的函数，是该漏洞被攻击成功的最主要原因。存在远程代码执行类漏洞的网络摄像头的 HTTP 头部 Server 均带有“Cross Web Server”特征，黑客利用该类漏洞可获取设备的 Shell 权限。

专用协议远程控制类漏洞，指应用程序开放 Telnet、SSH、rlogin 及视频控制协议等远程服务，本意是给用户提供一个远程访问入口，方便用户在不同办公地点随时登录应用系统。由于没有针对源代码中可执行的特殊函数入口进行过滤，因此客户端可以提交恶意攻击语句，并交由服务器端执行，进而使攻击者得逞。

6.1.7　物联网感知层摄像头的安全对策

黑客攻击一般都会有明确的目的，或者是经济目的，或者是政治目的。针对物联网摄像头，只要让黑客攻击所获利益不足以弥补其所付出的代价，那么这种防护就是成功的。当然，正确评估攻击代价与攻击利益也很困难，只能根据物联网摄像头的实际情况（包括本身的资源、重要性等因素）进行安全防护。但是，对物联网摄像头的安全防护，不能简单地使用“亡羊补牢”（发现问题后再进行弥补）的措施，即便如此，也不必对安全防护失去信心。为了实现物联网摄像头的安全防护，必须针对黑客的各种攻击行为，提前采取相应的安全防范措施。

1. 加强视频监控系统使用者的安全意识

使用者应及时更改默认用户名，设置复杂口令，采取强身份认证和加密措施，及时升级补丁，定期进行配置检测、基线检测。

2. 加强视频监控系统的生产过程管控

生产厂商应做好安全关口把控，将安全元素融入系统生产中，杜绝后门，降低代码出错率。此外，生产厂商还应建立健全的视频监控系统生产标准和安全标准，为明确安全责任和建立监管机制提供基础。

3. 建立监管机制

一方面，对视频监控系统进行出厂安全检测；另一方面，对已建设系统进行定期抽查，督促整改。

4. 加大视频监控系统安全设施的产业化力度

在“产、学、研、用”的模式下推进视频监控系统安全防护设施的产业发展，不断提高整体防护能力。

6.2　物联网感知层条形码系统安全

6.2.1　条形码自动识别系统概述

如图 6-2 所示，条形码（bar code）是将宽度不等的多个黑条和空白，按照一定的编码规则排列，用以表达一组信息的图形标识符。常见的条形码是由反射率相差很大的黑条（简称条）和白条（简称空）排成的平行线图案。条形码可以标识物品的生产地、制造厂家、商品名称、生产日期、产品分类号、运输起止地点等信息，因而在商品流通、图书管理、邮政管理、银行系统等诸多领域都得到广泛应用。

图 6-2　条形码

一个完整的条形码自动识别系统由条形码标签、条形码生成设备、条形码识读器和计算机等部分组成。

条形码技术（Bar Code Technology，BCT）是在计算机应用实践中产生和发展起来的一种自动识别技术。它是为实现对信息的自动扫描而设计的，是一种快速、准确、可靠采集数据的有效手段。条形码技术的应用解决了数据录入和数据采集的瓶颈问题，为物流管理提供了有利的技术支持。条形码是由一组规则的条空及对应字符组成的符号，用于表示一定的信息。条形码技术的核心内容是通过利用光电扫描设备识读这些条形码符号来实现机器的自动识别，并快速、准确地把数据录入计算机进行数据处理，从而达到自动管理的目的。条形码技术的研究对象主要包括标准符号技术、自动识别技术、编码规则、印刷技术和应用系统设计 5 部分。

6.2.2　条形码扫描器的工作原理

条形码符号是由反射率不同的“条”“空”按照一定的编码规则组合起来的一种信息符号。由于条形码符号中“条”“空”对光线具有不同的反射率，从而使条形码扫描器接收到强弱不同的反射光信号，相应地产生电位高低不同的电脉冲。而条形码符号中“条”“空”的宽度则决定了电位高低不同的电脉冲信号的长短。扫描器接收到的光信号需要经光电转换成电信号并通过放大电路进行放大。由于扫描光点具有一定的尺寸、条形码印刷时的边缘模糊性及一些其他原因，经过电路放大的条形码电信号是一组平滑的起伏信号，这种信号被称为“模拟电信号”。“模拟电信号”需经整形变成常用的“数字信号”。根据码制所对应的编码规则，译码器便可将“数字信号”识读译成数字、字符信息。

条形码扫描器一般由光源、光学透镜、扫描模组、模拟数字转换电路、塑料或金属外壳等构成。每种条形码扫描器都会对环境光源有一定的要求，如果环境光源超出最大容错要求，条形码扫描器将不能正常读取。条形码印刷在金属、镀银层等表面时，光束会被高亮度的表面反射，若金属反射的光线进入到条形码扫描器的光接收元件，将影响扫描器的读取稳定性。因此，需要对金属表面覆盖或涂抹黑色涂料。

条形码扫描器利用光电转换元件将检测到的光信号转换成电信号，再将电信号通过模拟数字转换器转化为数字信号传输到计算机中处理。

条形码扫描器，如激光型扫描器、影像型扫描器等，都是通过从某个角度将光束发射到标签上并接收其反射回来的光线读取条形码信息的。因此，在读取条形码信息时，光线要与条形码呈一定倾斜角度，这样整条光束就会产生漫反射，将模拟波形转换成数字波形。如果光线与条形码垂直照射，则会导致一部分模拟波形过高而不能正常转换成数字波形，从而无法读取信息。

6.2.3　条形码的编码分类

目前，国际上通用的条形码编码类别有 EAN 条形码、UPC 条形码、交叉 25 条形码、库德巴条形码、Code 39 条形码和 Code 128 条形码等。

1. EAN 条形码

EAN 条形码是国际通用的符号体系，是一种长度固定、无含义的条形码，所表达的信息全部为数字，主要用于商品标识。

2. UPC 条形码

UPC 条形码（又称统一产品代码）只能表示数字，有 A、B、C、D、E 5 个版本，版本 A 表示 12 位数字，版本 E 表示 7 位数字，最后一位为校验位。UPC 条形码宽 1.5 英寸，高 1 英寸，主要在美国和加拿大使用，用于工业、医药、仓储等部门。

3. 交叉 25 条形码

交叉 25 条形码也称为穿插 25 码，只能表示数字 0 ～ 9。交叉 25 条形码长度可变，呈连续性，所有条与空都表示代码，第一个数字由条开始，第二个数字由空组成，多应用于商品批发、仓库、机场、生产（包装）识别、商业中。交叉 25 条形码的识读率高，可用于固定扫描器的可靠扫描。交叉 25 条形码在所有一维条形码中的密度最高。

4. 库德巴条形码

库德巴（Codabar）条形码也称为血库用码，可表示数字 0 ～ 9，字符 $、+、–，以及只能用作起始和终止符的 a、b、c、d 4 个字符。库德巴条形码空白区比窄条宽 10 倍，是非连续性条形码，每个字符表示为 4 条 3 空，条形码长度可变，没有校验位，主要用于血站的献血员管理和血库管理，也可用于物料管理、图书馆管理、机场包裹发运管理。

5. Code 39 和 Code 128 条形码

Code 39 和 Code 128 条形码是我国国内定义的条形码，可以根据需要确定条形码的长度和信息，编码的信息可以是数字和字母，主要应用于工业生产线领域、图书管理等，如表示产品序列号、图书编号、文档编号等。

6. Code 93 条形码

Code 93 条形码是一种类似 Code 39 条形码的条形码，它的密度比较高，同样适用于工业制造领域。

6.2.4 条形码技术的应用

目前，条形码技术已经在诸多领域得到广泛应用，如邮电系统、图书管理、生产过程控制、医疗卫生、交通运输等。随着商业信息化程度的不断提高，条形码技术也逐步普及，并且反过来推动了工商业的发展。

条形码技术的典型应用领域如下。

1. 零售业

零售业是条形码应用最为成熟的领域。EAN 条形码为零售业应用条形码进行商品销售奠定了基础。目前大多数超市商品都使用了 EAN 条形码。商品销售时，收银人员用扫描器扫描 EAN 条形码，销售终端系统从数据库中找到相应的商品名称、价格等信息，并对客户所购买的商品进行统计。这大大加快了收银的速度和准确性，同时各种销售数据还可作为商场和供货商进货、供货的参考数据。由于销售信息能够及时准确地被统计出来，商家在经营过程中可以准确掌握各种商品的流通信息，降低库存，最大限度地利用资金，从而提高经营效益和竞争能力。

2. 图书馆

条形码也被广泛地应用于图书馆中的图书流通环节，图书和借书证上都贴上了条形码，借书时只要扫描一下借书证上的条形码，再扫一下借出的图书上的条形码，相关的信息就被自动录入数据库中，而还书时只要扫一下图书上的条形码，系统就会根据原先记录的信息进行核对，如足期就将该书还入库中。与传统的图书管理方式相比，大幅提高了工作效率。

3. 仓储管理与物流业

在有大量物品流动的场合，如果用传统的手工记录方式记录物品的流动状况，既费时费力，准确度又低，同时在某些特殊场合，手工记录是不现实的。而且这些手工记录数据在统计、查询过程中的应用效率相当低。应用条形码技术，可以快速准确地记录每一件物品，实时处理收集的各种数据，从而准确及时地反映物品的状态。

4. 质量跟踪管理

ISO 9000 质量保证体系强调质量管理的可追溯性。也就是说，对于出现质量问题的产品，应当可以追溯到它的生产时间、操作者等信息。在过去，这些信息很难记录下来，即使有一些工厂（如一些家用电器生产厂）采用加工单的形式进行记录，但随着时间的积累，加工单越发庞大，有的工厂甚至要用几间屋子来存放这些单据。从这么多的单据中查找一张单据的难度可想而知！采用条形码技术，可在商品生产的主要环节中，对生产者及产品的数据进行记录，并利用计算机系统进行处理和存储。如果产品质量出现问题，可利用计算机系统快速找到相关数据，为工厂查找事故原因、改进工作质量提供依据。

5. 数据自动录入

大量格式化单据的录入是一件很烦琐的事情，浪费大量人力的同时，正确率也难以保障。如果采用二维条形码技术，可以把上千个字母或汉字放入名片大小的一个二维码中，并可用专用的扫描器在几秒钟内正确地输入这些内容。目前电脑和打印机作为必备的办公用品，已相当普及，可以开发一些软件，将格式化报表的内容同时打印在一个二维码中。在需要输入这些报表内容处扫描二维码，报表的内容就可自动录入。同时，还可以对数据进行加密，确保报表数据的真实性。

6.2.5　条形码支付系统的安全需求

条形码支付系统可以分为收款扫码和付款扫码。收款扫码，指收款人通过识读付款人移动终端展示的条形码完成支付的行为；付款扫码，则指付款人通过移动终端识读收款人展示的条形码完成支付的行为。

1. 收款扫码

收款扫码的条形码生成方式包括服务器端生成条形码和移动终端生成条形码两大类。其中，服务器端生成条形码方式包括移动终端实时获取、移动终端批量获取；移动终端生成条形码方式包括安全单元加密动态生成、客户端软件通过生成因子加密动态生成。

采用收款扫码方式时，应满足以下基本要求。

（1）展示条形码的客户端应先进行身份验证。

（2）条形码应限制一次使用且展示周期原则上应小于 1 分钟。

（3）应采取有效措施防止展示条形码被截屏等方式窃取。

（4）应采用加密方式生成条形码。

对于服务器端生成、由移动终端批量获取的条形码生成方式，还应满足以下要求。

（1）移动终端客户端软件从后台服务器批量获取预生成的条形码，应以安全的方式在移动终端上保存。

（2）保存的条形码应与移动终端的唯一标识信息绑定，防止被非法复制到其他移动终端使用。

（3）预生成的条形码应定期更换，更新周期宜小于 24 小时。

（4）应采取密码技术对预生成的条形码进行保护，防止受到未授权的访问。

（5）从后台服务器获取条形码时，后台服务器应对客户端软件进行身份验证，防止恶意获取条形码。

对于移动终端客户端软件通过生成因子加密动态生成条形码的方式，还应满足以下要求。

（1）移动终端客户端软件应从后台服务器获取条形码生成因子，以安全的方式保存，并通过生成因子加密动态生成条形码。

（2）条形码生成因子应与移动终端的唯一标识信息绑定，防止被非法复制到其他移动终端使用。

（3）条形码生成因子应定期更换，更新周期宜小于 7 天。

（4）应采取密码技术对生成因子进行保护，防止生成因子受到未授权的访问。

2. 付款扫码

采用付款扫码方式时，条形码生成应满足以下要求。

（1）当采用显码设备展示条形码时，条形码应加密、动态生成，原则上应实时生成或从后台服务器获取，并仅限一次性使用。

（2）当采用静态条形码时，条形码应由后台服务器加密生成，展示条形码的介质应放置在商户收银员视线范围内，并采用防护罩等物理防护手段避免条形码被覆盖或替换，商户应定期对介质进行检查；宜使用防伪封签对防护罩等物理防护手段进行标记，及时检查物理防护手段是否被人为破坏；应在介质显著位置明显展示收款人信息，便于客户核对信息。

6.2.6 条形码支付系统的安全风险

条形码支付系统面临的安全风险如下。

1. 条形码被“调包”

很多小商户为了降低成本，直接使用条形码作为收款码，很容易被非法调换，导致无法收到钱款。

2. 条形码中含带木马病毒

犯罪分子将木马病毒程序嵌入其生成的条形码当中，一旦误扫了此类条形码，手机就可能中毒或被他人控制，导致账户钱财被盗刷、个人隐私泄露等风险问题发生。

3. 诱骗消费者发送付款码

犯罪分子利用部分消费者不熟悉收款码和付款码的具体功能，以金钱或物质奖励、优惠等诱导消费者向其发送付款码，之后迅速实施盗刷。

4. 网购风险

在网购过程中，存在不法商户在消费者支付环节骗取其使用购物平台监控外的扫码方式进行付款，一旦消费者扫描不法商户发来的收款码进行支付，钱款将直接进入不法商户账户，原本“收到货物才确认付款”的交易担保机制无法发挥作用，消费者合法权益无法得到保障。

6.3 物联网感知层二维码系统安全

图 6-3 所示为新浪网官网主页所对应的二维码。

图 6-3 新浪网官网主页二维码

二维码（2-dimensional bar code）是一种按一定规律在平面（二维方向上）分布的、黑白相间的、记录数据符号信息的图形。它在代码编制上巧妙地利用了构成计算机内部逻辑基础的“0”“1”比特流的概念，使用若干与二进制相对应的几何形体来表示文字数值信息，通过图像输入设备或光电扫描设备自动识读以实现信息自动处理。它具有条形码技术的一些共性：每种码制有其特定的字符集；每个字符占有一定的宽度；具有一定的校验功能等。同时，它还具有对不同行的信息自动识别功能，以及处理图形旋转变化点。

6.3.1　二维码技术的发展历程

1. 二维码技术在国外的发展历程

国外对二维码技术的研究始于20世纪80年代末，在二维码符号表示技术研究方面已研制出多种编码制式，常见的二维码编码制式有PDF417、QR Code、Code 49、Code 16K、Code One等。这些二维码的信息密度都比传统的条形码有了较大提高，如，PDF417的信息密度是条形码Code 39的20多倍。

在二维码标准化研究方面，国际自动识别制造商协会（Automatic Identification Manufacturer，AIM）、美国标准化协会（American National Standards Institute，ANSI）已完成了PDF417、QR Code、Code 49、Code 16K、Code One等码制的符号标准。国际标准技术委员会和国际电工委员会还成立了条形码自动识别技术委员会（ISO/IEC/JTC1/SC31），已制定了QR Code的国际标准（ISO/IEC 18004：2000——《自动识别与数据采集技术—条形码符号技术规范—QR码》），起草了PDF417、Code 16K、Data Matrix、Maxi Code等二维码的ISO/IEC标准草案。

在二维码设备开发研制和生产方面，美国、日本等国的设备制造商生产的识读设备、符号生成设备，已广泛应用于各类二维码应用系统。二维码作为一种全新的信息存储、传递和识别技术，自诞生之日起就受到了世界上许多国家的关注。美国、德国、日本等国家，不仅已将二维码技术应用于公安、外交、军事等部门对各类证件的管理，而且将二维码应用于海关、税务等部门对各类报表和票据的管理，商业、交通运输等部门对商品及货物运输的管理，邮政部门对邮政包裹的管理，工业生产领域对工业生产线的自动化管理等。

2. 二维码技术在我国的发展历程

我国对二维码技术的研究始于1993年。中国物品编码中心对几种常用的二维码PDF417、QRC Code、Data Matrix、Maxi Code、Code 49、Code 16K、Code One的技术规范进行了翻译和跟踪研究。随着我国市场经济的不断完善和信息技术的迅速发展，国内对二维码这一新技术的需求与日俱增。中国物品编码中心在原国家质量技术监督局和国家有关部门的大力支持下，对二维码技术的研究不断深入。在消化国外相关技术资料的基础上，制定了两个二维码的国家标准：二维码网格矩阵码（SJ/T 11349—2006）和二维码紧密矩阵码（SJ/T 11350—2006），从而大大促进了我国具有自主知识产权技术的二维码的研发。

2008年北京奥运会后，二维码在我国开始普及，电影票、登机牌、火车票等都开始出现二维码。特别是随着支付宝和微信支付的普及，扫码付款已经成为人们日常生活的一部分。

目前，我国的二维码应用十分广泛，以地铁车票为例，地铁乘车二维码的应用已经在北京、天津、重庆、广州、兰州、呼和浩特等城市普及，范围覆盖国内超过三分之一的地铁城市。

6.3.2 二维码系统的优点

二维码系统的优点如下。

（1）二维码扫码方便快捷，可以大大节省键盘输入时间。

（2）高密度编码，一个二维码可以表示 300 多个字符，信息容量大。

（3）二维码编码范围广。

（4）二维码容错能力强，具有纠错功能。

（5）二维码译码可靠性高。

（6）二维码引入了加密功能。

（7）二维码容易制作，而且制作成本较低，持久耐用。

6.3.3 二维码技术在物联网中的应用

二维码技术似乎一夜之间就渗透到了人们生活的方方面面，地铁广告、报纸、火车票、飞机票、快餐店、电影院、团购网站及各类商品外包装上都带有二维码。作为物联网浪潮产业中的一环，二维码的应用从未如今天这样受到关注，有专家甚至预测，它将在两三年内形成上千亿的市场空间。

物联网的应用离不开自动识别，条形码、二维码及 RFID 已被人们普遍应用。二维码相对条形码，具有数据存储量大、保密性好等特点，能够更好地与智能手机等移动终端相结合，从而提供更好的互动性和用户体验。而与 RFID 相比较，二维码不仅成本优势凸显，互动性和用户体验也具有更好的应用前景。

在移动互联业务模式下，人们的经营活动范围更加宽泛，也因此更需要实时信息的交互和分享。随着 4G/5G 移动网络环境下智能手机和平板电脑的普及，二维码应用不再受到时空和硬件设备的限制。产品基本属性、图片、声音、文字、指纹等可以数字化的信息都可编码捆绑。二维码适用于产品质量安全追溯、物流仓储、产品促销、商务会议、身份验证、物料单据识别等。使用二维码，可以通过移动网络，实现物料流通的实时跟踪和追溯；帮助实现设备的远程维修和保养、产品打假防篡改及终端消费者激励、企业供应链流程再造等，以进一步提高客户响应度，将产品和服务延伸到终端客户。使用二维码，厂家能够实时掌握市场动态，开发更实用的产品以满足客户的需求，并最终实现按单生产，从而大幅度降低生产成本和运营成本。

随着国内物联网产业的蓬勃发展，相信更多的二维码技术应用解决方案将被开发出来，并应用到各行各业的日常经营活动中，届时二维码成为移动互联网入口将真正成为现实。

6.3.4　二维码系统安全分析

请读者注意：千万不要为了一点小小的利益就胡乱扫二维码，这样可能会危害到个人手机安全，甚至导致个人隐私泄露。

二维码技术是一把双刃剑，在给广大用户带来便捷的同时，也存在着诸多安全隐患。

二维码的安全保护一直是一个研究热点。由于二维码的数据内容与制作来源难以监管，编码、译码过程完全开放，识读软件质量参差不齐，因此在缺乏统一管理规范的前提下，易遭到信息泄露和信息涂改等安全威胁。

针对二维码的攻击方式呈现出多样性的特点，主要包括以下4类。

1. 诱导登录恶意网站

攻击者只需将伪造、诈骗或钓鱼等恶意网站的网址链接制作成二维码图形，即可在诱导用户扫码登录其网站后，获取用户输入的个人敏感信息、金融账号等。

2. 木马植入

攻击者将自动下载恶意软件的命令编入二维码，当用户在缺少防护措施的情况下扫描该类二维码时，用户系统就会被悄悄植入木马、蠕虫或隐匿软件，攻击者在后台就可以肆意破坏用户文件、偷窃用户信息，甚至远程控制用户、群发收费短信等。

3. 信息劫持

目前很多商家都支持扫码支付等在线支付手段，因此网络支付平台会根据用户订单生成二维码，以方便用户扫描支付。若攻击者劫持了商家与用户之间的通信信息，并恶意修改订单，那么将给用户和商家带来直接的经济损失。

4. 网页攻击

随着手机浏览器功能的日趋成熟，用户能够通过手机输入网址或提交Web网页表单。攻击者可以利用Web页面的漏洞，将非法SQL语句编入二维码，当用户使用手机扫描二维码登录Web页面时，恶意SQL语句就会自动执行（SQL注入）。如果数据库系统的防御机制脆弱，则有可能造成数据库系统被侵入，进而导致更严重的后果。

6.3.5　基于信息隐藏的二维码保护算法

针对二维码的安全问题，我国学者马峰、张硕等于2017年提出了一种基于信息隐藏技术的安全二维码算法，该算法通过改变二维码中黑白图像块像素行程的奇偶性来嵌入信息。然后通过嵌入信息改变二维码的形态，可以有效保护二维码的内容，而嵌入的信息可以被正确提取，提取信息后载体二维码可以无损地恢复。

基于信息隐藏的二维码保护算法编码过程如图6-4所示。该算法将二维码图像分成若干小块，将每个小块扫描成一维序列后嵌入1位信息。二维码图像是一种二值图像，连续像素具有同种颜色的概率很高。因此，针对每一行，不再直接对每个位置具有的像素进行编码，而是对颜色变化的位置和从该位置开始的连续同种颜色的个数进行编码。

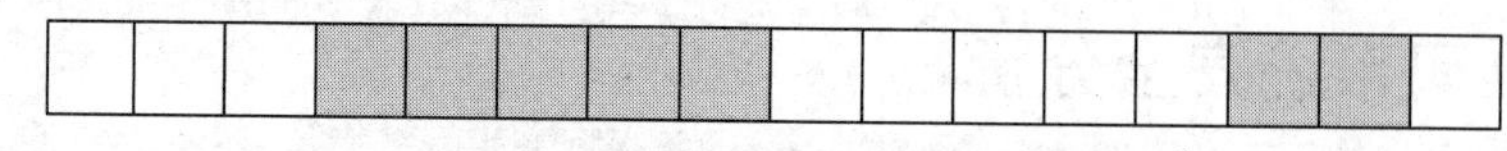

图 6-4　扫描后像素的编码过程

基于信息隐藏的二维码保护算法的具体执行步骤如下。

（1）对二维码边缘部分进行填充，使二维码图像的像素长宽都为 3 的倍数，把二维码分成互不重叠的 3×3 小块。

（2）将每个 3×3 小块按照图 6-5 所示从 b_1 到 b_9 的顺序扫描成一维序列，并对该序列进行行程编码。每个小块编码为＜ a_i，RL(a_i)> 序列，其中 a_i 为 0 或 1，RL(a_i) 为 0 或 1 的连续个数。

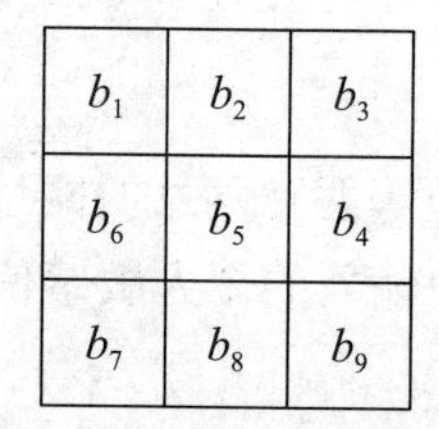

图 6-5　像素值扫描顺序

（3）选出第一个行程最长的编码，将行程为奇数的表示为嵌入 1，行程为偶数的表示为嵌入 0。如果行程奇偶性与嵌入信息不符，则将行程值加 1。

（4）根据该图像块是否被修改过，对 1 像素进行奇偶校验，1 像素为偶数表示该块未被修改过，1 像素为奇数表示该块被修改过，如须修改，则改变 b_9 像素的值。

（5）重复上述过程，直到所有分块均被修改。

上述过程中，由于行程值为 9 的行程编码修改后将越界，故其不作为嵌入块。同时，最长行程包含 b_9 像素值的编码，由于其长度可能会发生变化，故其也不作为嵌入块。

6.4　本章小结

智能摄像头是物联网感知层的视频采集设备，可以主动捕捉异常画面并自动发送警报，大大降低了用户精力的投入，方便、简单，因此广泛应用于视频捕捉、监控等领域。

摄像头一般具有视频摄像、传输和静态图像捕捉等基本功能，镜头采集图像后，由摄像头内的感光组件电路及控制组件对图像进行处理并转换成电脑所能识别的数字信号，经并行端口或 USB 接口输入计算机后由软件还原图像。

目前市场上销售的智能摄像头一般都包含摄像头设备端、云计算端和手机端三部分。根据智能网络摄像头系统的网络结构，可以把攻击方法分为摄像头设备端攻击、云计算端攻击、手机端攻击、通信协议攻击四类。

条形码（bar code）是将宽度不等的多个黑条和空白，按照一定的编码规则排列，用以表达一组信息的图形标识符。条形码可以标识物品的生产地、制造厂家、商品名称、生产日期、图书分类号、邮件起止地点、类别、日期等许多信息，因而在商品流通、图书管理、邮政管理、银行系统等许多领域都得到广泛的应用。

目前，国际上通用的条形码编码类别有 EAN 条形码、UPC 条形码、交叉 25 条形码、库德巴条形码、Code 39 条形码和 Code 128 条形码等。

条形码支付系统可以分为收款扫码和付款扫码。收款扫码，指收款人通过识读付款人移动终端展示的条形码完成支付的行为；付款扫码，则指付款人通过移动终端识读收款人展示的条形码完成支付的行为。

条形码支付系统面临的安全风险包括：条形码被“调包”、条形码中含有木马病毒链接、诱骗消费者发送付款码、网购风险等。

二维码存储的信息量较大，可以将网址、文字、照片等信息通过相应的编码算法编译成为一个方块形条码图案，手机用户可以通过摄像头和解码软件将相关信息重新解码并查看其内容。

二维码的应用，似乎一夜之间就渗透到人们生活的方方面面，地铁广告、报纸、火车票、飞机票、快餐店、电影院、团购网站及各类商品外包装上都显示有二维码。

针对二维码的攻击方式呈现出多样性的特点，主要包括诱导登录恶意网站、木马植入、信息劫持、网页（Web）攻击等。

针对二维码的安全问题，马峰、张硕等我国学者于2017年提出了一种基于信息隐藏技术的安全二维码算法，该算法通过改变二维码中黑白图像块像素行程的奇偶性来嵌入信息。通过嵌入信息改变二维码的形态，可以有效保护二维码的内容，而嵌入的信息可以被正确提取，提取信息后载体二维码可以无损地恢复。

复习思考题

一、单选题

1. 智能摄像头可以（　　）。

A. 主动捕捉异常画面　　B. 自动发送警报

C. 大大降低了用户精力的投入　　D. 以上都是

2. 选购摄像头时，一般需要关注的技术指标是（　　）和编码格式。

A. 镜头焦距　　B. 供电方式　　C. 分辨率　　D. 以上都是

3. 根据智能网络摄像头系统的网络结构，可以把攻击方法分为（　　）和通信协议攻击等类别。

A. 云计算端攻击　　B. 手机端攻击

C. 摄像头设备端攻击　　D. 以上都是

4. 据统计，受劫持的物联网摄像头存在的漏洞类型主要包括（　　）和专用协议远程控制类漏洞。

A. 弱口令类漏洞　　B. 越权访问类漏洞

C. 远程代码执行类漏洞　　D. 以上都是

5. 为了实现物联网摄像头的安全防护，必须针对黑客的各种攻击行为，（　　）采取相应的安全防范措施。

A. 提前　　B. 同步

C. 事后　　D. 以上都是

6. 条形码可以标识物品的生产地、制造厂家、商品名称、生产日期、图书分类号、邮件起止地点、类别、日期等许多信息，因而在（　　）和银行系统等许多领域都得到广泛的应用。

A. 商品流通　　B. 图书管理　　C. 邮政管理　　D. 以上都是

7. 目前，国际上通用的条形码编码类别有（　　）条形码、库德巴条形码、Code 39 条形码和 Code 128 条形码等。

A. EAN　　B. UPC　　C. 交叉 25　　D. 以上都是

8. 条形码技术比较典型的应用包括（　　）等领域。

A. 零售业　　B. 图书馆

C. 仓储管理与物流业　　D. 以上都是

9. 我国对二维码技术的研究开始于（　　）年。

A. 1991　　B. 1992　　C. 1993　　D. 1994

10. 针对二维码的攻击方式呈现多样性的特点，主要包括（　　）和网页攻击。

A. 诱导登录恶意网站　　B. 木马植入

C. 信息劫持　　D. 以上都是

二、简答题

1. 智能摄像头的网络结构由哪些部分组成？

2. 针对智能摄像头的攻击分为哪几类？

3. 受劫持的物联网摄像头存在哪些安全漏洞？

4. 请简要说明条形码识别系统的工作原理。

5. 条形码识别系统包括哪些编码机制？

6. 条形码支付系统有哪些安全需求？

7. 条形码支付系统面临哪些安全风险？

8. 针对二维码的攻击方式呈现多样性的特点，主要包括哪几类？

9. 二维码系统具有哪些优点？

10. 请简要说明基于信息隐藏的二维码保护算法。

第 7 章 网络层近距离无线通信安全

7.1 近距离无线通信系统概述

在物联网的网络层中，目前应用比较广泛的近距离无线通信系统包括蓝牙、Wi-Fi（IEEE 802.11）、紫蜂（ZigBee）、NFC 和超宽频（Ultra Wide Band，UWB）等。

这些近距离无线网络系统的立足点各不相同，或者着重于速度、距离、耗电量等特殊要求，或者着重于功能的扩充性，或者着重于经济性。下面将对这几种近距离无线通信技术的优缺点及应用做详细介绍。

7.1.1 蓝牙技术

蓝牙是一种无线通信技术标准，可实现固定设备、移动设备和个人局域网之间的短距离数据交换（使用 2.4 ～ 2.485GHz 的 ISM 波段的 UHF 无线电波）。蓝牙技术最初由电信巨头爱立信公司于 1994 年发明，当时是作为 RS232 数据线的替代方案。

1. 蓝牙技术的优点

（1）可同时传输语音和数据。蓝牙采用电路交换和分组交换技术，支持异步数据信道、三路语音信道及异步数据与同步语音同时传输的信道。每条语音信道数据速率为 64kb/s，语音信号编码采用脉冲编码调制（Pulse Code Modulation，PCM）或连续可变斜率增量调制（Continuous Variable Slope Delta Modulation，CVSD）方法。当采用非对称信道传输数据时，正向传输速率最高为 721kb/s，反向传输速率为 57.6kb/s；当采用对称信道传输数据时，传输速率最高为 342.6kb/s。

（2）可以建立临时性的对等连接（Ad-hoc Connection）。根据蓝牙设备在网络中的角色，可分为主设备（master）与从设备（slave）。

（3）蓝牙模块体积很小、便于集成。由于个人移动设备的体积较小，嵌入其内部的蓝牙模块体积就应该更小。

（4）低功耗。蓝牙设备在通信连接（connection）状态下，有四种工作模式——激活（active）模式、呼吸（sniff）模式、保持（hold）模式和休眠（park）模式。

2. 蓝牙技术的缺点

（1）传输距离短。蓝牙传输频段为全球公众通用的 2.4GHz ISM 频段，提供 1Mb/s 的传输速率和 10m 的传输距离。

（2）抗干扰能力不强。由于蓝牙传输协议和其他 2.4GHz 设备一样，都是共用这一频段的信号，难免会导致信号互相干扰的情况出现。

（3）芯片价格高。蓝牙技术还存在芯片价格较高的缺点。

3. 蓝牙技术的应用

从目前的蓝牙产品看，蓝牙主要应用于以下几方面：手机、笔记本电脑，智能家居中嵌入微波炉、洗衣机、电冰箱、空调机等传统家用电器，蓝牙技术构成的电子钱包和电子锁，以及其他数字设备，如数字照相机、数字摄像机等。

7.1.2 Wi-Fi 技术

Wi-Fi 是一种无线局域网（WLAN）技术，Wi-Fi 的英文全称是 Wireless Fidelity，即无线保真，又称为 802.11 系列标准，通常使用 2.4GHz UHF 或 5GHz ISM 射频频段，由 Wi-Fi 联盟推出，目的是改善基于 IEEE 802.11 标准的无线网络产品间的互通性。Wi-Fi 传输的信号通常是加密的，但是也可以是开放的，这样就允许任何在 WLAN 范围内的设备都可以接入。

1. Wi-Fi 技术的优点

（1）无线电波的覆盖范围广。基于蓝牙技术的电波覆盖范围非常小，其覆盖半径通常只有 50 英尺（1 英尺 =30.48 厘米），约为 15m，而 Wi-Fi 的覆盖半径则可达 100m。

（2）速度快，可靠性高。802.11ac 无线网络规范是 IEEE 802.11 网络规范的最新版本，最高带宽为 1.3Gb/s，在信号较弱或信号受到干扰的情况下，带宽可以自动调整为 22Mb/s、100Mb/s 和 800Mb/s，带宽的自动调整，有效地保障了网络的稳定性和可靠性。

2. Wi-Fi 技术的缺点

（1）Wi-Fi 技术只能在无线接入点的覆盖范围内应用。相对于有线网络来说，无线网络在其覆盖的范围内（约 100m），它的信号会随着离无线接入点距离的增加而减弱，Wi-Fi 信号的传输速率有可能因为传输距离的增加而下降，而且无线信号容易受到建筑物墙体的阻碍，无线电波在传播过程中遇到障碍物会发生不同程度的折射、反射、衍射，使信号传播受到干扰，无线电信号也容易受到同频率电波的干扰和雷电天气等的影响。

（2）Wi-Fi 网络容易饱和而且易受到攻击。Wi-Fi 网络由于不需要显式地申请就可以使用无线网络的频率，因而网络容易饱和而且易受到攻击。Wi-Fi 网络的安全性不尽如人意。802.11 提供了一种名为 WEP 的加密算法，对网络接入点和主机设备之间无线传输的数据进行加密，防止非法用户对网络进行窃听、攻击和入侵。但由于 Wi-Fi 天生缺少有线网络的物理结构的保护，也不像有线网络那样访问前必须先连接网络，如果网络未受保护，只要处于信号覆盖范围内，通过无线网卡，任何人都可以访问网络，占用带宽，造成信息泄露。

3. Wi-Fi 技术的应用

目前 Wi-Fi 技术主要应用在住宅、机场、酒店、商场等不便安装电缆的建筑物或场所。Wi-Fi 技术可将 Wi-Fi 与基于 XML 或 Java 的 Web 服务融合起来，大幅降低企业的成本。例如，企业选择在每一层楼或每一个部门配备 802.11b 的接入点，而不是采用电缆线把整幢建筑物连接起来。这样一来，可以节省大量铺设电缆所需花费的资金。

7.1.3　ZigBee 技术

ZigBee 是基于 IEEE 802.15.4 标准的低功耗局域网协议。ZigBee 又称为紫蜂协议，名称来源于蜜蜂的八字舞，因为蜜蜂（bee）是靠飞翔和“嗡嗡”（zig）地抖动翅膀的“舞蹈”来与同伴传递花粉所在的位置信息的，也就是说，蜜蜂是依靠这样的方式来构成群体中的通信网络的。

ZigBee 可以说是蓝牙的同族兄弟，它使用 2.4GHz 波段，采用跳频技术。与蓝牙相比，ZigBee 更简单、速率更慢、功率及费用也更低。它的基本速率是 250kb/s，当降低到 28kb/s 时，传输半径可扩大到 134m，并获得更高的可靠性。另外，它可与 254 个节点连网，可以比蓝牙更好地支持游戏、消费电子、仪器和家庭自动化应用。

1. ZigBee 技术的优点

（1）功耗低。在待机模式下，两节普通 5 号干电池可使用 6 个月以上，这也是 ZigBee 的一个独特优势。

（2）成本低。因为 ZigBee 数据传输速率低，协议简单，所以大大降低了成本；积极投入 ZigBee 开发的 Motorola 及 Philips，均已推出了 ZigBee 应用芯片。

（3）网络容量大。每个 ZigBee 网络最多可以支持 255 台设备，也就是说每台 ZigBee 设备可以与另外 254 台设备相连接。

（4）工作频段灵活。ZigBee 使用的频段分别为 2.4GHz、868MHz（欧洲）及 915MHz（美国），这些频段都是免执照频段。

2. ZigBee 技术的缺点

（1）数据传输速率低。ZigBee 的数据传输速率只有 10 ～ 250kb/s，专注于低速率传输应用。

（2）有效范围小。ZigBee 有效覆盖范围仅为 10 ～ 75m，具体依据实际发射功率的大小和各种不同的应用模式而定，基本上能够覆盖普通的家庭或办公室环境。

3. ZigBee 技术的应用

根据 ZigBee 联盟目前的设想，ZigBee 将会在安防监控系统、传感器网络、家庭监控、身份识别系统和楼宇智能控制系统等领域拓展应用。

另外，ZigBee 的目标市场主要还有计算机外设（鼠标、键盘、游戏操控杆）、消费类电子设备（TV、VCR、CD、VCD、DVD 等设备上的遥控装置）、家庭内智能控制（照明、煤气计量控制及报警等）、玩具（电子宠物）、医护（监视器和传感器）、工控（监视器、传感器和自动控制设备）等非常广阔的领域。

7.1.4　NFC 技术

近场通信（Near Field Communication，NFC）是一种短距高频的无线电技术，以 13.56MHz 频率运行于 20cm 距离内。其传输速度有 106kb/s、212kb/s 或者 424kb/s 三种。目前近场通信已通过 ISO/IEC 18092 国际标准、ECMA-340 标准与 ETSI TS 102 190 标准。

NFC 采用主动和被动两种读取模式。这个技术由非接触式射频识别（RFID）演变而来，由飞利浦半导体（现恩智浦半导体公司）、诺基亚和索尼共同研制开发，其基础是 RFID 及互连技术。

NFC 近场通信技术是由非接触式射频识别（RFID）及互连互通技术整合演变而来，在单一芯片上结合感应式读卡器、感应式卡片和点对点的功能，能在短距离内与兼容设备进行识别和数据交换。

1. NFC 技术的优点

（1）安全。与蓝牙技术、Wi-Fi 技术相比，NFC 是一种短距离通信技术，设备必须靠得很近，从而提供了固有的安全性。

（2）连接快，功耗低。与蓝牙技术相比，NFC 技术的连接速度更快，功耗更低，NFC 技术支持无供电读取。NFC 设备之间采取自动连接，无须执行手动配置。

（3）私密性。在可信的身份验证框架内，NFC 技术为设备之间的信息交换、数据共享提供安全。

2. NFC 技术的缺点

传输距离近，RFID 的传输范围可以达到几米甚至几十米，但由于 NFC 采取了独特的信号衰减技术，NFC 有效距离只有 10cm，且 NFC 技术的传输速度也比较低。

3. NFC 的三种应用类型

（1）设备连接。除了 Wi-Fi，NFC 也可以简化蓝牙连接。例如，移动端用户如果想在机场上网，他只需要接入 Wi-Fi 热点即可实现。

（2）实时预定。例如，海报或展览信息背后贴有特定芯片，利用含 NFC 协议的手机或 PDA，便能取得详细信息，或是立即联机使用信用卡进行门票购买。而且，这些芯片无须独立的能源。

（3）移动商务。飞利浦 Mifare 技术支持了世界上几个大型交通系统及在银行业为客户提供 Visa 卡等各种服务。

7.1.5 超宽频技术

超宽频（UWB）是一种无载波通信技术，利用纳秒至微秒级的非正弦波窄脉冲传输数据。UWB 刚开始时使用脉冲无线电技术，此技术可追溯至 19 世纪。后来由 Intel 等大公司提出了应用 UWB 的 MB-OFDM 技术方案，由于两种方案截然不同，而且各自都有强大的阵营支持，制定 UWB 标准的 802.15.3a 工作组没能在两者中选出最终的标准方案，于是将其交由市场来决定。

1. UWB 技术的优点

（1）系统结构的实现比较简单。当前的无线通信技术所使用的通信载波是连续的电波，载波的频率和功率在一定范围内变化，从而利用载波的状态变化来传输信息。而 UWB 不使用载波，它通过发送纳秒级脉冲来传输数据信号。

（2）高速的数据传输。在民用商品中，一般要求 UWB 信号的传输半径为 10m 以内，再根据经过修改的信道容量公式，其传输速率可达500Mb/s，是实现近距离无线电通信的一种理想调制技术。UWB以非常宽的频率带宽来换取高速的数据传输，并且不独占已经拥挤不堪的频率资源，而是共享其他无线技术使用的频带。

（3）功耗低。UWB系统使用间歇的脉冲来发送数据，脉冲持续时间很短，一般为0.20ns～1.5ns，有很低的占空因数，系统耗电可以做到很低，在高速通信时系统的耗电量仅为几百微瓦（μW）至几十毫瓦（mV）。

（4）安全性高。作为通信系统的物理层技术具有天然的安全性能。由于UWB信号一般把信号能量弥散在极宽的频带范围内，对一般通信系统而言，UWB信号相当于白噪声信号，并且大多数情况下，UWB信号的功率谱密度低于自然的电子噪声，从电子噪声中将脉冲信号检测出来是一件非常困难的事。采用编码对脉冲参数进行伪随机化后，脉冲的检测将更加困难。

（5）多径分辨能力强。由于常规无线通信的射频信号大多为连续信号或其持续时间远大于多径传播时间，多径传播效应限制了通信质量和数据传输速率。由于超宽带无线电发射的是持续时间极短的单周期脉冲且占空比极低，多径信号在时间上是可分离的。

（6）定位精确。冲激脉冲具有很高的定位精度，采用超宽带无线电通信，很容易将定位与通信合一，而常规无线电难以做到这一点。

（7）工程简单造价便宜。在工程实现上，UWB比其他无线技术要简单得多，可全数字化实现。它只需要以一种数学方式产生脉冲，并对脉冲产生调制，而这些电路都可以被集成到一片芯片上，设备的成本很低。

2. UWB技术的应用

UWB技术主要应用于小范围、高分辨率及能够穿透墙壁、地面和身体的雷达和图像系统中。除此之外，这种新技术适用于对速率要求非常高（大于100Mb/s）的局域网或个人局域网，也就是说，光纤投入昂贵。通常在10m以内UWB可以发挥出高达数百兆比特每秒的传输性能，对于远距离应用，IEEE 802.11b或Home RF无线个人局域网的性能将强于UWB。

把UWB技术看作蓝牙技术的替代者可能更为适合，因为后者传输速率远不及前者，另外蓝牙技术的协议也较为复杂。具有一定相容性和高速、低成本、低功耗的优点使得UWB较适合家庭无线消费市场的需求。UWB尤其适合近距离内高速传送大量多媒体数据，以及可以穿透障碍物的突出优点，让很多商业公司将其看作一种很有前途的无线通信技术，并应用于诸如将视频信号从机顶盒无线传送到数字电视等家庭场景。

7.2　蓝牙技术安全

7.2.1　蓝牙技术简介

蓝牙是一种支持设备短距离通信（通常为10m内）的无线电通信技术。能够在包括移动电话、个人局域网、无线耳机、笔记本电脑、相关外设等众多设备之间进行无线信息交换。利用“蓝牙”技术，能够有效地简化移动通信终端设备之间的通信，也能够成功地简化设备与因特网之间的通信，从而让数据传输变得更加迅速高效，为无线通信拓宽道路。

蓝牙采用分散式网络结构，以及快跳频和短包技术，支持点对点及点对多点通信，工作在全球通用的2.4GHz ISM（即工业、科学、医学）频段，数据传输速率为1Mb/s。蓝牙采用时分双工传输方案实现数据传输。

7.2.2 蓝牙技术的特点

蓝牙技术是一种开放性、短距离无线通信的标准，它可以用来在较短距离内取代多种有线电缆连接方案，通过统一的短距离无线链路在各种数字设备之间实现方便、快捷、灵活、安全、低成本、小功耗的语音和数据通信。

为保证在复杂的无线环境下能够安全可靠地工作，蓝牙技术采用“跳频”和“快速确认”技术以确保链路稳定。理论上蓝牙技术所采用的“跳频”技术可达到1600次/秒，共有78条可用的信道。

蓝牙技术支持三种信号发射功率，分别为1mW、2.5mW和100mW。标准中所制定的各种发射功率对应覆盖范围分别为10m、20m和100m。但是，无线信道在传输过程中受到的影响因素较多，发射功率与覆盖范围之间的关系难以准确计算。此外，材料、墙壁和其他2.4GHz信号的干扰都可能影响蓝牙信号的覆盖范围。

蓝牙支持最大为1Mb/s的数据流量。由于需要考虑跳频、纠错开销、协议开销、加密和其他的因素，因此有效净荷传输的流量大约为700～800kb/s，这对于以替代有线电缆为目标的蓝牙技术来说已经足够了。其他工作在2.4GHz的无线通信设备，如IEEE 802.11b的WLAN也会对蓝牙设备的信号造成干扰。

蓝牙是一个开放性、低功耗、低成本、短距离的无线通信标准，采用FM调制方式以抑制干扰、防止信号衰减并降低设备的复杂性；同时，蓝牙以时分双工（Time Division Duplex，TDD）方式进行通信，其基带协议是电路交换和分组交换的组合。单个跳频频率发送一个同步分组，每个分组可以占用1～5个时隙。蓝牙技术支持异步数据信道（ACL），或者3条并发的语音信道（SCO），并且也支持单条信道同时传送异步数据和同步语音。每一条语音信道支持64kb/s同步语音；异步信道可以支持非对称连接，两个节点的数据传输速率分别为721kb/s和57.6kb/s，也可以支持432.6kb/s的对称连接。蓝牙采用前向纠错（Forward Error Correction，FEC）编码技术，包括1/3 FEC、2/3 FEC和自动重传请求（Automatic Repeat Request，ARQ），以减少重发的次数，降低远距离传输时的随机噪声影响。然而，由于增加了冗余信息，增加了开销，反而使数据的流量减少。

2012年，蓝牙4.0发布，它是蓝牙3.0的升级版本；较3.0版本更省电，具备成本低、3毫秒低延迟、超长有效连接距离、AES-128加密等特点，通常用于蓝牙耳机、蓝牙音箱等移动设备。

蓝牙4.0将三种技术规格集为一体，包括传统蓝牙技术、高速技术和低耗能技术，与3.0版本相比最大的不同就是低功耗。4.0版本的功耗较老版本降低了90%。

随着蓝牙技术由手机、游戏、耳机、便携电脑和汽车等传统应用领域向物联网、医疗等新领域的扩展，对低功耗的要求会越来越高。

2021 年 7 月 13 日，蓝牙技术联盟（Bluetooth SIG）正式发布了蓝牙 5.3 版本。蓝牙 5.3 版本对低功耗蓝牙中的周期性广播、连接更新、频道分级进行了完善，通过这些功能的完善，进一步提高了低功耗蓝牙的通信效率、降低了功耗并提高了蓝牙设备的无线共存性。

蓝牙 5.3 在传输效率、安全性、稳定性等方面都有了不小的提升，具体改进如下。

（1）低速率连接。由于一些蓝牙设备的数据传输速率较低，因此无法在蓝牙 5.2 中传递。而蓝牙 5.3 解决了这个问题，让低功耗低速率信号也能使用。这一问题主要在血糖仪等一些医疗设备上出现，而蓝牙 5.3 的出现解决了这些医疗设备的通信问题。

（2）加密控制性能增强。蓝牙 5.3 提高了加密密钥长度控制选项，从而提高了安全性。同时，由于管理员控制更加简单，在连接的时候还能更加快速。

（3）周期性广播增强。蓝牙 5.2 需要定期向连接设备进行广播，而蓝牙 5.3 提高了广播稳定性，从而可以利用广播时间做更多的事情。

蓝牙 5.3 的延迟更低、抗干扰性更强、提升了电池续航时间。但是需要注意的是，蓝牙 5.3 和之前的蓝牙 5.2 一样，都是 48Mb/s 的传输速率和 300m 的理论传输半径。

7.2.3　蓝牙通信协议

蓝牙标准体系中的协议按特别兴趣小组（Special Interest Group，SIG）的关注程度分为四层：核心协议、串口仿真协议（RFCOMM）、电话控制协议（Telephone Control Protocol Specification，TCS）和选用协议。

核心协议包括基带（Base-Band，BB）协议、链路管理协议（Link Manager Protocol，LMP）、逻辑链路控制适配协议（Logic Link Control and Adaptation Protocol，L2CAP）、服务发现协议（Service Discovery Protocol，SDP）。

选用协议包括点对点协议（Point to Point Protocol，PPP）、网际协议（IP）、传输控制协议（TCP）、用户数据报协议（User Datagram Protocol，UDP）、对象交换协议（Object Exchange，OBEX）、无线应用协议（WAP）、电子名片（vCard）和电子日历（vCal）等。

除上述协议以外，蓝牙标准还定义了主机控制接口（Host Controller Interface，HCI），用于为基带控制器、连接管理器、硬件状态和控制寄存器提供命令接口。

蓝牙核心协议由 SIG 制定的蓝牙专用协议组成，绝大部分蓝牙设备都需要核心协议，而其他协议则根据应用的需要而定。串口仿真协议、电话控制协议和被采用的协议在核心协议的基础上构成面向应用的协议。

7.2.4　蓝牙网络的拓扑结构

蓝牙网络的拓扑结构如图 7-1 所示。蓝牙支持两种连接，即点对点和点对多点连接，这样就形成了两种不同的网络拓扑结构：微微网（piconet）和散射网络（scatternet）。微微网中只有一个主设备（master），最多支持 7 个从设备（slave）与主设备通信。主设备以不同的跳频序列来识别从设备，并与之通信。若干微微网形成一个散射网络，蓝牙设备既可以作为一个微微网中的主设备，也可以在另一个微微网中作为从设备。

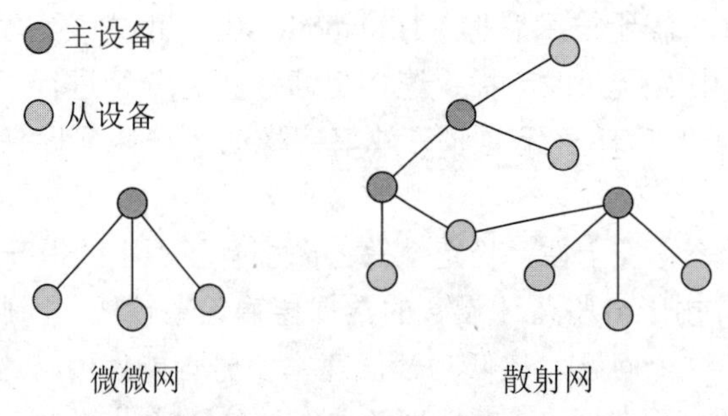

图 7-1 蓝牙网络的拓扑结构

多个微微网可以连接在一起，组成更大规模的网络，靠跳频顺序识别每一个微微网，同一个微微网的所有用户都与这个跳频顺序同步，其拓扑结构可以称为“多微微网”结构。在一个“多微微网”中，在带有 10 个全负载的独立微微网的情况下，全双工数据速率可超过 6Mb/s。

7.2.5 蓝牙通信技术的工作原理

1. 蓝牙通信的主从关系

蓝牙技术规定每一对设备之间进行蓝牙通信时，必须一个为主设备，另一个为从设备，才能进行通信。通信刚开始时，必须由主设备发起配对呼叫请求，通信链路建立成功后，双方即可收发数据。理论上，一个蓝牙主设备可同时与 7 个蓝牙从设备进行通信。一个具备蓝牙通信功能的设备，可以在两个角色间切换，平时工作在从模式，等待其他主设备来连接；需要时，转换为主模式，向其他设备发起呼叫。一个蓝牙设备以主模式发起呼叫时，需要知道对方的蓝牙地址和配对密码等信息，配对完成后，可直接发起呼叫。

2. 蓝牙的呼叫过程

蓝牙主设备发起呼叫，首先是查找，找出周围处于可被查找状态的蓝牙设备。主设备找到从设备后，与从设备进行配对，此时需要输入从设备的 PIN 码，也有设备不需要输入 PIN 码。配对完成后，从设备会记录主设备的信任信息，此时主设备即可向从设备发起呼叫，已配对的设备在下次呼叫时，不再需要重新配对。已配对的设备，作为从端的蓝牙模块也可以发起建链请求，但做数据通信的蓝牙模块一般不发起呼叫。链路建立成功后，主从两端之间即可进行双向的数据或语音通信。在通信状态下，主设备和从设备都可以发起断链，断开蓝牙链路。

7.2.6 蓝牙技术安全分析

蓝牙采用了在 2.4GHz 频段上进行跳频扩展的工作模式，这种模式本身具有一定的通信隐蔽性。扩频通信可以允许比常规无线通信低得多的信噪比，并且蓝牙定义为近距离使用，因此其发射功率可以低至 1mW，这在一定程度上减少了其无线电波的辐射范围，增

加了信息的隐蔽性。然而，从更为严格的安全角度来分析，物理信道上的这些基本的安全措施并不足以保证用户的信息安全。在基于蓝牙技术的物联网应用中，其安全风险不容忽视。蓝牙技术主要的安全风险如下。

（1）蓝牙采用 ISM 2.4GHz 的频段收发无线电信号，这与许多同类通信协议产生冲突，例如，802.11b、802.11a、802.11n 等，容易对蓝牙通信产生干扰，使通信失效。

（2）无线电信号在传送过程中容易被截取、分析，失去信息的保密性。

（3）通信对端设备身份容易被冒充，使通信失去可靠性。

针对以上安全风险，在蓝牙系统中采用跳频扩展技术（Frequency-Hopping Spread Spectrum，FHSS），使蓝牙通信能够抵抗同类电磁波的干扰；并采用加密技术来提高数据的保密性；采用身份鉴别机制来确保通信实体之间的可靠数据传输。虽然蓝牙系统所用的跳频技术已经提供了一定的安全措施，但是用蓝牙设备组建物联网时仍需要对网络层和应用层进行安全管理，组建更为复杂的安全体系。

7.2.7　蓝牙的安全体系架构

蓝牙的安全体系架构可以实现对业务的选择性访问，蓝牙安全架构建立在 L2CAP 层之上，特别是 RFCOMM 层。其他协议层对蓝牙架构没有什么特别的处理，它们有自己的安全特征。蓝牙安全架构允许协议栈中的协议强化其安全策略，例如，L2CAP 层在无绳电话方面强化了蓝牙安全策略，RFCOMM 层则在拨号网络方面强化了蓝牙安全策略，OBEX 在文件传输和同步应用方面采用自己的安全策略。蓝牙安全架构提供了一个灵活的安全框架，此框架指出了何时涉及用户的操作，下层协议层需要哪些动作来支持所需的安全检查等。在蓝牙系统中，安全架构建立在链路级安全特征之上。蓝牙技术的安全体系架构如图 7-2 所示，其中虚线为注册过程，实线则为查询过程。

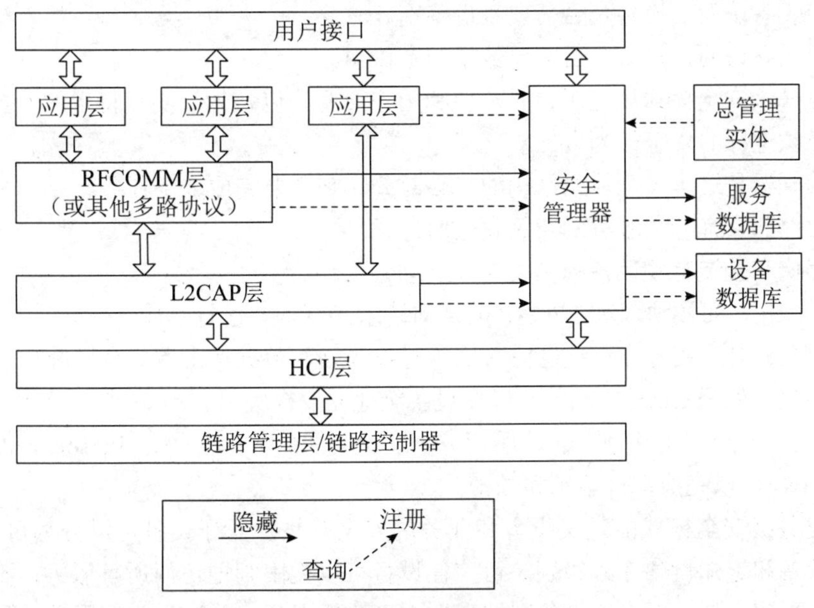

图 7-2　蓝牙技术的安全体系结构

安全管理器是蓝牙安全架构中最重要的部分，负责存储与业务和设备安全相关的信息，响应来自协议或者应用程序的访问需求，连接到应用程序前加强鉴权和加密，初始化或者处理来自用户及外部安全控制实体的输入，在设备级建立信任连接等。

7.2.8 蓝牙的网络安全模式

蓝牙标准中定义了 3 种网络安全模式：非安全模式、强制业务级安全模式和强制链路级安全模式。

1. 非安全模式

在非安全模式中，蓝牙系统无任何安全需求，不需要任何安全服务和安全机制的保护，此时，任何设备和用户都可以访问任何类型的服务。在实际应用中，建议不要采用非安全模式。

2. 强制业务级安全模式

在强制业务级安全模式中，业务级安全机制对系统的各个应用和服务进行安全保护，包括授权访问、身份鉴别和加密传输。在这种模式下，加密和鉴别发生在 L2CAP 信道建立之前。

强制业务级安全模式中的安全管理器主要包括存储安全性信息、应答请求、强制鉴别和加密等关键任务。设备的 3 个信任等级和 3 种服务级别，分别存储在设备数据表和业务数据表中，并且由安全管理器维护。

每一个业务通过业务安全策略库和设备库来确定其安全等级。这两个库规定了以下内容。

（1）甲设备访问乙设备是否需要授权。

（2）甲设备访问乙设备是否需要身份鉴别。

（3）甲设备访问乙设备是否需要数据加密传输。

强制业务级安全模式规定了何时需要和用户交互，以及为了满足特定的安全需求，协议层之间必须进行的安全行为。

安全管理器是这个安全体系结构的核心部分，它主要完成以下任务。

（1）存储和查询有关服务的相关安全信息。

（2）存储和查询有关设备的相关安全信息。

（3）对应用、复用协议和 L2CAP 的访问请求（查询）进行响应。

（4）在允许与应用建立连接之前，实施身份鉴别、数据加密等安全措施。

（5）接收并处理 GME 的输入，以在设备级建立安全关系。

（6）通过用户接口接收并处理用户或应用的个人识别码（Personal Identification Number，PIN），以完成身份鉴别和加密。

强制业务级安全模式能定义设备和业务的安全等级。蓝牙设备可以分为可信任设备、不可信任设备和未知设备 3 种级别。可信任设备可以无限制地访问所有服务；不可信任设备访问业务受到限制；而未知设备则被视为不可信任设备，其访问业务同样受到限制。

在强制业务级安全模式中，蓝牙业务的安全级别主要由以下 3 方面来保证。

（1）授权要求：在授权之后，访问权限只自动赋给可信任设备，其他设备需要手工授权才能访问。

（2）鉴别要求：在连接到一个应用之前，远程设备必须被鉴别。

（3）加密要求：在访问业务发生之前，连接必须切换到加密模式。

对于设备和业务的访问权限取决于安全级别，各种业务可以事先注册，对于这些业务访问的级别取决于业务本身的安全机制。

3. 强制链路级安全模式

在强制链路级安全模式中，链路级安全机制对所有的应用和业务都需要实行访问授权、身份鉴别和加密传输。这种模式是强制业务层安全模式的极端情况，可以通过配置安全管理器并清除模块存储器中的链路密钥来达到目的，在强制链路级安全模式下，身份鉴别和加密发生在链路建立之前。

强制链路级安全模式与强制业务级安全模式之间的本质区别在于：在强制业务级安全模式下，蓝牙设备在信道建立之后启动安全性过程，即在较高层的协议上完成安全性过程；而在强制链路级安全模式下，蓝牙设备则是在信道建立之前启动安全性过程，即在低层协议上完成安全性过程。

蓝牙系统在链路层使用4种不同的信息安全单元来保证链路的安全：蓝牙单元独立地址（BD_ADDR）、业务处理随机数（RAND）、链路密钥、加密密钥。各信息安全单元的长度如表7-1所示。

表7-1　蓝牙验证和加密过程中的信息安全单元

参　　数	长度（位）
BD_ADDR	48
RAND	128
链路密钥	128
加密密钥	8 ～ 128

每一个蓝牙设备都有一个唯一的蓝牙单元独立地址（BD_ADDR），它是一个48位的IEEE地址，没有安全保护；业务处理随机数（RAND）也称为会话密钥，由蓝牙系统随机生成；链路密钥和加密密钥在初始化时生成，它们是不公开的，加密密钥的长度可根据需求配置。

蓝牙的链路层安全模式是通过匹配、鉴权和加密实现的。密钥的建立是通过双向的链接来完成的；而鉴权和加密既可以在物理链接中实现，也可以通过上层的协议来实现。

（1）匹配。两台蓝牙设备试图建立链接时，个人识别码（PIN）与一个随机数经必要的信息交换和计算创建初始密钥（K_{init}），此过程称为匹配。初始密钥在校验器向申请者发出随机数时创建。

（2）鉴权。蓝牙鉴权过程的工作原理如图7-3所示。

鉴权是蓝牙设备必须支持的安全特性，它是一个基于“挑战—应答”的方案，在这个方案中，申请者对于链路密钥和加密密钥，使用会话密钥经2-MOV协议进行验证。会话密钥指当前申请者 / 校验器共享的同一密钥，校验器将挑战申请者鉴权随机数输入，该输入含有鉴权码的AU_RANDA标注，而该鉴权码则以E_1标注，申请者向校验器返回结果SRES。

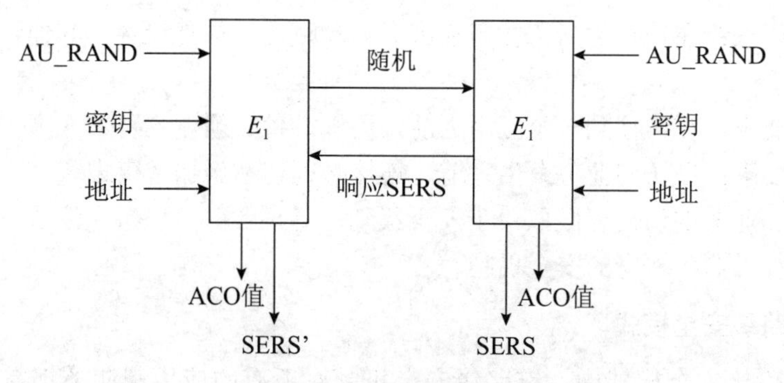

图 7-3　蓝牙的鉴权过程

在蓝牙系统中，校验器可以是主设备，也可以是从设备，既可以实施单向鉴权，也可以实施双向鉴权。

（3）加密。蓝牙技术采用分组方式保护有效数据。对分组报头和其他控制信息不加密。用序列密码 E_0 对有效载荷加密，E_0 对每一个有效荷载重新同步。

蓝牙的加密过程如图 7-4 所示。

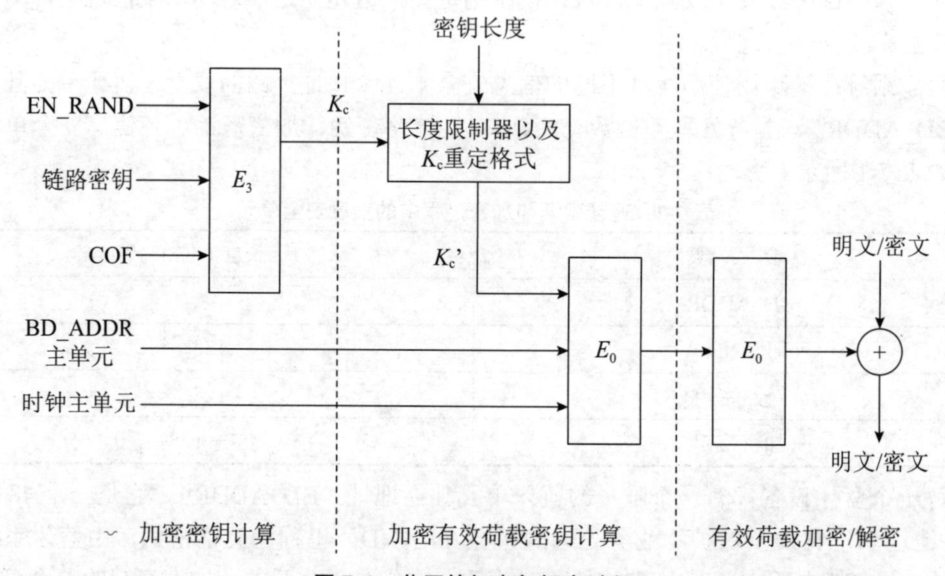

图 7-4　蓝牙的加密与解密过程

加密过程由 3 部分组成。第一部分设备初始化，同时生成加密密钥 K_c，具体计算由蓝牙 E_3 算法执行；第二部分由 E_0 计算出加密有效荷载的密钥；第三部分用 E_0 生成比特流，对有效荷载进行加密，解密过程则以同样的方式进行。

7.2.9　蓝牙的密钥管理

蓝牙安全体系中主要使用 3 种密钥以确保安全的数据传输：个人识别码、链路密钥和加密密钥。其中最重要的是链路密钥，用于两个蓝牙设备之间的相互鉴别。

1. 个人识别码

个人识别码是一个由用户选择或固定的数字，长度可以为 1 ～ 16 字节，通常为 4 位十进制数。用户在需要时可以改变个人识别码，以增加系统的安全性。在两个设备分别输入个人识别码比在其中一个使用固定的个人识别码要安全得多。

2. 链路密钥

为满足不同的蓝牙应用需要，有 4 种不同的链路密钥。这 4 种链路密钥都是 128 位的随机数，它们分别如下。

（1）单元密钥 K_A：K_A 在蓝牙设备安装时由单元 A 产生。它的存储只需要很少的内存单元，经常用于蓝牙设备只有少量内存或此蓝牙设备可被一个大的用户组访问的场合。

（2）联合密钥 K_{AB}：K_{AB} 由单元 A、单元 B 产生。每一对设备有各自的联合密钥，在需要更高的安全性时使用。

（3）主密钥 K_{master}：这种密钥在主设备需要同时向多台从设备传输数据时使用，在本次会话过程中它将临时替代原来的链路密钥。

（4）初始化密钥 K_{init}：在初始化过程中使用，用于保护初始化参数的传输。

3. 加密密钥

加密密钥由当前的链路密钥推算而来。每次需要加密密钥时它会自动更换。将加密密钥与鉴权密钥分离开的原因是可以使用较短的加密密钥而不减弱鉴权过程的安全性。

4. 密钥的生成与初始化

密钥的交换发生在初始化过程中，在两个需要进行鉴权和加密的设备上分别完成。初始化过程包括以下步骤。

（1）生成初始化密钥。

（2）鉴权。

（3）生成链路密钥。

（4）交换链路密钥。

（5）两台设备各自生成加密密钥。

在这些过程之后，链路建立成功或者建立失败。

7.3　Wi-Fi 网络安全

物联网网络层的 Wi-Fi 技术一般用于较小范围的无线通信，覆盖范围比较小，一般为一栋建筑物内或一个房间内，采用 IEEE 802.11 系列标准，其传输速率一般为 11 ～ 300Mb/s，传输半径一般为 50 ～ 100m，工作频段为 2.4GHz。

IEEE 802.11 系列标准包括 IEEE 802.11a、IEEE 802.11b、IEEE 802.11g、IEEE 802.11n 和 IEEE 802.11ac 等标准，主要用于实现企业内部网络或者家庭无线网络。

Wi-Fi 网络具有安装简单、使用方便、经济节约、易于扩充等有线网络无法比拟的优点，因此得到了越来越广泛的应用。然而，Wi-Fi 信道开放的特点使得攻击者能够很容易地对信号进行窃听、恶意修改并转发，因此安全性成为阻碍 Wi-Fi 发展的最重要的因素。虽然对 Wi-Fi 的需求不断增长，但是安全问题也让许多潜在用户望而却步，对最终是否采用 Wi-Fi 技术犹豫不决。

7.3.1 Wi-Fi 网络的安全威胁

使用 Wi-Fi 实现网络通信时，网络必须具有较强的保密能力。目前，市场上的 Wi-Fi 产品主要存在以下安全威胁。

1. 容易被入侵

Wi-Fi 非常容易被发现，为了能够使用户发现无线网络的存在，无线网络必须发送有特定参数的信标帧，因此给攻击者提供了必要的网络信息。攻击者可以通过高灵敏度天线从公路边、楼房中及其他任何地方对无线网络发起攻击而不需要任何物理方式的连接。

2. 存在非法接入点

Wi-Fi 易于访问和配置简单的特性，常常使得网络管理员非常苦恼。因为如果不设置密码，任何人都可以通过手机或者计算机不经授权而接入 Wi-Fi。而且，有许多部门并没有经过企业信息中心的授权，就自行组建了 Wi-Fi，这种非法的无线接入点会给整个物联网带来很大的安全隐患。

3. 未经授权使用服务

几乎有一半以上的网络用户，在配置无线接入点时，仅仅进行简单的配置。几乎所有的无线接入点都按照默认配置来开启 WEP 进行加密或者使用原厂提供的默认密钥。由于 Wi-Fi 开放式的访问方式，因此未经授权用户擅自占用网络资源时，不仅会增加带宽费用，还有可能导致法律纠纷。未经授权的用户并没有遵守服务提供商提出的服务条款，这很可能会导致 ISP 中断服务。

4. 服务和性能的限制

Wi-Fi 的传输带宽是有限的，由于物理层的开销，使得 Wi-Fi 的实际最高有效吞吐量仅为标准的一半，而且该带宽是被无线接入点的所有用户共享的。无线带宽可以被多种方式占用，例如，来自有线网络远远超过无线网络带宽的网络流量，如果攻击者从快速以太网发送大量的 ping 信号，就可以轻易地占用无线接入点有限的带宽。

5. 地址欺骗和会话拦截

由于 802.11 Wi-Fi 对数据帧不进行认证操作，因此攻击者可以通过欺骗重新定向数据流，使 ARP 表变得混乱。通过非常简单的方法，攻击者就可以轻松获取无线网络站点的 MAC 地址，这些地址可以用于恶意攻击。

6. 流量分析与流量侦听

802.11 Wi-Fi 无法防止攻击者采用被动方式监听网络流量，而任何无线网络分析设备都可以不受任何阻碍地截获未进行加密的网络流量。目前，WEP 存在可以被攻击者利用的漏洞，它只能保护用户和网络通信的初始数据，管理和控制帧是不能被 WEP 加密和认证的。显然，这就给攻击者以欺骗帧终止网络通信提供了机会。

7. 高级入侵

一旦攻击者进入 Wi-Fi，它将成为进一步入侵其他系统的起点。很多无线网络都有一套精心设置的安全设备作为网络的外壳，以防止被非法攻击。但是被外壳保护的网络内部却非常脆弱，很容易受到攻击。无线网络通过简单配置就可以快速地接入主干网络，这将使得网络暴露在攻击者面前，从而遭到入侵。

7.3.2　Wi-Fi 网络安全技术

到目前为止，已经出现了多种 Wi-Fi 安全技术，包括物理地址过滤、服务区标识符（SSID）匹配、有线对等保密（WEP）、端口访问控制技术、WPA、IEEE 802.11i 和 WAPI 等。

1. 物理地址（MAC）过滤

每一个无线工作站网卡都有唯一的 48 位二进制物理地址（MAC），该物理地址编码方式类似以太网的物理地址。网络管理员可以在 Wi-Fi 访问点（Access Point，AP）中手工维护一组允许（或不允许）通过 AP 访问网络地址的列表，以实现基于物理地址的访问过滤。

物理地址过滤具有如下 4 个优点。

（1）简化了访问控制。

（2）接受或者拒绝预先设定的用户。

（3）被过滤的物理地址不能进行访问。

（4）提供了第二层防护。

然而，物理地址过滤也存在以下两个缺点。

（1）当 AP 和无线终端数量较多时，大大增加了管理负担。

（2）容易受到 MAC 地址伪装攻击。

2. 服务区标识符（SSID）匹配

服务区标识符（Service Set Identifier，SSID）匹配将一个 Wi-Fi 分为几个不同的子网络，每一个子网络都有其对应的 SSID，无线终端只有设置了配对的 SSID 才能接入相应的子网络。因此可以认为 SSID 是一个简单的口令，提供了口令认证机制，实现了一定的安全性。但是这种口令很容易被无线终端探测出来，企业级无线应用绝不能只依赖这种技术做安全保障，而只能作为区分不同无线服务区的标识。

3. IEEE 802.11 WEP 加密技术

IEEE 802.11 标准定义了一种称为有线对等保密（WEP）的加密技术，其目的是为 Wi-Fi 提供与有线网络相同级别的安全保护。WEP 采用静态的有线对等加密密钥的基本安全方式。静态 WEP 密钥是一种在会话过程中不发生变化，也不针对各个用户而变化的密钥。在标准中，加密密钥长度有 64 位和 128 位两种。其中，24 位的加密密钥是由系统产生的，因此需要在无线接入点和无线站点上配置的密钥只有 40 位或 104 位。

IEEE 802.11 WEP 在传输上提供了一定的安全性和保密性，能够阻止无线用户有意或无意地查看到无线接入点和无线站点之间传输的内容。其主要优点如下。

（1）全部报文均使用校验和加密，提供了一定的防篡改能力。

（2）通过加密来维护一定的保密性，如果没有密钥，就难以对报文解密。

（3）WEP 非常容易实现。

（4）WEP 为 Wi-Fi 应用程序提供了最基本的保护。

然而，IEEE 802.11 WEP 也存在以下 6 个缺点。

（1）静态 WEP 密钥对于 WLAN 上的所有用户都是通用的。

这意味着如果某个无线设备丢失或者被盗，所有其他设备上的静态 WEP 密钥都必须进行修改，以保持相同级别的安全性。这将给网络管理员带来非常费时费力且不切实际的管理任务。

（2）缺少密钥管理。

WEP 标准中并没有规定共享密钥的管理方案，通常是手工进行配置与维护。由于更换密钥的费时与困难，密钥通常长时间使用而极少更改。

（3）ICV 算法不合适。ICV（Integrity Check Value）算法是一种基于 CRC-32 的用于检测传输噪声和普通错误的算法。CRC-32 是信息的线性函数，这意味着攻击者可以篡改加密信息，并且很容易地修改 ICV，使伪装的信息表面上看上去是可信的。

（4）RC4 算法存在弱点。在 RC4 算法中存在弱密钥。所谓弱密钥，就是密钥与输出之间存在相关性。攻击者收集到足够多的使用弱密钥的数据包后，就可以对弱密钥进行分析，只需尝试很少的密钥就可以接入到 Wi-Fi 中。

（5）认证信息容易伪造。基于 WEP 的共享密钥认证的目的就是实现访问控制，但是事实却截然相反。只要通过监听一次成功的认证，攻击者以后就可以伪造认证。启动共享密钥认证实际上降低了网络的总体安全性，使得攻击者猜中 WEP 密钥变得更为容易。

（6）WEP2 算法没有解决其机制本身产生的安全漏洞。为了提高安全性，Wi-Fi 工作组提供了 WEP2 技术，该技术与 WEP 算法相比，仅仅是将 WEP 密钥的长度从 40 位加长到 128 位，初始化向量的长度从 24 位加长到 128 位。但是 WEP 算法的安全漏洞，是 WEP 安全机制本身引起的，与密钥的长度无关，尽管增加了密钥的长度，但仍然无法增强其安全程度。也就是说，WEP2 算法并没有起到提高安全性的作用。

4. IEEE 802.1x/EAP 用户认证

IEEE 802.1x 是针对以太网而提出的基于端口进行网络访问控制的安全性标准。基于端口的网络访问控制利用物理层特性对连接到局域网端口的设备进行身份认证。如果认证失败，则禁止该设备访问局域网的资源。

尽管 IEEE 802.1x 标准最初是为有线局域网设计和制定的，但是它也适用于符合 IEEE 802.1x 标准的 Wi-Fi，并且被视为 Wi-Fi 的一种增强性网络安全解决方案。IEEE 802.1x 体系结构包括以下三大主要组件。

（1）请求方：提出认证申请的用户接入设备。在 Wi-Fi 中，通常指待接入网络的无线客户端设备。

（2）认证方：允许客户端进行网络访问的实体。在 Wi-Fi 中，通常指访问接入点（AP）。

（3）认证服务器：为认证方提供认证服务的实体。认证服务器对认证方进行验证，然后告知认证方该请求者是否为授权用户。认证服务器可以是某个单独的服务器实体，也可以不是单独的服务器实体，此时通常将认证功能集成到认证方。

IEEE 802.1x 标准为认证方定义了两种访问控制端口，即受控端口和非受控端口。受控端口分配给那些已经成功通过认证的实体进行网络访问；而认证尚未完成之前，所有的通信数据流从非受控端口进出。非受控端口只允许通过 IEEE 802.1x 认证的数据，一旦认证成功通过，请求方就可以通过受控端口访问 Wi-Fi 的资源和服务了。

IEEE 802.1x 技术是一种增强型的网络安全解决方案。在采用 IEEE 802.1x 的 Wi-Fi 中，无线用户端安装客户端软件作为请求方，无线访问点嵌入 IEEE 802.1x 认证代理作为认证方，同时它还作为远程用户拨号认证服务（Remote Authentication Dial In User Service，RADIUS）认证服务器的客户端，负责用户与 RADIUS 服务器之间认证信息的转发。

5. WPA 安全标准

针对人们对提高 Wi-Fi 安全的迫切需求，Wi-Fi 联盟专门制定了 Wi-Fi 保护接入（Wi-Fi Protected Access，WPA）标准。WPA 是 IEEE 802.11i 的一个子集，其核心就是 IEEE 802.1x 和 TKIP，用于实现对 Wi-Fi 的访问控制、密钥管理和数据加密。

尽管 WPA 在安全性方面比 WEP 有了很大的改进和加强，但是 WPA 仅仅是一个临时性的过渡方案，WPA2 则进一步采用了 AES 加密机制。

为了使 Wi-Fi 技术从安全性得不到很好保障的困境中解脱出来，IEEE 802.11 工作组致力于制定被称为 IEEE 802.11i 的新一代安全标准，这个安全标准是为了增强 Wi-Fi 的数据加密和认证性能，定义了强健安全网络（Robust Security Network，RSN）的概念，并且针对 WEP 加密机制的各种缺陷做了多方面的改进。

IEEE 802.11i 安全标准规定使用 IEEE 802.1x 认证和密钥管理方式，在数据加密方面，定义了临时密钥完整性协议（Temporal Key Integrity Protocol，TKIP）、计数器模式及密码块链消息认证码协议（Counter-Mode/CBC-MAC Protocol，CCMP）和无线鲁棒认证协议（Wireless Robust Authenticated Protocol，WRAP）3 种加密机制。其中，TKIP 采用了 WEP 机制中的 RC4 作为核心加密算法，可以通过在现有的设备上升级固件和驱动程序的方法，达到提高 Wi-Fi 安全性的目的。CCMP 机制基于 AES（Advanced Encryption Standard）加密算法和 CCM（Counter-Mode/CBC-MAC）认证方式，使得 Wi-Fi 的安全性能大大提高，是实现 RSN 的强制性要求。

6. WPA2 安全标准

WPA2 是 WPA 的第 2 版，是 Wi-Fi 联盟对采用 IEEE 802.11i 安全增强功能的产品的认证计划。简单一点理解，WPA2 是基于 WPA 的一种新的加密方式。

Wi-Fi 联盟是一个对不同厂商的 WLAN 终端产品能够顺利地相互连接进行认证的业界团体，由该团体制定的安全方式是 WPA。2004 年 9 月发表的 WPA2 支持 AES 加密方式。除此之外，与过去的 WPA 相比在功能方面没有大的区别。原来的 WEP 加密方式，在安全上存在着若被第三者恶意截获，信号密码容易被破解的问题。但也有部分较老的设备不支持此加密方式。

WPA2 是经由 Wi-Fi 联盟验证过的 IEEE 802.11i 标准的认证形式。WPA2 实现了 802.11i 的强制性元素，特别是 Michael 算法被公认彻底安全的 CCMP 消息认证码所取代，而RC4也被AES取代。微软Windows XP对WPA2的正式支持于2005年5月1日推出。苹果计算机在所有配备了AirPort Extreme的麦金塔、AirPort Extreme基地台和AirPort Express上都支持WPA2，所需的固件升级已包含在2005年7月14日发布的AirPort 4.2中。

预共享密钥模式（Pre-Shared Key，PSK），又称为个人模式（personal），面向那些承担不起802.1x认证服务器的成本和复杂度的家庭或小型公司网络，每一个用户必须输入预先配置好的相同的密钥来接入网络，而密钥可以是8～63个ASCII字符或是64个16进制数字（256位）。用户可以自行斟酌是否把密钥存在计算机里以省去重复输入的麻烦，但密钥一定要预先配置在Wi-Fi路由器中。

WPA2的安全性是利用PBKDF2密钥导出函数来增强的，然而用户采用的典型的弱密钥会被密码破解攻击。WPA和WPA2可以用至少5个Diceware词或是14个完全随机字母当密钥来击败密码破解攻击，不过若是想要有最大强度，应该采用8个Diceware词或22个随机字母。密钥应该定期更换，在有人使用网络的权利被撤销或是设置好要使用网络的设备丢失或被攻破时，也要立刻更换。某些消费电子芯片制造商已经有办法跳过用户选出弱密钥的问题，而自动产生和散布强密钥。做法是透过软件或硬件接口以外部方法把新的Wi-Fi适配器或家电接入网络，包括无线网卡安全简易设置（Broadcom Secure Easy Setup）、简易空中一键式安全设置（Buffalo AirStation One-Touch Secure Setup）和透过软件输入一个短的挑战语（AtherosJumpStart）。

早在2009年，日本的两位安全专家就声称，他们研发出了一种可以在一分钟内利用无线路由器攻破WPA加密系统的办法。这是一种扫描电脑和使用WPA加密系统的路由器之间加密流量的攻击方法。不过，这种攻击方法并没有公布于众。但是这并不意味着WPA是安全的。

近年来，随着对Wi-Fi安全的深入分析，黑客已经发现了WPA2加密破解方法。通过字典及PIN破解，几乎可以轻易破解60%采用WPA2加密的Wi-Fi系统。

此外，WPA加密方式还有一个漏洞，攻击者可以利用spoonwpa等工具，搜索到合法用户的网卡地址，并伪装该地址对路由器进行攻击，迫使合法用户掉线重新连接，在此过程中获得一个有效的握手包，并对握手包批量猜密码，如果猜密的字典中有合法用户设置的密码，即可被破解。建议用户在加密时尽可能使用无规律的字母与数字，以提高网络的安全性。

7. WPA3安全标准

保护无线电脑网络安全系统3（Wi-Fi Protected Access 3，WPA3），是Wi-Fi联盟于2018年1月8日在美国拉斯维加斯的国际消费电子展（Consumer Electronics Show，CES）上发布的新一代加密协议，是Wi-Fi身份验证标准WPA2的演讲。

2018年6月26日，Wi-Fi联盟宣布WPA3协议已最终完成。

WPA3标准将加密公共Wi-Fi网络上的所有数据，进一步保护不安全的Wi-Fi网络。特别当用户使用酒店和旅游区Wi-Fi热点等公共网络时，可以借助WPA3创建更安全的连接，使黑客无法窥探用户的流量，难以获得私人信息。尽管如此，黑客仍然可以通过专门的、主动的攻击来窃取数据。但是，WPA3安全机制至少可以阻止强力攻击。

WPA3 在安全方面具备如下新功能。

功能一：对使用弱密码的人采取“强有力的保护”。如果密码多次输入错误，将锁定攻击行为，屏蔽 Wi-Fi 身份验证过程来防止暴力攻击。

功能二：WPA3 将简化显示接口受限，甚至包括不具备显示接口的设备的安全配置流程。能够使用附近的 Wi-Fi 设备作为其他设备的配置面板，为物联网设备提供更好的安全性。用户能够使用自己的手机或平板电脑来配置另一个没有屏幕的设备（如智能锁、智能灯泡或门铃）等小型物联网设备及设置密码和凭证，而不是将其开放给任何人访问和控制。

功能三：在接入开放性网络时，通过个性化数据加密增强用户隐私的安全性，这是对每台设备与路由器或接入点之间的连接进行加密的一个特征。

功能四：WPA3 的密码算法提升至 192 位的 CNSA 等级算法，与之前的 128 位加密算法相比，增加了字典法暴力密码破解的难度。并使用新的握手重传方法取代 WPA2 的四次握手，Wi-Fi 联盟将其描述为“192 位安全套件”。该套件与美国国家安全系统委员会国家商用安全算法（CNSA）套件相兼容，将进一步保护政府、国防和工业等更高安全要求的 Wi-Fi 网络。

8. WAPI 协议

虽然 IEEE 802.11i 有效地解决了 Wi-Fi 传统安全体制的大部分安全问题，但是当它应用于运营中的 Wi-Fi 时，仍然存在相当的问题。

WAPI 协议采用我国国家密码管理局委员会办公室批准的公开秘钥体制的椭圆曲线密码算法和秘密密钥体制的分组密码算法，分别用于 Wi-Fi 设备的数字证书、密钥协商，以及传输数据的加密与解密，从而实现设备的身份鉴别、链路验证、访问控制和用户信息在无线传输状态下的加密保护。

WAPI 安全系统采用公钥加密技术，鉴别服务器（AS）负责证书的颁发、验证与吊销等，无线客户端及移动终端与无线接入点（AP）上都安装有 AS 颁发的公钥证书，作为自己的数字身份凭证。当移动终端登录无线接入点时，在使用和访问网络之前必须通过鉴别服务器对双方进行身份验证。根据验证的结果，持有合法证书的移动终端才能接入持有合法证书的无线接入点，也就是说，才能通过无线接入点访问网络。这样不仅可以防止非法移动终端接入而访问网络并占用网络资源，而且还可以防止移动终端登录非法无线接入点造成信息泄露。

7.4　ZigBee 网络安全

ZigBee 技术是一种可以实现近距离无线通信的技术，功耗低、成本低、复杂程度低，优于其他的短距离无线通信技术。

ZigBee 技术以往曾称为 HomeRFLite、RF-Easylink 或 FireFly，如今统一称为 ZigBee。ZigBee 是一种介于蓝牙技术和 RFID 技术之间的无线通信技术，主要应用于短距离内对传输速度要求不高的电子通信设备之间的数据传输，以及典型的、有周期性的、间歇性反应时间的数据传输。

ZigBee 技术作为短距离无线传感器网络的通信标准，广泛应用于家居控制、商业建筑自动化和企业生产管理等领域。ZigBee 技术标准由 ZigBee 技术联盟于 2004 年推出，该联盟是一个由半导体厂商、技术供应商和原始设备制造商构成的组织。由于具有低功耗、低延时、较长电池寿命等优点，ZigBee 在低速率无线传感器网络中扮演着非常重要的角色，市场前景非常广阔。

7.4.1 ZigBee 技术的主要特点

ZigBee 技术相对于其他的无线通信技术，具有功耗低、成本较低、传输距离较短、时延短、网络容量大、数据传输可靠性较高及安全性高等主要特点。

（1）功耗低。功耗低是 ZigBee 技术的一个主要技术特点。由于 ZigBee 的传输率低，传输数据量很少，并且采用了休眠模式，因此 ZigBee 设备非常省电。据估计，ZigBee 设备仅靠两节电池就可以维持长达六个月到两年时间所需要的电能。

（2）成本较低。ZigBee 技术成本较低，原因是其协议简单，所需的内存空间小。ZigBee 不仅协议是免专利费的，而且芯片价格低，每片芯片只需要两美元。

（3）传输距离较短。一般来说，ZigBee 技术的室内传输距离在几十米以内，室外传输距离在几百米以内，属于近距离传输技术。

（4）时延短。ZigBee 技术从休眠状态转入工作状态只需要 15ms，搜索设备时延为 30ms，活动设备信道接入时延为 15ms。作为比较，蓝牙技术时延需要 3 ～ 10s，Wi-Fi 则需要 3s。

（5）网络容量大。ZigBee 的节点编址为 2 字节，其网络节点容量理论上可达 65535 个。

（6）数据传输可靠性较高。ZigBee 技术中避免碰撞的机制可以通过为宽带预留时隙避免传输数据时发生竞争和冲突。并且，通过 ZigBee 技术发送的每个数据包是否被对方接收都必须得到完全的确认，这就使得 ZigBee 技术在数据传输环节中具有较高的可靠性。

（7）安全性高。ZigBee 提供了基于循环冗余校验的数据包完整性检查机制，支持鉴权和认证，采用 AES-128 高级加密算法，从而保护了数据荷载并防止攻击者冒充合法设备。

7.4.2 ZigBee 安全技术分析

ZigBee 协议栈安全体系结构如图 7-5 所示。

ZigBee 协议栈是针对低速率无线个人局域网，基于 IEEE 802.15.4 介质访问控制层和物理层标准，并在其基础上开发的一组包含组网、安全和应用软件方面的技术标准。ZigBee 主要由 IEEE 802.15.4 小组和 ZigBee 联盟这两个组织负责标准规范的制定。ZigBee 建立在 IEEE 802.15.4 标准之上，它确定了可在不同制造商之间共享的应用纲要。IEEE 802.15.4 仅定义了物理层和数据链路层。

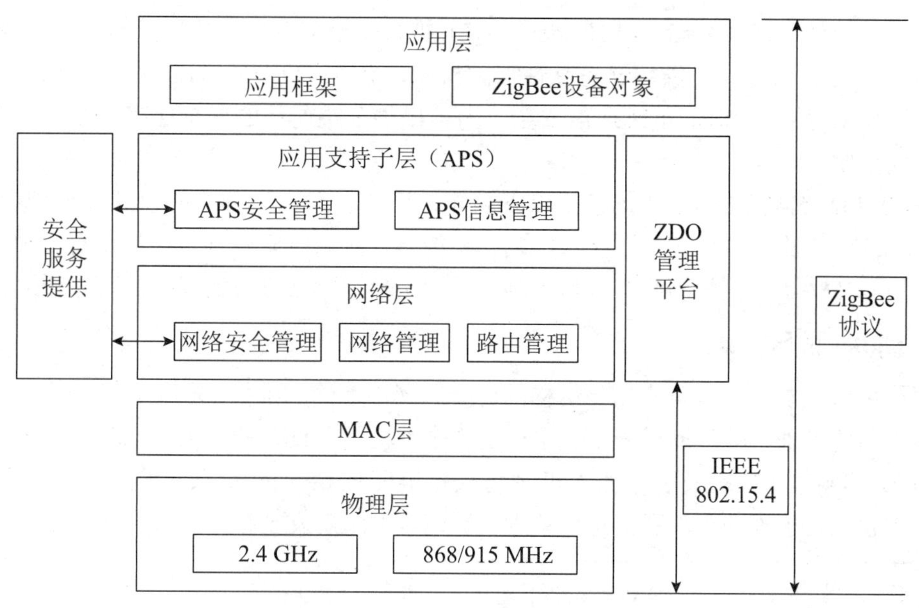

图 7-5 ZigBee 协议栈安全体系结构

1. ZigBee 的物理层

ZigBee 兼容的产品工作在 IEEE 802.15.4 的物理层之上，可以工作在全球通用标准的 2.4GHz、美国标准的 915MHz 和欧洲标准的 868MHz 三个频段上，并且在这三个频段上分别具有 250kb/s、40kb/s 和 20kb/s 的最高数据传输速率。当使用 2.4GHz 频段时，ZigBee 技术在室内的传输距离为 10m，在室外的传输距离则可以达到 200m；当使用其他频段时，ZigBee 在室内的传输距离为 30m，室外传输距离则能达到 1000m。实际传输中，其传输距离根据发射功率确定，可以变化调整。

由于 ZigBee 使用的是开放频段，已经使用多种无线通信技术。为了避免互相干扰，各个频段均采用直接序列扩频技术。物理层的直接序列扩频技术允许设备无须闭环同步，即可在三个不同频段都采用相位调制技术。在 2.4GHz 频段采用较高阶的 QPSK 调制技术，以达到 250kb/s 的速率，并降低工作时间，减少功率消耗。在 868MHz 和 915MHz 频段则采用 BPSK 的调制技术。与 2.4GHz 频段相比，868MHz 和 915MHz 频段为低频频段，无线传输的损耗较少，传输距离较远。

2. ZigBee 的数据链路层

IEEE 802 系列标准将数据链路层分为逻辑链路控制（Logical Link Control，LLC）层和介质接入控制（Media Access Control，MAC）层两个子层。逻辑链路控制层负责传输的可靠性保障和控制、数据包的分段与重组、数据包的顺序传输工作，为 802 标准系列所共用。而介质接入控制层子层的协议则依赖各自的物理层。IEEE 802.15.4 的 MAC 层能支持多种逻辑链路控制层标准，通过业务相关的汇聚子层协议承载。ZigBee 数据链路层安全帧结构如图 7-6 所示。

同步	物理层头部	MAC层头部	辅助头部	加密MAC有效载荷	消息完整性校验码

图 7-6 ZigBee 数据链路层安全帧结构

其中，辅助头部（Auxiliary Header，AH）携带安全信息，消息完整性校验（Message Integrity Check，MIC）提供数据完整性保护检查，有0、32、64、128位可供选择。对于数据帧，MAC层只能保证单跳通信安全，为了提供多跳通信的安全保障，必须依靠上层提供的安全服务。

IEEE 802.15.4的MAC协议包括以下功能：设备之间无线链路的建立、维护和结束，确认模式的帧传输与接收，信道接入控制，帧校验，预留时隙管理，广播信息管理等。同时，使用CSMA-CA机制和应答重传机制，实现了信道的共享及数据帧的可靠传输。

3. ZigBee的网络层

网络层的主要功能是负责拓扑结构的建立和网络连接的维护，包括设计连接和断开网络时所采用的机制、帧传输过程中所采用的安全性机制、设备的路由发现和转交机制等。

ZigBee网络层对帧采取的保护机制与数据链路层相同，为了保证帧能够正确传输，帧格式中也加入了辅助头部和消息完整性校验码。网络层安全帧结构如图7-7所示。

同步	物理层头部	MAC层头部	网络层头部	辅助头部	加密MAC 有效载荷	消息完整性 校验码

图7-7　ZigBee网络层安全帧结构

网络层的主要思想是，先广播路由信息，接着处理接收到的路由信息，如判断数据帧来源，然后根据数据帧中的目的地址采取相应机制将数据帧传输出去。在传输过程中通常是利用链接密钥对数据进行加密处理，如果链接密钥不可用，则网络层将利用网络密钥进行保护。由于网络密钥在多个设备中使用，因此可能会带来内部攻击，但是它的存储开销更小。网络层对安全管理有责任，但其上一层控制着安全管理。

4. ZigBee的应用层

应用层主要负责把不同的应用映射到ZigBee网络，主要包括三部分：与网络层连接的应用支持子层（Application Support Sublayer，APS）、ZigBee设备对象（ZigBee Device Object，ZDO）和ZigBee的应用层框架（Application Framework，AF）。

应用支持子层（APS）提供了两个接口，分别是应用支持子层数据实体服务接入点（APSDE-SAP）和应用支持子层管理实体服务接入点（APSME-SAP）。同时，应用支持子层的接口是从应用商定义的应用对象到ZDO之间的服务集。应用支持子层数据实体提供的数据通信发生在同网络一个或者多个应用实体之间。APS管理实体提供的主要是维护数据库的服务，以及绑定设备等服务。

ZigBee应用层安全是通过应用支持子层（APS）提供的，根据不同的应用需求采用不同的密钥，主要使用链接密钥和网络密钥。ZigBee的应用层安全帧结构如图7-8所示。

同步	物理层 头部	MAC层 头部	网络层 头部	应用支持子层 头部	辅助头部	加密MAC 有效载荷	消息完整性 校验码

图7-8　ZigBee应用层安全帧结构

APS提供的安全服务包括密钥建立、密钥传输和设备服务管理。密钥建立在两个设备之间进行，包括4个步骤：交换暂时数据、生成共享密钥、获得链接密钥和确认链接密钥。密钥传输服务指设备之间安全传输密钥。设备服务管理包括更新设备和移除设备，更新设备服务提供一种安全的方式通知其他设备有第三方设备需要更新，移除设备则是通知其他设备有设备不符合安全需要，要被删除。

7.5 NFC 网络安全

7.5.1 NFC 技术简介

近场通信（NFC），是一种新兴的通信技术。使用了 NFC 技术的设备（如智能手机）可以在彼此靠近的情况下进行数据交换。NFC 技术由非接触式射频识别（RFID）及互连互通技术整合演变而来，通过在单一芯片上集成感应式读卡器、感应式卡片和点对点通信功能，利用移动终端实现移动支付、电子票务、门禁、移动身份识别、防伪等应用。它为人们日常生活中越来越普及的各种电子产品提供了一种十分安全快捷的通信方式。

近场通信业务结合了近场通信技术和移动通信技术，实现了电子支付、身份认证、票务、数据交换、防伪、广告等多种功能，是移动通信领域的一种新型业务。近场通信业务增强了移动电话的功能，使用户的消费行为逐步走向电子化，建立了一种新型的用户消费和业务模式。

7.5.2 NFC 技术的工作原理

NFC 是一种短距高频的无线电技术，NFCIP-1 标准规定 NFC 的通信距离为 10cm 以内，运行频率为 13.56MHz，传输速率有 106kb/s、212kb/s 和 424kb/s 三种。NFCIP-1 标准详细规定 NFC 设备的传输速率、编 / 解码方法、调制方案，以及射频接口的帧格式，此标准中还定义了 NFC 的传输协议，其中包括启动协议和数据交换方法等。

NFC 工作模式又分为被动模式和主动模式。

在被动模式中，NFC 发起设备（也称为主设备）需要供电设备，主设备利用供电设备的能量来提供射频场，并将数据发送到 NFC 目标设备（也称为从设备），传输速率需在 106kb/s、212kb/s 或 424kb/s 中选择其中一种。从设备不产生射频场，所以可以不需要供电设备，而是利用主设备产生的射频场转换为电能，为从设备的电路供电，接收主设备发送的数据，并且利用负载调制（load modulation）技术，以相同的速率将从设备数据传回主设备。因为此工作模式下从设备不产生射频场，而是被动接收主设备产生的射频场，所以称为被动模式，在此模式下，NFC 主设备可以检测非接触式卡或 NFC 目标设备，并与之建立连接。

在主动模式下，发起设备和目标设备在向对方发送数据时，都必须主动产生射频场，所以称为主动模式，它们都需要供电设备来提供产生射频场的能量。这种通信模式是对等网络通信的标准模式，可以获得非常快速的连接速率。

7.5.3 NFC 技术的应用模式

NFC 标准为了和非接触式智能卡兼容，规定了一种灵活的网关系统，具体分为三种工作模式：点对点通信模式、读写器模式和卡模拟模式。

1. 点对点通信模式

在点对点通信模式下，两个NFC设备可以直接交换数据。例如，多个具有NFC功能的数字相机、手机之间可以利用NFC技术进行无线互连，实现虚拟名片或数字相片等数据交换。

对于点对点通信模式来说，其关键在于把两个均具有NFC功能的设备连接起来，从而使点和点之间的数据传输得以实现。基于点对点通信模式，可以让具备NFC功能的手机与计算机等相关设备，真正达成点对点的无线连接与数据传输，并且在后续的关联应用中，不仅可为本地应用，还可为网络应用。因此，点对点通信模式的应用，对于不同设备间的迅速蓝牙连接，及其通信数据传输都有着十分重要的作用。

2. 读写器模式

在读写器模式下，NFC设备作为非接触读写器使用。例如，支持NFC的手机在与标签交互时扮演读写器的角色，开启NFC功能的手机可以读写支持NFC数据格式标准的标签。

读写器模式的NFC通信作为非接触读写器使用，可以从展览信息电子标签、电影海报、广告页面等读取相关信息。读写器模式的NFC手机可以从TAG中采集数据资源，按照一定的应用需求完成信息处理功能，有些应用功能可以直接在本地完成，有些则需要与TD-LTE等移动通信网络结合完成。基于读写器模式的NFC应用领域包括广告读取、车票读取、电影院门票销售等。读写器NFC模式还支持公交车站点信息、旅游景点地图信息的获取，提高了人们旅游交通的便捷性。

3. 卡模拟模式

在卡模拟模式下，将具有NFC功能的设备模拟成一张标签或非接触卡。例如，支持NFC的手机可以作为门禁卡、银行卡等而被读取。

卡模拟模式的关键在于对具有NFC功能的设备进行模拟，使之变成非接触卡的模式，例如，银行卡与门禁卡等。这种形式主要应用于商场或者交通等非接触性移动支付当中，在具体应用过程中，用户仅需把自己的手机或者其他有关的电子设备贴近读写器，同时输入相应密码即可使交易达成。对于卡模拟模式下的卡片来说，其关键是NFC卡由非接触读卡器的无线电辐射区域供电，这样即便NFC设备没有电源同样可以继续工作。另外，对于卡模拟模式的应用，还可通过在具备NFC功能的相关设备中采集数据，进而把数据传输至对应处理系统中做出有关处理，并且，这种形式还可应用于门禁系统与本地支付等各个方面。

7.5.4 NFC电子钱包的安全风险

目前，华为、小米等最新款的智能手机已经提供了第三方钱包的功能，用户开通该手机品牌的平台账号后，输入银行卡号、身份证号（非必须）、银行卡预留手机号、银行支付密码、银行绑定设备的短信验证码（快捷支付短信验证码），即可通过NFC技术完成手机与银行卡的绑定。而NFC绑定银行卡后，不仅可以在"电子钱包"内置的平台充值话费、进行生活缴费、预订机票（酒店）、在第三方平台消费、同平台用户转账，还可以在POS机上进行支付。相比于二维码支付，NFC支付的优势在于无须网络连接，以及省略了手机开锁、打开App、点击扫码等环节。

尽管NFC为人们的生活提供了便利，但是它也存在着一定的安全风险。首先，NFC绑定银行卡无须实名认证，存在一个"电子钱包"可以同时绑定多个人的银行卡，一张银行卡也可以绑定到多个平台账号的情况；其次，传统的银行账户盗刷，银行发送的支付验证码短信会详细地告知用户此验证码用于支付，但NFC绑定银行卡时，仅提示用户的银行卡与NFC产品进行绑定；最后，虽然NFC为手机"电子钱包"设置了密码，但是如果所使用的银行卡及商户POS机都支持小额免密的情况，可以免密支付，而无须输入验证码。

此类安全风险并非个例，通过假冒支付宝、银行等官方号码进行的电信诈骗之所以屡见不鲜又频频得手，与犯罪分子精准掌握消费者个人信息紧密相关。要避免被犯罪分子盯上，需要提高安全防范意识，加强对个人隐私信息的保护。

7.6　超宽带网络安全

超宽带（UWB）技术起源于20世纪50年代末，早期主要作为一种军用通信技术，在雷达探测和定位等军事领域中使用。2002年2月，美国联邦通信委员会批准超宽带技术进入民用领域，普通用户不需要申请即可使用。

7.6.1　超宽带技术的主要特点

作为一种重要的近距离通信技术，超宽带技术在需要传输宽带感知信息的物联网应用领域具有广阔的应用前景。与现有的无线通信技术相比，超宽带技术主要具有以下特点。

1. 低成本

UWB产品不再需要复杂的射频转换电路和调制电路，只需要以数字方式来产生脉冲，并对脉冲进行数字调制，而这些电路都可以被集成到一个芯片上。因此，其收发电路的成本很低，在集成芯片上加上时钟电路和一个微控制器，就可以构成一个超宽带通信设备。

2. 传输速率高

为了确保提供高质量的多媒体业务的无线网络，其信息传输速率不能低于50Mb/s。在民用产品中，一般要求UWB信号的传输半径在10m以内，根据经过修改的信道容量公式，其传输速率可达500Mb/s，是实现无线个人局域网的一种理想调制技术。UWB以非常宽的频率来换取高速的数据传输，并且不独占当前的频率资源，而是共享其他无线技术使用的频带。

3. 空间容量大

UWB无线通信技术的单位区域内通信容量可以超过每平方米1000kb/s，而IEEE

802.11b 仅为每平方米 1kb/s，蓝牙技术为每平方米 30kb/s，IEEE 802.11a 也只有每平方米 83kb/s，由此可见，目前常用的无线技术标准的空间容量都远低于 UWB 技术。随着技术的不断完善，UWB 系统的通信速率、传输距离及空间容量还将不断提高。

4. 低功耗

UWB 采用一种简单的传输方式——瞬间尖波形电波，即所谓的脉冲电波，它直接发送 0 或 1 的脉冲信号，脉冲持续时间很短，仅为 0.2 ～ 1.5ns，由于只在需要时发送脉冲电波，因此 UWB 系统的功耗很低，仅为 1 ～ 4mW，民用的 UWB 设备功率一般是传统移动电话或者 Wi-Fi 所需功率的 1/100 ～ 1/10，大大延长了电源的供电时间。UWB 设备在电池寿命和电池辐射上相对于传统无线设备有着很强的优越性。

7.6.2 超宽带网络面临的安全威胁

由于超宽带网络的独特特征，其网络非常脆弱，很容易受到各种安全威胁和攻击。传统加密和安全认证机制等安全技术虽然能够在一定程度上避免 UWB 网络中的入侵，但是面临的信息安全形势仍然严峻。超宽带主要面临如下信息安全威胁。

1. 拒绝服务攻击

拒绝服务攻击指使节点无法对其他合法节点提供所需正常服务的攻击。在无线通信中，攻击者的攻击目标可以是任意移动节点，并且攻击可以来自各个方向，发生在 UWB 网络中的各个层。在物理层和媒体接入（MAC）层，攻击者通过无线干扰来拥塞通信信道；在网络层，攻击者可以破坏路由信息，使得网络无法互连；在更高层，攻击者可以攻击各种高层服务。拒绝服务攻击的后果取决于 UWB 网络的应用环境，在 UWB 网络中，使中心资源溢出的拒绝服务攻击威胁甚少，UWB 网络各个节点相互依赖的特点，使分布式的拒绝服务攻击威胁更为严重。如果攻击者有足够的计算能力和运行带宽，较小的 UWB 网络可能非常容易拥塞，甚至崩溃。在 UWB 网络中，剥夺睡眠攻击是一种特殊的拒绝服务攻击，攻击者不停地通过合法方式与节点交互，其目的是消耗节点有限的电池能源，使其电池的能源耗尽，令节点无法正常工作。

2. 密钥泄露

在传统公钥密码体系中，用户采用加密、数字签名等技术来实现信息的机密性、完整性等安全服务。但这需要一个信任的认证中心，而 UWB 网络不允许存在单一的认证中心，因为单一的认证中心崩溃将造成整个网络无法获得认证，而且被攻破的认证中心的私钥可能会泄露给攻击者，使得整个网络完全失去安全性。

3. 假冒攻击

假冒攻击在超宽带网络的各个层次都可以进行。它可以威胁到 UWB 网络结构的所有层。如果没有适当的身份认证，恶意节点就可以伪装成其他受信任的节点，从而破坏整个网络的正常运行。例如，Sybil 攻击就是这样一种攻击。如果没有适当的用户验证的支持，在网络层，泄密节点可以冒充其他被信任节点攻击网络而不会暴露，例如，加入网络或者发送虚假的路由信息；在网络管理范围内，攻击者可以作为超级用户接入配置系统；在服务层，一个恶意用户甚至不需要适当的证书就可以拥有经过授权的公钥。成功的假冒攻击所造成的后果非常严重。一个恶意用户可以假冒任何一个友好节点，向其他节点发布虚假的命令和状态信息，并对其他节点或服务造成永久性的毁坏。同时，UWB 网络的这些安全缺陷也导致在传统网络中能够较好工作的安全机制，如加密和认证机制、防火墙及网络安全方案，不能有效地适用于 UWB 网络。

4. 路由攻击

路由攻击包括内部攻击和外部攻击。内部攻击源于网络内部，这种攻击会对路由信息造成很大的威胁。外部攻击中除了常规的路由表溢出攻击等方式外，还包括隧道攻击、睡眠剥夺攻击和节点自私性攻击等针对移动自组网的独特攻击。

7.6.3　超宽带技术的安全规范

与传统的有线网络相比，无线网络的安全问题往往是出乎预料的，由于分布式无线网络多种多样的应用模式，其安全问题更加复杂。

1. 安全性要求

针对超宽带网络应用过程中容易发生的信息安全问题，国际标准化组织接受了由 WiMedia 联盟提出的《高速超宽带通信的物理层和媒体接入控制标准》，即 ECMA-368（ISO/IEC26907），它规范了相应的安全性要求。

（1）安全级别。ECMA-368（ISO/IEC 26907）标准定义了两种安全级别：无安全和强安全保护。安全保护包括数据加密、消息认证和重播攻击防护；安全帧提供对数据帧、选择帧和控制帧的保护。

（2）安全模式。安全模式指一个设备是否被允许建立与其他设备进行数据通信的安全关系。ECMA-368（ISO/IEC 26907）标准定义了三种安全模式，用于控制设备间的通信。两台设备通过四次握手协议来建立安全关系。一旦两台设备建立了安全关系，它们将使用安全帧来作为数据帧，如果接收方需要接收安全帧，而发送方无安全帧，那么接收方将丢弃该帧。

安全模式 0 定义了数据传输时使用无安全帧的通信方式，以及与其他设备建立无安全关系的通信方式。在该模式下，如果接收到安全帧，MAC 层将直接丢弃该帧。

安全模式 1 定义了数据传输时只能与安全模式 0 下的设备进行数据通信，或者与未建立安全关系的处于安全模式 1 下的设备进行数据通信，或者在特定帧的控制下与处于安全模式 1 下建立安全关系的设备进行通信；否则将丢弃数据帧。

安全模式 2 的安全级别比较高，它不与其他安全模式的设备进行通信，而是通过四次握手协议建立安全关系。

（3）握手协议。四次握手协议使得两台具有共享主密钥的设备进行相互认证，同时产生配对传输密钥（Pairwise Transient Key，PTK）来加密特定的帧。

（4）密钥传输。在四次握手成功并建立安全关系后，两台设备开始分发各自的 GTK（Group Transient Key，GTK）。GTK 用于组播通信时对传输数据的加密。每个 GTK 的分发是通过四次握手中产生的 PTK 进行加密后再进行传输的。

2. 信息接收与验证

在信息接收过程中，接收帧时，MAC 子层的信息处理流程如图 7-9 所示。

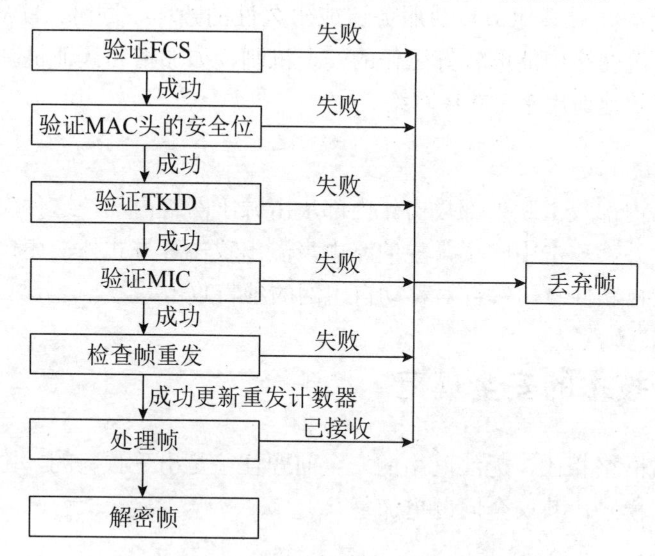

图 7-9　MAC 子层的信息处理流程

帧重发机制可以保护接收方有效地接收 FCS 和 MIC 安全帧，其信息接收流程如下：从接收帧中提取出 SFN，将其与此帧所用的临时密钥的重发计数器的值作比较，如果前者小于或等于后者，接收方的 MAC 子层丢弃此帧；否则，接收方将接收到的 SFN 赋给相应的重发计数器。不过，使用此 SFN 更新重发计数器前，接收方应确保此帧已通过 FCS 验证、重发预防和 MIC 确认。

3. MAC 层的信息安全传输机制

在超宽带系统中，MAC 层的信息安全传输功能主要包括以下几方面。

（1）通过物理层，在一个无线频道上与对等设备进行通信。

（2）采用基于动态配置的分布式信道访问方式。

（3）采用基于竞争的信道访问方式。

（4）采用同步的方式进行协调应用。

（5）提供设备移动和干扰环境下的有效解决方案。

（6）以调度帧传输和接收的方式来控制设备功耗。

（7）提供安全的数据认证和加密模式。

（8）提供设备间距离计算方案。

超宽带的 MAC 层是一种完全分布式的结构，没有一台设备处于中心控制的角色。所有设备都具有上述 8 种功能，并且根据应用的不同可以选择性地使用这 8 种功能。在分布式环境下，设备间通过信标帧的交换来识别。设备的发现、网络结构的动态重组和设备移动性的支持，都是通过周期性的信标传输来实现的。

4. 超宽带拒绝服务攻击防御策略

以往，拒绝服务攻击主要是针对计算机网络系统的。随着通信技术的发展，目前拒绝服务攻击已经有针对所有通信系统的发展趋势。由于超宽带是一种开放的分布式网络，没有中央控制。因此，基于 UWB 的物联网在运营过程中受到拒绝服务攻击的可能性就大大提高了。

（1）超宽带拒绝服务攻击的工作原理。

超宽带拒绝服务攻击流程如图 7-10 所示。

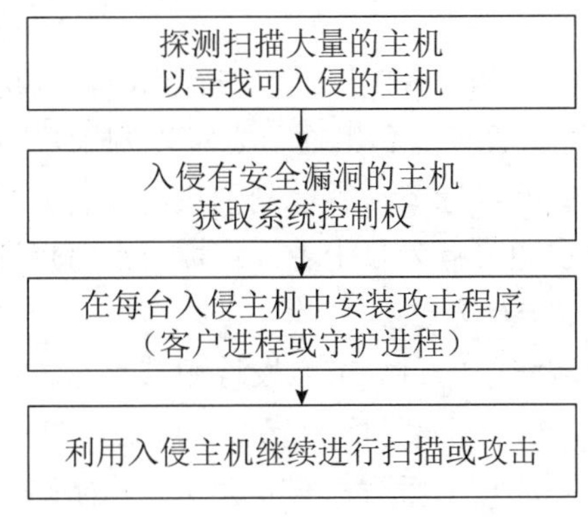

图 7-10　超宽带拒绝服务攻击流程

拒绝服务指网络信息系统由于某种原因遭到不同程度的破坏，使得系统资源的可用性降低甚至不可用，从而导致不能为授权用户提供正常的服务。拒绝服务通常是由配置错误、软件弱点、资源毁坏、资源耗尽和资源过载等因素引起的。其工作原理是利用工具软件，集中在某一时间段内向目标机发送大量的垃圾信息，或者是发送超过系统接收范围的信息，使对方出现网络堵塞或负载过重等状况，造成目标系统拒绝服务。在实际网络中，由于网络规模和速度的限制，攻击者往往难以在短时间内发送过多的请求，因此通常都采用分布式拒绝服务攻击的方式。在这种攻击中，为了提高攻击的成功率，攻击者需要控制大量的被入侵主机。因此攻击者一般会使用一些远程控制软件，以便在自己的客户端操纵整个攻击过程。

值得注意的是，在利用入侵主机继续进行扫描和攻击的过程中，采用分布式拒绝服务的客户端通常采用 IP 欺骗技术，以逃避追查。

（2）超宽带网络中拒绝服务攻击的类型。

在超宽带网络中，拒绝服务攻击主要有两种类型：MAC 层攻击和网络层攻击。

在 MAC 层实施的拒绝服务攻击主要有两种方法：一种方法是拥塞 UWB 网络中的目标节点设备使用的无线信道，使得 UWB 网络中的目标节点设备不可用；另一种方法是将 UWB 网络中的目标节点设备作为网桥，让其不停地中继转发无效的数据帧，耗尽 UWB 网络中目标节点设备的可用资源。

在网络层实施的攻击也称为 UWB 路由攻击，其主要攻击方法有以下四种。

① UWB 网络的多个节点通过与 UWB 网络中的被攻击目标节点设备建立大量的无效的 TCP 连接来消耗目标节点设备的 TCP 资源，使得正常的连接不能接入，从而降低甚至耗尽系统的资源。

② UWB 网络的多个节点同时向 UWB 网络中的目标节点设备发送大量伪造的路由更新数据包，使得目标节点设备忙于频繁的无效路由更新，以此恶化系统的性能。

③ 通过 IP 地址欺骗技术，攻击节点通过向路由器的广播地址发送虚假信息，使得路由器所在网络上的每台设备向 UWB 网络中的目标节点设备回复该信息，从而降低系统的性能。

④ 修改IP数据包头部的TTL域，使得数据包无法到达UWB网络中的目标节点设备。

（3）超宽带网络中拒绝服务攻击的防御措施。

针对UWB网络中基于数据报文的拒绝服务攻击，可以采用路由路径删除措施来防止UWB洪泛拒绝服务攻击。

当攻击者发动基于数据报文的UWB洪泛攻击行为时，发送大量攻击数据报文至所有UWB网络节点。数据报文的邻居节点和沿途节点难以判别攻击行为，因为它们无法判断数据报文的用途。但数据报文的目标节点容易判别攻击行为。当目标节点发现收到的报文都无用的时候，它就可以认定源节点为攻击者。目标节点可以通过路径删除的方法来阻止基于数据报文的UWB洪泛攻击行为。

具体的实施步骤是，当网络中的目标节点发现源节点是攻击者时，由目标节点生成一个路由请求报文（RRER），该报文标明目标节点不可达，目标节点将这个RRER报文发送给攻击者。当RRER报文到达攻击者时，它就会认为这条路由已经中断，从而将这条路由从本节点的路由表中删除，这样它就无法继续发送攻击报文了。假如它还要发送报文，就必须重新建立路由。这时，目标节点已经判定该节点为攻击者，对它发送的RREQ报文不回答RREP，这样就无法重新建立路由了。通过这种方式，只要被攻击过的节点都会拒绝攻击者建立路由。如果攻击者不断发动基于数据报文的UWB拒绝服务攻击，拒绝与其建立路由的节点就会越来越多，最后所有节点都会拒绝与其建立路由，攻击者就会被孤立于UWB网络之外，从而阻止了基于数据报文的UWB拒绝服务攻击。

随着物联网应用领域的不断发展，对于物联网末端感知信息的需求会不断增加，因此在物联网末端的信息感知网络中应用超宽带技术具有越来越重要的意义。目前对于超宽带应用过程中的信息安全机制虽然有一定的研究，但是仍然处于初级阶段，还需要针对物联网的运营环境和面临的新型信息安全威胁进行更为深入的研究，以满足物联网产业日新月异的发展需求。

7.7 本章小结

蓝牙技术是一种开放性的、短距离无线通信标准，可以用来在较短距离内取代多种有线电缆连接方案，通过统一的短距离无线链路在各种数字设备之间实现方便、快捷、灵活、安全、低成本、小功耗的语音和数据通信。

蓝牙标准体系中的协议按特别兴趣小组（SIG）的关注程度分为四层：核心协议、串口仿真协议（RFCOMM）、电话控制协议（TCS）和选用协议。

蓝牙标准中定义了3种网络安全模式：非安全模式、强制业务级安全模式和强制链路级安全模式。

蓝牙安全体系中主要使用3种密钥以确保安全的数据传输：个人识别码（PIN）、链路密钥和加密密钥。其中最重要的是链路密钥，用于两个蓝牙设备之间的相互鉴别。

Wi-Fi一般用于较小范围的无线通信，覆盖范围比较小，一般为一栋建筑物内或房间内，采用IEEE 802.11系列标准，传输速率一般为11～56Mb/s，连接距离一般限制在50～100m，工作频段为2.4GHz。

Wi-Fi 产品面临的安全隐患主要有容易被入侵、存在非法接入点、未经授权使用服务、服务和性能的限制、地址欺骗和会话拦截、流量分析与流量侦听、高级入侵等几种。

到目前为止，已经有很多种 Wi-Fi 安全技术，包括物理地址过滤、服务区标识符（SSID）匹配、有线对等保密（WEP）、端口访问控制技术、WPA、IEEE 802.11i 和 WAPI 等。

ZigBee 技术是可以实现短距离无线通信的新兴技术，以功耗低、成本低、复杂程度低优胜于其他的短距离无线通信技术。

ZigBee 技术的主要特点包括：功耗低、成本低、传输范围较小、时延短、网络容量大、数据传输可靠性较高、安全性高等。

ZigBee 建立在 IEEE 802.15.4 标准之上，确定了可在不同制造商之间共享的应用纲要。IEEE 802.15.4 仅定义了物理层和数据链路层。

ZigBee 兼容的产品工作在 IEEE 802.15.4 的物理层之上，可以工作在全球通用标准的 2.4GHz、美国标准的 915MHz 和欧洲标准的 868MHz 三个频段上，并且在这三个频段上分别具有 250kb/s、40kb/s 和 20kb/s 的最高数据传输速率。

IEEE 802.15.4 的 MAC 协议包括以下功能：设备之间无线链路的建立、维护和结束，确认模式的帧传输与接收，信道接入控制，帧校验，预留时隙管理，广播信息管理等。同时，使用 CSMA-CA 机制和应答重传机制，实现了信道的共享及数据帧的可靠传输。

ZigBee 网络层的主要功能是负责拓扑结构的建立和网络连接的维护，包括设计连接和断开网络时所采用的机制、帧传输过程中所采用的安全性机制、设备的路由发现和转交机制等。

ZigBee 应用层主要负责把不同的应用映射到 ZigBee 网络，主要包括三部分：与网络层连接的应用支持子层（APS）、ZigBee 设备对象（ZDO）和 ZigBee 的应用层框架（AF）。

近场通信（NFC），是一种新兴的通信技术，使用了 NFC 技术的设备（如智能手机）可以在彼此靠近的情况下进行数据交换。近场通信由非接触式射频识别（RFID）及互连互通技术整合演变而来，通过在单一芯片上集成感应式读卡器、感应式卡片和点对点通信的功能，利用移动终端实现移动支付、电子票务、门禁、移动身份识别、防伪等应用。

NFC 标准为了和非接触式智能卡相兼容，规定了一种灵活的网关系统，具体分为三种工作模式：点对点通信模式、读写器模式和卡模拟模式。

尽管 NFC 为人们的生活提供了便利，但是它也存在着一定的安全风险。

超宽带（UWB）技术起源于 20 世纪 50 年代末，早期主要作为军事技术在雷达探测和定位等应用领域中使用。UWB 通信技术的主要特点有低成本、传输速率高、空间容量大和低功耗等。

超宽带面临的信息安全威胁包括：拒绝服务攻击、密钥泄露、假冒攻击和路由攻击。

针对超宽带网络应用过程中容易发生的信息安全问题，国际标准化组织接受了由 WiMedia 联盟提出的《高速超宽带通信的物理层和媒体接入控制标准》，即 ECMA-368（ISO/IEC 26907），它规范了相应的安全性要求。

ECMA-368（ISO/IEC 26907）标准定义了两种安全级别：无安全和强安全保护。安全保护包括数据加密、消息认证和重播攻击防护；安全帧提供对数据帧、选择帧和控制帧的保护。

ECMA-368（ISO/IEC 26907）标准定义了三种安全模式，用于控制设备间的通信。两台设备通过四次握手协议来建立安全关系。一旦两台设备建立了安全关系，它们将使用安全帧来作为数据帧，如果接收方需要接收安全帧，而发送方无安全帧，那么接收方将丢弃该帧。

复习思考题

一、单选题

1. 蓝牙技术工作在（　　）频段。

A. 800MHz　　B. 2.4GHz　　C. 5.0GHz　　D. 以上都不是

2. 理论上，一个蓝牙主设备可同时与（　　）个蓝牙从设备进行通信。

A. 6　　B. 7　　C. 8　　D. 9

3. 超宽带网络英文缩写为（　　）。

A. Wi-Fi　　B. WiMAX　　C. ZigBee　　D. UWB

4. 在超宽带网络中，对网络层实施的攻击主要有（　　）种。

A. 3　　B. 4　　C. 5　　D. 6

5. ZigBee 在 2.4GHz 频段采用较高阶的（　　）调制技术。

A. QPSK　　B. BPSK　　C. 64QAM　　D. CAP

6. Wi-Fi 的传输距离一般为 50 ～ 100m，工作频段为（　　）。

A. 512MHz　　B. 1.2GHz　　C. 2.4GHz　　D. 5.0GHz

7. 最新版本的 Wi-Fi 安全标准是（　　）。

A. WPA　　B. WPA2　　C. WPA3　　D. WPA4

8. NFC 的传输速度为（　　）。

A. 106kb/s　　B. 212kb/s　　C. 424kb/s　　D. 以上都是

9. NFC 的工作模式为（　　）。

A. 主动模式　　B. 被动模式　　C. 以上都是　　D. 以上都不是

10. 超宽带技术的主要特点是（　　）和低功耗。

A. 低成本　　B. 传输速率高　　C. 空间容量大　　D. 以上都是

二、简答题

1. 蓝牙技术的特点是什么？

2. 蓝牙标准体系中包括哪些协议？

3. 请画图说明微微网（piconet）和散射网络（scatternet）。

4. 蓝牙标准中定义了哪几种网络安全模式？

5. 蓝牙安全体系中主要使用哪些密钥以确保安全的数据传输？其中最重要的是哪种密钥？

6. Wi-Fi 的特点和主要标准是什么？ Wi-Fi 具有哪些优点？

7. Wi-Fi 的安全隐患包括哪些方面？

8. Wi-Fi 包括哪些安全技术？

9. Wi-Fi 网络面临哪些安全威胁？

10. ZigBee 技术的主要特点是什么？
11. 请分别从物理层、数据链路层、网络层、应用层分析 ZigBee 技术标准。
12. 请简要说明 NFC 的工作原理。
13. 请简要说明 NFC 的点对点通信模式、读写器模式和卡模拟模式。
14. NFC 存在哪些安全风险？
15. 超宽带通信技术的主要特点是什么？
16. 超宽带面临哪些信息安全威胁？
17. ECMA-368（ISO/IEC 26907）标准的主要内容是什么？
18. 针对 UWB 网络中基于数据报文的拒绝服务攻击，可以采用什么防御措施？

第 8 章 网络层移动通信系统安全

8.1 移动通信系统概述

到目前为止，移动通信系统的发展已经经历了 5 个时代，如表 8-1 所示。

表 8-1 移动通信系统的发展

<table>
<tr><th>时代</th><th>标　准</th><th>技术</th><th>短信</th><th>语音</th><th>数据</th><th>数据传输速率</th></tr>
<tr><td>1G</td><td>AMPS，TACS</td><td>模拟</td><td>不支持</td><td colspan="2">电路</td><td>无</td></tr>
<tr><td>2G</td><td>GSM，CDMA，GPRS，EDGE</td><td>数字</td><td>支持</td><td colspan="2">电路</td><td>9.6 ~ 384kb/s</td></tr>
<tr><td>3G</td><td>WCDMA，CDMA2000，TD-SCDMA，HSPA</td><td>数字</td><td>支持</td><td>电路</td><td>分组</td><td>下行 2 ~ 42Mb/s</td></tr>
<tr><td>4G</td><td>TD-LTE，FDD-LTE，WiMAX</td><td>数字</td><td>支持</td><td colspan="2">分组</td><td>下行峰值 100Mb/s</td></tr>
<tr><td>5G</td><td>Massive MIMO，NOMA，PDMA，SCMA，MUSA</td><td>数字</td><td>支持</td><td colspan="2">分组</td><td>下行峰值 10Gb/s</td></tr>
</table>

8.2 移动通信系统面临的安全威胁

移动通信系统面临的安全威胁主要来自网络协议和系统的弱点，攻击者可以利用这些弱点非授权访问敏感数据、非授权处理敏感数据、干扰或滥用网络服务，对用户和网络资源造成损失。

按照攻击的物理位置，对移动通信系统的安全威胁又可分为对无线链路的威胁、对服务网络的威胁和对移动终端的威胁。其中主要威胁方式有以下几种。

（1）窃听。在无线链路或服务网络内窃听用户数据、信令数据及控制数。

（2）伪装。伪装成网络单元截取用户数据、信令数据及控制数据，伪装成合法终端欺骗网络获取服务。

（3）流量分析。主动或被动进行流量分析以获取信息的时间、速率、长度、来源及目的地。

（4）破坏数据的完整性。修改、插入、重放、删除用户数据或信令数据以破坏数据的完整性。

（5）拒绝服务。在物理上或协议上干扰用户数据、信令数据及控制数据在无线链路上的正确传输，实现拒绝服务攻击。

（6）否认。用户否认业务费用、业务数据来源及发送或接收到的其他用户的数据，网络单元否认提供的网络服务。

（7）非授权访问服务。用户滥用权限获取对非授权服务的访问，服务网络滥用权限获取对非授权服务的访问。

（8）资源耗尽。通过使网络服务过载耗尽网络资源，使合法用户无法访问。

8.3　第一代移动通信系统安全

8.3.1　第一代移动通信系统简介

第一代移动通信系统简称为1G，主要采用蜂窝组网和频分多址（Frequency Division Multiple Access，FDMA）技术。由于受到传输带宽的限制，不能进行移动通信的长途漫游，只能是一种区域性的移动通信系统。第一代移动通信有多种制式，我国主要采用的是TACS。第一代移动通信有很多不足之处，如容量有限、制式太多、互不兼容、保密性差、通话质量不高、不能提供数据业务和自动漫游等。

回顾第一代移动通信系统，就不能不提起大名鼎鼎的美国贝尔实验室。1978年底，贝尔实验室研制成功了全球第一个移动蜂窝电话系统——先进移动电话系统（Advanced Mobile Phone System，AMPS）。5年后，这套系统在芝加哥正式投入商用并迅速在全美国推广，获得了巨大成功。

同一时期，欧洲各国也不甘示弱，先后建立起自己的第一代移动通信系统。瑞典等北欧4国合作，于1980年研制成功了NMT-450移动通信网并投入使用；联邦德国于1984年完成了C网络（C-Net）；英国则于1985年开发了频段为900MHz的全接入通信系统（Total Access Communications System，TACS）。

在各种1G系统中，美国AMPS制式的移动通信系统在全球的应用最为广泛，它曾经在超过72个国家和地区成功运营，直到1997年仍在一些地区使用。同时，也有近30个国家和地区采用英国TACS制式的1G系统。这两个移动通信系统是世界上最具影响力的1G系统。

我国的第一代模拟移动通信系统，于1987年11月18日在第六届全运会上开通，并正式开始投入商用，采用的是英国的TACS制式。从中国电信1987年11月开始运营模拟移动电话业务到2001年12月底中国移动关闭模拟移动通信网，1G系统在中国的应用长达14年，用户数最高曾达到了660万。如今，1G时代那像砖头一样的手持终端——大哥大，已经成为了很多人的美好回忆。

第一代移动通信系统的主要特点是采用频分复用技术，语音信号为模拟调制，每隔30kHz/25kHz一条模拟用户信道。第一代移动通信系统在商业上取得了巨大的成功，但是其缺点也日渐显露出来：

（1）频谱利用率低。

（2）业务种类有限。

（3）无高速数据业务。

（4）保密性差，易被窃听和盗号。

（5）设备成本高。

（6）体积大，重量大。

8.3.2 第一代移动通信系统的安全机制

第一代移动通信系统的工作原理如图 8-1 所示。

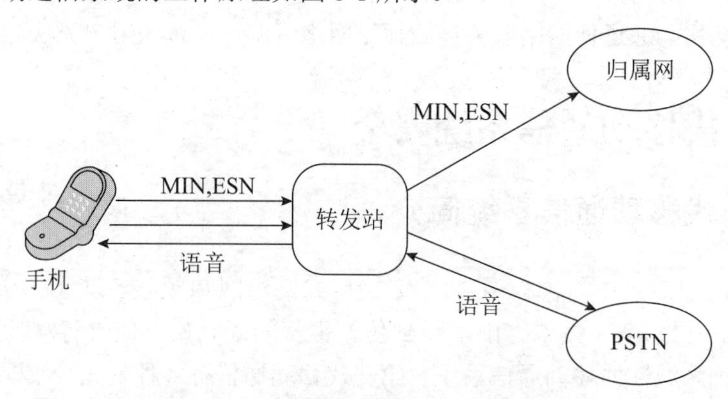

图 8-1 第一代移动通信系统的工作原理图

第一代移动通信系统仅仅实现了一个简单的模拟语音的传输，其安全性能并不高，只是一个无机密性的保护机制。每部手机都有一个电子序号（Electronic Serial Number，ESN）和由网络编码的移动标识号（Mobile Identification Number，MIN）。当用户接入的时候，手机只需要将 ESN 和 MIN 以明文的方式发送到网络，如果两者匹配，就能实现接入。通过上述的过程，可以看到只要监听无线电信号，就能够获取 ESN 和 MIN。利用窃取的 ESN 和 MIN，就可以不花任何费用拨打手机了，这就是手机克隆。这种欺诈性接入，会给运营商带来巨大的损失。频道劫持则是另外一种攻击手段，攻击者接管了正在进行通信的语音和数据会话。

8.4 第二代移动通信系统安全

8.4.1 第二代移动通信系统简介

20 世纪 80 年代中期，为了解决模拟系统中存在的这些根本性技术缺陷，数字移动通信技术应运而生，并且发展起来，这就是第二代移动通信系统（简称 2G）。第二代移动通信系统以传输话音和低速数据业务为目的，因此又称为窄带数字通信系统。第二代数字蜂窝移动通信系统的典型代表是美国的 DAMPS 系统、IS-95 系统和欧洲的 GSM 系统。

（1）先进数字移动电话系统（Digital Advanced Mobile Phone System，DAMPS）也称 IS-54（北美数字蜂窝系统），使用 800MHz 频带，是两种北美数字蜂窝标准中推出较早的一种，指定使用 TDMA 制式。

（2）IS-95 是北美的另一种数字蜂窝标准，使用 800MHz 或 1900MHz 频带，使用 CDMA 制式，已成为美国个人通信系统（Personal Communication System，PCS）网的首选技术。

（3）全球移动通信系统（Global System for Mobile Communication，GSM）发源于欧洲，它是作为全球数字蜂窝通信的 DMA 标准而设计的，支持 64kb/s 的数据速率，可与 ISDN 互连。GSM 使用 900MHz 频带，使用 1800MHz 频带的称为 DCS1800。GSM 采用

FDD 双工模式和 TDMA 多址模式，每载频支持 8 条信道，信号带宽 200kHz。GSM 标准体制较为完善，技术相对成熟，不足之处是相对于模拟系统，容量增加不多，仅仅为模拟系统的 2 倍左右，且无法和模拟系统兼容。

由于第二代移动通信以传输话音和低速数据业务为目的，从 1996 年开始，为了解决中速数据传输问题，又出现了 2.5 代的移动通信系统，如通用分组无线业务（General Packer Radio Service，GPRS）和 IS-95B。

8.4.2　第二代移动通信系统的安全机制

第二代移动通信系统以 GSM 系统为代表，其网络结构如图 8-2 所示。

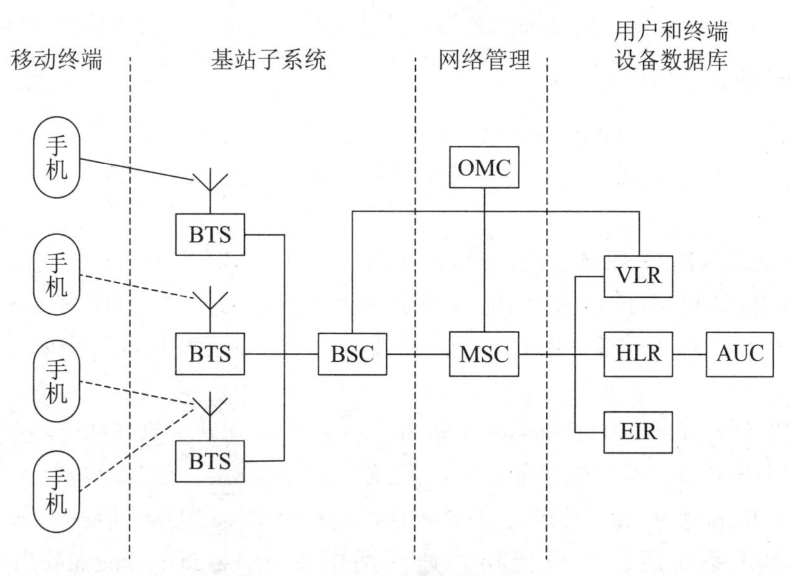

图 8-2　GSM 系统的网络结构

GSM 数字移动通信系统主要由移动交换系统（MSS）、基站子系统（BSS）、操作维护子系统（OMS）和移动站（MS）构成。下面具体描述各部分的功能。

1. 移动交换系统

移动交换系统（Mobile Switching System，MSS）主要完成交换功能，以及用户数据管理、移动性管理、安全性管理所需的数据库功能。

移动交换系统由移动交换中心（MSC）、归属位置寄存器（HLR）、拜访位置寄存器（VLR）、设备识别寄存器（EIR）、鉴权中心（AUC）和短消息中心（SMC）等功能实体构成。

移动交换中心（Mobile Switching Center，MSC），是 GSM 系统的核心，完成最基本的交换功能，即完成移动用户和其他网络用户之间的通信连接；完成移动用户寻呼接入、信道分配、呼叫接续、话务量控制、计费、基站管理等功能；提供面向系统其他功能实体的接口、到其他网络的接口，以及与其他 MSC 互连的接口。

归属位置寄存器（Home Location Register，HLR）是 GSM 系统的中央数据库，存放与用户有关的所有信息，包括用户的漫游权限、基本业务、补充业务及当前位置信息等，从而为MSC提供建立呼叫所需的路由信息。一个HLR可以覆盖几个MSC服务区甚至整个移动网络。

拜访者位置寄存器（Visitor Location Register，VLR），存储了进入其覆盖区的所有用户的信息，为已经登记的移动用户提供建立呼叫接续的条件。VLR是一个动态数据库，需要与有关的HLR进行大量的数据交换以保证数据的有效性。当用户离开该VLR的控制区域后，则重新在另一个VLR登记，原VLR将删除临时记录的该移动用户数据。在物理上，MSC和VLR通常合为一体。

鉴权中心（AUthentication Center，AUC），是一个受到严格保护的数据库，存储了用户的鉴权信息和加密参数。在物理实体上，AUC和HLR共存。

设备识别寄存器（Equipment Identity Register，EIR），存储与移动台设备有关的参数，可以对移动设备进行识别、监视和闭锁等，防止未经许可的移动设备使用网络。

2. 基站子系统

基站子系统（Base Station System，BSS）是移动交换系统和MS之间的桥梁，主要完成无线信道管理和无线收发功能。BSS主要包括基站控制器（BSC）和基站收发信台（BTS）两部分。

基站控制器（Base Station Controller，BSC），位于MSC与BTS之间，具有对一个或多个BTS进行控制和管理的功能，主要完成无线信道的分配、BTS和MS发射功率的控制及越区信道切换等功能。BSC也是一个小型交换机，汇集局部网络后通过A接口与MSC相连。

基站收发信台（Base Transceiver Station，BTS），是基站子系统的无线收发设备，由BSC控制，主要负责无线传输功能，完成无线与有线的转换、无线分集、无线信道加密、跳频等功能。BTS通过Abis接口与BSC相连，通过空中接口Um与MS相连。

此外，BSS系统还包括码变换和速率适配单元（Transcoding and Rate Adaptation Unit，TRAU）。TRAU通常位于BSC和MSC之间，主要完成16kb/s的RPE-LTP编码和64kb/s的A律PCM编码之间的码型变换。

3. 操作维护子系统

操作维护子系统（Operation and Maintenance System，OMS）是GSM系统的操作维护部分，GSM系统的所有功能单元都可以通过各自的网络连接到OMS，通过OMS可以实现GSM网络各功能单元的监视、状态报告和故障诊断等功能。

OMS分为两部分：操作维护中心－系统（Operation and Maintenance Center-System，OMC-S）部分和操作维护中心－无线（Operation and Maintenance Center-Radio，OMC-R）部分。OMC-S用于NSS系统的操作和维护，OMC-R用于BSS系统的操作和维护。

4. 移动站

移动站（Mobile Station，MS）即手机，是GSM系统的用户设备，可以是车载台、便携台和手持机。它由移动终端和SIM卡两部分组成。 移动终端主要完成语音信号处理和无线收发等功能。

SIM卡存储了认证用户身份所需的所有信息，以及与安全保密有关的重要信息，以防非法用户入侵。移动终端只有插入了 SIM 卡后才能接入 GSM 网络。

第二代移动通信的安全缺陷主要包括：单项身份认证；使用明文进行传输，容易造成密钥的信息泄露；加密功能没有延伸到核心网；无法抗击重放攻击；没有消息完整性认证，无法保证数据在链路传输过程中的完整性；用户漫游时归属网络不知道和无法控制服务网络如何使用自己用户的认证参数；没有第三方仲裁功能；系统安全缺乏升级能力等。

8.5　第三代移动通信系统安全

8.5.1　第三代移动通信系统简介

3G 即第三代移动通信技术，指支持高速数据传输的蜂窝移动通信技术。3G 服务能够同时传送声音及数据信息，速率一般在几百千比特每秒（kb/s）以上。3G 是将无线通信与国际互联网等多媒体通信结合的新一代移动通信系统，目前 3G 存在 3 种标准：CDMA 2000、WCDMA、TD-SCDMA。

3G 下行速度峰值理论可达 3.6Mb/s，上行速度峰值也可达 384kb/s。

我国国内支持国际电信联盟（International Telecommunication Union，ITU）确定的三个无线接口标准，分别是中国电信的 CDMA 2000，中国联通的 WCDMA，中国移动的 TD-SCDMA，GSM 设备采用时分多址技术，而 CDMA 采用码分扩频技术，先进功率和话音激活至少可提供 3 倍于 GSM 的网络容量，业界将 CDMA 技术作为 3G 的主流技术，国际电信联盟确定三个无线接口标准，分别是美国的 CDMA 2000，欧洲的 WCDMA，中国的 TD-SCDMA。原中国联通的 CDMA 出售给中国电信后，中国电信将 CDMA 升级为 3G 网络，3G 主要特征是可提供移动宽带多媒体业务。

1. WCDMA

WCDMA，全称为 Wideband CDMA，也称为 CDMA Direct Spread，意为宽频分码多重存取，这是基于 GSM 网发展出来的 3G 技术规范，是欧洲提出的宽带 CDMA 技术，与日本提出的宽带 CDMA 技术基本相同。WCDMA 的支持者主要是以 GSM 系统为主的欧洲厂商，日本公司也或多或少参与其中，包括欧美的爱立信、阿尔卡特、诺基亚、朗讯、北电网络，以及日本的 NTT、富士通、夏普等厂商。该标准提出了 GSM（2G）-GPRS-EDGE-WCDMA（3G）的演进策略。这套系统能够架设在现有的 GSM 网络上，对于系统提供商来说可以较轻松地过渡。

2. CDMA 2000

CDMA 2000 是由窄带 CDMA（CDMA IS95）技术发展而来的宽带 CDMA 技术，也称为 CDMA Multi-Carrier，它最早由美国高通公司提出，摩托罗拉、Lucent 和后来加入的韩国三星都有参与，后来韩国三星成为该标准的主导者。这套系统是从窄频 CDMA One 数字标准衍生出来的，可以从原有的 CDMA One 结构直接升级到 3G，建设成本低廉。但只在日韩和北美地区有使用，所以 CDMA 2000 的支持者不如 WCDMA 多。不过 CDMA 2000 的研发速度却是 3G 的各个技术标准中进展最快的。该标准提出了从 CDMA IS95（2G）-

CDMA 20001x-CDMA 20003x（3G）的演进策略。CDMA 20001x 被称为 2.5 代移动通信技术。CDMA 20003x 与 CDMA 20001x 的主要区别在于应用了多路载波技术，通过采用三路载波使带宽提高。中国电信采用这一方案向 3G 过渡，已建成了 CDMA IS95 网络。

3. TD-SCDMA

TD-SCDMA 全称为 Time Division-Synchronous CDMA（即时分同步 CDMA），该标准是由我国独自制定的 3G 标准，1999 年 6 月 29 日，由中国原邮电部电信科学技术研究院（大唐电信）向 ITU 提出，但技术发明始于西门子公司，TD-SCDMA 具有辐射低的特点，被誉为绿色 3G。该标准将智能无线、同步 CDMA 和软件无线电等当时国际领先技术融于其中，在频谱利用率、对业务支持灵活性、频率灵活性及成本等方面的具有独特优势。另外，由于中国内地庞大的市场，该标准受到各大主要电信设备厂商的重视。该标准提出不经过 2.5 代的中间环节，直接向 3G 过渡，非常适用于 GSM 系统向 3G 升级。

8.5.2 第三代移动通信系统的安全机制

第三代移动通信系统在 2G 的基础上进行了改进，继承了 2G 系统安全的优点，同时针对 3G 系统的新特性，定义了更加完善的安全特征与安全服务。未来的移动通信系统除了提供传统的语音、数据、多媒体业务外，还应当能支持电子商务、电子支付、股票交易、互联网业务等，个人智能终端将获得广泛使用，网络和传输信息的安全将成为制约其发展的首要问题。

随着向下一代网络（Next Generation Network，NGN）的演进，基于 IP 的网络架构必将使移动网络面临 IP 网络固有的一些安全问题。移动通信网络最终会演变成开放式的网络，能向用户提供开放式的应用程序接口，以满足用户的个性化需求。网络的开放性及无线传播的特性将使安全问题成为整个移动通信系统的核心问题之一。

与 2G 以语音业务为主、仅提供少量的数据业务不同，3G 可提供高达 2Mb/s 的无线数据接入服务。其安全模式也以数据、交互式、分布式业务为主。

1. 第三代移动通信系统的网络结构

第三代移动通信系统的网络结构如图 8-3 所示。

第三代移动通信系统由三部分组成：移动终端、无线接入网（Radio Access Network，RAN）和核心网（Core Network，CN）。

（1）移动终端。移动终端由两部分组成：移动设备（Mobile Equipment，ME）和全球用户识别模块（Universal Subscriber Identity Module，USIM）。移动设备实现无线通信功能，全球用户识别模块与 SIM 卡类似，保存了与运营商相关的用户信息。

（2）无线接入网。3G 中包括两种无线接入网，即地面无线接入网络（UMTS Terrestrial Radio Access Network，UTRAN）和 GSM/EDGE 无线接入网络（GSM/EDGE Radio Access Network，GERAN）。地面无线接入网络含有两种网络单元：BS 是 RAN 在网络一侧的终点，BS 被连接到 UTRAN 的控制单元（如无线网络控制单元 RNC）上。RNC 则通过 Iu 接口与 CN 相连。

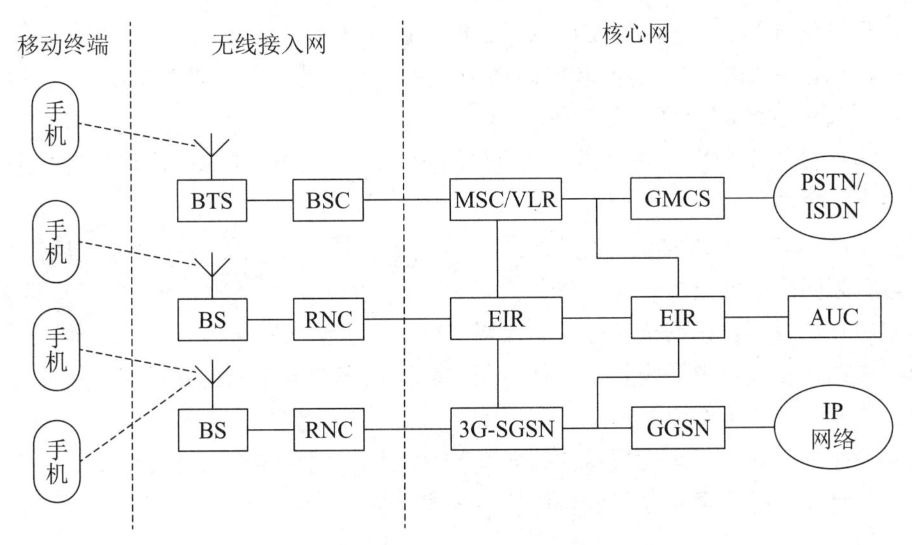

图 8-3　第三代移动通信系统的网络结构

（3）核心网。核心网（Core Network，CN）主要有两个域：分组交换（packet switch）域和电路交换（circuit switch）域。分组交换域是从 GPRS 域进化而来的，包含 GPRS 服务支持节点 SGSN 和 GPRS 网关支持节点 GGSN 两个重要的网络单元。CS 也是从传统的 GSM 网络进化而来的，其中最重要的网络单元是 MSC。SGSN 和 GGSN 是 GPRS 中新增加的网络单元，SGSN 的主要作用是记录移动终端的当前位置信息，并且在移动终端与 GGSN 之间完成移动分组数据的发送和接收。GGSN 通过基于 IP 的 GPRS 骨干网连接到 SGSN，然后连接到 GSM 网络和外部交换网。核心网还可以分为两部分：本地网络和服务网。本地网络包含所有用户的静态信息，服务网则处理用户设备到接入网之间的通信。

2. 3G 系统的安全体系

3GPP 的接入安全规范已经成熟，加密算法和完整性算法已经实现标准化。基于 IP 的网络域的安全也已制定出相应的规范。3GPP 的终端安全、网络安全管理规范还有待进一步完善。图 8-4 给出了一个完整的 3G 系统的安全体系。

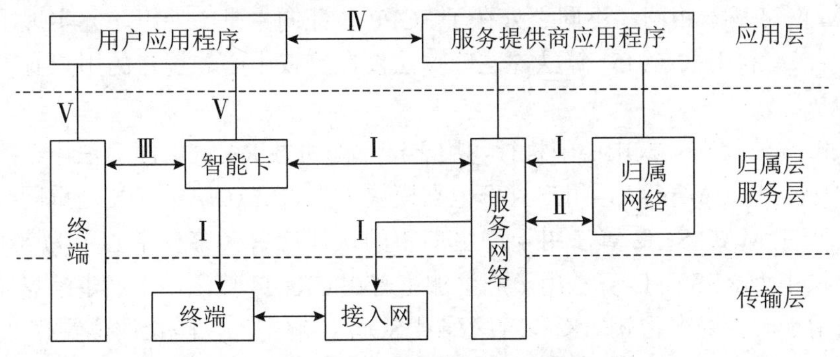

图 8-4　3G 系统的安全体系

为实现 3G 安全特征的目标，应针对它面临的各种安全威胁和攻击，从整体上研究和实施 3G 系统的安全措施，只有这样才能有效保障 3G 系统的信息安全。

在 3G 系统的安全体系中，针对不同的攻击类型，分别定义了 5 个安全特征组，即网络接入安全（Ⅰ）、核心网安全（Ⅱ）、用户域安全（Ⅲ）、应用域安全（Ⅳ）、安全的可知性及可配置性（V）。它们涉及传输层、归属层/服务层和应用层，同时也涉及移动用户（包括移动设备MS）、服务网和归属环境。每一安全特征组用以对抗某些威胁和攻击，实现3G系统的某些安全目标。

（1）网络接入安全。该安全特征组提供用户安全接入3G业务，特别是对抗来自无线接入链路上的攻击。

（2）核心网安全。该安全特征组使网络运营商之间的节点能够安全地交换信令数据，对抗来自有限网络上的攻击。

（3）用户域安全。该安全特征组确保用户能够安全接入网络。

（4）应用域安全。该安全特征组使得用户和网络运营商之间的各项应用能够安全地交换信息。

（5）安全的可知性及可配置性。该安全特征组使得用户能够知道某个安全特征组是否在运行，并且业务的应用和设置是否依赖于该安全特征。

3. 3G系统的接入安全机制

3G系统的接入安全机制有三种：根据临时身份（IMSI）识别；根据永久身份（IMSI）识别；认证和密钥协商（AKA）。

AKA机制完成移动台（MS）和网络的相互认证，并建立新的加密密钥和完整性密钥。AKA机制的执行分为两个阶段：第一阶段是认证向量（Authentication Vector，AV）由归属环境（Home Environment，HE）到服务网络（Service Network，SN）的传输；第二阶段是SGSN/VLR和MS执行询问应答程序取得相互认证。HE包括HLR和鉴权中心（AUC）。认证向量含有与认证和密钥分配有关的敏感信息，在网络域的传送使用基于七号信令的MAPSec协议，该协议提供了数据来源认证、数据完整性、抗重放和机密性保护等功能。

4. 3G安全算法

3G系统定义了多种安全算法：f0、f1、f2、f3、f4、f5、f6、f7、f8、f9、f1*、f5*，分别应用于不同的安全服务。身份认证与密钥分配方案中移动用户登记和认证参数的调用过程与GSM网络基本相同，不同之处在于3GPP认证向量是5元组，并实现了用户对网络的认证。AKA利用f0至f5*算法，这些算法仅在鉴权中心和用户的用户身份识别模块（USIM）中执行。

其中，f0算法仅在鉴权中心中执行，用于产生随机数RAND；f1算法用于产生消息认证码（鉴权中心中为MAC-A，用户身份识别模块中为XMAC-A）；f1*是重同步消息认证算法，用于产生MAC-S；f2算法用于产生期望的认证应答（鉴权中心中为XRES，用户身份识别模块中为RES）；f3算法用于产生加密密钥CK；f4算法用于产生消息完整性密钥IK；f5算法用于产生匿名密钥AK和对序列号SQN加解密，以防止被位置跟踪；f5*是重同步时的匿名密钥生成算法。

AKA由SGSN/VLR发起，在鉴权中心中产生认证向量AV=（RAND，XRES，CK，IK，AUTN）和认证令牌AUTN=SQN[AAK] ‖ AMF ‖ MAC-A。VLR发送RAND和AUTN至用户身份识别模块。用户身份识别模块计算XMAC-A=f1K（SQN ‖ RAND ‖ AMF），若等于AUTN中的MAC-A，并且SQN在有效范围内，则认为对网络鉴权成功，计算RES、

CK、IK，发送RES至VLR。VLR验证RES，若与XRES相符，则认为对MS鉴权成功；否则，拒绝MS接入。当SQN不在有效范围时，用户身份识别模块和鉴权中心利用f1*算法进入重新同步程序，SGSN/VLR向HLR/AUC请求新的认证向量。

3G的数据加密机制将加密保护延长至无线网络控制器（Radio Network Controller，RNC）。数据加密使用f8算法，生成密钥流块KEYSTREAM。对于MS和网络间发送的控制信令信息，使用算法f9来验证信令消息的完整性。对于用户数据和话音不给予完整性保护。MS和网络相互认证成功后，用户身份识别模块和VLR分别将CK和IK传给移动设备和无线网络控制器，在移动设备和无线网络控制器之间建立起保密链路。f8和f9算法都是以分组密码算法KASUMI构造的，KASUMI算法的输入和输出都是64位，密钥是128位。KASUMI算法在设计上具有对抗差分和线性密码分析的可证明的安全性。

5. 第三代移动通信系统安全机制的优点

相对于2G移动通信系统，3G系统具有以下优点。

（1）提供了双向认证。不但提供基站对MS的认证，也提供MS对基站的认证，可有效防止伪基站攻击。

（2）提供了接入链路信令数据的完整性保护。

（3）密码长度增加为128位，改进了算法。

（4）3GPP接入链路数据加密延伸至RNC。

（5）3G的安全机制还具有可拓展性，为将来引入新业务提供安全保护措施。

（6）3G能向用户提供安全可视性操作，用户可随时查看自己所用的安全模式及安全级别。

6. 第三代移动通信系统安全机制的缺点

在密钥长度、算法选定、鉴别机制和数据完整性检验等方面，3G的安全性能远远优于2G。但3G仍然存在以下安全缺陷。

（1）没有建立公钥密码体制，难以实现用户数字签名。随着移动终端存储器容量的增加和CPU处理能力的提高及无线传输带宽的增加，必须着手建设无线公钥基础设施（Wireless Public Key Infrastructure，WPKI）。

（2）密码学的最新成果（如ECC椭圆曲线密码算法）并未在3G中得到应用。

（3）算法过多。

（4）密钥产生机制和认证协议有一定的安全隐患。

8.6　第四代移动通信系统安全

8.6.1　第四代移动通信系统简介

第四代移动通信系统，英文缩写为4G。该技术包括TD-LTE和FDD-LTE两种制式。

4G技术集LTE技术与WiMAX技术于一体，并能够快速传输数据、高质量音视频和图像等。4G支持100Mb/s的峰值下载速率，是目前的家用宽带ADSL（4Mb/s）的25倍，并能够满足几乎所有用户对于无线服务的要求。此外，4G可以在DSL和有线电视调制解调器没有覆盖的地方部署，然后再扩展到整个地区。很明显，4G有着不可比拟的优越性。

长期演进（Long Term Evolution，LTE）项目是3G的演进，它改进并增强了3G的空中接入技术，采用OFDM和MIMO作为其无线网络演进的唯一标准。根据4G牌照发布的规定，国内三家运营商中国移动、中国电信和中国联通，都拿到了TD-LTE制式的4G牌照。

LTE主要特点是在20MHz频谱带宽下能够提供下行100Mb/s与上行50Mb/s的峰值速率，相对于3G网络，大幅提高了小区的容量，同时网络延迟大大降低：内部单向传输时延低于5ms，控制平面从睡眠状态到激活状态迁移时间低于50ms，从驻留状态到激活状态的迁移时间小于100ms。并且这一标准也是3GPP长期演进（Long Term Evolution，LTE）项目，是3GPP启动的新技术研发项目。

8.6.2 第四代移动通信系统的安全机制

1. 第四代移动通信系统的网络结构

第四代移动通信系统的网络结构如图8-5所示。

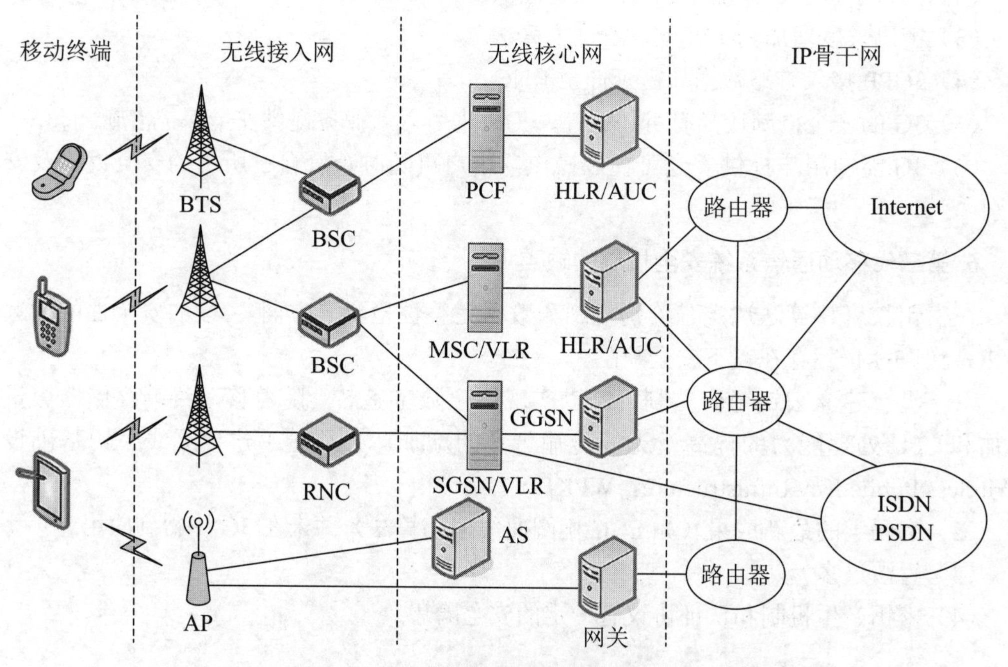

图8-5 第四代移动通信系统的网络结构

4G系统包括移动终端、无线接入网、无线核心网和IP骨干网四部分。

4G网络实现了不同固定和无线平台及跨越不同频带的无线网络的连接，为所连接的无线平台和无线网络提供了无缝的、一致性的移动计算环境，并支持高速移动环境下数据的高速传输功能，能够对语音、数据、图像进行高质量、高速度的传输。4G网络将固定的有线网络与无线蜂窝网络、卫星网络、广播电视网络、蓝牙等系统集成和融合，这些接入网络都将被无缝地接入基于IP的核心网，形成一个公共的平台，这个平台相较传统的平台将具有更高的公共性、灵活性、可扩展性。

2. 第四代移动通信系统的特点

第四代移动通信系统的主要特点如下。

（1）多网络集成：4G 网络集成和融合多种网络和无线通信技术系统。

（2）全 IP 网络：4G 网络是一种基于分组的全 IP 网络。

（3）大容量：4G 网络的容量较 3G 网络要大得多，大约是后者的 10 倍。

（4）无缝覆盖：4G 网络实现了无缝覆盖，用户可以在任何时间、任何地点使用无线网络。

（5）带宽更宽：每个 4G 信道将占有 3G 信道宽度约 20 倍的频谱。

（6）高灵活性和扩展性：4G 网络可以通过与其他网络的自由连接来扩展自身的范围，同时网络中的用户和网络设备可以自由增减。

（7）高智能性：4G 网络实现了终端设备设计和操作的智能化，可以自适应地进行资源分配、业务处理和信道环境适应。

（8）高兼容性：4G 网络采用的是开放性的接口，可以实现多网络互连、多用户融合。

3. 第四代移动通信系统面临的安全问题

随着 4G 通信技术的迅速发展，其安全漏洞也日益暴露，引发了一系列的安全问题。其中，最主要的安全问题包括 4G 网络规模的扩大、通信技术及相关业务的不断发展和来自外部网络的安全威胁。

网络规模的扩大，顾名思义指网络的使用范围的扩展面积较大，网络的管理系统已经跟不上网络扩展的步伐，这样就导致在管理方面存在着较大的问题。

来自外部网络的安全威胁也不忽视，这些威胁主要包括网络病毒的传播，以及 4G 网络存在的相关漏洞导致黑客入侵等。其中，仅仅是手机病毒，就存在着很多的安全威胁。手机病毒可以分为短信息类手机病毒、蠕虫类手机病毒，以及常见的木马类手机病毒，这些来自于外界的网络安全危害，会对 4G 网络造成威胁。这些问题的存在将严重制约 4G 网络技术安全的扩展，同时也不利于我国通信技术的发展。

4G 网络技术是 3G 网络的升级版本，但是 4G 网络技术并未达到相关的技术要求，且 4G 网络技术的覆盖尚未达到全面的覆盖，两个覆盖的区域不能相互兼容，同时难以保证 4G 网络覆盖区域的安全性能。

通信系统容量的限制，也大大制约着手机的下载速度。虽然 4G 网络技术的下载速度要比 3G 快很多，但是受 4G 网络技术系统限制的同时，手机用户不断增加，网络的下载速度将会逐渐降低，同时下载的文件是否都具备安全的性能也无法保证，这也是保证 4G 网络安全发展研究的待解决问题之一。

4. 4G 网络的安全对策

4G 网络最大的安全问题在于其在应用领域上存在安全隐患，一旦这些问题出现将导致非常严重的后果。因此，需要与 4G 网络相关的所有成员共同关注。首先，开发商要加强 4G 网络安全机制的研发工作；第二，运营商应当采取严格的安全防护措施；第三，4G 网络用户也要提高自身的安全防范意识。针对 4G 网络的安全对策如下。

（1）建立安全的移动通信系统。要推进 4G 网络技术不断发展，就要做好相关的安全措施，分析 4G 网络的安全需求，确定 4G 网络安全的目标，保证移动平台硬件与应用软件及操作系统的完整性，明确使用者的身份权限，并保证用户的隐私安全。

（2）建立安全认证体系。目前的移动通信安全体制，通常都采用私钥密码的单一体制。但是这样的私钥密码体制难以全方位地保证 4G 网络的安全。应当针对不同的安全特征与服务，采用公钥密码体制和私钥密码体制的混合体制，与此同时加快公钥的无线基础设施建设，建立以 CA 为认证中心的核心安全认证体系。

（3）发展新型的 4G 网络加密技术。要推进 4G 网络技术安全的发展，就必须发展新型的 4G 网络加密技术，如量子密码技术、椭圆曲线密码技术、生物识别技术等移动通信系统加密技术，提高加密算法和认证算法自身的抗攻击能力，保证 4G 网络技术在传输机密信息时的完整性、可控制性、不可否认性及可用性。

（4）加强 4G 网络安全的防范意识。单纯依靠开发商、网络管理者的努力是不够的。用户能否安全地使用 4G 网络，才是在 4G 网络技术发展中最不容忽视的重要环节。

为了促进 4G 网络的发展，用户自身也应该加强安全防范意识。例如，不访问不安全的钓鱼网站，不到盗版软件网站下载有可能存在病毒的文件，定期清理手机中的垃圾，定期查杀病毒等。

8.7 第五代移动通信系统安全

8.7.1 第五代移动通信系统简介

第五代移动通信技术（5th generation mobile communication technology，5G）是新一代的移动通信技术，也是继 2G（GSM）、3G（UMTS，LTE）和 4G（LTEA、WiMAX）系统之后的延伸。5G 系统的性能目标是为用户提供高数据传输速率、低延迟、节能、低成本、高系统容量和大规模的设备连接。

5G 技术既不是一种单一的移动通信技术，也不是全新的移动通信技术，而是新的移动通信技术和现有移动通信技术的高度融合。

5G 的特点是超高频率、超高频宽，传输速率比 4G 快了一个数量级，对无线通信网络做了优化，具有更低的时延，完全可以胜任物联网、智能交通、高清视频和虚拟现实等业务的需求。

5G 技术与 4G 技术对比的结果如下。

（1）传输速率提升到 4G 的 10 ～ 100 倍，达到 10Gb/s。

（2）网络容量是 4G 的 1000 倍。

（3）端到端时延减小了 90%，可以达到毫秒级。

（4）频谱效率是 4G 的 5 ～ 10 倍，同样带宽下传输的数据是 4G 的 5 ～ 10 倍。

（5）频率更高，工信部规定我国的 5G 频率是 3.3 ～ 3.6GHz/4.8 ～ 5GHz。全球部署的 5G 频段为 n77、n78、n79、n257、n258 和 n260，频率分别是 3.3 ～ 4.2GHz、4.4 ～ 5.0GHz 和毫米波频段 26GHz/28GHz/39GHz。

（6）微基站广泛使用，室内移动通信，用户间直接通信，而不像传统的 4G 通信必须经过基站转发，5G 终端可以像对讲机那样工作，数据可以在 5G 终端设备之间直接通信，但信令还要经过基站传送。

（7）更多的大规模天线（MIMO）。

8.7.2　第五代移动通信系统的安全机制

1. 第五代移动通信系统的应用场景

5G 技术是具有高速率、低时延和大连接特点的新一代宽带移动通信技术，5G 通信设施是实现人机物互连的网络基础设施。

国际电信联盟（ITU）定义了 5G 的三大类应用场景，即增强移动宽带（enhanced Mobile Broad Band，eMBB）、超高可靠低时延通信（ultra high Reliability and Low Latency Communication，uRLLC）和海量机器类通信（massive Machine Type Communication，mMTC）。eMBB 主要面向移动互联网流量爆炸式增长，为移动互联网用户提供更加极致的应用体验；uRLLC 主要面向工业控制、远程医疗、自动驾驶等对时延和可靠性具有极高要求的垂直行业应用需求；mMTC 主要面向智慧城市、智能家居、环境监测等以传感和数据采集为目标的应用需求。

5G 应用场景因技术本身及应用场景自身特点面临新的安全风险，成为影响 5G 融合业务发展的关键要素。目前 5G 典型场景以增强移动宽带业务为主，并逐步拓展到各垂直行业。3GPP 已经完成 eMBB 场景相关安全标准制定工作，uRLLC 及 mMTC 场景标准正在制定中。

eMBB 场景：典型应用包括 4K/8K 超高清移动视频、沉浸式 AR/VR 业务。其主要风险是，超大流量对于现有网络安全防护手段形成挑战。由于 5G 数据速率是 4G 速率的 10 倍以上，网络边缘数据流量将大幅提升，现有网络中部署的防火墙、入侵检测系统等安全设备在流量检测、链路覆盖、数据存储等方面将难以满足超大流量下的安全防护需求，面临较大挑战。

uRLLC 场景：典型应用包括工业互联网、车联网自动驾驶等。uRLLC 能够提供高可靠、低时延的服务质量保障，其主要安全风险是，低时延需求造成复杂安全机制部署受限。安全机制的部署，例如，接入认证、数据传输安全保护、终端移动过程中切换、数据加解密等均会增加时延，过于复杂的安全机制无法满足低时延业务的要求。

mMTC 场景：应用覆盖领域广，接入设备多、应用地域和设备供应商标准分散、业务种类多。其主要安全风险是，泛在连接场景下的海量多样化终端易被攻击利用，对网络运行安全造成威胁。5G 时代将有海量物联网终端接入，预计到 2025 年全球物联网设备联网数量将达到 252 亿（数据来自 GSMA 研究报告《物联网：下一波连接和服务》）。其中大量功耗低、计算和存储资源有限的终端难以部署复杂的安全策略，一旦被攻击容易形成僵尸网络，成为攻击源，进而引发对用户应用和后台系统等的网络攻击，带来网络中断、系统瘫痪等安全风险（数据来自欧盟网络信息安全合作组（NISCG）2019 年 10 月的《欧盟 5G 网络安全风险评估报告》）。

2. 5G 的关键性能指标

为满足 5G 多样化的应用场景需求，5G 的关键性能指标更加多元化。ITU 定义了 5G 八大关键性能指标，其中高速率、低时延、大连接成为 5G 最突出的特征，用户体验速率达 1Gb/s，时延低至 1ms，用户连接能力达每平方千米支持 100 万台连接设备。

5G 移动网络与早期的 2G、3G 和 4G 移动网络一样，也是数字蜂窝网络。在这种网络中，供应商覆盖的服务区域被划分为许多被称为蜂窝的小地理区域。表示声音和图像的模拟信号在手机中被数字化，由模数转换器转换并作为比特流传输。蜂窝中的所有5G无线设备通过无线电波与蜂窝中的本地天线阵和低功率自动收发器（发射机和接收机）进行通信。收发器从公共频率池分配频道，这些频道在地理上分离的蜂窝中可以重复使用。本地天线通过高带宽光纤或无线回程连接与电话网络和互联网连接。与现有的手机一样，当用户从一个蜂窝穿越到另一个蜂窝时，他们的移动设备将自动“切换”到新蜂窝中的天线。

5G移动通信技术的主要优势在于，数据传输速率远远高于以前的蜂窝网络，最高可达10Gb/s，比当前的有线互联网更快，是先前的4G LTE蜂窝网络的100倍。另一个优点是较低的网络延迟（更快的响应时间），低于1ms，而4G为30～70ms。由于数据传输更快，5G网络将不仅仅为手机提供服务，还将成为家庭和办公网络服务商，与有线网络服务商竞争。

5G移动通信技术的关键性能指标如图8-6所示，就像一朵美丽的八瓣向日葵花，分别是用户体验速率、用户峰值速率、移动性、端到端延时、连接密度、能量效率、频谱效率和流量密度。

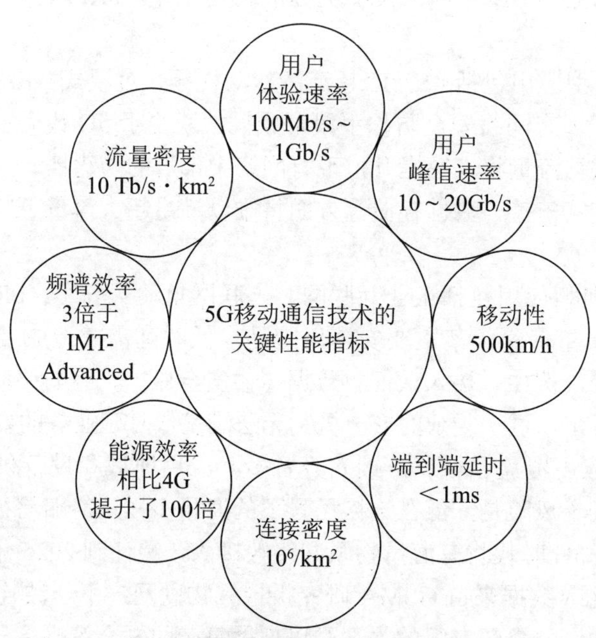

图8-6　5G移动通信技术的关键性能指标

5G的应用场景要求具备远高于4G的性能，具体地说，5G的关键性能指标应达到以下具体数据。

（1）支持100Mb/s～1Gb/s的用户体验速率。

（2）支持10～20Gb/s的用户峰值速率。

（3）支持500km/h以上的移动性。

（4）低于1ms的端到端延时。

（5）$10^6/km^2$的连接密度。

（6）相比4G，5G的能源效率提升了100倍。

（7）3 倍于 IMT-Advanced 的频谱效率。

（8）10Tb/s · km^2 的流量密度。

3. 第五代移动通信系统的关键技术

5G 作为一种新型移动通信网络，不仅要解决人与人的通信，为用户提供增强现实（AR）、虚拟现实（VR）、超高清（3D）视频等更加身临其境的极致业务体验，更要解决人与物、物与物的通信问题，满足移动医疗、车联网、智能家居、工业控制、环境监测等物联网应用需求。最终，5G 将渗透到经济社会的各行业各领域，成为支撑经济社会数字化、网络化、智能化转型的关键新型基础设施。

5G 通信技术标准重点满足灵活多样的物联网需要。在 OFDMA 和 MIMO 基础技术上，5G 为支持三大应用场景，采用了灵活的全新系统设计。在频段方面，与 4G 支持中低频不同，考虑到中低频资源有限，5G 同时支持中低频和高频频段，其中中低频满足覆盖和容量需求，高频满足在热点区域提升容量的需求，5G 针对中低频和高频设计了统一的技术方案，并支持百兆赫兹的基础带宽。为了支持高速率传输和更优覆盖，5G 采用 LDPC、Polar 新型信道编码方案、性能更强的大规模天线技术等。为了支持低时延、高可靠，5G 采用短帧、快速反馈、多层（多站）数据重传等技术。

5G 采用全新的服务化架构，支持灵活部署和差异化业务场景。5G 采用全服务化设计，模块化网络功能，支持按需调用，实现功能重构；采用服务化描述，易于实现能力开放，利于引入 IT 开发实力，发挥网络潜力。5G 支持灵活部署，基于 NFV/SDN，实现硬件和软件解耦，实现控制和转发分离；采用通用数据中心的云化组网，网络功能部署灵活，资源调度高效；支持边缘计算，云计算平台下沉到网络边缘；支持基于应用的网关灵活选择和边缘分流。通过网络切片满足 5G 差异化需求，网络切片指从一个网络中选取特定的特性和功能，定制出的一个逻辑上独立的网络，它使得运营商可以部署功能、特性服务各不相同的多个逻辑网络，分别为各自的目标用户服务。5G 定义了 3 种网络切片类型，即增强移动宽带、低时延高可靠、大连接物联网。

4. 第五代移动通信系统的安全问题

（1）虚拟网络技术的脆弱性。

对于 5G 网络技术来说，其与 4G 网络技术相比较虽然表现出更明显的便利性特点，但也仍旧存在虚拟网络固有的脆弱性特点，在实际应用过程中，相比于实体通信手段，更加容易被攻击及窃取，严重者会导致其终端手段破坏。在通信网络实际运行及应用中，恶意攻击往往都会伪装成为合法用户，在获得网络通信服务信任的情况下实行攻击，而这种恶意破坏往往难以根除，也难以及时消除。另外，对于移动网络应用来说，其需要以智能设备为支持，然而网络技术及智能设备在实际应用中都会受到一定的恶意攻击，因而 5G 网络在实际应用过程中的安全性仍旧会受到影响。

（2）5G 网络使计算存储技术及设备面临更严峻的考验。

在 5G 网络的实际应用过程中，对于数据接入信道也有着越来越高的要求，需要其具有更高的传输速率，然而，实际应用中的大多数设备均无法满足这一要求，这对 5G 网络的应用必然会产生一定不利影响。另外，在 5G 网络技术的实际应用过程中，在对于终端的管理方面，对于管理机制也有着新要求。由于这些因素的存在，导致 5G 网络技术在实际应用过程中很难构建起有效的传输管理体系，而信息过载情况的出现，也会导致设备在实际运行及应用过程中有故障产生，致使5G网络的应用受到不利影响。

（3）网络商务安全方面的问题。

随着5G网络技术不断完善及发展，在电子商务及有关增值业务方面，5G网络技术也必然会有着越来越广泛的应用，而在这类业务的实际开展过程中，对设备安全性及信息安全性方面也有着更高的要求及标准。就用户所使用的智能系统来说，表现出十分明显的流动性特点，在实际流通过程中也必然会涉及不同运营商、服务提供商及信息交流方，这些不同环节之间产生的交流，在安全性方面有着更高的要求，5G网络在今后的实际应用中也必然会面临安全性的考验。

5. 5G的安全新特性

5G需要多元化的身份管理机制和可扩展的身份管理框架，来应对垂直行业和海量物联网终端带来的安全管理需求。

（1）为行业用户提供分层身份管理机制。

未来运营商可以对行业用户的大量物联网终端采用分层的身份管理方式，即运营商管理行业用户身份，而行业用户管理终端用户身份，行业用户与运营商协作共担用户管理责任。这样，对于同一个行业用户的海量终端，网络的认证和授权都可以关联到同一个行业用户，从而方便地进行计费管理。行业用户可以在运营商许可的范围内，灵活地增加、减少终端，以满足自身行业拓展的需要。

（2）为个人用户提供以用户为单位的身份管理机制。

未来个人用户可能同时拥有多个物联网设备，允许用户对自身的多个设备（如可穿戴设备）在一定范围内进行灵活的管理，包括设备的入网和服务属性设置等，如允许流量以在线和离线的方式在用户的不同设备之间共享。同一个用户的不同设备所使用的身份应该是相互关联的，它们的认证和授权也可以通过这个用户的身份标识进行关联，统一管理。

（3）基于（U）SIM和对称密钥的可扩展身份管理框架。

面向传统eMBB设备，基于对称密钥的身份管理机制将得以延续，在5G中，eMBB业务的主要服务对象仍然是移动宽带用户，4G中采用的基于对称密钥的身份管理方式可以满足这种业务需求。对称密钥也可以用于帮助运营商管理设备，以及进行其他类型的身份信任状的发放。因此，即使5G需要多元化的身份信任状和身份管理，基于（U）SIM卡及对称密钥的身份管理方式在5G时代将得以延续并将发挥重要作用。

（4）支持基于非对称密钥的身份管理机制。

面向海量物联网设备，需要支持基于非对称密钥的身份管理机制。物联网是5G网络最重要的场景，包括mMTC和uRLLC。基于对称密钥的身份管理方式，存在认证链条长，身份管理成本高等问题，不利于运营商网络与垂直行业的融合，也不利于对海量物联网设备提供有效支持。因此，面对5G物联网海量设备，需要引入基于非对称密钥的身份管理机制，让运营商能够灵活高效地管理行业用户的物联网终端和可穿戴设备，缩短认证链条，提高海量设备网络接入认证效率。

对称密钥和非对称密钥的身份管理功能在网络侧可能会根据不同的业务切片进行部署，但运营商需要建立统一的身份管理体系。

8.7.3　5G 产业生态安全分析

5G 产业生态主要包括网络运营商、设备供应商、行业应用服务提供商等，其安全基础技术及产业支撑能力的持续创新性和全球协同性，将对 5G 安全构成重要影响。

1. 网络部署运营安全分析

5G 网络的安全管理贯穿部署运营的整个生命周期，网络运营商应采取措施管理安全风险，保障这些网络提供服务的连续性：一是 5G 安全设计方面，由于 5G 网络的开放性和复杂性，对权限管理、安全域划分隔离、内部风险评估控制、应急处置等方面提出了更高要求；二是 5G 网络部署方面，网元分布式部署可能面临系统配置不合理、物理环境防护不足等问题；三是 5G 运行维护方面，5G 具有运维粒度细和运营角色多的特点，细粒度的运维要求和运维角色的多样化意味着运维配置错误的风险提升，错误的安全配置可能导致 5G 网络遭受不必要的安全攻击。此外，5G 运营维护要求高，对从业人员的操作规范性、业务素养等带来了挑战，也会影响 5G 网络的安全性。

2. 垂直行业应用安全分析

5G 与垂直行业深度融合，行业应用服务提供商与网络运营商、设备供应商一起，成为 5G 产业生态安全的重要组成部分。一是 5G 网络安全、应用安全、终端安全问题相互交织，互相影响，行业应用服务提供商由于直接面对用户提供服务，在确保应用安全和终端安全方面承担主体责任，需要与网络运营商明确安全责任边界，强化协同配合，从整体上解决安全问题。二是不同垂直行业应用存在较大差别，安全诉求存在差异，安全能力水平不一，难以采用单一化、通用化的安全解决方案来确保各垂直行业安全应用。

3. 产业链供应安全分析

5G 技术门槛高、产业链长，应用领域广泛，产业链涵盖系统设备、芯片、终端、应用软件、操作系统等，其安全基础技术及产业支撑能力的持续创新性和全球协同性，对 5G 及其应用构成重大影响。如果不能在基础性、通用性和前瞻性安全技术方面加强创新，产业链各环节同步更新完善 5G 网络安全产品和解决方案，不断提供更为安全可靠的 5G 技术产品，将增加网络基础设施的脆弱性，影响 5G 安全体系的完善。

根据 5G 网络生态中不同的角色划分，5G 网络生态的安全应充分考虑各主体不同层次的安全责任和要求，既需要从网络运营商、设备供应商的角度考虑安全措施与保障，也需要垂直行业（如能源、金融、医疗、交通、工业等行业）应用服务提供商采取恰当的安全措施。

8.8　本章小结

到目前为止，移动通信系统的发展已经经历了 5 个时代。

第一代移动通信系统简称为 1G，主要采用蜂窝组网和频分多址（FDMA）技术。由于受到传输带宽的限制，不能进行移动通信的长途漫游，只能是一种区域性的移动通信系统。第一代移动通信有多种制式，我国主要采用的是 TACS。

第二代移动通信系统以传输语音和低速数据业务为目的，因此又称为窄带数字通信系统。第二代数字蜂窝移动通信系统的典型代表是美国的 DAMPS 系统、IS-95 系统和欧洲的 GSM 系统。

第三代移动通信系统能够同时传送声音及数据信息，速率一般在几百千比特每秒以上。3G 是结合无线通信与国际互联网等多媒体通信技术的新一代移动通信系统，目前 3G 存在 3 种标准：CDMA2000、WCDMA、TD-SCDMA。

第四代移动通信系统集 LTE 技术与 WiMAX 技术于一体，并能够快速传输数据、高质量音视频和图像等。4G 能够以 100Mb/s 的峰值速率下载，是目前的家用宽带 ADSL（4Mb/s）的 25 倍，并能够满足几乎所有用户对无线服务的要求。此外，4G 可以在 DSL 和有线电视调制解调器没有覆盖的地方部署，然后再扩展到整个地区。

移动通信系统面临的安全威胁来自网络协议和系统的弱点，攻击者可以利用网络协议和系统的弱点非授权访问敏感数据、非授权处理敏感数据、干扰或滥用网络服务，对用户和网络资源造成损失。

第一代移动通信系统仅仅实现了简单模拟语音的传输，安全性能并不高，只有一个无机密性的保护机制。

在 GSM 系统中，为了实现安全特性和目标，主要采取了以下安全措施：在接入网络方面采用对用户鉴权；在无线链路上采用对通信信息加密；用户身份鉴别采用临时识别码（TMSI）保护；对移动设备采用设备识别码保护；对 SIM 卡采用 PIN 码保护。

WCDMA、TD-SCDMA 的安全规范由以欧洲为主体的 3GPP 制定，CDMA2000 的安全规范由以北美为首的 3GPP2 制定。

与 2G 以语音业务为主、仅提供少量的数据业务不同，3G 可提供高达 2Mb/s 的无线数据接入方式。其安全模式也以数据、交互式、分布式业务为主。

保证 4G 网络技术安全发展给予实施的措施包括：建立移动通信系统的安全机制、密码体制的改进及完善安全认证体系、发展新型的 4G 网络加密技术、加强 4G 网络技术安全的防范意识等。

国际电信联盟（ITU）定义了 5G 的三大类应用场景，即增强移动宽带（eMBB）、超高可靠低时延通信（uRLLC）和海量机器类通信（mMTC）。eMBB 主要面向移动互联网流量爆炸式增长，为移动互联网用户提供更加极致的应用体验；uRLLC 主要面向工业控制、远程医疗、自动驾驶等对时延和可靠性具有极高要求的垂直行业应用需求；mMTC 主要面向智慧城市、智能家居、环境监测等以传感和数据采集为目标的应用需求。

5G 移动通信系统面临虚拟网络技术的脆弱性、计算存储技术及设备面临严峻考验、商务安全等安全问题，因此，5G 需要多元化的身份管理机制和可扩展的身份管理框架，来应对垂直行业和海量物联网终端带来的安全管理需求。

复习思考题

一、单选题

1. 到目前为止，移动通信系统的发展已经经历了（　　）个时代。

A. 3　　B. 4　　C. 5　　D. 6

2. 在各种 1G 系统中，（　　）的 AMPS 制式移动通信系统在全球的应用最为广泛。

A. 美国　　B. 德国　　C. 英国　　D. 中国

3. 第二代移动通信系统以（　　）系统为代表。

A. GSM　　B. GPRS　　C. CDMA　　D. W-CDMA

4. 中国的 3G 技术共有（　　）种标准。

A. 3　　B. 4　　C. 5　　D. 6

5. 3G 系统的接入安全机制有（　　）种。

A. 3　　B. 4　　C. 5　　D. 6

6. 4G 技术包括（　　）种制式。

A. 2　　B. 3　　C. 4　　D. 5

7. 国际电信联盟（ITU）定义了 5G 的（　　）大类应用场景。

A. 2　　B. 3　　C. 4　　D. 5

8. 5G 移动通信技术的关键性能指标共有（　　）项。

A. 5　　B. 6　　C. 7　　D. 8

9. 5G 技术是（　　）。

A. 一个单一的移动通信技术

B. 全新的移动通信技术

C. 新的移动通信技术和现有移动通信技术的高度融合

D. 以上都不是

10. 第五代移动通信系统的安全问题包括（　　）。

A. 虚拟网络技术的脆弱性

B. 5G 网络使计算存储技术及设备面临更严峻考验

C. 网络商务安全方面的问题

D. 以上都是

二、简答题

1. 移动通信系统的发展已经经历了哪些时代？

2. 我国的 3 个 3G 无线接口标准是什么？各有什么特点？

3. 第四代移动通信系统的特点是什么？

4. 移动通信系统面临的安全威胁是什么？

5. 第一代移动通信系统的安全机制是什么？

6. 请画图说明 GSM 系统的网络结构。

7. 第二代移动通信系统的安全机制是什么？

8. 第三代移动通信系统的安全机制是什么？

9. 第四代移动通信系统的特点是什么？

10. 4G 网络技术面临的安全问题是什么？

11. 保证 4G 网络安全包括哪些措施？

12. 第五代移动通信系统存在哪些安全问题？

13. 5G 技术具有哪些安全新特性？

第 9 章 网络层网络攻击与防范

9.1 网络层网络攻击与防范概述

国际互联网或下一代网络（IPv6）是物联网网络层的核心载体。在物联网中，原来在国际互联网遇到的各种攻击问题依然存在，甚至更普遍，因此物联网需要有更完善的安全防护机制。不同的物联网终端设备的处理能力和网络能力差异较大，抵御网络攻击的能力也差别很大，传统的国际互联网安全方案难以满足需求，并且也很难通过通用的安全方案解决所有安全问题，必须针对物联网的具体需求制定不同的安全方案。

物联网不仅面临着原来的TCP/IP网络的所有安全问题，而且又有其本身独有的特点。物联网安全问题的主要特点是海量，即存在海量的节点和海量的数据，因此对核心网的安全提出了更高的要求。物联网所面临的常见的安全问题主要包括以下几方面。

1. DDoS 攻击

由于物联网需要接收海量的、采用集群方式连接的物联网终端节点的信息，很容易导致网络拥塞，因此物联网极易受到分布式拒绝服务攻击（Distributed Denial of Service，DDoS），这也是物联网网络层遇到的最常见的攻击方式。因此，物联网必须解决的安全问题之一是如何对物联网脆弱节点受到的DDoS攻击进行防护。

2. 异构网络跨网认证

由于在物联网网络层存在不同架构的网络需要互相连通的问题，因此物联网也面临异构网络跨网认证等安全问题。在异构网络传输中，需要解决密钥和认证机制的一致性和兼容性等问题，而且还需要具有抵御DoS攻击、中间人攻击、异步攻击、合谋攻击等恶意攻击的能力。

3. 虚拟节点、虚拟路由信息攻击

由于物联网中的某些节点可以自由漫游，与邻近节点通信的关系在不断改变，节点的加入和脱离比较频繁，难以为节点建立信任关系，从而导致物联网无基础结构，且拓扑结构不断改变。因此入侵者有可能通过虚拟节点、插入虚拟路由信息等方式对物联网发起攻击。

物联网安全防护系统可以为物联网终端设备提供本地和网络应用的身份认证、网络过滤、访问控制、授权管理等安全服务。物联网安全技术主要涉及网络加密技术、防火墙技术、隧道技术、网络虚拟化技术、黑客攻击与防范技术、网络病毒防护技术、入侵检测技术、网络安全扫描技术等。

9.2　网络层防火墙技术

9.2.1　防火墙技术简介

防火墙（fire wall）指的是一个由软件和硬件设备组合而成的，在内部网和外部网之间、专用网与公共网之间的边界上构造的保护屏障。防火墙是一种保护计算机网络安全的技术性措施，通过在网络边界上建立相应的网络通信监控系统来隔离内部和外部网络，以阻挡来自外部的网络入侵。

防火墙主要由服务访问政策、验证工具、包过滤和应用网关等 4 部分组成，流入或流出该计算机的所有网络通信数据都要经过防火墙过滤。

使用防火墙的好处包括：保护脆弱的服务，控制对系统的访问，集中地进行安全管理，增强保密性，记录和统计网络利用数据及非法使用数据的情况。防火墙通常有两种基本设计策略：第一，允许任何服务，除非被明确禁止；第二，禁止任何服务，除非被明确允许。一般采用第二种策略。

9.2.2　防火墙的工作原理

目前，防火墙技术已经发展成为一种成熟的保护计算机网络安全的技术。它是一种隔离控制技术，在某个机构的网络和不安全的网络（如 Internet）之间设置屏障，阻止对信息资源的非法访问，也可以使用防火墙阻止重要信息从企业的网络上被非法输出。

作为 Internet 的安全性保护软件，防火墙已经得到广泛应用。通常企业为了维护内部信息系统的安全，会在企业网和 Internet 间设立防火墙软件。企业信息系统对于来自 Internet 的访问，采取有选择的接收方式。它可以允许或禁止一类具体的 IP 地址访问，也可以接收或拒绝 TCP/IP 上的某一类具体的应用。如果在某一台 IP 主机上有需要禁止的信息或危险的用户，可以通过防火墙过滤掉从该主机发出的数据包。如果一家企业只是使用 Internet 的电子邮件和 WWW 服务器向外部提供信息，那么可以在防火墙上设置只允许这两类应用的数据包通过。这对于路由器而言，不仅要分析 IP 层的信息，还要进一步了解 TCP 传输层甚至应用层的信息以进行取舍。防火墙一般安装在路由器上以保护一个子网，也可以安装在一台主机上，保护这台主机不受侵犯。

9.2.3　防火墙的分类

从应用角度来分类，防火墙可以分为两大类，即网络防火墙和计算机防火墙。

网络防火墙的系统结构如图 9-1 所示。

网络防火墙指在外部网络和企业内部网络之间设置的防火墙。这类防火墙又称筛选路由器。网络防火墙检测进入信息的协议、目的地址、端口（网络层）及被传输的信息形式（应用层）等，过滤并清除不符合规定的外来信息。网络防火墙也对用户内部网络向外部网络发出的信息进行检测。

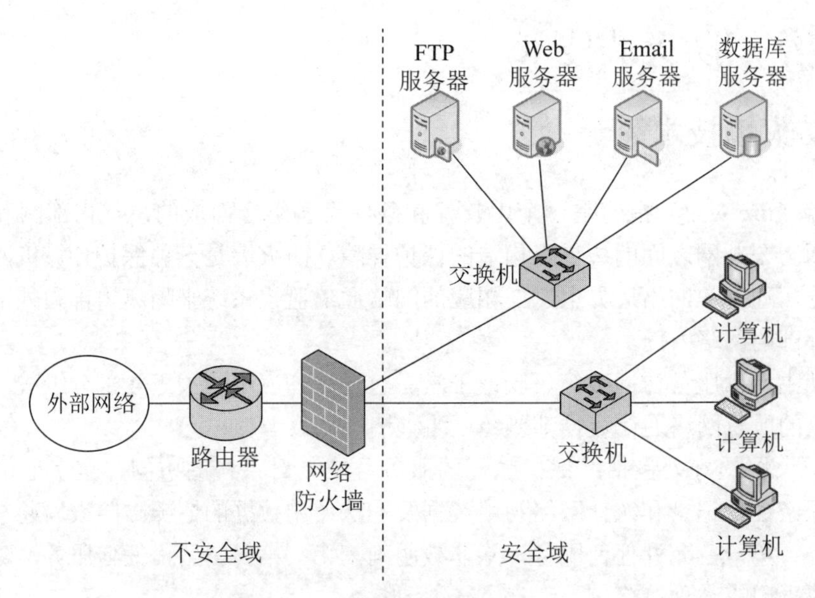

图 9-1 网络防火墙的系统结构

计算机防火墙的系统结构如图 9-2 所示。计算机防火墙指在外部网络和用户计算机之间设置的防火墙。计算机防火墙也可以是用户计算机的一部分。计算机防火墙检测接口规程、传输协议、目的地址及 / 或被传输的信息结构等，将不符合规定的进入信息剔除。计算机防火墙也会对用户计算机输出的信息进行检查，并加上相应协议层的标志，用以将信息传送到接收用户的计算机（或网络）中。

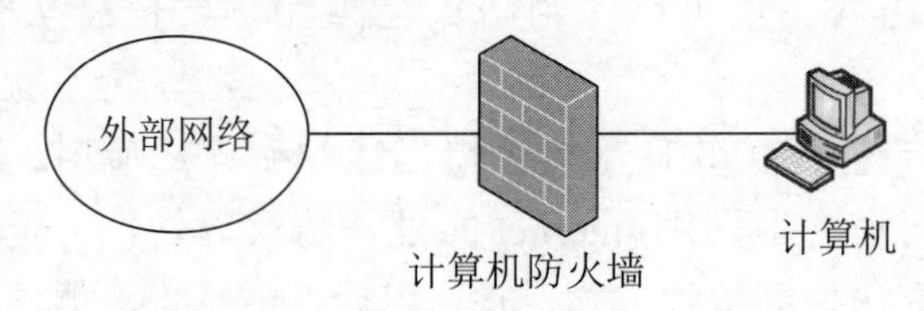

图 9-2 计算机防火墙的系统结构

从工作原理来分类，防火墙可以分为四大类：网络级防火墙（也称为包过滤型防火墙）、应用级网关、电路级网关和规则检查防火墙。它们之间各有所长，具体使用哪一类或是否混合使用，则要根据企业的实际需求来确定。

1. 网络级防火墙

网络级防火墙一般是基于源地址和目的地址、应用、协议及每个 IP 包的端口来作出通过与否的判断。一个路由器便是一个“传统”的网络级防火墙，大多数的路由器都能通过检查这些信息来决定是否将所收到的包转发，但它不能判断出一个 IP 包来自何方、去向何处。防火墙检查每一条规则直至发现包中的信息与某规则相符。如果没有一条规则相符合，则防火墙会使用默认规则，一般情况下，默认规则就是要求防火墙丢弃该包。其次，通过定义基于 TCP 或 UDP 数据包的端口号，防火墙能够判断是否允许建立特定的连接，如 Telnet、FTP 连接。

2. 应用级网关

应用级网关能够检查进出的数据包，通过网关复制传递数据，防止在受信任服务器和客户机与不受信任的主机间直接建立联系。应用级网关能够理解应用层上的协议，能够进行较为复杂的访问控制，并进行精细的注册和稽核。它针对特别的网络应用服务协议，即数据过滤协议，并且能够对数据包进行分析并形成相关报告。应用网关对某些易于登录和控制所有输出输入的通信环境给予严格的控制，以防止有价值的程序和数据被窃取。在实际工作中，应用网关一般由专用工作站系统来完成。但每一种协议需要相应的代理软件，使用时工作量大，效率不如网络级防火墙。应用级网关有较好的访问控制能力，是目前最安全的防火墙技术，但实现困难，而且有的应用级网关缺乏“透明度”。在实际使用中，用户在受信任的网络上通过防火墙访问 Internet 时，经常会发现存在延迟并且必须进行多次登录（login）才能访问 Internet 或 Intranet。

3. 电路级网关

电路级网关用来监控受信任的客户或服务器与不受信任的主机间的 TCP 握手信息，以决定该会话（session）是否合法。电路级网关是在 OSI 模型的会话层上过滤数据包的，比包过滤防火墙要高二层。电路级网关还提供了一个重要的安全功能：代理服务器（proxy server）。代理服务器是设置在 Internet 防火墙网关上的专用应用级代码。这种代理服务准许网络管理员允许或拒绝特定的应用程序或一个应用的特定功能。包过滤技术和应用网关是通过特定的逻辑判断来决定是否允许特定的数据包通过的，一旦判断条件满足，防火墙内部网络的结构和运行状态便“暴露”在外来用户面前，这就引入了代理服务的概念，即防火墙内外计算机系统应用层的“链接”由两个终止于代理服务器的“链接”来实现，这就成功地实现了防火墙内外计算机系统间的隔离。同时，代理服务器还可用于实施较强的数据流监控、过滤、记录和报告等功能。代理服务器技术主要通过专用计算机硬件（如工作站）来承担。

4. 规则检查防火墙

规则检查防火墙综合了包过滤防火墙、电路级网关和应用级网关的优点。同包过滤防火墙一样，规则检查防火墙能够在 OSI 网络层上通过 IP 地址和端口号过滤进出的数据包。它也同电路级网关一样，能够检查 SYN 和 ACK 标记和序列数字是否逻辑有序。当然，它也同应用级网关一样，可以在 OSI 应用层上检查数据包的内容，查看这些内容是否符合企业网络的安全规则。规则检查防火墙虽然集成了前三者的特点，但是不同于应用级网关的是，它并不打破客户机 / 服务器模式来分析应用层的数据，允许受信任的客户机和不受信任的主机建立直接连接。规则检查防火墙不依靠与应用层有关的代理，而是依靠某种算法来识别进出的应用层数据，这些算法通过已知合法数据包的模式来比较进出数据包，这样从理论上就能比应用级代理在过滤数据包上更有效。

9.2.4　防火墙的功能

防火墙对流经它的网络通信进行扫描，这样能够过滤掉一些攻击，以免其在目标计算机上被执行。防火墙还可以关闭不使用的端口，以及禁止特定端口的流出通信，封锁特洛伊木马。最后，它还可以禁止来自特殊站点的访问，从而防止来自不明入侵者的所有通信。

1. 网络安全的屏障

防火墙（作为阻塞点、控制点）能极大地提高一个内部网络的安全性，并通过过滤不安全的服务而降低风险。由于只有经过精心选择的应用协议才能通过防火墙，所以网络环境变得更安全了。例如，防火墙可以禁止诸如众所周知的不安全的 NFS 协议进出受保护的网络，这样外部的攻击者就不可能利用这些脆弱的协议来攻击内部网络了。防火墙同时也可以保护网络免受基于路由的攻击，如 IP 选项中的源路由攻击和 ICMP 重定向中的重定向路径。防火墙应该可以拒绝所有以上类型攻击的报文并通知防火墙管理员。

2. 强化网络安全策略

通过以防火墙为中心的安全方案配置，能将所有安全软件（如密码、加密、身份认证、审计等）配置在防火墙上。与将网络安全问题分散到各台主机上相比，防火墙的集中安全管理更经济。例如，在网络访问时，一次一密密码系统和其他身份认证系统完全可以不必分散到各台主机上，而集中在防火墙上。

3. 监控审计

如果所有的访问都经过防火墙，那么，防火墙就能记录下这些访问并进行日志记录，同时也能提供网络使用情况的统计数据。当发生可疑动作时，防火墙能进行适当的报警，并提供网络是否受到监测和攻击的详细信息。另外，收集一个网络的使用和误用情况也非常重要。首先，可以清楚防火墙是否能够抵挡攻击者的探测和攻击；其次，能清楚防火墙的控制是否充足。而网络使用统计对网络需求分析和威胁分析等也非常重要。

4. 防止内部信息的外泄

利用防火墙对内部网络进行划分，可实现内部网重点网段的隔离，从而限制了局部重点或敏感网络安全问题对全局网络造成的影响。再者，隐私是内部网络非常关心的问题，一个内部网络中不引人注意的细节可能包含了有关安全的线索而引起外部攻击者的兴趣，甚至因此暴露内部网络的某些安全漏洞。使用防火墙可以隐蔽那些有可能泄露内部细节的服务，如 Finger、DNS 等。Finger 显示了主机上所有用户的注册名、真名，以及最近的登录时间和使用的 shell 类型等。但是 Finger 显示的信息非常容易被攻击者所获悉，如一个系统使用的频繁程度，系统是否有用户正在连线上网，系统是否在被攻击时引起注意等。防火墙可以同样阻塞有关内部网络的 DNS 信息，这样一台主机的域名和 IP 地址就不会被外界所了解。除了安全作用，防火墙还支持具有 Internet 服务特性的企业内部网络技术体系虚拟专用网（Virtual Private Network，VPN）。

5. 数据包过滤

网络上的数据都是以包为单位进行传输的，每一个数据包中都会包含一些特定的信息，如数据的源地址、目标地址、源端口号和目标端口号等。防火墙通过读取数据包中的地址信息来判断这些包是否来自可信任的网络，并与预先设定的访问控制规则进行比较，进而确定是否需要对数据包进行处理和操作。数据包过滤可以防止外部非法用户对内部网络的访问，但因为不能检测数据包的具体内容，所以不能识别具有非法内容的数据包，无法实施对应用层协议的安全处理。

6. 网络 IP 地址转换

网络 IP 地址转换是一种将私有 IP 地址转化为公网 IP 地址的技术，广泛应用于各种类型的网络和 Internet 的接入中。网络 IP 地址转换一方面可隐藏内部网络的真实 IP 地址，使内部网络免受黑客的直接攻击；另一方面，由于内部网络使用了私有 IP 地址，从而有效解决了公网 IP 地址不足的问题。

7. 虚拟专用网络

虚拟专用网络将分布在不同地域上的局域网或计算机通过加密通信，虚拟出专用的传输通道，从而将它们从逻辑上连成一个整体，不仅省去了建设专用通信线路的费用，还有效地保证了网络通信的安全。

8. 日志记录与事件通知

进出网络的数据都必须经过防火墙，防火墙通过日志对其进行记录，能提供网络使用的详细统计信息。当发生可疑事件时，防火墙更能根据机制进行报警和通知，提供网络是否受到威胁的信息。

9.2.5　防火墙技术的应用

防火墙技术对物联网具有很好的保护作用。入侵者必须先穿越防火墙的安全防线，才能接触目标计算机。用户可以将防火墙配置成许多不同保护级别，高级别的保护可能会禁止一些服务，如视频流等，但至少这是用户自己的保护选择。

在应用防火墙技术时，还应当注意以下两方面。

（1）防火墙无法防御病毒，尽管有不少的防火墙产品声称自己具有防病毒功能。

（2）防火墙技术的另外一个缺点是在防火墙之间的数据难以更新，如果数据更新需要延迟很长时间，将导致无法响应实时服务请求。此外，防火墙采用滤波技术，滤波通常会使网络的传输性能降低 50% 以上，如果为了改善网络性能而购置高速路由器，又会大幅增加网络设备的经费。

总之，防火墙技术是物联网安全的一种可行技术，可以把公共数据和服务置于防火墙外，使其对防火墙内部资源的访问受到限制。作为一种网络安全技术，防火墙具有简单实用的特点，并且透明度高，可以在不修改原有网络应用系统的情况下达到一定的安全要求。

9.2.6　防火墙的选购

防火墙是目前使用最为广泛的网络安全产品之一，运营商在构建物联网应用系统时可以采购防火墙作为网络安全的重要防护手段，在选购防火墙时应该注意以下几点。

1. 自身的安全性

防火墙自身的安全性主要体现在其自身设计和管理两方面。设计的安全性关键在于操作系统，只有自身具有完整信任关系的操作系统才可以谈论系统的安全性。而应用系统的安全是以操作系统的安全为基础的，同时防火墙自身的安全实现也直接影响整体系统的安全性。

2. 系统的稳定性

目前，由于种种原因，有些防火墙尚未最后定型或未经过严格的大量测试就被推向了市场，其稳定性可想而知。防火墙的稳定性可以通过以下几种方法判断。

（1）从权威的测评认证机构获得。例如，可以通过与其他产品相比，考察某款产品是否获得更多国家权威机构的认证、推荐和入网证明（书），来间接了解其稳定性。

（2）实际调查。这是最有效的办法，除了要考察防火墙产品已经有多少实际使用单位，还要考察用户们对该防火墙的评价如何。

（3）自己试用。在自己的网络上进行一段时间的试用（一个月左右）。

（4）生产商的研发历史。一般来说，如果没有两年以上的开发经历，很难保证产品的稳定性。

（5）生产商的实力。例如，资金、技术开发人员、市场销售人员和技术支持人员的多少等。

3. 高效适用性

高性能是防火墙的一项重要指标，直接体现了防火墙的可用性。如果由于使用防火墙而带来了网络性能较大幅度的下降，那就意味着安全代价过高。一般来说，防火墙（指包过滤防火墙）加载上百条规则，其性能下降不应超过5%。

4. 可靠性

可靠性对防火墙类访问控制设备来说尤为重要，直接影响受控网络的可用性。从系统设计上，提高可靠性的措施一般是提高本身部件的强健性、增大设计阈值和增加冗余部件，这要求有较高的生产标准和设计冗余度。

5. 控制灵活

对通信行为的有效控制，要求防火墙设备有一系列不同级别，以满足不同用户的不同安全控制需求。例如，对于普通用户，只要对IP地址进行过滤即可；如果是内部有不同安全级别的子网，有时则必须允许高级别子网对低级别子网进行单向访问。

6. 配置便利

在网络入口和出口处安装新的网络设备是每个网络管理员的噩梦，因为这意味着必须修改几乎全部现有设备的配置。支持透明通信的防火墙，在安装时不需要对原网络配置做任何改动，所做的工作只相当于接入一个网桥或Hub。

7. 管理简便

网络技术发展很快，各种安全事件不断出现，这就要求安全管理员经常调整网络安全级别，对于防火墙类访问控制设备，除安全控制级别外，业务系统访问控制的调整也很频繁。这些都要求防火墙的管理在充分考虑安全需要的前提下，必须提供方便灵活的管理方式和方法，通常体现为管理途径、管理工具和管理权限。

8. 拒绝服务攻击的抵抗能力

在当前的网络攻击中，拒绝服务攻击是使用频率最高的方法。抵抗拒绝服务攻击应该是防火端的基本功能之一。目前有很多防火墙号称可以抵御拒绝服务攻击，但严格地说，应该是可以降低拒绝服务攻击的危害而不是抵御这种攻击。在采购防火墙时，网络管理人员应该详细考察这一功能的真实性和有效性。

9. 报文过滤能力

防火墙过滤报文，需要一个针对用户身份而不是 IP 地址进行过滤的办法。目前常用的是一次性口令验证机制，保证了用户在登录防火墙时，口令不会在网络上泄露，这样，防火墙就可以确认登录的用户确实和他所声称的一致。

10. 可扩展性

用户的网络不是一成不变的，和防病毒产品类似，防火墙也必须不断地进行升级，此时支持软件升级就很重要了。如果防火墙不支持软件升级，为了抵御新的攻击手段，用户就不得不进行硬件上的更换，而在更换期间网络是不设防的，同时用户也要为此花费更多的钱。

9.3　网络虚拟化技术

9.3.1　网络虚拟化技术概述

网络虚拟化一般指虚拟专用网络（VPN）。VPN 对网络连接的概念进行了抽象，允许用户远程访问企业或组织的内部网络，就像物理上连接到该网络一样。网络虚拟化可以帮助保护 IT 环境，抵御来自 Internet 的威胁，同时使用户能够快速地、安全地访问企业内部的应用程序和数据。

虚拟专用网络是通过公用网络（通常是国际互联网）建立的临时的、安全的特殊网络，是一条穿过公用网络的、安全的、稳定的加密隧道。使用这条隧道可以对数据进行加密，以达到安全使用互联网的目的。

虚拟专用网络可以实现不同网络的组件和资源之间的相互连接。虚拟专用网络能够利用 Internet 或其他公共互连网络的基础设施为用户创建隧道，并提供与专用网络一样的安全和功能保障。虚拟专用网络的结构如图 9-3 所示。

在企业的内部网络中，考虑到一些部门可能存储有重要数据，为确保数据的安全性，传统的方式是把这些部门同整个企业网络断开形成孤立的小网络。这样做虽然保护了部门的重要信息，但是由于物理上的中断，导致其他部门的用户也无法访问这些资源，造成通信上的困难。

采用 VPN 方案，通过使用 VPN 服务器既能够实现与整个企业网络的连接，又可以保证保密数据的安全性。路由器虽然也能够实现网络之间的互连，但是并不能对流向敏感网络的数据进行限制。使用 VPN 服务器，企业网络管理人员可以指定只有符合特定身份要求的用户才能连接 VPN 服务器获得访问敏感信息的权限。此外，可以对所有 VPN 数据进行加密，从而确保数据的安全性。没有访问权限的用户无法看到部门的局域网络。

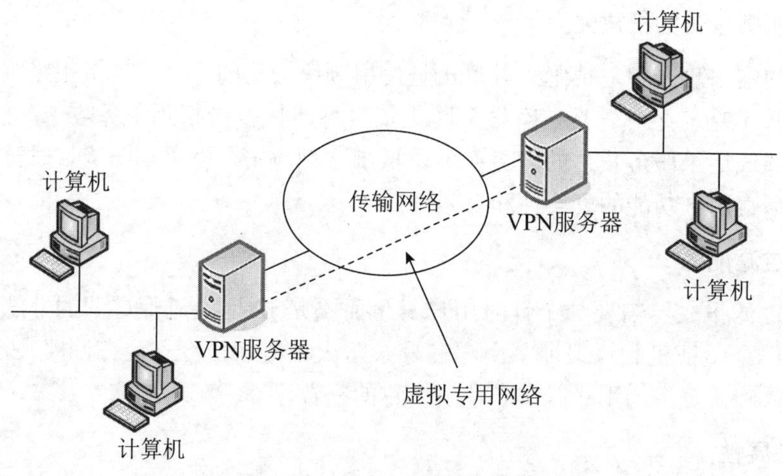

图 9-3　虚拟专用网络的结构

虚拟专用网络允许远程通信方、销售人员或企业分支机构使用 Internet 等公共互连网络的路由基础设施以安全的方式与位于企业局域网端的企业服务器建立连接。虚拟专用网络对用户端透明，用户可以像使用一条专用线路那样在客户计算机和企业服务器之间建立点对点连接，进行数据的传输。

虚拟专用网络技术同样支持企业通过 Internet 等公共互连网络与分支机构或其他公司建立连接，进行安全的通信。这种跨越 Internet 建立的 VPN 连接逻辑上等同于两地之间使用广域网建立的连接。

使用 VPN 技术可以解决在当今远程通信量日益增长，企业全球运作广泛分布的情况下，员工需要访问中央资源，企业相互之间必须进行及时和有效的通信的问题。

在选择 VPN 技术时，一定要考虑到管理上的要求。一些大型网络需要把每个用户的目录信息存放在一台中央数据存储设备中以便于管理人员和应用程序对信息进行添加、修改和查询。每一台接入或隧道服务器都应当能够维护自己的内部数据库，存储每一个用户的账户信息，包括用户名、密码及拨号接入的属性等。但是，这种由多台服务器维护多个用户账户的做法，很难实现及时的同步更新，给管理带来了很大的困扰。因此，大多数网络管理员采用在目录服务器、主域控制器或 RADIUS 服务器上建立一个主账户数据库的方法，来进行统一的、有效的管理。

9.3.2　虚拟专用网络的连接方式

通常可以采用以下两种方式来实现远程企业内部网络的连接。

1. 使用专线连接分支机构和企业局域网

专线方式不需要使用价格昂贵的长距离专用电路，分支机构和企业端的路由器可以使用各自本地的专用线路，通过本地的 ISP 接入 Internet。通过 VPN 软件与本地 ISP 建立连接的方式，在 Internet 与分支机构和企业端的路由器之间建立一个虚拟专用网络。

2. 使用拨打本地 ISP 号码的方式连接分支机构和企业内部网

区别于传统的连接分支机构路由器拨打长途电话的方式，分支机构端的路由器可以通过拨号方式连接本地ISP。VPN软件使用与本地ISP建立起的连接，在分支机构和企业端路由器之间创建一个跨越Internet的虚拟专用网络。

值得注意的是，上述两种方式是通过使用本地设备在分支机构和企业部门与Internet之间建立连接。无论是在客户端还是服务器端，都是通过拨打本地接入电话建立的连接，因此VPN可以大大节省连接的费用。建议将VPN服务器的企业端路由器以专线方式接入本地ISP。VPN服务器必须对VPN数据流进行全天候监听。

9.3.3　VPN系统的安全需求

一般来说，企业在选用一种远程网络互连方案时，都希望能够对访问企业资源和信息的要求加以控制，所选用的方案应当既能够实现授权用户与企业局域网资源的自由连接，不同分支机构之间的资源共享；又能够确保企业数据在公共互联网络或企业内部网络上传输时安全性不受破坏。因此，一个成熟的VPN系统应当能够同时满足以下几方面的安全需求。

1. 身份认证

VPN系统必须能够认证用户的身份，并且严格控制只有授权用户才能访问VPN。此外，VPN安全方案还必须能够提供审计和计费功能，并能够追踪到何人、在何时访问了VPN。

2. 地址管理

VPN系统必须能够为用户分配专用网络上的地址并确保地址的安全性。

3. 数据加密

通过公共互连网络传递的数据必须经过加密，以确保网络中其他未授权的用户无法读取该信息。

4. 密钥管理

VPN系统必须能够生成并更新客户端和服务器的加密密钥。

5. 多协议支持

VPN系统必须支持公共互联网上普遍使用的基本协议，包括IP、IPX协议等。以点对点隧道协议（Point to Point Tunneling Protocol，PPTP）或第2层隧道协议（Layer 2 Tunneling Protocol，L2TP）为基础的VPN方案，既能够满足以上所有基本要求，又能够充分利用遍及世界各地的Internet的优势。其他方案，包括安全IP协议（IPSec），虽然不能满足上述全部要求，但是仍然适用于某些特定的环境。以下将主要集中讨论有关VPN的概念、协议和部件（component）。

9.3.4　隧道技术

隧道技术是一种使用互联网的基础设施在网络之间传递数据的技术。使用隧道传递的数据（或负载）可以是不同协议的数据帧或包。隧道协议将这些其他协议的数据帧或包重新封装在新的包头中发送。新的包头提供了路由信息，从而使封装的负载数据能够通过互联网传递。

被封装的数据包在隧道的两个端点之间通过公共互联网进行路由。被封装的数据包在公共互联网络上传递时所经过的逻辑路径称为隧道。一旦到达网络终点，数据将被解包并转发到最终目的地址。注意，隧道技术包括数据封装、传输和解包在内的全过程。

隧道所使用的传输网络可以是任何类型的公共互联网络，本节主要以目前广泛使用Internet为例进行说明。此外，在企业网络中同样可以创建隧道。隧道技术在经过一段时间的研究、发展和完善之后，已经逐渐成熟。常用的隧道技术主要包括以下几种。

1. IP网络上的SNA隧道技术

当系统网络结构（System Network Architecture，SNA）的数据流通过企业IP网络传送时，SNA数据帧将被封装在UDP和IP协议包头中。

2. IP网络上的Novell NetWare IPX隧道技术

当一个IPX数据包被发送到NetWare服务器或IPX路由器时，服务器或路由器用UDP和IP包头封装IPX数据包后通过IP网络发送。另一端的IP-TO-IPX路由器在去除UDP和IP包头之后，把数据包转发到IPX目的地。

3. 点对点隧道协议（PPTP）

PPTP协议允许对IP、IPX或NetBEUI数据流进行加密，然后封装在IP包头中通过企业IP网络或公共互联网络发送。

4. 第2层隧道协议（L2TP）

L2TP协议允许对IP、IPX或NetBEUI数据流进行加密，然后通过支持点对点数据报传递的任意网络发送，如IP、X.25、帧中继或ATM。

5. 安全IP（IPSec）隧道模式

IPSec隧道模式允许对IP负载数据进行加密，然后封装在IP包头中通过企业IP网络或公共IP网络如Internet发送。

9.3.5 隧道协议分析

为了创建隧道，隧道的客户机和服务器双方都必须遵守相同的隧道协议。

隧道技术可以分别以第2层或第3层隧道协议为基础。上述分层按照开放系统互连（OSI）参考模型划分。第2层隧道协议对应OSI模型中的数据链路层，使用帧作为数据交换单位。PPTP、L2TP和L2F都属于第2层隧道协议，都是将数据封装在点对点协议（PPP）帧中通过互联网络发送。第3层隧道协议对应OSI模型中的网络层，使用包作为数据交换单位。IP over IP及IPSec隧道模式都属于第3层隧道协议，都是将IP包封装在附加的IP包头中然后通过IP网络传输的。

对于像PPTP和L2TP这样的第2层隧道协议，创建隧道的过程类似于在双方之间建立会话；隧道的两个端点必须同意创建隧道并协商隧道各种配置变量，如地址分配、加密或压缩等参数。绝大多数情况下，通过隧道传输的数据都采用基于数据报的协议。隧道维护协议被用作隧道管理机制。

第3层隧道技术通常假定所有配置问题已经通过手工过程完成。这些协议不对隧道进行维护。与第3层隧道协议不同，第2层隧道协议（PPTP和L2TP）必须包括对隧道的创建、维护和终止。

隧道客户端和服务器使用隧道数据传输协议传输数据。隧道一旦建立，数据就可以通过隧道传输。当隧道客户端向服务器端发送数据时，客户端首先给负载数据加上一个隧道数据传输协议包头，然后把封装好的数据通过互联网转发到隧道的服务器端。隧道的服务器端收到数据包之后，会删除隧道数据传输协议包头，然后将负载数据转发到目标网络。

1. 第2层隧道协议的特点

第2层隧道协议（PPTP和L2TP）以完善的PPP为基础，它继承了PPP的特性。

（1）用户验证。第2层隧道协议继承了PPP的用户验证方式。许多第3层隧道技术都假定在创建隧道之前，隧道的两个端点相互之间已经了解或已经经过验证。一个例外情况是IPSec协议的ISAKMP协商提供了隧道端点之间的相互验证。

（2）令牌卡（token card）支持。通过使用扩展验证协议（Extended Authentication Protocol，EAP），第2层隧道协议能够支持多种验证方法，包括一次性密码（one-time password）、加密计算器（cryptographic calculator）和智能卡等。第3层隧道协议也支持使用类似的方法，例如，IPSec协议通过ISAKMP/Oakley协商确定公共密钥证书验证。

（3）动态地址分配。第2层隧道协议支持在网络控制协议（Network Control Protocol，NCP）协商机制的基础上动态分配客户地址。第3层隧道协议通常假定隧道建立之前已经进行了地址分配。目前IPSec隧道模式下的地址分配方案仍在开发之中。

（4）数据压缩。第2层隧道协议支持基于PPP的数据压缩方式。例如，微软的PPTP和L2TP方案使用微软点对点加密协议（MPPE）。IETP正在开发应用于第3层隧道协议的类似数据压缩机制。

（5）数据加密。第2层隧道协议支持基于PPP的数据加密机制。微软的PPTP方案支持在RSA/RC4算法的基础上选择使用MPPE。第3层隧道协议可以使用类似方法，例如，IPSec通过ISAKMP/Oakley协商确定几种可选的数据加密方法。微软的L2TP协议使用IPSec加密保障隧道客户端和服务器之间数据流的安全。

（6）密钥管理。作为第2层协议的MPPE依靠验证用户时生成的密钥，定期对其更新。IPSec在ISAKMP交换过程中公开协商公用密钥，同样对其进行定期更新。

（7）多协议支持。第2层隧道协议支持多种负载数据协议，从而使隧道客户能够访问使用IP、IPX或NetBEUI等多种协议的企业网络。相反，第3层隧道协议，如IPSec隧道模式只能支持使用IP协议的目标网络。

一旦完成了协商，PPP就开始在连接对等双方之间转发数据。每个被传送的数据报都被封装在PPP包头内，该包头将在到达接收方之后被去除。如果在阶段1选择使用数据压缩并且在阶段4完成了协商，数据将会在被传输之前进行压缩。类似地，如果已经选择使用数据加密并完成了协商，数据（或被压缩数据）将会在传输之前进行加密。

2. 点对点隧道协议

点对点隧道协议（PPTP）是一个第2层协议，将PPP数据帧封装在IP数据报内通过IP网络，如Internet传送。PPTP还可用于专用局域网之间的连接。RFC草案“点对点隧道协议”对PPTP协议进行了说明和介绍。该草案由PPTP论坛的成员公司，包括微软、Ascend、3Com和ECI等公司，于1996年6月提交至IETF。

PPTP使用一个TCP连接对隧道进行维护，使用通用路由封装（Generic Route Encapsulation，GRE）技术把数据封装成PPP数据帧通过隧道传输。可以对封装PPP帧中的负载数据进行加密或压缩。

3. 第2层转发协议

第2层转发（L2F）协议是思科公司提出的一种隧道技术。作为一种传输协议，L2F支持拨号接入服务器将拨号数据流封装在PPP帧内，并通过广域网链路传送到L2F服务器（路由器）。L2F服务器把数据包解压后，重新转发到网络。与PPTP和L2TP不同，L2F没有确定的客户端。应当注意，L2F隧道技术仅仅在强制隧道中有效。

4. 第2层隧道协议（L2TP）

第2层隧道协议综合了PPTP和L2F协议的优点。设计者希望L2TP能够综合PPTP和L2F的优势。L2TP是一种网络层协议，支持封装的PPP帧在IP、X.25、帧中继或ATM等网络上进行传输。当使用IP作为L2TP的数据报传输协议时，可以使用L2TP作为Internet上的隧道协议。L2TP还可以直接在各种WAN媒介上使用而不需要使用IP传输层。

IP网上的L2TP使用UDP和一系列的L2TP消息对隧道进行维护。L2TP同样使用UDP将L2TP封装的PPP帧通过隧道进行传输。可以对封装的PPP帧中的负载数据进行加密或压缩。

PPTP和L2TP都使用PPP对数据进行封装，然后添加附加包头用于数据在互联网上的传输。尽管这两个协议非常相似，但是两者仍然存在以下区别。

（1）PPTP要求互联网为IP网络。L2TP只要求隧道媒介提供面向数据包的点对点的连接。L2TP可以在IP（使用UDP）、帧中继永久虚拟电路、X.25虚拟电路或ATM虚拟电路网络上使用。

（2）PPTP只能在两端点间建立单一隧道，而L2TP支持在两端点间使用多隧道。使用L2TP，用户可以针对不同的服务质量创建不同的隧道。

（3）L2TP可以提供包头压缩。当压缩包头时，系统开销（overhead）占用4字节，而在PPTP下要占用6字节。

（4）隧道验证。L2TP可以提供隧道验证，而PPTP则不支持隧道验证。但是当L2TP或PPTP与IPSec共同使用时，可以由IPSec提供隧道验证，不需要在第2层协议上验证隧道。

9.3.6 IPSec 隧道技术

IPSec 是一种工作在网络层的网络协议，支持 IP 网络数据的安全传输。除了对 IP 数据流的加密机制进行了规定之外，IPSec 还定义了 IP over IP 隧道模式的数据包格式，一般称之为 IPSec 隧道模式。一个 IPSec 隧道由一个隧道客户和隧道服务器组成，两端都配置使用 IPSec 隧道技术，采用协商加密机制。

为实现在专用或公共 IP 网络上的安全传输，IPSec 隧道模式使用的安全方式封装和加密整个 IP 包，然后将加密的负载再次封装在明文 IP 包头内通过网络发送到隧道服务器端。隧道服务器对收到的数据报进行处理，在去除明文 IP 包头，对内容进行解密之后，获取最初的负载 IP 包。负载 IP 包在经过正常处理之后被路由到位于目标网络的目的地。

IPSec 隧道模式具有以下特点。

（1）仅支持 IP 数据流。

（2）工作在 IP 栈（IP stack）的底层。因此，应用程序和高层协议可以继承 IPSec 的行为。

（3）由一个安全策略（一整套过滤机制）进行控制。安全策略按照优先级的先后顺序创建可供使用的加密和隧道机制及验证方式。当需要建立通信时，双方机器执行相互验证，然后协商使用何种加密方式。此后的所有数据流都将使用双方协商的加密机制进行加密，然后封装在隧道包头内。

IPSec 隧道技术是一种由国际互联网工程任务组（Internet Engineering Task Force，IETF）定义的、端到端的、确保基于 IP 通信的数据安全性机制。IPSec 支持对数据加密，同时确保数据的完整性。按照 IETF 的规定，不采用数据加密时，IPSec 使用验证包头（AH）提供来源验证（source authentication），确保数据的完整性；IPSec 使用封装安全负载（ESP）与加密一道提供来源验证，确保数据完整性。IPSec 协议下，只有发送方和接收方知道密钥。如果验证数据有效，接收方就可以知道数据来自发送方，并且在传输过程中没有受到破坏。

我们可以把 IPSec 理解为位于 TCP/IP 协议栈的下层协议。该层由每台机器上的安全策略和发送、接受方协商的安全关联（security association）进行控制。安全策略由一套过滤机制和关联的安全行为组成。如果一个数据包的 IP 地址、协议和端口号满足过滤机制，那么这个数据包将会遵守关联安全行为。

第一个满足过滤机制的数据包将会引发发送方和接收方对安全关联进行协商。ISAKMP/OAKLEY 是这种协商采用的标准协议。在一个 ISAKMP/OAKLEY 交换过程中，两台机器对验证和数据安全方式达成一致，进行相互验证，然后生成一个用于随后的数据加密的共享密钥。

通过一个位于 IP 包头和传输包头之间的验证包头提供 IP 负载数据的完整性和数据验证。验证包头包括验证数据和一个序列号，共同用来验证发送方的身份，确保数据在传输过程中没有被改动，防止受到第三方的攻击。IPSec 验证包头不提供数据加密，信息将以明文方式发送。

为了保证数据的保密性并防止数据被第三方窃取，封装安全负载（ESP）提供了一种对 IP 负载进行加密的机制。另外，ESP 还可以提供数据验证和数据完整性服务，因此在 IPSec 数据包中，可以用 ESP 包头替代 AH 包头。

9.4 黑客攻击与防范

9.4.1 黑客攻击的基本概念

黑客一般指网络的非法入侵者，他们往往是优秀的程序员，具有计算机网络和物联网的软硬件的高级知识，并有能力通过一些特殊的方法剖析和攻击网络。黑客以破坏网络系统为目的，往往采用某些不正当的手段找出网络的漏洞，并利用网络漏洞破坏计算机网络或物联网，从而危害网络的安全。

黑客技术，简言之，就是探寻计算机系统、网络的缺陷和漏洞，并针对这些缺陷实施攻击的技术。这里说的缺陷，包括软件缺陷、硬件缺陷、网络协议缺陷、管理缺陷和人为的失误。

最初，“黑客”一词由英文单词 Hacker 音译而来，指专门研究、发现计算机和网络漏洞的计算机爱好者。他们伴随着计算机和网络的发展而产生和成长。黑客对计算机有着狂热的兴趣和执着的追求，他们不断地研究计算机和网络知识，发现计算机和网络中存在的漏洞，喜欢挑战高难度的网络系统并从中找到漏洞，然后向管理员提出解决和修补漏洞的方法。但目前黑客一词已被用于泛指那些专门利用计算机搞破坏或恶作剧的家伙，对这些人的正确英文称呼应该是 Cracker，有人也翻译成“骇客”或是“入侵者”。正是由于入侵者的出现玷污了黑客的声誉，使人们把黑客和入侵者混为一谈，黑客也被人们认为是在网上到处搞破坏的人。

黑客攻击的目的主要是为了窃取信息，获取口令，控制中间站点和获得超级用户权限，其中窃取信息是黑客最主要的目的。窃取信息不一定只是复制该信息，还包括对信息的更改、替换和删除，也包括把机密信息公开发布等行为。

简言之，攻击就是指一切对计算机的非授权行为。攻击的全过程由攻击者发起，攻击者应用一定的攻击方法和攻击策略，利用某些攻击技术或工具，对目标信息系统进行非法访问，以达到一定的攻击效果，并实现攻击者的预定目标。因此，凡是试图绕过系统的安全策略或是对系统进行渗透，以获取信息、修改信息甚至破坏目标网络或系统功能为目的的行为都可以称为黑客攻击。

9.4.2 黑客常用的攻击方法

1. 窃取密码

窃取密码是最常见的攻击方法之一。一般来说，黑客窃取密码会使用以下三种方法。

（1）通过网络监听非法获得用户的密码。这类方法虽然有一定的局限性，但是危害性极大，监听者往往能够获得其所在网段的所有用户账号和密码，对局域网安全威胁巨大。

（2）在知道用户的账号后（如电子邮件 @ 前面的部分）利用一些专门软件强行破解用户密码。这种方法不受网段限制，但黑客要有足够的耐心和时间。

（3）首先获得一个服务器上的用户密码文件（Shadow 文件），再用暴力破解程序破解用户密码。应用这种方法的前提条件是黑客要先获得密码的 Shadow 文件。

在黑客窃取密码的三种方法中，第三种方法的危害最大，因为它不需要像第二种方法那样，一遍又一遍地尝试登录服务器，只需在本地将加密后的密码与 Shadow 文件中的密码相比较，就可以非常容易地破获用户的密码，尤其是那些安全意识薄弱的用户的密码。

某些用户设置的密码安全系数极低，例如，某个用户的账号为 zys，他将密码简单地设置为 zys、zys123、123456 等，因此，黑客仅需要几分钟，甚至几十秒就可以猜出密码。

2. 特洛伊木马程序

特洛伊木马程序可以直接侵入用户的计算机并进行破坏，经常被伪装成工具软件或者游戏软件，诱使用户下载运行，或者打开带有特洛伊木马程序的电子邮件附件。一旦用户运行了携带特洛伊木马的程序的软件之后，它们就会像古代特洛伊人在敌人城外留下的藏匿了士兵的木马一样隐藏在用户的计算机中，并在用户的计算机系统中隐藏一个可以在 Windows 操作系统启动时悄悄执行的程序。当用户接入互联网时，这个程序就会通知黑客，并报告用户的 IP 地址及预先设定的端口。黑客在收到这些信息后，利用这个潜伏在其中的木马程序，就可以任意地修改用户计算机的参数设定、复制文件、窥视用户整个硬盘中的内容等，从而达到控制用户计算机的目的。

3. www 欺骗技术

在互联网上，用户可以利用 IE、火狐等网页浏览器访问各种各样的网站，如浏览新闻、查询产品价格、进行证券交易、电子商务等。

然而，许多用户也许不会想到，这些常用的、简单的上网操作，存在着严重的安全隐患。例如，访问的网页已经被黑客篡改过，网页上的信息是虚假的！黑客很可能将用户要浏览的网页的 URL 改写为指向黑客自己的服务器，当用户浏览这些网页的时候，实际上是向黑客服务器发送信息，那么黑客就可以轻易地窃取用户的机密信息，如登录账号和密码等，从而达到欺骗的目的。

4. 电子邮件攻击

电子邮件攻击主要表现为两种方式：第一种方式是电子邮件轰炸和电子邮件“滚雪球”，也就是通常所说的邮件炸弹，即用伪造的 IP 地址和电子邮件地址向同一信箱发送数以千计、万计甚至无穷多次内容相同的垃圾邮件，致使受害人邮箱被“炸”，严重者可能会给电子邮件服务器操作系统带来危险，甚至让其瘫痪；第二种方式是电子邮件欺骗，攻击者佯称自己为系统管理员（邮件地址和系统管理员完全相同），给用户发送邮件要求用户修改密码（密码可能为指定字符串）或在貌似正常的附件中加载病毒或其他木马程序。某些单位的网络管理员有定期给用户免费发送防火墙升级程序的责任，这为黑客成功地利用电子邮件欺骗方法提供了可乘之机。

5. 通过一个节点来攻击其他节点

黑客在攻破一台主机后，往往会以此主机作为根据地，继续攻击其他主机，从而隐蔽其入侵路径，避免留下蛛丝马迹。黑客往往使用网络监听方法，尝试攻破同一网络内的其他主机；也可以通过 IP 欺骗和主机信任关系，攻击其他主机。这类攻击很狡猾，但相关技术难以掌握，因此较少被黑客使用。

6. 网络监听

网络监听是主机的一种工作模式，在这种模式下，主机可以接收到本网段在同一条物理通道上传输的所有信息，而不管这些信息的发送方和接收方是谁。此时，如果两台主机进行通信的信息没有加密，只要使用某些网络监听工具，就可以轻而易举地截取包括密码和账号在内的信息资料。虽然网络监听获得的用户账号和密码具有一定的局限性，但监听者往往能够获得其所在网段的所有用户账号及密码。

7. 寻找系统漏洞

许多操作系统都有这样那样的安全漏洞（bug），其中某些是操作系统或应用软件本身具有的，如 Windows 中的共享目录密码验证漏洞和 IE 浏览网漏洞等，这些漏洞在补丁未被开发出来之前一般很难防御黑客的破坏，除非隔离网络；还有一些漏洞是由于系统管理员配置错误引起的，如在网络文件系统中，将目录和文件以可写的方式调出，将未加 Shadow 的用户密码文件以明码方式存放在某一目录下，都会给黑客带来可乘之机，应及时加以修正。

8. 利用账号进行攻击

有些黑客会利用操作系统的缺省账户和密码进行攻击，例如，许多 UNIX 主机都有 FTP 和 Guest 等默认账户（其密码和账户名同名），有的甚至没有密码。黑客用 UNIX 操作系统提供的命令（如 Finger 和 Ruser 等）收集信息，不断提高自己的攻击能力。对于这类攻击，只要系统管理员提高警惕，将系统提供的缺省账户关闭或提醒无密码用户增加密码，一般都能克服。

9. 获取特权

利用各种特洛伊木马程序、后门程序和黑客自己编写的导致缓冲区溢出的程序进行攻击，前者可使黑客非法获得对用户机器的完全控制权，后者可使黑客获得超级用户权限，从而拥有对整个网络的绝对控制权。这种攻击手段，一旦奏效，危害性极大。

9.4.3 黑客常用的攻击步骤

黑客的攻击手段变幻莫测，但纵观其整个攻击过程，还是有一定规律可循的，通常可以分为攻击前奏、实施攻击、巩固控制、继续深入四个步骤。

1. 攻击前奏

黑客锁定目标、了解目标的网络结构，收集各种目标系统的信息。网络上有许多主机，黑客首先寻找要攻击的网站，锁定目标的 IP 地址。黑客利用域名和 IP 地址就可以顺利地找到目标主机。

确定要攻击的目标后，黑客就会设法了解其所在的网络结构，哪里有网关、路由，哪里有防火墙，哪些主机与要攻击的目标主机关系密切等，最简单的方法就是用 tracert 命令追踪路由，也可以发一些数据包看其是否能通过来猜测其防火墙过滤规则的设定等。当然经验丰富的黑客在探测目标主机信息的时候往往会利用其他计算机来间接实施探测，从而隐藏他们真实的 IP 地址。

在收集到目标的第一批网络信息之后，黑客会对网络上的每台主机进行全面的系统分析，以寻求该主机的安全漏洞或安全弱点。首先，黑客要知道目标主机采用的是哪种操作系统，以及哪个版本，如果目标开放 Telnet 服务，那只要 telnet xx.xx.xx.xx（目标主机），就会显示“digitalunlx（xx.xx.xx.xx）（ttypl）login：”这样的系统信息。收集系统信息当然少不了安全扫描器，黑客往往利用安全扫描器来帮助他们发现系统的各种漏洞，包括各种系统服务漏洞、应用软件漏洞、弱密码用户等。

接着黑客还会检查其开放端口进行服务分析，查看是否有能被利用的服务。Internet 上的主机大部分都开放 WWW、Email、FTP、Telnet 等日常网络服务，通常情况下 Telnet 服务的端口是 23，WWW 服务的端口是 80，FTP 服务的端口是 21。利用信息服务，如 SNMP 服务、traceroute 程序、Whois 服务可以查阅网络系统路由器的路由表，从而了解目标主机所在网络的拓扑结构及其内部细节，traceroute 程序能够获得到达目标主机所要经过的网络数和路由器数，Whois 协议服务能提供所有有关的 DNS 域和相关的管理参数，Finger 协议可以用来获取一个指定主机上的所有用户的详细信息（如用户注册名、电话号码、最后注册时间，以及他们有没有读邮件等）。所以如果没有特殊的需要，管理员应该关闭这些服务。

2. 实施攻击

当黑客收集到足够的目标主机的信息，对系统的安全弱点有一定的了解后就会发起攻击。当然，黑客们会根据不同的网络结构、不同的系统情况采取不同的攻击手段。黑客攻击的最终目的是控制目标系统，窃取其中的机密文件等。但是，黑客的攻击未必能够得逞，达到控制目标主机的目的。因此，有时黑客也会发动拒绝服务攻击之类的干扰攻击，使系统不能正常工作，甚至瘫痪。

3. 巩固控制

黑客利用种种手段进入目标主机系统并获得控制权之后，未必会立即进行破坏活动，删除数据、涂改网页等，这是黑客新手的行为。一般来说，入侵成功后，黑客为了能长期地保留和巩固他对系统的控制，不被管理员发现，他会做两件事：清除记录和留下后门。日志往往会记录一些黑客攻击的蛛丝马迹，黑客当然不会留下这些“犯罪证据”，他会把它删除或用假日志覆盖它，为了日后再次进入系统不被察觉，黑客还会更改某些系统设置、在系统中置入特洛伊木马或其他一些远程操纵程序。

4. 继续深入

使用清除日志、删除备份的文件等手段来隐藏自己的踪迹之后，攻击者通常就会采取下一步的行动，窃取主机上的各种敏感信息，如客户名单和通讯录、财务报表、信用卡账号和密码、用户的相片等；也可能什么都不动，只是把用户的系统作为他存放黑客程序或资料的仓库；也可能会利用这台已经攻陷的主机继续下一步的攻击，如继续入侵内部网络，或者利用这台主机发动 DoS 攻击使网络瘫痪。

网络世界瞬息万变，黑客们各有不同，他们的攻击流程也不会完全相同，以上提到的攻击步骤是概括来说的，是绝大部分黑客一般情况下采用的攻击步骤。

9.4.4 防范黑客攻击的对策

黑客对服务器进行扫描是轻而易举的，一旦让黑客找到了服务器存在的漏洞，其后果将是非常严重的。因此，网络管理员应该采取必要的技术手段，防范黑客对服务器进行攻击。以下将介绍面对黑客各种不同的攻击行为，网络管理员可以采取的防御对策。

1. 屏蔽可疑的 IP 地址

这种方法见效最快，一旦网络管理员发现了可疑的 IP 地址，可以通过防火墙屏蔽该地址，这样黑客就无法再连接到服务器上了。但是这种方法有很多缺点，例如，很多黑客都使用的是动态 IP 地址，也就是说，他们的 IP 地址会变化，一个地址被屏蔽，只要更换其他 IP 地址仍然可以进攻服务器；而且某些黑客有可能伪造 IP 地址，使屏蔽 IP 地址无法奏效。

2. 过滤信息包

网络管理员可以通过编写防火墙规则，让系统知道什么样的信息包允许进入、什么样的信息包应该放弃，如此一来，当黑客发送有攻击性的信息包的时候，当经过防火墙时，信息包就会被丢弃，从而防止了黑客的攻击。但是这种做法仍然有不足之处，例如，黑客可以修改攻击性代码，使防火墙无法分辨信息包的真假；或者黑客干脆无休止地、大量地发送信息包，直到服务器不堪重负，系统崩溃。

3. 修改系统协议

对于漏洞扫描，网络管理员可以修改服务器的相应协议来进行防御。例如，漏洞扫描是根据对文件扫描的返回值来判断文件是否存在的。在正常情况下，如果返回值是 200，则表示服务器存在这个文件；如果返回值是 404，则表明服务器上没有这个文件。假如网络管理员修改了文件返回值，那么黑客就无法通过漏洞扫描检测文件是否存在了。

4. 修补安全漏洞

任何一个版本的操作系统发布之后，在短时间内都不会受到攻击，一旦其中的问题暴露出来，黑客就会蜂拥而至。因此管理员在维护系统的时候，可以多浏览一些知名的安全站点，及时安装新版本或者补丁程序，从而保证服务器的安全。

5. 及时备份重要数据

亡羊补牢，犹未为晚。如果及时做好了数据备份，即便系统遭到黑客进攻，也可以在短时间内修复，挽回不必要的经济损失。许多大型网站，都会在每天晚上对系统数据库进行备份，在次日清晨，无论系统是否受到攻击，都会重新恢复数据，保证每天系统中的数据库都不会出现损坏。备份的数据库文件最好存放到其他计算机的硬盘或者磁盘上，这样黑客进入服务器之后，只能破坏数据的一部分。因为有数据备份，服务器的损失也不会太严重。

一旦受到黑客攻击，网络管理员不仅要设法恢复损坏的数据，还要及时分析黑客的来源和攻击方法，尽快修补被黑客利用的漏洞，然后检查系统中是否已被黑客安装了木马、蠕虫或者被黑客开放了某些管理员账号，尽量将黑客留下的各种蛛丝马迹和后门分析清楚并清除干净，防止黑客的下一次攻击。

6. 使用加密机制传输数据

个人信用卡、密码等重要数据，在客户端与服务器之间传输时，必须事先经过加密处理，防止黑客监听、截获。由于目前网络上流行的各种加密机制，都已经出现了不同的破解方法，因此在加密的选择上应该寻找破解困难的方法，如 DES 加密算法（一套无法逆向破解的加密算法，只能暴力破解）。个人用户只要选择了一种优秀的加密机制，黑客的破解工作就通常会在无休止的尝试后终止。

7. 安装安全软件

网络管理员应在服务器中安装必要的安全软件，杀毒软件和防火墙都是必不可少的。在接入网络之前，应事先运行这些安全软件，这样，即使遭遇黑客的攻击，物联网系统也具有较强的防御能力。

9.5　网络病毒的防护

9.5.1　网络病毒的概念

网络病毒（network virus）指编制者在计算机程序中插入的一组能够破坏计算机网络功能或数据，能影响计算机网络的使用，能自我复制的计算机指令或者程序代码。

网络病毒具有传染性、繁殖性、潜伏性、隐蔽性、可触发性和破坏性等特征。网络病毒的生命周期是开发期→传染期→潜伏期→发作期→发现期→消化期→消亡期。

网络病毒是一个程序，或一段可执行的代码，就像自然界的病毒一样，具有自我繁殖、互相传染及激活再生等特征。网络病毒拥有独特的复制能力，能够通过计算机网络快速蔓延，又常常难以根除。它们能把自身附着在各种类型的文件上，当文件被复制或通过网络从一个用户传送到另一个用户时，它们就随同文件一起蔓延开来。

网络病毒与医学上的“病毒”不同。网络病毒不是天然存在的，而是程序员利用计算机网络软硬件所固有的脆弱性编制的一组指令集或程序代码。它能潜伏在计算机的存储介质（或程序）里，条件满足时即被激活，通过修改其他程序的方法将病毒代码的精确拷贝或者可能演化的形式植入其他程序，从而感染其他计算机程序，对计算机资源进行破坏。因此，网络病毒是人为编写的恶意程序，对其他网络用户的危害性极大。

9.5.2　网络病毒的特征

1. 传染性

网络病毒传染性指网络病毒通过修改其他程序将其自身的副本或变体传染到其他无毒的对象上，这些对象可以是一个程序也可以是系统中的某一个部件。

2. 繁殖性

网络病毒可以像真实的病毒一样进行繁殖，当正常程序运行时，它也进行自身的复制。是否具有繁殖性是判断某段程序是否是网络病毒的首要条件。

3. 潜伏性

网络病毒潜伏性指网络病毒具有寄生于其他媒体的能力，侵入后的病毒潜伏到条件成熟才发作，会使计算机性能降低。

4. 隐蔽性

网络病毒具有很强的隐蔽性，病毒查杀软件只能检查出来其中的少数。隐蔽性使网络病毒时隐时现、变化无常，这类病毒处理起来非常困难。

5. 可触发性

编制网络病毒的人，一般都为病毒程序设定了一些触发条件，例如，系统时钟到达某个特定的日期，或者系统运行了某个特定的程序等。一旦触发条件满足，网络病毒就会“发作”，对系统进行破坏。

6. 破坏性

网络病毒发作时，会对计算机的软硬件进行破坏。这可能会导致正常的程序无法运行，或者删除或篡改计算机内的重要文件，甚至破坏硬盘中的引导扇区、BIOS，使计算机无法正常工作。

9.5.3 网络病毒的分类

网络病毒种类繁多而且复杂，按照不同的方式、网络病毒的特点及特性，可以有多种不同的分类方法。同时，根据不同的分类方法，同一种网络病毒也可以属于多种不同类型的网络病毒。

1. 根据网络病毒寄存的媒体来分类

根据网络病毒寄存的媒体来分类，可以分为网络病毒、文件病毒和引导型病毒三类。

（1）网络病毒。这类网络病毒通过计算机网络传播，感染网络中的可执行文件。

（2）文件病毒。这类病毒感染计算机系统中的文件（如COM、EXE、DOC文件等）。

（3）引导型病毒。引导型病毒感染启动扇区和硬盘的系统引导扇区。

此外，还有以上三种病毒的混合型病毒，例如，多型病毒（文件和引导型病毒）同时感染文件和引导扇区两种目标。这样的病毒通常都具有复杂的算法，使用非常规方法侵入系统，同时使用加密和变形算法。

2. 根据病毒传染渠道来分类

根据病毒传染渠道来划分，可以分为驻留型病毒和非驻留型病毒两类。

（1）驻留型病毒。驻留型病毒感染计算机后，把自身的内存驻留部分放在内存（RAM）中。这一部分程序会挂接系统调用并合并到操作系统中，它处于激活状态，一直到关机或重新启动为止。

（2）非驻留型病毒。一些非驻留型病毒在得到机会激活时并不感染计算机内存；还有一些病毒在内存中留有小部分，但是并不通过这一部分进行传染，这类病毒也被划分为非驻留型病毒。

3. 根据病毒的破坏能力来分类

根据病毒的破坏能力来分类，可以分为无害型病毒、无危险型病毒、危险型病毒和非常危险型病毒。

（1）无害型病毒。无害型病毒除了传染时减少磁盘的可用空间外，对系统没有其他影响。

（2）无危险型病毒。这类病毒的危害仅仅是减少内存、显示图像、发出声音及其他类似的影响。

（3）危险型病毒。这类病毒在计算机系统操作中会造成严重的后果。

（4）非常危险型病毒。这类病毒会删除程序，破坏数据，清除系统内存区和操作系统中重要的信息。

4. 根据网络病毒所使用的算法来分类

根据网络病毒所使用的算法来划分，可以分为伴随型病毒、“蠕虫”型病毒、寄生型病毒（练习型病毒、诡秘型病毒和变型病毒）等类型。

（1）伴随型病毒。这类病毒并不改变文件本身，它们根据算法产生EXE文件的伴随体，具有同样的文件名和不同的扩展名（.com），例如，XCOPY.exe的伴随体是XCOPY.com。病毒把自身写入COM文件并不改变EXE文件，当DOS加载文件时，伴随体优先被执行，再由伴随体加载执行原来的EXE文件。

（2）“蠕虫”型病毒。这类病毒通过计算机网络传播，不改变文件和资料信息，利用网络从一台机器的内存传播到其他机器的内存。有时它们也会在系统中存在，一般来说，除了内存以外，“蠕虫”型病毒不占用其他资源。

（3）寄生型病毒。除了伴随型和“蠕虫”型病毒，其他病毒均可称为寄生型病毒，它们依附在系统的引导扇区或文件中，通过系统的功能进行传播，按其算法不同还可细分为以下几类。

① 练习型病毒。练习型病毒自身包含错误代码，不能进行很好的传播，例如一些在调试阶段的病毒。

② 诡秘型病毒。诡秘型病毒一般不直接修改DOS中断和扇区数据，而是通过设备技术文件和缓冲区等对DOS内部进行修改，不易看到计算机资源，使用比较高级的技术。这种病毒利用DOS空闲的数据区进行工作。

③ 变型病毒。变型病毒又称为幽灵病毒，这一类病毒使用一个复杂的算法，使自己每传播一份都具有不同的内容和长度。它们一般由一段混有无关指令的解码算法和病毒变体组成。

9.5.4　网络病毒的检测

网络病毒的检测通常分为手工检测和自动检测两种方式。

1. 手工检测

手工检测指通过一些软件工具（如DEBUG.COM、PCTOOLS）等提供的功能实现病毒检测。手工检测方法比较复杂，需要检测者熟悉计算机工作原理、汇编语言、机器指令和操作系统，因而无法普及。它的基本过程是利用一些工具软件，对易遭病毒攻击和修改的内存及磁盘的相关部分进行检查，通过与正常工作状态的对比分析，判断是否被病毒感染。用这种方法检测病毒，费时、费力，但可以剖析新病毒，检测识别未知病毒，以及一些自动检测工具无法识别的新病毒。

2. 自动检测

自动检测指通过一些网络病毒诊断软件来识别一个计算机系统或一个 U 盘是否含有病毒。自动检测相对比较简单，一般用户都可以独立进行，但需要有较好的网络病毒诊断软件。这种方法可以方便地检测大量的病毒，但是自动检测工具只能识别已知病毒，而且检测工具的发展总是滞后于病毒的发展。

两种方法比较来说，手工检测方法操作难度大、技术复杂，需要操作人员有一定的软件分析经验，对操作系统有深入的了解。自动检测方法操作简单，使用方便，适合一般的物联网用户学习使用。但是由于网络病毒的种类较多，程序复杂，再加上不断地出现病毒的变种，自动检测方法无法检测出所有未知病毒。在出现一种新型病毒时，如果现有的各种检测工具无法检测出这种病毒，则只能用手工方法进行病毒的检测。其实，自动检测就是手工检测方法的程序化。因此，手工检测病毒是最基本和最有力的工具。

9.5.5 网络病毒的防治

任何网络病毒都会对物联网系统构成威胁，但只要培养良好的防病毒意识，并充分发挥杀毒软件的防护能力，完全可以将大部分病毒拒之门外。

为了保证物联网的正常运行，阻止网络病毒或者流氓软件入侵物联网系统，物联网用户应当采取以下防御措施。

1. 不要随便浏览陌生的网站

物联网用户不要随便浏览陌生的网站，目前在许多网站中，总是存在各种各样的弹窗，如网络电视广告或者网站联盟中的一些广告条。

2. 安装杀毒软件

安装最新版本的杀毒软件，可以防范大多数病毒的攻击。值得注意的是，物联网用户还要及时对杀毒软件进行升级，不断更新病毒库，以加强物联网系统的防御能力。

3. 安装防火墙

有些物联网用户过于乐观，认为只要安装了杀毒软件，物联网就可以安枕无忧了。但是实际上，安装杀毒软件并不能确保系统绝对安全。目前，除了网络病毒，物联网还可能面临黑客攻击、木马攻击、间谍软件攻击等多种安全威胁。因此，物联网系统还要安装防火墙。

正如本章节所述，防火墙是根据连接网络的数据包来进行监控的，通俗地说，防火墙就相当于一个严格的门卫，守护着物联网系统的大门。防火墙可以把物联网系统的每个端口都隐藏起来，让黑客找不到入口，自然也就保证了系统的安全。

4. 及时安装系统漏洞补丁

有经验的网络管理员都会及时打开 Windows 系统自带的 Windows Update 程序或杀毒

软件自带的漏洞扫描和补丁修复程序在线更新操作系统。系统安全漏洞扫描工具会及时发现操作系统存在的安全漏洞，并自动下载和安装相应的漏洞补丁程序。

5. 不要轻易打开陌生的电子邮件附件

目前，电子邮件病毒十分猖獗。因此，用户在接收电子邮件时也应当非常小心，不要轻易打开陌生的电子邮件的附件，更不要随便回复陌生人的邮件。当收到电子邮件时，应先用杀毒软件对电子邮件附件进行病毒扫描，以保证安全。

6. 使用 U 盘时要先杀毒

除了计算机网络以外，U 盘也是网络病毒的主要传播途径。当某台计算机感染了网络病毒后，用 U 盘从这台计算机复制文件时，很可能也会感染网络病毒。因此，使用 U 盘复制外部文件时需要先杀毒，以防 U 盘携带网络病毒感染计算机。建议尽可能使用具备写入安全锁的 U 盘，这样自己的计算机上使用时可以打开安全锁，在其他计算机上使用时则关闭安全锁。

7. 对下载的文件进行病毒扫描

从网络上下载的文件虽然方便，但也潜伏着危机。因此，用户从网络上下载任何文件之后，都要先对文件进行病毒扫描，确认安全后再运行。

8. 及时备份

备份也是一种有效的网络病毒防护措施，用户对于重要的文件一定要及时做好备份，以免系统遭到病毒破坏后无法恢复，造成不必要的损失。对于已经感染病毒的计算机，可以下载最新的杀毒软件进行清除。目前，国内常见的杀毒软件都终身免费，如金山毒霸、江民杀毒、瑞星杀毒和 360 杀毒等。

9.6　入侵检测技术

9.6.1　入侵检测技术概述

入侵检测技术是一种检测计算机网络中违反安全策略行为的技术。进行入侵检测的软件与硬件相结合，便构成入侵检测系统（Intrusion Detection System，IDS）。

入侵检测系统可以被定义为对计算机和网络资源的恶意使用行为进行识别和相应处理的系统。这包括系统外部的入侵和内部用户的非授权行为。

入侵检测的内容包括：试图闯入、成功闯入、冒充其他用户、违反安全策略、合法用户信息的泄露、独占资源及恶意使用。它通过从计算机网络或计算机系统的关键点收集信息并进行分析，发现计算机网络或计算机系统中是否有违反安全策略的行为和被攻击的迹象，并且针对攻击行为做出反应。

入侵检测被认为是企业网除了防火墙技术之外另一道安全闸门，提供了对内部攻击、外部攻击和误操作的实时保护。这些都可以通过以下方法来实现。

（1）监视、分析用户及系统活动，防止非法用户和合法用户的越权操作。

（2）系统构造和弱点的审计，提示管理员及时修补安全漏洞。

（3）识别反映已知进攻的活动模式并向管理员报警。

（4）异常行为模式的统计分析，发现入侵行为的规律。

（5）评估重要系统和数据文件的完整性。

（6）操作系统的审计跟踪管理，并识别用户违反安全策略的行为。

9.6.2 入侵检测的过程

入侵检测的过程可以分为三个步骤：信息收集、信息分析和结果处理。

1. 信息收集

入侵检测的第一步是信息收集，收集内容包括系统、网络、数据及用户活动的状态和行为。由放置在不同网段的传感器或不同主机的代理来收集信息，包括系统和网络日志文件、网络流量、非正常的目录和文件变更、非正常的程序执行。

2. 信息分析

收集到的关于系统、网络、数据及用户活动的状态和行为等的信息，被送入检测引擎进行分析。检测引擎驻留在传感器中，一般通过三种技术手段进行分析：模式匹配、统计分析和完整性分析。当检测到某种误用模式时，产生一个告警并发送给控制台。

3. 结果处理

控制台按照告警产生预先定义的响应并采取相应措施，可以是重新配置路由器或防火墙、终止进程、切断连接、改变文件属性，也可以只是简单的告警。

9.6.3 入侵检测系统的结构

一个典型的入侵检测系统的结构如图 9-4 所示，包括数据源、探测器、分析器、管理器、管理员、操作员和安全策略等 7 部分。

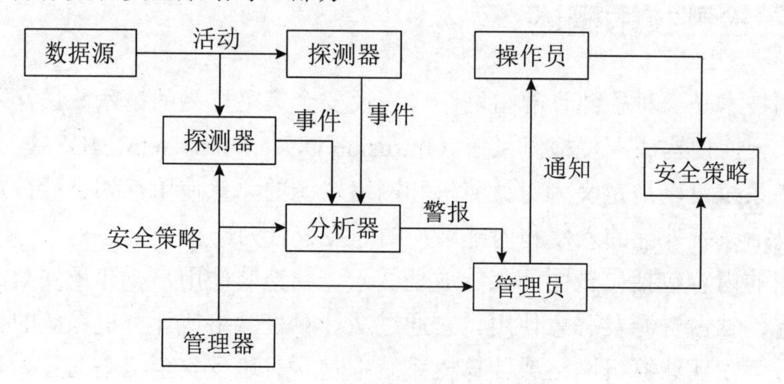

图 9-4 入侵检测系统的结构

1. 数据源

数据源为入侵检测系统提供最初的数据来源。数据源包括网络包、审计日志、系统日志和应用程序日志等。

2. 探测器

探测器从数据源提取出与安全相关的数据和活动，如非法的网络连接或用户的越权访问等，并将这些数据传送给分析器做进一步的分析。

3. 分析器

分析器的职责是对探测器送来的数据进行分析，如果发现未授权或非法行为，就产生警报并报告给管理器。

4. 管理器

管理器是入侵检测系统的管理部件，主要功能是配置探测器、分析器；通知操作员发生了入侵；采取应对措施等。管理器接收到分析器的警报后，便通知操作员并报告情况，通知的方式有声音、电子邮件等。同时管理器还可以自动采取应对措施，如结束进程、切断连接、改变文件和网络的访问权等。操作员利用管理器来管理入侵检测系统，并根据管理器的报告采取进一步的措施。

5. 管理员

管理员是网络和计算机系统的管理者，负责制定安全策略和部署入侵检测系统。

6. 操作员

操作员是网络和计算机系统的使用者，负责接收管理员发来的通知和指令，并及时执行相应的安全操作，从而提高入侵检测系统的安全性能。

7. 安全策略

安全策略是预先定义的一组规则，这些规则规定了网络中哪些活动允许执行和哪些主机可以访问内部网络等。安全策略通常应用于探测器、分析器和管理器。

9.6.4　入侵检测技术的分类

入侵检测技术可以分为异常检测和误用检测两大类。

1. 异常检测

异常检测（anomaly detection）技术能够检测出可接受行为与不可接受行为之间的偏差。如果可以定义每项可接受的行为，那么每项不可接受的行为就应该是入侵。首先总结正常操作应该具有的特征（用户轮廓），当用户活动与正常行为有重大偏离时即被认为是入侵。这种检测模型漏报率低、误报率高，因为不需要对每种入侵行为进行定义，所以能有效检测未知的入侵。

2. 误用检测

误用检测（misuse detection）技术能够检测用户行为与已知的不可接受行为之间的匹配程度。如果可以定义所有的不可接受行为，那么每种能够与之匹配的行为都会引起告警。这种技术事先收集不正常的操作行为的特征，建立不可接受行为特征库。当监测的用户或系统行为与库中的记录相匹配时，系统就认为这种行为是入侵。这种检测模型误报率比较低，但是漏报率比较高。对于已知的攻击行为，它可以详细、准确地检测到攻击，但是对未知攻击却效果有限，而且不可接受行为特征库必须不断更新。

9.6.5 入侵检测方法

常用的入侵检测系统检测方法有特征检测、统计模型检测和专家知识库系统三类。目前，大多数入侵检测系统采用基于入侵模板进行模式匹配的特征检测系统，部分采用基于统计模型的入侵检测系统，部分采用基于日志的专家知识库系统。除此以外，还有基于内核的入侵检测系统、基于免疫系统的入侵检测系统、基于遗传算法的入侵检测系统、蜜罐和蜜网等。

1. 基于特征检测的入侵检测系统

特征检测系统对已知的攻击或入侵的方式做出确定性的描述，形成相应的事件模式。当被审计的事件与已知的入侵事件模式相匹配时，立即报警。其工作原理与专家系统类似，检测方法与网络病毒的检测方法类似。该方法检测的准确率比较高，但对于无经验知识的入侵和攻击行为无能为力。

2. 基于统计模型的入侵检测系统

统计模型常用于异常检测。在统计模型中，常用的测量参数包括审计事件的数量、间隔时间和资源消耗的情况等。常用的入侵检测统计模型包括马尔可夫过程模型和时间序列分析模型。这种入侵检测方法建立在对用户历史行为建模及早期证据与模型基础之上，审计系统实时检测用户对系统的使用情况，根据系统内部保存的用户行为概率统计模型进行检测，一旦发现有可疑的用户行为，就会保持跟踪并监测、记录该用户的行为。

统计方法的最大优点是它可以“学习”用户的使用习惯，从而具有较高检出率和可用性。然而它的“学习”能力也给了入侵者机会，入侵者可以通过“训练”使入侵事件符合正常操作的统计规律，从而达到入侵的目的。

3. 基于专家知识库的入侵检测系统

专家知识库系统对入侵进行检测，通常针对的是具有某种特征的入侵行为。这种检测技术根据安全专家对可疑行为的分析经验形成一套推理规则，然后在此基础上建立相应的专家知识库系统。据此，专家知识库系统自动对所涉及的入侵行为进行分析。并且，专家知识库系统能够随着经验的积累而利用其自学能力进行规则的补充及修正。

在专家知识库系统中，所谓的规则即是知识，不同的系统与设置具有不同的规则，而且规则之间没有通用性。专家系统的建立依赖知识库的完备性，知识库的完备性又取决于审计记录的完备性和实时性。入侵的特征抽取和表达是入侵检测专家知识库系统的关键。

4. 基于内核的入侵检测系统

随着开放源代码的操作系统 Linux 的流行，基于内核的入侵检测成为检测领域的新方法。这种方法的核心是从操作系统的层次看待安全漏洞，采取措施避免甚至杜绝安全隐患。这种方法主要是通过修改操作系统源代码或者向内核中加入安全模块来实现的，可以保护重要的系统文件和进程。

5. 基于免疫系统的入侵检测系统

与生物学中的免疫系统类似，基于免疫系统的入侵检测系统是保护操作系统不受网络病毒侵害的系统，它对网络病毒和非自身组织的检测相当准确。不但能够记忆曾经感染过的网络病毒的特征，还能够有效地检测未知的网络病毒。免疫系统具有分层保护、分布式检测、各部分相互独立和检测未知病原体的特性，这些都是计算机信息安全系统所缺乏和迫切需要的。

免疫系统最重要的能力是识别自我和非我的能力，这个概念与入侵检测技术中的异常检测的概念很相似。因此，有些学者从免疫学的角度对入侵检测系统进行研究。

6. 基于遗传算法的入侵检测系统

遗传算法是进化算法中的一种，引入了达尔文在《进化论》里提出的自然选择概念，对入侵检测系统进行优化。遗传算法通常对需要优化的系统变量进行编码，作为构成个体的“染色体”，再利用相应的变异和组合，形成新的个体。

对于遗传算法的研究者来说，入侵的检测过程可以抽象为，为审计记录定义一种向量表示形式，这种向量或者对应于攻击行为，或者表示正常行为。通过对所定义的向量进行测试，提出改进的向量表示形式，并且不断重复这个过程，直到得到令人满意的结果。

7. 蜜罐

蜜罐也是一种入侵检测系统，设计者诱导攻击者访问预先设置的蜜罐，而不是工作中的网络，从而提高检测攻击和攻击者行为的能力，降低攻击带来的破坏。

设计蜜罐的目标有两个：一是在不被攻击者察觉的情况下监视他们的活动，收集与攻击者相关的所有信息；二是牵制攻击者，使之将时间和精力都耗费在攻击蜜罐上，从而远离实际的工作网络。

8. 蜜网

蜜网的概念是由蜜罐发展起来的。早期人们为了研究黑客的入侵行为，会在网络中放置一些特殊的计算机，并且在这些计算机上运行专用的模拟软件，使得从外界看来这些计算机就是网络上运行某些操作系统的主机。将这些计算机接入网络，并为其设置较低的安全防护等级，诱使入侵者进入系统。入侵者进入系统后，一切行为都会被系统软件监控和记录，通过系统软件收集描述入侵者行为的数据，就可以对入侵者的行为进行分析。

目前，蜜网的软件产品已经有很多，可以模拟各种不同的操作系统，例如，Windows、RedHat、FreeBSD 操作系统，以及思科路由器的 IOS 等。然而，模拟软件并不能完全反映真实的网络状况，也不可能模拟实际网络中所出现的各种情况。在其之上收集到的数据有一定的局限性，因此，又出现了使用真实计算机组建的蜜网。

9.7　网络安全扫描技术

9.7.1　网络安全扫描技术概述

随着网络攻击技术的发展，攻击工具和方法日趋复杂，网络攻击已对网络安全构成极大的威胁。网络攻击的一个重要特征就是具有阶段性。在准备阶段，网络攻击者要进行情报的搜集与分析工作；在攻击实施阶段要进行远程登录、远程攻击、取得普通用户权限甚至超级用户权限等工作；在善后处理阶段则需要设置“后门”和清除日志等一系列后续工作。

利用扫描工具对目标系统进行扫描，找到目标系统的漏洞和脆弱点，是实施网络攻击的第一步，这对网络攻击者来说至关重要。同样，对于进行网络防御的管理员来说，首先要做的就是利用扫描工具探测自身网络的安全隐患，及时地发现漏洞，并在被攻击之前进行相应的防范和补救以提高网络的安全性，防患于未然。

扫描工具是一种利用网络安全扫描技术自动检测目标主机安全弱点的程序。它能够发现目标主机开放的端口和运行的服务是否存在系统漏洞和安全弱点等。它通过与目标主机开放的端口建立连接或请求服务，如 HTTP、Telnet 等，获取目标主机的应答信息，以搜集相关的信息，如操作系统类型等，从而发现目标主机存在的安全弱点。它是一把双刃剑，利用网络安全扫描工具的扫描结果，可以为攻击目标网络系统提供指导，同时还可以用于网络系统的安全评测，评估网络系统的安全性，对系统存在的漏洞提出修补建议。因此，网络安全扫描工具既是网络攻击的重要武器之一，也是网络安全防御的重要手段之一。

鉴于网络安全扫描技术的双面性，对其进行深入研究不仅可以更好地为网络安全服务，而且可以加深对黑客攻击的认识，从而做到主动防御。目前，网络安全扫描技术已成为网络安全问题研究的一个重要组成部分，有着非常重要的实用价值。

9.7.2 网络安全扫描技术分析

目前，网络安全扫描技术主要包括端口扫描技术、弱密码扫描技术、操作系统探测技术及漏洞扫描技术等。

1. 端口扫描技术

一个开放的端口就是一条潜在的通信通道，也是一条入侵通道。对目标计算机进行端口扫描，可以得到许多有用的信息，如开放端口及所提供的服务等。端口扫描是向目标主机的 TCP 或 UDP 端口发送探测数据包，记录目标主机的响应，然后通过分析响应数据包来判断端口是否开放，以及所提供的服务或信息，帮助发现主机存在的安全隐患。它为系统用户管理网络提供了一种手段，同时也为网络攻击提供了必要的信息。

目前，端口扫描的方式主要包括 TCP 全连接扫描和 TCP 半连接扫描。

（1）TCP 全连接扫描。TCP 全连接扫描的过程是先向目标主机端口发送 SYN 报文，然后等待目标端口发送 SYN/ACK 报文，收到后再向目标端口发送 ACK 报文，即著名的“三次握手”过程。在许多系统中只需调用一个 connect 函数即可完成该过程。该方法的方便之处在于它不需要超级用户权限，任何希望管理端口服务的人都可以使用，但通常会在目标主机上留下扫描记录，容易被管理员发现。

（2）TCP 半连接扫描。TCP 半连接扫描通常被称为“半开放”式扫描。扫描程序向目标主机端口发送一个 SYN 数据包，一个 SYN/ACK 的返回信息表示端口处于侦听状态；而一个 RST 的返回信息，则表示端口处于关闭状态。因为它建立的是不完全连接，所以通常不会在目标主机上留下记录，但构造 SYN 数据包必须要具备超级用户权限。

除此之外，还有 TCP Fin 扫描、UDP 扫描、ICMP Echo 扫描、ACK 扫描及窗口扫描等，这里不再赘述。

2. 弱密码扫描技术

（1）密码与弱密码。密码为用户的数据安全提供了必要的安全保障。如果一个用户的密码被非法用户获取，则非法用户就获得了该用户的权限，尤其是最高权限用户的密码泄露以后，主机和网络也就失去了安全性。通过密码进行身份认证是目前实现计算机安全的主要手段之一。

弱密码为弱势密码，指易于猜测、破解或长期不变更的密码，如“123”和“sa”等比较简单的密码。有些密码虽然不简单，但容易被人猜到，如自己的姓名、生日等，也属于弱密码。弱密码的存在是非常危险的，很容易被非法用户破解用于网络攻击。

（2）暴力破解。密码检测是网络安全扫描工具的一部分，用于判断用户密码是否为弱密码。如果存在弱密码，则提醒管理员或用户及时修改。所谓的暴力破解就是暴力密码猜测，指攻击者试图登录目标主机，不断输入密码，直到登录成功为止的一种攻击方法。它只能接入目标主机的可登录端口，然后通过人工或自动执行工具软件一次次的猜测来进行判断，速度较慢。这种看似笨拙的方法却是黑客们最常用的方法，也往往是最有效的方法之一。它针对的是弱密码，而用户弱密码是普遍存在的。

黑客的暴力破解是对用户密码强度的考验，那么，在接受黑客考验之前，用黑客的方法先对密码强度进行检测，确保其可靠性，可以大大降低暴力破解的成功率。因此，弱密码扫描是网络安全扫描必不可少的环节。

3. 操作系统探测技术

操作系统类型是进行入侵或安全检测需要收集的重要信息之一。绝大部分系统安全漏洞都与操作系统有关，因此，探测目标主机操作系统的类型甚至版本信息对于攻击者和网络防御者来说都具有重要的意义。目前流行的操作系统探测技术主要有应用层探测技术和 TCP/IP 协议栈指纹探测技术两种。

应用层探测技术通过向目标主机发送应用服务连接，或访问目标主机开放的有关记录，探测目标主机的操作系统信息。如，通过向服务器请求 Telnet 连接，可以知道运行的操作系统类型和版本信息。其他的如 Web 服务器、DNS 主机记录、SNMP 等也可以提供相关的信息。

TCP/IP 协议栈指纹探测技术是利用各种操作系统在实现 TCP/IP 协议栈时存在的一些细微差别，来确定目标主机的操作系统类型的。主动协议栈指纹技术和被动协议栈指纹技术是目前探测主机操作系统类型的主要方式。

（1）主动协议栈指纹技术。这种技术主要是主动地、有目的地向目标系统发送探测数据包，通过提取和分析响应数据包的特征信息，来判断目标主机的操作系统信息。主要有 Fin 探测分组、假标志位探测、ISN 采样探测、TCP 初始化窗口、ICMP 信息引用、服务类型及 TCP 选项等。

（2）被动协议栈指纹技术。这种技术主要是通过被动地捕获远程主机发送的数据包来分析远程主机的操作系统类型及版本信息。它比主动方式更隐秘，一般可以从四方面着手：TTL、WS、DF 和 TOS。在捕捉到一个数据包后，通过综合分析上述四个因素，就能基本确定一个操作系统的类型。

4. 漏洞扫描技术

漏洞是由于硬件、软件或者安全策略上存在错误而引起的缺陷，攻击者可以利用它在未经授权的情况下访问系统或者破坏系统的正常使用。漏洞的种类很多，主要有网络协议漏洞、配置不当导致的系统漏洞和应用系统的安全漏洞等。

漏洞扫描技术是自动检测远端或本地主机安全脆弱点的技术。根据安全漏洞检测的方法，可以将漏洞扫描技术分为以下四种类型。

（1）基于主机的检测技术。这种技术主要检查一个主机系统是否存在安全漏洞。这种检查涉及操作系统的内核、文件属性、操作系统补丁和不合适的设置等问题。

（2）基于网络的检测技术。这种技术主要检查一个网络系统是否存在安全漏洞，以及其抗攻击能力。它运行于单台或多台主机，可以采用常规漏洞扫描方法来检查网络系统是否存在安全漏洞，也可以采用仿真攻击的方法来测试目标系统的抗攻击能力。

（3）基于审计的检测技术。这种技术主要通过审计一个系统的完整性来检查系统内是否存在被故意安放的后门程序。这种安全审计将周期性地使用单向散列算法对系统的特征信息（如文件的属性等）进行计算，并将计算结果与初始计算结果相比较，一旦发现改变就通知管理员。

（4）基于应用的检测技术。这种技术主要利用软件测试的结果检查一个应用软件是否存在安全漏洞，如应用软件的设置是否合理、有无缓冲区溢出问题等。

9.7.3 网络安全扫描技术的发展

网络的不安全性激发了研究者对网络安全防护技术的广泛关注。在网络攻击者与网络安全技术人员之间的攻防战不断升级过程中，出现了各种各样的网络安全技术和防护工具。

网络安全扫描技术就是众多网络安全技术之一，是解决网络安全问题的另一种思路。网络安全扫描技术最早由 Dan Farmer 和 Wietse Venema 等人于 1995 年提出并实现，其基本思想是模仿入侵者的攻击方法，从攻击者的角度来评估网络系统的安全性。他们开发的 SATAN 扫描工具是一个运行在 Linux 环境下的端口扫描程序，虽然功能比较简单，但它体现了这样一种观点：网络管理员保障系统安全的途径之一是分析入侵者是如何侵入系统的。这种安全扫描方式，能够更准确地向网络管理员报告系统中存在安全问题的地方，以及需要加强安全管理的地方。这种方法比其他方法更具有指导性和针对性。

在实际应用中，网络安全扫描主要用来搜集网络信息，帮助发现目标主机的弱点和漏洞，并能根据扫描结果提高网络安全性能，防范黑客攻击。网络安全扫描工具通常应具备以下几种功能。

（1）能够发现一台主机或一个网络。

（2）对于正在运行的主机，能够发现主机开放的端口及提供的服务，能够较为准确地探测出主机运行的操作系统类型及版本信息。

（3）通过探测系统和服务，能够发现系统中存在的安全漏洞。

网络安全扫描工具一直是网络安全界的研究热点，国内外的一些研究人员也一直致力于这方面的研究。目前研究成果主要有国外的Nmap、SuperScan、Nessus等，以及国内的X-Scan和流光等。

Nmap是Fyodor编写的网络安全扫描工具。它提供了比较全面的扫描方法，如支持TCP、UDP等多种协议的扫描方式，以及利用协议栈指纹技术识别目标主机操作系统的功能，是目前国内外最为流行的端口扫描工具之一。Nmap虽然很强大，但不具备漏洞扫描功能，无法对目标主机的脆弱性进行深入挖掘，不符合网络攻击系统中综合性能强的作战要求。

SuperScan是Robin Keir编写的应用在Windows环境下的TCP端口扫描程序。它允许用户灵活的定义目标主机的端口列表，而且图形化的交互界面使用起来比较简单方便。

Nessus是一款运行在Linux、BSD、Solaris及其他系统上的安全扫描工具，是一款基于多线程和插件的漏洞扫描软件。该软件具有漏洞数据与CVE标准兼容的特性，能够完成超过1200项的远程安全检查，具有强大的报告输出能力，并且会为每个发现的安全问题提出解决建议。

X-Scan是国内“安全焦点”编写的一款运行在Windows环境下的安全漏洞扫描工具。它采用多线程方式对指定IP地址段进行安全漏洞扫描，支持插件功能，提供了图形化界面和命令行两种操作方式，实现对远程主机的操作系统类型、标准端口及常见漏洞的扫描。 但它只提供了一种端口扫描方式，在目标网络复杂时无法灵活自主地选择配置，从而限制了它的适用性。

流光是国内著名网络安全专家小榕所开发的扫描工具，除了能够像X-Scan那样扫描众多的漏洞和弱密码外，还集成了其他入侵工具，如字典工具、NT/IIS工具等。另外，它还独创了能够控制“肉鸡”进行扫描的“流光Sensor工具”和为“肉鸡”安装服务的“种植者”工具。虽然它的功能较多，但操作起来非常复杂。

通过对国内外的网络安全扫描工具的分析和了解可以看出，当前的扫描工具都有各自的特点和局限性。而我国开展网络安全扫描技术的研究工作起步比较晚，工作不够深入，系统性和综合性不强。鉴于扫描技术在当前网络安全问题中的重要地位，必须深入开展网络安全扫描关键技术的研究，才能更好地做好网络安全防护工作。

9.8　本章小结

国际互联网或下一代网络（IPv6）是物联网网络层的核心载体。在物联网中，原来在国际互联网遇到的各种攻击问题依然存在，甚至更普遍，因此物联网需要有更完善的安全防护机制。

目前的物联网核心网主要是运营商的核心网络，核心网安全防护系统可以为物联网终端设备提供本地和网络应用的身份认证、网络过滤、访问控制、授权管理等安全服务。核心网的安全防护技术主要涉及网络加密技术、防火墙技术、隧道技术、网络虚拟化技术、黑客攻击与防范、网络病毒防护、入侵检测技术、网络安全扫描技术等。

防火墙技术是一种隔离控制技术，在某家机构的网络和不安全的网络（如Internet）之间设置屏障，阻止对信息资源的非法访问。此外，也可以使用防火墙阻止重要信息从企业的网络上被非法输出。

隧道技术使用互联网的基础设施在网络之间传递数据。使用隧道传递的数据（或负载）可以是不同协议的数据帧或包。隧道协议将这些其他协议的数据帧或包重新封装在新的包头中发送。新的包头提供了路由信息，从而使封装的负载数据能够通过互联网络传递。

网络虚拟化一般指虚拟专用网络（VPN）。VPN 对网络连接的概念进行了抽象，允许远程用户访问组织的内部网络，就像物理上连接到该网络一样。网络虚拟化可以帮助保护 IT 环境，防止来自 Internet 的威胁，同时使用户能够快速安全地访问应用程序和数据。

黑客一般指网络的非法入侵者，他们往往是优秀的程序员，具有计算机网络和物联网软硬件的高级知识，并有能力通过一些特殊的方法剖析和攻击网络。黑客以破坏网络系统为目的，往往采用某些不正当的手段找出网络的漏洞，并利用网络漏洞破坏计算机网络或物联网，从而危害网络的安全。

针对黑客各种不同的攻击行为，网络管理员可以采取的防御对策包括：屏蔽可疑的 IP 地址、过滤信息包、修改系统协议、修补安全漏洞、及时备份重要数据、使用加密机制传输数据和安装安全软件等。

网络病毒是编制者在计算机程序中插入的一组能够破坏计算机网络功能或者数据，能影响计算机网络的使用，能自我复制的计算机指令或者程序代码。

网络病毒具有传染性、繁殖性、潜伏性、隐蔽性、可触发性和破坏性等特征。

为了保证物联网的正常运行，阻止网络病毒或者流氓软件入侵物联网系统，物联网用户应当采取的防御措施包括：不要随便浏览陌生网站、安装杀毒软件、安装防火墙、及时安装系统漏洞补丁、不要轻易打开陌生的电子邮件附件、使用 U 盘时要先查杀网络病毒、对下载的文件查杀网络病毒和及时备份等。

入侵检测技术是一种用于检测计算机网络中违反安全策略行为的技术。进行入侵检测的软件与硬件相结合，便构成入侵检测系统（IDS）。

扫描工具是一种利用网络安全扫描技术自动地检测目标主机安全弱点的程序。它能够发现目标主机开放的端口和运行的服务，以及是否存在系统漏洞和安全弱点等。它通过与目标主机开放的端口建立连接或请求服务，如 HTTP、Telnet 等，获取目标主机的应答信息，以搜集相关的信息，如操作系统类型等，从而发现目标主机存在的安全弱点。它是一把双刃剑，利用网络安全扫描工具的扫描结果，可以为攻击目标网络系统提供指导，同时还可以用于网络系统的安全评测，以及对系统存在的漏洞提出修补建议等。因此，网络安全扫描工具既是网络攻击的重要武器之一，也是网络安全防御的重要手段之一。

复习思考题

一、单选题

1. 防火墙可以阻挡来自（　　）的网络入侵。

A. 内部　　B. 外部　　C. 内部和外部　　D. 以上都不对

2. 防火墙的功能可以分为（　　）方面。

A. 5　　B. 6　　C. 7　　D. 8

3. 虚拟专用网络是通过公用网络（通常是国际互联网）建立的临时的、安全的特殊网络，是一条（　　）的隧道。

A. 穿过公用网络　B. 安全的　C. 加密　D. 以上都是

4. 常用的隧道技术有（　　）种。

A. 3　B. 4　C. 5　D. 6

5. IPSec 协议工作在（　　）。

A. 物理层　B. 数据链路层　C. 网络层　D. 传输层

6. 一个成熟的 VPN 系统应当能够同时满足（　　）方面的安全需求。

A. 3　B. 4　C. 5　D. 6

7. 黑客常用的攻击方法包括（　　）类。

A. 6　B. 7　C. 8　D. 9

8. 防范黑客攻击的策略有（　　）种。

A. 6　B. 7　C. 8　D. 9

9. 网络病毒的防治方法包括（　　）种措施。

A. 6　B. 7　C. 8　D. 9

10. 入侵检测系统的结构分为（　　）部分。

A. 4　B. 5　C. 6　D. 7

11. 网络安全扫描技术包括（　　）类。

A. 3　B. 4　C. 5　D. 6

12. 漏洞扫描技术分为（　　）种类型。

A. 3　B. 4　C. 5　D. 6

13. 根据网络病毒寄存的媒体来分类，可分为（　　）类。

A. 3　B. 4　C. 5　D. 6

14. 网络攻击包括（　　）阶段。

A. 准备　B. 攻击实施　C. 善后处理　D. 以上都是

15. 一个典型的入侵检测系统的结构包括数据源、操作员、（　　）、管理员和安全策略等组成部分。

A. 探测器　B. 分析器　C. 管理器　D. 以上都是

二、简答题

1. 物联网网络层安全主要涉及哪些安全技术？
2. 什么是防火墙？
3. 从工作原理来分类，防火墙技术可以分为哪些类别？
4. 防火墙具有哪些功能？
5. 什么是网络虚拟化技术？
6. 什么是隧道技术？常见的隧道技术包括哪些？
7. 请简要说明 IPSec 隧道技术的工作原理。
8. 什么是黑客？黑客常用的攻击方法包括哪些？
9. 防范黑客攻击主要有哪些对策？
10. 什么是网络病毒？网络病毒具有哪些特征？

11. 网络病毒如何分类?
12. 如何防治网络病毒?
13. 什么是入侵检测技术?入侵检测的过程分为哪些步骤?
14. 请画图表示入侵检测系统的通用模型。
15. 常用的入侵检测系统检测方法包括哪些?
16. 网络安全扫描技术主要包括哪些技术?

第 10 章 应用层云计算与中间件安全

10.1 应用层云计算平台安全

10.1.1 云计算思想的产生

在传统模式下，企业建立一套 IT 系统不仅需要购买硬件等基础设施，还要购买软件的许可证，需要专门的人员维护。当企业的规模扩大时还要继续升级各种软硬件设施以满足需要。对于企业来说，计算机等硬件和软件本身并非他们真正需要的，它们仅仅是完成工作、提供效率的工具而已。对个人来说，计算机需要安装大量软件，而许多软件是收费的，对不经常使用该软件的用户来说购买非常不划算。可不可以有这样一种服务，能够提供人们需要的所有软件供人们租用？这样人们只需要在用时付少量“租金”即可“租用”到这些软件服务，从而节约开销。

人们每天都要用电，但并不是每家自备发电机，而是由电厂集中提供；人们每天都要用自来水，但并不是每家都有井，而是由自来水厂集中提供。这种模式极大地节约了资源，方便了人们的生活。面对计算机带来的困扰，可不可以像使用水和电一样使用计算机资源？这些想法最终导致了云计算的产生。

云计算的最终目标是将计算、服务和应用作为一种公共设施提供给公众，使人们能够像使用水、电、煤气和电话那样使用计算机资源。

云计算模式与电厂集中供电模式相似。在云计算模式下，用户的计算机会变得十分简单，仅有容量不大的内存，并且不需要硬盘和各种应用软件就可以满足人们的需求，因为用户的计算机除了通过浏览器给“云”发送指令和接收数据外，基本上什么都不用做，便可以使用云服务提供商的计算资源、存储空间和各种应用软件。这就像连接“显示器”和“主机”的电线无限长，从而可以把显示器放在使用者的面前，而主机可以放在很远的地方，甚至计算机使用者本人也不知道这台计算机到底在哪里。云计算把连接“显示器”和“主机”的电线变成了网络，把“主机”变成了云服务提供商的服务器集群。

在云计算环境下，用户的使用观念也会发生彻底的变化，从“购买产品”向“购买服务”转变，因为他们直接面对的将不再是复杂的软硬件，而是最终的服务。用户不需要拥有看得见、摸得着的硬件设施，也不需要为机房支付设备供电、空调制冷、专人维护等费用，并且不需要等待漫长的供货周期、项目实施等冗长的时间，只需要把钱汇给云计算服务提供商，就可以马上得到所需的服务。

10.1.2 云计算平台的概念

云计算平台是一种新兴的商业计算模型，它利用高速互联网的传输能力，将数据的处理过程从个人计算机或服务器转移到一个大型的计算中心，将计算能力、存储能力当作服务提供给用户，并像电力、自来水一样按使用量进行计费。

云计算平台基本原理是计算分布在大量的分布式计算机上，而非本地计算机或远程服务器上，从而使企业数据中心的运行与互联网相似。这使企业能够将资源切换到需要的应用上，根据需求访问计算机和存储系统。

云计算平台的核心是新一代数据中心技术，包括绿色 IT、高性能（网格）计算、分布式计算、数据中心虚拟化等。云计算作为传统计算机技术与网络融合的产物，可以将各类资源以服务的形式提供给用户，具有可虚拟化性、动态性和可伸缩性，被认为是信息产业的又一次重大革命。虚拟化及虚拟机概念于 20 世纪 60 年代由 IBM 公司提出，主要通过将有限的固定的资源根据不同需求进行重新规划，达到简化管理、优化资源的目的。

“云”是一些可以自我维护和管理的虚拟计算资源，通常为一些大型服务器集群，包括计算服务器、存储服务器、Web 服务器、宽带资源等。云计算将所有计算资源集中起来，并由软件实现自动管理，无须人为参与。这使得应用提供者无须为烦琐的细节而烦恼，能够更加专注于自己的业务，有利于创新和降低成本。有人将云计算比喻为从古老的单台发电机模式转向了电厂集中供电模式。它意味着计算能力也可以作为一种商品进行流通，就像煤气、水电一样，取用方便，费用低廉。二者最大的不同在于，云计算是通过互联网进行传输的。云计算是并行计算（parallel computing）、分布式计算（distributed computing）和网格计算（grid computing）的发展，是虚拟化（virtualization）、效用计算（utility computing）、IaaS、PaaS、SaaS 等概念混合演进并跃升的结果。云计算是网格计算的商业演化版。

目前，云计算并没有统一的定义，这也与云计算本身特征很相似。维基百科对云计算的定义是，云计算是一种基于互联网的计算新模式，通过互联网上异构、自治的服务为个人和企业提供按需即取的计算。由于资源是在互联网上，而互联网通常以云状图案来表示，因此人们以云来类比这类计算服务，同时云也是对底层基础设施的一种概念抽象。云计算的资源是动态扩展且虚拟化的，通过互联网提供，终端用户不需要了解云中基础设施的细节，不必具有专业的云技术知识，也无须直接进行控制，只关注自身真正需要什么样的资源，以及如何通过网络来获得相应的服务。H3C 的云计算理念认为云计算是一种新的 IT 服务模式，支持大规模计算资源的虚拟化，提供按需计算、动态部署、灵活扩展能力。

10.1.3 云计算平台的服务模式

云计算平台包括图 10-1 所示的三种典型服务模式。

软件即服务（Software as a Service，SaaS）

- 用户通过标准的Web浏览器来使用Internet上的软件。
- 客户端软件通过标准的Web服务来使用Internet上的服务。
- 用户不必购买软件，只需按需租用软件。

平台即服务（Platform as a Service，PaaS）

- 提供应用服务引擎，如互联网应用编程接口、运行平台等。
- 用户基于该应用服务引擎，可以构建该类应用。

基础设施即服务（Infrastructure as a Service，IaaS）

- 以服务的形式提供虚拟硬件资源，如虚拟主机、存储、网络、安全等资源。
- 用户无须购买服务器、网络设备、存储设备，只需要通过互联网租赁即可搭建自己的应用系统。

图 10-1　云计算服务模式

1. 基础设施即服务

基础设施即服务（IaaS）指的是为用户提供网络、计算和存储一体化的基础架构服务。通过 IaaS，客户端无须购买服务器、软件等网络设备，即可任意部署和使用存储、网络和其他基本的计算资源。在 IaaS 服务中，用户不能控制底层的基础设施，但是可以控制操作系统、存储装置和已部署的应用程序。

在 IaaS 中，一台物理机器往往被划分为多台虚拟机器进行使用。由于同一物理服务器的虚拟机之间可以直接相互访问，而无须经过防火墙与交换机等设备，因此虚拟机之间的攻击变得更加容易。另外，服务商提供的是一个共享的基础设施，如 CPU、GPU 等，这些基础设施对使用者来说并不是完全隔离的，当一个攻击者得逞时，全部服务器都向攻击者敞开了大门，因此 IaaS 的分区和服务环境监控是云安全中的重要研究领域，如何保证同一物理机上不同虚拟机之间的资源隔离，包括 CPU 调度、内存虚拟化、VLAN、I/O 设备虚拟化，是当前 IaaS 服务模式首先要解决的安全技术问题。

2. 平台即服务

平台即服务（PaaS）实际上是一种将软件研发的平台作为一种服务提供给用户的服务模式，如应用服务器、业务能力接入、业务引擎、企业定制化研发的中间件平台等都可以通过 PaaS 提供的 API 开放给 PaaS 用户。

PaaS 可以提高在 Web 平台上利用的资源数量。例如，可通过远程 Web 服务使用数据即服务（Data-as-a-Service，DaaS）。用户或者厂商基于 PaaS 平台可以快速开发自己所需的应用和产品。同时，PaaS 平台开发的应用能更好地搭建基于 SOA 架构的企业应用，如云平台通过提供二次开发接口、软件定制接口及开放式的支撑服务等功能，提供完善的应用服务引擎和应用编程接口，用户可以通过应用服务引擎，无须专业的程序员，直接在线开发相应的企业应用。

3. 软件即服务

软件即服务（SaaS）与按需软件、应用服务提供商和托管软件具有相似的含义。它是一种通过 Internet 提供软件的服务模式，厂商将应用软件统一部署到自己的服务器上，客户可以根据个人实际需求，通过互联网向厂商定购所需的应用软件服务，按定购服务的多少和时间长短向厂商支付费用，并通过标准的 Web 浏览器来使用云平台上的各类在线服务。用户不必购买软件，只需按需租用云平台上的各类正版软件和在线软件服务功能，且无须对软件进行维护。服务提供商会全权管理和维护软件。软件厂商在向客户提供互联网应用的同时，也提供软件的离线操作和本地数据存储，让用户随时随地都可以使用其定购的软件和服务。

对于许多小型企业来说，SaaS 是采用先进技术的最好途径，它消除了企业购买、构建和维护基础设施和应用程序的需要，减少了企业运维和购买软件的成本。

10.1.4　云计算平台的部署模式

在部署模式上，云计算平台有三种部署模式，即公共云、私有云和混合云，如图 10-2 所示。

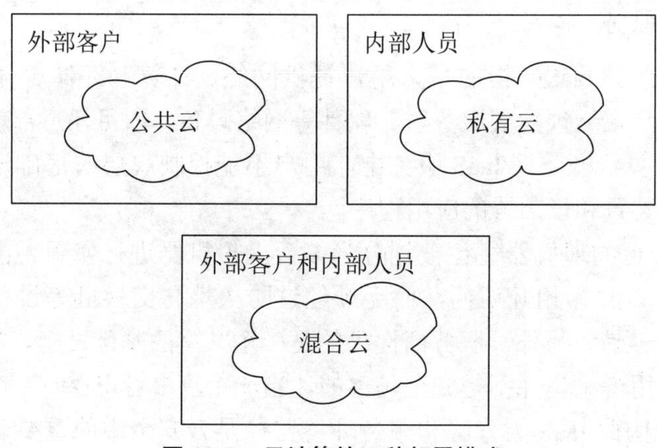

图 10-2　云计算的三种部署模式

1. 公共云

公共云指为外部客户提供服务的云，它所有的服务都供他人使用，而不是自己使用的。目前，典型的公共云有微软的 Windows Azure Platform、亚马逊的 AWS、Salesforce.com，以及国内的阿里巴巴、用友伟库等。对于使用者来说，公共云的最大优点是，其所应用的程序、服务及相关数据都存放在公共云的提供者处，自己无须做相应的投资和建设。目前公共云最大的问题是，由于数据不存储在自己的数据中心，其安全性存在一定风险。同时，公共云的可用性不受使用者控制，这方面也存在一定的不确定性。

2. 私有云

私有云指企业自己使用的云，它所有的服务不供他人使用，而是供自己内部人员或分支机构使用的。私有云的部署比较适合有众多分支机构的大型企业或政府部门。随着这些大型企业数据中心的集中化，私有云将会成为他们部署 IT 系统的主流模式。相较于公共云，私有云部署在企业自身内部，因此其数据安全性、系统可用性都可由企业自己控制，但缺点是投资较大，尤其是一次性的建设投资较大。

3. 混合云

混合云指供自己和客户共同使用的云，它所提供的服务既可以供他人使用，也可以供自己使用。相比之下，混合云的部署方式对提供者的要求较高。

10.1.5　云计算技术的发展

云计算技术从1959年概念的提出到成熟，至今已经经历了数十年的发展历程。

1959年，Christopher Strachey发表了关于虚拟化的论文，虚拟化是云计算基础架构的基石。

1961年，John McCarthy提出了计算力和通过公用事业销售计算机应用的思想。

1962年，J.C.R.Licklider提出了“星际计算机网络”设想。

1984年，Sun公司的联合创始人John Gage提出了“网络就是计算机”的名言，用于描述分布式计算技术带来的新世界，今天的云计算正在将这一理念变成现实。

1997年，南加州大学教授Ramnath K.Chellappa提出了云计算的第一个学术定义，认为计算的边界可以不是技术局限，而是经济合理性。

1998年，VMware公司成立并首次引入了x86的虚拟技术。

1999年，Marc Andreessen创建了Loud Cloud，这是第一个商业化的IaaS平台。

2004年，Google发布了MapReduce论文。Hadoop就是Google集群系统的一个开源项目的总称，主要由HFS、MapReduce和HBase组成，其中HFS是Google File System（GFS）的开源实现；MapReduce是Google MapReduce的开源实现；HBase是Google BigTable的开源实现。

2005年，Amazon宣布推出Amazon Web Services云计算平台，并在2006年相继推出了在线存储服务S3和弹性计算云EC2等云服务。

2007年，Google与IBM开始在大学开设云计算课程。同年，戴尔公司成立了数据中心解决方案部门，先后为全球五大云计算平台中的三个（包括Windows Azure、Facebook和Ask.com）提供云基础架构；Amazon公司推出了简单队列服务（Simple Queue Service，SQS），这项服务使托管主机可以存储计算机之间发送的消息；IBM首次发布了云计算商业解决方案，推出了“蓝云”计划。

2008年，Salesforce.com推出了随需应变平台evForce，Force.com平台是世界上第一款PaaS应用。

2009年，思科发布了统一计算系统（UCS）、云计算服务平台，VMware推出了业界首款云操作系统VMware vSphere 4，Google推出了Chrome OS。

2010年，Microsoft正式发布了Microsoft Azure云平台服务；英特尔在IDF上提出了互联计算，用x86架构统一嵌入式、物联网和云计算领域；戴尔推出了源于DCS部门设计的PowerEdgeC系列云计算服务器及相关服务。

在我国，云计算的发展也颇为迅猛。

2008年3月17日，Google全球CEO埃里克·斯密特（Eric Schmidt）在北京访问期间，宣布在中国推出“云计算”计划。而2008年初，IBM与江苏省无锡市政府合作建立了无锡软件园云计算中心，开始了云计算在我国的商业应用。2008年7月，瑞星推出了

“云安全”计划。

2009 年，VMware 在中国召开的 vForum 用户大会，首次将开放云计算的概念带入我国。

2010 年 10 月 18 日，我国发布了《国务院关于加快培育和发展战略性新兴产业的决定》，将云计算定位为“十二五”战略性新兴产业之一。同一天，工信部、发改委联合印发了《关于做好云计算服务创新发展试点示范工作的通知》，确定在北京、上海、深圳、杭州、无锡五个城市先行开展云计算服务创新发展试点示范工作，让国内的云计算热潮率先从政府云开始熊熊燃烧。

云计算在我国有着巨大的市场潜力，不仅仅在于我国幅员辽阔、人口众多，更重要的是我国从 2009 年已经成为全球最大的 PC 消费国，也是最大的 PC 服务器拥有国。庞大的 IT 投资也成为国家节能减排事业中值得重点关注的一环，云计算将成为绿色 IT、节能减排最为重要的手段，不仅提高了 IT 灵活性，实现了可持续发展，也将积极推动和谐社会的构建，这也是政府在“十二五”规划中将云计算定位为战略性新兴产业的原因之一。

云计算作为一种应用模式，它的出现和应用范围日益扩大，必将对产业链的上下游产生重要影响。它在不断适应着企业的需求。未来云计算的发展，将朝着平台化、公共云和混合云、大数据等方向发展，未来的云计算将更强调安全性和性能，云游戏领域也将是云的另一个主要发展趋势。

10.1.6 国内外优秀云计算平台

1. 国外优秀云计算平台

目前，国外比较优秀的云计算平台包括 Google 云计算平台、IBM“蓝云”云计算平台、Amazon 的弹性计算云、微软的云计算架构等。

（1）Google 云计算平台。

Google 云计算平台是全球最大的搜索引擎，包括 Google Maps、Google Earth、Gmail、YouTube 等一系列产品。这个平台起初仅为 Google 最重要的搜索应用提供服务，目前已经扩展到其他应用程序。其特点是数据量庞大、面向全球用户提供实时服务。

Google 的硬件条件优势、大型的数据中心和搜索引擎的支柱应用，促进 Google 云计算迅速发展。Google 的云计算基础架构模式包括 4 个相互独立又紧密结合在一起的系统：Google File System 分布式文件系统，针对 Google 应用程序的特点提出的 MapReduce 编程模式，分布式的锁机制 Chubby 及 Google 开发的模型简化的大规模分布式数据库 BigTable。

Google File System（GFS）：除了受其本身的性能、可伸缩性、可靠性及可用性影响以外，GFS 设计还受到 Google 应用负载和技术环境的影响。这主要体现在 4 方面：一是充分考虑到大量节点的失效问题，需要通过软件将容错及自动恢复功能集成到系统上；二是构造特殊的文件系统参数，文件通常大小以吉字节计，并包含大量小文件；三是充分考虑应用的特性，增加文件追加操作，优化顺序读写速度；四是文件系统的某些具体操作不再透明，需要应用程序的协助完成。

图 10-3 给出了 Google File System 的系统架构。

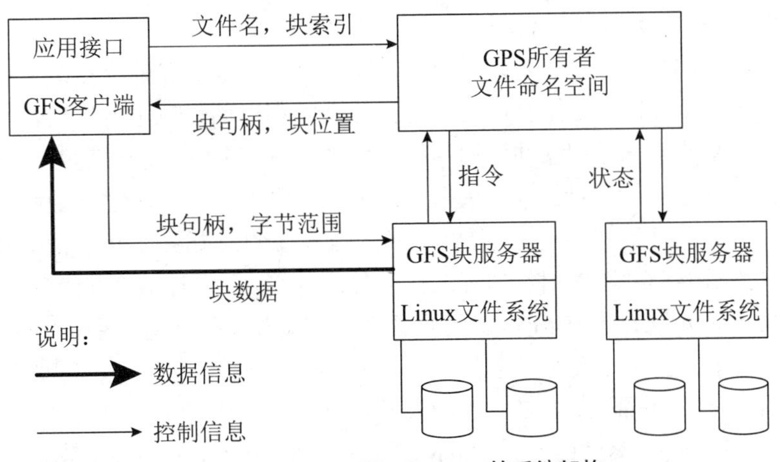

图 10-3　Google File System 的系统架构

一个 GFS 集群包含一台主服务器和多台块服务器，被多个客户端访问。文件被分割成固定尺寸的块。在每个块创建的时候，服务器分配给它一个不变的、全球唯一的 64 位块句柄对它进行标识。块服务器把块作为 Linux 文件保存在本地硬盘上，并根据指定的块句柄和字节范围来读写块数据。为了保证可靠性，每个块都会被复制到多个块服务器上，默认保存三个备份。主服务器管理文件系统所有的元数据，包括命名空间、访问控制信息和文件到块的映射信息，以及块当前所在的位置。GFS 客户端代码被嵌入到每个程序里，它实现了 Google 文件系统 API，帮助应用程序与主服务器和块服务器通信，对数据进行读写。客户端跟主服务器交互进行元数据操作，但是所有的数据操作的通信都是直接和块服务器进行的。客户端提供的访问接口类似 POSIX 接口，但有一定的修改，并不完全兼容 POSIX 标准。通过服务器端和客户端的联合设计，Google File System 能够针对它本身的应用获得最大的性能及可用性效果。

MapReduce 分布式编程环境：Google 构造 MapReduce 编程规范来简化分布式系统的编程。应用程序编写人员只需将精力放在应用程序本身，而关于集群的处理问题（包括可靠性和可扩展性）则交由平台来处理。MapReduce 通过映射（Map）和化简（Reduce）这两个简单的概念来构建运算基本单元，用户只需提供自己的 Map 函数以及 Reduce 函数即可并行处理海量数据。

分布式大规模数据库管理系统 BigTable：由于一部分 Google 应用程序需要处理大量的格式化、半格式化数据，Google 构建了弱一致性要求的大规模数据库系统 BigTable。BigTable 的应用包括 Search History、Maps、Orkut、RSS 阅读器等。

BigTable 是客户端和服务器端的联合设计，使得性能能够最大限度地符合应用的需求。BigTable 系统依赖集群系统的底层结构：一个是分布式的集群任务调度器，一个是前述的 Google File System，还有一个是分布式的锁服务 Chubby。

Chubby 是一个非常鲁棒的粗粒度锁，BigTable 使用 Chubby 来保存根数据表格的指针，即用户可以先从 Chubby 锁服务器中获得根表的位置，进而对数据进行访问。BigTable 使用一台服务器作为主服务器，用来保存和操作元数据。主服务器除了管理元数据之外，还负责对 tablet 服务器（即一般意义上的数据服务器）进行远程管理与负载调配。客户端通过编程接口与主服务器进行元数据通信，与 tablet 服务器进行数据通信。

（2）IBM“蓝云”云计算平台。

“蓝云”解决方案是由IBM云计算中心开发的企业级云计算解决方案。该解决方案可以对企业现有的基础架构进行整合，通过虚拟化技术和自动化技术，构建企业自己的云计算中心，实现企业硬件资源和软件资源的统一管理、统一分配、统一部署、统一监控和统一备份，打破了应用对资源的独占，从而帮助企业实现了云计算理念。

IBM的“蓝云”计算平台是一套软、硬件平台，将Internet上使用的技术扩展到企业平台上，使得数据中心可以使用类似互联网的计算环境。“蓝云”大量使用了IBM先进的大规模计算技术，并结合了IBM自身的软硬件系统及服务技术，支持开放标准与开放源代码软件。

“蓝云”在IBM Almaden研究中心的云基础架构基础之上，采用了Xen和PowerVM虚拟化软件，Linux操作系统映像及Hadoop软件（Google File System及MapReduce的开源实现）。IBM已经正式推出了基于x86芯片服务器系统的“蓝云”产品。

“蓝云”计算平台由一个数据中心、IBM Tivoli部署管理软件（Tivoli provisioning manager）、IBM Tivoli监控软件（IBM Tivoli monitoring）、IBM WebSphere应用服务器、IBM DB2数据库，以及一些开源信息处理软件和开源虚拟化软件共同组成。“蓝云”的硬件平台环境与一般的x86服务器集群类似，同样使用刀片式架构增加计算密度。“蓝云”软件平台的特点主要体现在虚拟机及对于大规模数据处理软件Apache Hadoop的使用上。

“蓝云”平台的一个重要特点是虚拟化技术的使用。虚拟化的方式在“蓝云”中有两个级别，一个是在硬件级别上实现虚拟化，另一个是通过开源软件实现虚拟化。硬件级别的虚拟化可以使用IBM p系列的服务器，获得硬件的逻辑分区LPAR。逻辑分区的CPU资源能够通过IBM Enterprise Workload Manager来管理。通过这样的方式加上在实际使用过程中的资源分配策略，能够使相应的资源合理地分配到各个逻辑分区。IBM p系列系统的逻辑分区最小粒度是1/10颗CPU。Xen则是软件级别上的虚拟化，能够在Linux基础上运行另一个操作系统。

（3）Amazon的弹性计算云。

亚马逊是互联网上最大的在线零售商，同时也为独立开发人员、开发商提供云计算服务平台。亚马逊将他们的云计算平台称为弹性计算云（Elastic Compute Cloud，EC2），是最早提供远程云计算平台服务的公司。

与Google提供的云计算服务不同，Google仅为自己在互联网上的应用提供云计算平台，独立开发商或者开发人员无法在这个平台上工作，因此只能转而通过开源的Hadoop软件支持来开发云计算应用。亚马逊的弹性计算云服务和IBM的云计算服务平台不一样，亚马逊不销售物理的云计算服务平台，没有类似“蓝云”的计算平台。亚马逊将自己的弹性计算云建立在公司内部的大规模集群计算平台之上，用户可以通过弹性计算云的网络界面操作在云计算平台上运行的各个实例（instance），付费方式则由用户的使用状况决定，即用户仅需要为自己所使用的计算平台实例付费，运行结束后计费也随之结束。

弹性计算云从沿革上来看，并不是亚马逊公司推出的第一项此类服务，它从名为亚马逊网络服务的现有平台发展而来。早在2006年3月，亚马逊就已经发布了简单存储服务（Simple Storage Service，S3），这种存储服务按照类似月租的形式进行服务付费，同时用户还需要为相应的网络流量付费。亚马逊网络服务平台使用表述性状态转移（Representational State Transfer，REST）和简单对象访问协议（Simple Object Access Protocol，SOAP）等标准接口，用户可以通过这些接口访问相应的存储服务。

2007年7月，亚马逊公司推出了简单队列服务（SQS），这项服务使托管主机可以存储计算机之间发送的消息。通过这一项服务，应用程序编写人员可以在分布式程序之间进行数据传递，而无须考虑消息丢失的问题。通过这种服务方式，即使消息的接收方还没有模块启动也没有关系，服务器内部会缓存相应的消息，而一旦有消息接收组件被启动，则队列服务将消息提交给相应的运行模块进行处理。同样，用户必须为这种消息传递服务付费，计费规则与存储计费规则类似，同样是依据消息的个数及消息的大小进行收费。

（4）微软的云计算架构。

微软发布的服务器和云平台网站提供包括管理云应用、部署服务器等多种功能在内的一站式云服务。

除了可为消费者构建私有云外，该网站还提供虚拟服务器、虚拟桌面、管理云应用、部署服务器、管理员身份认证、数据分析等服务。

此外，用户还可以从该网站浏览新闻、查看微软最新产品、公告等，实现量身定制的个性化网络接入方案。

基于图10-4的架构，微软为企业提供了两种云计算部署类型，即公共云和私有云。

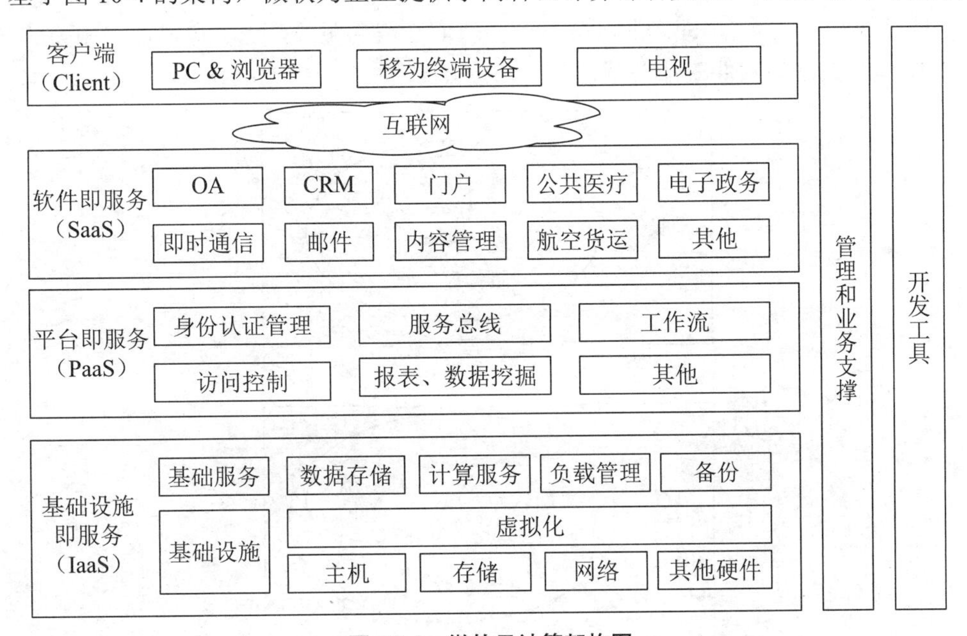

图10-4　微软云计算架构图

① 公共云：由微软自己运营，为客户提供部署和应用服务。在公共云中，Windows Azure Platform是一个高度可扩展的服务平台，提供基于微软数据中心随用随付费的灵活服务模式。

② 私有云：部署在客户的数据中心内部，基于客户个性化的性能和成本要求，面向服务的内部应用环境。这个云平台基于成熟的Windows Server和System Center等系列产品，并且能够与现有应用程序兼容。

有鉴于云计算如火如荼的快速发展，微软针对几乎全线产品提出了明确的云战略，其云计算解决方案包括公共云和私有云，既可以帮助企业搭建私有云，又可以帮助企业构建公共云，或让企业选择基于微软云平台运营企业的公共云服务。微软为自己的客户和合作伙伴提供了三种不同的云计算运营模式。

① 公有云。微软自己构建及运营公共云的应用和服务，同时向个人消费者和企业客户提供云服务。

② 合作伙伴运营。独立软件开发商或系统集成商等各种合作伙伴可基于微软 Windows Azure Platform 开发 ERP、CRM 等各种云计算应用，并在这一平台上为最终用户提供服务。

③ 客户自建私有云。客户可以选择微软的云计算解决方案构建自己的云计算平台。微软可以为用户提供包括产品、技术、平台和运维管理在内的全面支持。

目前，企业既可以从云中获取必需的服务，也可以自己部署相关的 IT 系统。

在云计算时代，一个企业是否可以不用部署任何的 IT 系统，一切都从云计算平台获取？或者反过来，企业还是像以前一样，全部 IT 系统都部署在企业内部，不从云中获取任何的服务？

很多企业认为有些 IT 服务适合从云中获取，如 CRM、网络会议、电子邮件等；但有些系统不适合部署在云中，如自己的核心业务系统、财务系统等。因此，微软认为理想的模式将是“软件 + 服务”，即企业既能从云中获取必需的服务，也会自己部署相关的 IT 系统。图 10-5 是微软的软件 + 服务战略。

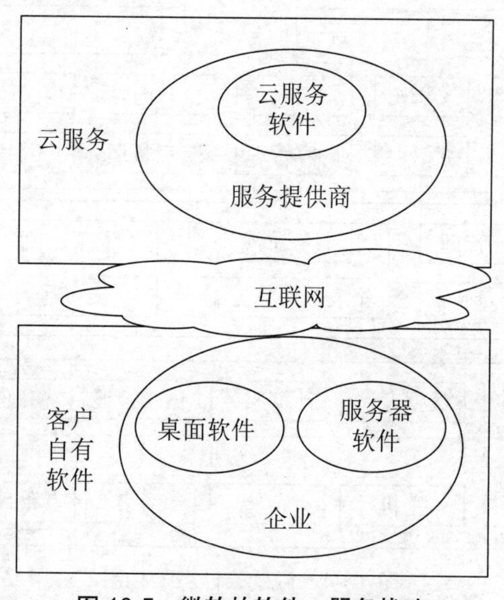

图 10-5　微软的软件 + 服务战略

“软件 + 服务”可以简单地描述为以下两种模式。

① 软件本身架构模式是软件加服务。例如，杀毒软件本身部署在企业内部，但是杀毒软件的病毒库更新服务是通过互联网进行的，即从云中获取。

② 企业的一些 IT 系统由自己构建，另一部分向第三方租赁或从云中获取服务。例如，企业可以直接购买软硬件产品，在企业内部自行部署 ERP 系统，同时通过第三方云计算平台获取 CRM、电子邮件等服务，而不是自行构建这些服务。

“软件 + 服务”的好处在于，它既充分继承了传统软件部署方式的优越性，又大量利用了云计算的新特性。

在云计算时代，有三个平台非常重要，即开发平台、部署平台和运营平台。Windows Azure Platform 是微软的云计算平台，在微软的整体云计算解决方案中发挥着关键作用。它既是运营平台，又是开发、部署平台；既可运行微软的自有应用，也可以开发部署用户或 ISV 的个性化服务；既可以作为 SaaS 等云服务的应用模式的基础，又可以与微软线下的一系列软件产品相互整合和支撑。事实上，微软基于 Windows Azure Platform，在云计算服务和线下客户自有软件应用方面，提供了更多样化的应用交付模式、更丰富的应用解决方案、更灵活的产品服务部署方式和商业运营模式。

企业可以根据自身的具体需求和特征自由选用一种模式。

为用户提供自由选择的机会是微软云计算战略的第三大典型特点。这种自由选择表现在以下三方面。

① 用户可以自由选择传统软件或云服务两种模式。

自己部署 IT 软件、采用云服务或者采用混合模式，无论用户选择哪种模式，微软的云计算都能支持。

② 用户可以选择微软不同的云服务。

无论用户需要的是 SaaS、PaaS 还是 IaaS，微软都有丰富的服务供其选择。微软拥有全面的 SaaS，包括针对消费者的 Live 服务和针对企业的 Online 服务；也提供基于 Windows Azure Platform 的 PaaS；还提供数据存储、计算等 IaaS 和数据中心优化服务。用户可以基于任何一种服务模型选用云计算的相关技术、产品和服务。

③ 用户和合作伙伴可以选择不同的云计算运营模式。

微软提供了多种云计算运营模式。用户和合作伙伴可直接应用微软运营的云计算服务，也可以采用微软的云计算解决方案和技术工具自建云计算应用，还可以选择运营微软的云计算服务或自行在微软云平台上开发云计算应用。

2. 国内优秀云计算平台简介

国内优秀的云计算平台包括阿里云、华为云、腾讯云、百度云和金山云等。

（1）阿里云。阿里云是阿里巴巴集团旗下的云计算品牌，全球卓越的云计算技术和服务提供商，创立于 2009 年。阿里云的起步较早，产品种类也很多。其操作环境可以自己配置也可以直接选择配置好的，比较方便。阿里云产品中比较热门的有云服务器 ECS、云数据库 RDS、负载均衡 SLB 和对象存储 OSS。其他的还有内容分发网络 CDN、消息队列 MQ、云解析 DNS 等。

（2）华为云。华为集团是云计算领域里异军突起的一家企业，软硬一体。基础设施方面，华为集团有自己生产的硬件，技术方面与 Intel、IBM、惠普、戴尔、微软等都有合作。华为集团的云计算产品为客户提供云计算、云存储、云网络、云安全、云数据库、云管理与部署应用等 IT 基础设施云服务。华为云立足于互联网领域，提供包括云主机、云托管、云存储等基础云服务，以及超算、内容分发与加速、视频托管与发布、企业 IT、云会议、游戏托管、应用托管等服务和解决方案。

（3）腾讯云。腾讯云是腾讯公司旗下的产品，为开发者及企业提供云服务、云数据、云运营等整体一站式服务方案。

腾讯云起步时间较晚，产品种类和价格与阿里云相差不大。腾讯云计算平台包括云服务器、云数据库、CDN、云安全、万象更新图片和云点播等产品。腾讯的社交媒体优势是腾讯云最大的特色。因此，腾讯云是在互联网服务实体经济领域发力，提供了互联网营销能力。腾讯公司声称腾讯云的 SaaS+AI 技术已经成为服务各行业的数字化引擎。

腾讯云具体包括云服务器、云存储、云数据库和弹性 Web 引擎等基础云服务，腾讯云分析、腾讯云推送（信鸽）等腾讯整体大数据能力，以及 QQ 互联、QQ 空间、微云、微社区等云端链接社交体系。这些正是腾讯云可以提供给这个行业的差异化优势，造就了可支持各种互联网应用场景的高品质的腾讯云技术平台。

（4）百度云。在云计算平台建设方面，百度公司起步最晚，但百度云依托于百度搜索引擎，对于百度人工智能 API 有需求的用户是一个不错的选择。百度云的热门产品包括人工智能、云基础、智能视频、安全、物联网、企业智能应用、行业智能应用、开发者服务等。

作为中国 AI 的先行者，百度在深度学习、自然语言处理、语音技术和视觉技术等核心 AI 技术领域优势明显，百度大脑、飞桨深度学习平台则是百度 AI 产业的基础设施。

（5）金山云。2020 年 2 月，金山云基于运行了多年的数据库产品，推出了 DragonBase 数据库产品。金山云采用计算存储分离的架构，拥有计算、存储、管理三大引擎。

DragonBase 是金山云自主研发的新一代分布式云原生数据库，旨在打造具备弹性扩容、高性能、高可用、安全合规的数据库系统，以有效解决海量存储、高并发访问、数据一致性等问题，目前已应用于金融、互联网及政府企业的多种关键业务场景中。

10.1.7 云计算平台的核心技术

云计算平台综合运用了许多技术，其中以编程模型、数据管理技术、数据存储技术、虚拟化技术、云计算平台管理技术等最为关键。

1. 云计算平台编程模型

MapReduce 是一种编程模型，用于大规模数据集（大于 1TB）的并行运算。它极大地方便了编程人员，允许他们在不会分布式并行编程的情况下，将自己的程序运行在分布式系统上。当前的软件实现是指定一个 Map 函数，用来把一组键值对映射成一组新的键值对，指定并发的 Reduce 函数，用来保证所有映射的键值对中的每一个都共享相同的键组。

典型的 MapReduce 程序的执行步骤如下。

（1）有多个 Map 任务，每个任务的输入为 DFS 中的一个或者多个文件块。Map 将文件块转换为一个键值对序列，而此处的逻辑就是 Mapper 的业务算法。

（2）主控制器（master controller），从每个 Map 任务中收集一系列键值对，并将它们按照键大小排序，而这些键值再次被分割，然后分配给所有的 Reduce 任务，相同键值的对集合会被分配到同一个 Reduce 任务。该部分就是 MapReduce 和核心 Shuffle 的任务。

在 Mapper 端结果进行：分区、排序、分割。在 Reduce 端将 Map 的结果分割后的任务派发给 Reduce，最核心的就是 merge 过程。

（3）Reduce 任务每次作用于一个键，并将与此键关联的所有值以某种方式组合起来。具体的组合方式取决于用户所编写的 Reduce 函数代码。

如图 10-6 所示，Hadoop 任务被分解为几个节点，而 MapReduce 任务则被分解为跟踪器（tracker）。

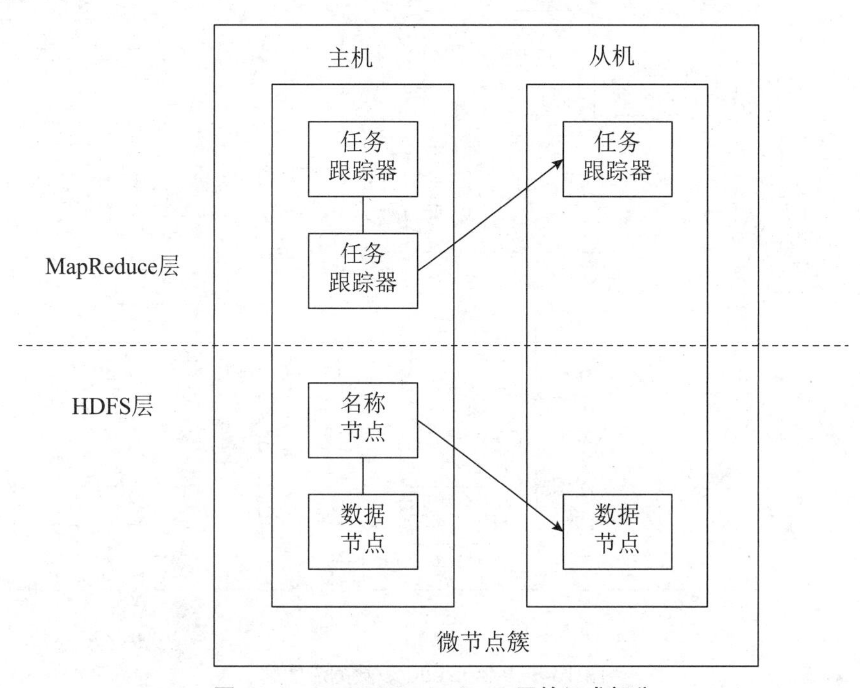

图 10-6　HDFS/MapReduce 层的组成部分

图 10-7 显示了 MapReduce 如何执行任务。它将获取输入并执行一系列分组、排序和合并操作，然后呈现经过排序和散列的输出。

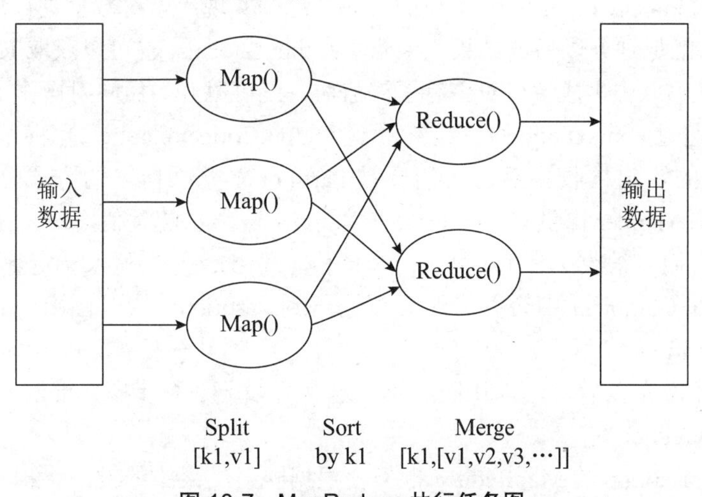

图 10-7　MapReduce 执行任务图

图 10-8 演示了一个更复杂的 MapReduce 任务及其组成部分。用户提交一个任务以后，该任务由作业跟踪器协调，先执行 Map 阶段（图中 M1、M2 和 M3），然后执行

Reduce 阶段（图中 R1 和 R2）。Map 阶段和 Reduce 阶段动作都受到任务跟踪器监控，并运行在独立于任务跟踪器的 Java 虚拟机中。

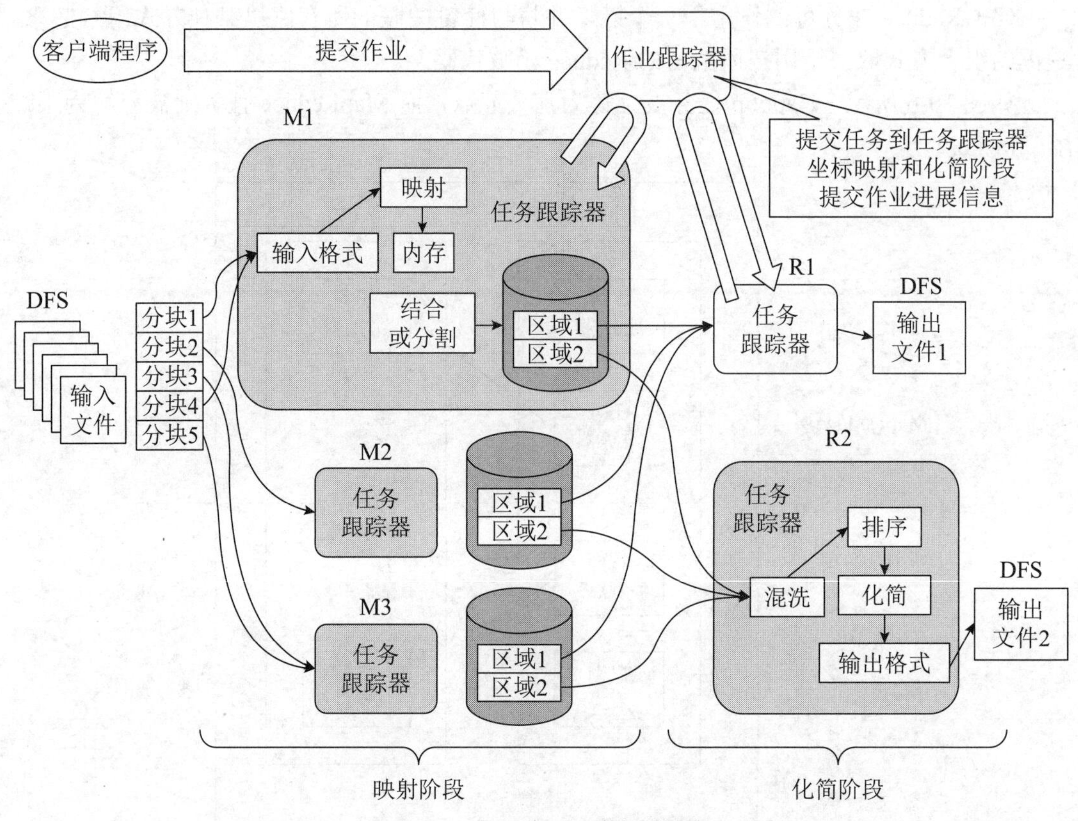

图 10-8　MapReduce 数据流图解

输入和输出都是 HDFS 上的目录。输入由 Input Format 接口描述，它的实现如 ASCII 文件、JDBC 数据库等，分别处理对应的数据源，并提供数据的一些特征。通过 Input Format 实现，可以获取 Input Split 接口的实现，这个实现用于对数据进行划分（图中的分块 1 到分块 5，就是划分以后的结果），同时从 Input Format 也可以获取 Record Reader 接口的实现，并从输入中生成键值对。有了键值对，就可以开始做映射操作了。

映射操作通过 context.collect（最终通过 OutputCollector.collect）将结果写入 context 中。当 Mapper 的输出被收集后，它们会被 Partitioner 类以指定的方式分别写入输出文件。我们可以为 Mapper 提供 Combiner，在 Mapper 输出它的键值对时，键值对不会被马上写入输出，它们会被收集在 list 里（一个键值一个 list），当写入一定数量的键值对时，这部分缓冲会在 Combiner 中合并，然后再输出到 Partitioner 中（图中 M1 浅色部分对应 Combiner 和 Partitioner）。

映射的动作做完以后，进入化简阶段。这个阶段分 3 个步骤：混洗（shuffle）、排序（sort）和化简（reduce）。

混洗阶段，Hadoop 的 MapReduce 框架会根据映射结果中的键，将相关的结果传输到某一个 Reducer 上（多个 Mapper 产生的同一个键的中间结果分布在不同的机器上，这一步结束后，它们都传输到了处理这个键的 Reducer 的机器上）。这个步骤中的文件传输使用了 HTTP。

排序和混洗是一起进行的，这个阶段将来自不同 Mapper 具有相同键值的键值对合并到一起。

化简阶段，在任务跟踪器中，通过混洗和排序后得到的数据会送到 Reducer. reduce 方法中进行处理，输出结果通过 OutputFormat 输出到 DFS 中。

尽管 Hadoop+MapReduce 要比传统的分析环境（如 IBM Cognos 和 Satori proCube 在线分析处理）更复杂，但它的部署仍然具有可扩展能力和高成本效益。

2. 海量数据分布存储技术

云计算系统由大量服务器组成，同时为大量用户服务，因此云计算系统采用分布式存储方式存储数据，采用冗余存储方式保证数据的可靠性。云计算系统中广泛使用的数据存储系统是 Google 的 GFS 和 Hadoop 团队开发的 GFS 的开源实现 HDFS。

GFS 即 Google 文件系统，是一个可扩展的分布式文件系统，用于大型的、分布式的、对大量数据进行访问的应用。GFS 的设计思想不同于传统的文件系统，是针对大规模数据处理和 Google 应用特性而设计的。它运行于廉价的普通硬件上，但可以提供容错功能。它可以给大量的用户提供总体性能较高的服务。

一个 GFS 集群由一个主服务器（master）和大量的块服务器（chunk server）构成，并被许多客户（client）访问。主服务器存储文件系统所有的元数据，包括命名空间、访问控制信息、从文件到块的映射及块的当前位置。它也控制系统范围的活动，如块租约（lease）管理、孤立块的垃圾收集、块服务器间的块迁移。主服务器定期通过 Heart Beat 消息与每一个块服务器通信，给块服务器传递指令并收集它的状态。GFS 中的文件被切分为 64MB 的块并以冗余存储方式存储，每份数据在系统中保存 3 个以上的备份。

客户与主服务器的交换只限于对元数据的操作，所有数据方面的通信都直接和块服务器联系，这大大提高了系统的效率，防止了主服务器负载过重。

3. 海量数据管理技术

云计算需要对分布的、海量的数据进行处理、分析，因此，数据管理技术必须能够高效地管理大量的数据。云计算系统中的数据管理技术主要采用 Google 的 BT（BigTable）数据管理技术和 Hadoop 团队开发的开源数据管理模块 HBase。

BT 是建立在 GFS、Scheduler、Lock Service 和 MapReduce 之上的一个大型的分布式数据库，与传统的关系数据库不同，它把所有数据都作为对象来处理，从而形成了一个巨大的表格，用来分布式存储大规模结构化数据。

Google 的很多项目使用 BT 来存储数据，包括网页查询，Google Earth 和 Google 金融。这些应用程序对 BT 的要求各不相同：数据大小（从 URL 到网页到卫星图像）不同，反应速度不同（从后端的大批处理到实时数据服务）。对于不同的要求，BT 都成功提供了灵活高效的服务。

4. 虚拟化技术

通过虚拟化技术可实现软件应用与底层硬件的隔离，包括将单个资源划分成多个虚拟资源的裂分模式，也包括将多个资源整合成一个虚拟资源的聚合模式。虚拟化技术根据对象可分成存储虚拟化、计算虚拟化、网络虚拟化等。计算虚拟化又分为系统级虚拟化、应用级虚拟化和桌面虚拟化。

云计算资源规模庞大，服务器数量众多并且分布在不同的地点，且同时运行着数百种应用软件，如何有效地管理这些服务器，保证整个系统提供不间断的服务，是一个巨大的挑战。

云计算系统的平台管理技术能够使大量的服务器协同工作，方便地进行业务部署和开通，快速发现和恢复系统故障，通过自动化、智能化的手段实现大规模系统的可靠运营。

10.1.8　云计算平台的安全

1. 云计算平台的安全威胁

在云计算出现之后，云计算就与安全有着密切的联系。云安全指的是针对云计算自身存在的安全隐患，研究相应的安全防护措施和解决方案，如云计算安全体系架构、云计算应用服务安全、云计算环境的数据保护等，是云计算健康可持续发展的重要前提。

2. 云计算平台的安全事故实例

云计算平台的可靠性、性能及其他技术问题都会带来云计算的相关风险。而且云计算在安全性和风险管理方面仍有不足：即便是最出色的云服务供应商也会遭遇服务中断或速度变慢的问题。

2009 年 2 月 24 日，Google 的 Gmail 爆发全球性故障，服务中断长达 4h。

2009 年 3 月 17 日，微软的云计算平台 Azure 停止运行约 22h。Azure 平台的宕机引发了微软客户对该云计算服务平台的安全担忧，也暴露了云计算的一个巨大隐患。

2009 年 6 月，Rackspace 遭受了严重的云服务中断故障：供电设备跳闸，备份发电机失效，不少机架上的服务器停机。这场事故造成了严重的后果。

2010 年 1 月，约 68000 名 Salesforce.com 用户经历了至少 1h 的宕机。

2011 年 4 月 21 日凌晨，亚马逊公司在北弗吉尼亚州的云计算中心宕机，导致包括回答服务 Quora、新闻服务 Reddit、Hootsuite 和位置跟踪服务 FourSquare 在内的一些网站受到了影响。

以上安全事故使得人们进一步思考公有云面临的安全问题。

3. 云计算平台的安全特征

由于云计算资源虚拟化、服务化的特有属性，与传统安全相比，云计算安全具有一些新的特征。

（1）传统的安全边界消失。在传统安全中，通过在物理上逻辑上划分安全域，可以清楚地定义边界，但是由于云计算采用虚拟化技术及多租户模式，传统的物理边界被打破，物理安全边界的防护机制难以在云计算环境中得到有效应用。

（2）动态性。在云计算环境中，用户的数量和分类不同化频率高，具有动态性和移动性强的特点，其安全防护也要进行相应的动态调整。

（3）服务安全保障。云计算采用服务的交互模式，涉及服务的设计、开发和交付，需要对服务的全生命周期进行保障，确保服务的可用性和机密性。

（4）数据安全保护。在云计算中，数据不在当地存储，数据加密、数据完整性保护、数据恢复等数据安全保护手段更加重要。

（5）第三方监管和审计。云计算的模式导致服务商的权利巨大，用户的权利可能难以保证，为了确保维护两者之间的平衡，需要有第三方监管和审计。

4. 云计算平台安全分析

（1）云计算平台安全面临的威胁。云计算平台面临的严重的安全威胁如下。

① 数据泄露。数据泄露其实每天都在发生，但云计算加重了这种威胁。对于一个设计不当的多租户云服务数据库，攻击者不仅可以进入一个账户，而且可以进入每一个与该服务相关的其他账户。

② 数据丢失。设备被损坏、被意外删除、天灾不可抗力等都会造成永久性的数据丢失，除非供应商提供备份。如果一家企业的数据在上传到云之前就进行加密，他们就能更好地保护加密密钥或数据。

③ 账户或服务流量被劫持。黑客通过网络钓鱼、欺诈或利用软件漏洞来劫持无辜的用户。通常黑客根据一个密码就可以窃取用户多个服务中的资料，因为用户不会为每个服务都设立一个不同的密码。对于供应商，如果被盗的密码可以登录云，那么用户的数据将被窃听、篡改，黑客将可能向用户返回虚假信息，或重定向用户的服务到欺诈网站。这可能带给用户严重的损失。

④ 拒绝服务。剥夺用户访问其资源和数据的权利，并造成延迟，是破坏云服务的攻击方法之一，这可能意味着在线服务的死亡。其他形式的攻击，如非对称应用级的DoS攻击，在不消耗大量资源的前提下就可利用弱点将Web服务器、数据库和其他云资源作为目标。

⑤ 恶意的内部人员。恶意的内部人员风险是每个组织必须考虑的问题。这种情况不一定发生，但当它发生时，它造成的伤害就会很大。鹏宇成安全专家表示，完全依赖云服务提供商的安全系统，是最大的安全风险。

（2）身份与权限控制。身份与权限控制解决方案是云安全的核心问题之一，在虚拟的、复杂的环境下，如何保证用户的应用、数据清晰可控是值得人们考虑的问题。简化认证管理、强化端到端的可信接入方面将是云安全发展的方向之一。

（3）Web安全防护。云计算模式中，Web应用是用户最直观的体验窗口，也是唯一的应用接口。而近几年风起云涌的各种Web攻击手段，则直接影响着云计算的发展。

（4）虚拟化安全。虚拟化是云计算的标志之一。然而，虚拟化的结果，却使许多传统的安全防护手段失效。从技术层面上讲，云计算与传统IT环境最大的区别在于其虚拟的计算环境，也正是这一区别导致其安全问题变得异常“棘手”。虚拟化的计算，使得应用进程间的相互影响变得更加难以捉摸；虚拟化的存储，使得数据的隔离与清除变得难以衡量；虚拟化的网络结构，使得传统的分域防护措施变得难以实现；虚拟化的服务提供模式，使得对使用者身份、权限和行为的鉴别、控制与审计变得极其重要。

（5）云安全服务。面对云计算的安全问题，现今有许多基于云服务的安全服务，包括Web和邮件过滤、网络流量访问控制和监控，以及用于支付卡业务的标记化。不同安全服务的一个重要区别是，一些是“在云中”的，一些是“针对云”的，即那些集成到云环境中作为虚拟设备提供给用户使用和控制的安全服务。

在选择云安全服务时，要多与服务提供商进行沟通，了解他们能具体提供什么，以及自己的需求他们是否能满足，最好签订一份服务协议，这有助于降低企业的安全风险。

10.1.9 云计算安全关键技术

云计算安全关键技术主要包括虚拟机安全技术、海量用户身份认证、隐私保护与数据安全等三方面。

1. 虚拟机安全技术

虚拟机中的安全问题主要指针对虚拟机控制器的各类攻击（如对虚拟机控制器的恶意修改和嵌套等），以及基于虚拟机的 Rootkit。目前针对这些问题，主要采取的防护方法有基于虚拟机的入侵检测、基于虚拟机的内核保护和基于虚拟机的可信计算等。

（1）基于虚拟机的入侵检测技术。

虚拟化技术带来了计算机系统结构的变化，也改变了传统安全软件的应用环境。目前，对虚拟机中的入侵检测技术的研究主要集中在基于主机的入侵检测上。但是，在实际应用环境下，大部分安全威胁都来自网络，在虚拟机环境下对基于网络的入侵检测系统的研究更能有效地保障虚拟机的运行安全。

虚拟机利用虚拟机管理器（Virtual Machine Manager，VMM）来管理和调度多个客户操作系统对底层单一物理资源的共享访问。通过在虚拟机内部虚拟一个网桥设备，并把各个客户操作系统的网络设备挂接到该虚拟网桥上，虚拟机实现了对网络设备的虚拟化。由于虚拟机系统的出现导致传统的操作系统直接运行于硬件层之上的结构发生变化。在虚拟机系统之中，VMM 层位于硬件层和操作系统层之间，运行于系统最高特权级，由 VMM 实现对系统所有物理资源的虚拟化和调度管理；另外，同一个虚拟机平台上现在可以部署多台虚拟机，和传统的单一系统占据整台机器也有了本质的不同。这些特征都使得传统的入侵检测系统已经不能完全适应机器体系结构上发生的变化。

在一个虚拟机系统中，可以部署多台虚拟机，并且每台虚拟机部署不同的服务，因此会产生不同的安全级别。在面向虚拟机网络入侵检测系统的设计中，需要针对这些不同的安全级别采取不同的安全配置。同时，也能针对各台虚拟机进行单独配置，用户可以按照各台虚拟机所配置的服务类型选择所需要的服务。

在虚拟机中，由虚拟网桥负责转发虚拟机中所有的数据流，各台虚拟机的虚拟网络接口直接挂接在虚拟网桥的输出端，数据探测器部署在各个虚拟网络接口上，直接捕获进出虚拟机的网络数据包。基于虚拟机的入侵检测机制如图 10-9 所示。

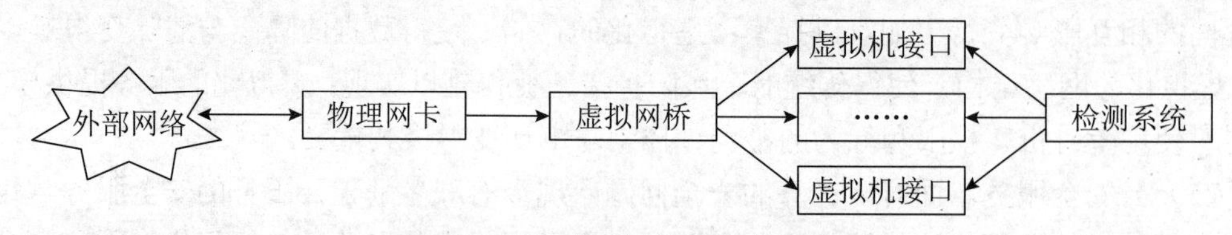

图 10-9　基于虚拟机的入侵检测机制

（2）基于虚拟机的内核保护技术。

基于虚拟机的 Rootkit 是运行在虚拟机系统内核空间的恶意程序，可以修改内核程序的控制流程，从而对虚拟环境的安全构成巨大威胁。而基于虚拟机的内核保护技术主要通过分析内核中影响程序控制流程的资源，并对这些资源进行保护，从而防止 Rootkit 对内核控制流程进行篡改。

Rootkit 按其运行的权限不同又可分为应用层 Rootkit 和内核级 Rootkit。应用层 Rootkit 主要是通过修改或替换系统工具或者系统库来达到其攻击目标，有的应用层 Rootkit 还会修改替换了的系统工具和系统库的最后修改时间，使其更具欺骗性。目前对应用层 Rootkit 的主要检测方法是文件的完整性检查法：新系统安装完毕后，通过这类工具获取并保存系统的各种信息，如校验和、最后修改时间等，检测的时候比对文件的当前信息和保存的基准信息，如果不匹配就说明有攻击发生。内核层 Rootkit 主要攻击内核的系统调用表、中断描述符表等。当内核被攻击后，其提供给应用层的信息将不可靠，因此很少有纯应用层工具能检测到内核级 Rootkit，即使能检测到某些内核级 Rootkit，但当此 Rootkit 升级后也会失效。

目前内核级检测工具通常都是基于应用层和内核层的，是应用层与内层设备检测文件的结合，如 kern_check、checkidt 和 StMichael 等检测文件。其中，kern_check 的主要作用是比较各个内核符号在 System.map 文件中的地址和系统运行时的地址；checkidt 的主要作用是通过检查中断描述符表的完整性来检测攻击中断描述符表这一特定类型 Rootkit；StMichael 的主要作用是验证内核关键区域，如代码段和系统调用表的完整性，来达到检测目的，它截获了可加载模块的加载等系统调用，在每次模块进行加载等操作时都会触发完整性检查操作；它还设置了一个定时器，以固定时间间隔运行完整性检查操作。

（3）基于虚拟机的可信计算。

虚拟机的可信计算也是虚拟机安全的一个重要发展方向。由斯坦福大学 Tal Garfinkel 等提出的 Terra 结构是目前在虚拟机可信计算方面的代表模型，它提供了一个简单与可变通的设计模型，允许应用设计者在闭合平台上以同样的方法建立安全的应用。同时，Terra 支持目前大多数操作系统和应用。Terra 结构是通过可信虚拟机监控器（Trusted Virtual Machine Monitor，TVMM）来实现上面的目标的，这是一个高可信的虚拟机监控器，将单一的、抗攻击的通用平台划分成多台相互隔离的虚拟机。

通过可信虚拟监控器，现有的操作系统和应用都能运行在一台与现有开放平台类似的明箱（open-box）虚拟机上；它们也可以运行在一台提供专用闭合平台功能的暗箱（closed-box）虚拟机上。可信虚拟机监控器保护暗箱虚拟机内容的保密性和完整性，在暗箱虚拟机中运行的应用程序，可以修改自己的软件堆以适应它们的安全要求。TVMM 还允许应用加密地向远端证明运行软件堆的身份，这一过程称为证明（attestation）。

Terra 的核心是虚拟机监控器。像普通的虚拟机监控器一样，Terra 通过虚拟化硬件资源，使很多虚拟机能独立并发地运行，除此之外，它还提供额外的安全性能，如扮演信任方的角色，向远端证明虚拟机上软件的身份。

TVMM 保障了虚拟机监控器是可信的。虚拟机监控器既是整个虚拟机安全的瓶颈，也是整个系统安全的基础，TVMM 保障了 VMM 的安全性，从而奠定了在 VMM 上实现其他软件的安全基础。面向虚拟机的网络入侵检测系统需要以安全的 VMM 为实现保障。

2. 海量用户身份认证

在互联网时代的大型数据业务系统中，大量用户的身份认证和接入管理往往采用强制认证方式，如指纹认证、USB Key 认证、动态密码认证等。然而这种身份认证和管理主要是基于系统自身对于用户身份的不信任而设计的。在云计算时代，因为用户更加关心云计算提供商是否按照 SLA 实施双方约定好的访问控制策略，所以在云计算模式下，研究者开始关注如何通过身份认证来保证用户自身资源或者信息数据等不被提供商或者他人滥用。当前比较可行的解决方案是引入第三方认证中心，由后者提供为双方所接受的私钥。

云计算系统应建立统一、集中的认证和授权系统，以满足云计算多租户环境下复杂的用户权限策略管理和海量访问认证要求，提高云计算系统身份管理和认证的安全性。

（1）集中用户认证。

集中用户认证指采用主流认证方式，如 LDAP、数字证书认证、令牌卡认证、硬件信息绑定认证、生物特征认证等。此外，它还支持多因子认证，对不同类型和等级的系统、服务、端口采用相应等级的一种或多种组合认证方式，以满足云计算系统中不同子系统的安全等级与成本及易用性的平衡要求。它还提供用户访问日志记录，记录用户登录信息，包括系统标识，以及登录用户、登录时间、登录 IP、登录终端等标识。

（2）集中用户授权。

集中用户授权指根据用户、用户组、用户级别的定义来对云计算系统资源的访问进行集中授权。可以采用集中授权或分级授权机制。它还支持细粒度授权策略。

（3）采用访问授权策略管理身份认证策略。

该策略即采用用户身份与终端绑定的策略、完整性认证检查策略和口令策略。授权策略支持采用集中授权或分级授权策略。账号策略设置账号安全策略，包括口令连续错误锁定账号、长期不用导致账号失效、用户账号未退出时禁止重复登录等。

（4）其他功能要求和日志管理。

支持对用户认证信息、授权信息等详细日志的集中存储和查询。加密机制支持对认证、授权等敏感数据的加密存储及传输。

3. 隐私保护与数据安全技术

虽然云计算从服务提供方式上可以划分为 IaaS、PaaS 和 SaaS 3 个层次，但本质上都是将数据中心外包给云计算服务提供商。因此，如何保证用户数据的私密性及如何让用户相信他们的数据能够获得必要的隐私保护是云计算服务提供商需要重点关注的问题。用户隐私保护和数据安全主要包括各类信息的物理隔离或者虚拟化环境下的隔离；基于身份的物理或者虚拟安全边界访问控制；数据的异地容灾与备份及数据恢复；数据的加密传输和加密存储；剩余信息保护等。在云计算应用中，数据量规模之巨已经远远超出传统大型 IDC 的数据规模，同时不同用户对隐私和数据安全的敏感度也各不相同。对数据隐私的保护是云计算服务能够被大众广泛认可并获得深入推广的必要前提，它要求为用户交付的服务的每一个环节都能得到安全性保证。

在数据传输方面，企业数据通过网络传递给云计算服务提供商进行处理，而这些数据中保存了大量企业的重要核心数据，如企业的销售数据、客户信息、财务信息等。如何确保企业的数据在网络传输过程中不被窃取、修改，保证数据的完整性、保密性和可利用性是一个重要问题。需要对网络监测技术、数据加密技术和权限认证技术进行研究。在云计算应用环境下，数据传输加密可以选择在链路层、网络层、传输层甚至应用层等层面实现，主要技术措施包括 IPSec VPN、SSL 等 VPN 技术。

在数据存储方面，企业数据存储在云中心，但用户并不清楚自己的数据被放置在哪一台服务器上，甚至根本不了解这台服务器放置在何处，以及服务器所在地是否会有相关政策从而导致信息泄露。在这种数据存储资源的共享环境下，云计算服务提供商要能保证数据之间的有效隔离；另外，云计算服务提供商需要对企业托管的数据进行备份，以便在出现重大事故时及时恢复用户数据，并且要保证数据本身及其所有备份在不需要时能被完全删除而不留任何痕迹。因此，云计算服务提供商必须针对这些问题对共享环境下的数据存储技术进行深入研发，以保证用户在任何时候都可以安全地访问数据。另外，对于云存储类服务，一般的提供商都支持对数据进行加密存储，以防止数据被他人非法窥探。一般会采用效能较高的对称加密算法，如 AES、3DES 等国际通用算法。

在数据审计方面，在云计算模式下的企业审计需要借助云计算服务提供商的配合，并为第三方机构提供必要的信息支持，满足用户企业的数据审计需求。另外，云计算服务提供资质也很重要，要确保服务商在提供有效的云计算服务的同时不损害用户的利益。技术实力弱、难以长期存在的云计算服务提供商将带来很高的安全风险。

在运营策略方面，由于企业关键的数据存储在云端，用户会因担心隐私被泄露而产生顾虑。云计算服务提供商需要对其运营策略进行改进，通过借助商业规则和信誉，树立良好的企业形象和公信力，在保障用户隐私的同时，必须对用户行为进行必要的监督和管制。例如，云计算的按需提供资源并按需计费的模式降低了不良用户通过网络发起不良行为的成本，会助长其破坏互联网安全的行为。对于这类情况，云计算服务提供商必须给予监督并在政策指导下坚决予以打击，这也是服务提供商的安全责任所在。

10.1.10　物联网与云计算平台

1. 物联网与云计算平台的关系

由于云计算从本质上来说就是一个用于海量数据处理的计算平台，因此，云计算技术属于物联网技术范畴。随着物联网的发展，未来物联网势必将产生海量数据，而传统的硬件架构服务器很难满足数据管理和处理要求，如果将云计算运用到物联网的传输层和应用层，采用云计算的物联网，将会在很大程度上提高运作效率。

运用云计算模式，使物联网中数以兆计的各类物品的实时动态管理、智能分析变得可能。 物联网通过将射频识别技术、传感器技术、纳米技术等新技术充分运用在各行各业之中，将各种物体充分连接，并通过无线网络等将采集到的各种实时动态信息送达计算处理中心，进行汇总、分析和处理。

物联网和云计算平台的关系，需要更高层次的整合，需要“更透彻的感知、更全面的互连互通、更深入的智能化”。这同样需要高效的、动态的、可以大规模扩展的计算机资源处理能力，而这正是云计算模式所擅长的。同时，云计算的创新型服务交付模式，简化了服务的交付，加强了物联网和互联网之间及其内部的互连互通，可以实现新商业模式的快速创新，促进物联网和互联网的智能融合。

将云计算平台的云计算、云储存、云服务、云终端等技术应用于物联网的感知层、应用层及网络层，还可以解决物联网中海量信息和数据的管理问题。

（1）节点不可信的问题。云计算技术可以有效地解决服务器节点不可信的问题，可以最大限度地降低服务器出错的概率。随着科技的不断进步发展，物联网已经从原来的局域网逐渐发展成为城域网，信息量也随之不断增长，导致服务器的数量不断增加，节点出错的概率也随之增加。在云计算中，可以有不同数目的虚拟服务器组，可以按照先来先提供服务的方式完成节点之间的分布式的调度，这样在屏蔽相关节点的时候，也会提升响应的速率，云计算可以有效地保障物联网无间断安全服务的实现。

（2）获得很好的经济收益。云计算技术可以保障物联网在低投入下，获得很好的经济收益。一般情况下，服务器的硬件资源都是有限的，服务器的响应的数量超出了其自身最大承载量后，可能会造成服务器的瘫痪。而云计算支持机群均衡调度，在服务器访问数量达到最大负载的时候，可以改变星级的级别，以此来动态减少或者增加服务器的数量及质量，达到释放访问压力的目的。

（3）实现物联网的广泛连接。云计算可以实现物联网从局域网到互联网的广泛连接。其能够在很大程度上保障信息资源的共享，以及将物联网的相关信息放在互联网的云计算中心。这样就能够保障信息的空间性，在任何位置只要有相应的传感器芯片，就能够从服务器中收到相关的信息。

云计算与物联网的结合模式可以分为以下几种。

（1）单中心，多终端。

在此类模式中，分布范围较小的物联网终端（如传感器、摄像头或3G手机等），把云中心或部分云中心作为数据（处理）中心，终端所获得的信息、数据统一由云中心处理及存储，云中心提供统一界面给使用者操作或者查看。

这类应用非常多，如小区及家庭监控、高速路段监测、儿童监护，以及某些公共设施的保护等。这类应用的云中心，可提供海量存储和统一界面、分级管理等功能，对日常生活提供较好的帮助。一般此类云中心以私有云居多。

（2）多中心，大量终端。

对于很多区域跨度较大的企业、单位来说，多中心、大量终端的模式较为适用。譬如，一家跨多地区或者多国家的企业，因其分公司或分厂较多，要对各分公司或分工厂的生产流程进行监控，对相关的产品进行质量跟踪等。

同理，有些数据或者信息需要及时甚至实时共享给各个终端的使用者也可采取这种方式。举个简单的例子，如果北京地震中心探测到某地10min后会有地震，只需要通过这种途径，仅仅十几秒就能将相关警告信息发出，可尽量避免不必要的损失。中国联通的“互联云”思想就是基于此思路提出的。这个模式的前提是云中心必须包含公共云和私有云，且它们之间的互连没有障碍。这样，对于有些机密的事情，如企业机密等，既可较好地保密，又不影响信息的传递与传播。

（3）信息与应用分层处理、海量终端。

这种模式主要针对具备用户范围广、信息及数据种类多、安全性要求高等特征的场景。当前，客户对各种海量数据的处理需求越来越多，针对此情况，可以根据客户需求及云中心的分布进行合理的分配。

对需要大量数据传输，但是安全性要求不高的场景，如视频数据、游戏数据等，可以使用本地云中心处理或存储数据。对于计算要求高，数据量不大的场景，可以将数据放在专门负责高端运算的云中心处理和存储。而对于数据安全要求非常高的信息和数据，可以利用具有灾备中心的云中心处理和存储。

2. 云计算与物联网结合面临的问题

（1）规模问题。规模化是云计算与物联网结合的前提条件。只有当物联网的规模足够大之后，才有可能和云计算结合起来，如智能电网、地震台网监测等。而对一般性的、局域的、家庭网的物联网应用，则没有必要结合云计算。如何使两者发展至相应规模，尚待解决。

（2）安全问题。无论是云计算还是物联网，都有海量的与物、人相关的数据。若安全措施不到位，或者数据管理存在漏洞，它们将使人们的生活无所遁形。使人们面临黑客、网络病毒的威胁，甚至被恐怖分子轻易跟踪、定位，这势必会带来对个人隐私的侵犯和企业机密泄露等问题。破坏了信息的合法有序使用要求，可能会导致人们的生活、工作陷入瘫痪，社会秩序混乱。因此，政府、企业、科研院所等各有关部门应运用技术、法律、行政等各种手段，解决安全问题。

（3）网络连接问题。云计算和物联网都需要持续、稳定的网络连接，以传输大量数据。如果处于低效率网络连接的环境下，则二者不能很好工作，也难以发挥的作用。因此，如何解决不同网络（有线网络、无线网络）之间的有效通信，建立持续的、大容量的、高可靠的网络连接，仍需要深入研究。

（4）标准化问题。标准是对任何技术的统一规范，由于云计算和物联网都是由多设备、多网络、多应用互相融合成的复杂网络，需要把各系统通过统一的接口、通信协议等标准联系在一起。

总之，物联网是“把所有物品通过射频识别等信息传感设备与互联网连接起来，实现智能化识别和管理”，“云计算”是“利用互联网的分布性等特点来进行计算和存储”。前者是对互联网的极大拓展，而后者则是一种网络应用模式，两者存在着较大的区别。

然而，对于物联网来说，其本身需要进行大量而快速的运算，云计算带来的高效率运算模式正好可以为其提供良好的应用基础。没有云计算的发展，物联网也就不能顺利实现，而物联网的发展又推动了云计算技术的进步，因为只有真正与物联网结合后，云计算才算是真正意义上从概念走向应用，二者缺一不可。

10.2　物联网的中间件

10.2.1　中间件的概念

顾名思义，中间件是处于物联网应用层的操作系统与应用程序中间的软件。中间件的结构如图 10-10 所示。

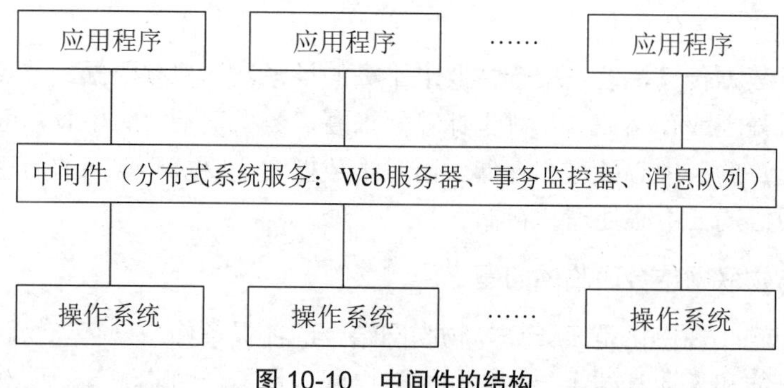

图 10-10　中间件的结构

在众多关于中间件的定义中，被各界广泛接受的是IDC的表述：中间件是一种独立的系统软件或服务程序，分布式应用软件借助这些软件在不同的技术之间共享资源，中间件位于客户机服务器的操作系统之上，管理计算资源和网络通信。

IDC对中间件的定义表明，中间件是一类软件，而非一种软件；中间件不仅仅实现互连，还要实现应用之间的互操作；中间件是基于分布式处理的软件，最突出的特点是其网络通信功能。

中间件是基础软件的一大类，属于可复用软件的范畴。人们在使用中间件时，往往将一组中间件集成在一起，构成一个平台（包括开发平台和运行平台），但在这组中间件中必须要有一个通信中间件，即中间件＝平台＋通信。这个定义也限定了只有用于分布式系统中才能将之称为中间件，将之与操作系统和应用软件区分开来。

目前，中间件技术发展很快，已经与操作系统和数据库并列为三大基础软件。

中间件位于操作系统、网络和数据库的上层，应用程序的下层。中间件的核心作用是通过管理计算资源和网络通信，为各类分布式应用软件共享资源提供支撑。广义上，中间件的总体作用是为处于自己上层的应用软件提供运行与开发的环境，帮助用户灵活地、高效地开发和集成复杂的应用软件。

操作系统、数据库管理系统与中间件的比较如表10-1所示。

表 10-1　操作系统、数据库管理系统与中间件的比较

基础软件类型	操 作 系 统	数据库管理系统	中 间 件
产生原因	硬件过于复杂	数据过于复杂	网络环境过于复杂
主要作用	管理各种资源	管理各类数据	支持不同的交互模式
理论基础	各种调度算法	各种数据模型	各种协议、各种接口
产品形态	功能类似	功能类似	种类多，功能差别大

由于计算机网络环境的日益复杂，为了支持各种不同的交互模式，产生了适应各种不同网络环境和应用系统的中间件。

10.2.2　中间件的分类

中间件所包括的范围十分广泛，针对不同的应用需求涌现了多种各具特色的中间件产品。但至今中间件还没有一个比较精确的定义，因此，在不同的角度或不同的层次上，对中间件的分类也会有所不同。由于中间件需要屏蔽分布环境中异构的操作系统和网络协

议，因此它必须能够提供分布环境下的通信服务，人们将这种通信服务称为中间件平台。

基于目的和实现机制的不同，可以将中间件平台分为以下几类：远程过程调用（Remote Procedure Call Middleware，RPC）、面向消息的中间件（Message-Oriented Middleware，MOM）、对象请求代理（Object Request Broker，ORB）和事务处理监控（Transaction Processing Monitor，TPM）。它们可向上提供不同形式的通信服务，包括同步、排队、订阅发布、广播等。在这些基本的通信平台之上，可构建各种框架，为应用程序提供不同领域内的服务，如事务处理监控器、分布数据访问、对象事务管理器等。平台为上层应用屏蔽了异构平台的差异，而其上的框架又定义了相应领域内的应用的系统结构、标准的服务组件等，用户只需要告诉框架所关心的事件，然后提供处理这些事件的代码。当事件发生时，框架会调用用户的代码。用户代码不用调用框架，用户程序也不必关心框架结构、执行流程、对系统级 API 的调用等，所有这些由框架负责完成。因此，基于中间件开发的应用具有良好的可扩充性、易管理性、高可用性和可移植性。

1. 远程过程调用

远程过程调用（RPC）是一种广泛使用的分布式应用程序处理方法。一个应用程序使用 RPC 来“远程”执行一个位于不同地址空间里的过程，并且从效果上看和执行本地调用相同。事实上，一个 RPC 应用分为两部分：服务器（Server）和客户端（Client）。Server 提供一个或多个远程过程；Client 向 Server 发起远程调用。Server 和 Client 可以位于同一台计算机，也可以位于不同的计算机，甚至运行在不同的操作系统之上。它们通过网络进行通信。Client 运行相应的 Server 提供的数据转换和通信服务，从而屏蔽不同的操作系统和网络协议。在这里 RPC 通信是同步的。采用线程可以实现异步调用。

在 RPC 模型中，Client 和 Server 只要具备了相应的 RPC 接口，并且具有 RPC 运行支持，就可以完成相应的互操作，而不必限制于特定的 Server。因此，RPC 为 Client/Server 分布式计算提供了有力的支持。同时，远程过程调用 RPC 所提供的是基于过程的服务访问，Client 与 Server 进行直接连接，没有中间机构来处理请求，因此也具有一定的局限性。例如，RPC 通常需要一些网络细节以定位 Server；在 Client 发出请求的同时，要求 Server 必须是活动的；等等。

2. 面向消息的中间件

面向消息的中间件（MOM）指的是利用高效可靠的消息传递机制进行平台无关的数据交流，并基于数据通信来进行分布式系统的集成。通过提供消息传递和消息排队模型，它可在分布环境下扩展进程间的通信，并支持多通信协议、语言、应用程序、硬件和软件平台。流行的 MOM 产品有 IBM 的 MQSeries、BEA 的 MessageQ 等。消息传递和排队技术有以下三个主要特点。

（1）通信程序可在不同的时间运行。程序不在网络上直接相互通话，而是间接地将消息放入消息队列。因为程序间没有直接的联系，所以它们不必同时运行。消息放入适当的队列时，目标程序甚至根本不需要正在运行；即使目标程序在运行，也不意味着要立即处理该消息。

（2）对应用程序的结构没有约束。在复杂的应用场景中，通信程序之间不仅可以是一对一的关系，还可以是一对多和多对一的关系，甚至是上述多种关系的组合。多种通信方式的构造并没有增加应用程序的复杂性。

（3）程序与网络复杂性相隔离。程序将消息放入消息队列或从消息队列中取出消息来进行通信，与此关联的全部活动，如维护消息队列、维护程序和队列之间的关系、处理网络的重新启动和在网络中移动消息等都是 MOM 的任务。程序不直接与其他程序通话，并且它们不涉及网络通信的复杂性。

3. 对象请求代理中间件

随着对象技术与分布式计算技术的发展，两者相互结合形成了分布对象计算，并发展为当今软件技术的主流方向。1990 年底，对象管理集团 OMG 首次推出对象管理结构（Object Management Architecture，OMA），对象请求代理（Object Request Broker，ORB）中间件是这个模型的核心组件。它的作用在于提供一个通信框架，透明地在异构的分布计算环境中传递对象请求。CORBA 规范包括了 ORB 的所有标准接口。1991 年推出的 CORBA 1.1 定义了接口描述语言 OMG IDL 和支持 Client/Server 对象在具体的 ORB 上进行互操作的 API。CORBA 2.0 规范描述的是不同厂商提供的 ORB 之间的互操作。

对象请求代理是对象总线，它在 CORBA 规范中处于核心地位，定义异构环境下对象透明地发送请求和接收响应的基本机制，是建立对象之间 Client/Server 关系的中间件。ORB 使得对象可以透明地向其他对象发出请求或接收其他对象的响应，这些对象可以位于本地也可以位于远程机器。ORB 拦截请求调用，并负责找到可以实现请求的对象、传送参数、调用相应的方法、返回结果等。Client 对象并不知道同 Server 对象通信、激活或存储 Server 对象的机制，也不必知道 Server 对象位于何处、以何种语言实现、使用什么操作系统或其他不属于对象接口的系统成分。

值得指出的是，Client 和 Server 角色只是用来协调对象之间的相互作用，根据相应的场合，ORB 上的对象可以是 Client，也可以是 Server，甚至兼有两者。当对象发出一个请求时，它扮演 Client 角色；当它在接收请求时，它扮演 Server 角色。大部分的对象都是既扮演 Client 角色又扮演 Server 角色。另外由于 ORB 负责对象请求的传送和 Server 的管理，Client 和 Server 之间并不直接连接，因此，与 RPC 所支持的单纯的 Client/Server 结构相比，ORB 可以支持更加复杂的结构。

4. 事务处理监控中间件

事务处理监控（TPM）最早出现在大型机上，为其提供支持大规模事务处理的可靠运行环境。随着分布计算技术的发展，分布式应用系统对大规模的事务处理提出了需求，如商业活动中大量的关键事务处理。事务处理监控介于 Client 和 Server 之间，负责事务管理与协调、负载平衡、失败恢复等，以提高系统的整体性能。它可以被看作事务处理应用程序的“操作系统”。总体上，事务处理监控具有以下功能。

（1）进程管理。包括启动 Server 进程、为其分配任务、监控其执行并对负载进行平衡。

（2）事务管理。即保证在其监控下的事务处理的原子性、一致性、独立性和持久性。

（3）通信管理。为 Client 和 Server 之间提供多种通信机制，包括请求响应、会话、排队、订阅发布和广播等。

事务处理监控能够为大量的 Client 提供服务，如机票预订系统。如果 Server 为每一个

Client 都分配其所需要的资源，那 Server 将不堪重负。但实际上，在同一时刻并不是所有的 Client 都需要请求服务，而一旦某个 Client 请求了服务，它便希望得到快速的响应。事务处理监控在操作系统之上提供一组服务，对 Client 请求进行管理并为其分配相应的服务进程，使 Server 在有限的系统资源下能够高效地为大规模客户提供服务。

10.2.3　RFID 中间件

1. RFID 中间件的工作原理

RFID 中间件扮演 RFID 标签和应用程序之间的中介角色，从应用程序端使用中间件提供一组通用的应用程序接口（API）。中间件可以连接到 RFID 的读写器，读取 RFID 标签中的数据。因此，尽管存储 RFID 标签信息的数据库软件或后端应用程序被修改或被其他软件取代，甚至 RFID 读写器的种类发生变化，应用端不需修改也同样能够处理。这样就解决了多对多连接的维护复杂性问题。

RFID 中间件是一种面向消息的中间件，信息以消息的形式从一个程序传送到另一个或多个程序。信息可以以异步的形式传输，所以传送者不必等待响应。面向消息的中间件包含的功能不仅是传递信息，还必须包括解译数据、安全性、数据广播、错误恢复、定位网络资源、找出成本最低的路径、消息与要求的优先次序及延伸的除错工具等服务。

2. RFID 中间件的分类

RFID 中间件可以从架构上分为两类。

（1）以应用程序为中心。这种设计模式通过 RFID 读写器厂商提供的应用程序接口，以 Hot Code 方式直接编写特定的 RFID 阅读器的读写数据适配器，并传输至后端系统的应用程序或数据库，达到与后端系统或服务连接的目的。

（2）以软件架构为中心。随着企业物联网应用系统复杂度的提高，企业将无法负荷以 Hot Code 方式为每个应用程序编写适配器，同时还将面临对象标准化等技术难题。此时，企业可以考虑采用厂商提供的标准规格的 RFID 中间件。这样，尽管发生 RFID 标签信息的数据库软件改由其他软件替代，或者 RFID 标签的读写器种类发生变化，应用端也不需要做任何修改。

3. RFID 中间件的特点

（1）独立于架构。RFID 中间件独立于架构并介于 RFID 的读写器与后端应用程序之间，并且能够与多个 RFID 读写器及多个后端应用程序连接，从而降低架构和维护的复杂性。

（2）数据流。RFID 的主要目的是将实体对象转换为信息环境下的虚拟对象，因此数据处理是 RFID 最重要的功能。RFID 中间件具有数据的收集、过滤、整合与传递等特性，以便将正确的对象信息传输到企业后端的应用系统。

（3）处理流。RFID 中间件采用程序逻辑及存储再转送的方式来提供顺序的消息流，具有数据流的设计与管理的能力。

（4）标准。RFID 系统是自动数据采样技术与辨析实体对象的应用。EPC global 制定了适用于全球各种产品的唯一识别号码的统一标准，即电子产品编码（Electronic Product

Code，EPC）。EPC在供应链系统中以一串数字来识别某种特定的商品。EPC被RFID的读写器读入后，传输到计算机或应用系统中的过程称为对象命名服务。对象命名服务系统会锁定计算机网络中的固定点，抓取有关商品的信息。EPC存放在RFID的标签中，被RFID读写器读出后，即可提供追踪EPC所对应的物品名称及相关信息，并立刻识别和分享供应链中的物品数据，显著地提高了信息的透明度。

4. RFID 中间件的发展

从发展趋势来分析，RFID中间件可以分为以下三个发展阶段。

（1）中间件应用程序阶段。RFID初期发展阶段，多以整合串接RFID读写器为目的。在这个阶段，RFID生产厂商一般都主动提供简单的应用程序接口（API），供企业将后端系统与RFID读写器连接。从整体发展架构来看，此时企业的导入必须花费大量成本去处理前后端系统的连接问题。通常，企业在这个阶段会通过试点工程来评估成本效益与导入的关键问题。

（2）中间件架构阶段。中间件架构阶段是RFID中间件成长的关键阶段。由于RFID的强大应用，沃尔玛与美国国防部等关键使用者相继进行了RFID技术的规划，并进行导入的试点工程，促使大型厂商持续关注RFID相关市场的发展。在这个阶段，RFID中间件的发展，不但已经具备基本数据收集、过滤等功能，同时也满足了企业多对多的连接需求，并且具备平台的管理和维护功能。

（3）中间件解决方案阶段。随着RFID标签、读写器与中间件的发展成熟，各大厂商针对不同领域提出了各项创新应用解决方案。例如，曼哈特联合软件公司提出了RFID一体式解决方案（RFID in a box），企业不需要再为前端RFID的硬件与后端应用系统的连接而烦恼。曼哈特联合软件公司与艾邻技术公司在RFID硬件端合作，开发了以Microsoft.Net平台为基础的中间件。原本使用曼哈特联合软件公司供应链执行解决方案的900多家企业，只需要通过RFID一体式解决方案，就可以在原有应用系统上快速利用RFID提升其供应链管理的透明度。

5. RFID 中间件技术的发展现状

（1）国际RFID中间件产品的发展现状。

最早提出RFID中间件概念的国家是美国。美国企业在实施RFID项目改造期间，发现最耗时、耗力，复杂度和难度最高的问题，是如何保证RFID数据正确导入企业的管理系统。为此企业做了大量的工作用于保证RFID数据的正确性。经过企业与研究机构的多方研究、论证、实验，终于找到了一个比较好的解决方法，这就是RFID中间件。

目前，国际上比较知名的RFID中间件厂商有IBM、甲骨文、微软、SAP、Sun、Sybase、BEA等。由于这些软件厂商本身就具备比较雄厚的技术实力，其开发的RFID中间件产品又经过实验室、企业实地的反复测试，因此，这些RFID中间件产品的稳定性、先进性、海量数据的处理能力都比较完善，得到企业的广泛认可。

① IBM RFID中间件。IBM RFID中间件是一套基于Java并遵循J2EE企业架构的开放式RFID中间件产品，可以帮助企业简化实施RFID项目的步骤，能满足企业处理海量货物数据的要求；基于高度标准化的开发方式，IBM的RFID中间件产品可以与企业信息管理系统无缝连接，有效缩短企业的项目实施周期，降低RFID项目实施出错率及企业实

施成本。

目前 IBM RFID 中间件产品已经成功应用于全球第四大零售商 Metro 公司的供应链之中，不仅提高了整个供应链中商品的流转速度、降低了产品差错率，还提高了其服务水平，降低了其运营成本。此外，还有约 80 多家供应商表示，将与 IBM 公司签约订购这项新的 IBM WebSphere RFID 中间件解决方案。

为了进一步提高 RFID 解决方案的竞争力，IBM 与 Intermec 公司进行合作，将 IBM RFID 中间件嵌入 Intermec 的 IF5 RFID 读写器中，共同向企业提供一整套 RFID 企业或供应链解决方案。

② 甲骨文 RFID 中间件。甲骨文 RFID 中间件是甲骨文公司着眼于未来 RFID 的巨大市场而开发的一套基于 Java 并遵循 J2EE 企业架构的中间件产品。甲骨文 RFID 中间件依托甲骨文数据库，充分发挥甲骨文数据库的数据处理优势，满足企业对海量 RFID 数据存储和分析处理的要求。甲骨文 RFID 中间件除最基本的数据功能外，还向用户提供了智能化的手工配置界面。实施 RFID 项目的企业可根据业务的实际需求，手工设定 RFID 读写器的数据扫描周期、相同数据的过滤周期，将电子数据导入指定的服务数据库，还可以利用甲骨文提供的各种数据库工具对 RFID 中间件导入的货物数据进行各种指标数据分析，并做出准确的预测。

③ 微软 RFID 中间件。微软公司面对 RFID 巨大的市场，同样投入巨资组建了 RFID 实验室，着手进行 RFID 中间件和 RFID 平台的开发，并以微软 SQL 数据库和 Windows 操作系统为依托，向大、中、小型企业提供 RFID 中间件企业解决方案。

与其他软件厂商运行的 Java 平台不同，微软 RFID 中间件产品主要运行于 Windows 操作平台。企业在选用中间件技术时，一定要考虑 RFID 中间件产品与自己现有的企业管理软件的运行平台是否兼容。

根据微软的 RFID 中间件计划，微软准备将 RFID 中间件产品集成为 Windows 操作平台的一部分，并专门为 RFID 中间件产品的数据传输进行了系统级的网络优化。依据 Windows 占据的全球市场份额及 Windows 平台优势，微软的 RFID 中间件产品拥有更强的竞争优势。

④ SAP RFID 中间件。SAP RFID 中间件产品也是基于 Java 语言并遵循 J2EE 企业架构的产品。SAP RFID 中间件产品具有两个显著的特征：系列化产品和整合中间件。首先，SAP 的 RFID 中间件产品是系列化产品；其次，SAP 的 RFID 中间件是一个整合中间件，它可以将其他厂商的 RFID 中间件产品整合在一起，作为 SAP 整个企业信息管理系统应用体系的一部分实施。

SAP RFID 的中间件产品主要包括 SAP 自动身份识别基础设施软件、SAP 事件管理软件和 SAP 企业门户。为增强 SAP RFID 中间件的企业竞争力，SAP 又联合 Sun 和 Sybase，将这两家的 RFID 中间件产品整合到 SAP 的中间件产品中。与 Sybase 的 RFID 安全中间件整合，大大提高了 SAP 中间件数据传输的安全性；与 Sun 的 RFID 中间件结合，则使 SAP 中间件的功能得到了极大的扩展。

SAP 的企业用户大多数是世界 500 强企业，原来就已采用 SAP 管理系统。这些企业实施 RFID 项目的规模一般都比较大，对相关软件和硬件的性能要求也比较高。这些企业实施 RFID 项目改造，应用 SAP 提供的 RFID 中间件技术可以和 SAP 的管理系统实现无缝集成，能为企业节省大量的软件测试时间、软件的集成时间，有效缩短了 RFID 项目的实施步骤、时间。

⑤ Sun 的 RFID 中间件。Sun 公司开发的 Java 语言，目前被广泛用于开发各种企业级管理软件。目前，Sun 公司根据市场需求，利用 Java 在企业中的应用优势开发的 RFID 中间件也具有独特的技术优势。

Sun 公司开发的 RFID 中间件产品从 1.0 版本开始，经历了较长时间的测试，随着产品不断完善，已经完全达到了设计要求。随着 RFID 标准 GEN 2 的推出，目前 Sun 中间件已推出了 2.0 版本，实现了 RFID 中间件对 GEN 2 版本的全面支持和中央系统管理。其中间件分为事件管理器和信息服务器两部分。事件管理器用来帮助处理通过 RFID 系统收集的信息或依照客户的需求筛选信息；信息服务器用来获取和存储使用 RFID 技术生成的信息，并将这些信息提供给供应链管理系统中的软件系统。

由于 Sun 公司在 RFID 中间件系统中集成了 Jini 网络工具，有新的 RFID 设备接入网络时，能被系统自动发现并集成到网络中，实现了新设备数据的自动收集。这一功能在存储库环境中非常实用。

为了进一步扩大 Sun RFID 中间件产品的影响力，Sun 公司已经与 SAP 等多家厂商组建了 RFID 中间件联盟，将各个厂家的 RFID 中间件产品整合到一起，利用各自的企业资源，进行 RFID 中间件产品推广工作。

⑥ Sybase 中间件。Sybase 原来是一家数据库公司，其开发的 Sybase 数据库在 20 世纪八九十年代曾辉煌一时。在收购 Xcellenet 公司后，Sybase 公司正式介入 RFID 中间件领域，并开始使用 Xcellenet 公司的技术开发 RFID 中间件产品。

Sybase 中间件包括 Edgeware 软件套件、RFID 业务流程、集成和监控工具。该工具采用基于网络的程序界面，将 RFID 数据所需要的业务流程映射到现有企业系统中。客户可以建立独有的规则，并根据这些规则监控实时事件流和 RFID 中间件取得的信息数据。

Sybase 中间件的安全套件后来被 SAP 看中，被 SAP 整合进 SAP 企业应用系统，双方还签订了 RFID 中间件联盟协议，利用双方资源共同推广 RFID 中间件的企业 RFID 解决方案。

⑦ BEA RFID 中间件。BEA RFID 中间件是目前 RFID 中间件领域最具竞争力的产品之一，尤其在 2005 年 BEA 收购 RFID 中间件技术领域的领先厂商 ConnecTerra 公司之后，BEA 将 ConnecTerra 的中间件整合进自家的中间件产品，使 BEA 的 RFID 中间件功能得到极大的扩展。因此，BEA 可以向企业提供完整的一揽子产品解决方案，帮助企业方便地实施 RFID 项目，以及处理从供应链上获取的日益庞大的 RFID 数据。

BEA 公司的 RFID 解决方案由以下四部分构成。

- BEA WebLogic RFID Edition：先进的 EPC 中间件，支持多达 12 个阅读器提供商的主流阅读器，支持 EPC Class0/0+/1、ISO15693、ISO18000-6Bv1.19 EPC、GEN2 等规格的电子标签。
- BEA WebLogic Enterprise Platform：专门为构建面向服务型企业解决方案而设计的统一的、可扩展的应用基础架构。

- BEA RFID 解决方案工具箱：实施 RFID 解决方案的加速器，包含快速配置和部署 RFID 应用系统所必需的代码、文档和最佳实践路线。其主要内容包括事件模型框架、消息总线架构、预置的信息门户等。
- 为开发、配置和部署该解决方案提供帮助的咨询服务。该解决方案可以为客户实施 RFID 应用提供完整的基础架构，用户可以围绕 RFID 进行业务流程创新，开发新的应用，从而提高 RFID 项目投资的回报率。

目前，BEA 已成为基于标准的端到端 RFID 基础设施——从获取原始的 RFID 事件直到把这些事件转换成重要的商业数据的厂家。

（2）我国 RFID 中间件的发展现状。

RFID 中间件技术进入我国的时间比较短，各方面的工作还处于起步阶段。虽然我国政府在国家“十一五”规划和 863 计划中，对 RFID 应用提供了政策、项目和资金的支持，并且 RFID 在国内的发展也较为迅速，但是与国际先进技术的发展相比，在很多方面仍存在明显差距。

我国在 RFID 中间件和公共服务方面已经开展了一些工作。依托国家 863 计划“无线射频关键技术研究与开发”课题，中国科学院自动化所开发了 RFID 公共服务体系基础架构软件和血液、食品、药品可追溯管理中间件。华中科技大学开发了支持多通信平台的 RFID 中间件产品 Smarti，上海交通大学开发了面向商业物流的数据管理与集成中间件平台。此外，国内产品还包括东方励格公司的 LYNKO-ALE 中间件，清华同方的 ezRFID 中间件、ezONE、ezFramework 基础应用套件等。

目前，虽然我国已经有了一些初具规模的 RFID 中间件产品，但多数仍未在企业进行实际应用测试，与国外的 RFID 中间件产品相比，尚处于实验室阶段。

10.2.4　RFID 中间件安全

物联网是一个在互联网的基础上，结合 RFID 技术和传感器技术构建的连接范围更为广阔的网络。因此，物联网安全既包括当前互联网的安全问题，又包括 RFID 和传感器技术特有的安全问题。由于物联网感知识别层中大量应用 RFID 标签和无线传感器，因此物联网特有的安全问题，主要是 RFID 系统安全和无线传感器网络安全。RFID 标签中保存有个人私密信息，随着定位技术的发展，无论 RFID 标签受到跟踪、定位，还是个人私密信息被窃取，都会对用户的隐私造成伤害。

1. 中间件安全设计原则

RFID 中间件的设计，要遵循功能全面、容易设计、便于维护、具有良好的扩展性和可移植性的原则。设计 RFID 中间件至少要解决以下几个问题。

（1）屏蔽下层硬件，兼容不同的 RFID 读写器。不同生产厂家的硬件设备在读取频率、支持协议、读写范围、防冲突性能等方面都有所差异。因此，屏蔽物理设备的差异，能方便地进行集成扩展，这是 RFID 中间件应具有的特点。

（2）对硬件设备进行统一管理。对硬件设备进行统一管理，包括打开、关闭设备，获取设备参数、发出读取指令、缓存标签、定义逻辑阅读器等，使上层的软件感觉不到设备的差异，从而提供透明的硬件服务。

（3）对数据流进行过滤和分组。安全中间件必须采用特定的算法和数据结构，过滤和剔除那些用户不感兴趣的、大量的、重复的、无规则的数据，否则，大量的垃圾数据流入上层，对企业应用程序将是一个沉重的负担，甚至会造成上层应用程序崩溃。

（4）数据接收和数据格式转换。中间件要接收来自 RFID 设备的标签数据，并向上层传输。由于数据标签编码方式多种多样，规范标准也不统一，如果不进行数据格式处理，将会导致数据混乱，难以识别。

（5）中间件的安全问题。电子标签的安全和隐私问题，制约着 EPC 技术的发展和应用。RFID 系统在进行数据采集和数据传输时，电子标签和读写器容易受到信号的干扰，再加上电子标签容易被跟踪和定位，侵犯个人隐私，因此安全问题不可忽视。

（6）与企业应用程序的通信。企业应用程序具有自己特定的数据格式，采用何种方式与中间件进行交互，并且高效地实现中间件应用程序之间的数据交换，也是中间件需要解决的关键问题之一。

2. 通用的中间件安全模型

针对中间件的安全需求，我国学者吴景阳和毋国庆等提出了一种通用的中间件安全模式。他们认为由于针对中间件层的特征进行分析，访问控制的实现依赖于引用监视器和访问策略的所在位置和实施。因此，可以根据安全逻辑的实现，将引用监视器的功能分成决策和执行两部分。

（1）决策部分。决策部分根据访问策略来决定一个主体是否具有权限来访问它所请求的客体资源。采用决策机制的可以是自主访问控制，也可以是强制访问控制，或者是其他机制。

（2）执行部分。执行部分接收主体的访问请求（该请求是通过下层传送上来的），并传递给中间层的决策部分，然后将执行结果返回决策部分。执行部分根据此决策来执行相应的动作，如果访问被允许，则根据访问请求将主体的请求信息传递给目标对象。如果有必要，可能还要调用中间件的其他部件执行某些特定的功能，如事务处理、数据库访问等。

通用中间件安全模式如图 10-11 所示。

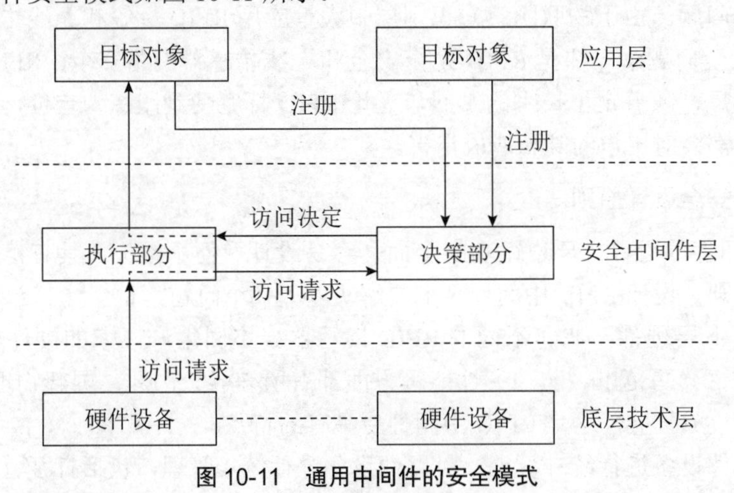

图 10-11　通用中间件的安全模式

从图 10-11 中可以看出，决策部分给目标对象提供了接口，用于目标对象的注册。该接口供应用层对象调用，用于获取目标对象的相关信息，从而提供安全策略，以辅助决策部分实现其功能。这个接口的实现，一方面有效地解决了对应用层目标对象特定信息的访问控制，另一方面该模型也是应用层灵活性的体现，可以很容易地满足不同应用中不同目标对象所要求的安全机制。

3. 基于中间件的物联网安全模型

我国学者姚远在 2011 年提出了一个基于中间件的物联网安全模型，认为物联网安全问题要从三方面进行保护：存储信息安全问题、传输安全问题和设备安全问题。

一般来说，中间件的设计应遵循整体的分层原则。中间件的设计框架如图 10-12 所示。

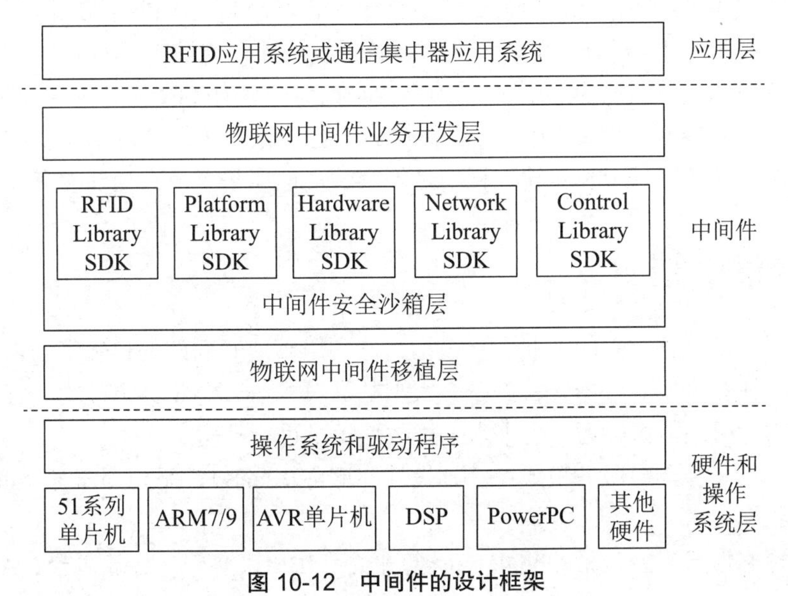

图 10-12 中间件的设计框架

自下向上的第一层，是包含各种不同设备的硬件、操作系统和驱动程序的硬件和操作系统层。这一部分的差异较大，从低端的单片机到高端的 DSP 数字信号处理器或者 PowerPC 通信处理器都会出现在这一层。

自下向上的第三层，是运行于各种硬件之上的软件环境，这一部分的差异较硬件层小，通常由 Linux 和 Windows CE 等各种移动终端操作系统和驱动程序组成，其功能类似。

在图 10-12 中，中间最大的一块区域，即第二层，是中间件的实际范围。

（1）移植层。移植层用于屏蔽底层差异，实现中间件的统一实施接口，同时也是平台主要功能的体现接口。一般来说，移植层的各种软硬件分别实现各自不同的功能，其接口包括线程或任务移植接口、显示移植接口、网络和通信移植接口、平台控制和属性移植接口、RFID 读写移植接口等。

（2）安全沙箱层。这是中间件的关键模块，其内部包含多种执行模块，如 RFID 模块、通信模块和硬件控制模块等。该安全沙箱可以保证通信协议和远程控制对本地资源的安全访问。

沙箱（sandbox）模型是一种保护本机安全的虚拟技术。利用沙箱技术，可以将系统关键数据进行虚拟化映射。外界对数据的获取和修正首先在沙箱映射层中实现。只有经过严格的授权才能访问底层的实际硬件和资源，因此保证了设备本身不会受到病毒或恶意程序的攻击而崩溃。中间件中使用此模型时，通过远程调用和通信协议执行的一般信令，无法访问真正的硬件设备资源。但由于沙箱中的关键数据与系统中的数据时刻保持同步，沙箱模型并不会影响获取数据的实时性。

（3）业务开发层。中间件的最上层是业务开发层，该层提供给本地或远程应用程序调用，以实现相应的业务功能。其接口设计一般包含物联网设备的控制、信息读写、通信、显示、授权认证等通用接口，并将这些模块的实现映射到安全沙箱中解析或执行。

物联网中间件从以下三方面建立了一个通用的安全模型：使用安全沙箱保证只有明确授权的应用程序才可以访问底层资源；支持基于 SSL、TSL 和 VPN 等加密通道传输信息；使用基于 X509 证书的授权方式保证终端和设备授权认证的通过。

中间件支持通过插件模式挂接不同的通信适配组件，如 SSL 安全层或 TSL 传输安全层；也可以配置及挂载 VPN 通道，实现数据的安全传输。传统的网络层加密机制是逐跳加密，即信息在发送过程中和传输过程中是加密的，但在每个节点处却没有加密。

10.3 本章小结

云计算平台是一种新兴的商业计算模型，它利用高速互联网的传输能力，将数据的处理过程从个人计算机或服务器转移到一个大型的计算中心，并将计算能力、存储能力作为一种服务提供给用户，像电力、自来水一样按使用量进行计费。

云服务包括三种典型服务模式：基础设施即服务（IaaS）、平台即服务（PaaS）、软件即服务（SaaS）。

现有的标志性云平台包括 Google 云计算平台、IBM“蓝云”计算平台、Amazon 弹性计算云平台。

云计算平台运用了许多技术，其中以编程模型、数据管理技术、数据存储技术、虚拟化技术、云计算平台管理技术最为关键。

云安全的几大核心问题包括身份与权限控制、Web 安全防护、虚拟化安全、云安全服务。

云计算安全关键技术主要包括虚拟机安全技术、海量用户身份认证、隐私保护与数据安全。

云计算技术属于物联网范畴。随着物联网的发展，未来物联网势必将产生海量数据，而传统的硬件架构服务器将很难满足数据管理和处理的要求，将云计算运用到物联网的传输层和应用层，将会在很大程度上提高物联网的运作效率。

云计算与物联网的结合方式包括三种：单中心，多终端方式；多中心，大量终端方式；信息、应用分层处理，海量终端方式。

云计算技术应用于物联网可以解决如下问题：服务器节点不可信问题，可以最大限度地降低服务器的出错概率；可以保障物联网在低投入下，获得很好的经济收益；可以实现物联网由局域网到互联网的过程。

云计算与物联网结合面临的问题包括规模问题、安全问题、网络连接问题、标准化问题。

中间件是一种独立的系统软件或服务程序，分布式应用软件借助这种软件在不同的技术之间共享资源，中间件位于客户机服务器操作系统之上，管理计算资源和网络通信。

中间件位于操作系统、网络和数据库的上层，应用程序的下层。中间件的核心作用是通过管理计算资源和网络通信，为各类分布式应用软件共享资源提供支撑。广义上，中间件的总体作用是为处于自己上层的应用软件提供运行与开发环境，帮助用户灵活地、高效地开发和集成复杂的应用软件。

基于目的和实现机制的不同，可以将中间件平台分为以下几类：远程过程调用（RPC）、面向消息的中间件（MOM）、对象请求代理（ORB）和事务处理监控（TPM）。

RFID 中间件是一种面向消息的中间件，信息以消息的形式从一个程序传输到另一个或多个程序。信息可以以异步的形式传输，所以发送者不必等待响应。

RFID 中间件从架构上可以分为以应用程序为中心和以软件架构为中心两种类型。

RFID 中间件的特点包括独立于架构、数据流、处理流和标准。

从发展趋势来分析，RFID 中间件可以分为三个发展阶段：应用程序中间件阶段、架构中间件阶段和解决方案中间件阶段。

在国际上，目前比较知名的 RFID 中间件厂商有 IBM、甲骨文、微软、SAP、Sun、Sybase、BEA 等。由于这些软件厂商自身都具有比较雄厚的技术储备，其开发的 RFID 中间件产品又经过多次实验室、企业实地测试，RFID 中间件产品的稳定性、先进性、海量数据的处理能力都比较完善，已经得到了企业的普遍认可。

RFID 技术进入中国的时间比较短，各方面的工作仍处于起始阶段。虽然我国政府在国家“十一五”规划和 863 计划中，对 RFID 应用提供了政策、项目和资金的支持，并且 RFID 在国内的发展也较为迅速，但与国际先进技术的发展相比，在很多方面仍存在明显的差距。

RFID 中间件的设计，要遵循功能全面、容易设计、便于维护、具有良好的扩展性和可移植性的原则。设计 RFID 中间件至少要解决以下几个问题：屏蔽下层硬件，兼容不同的 RFID 读写器；对硬件设备进行统一管理；对数据流进行过滤和分组；数据接收和数据格式转换；中间件的安全问题；与企业应用程序的通信。

从中间件层的特点来分析，访问控制的实现依赖于引用监视器和访问策略的所在位置和实施。因此，可以根据安全逻辑的实现，将引用监视器的功能分成决策和执行两部分。

一般来说，中间件的设计应遵循整体的分层原则。

自下向上的第一层，是包含各种不同设备的硬件、操作系统和驱动程序的硬件和操作系统层。这一部分的差异较大，从低端的单片机到高端的 DSP 数字信号处理器或者 PowerPC 通信处理器都会出现在这一层。

自下向上的第三层，是运行于各种硬件之上的软件环境，这一部分的差异较硬件层小，通常由 Linux 和 Windows CE 等各种移动终端操作系统和驱动程序组成，其功能也类似。

中间最大的一块区域是中间件的实际范围。

移植层用于屏蔽底层差异，实现中间件的统一实施接口，同时也是平台主要功能的体现接口。

安全沙箱层是中间件的关键模块，其内部包含多种执行模块，如RFID模块、通信模块和硬件控制模块等。安全沙箱可以保证通信协议和远程控制对本地资源的安全访问。

中间件的最上层是业务开发层，该层提供给本地或远程应用程序调用，以实现相应的业务功能。其接口设计一般包含物联网设备的控制、信息读写、通信、显示、授权认证等通用接口，并将这些模块的实现映射到安全沙箱中解析或执行。

复习思考题

一、单选题

1. 在部署模式上，云计算的模式包括（　　）。

A. 公共云　　B. 私有云　　C. 混合云　　D. 以上都是

2. IBM公司的云计算平台称为（　　）。

A. 红云　　B. 绿云　　C. 蓝云　　D. 白云

3. 在云计算时代，有（　　）个非常重要的平台。

A. 3　　B. 4　　C. 5　　D. 6

4. 云计算核心技术包括（　　）、数据管理技术、数据存储技术、虚拟化技术、云计算平台管理技术。

A. 编程模型　　B. 系统模型　　C. 数据库模型　　D. 软件模型

5. 云计算安全的特征包括（　　）方面。

A. 3　　B. 4　　C. 5　　D. 6

6. 云计算与物联网的关系是（　　）。

A. 更透彻的感知　　B. 更全面的互连互通

C. 更深入的智能化　　D. 以上都是

7. 基于目的和实现机制的不同，可以将中间件平台分为以下几类：远程过程调用、面向消息的中间件、对象请求代理和（　　）。

A. 事务处理监控　　B. 数据处理监控

C. 消息处理监控　　D. 中断处理监控

8. 最早提出RFID中间件概念的国家是（　　）。

A. 中国　　B. 日本　　C. 英国　　D. 美国

9. 从发展趋势来分析，RFID中间件可以分为（　　）个发展阶段。

A. 3　　B. 4　　C. 5　　D. 6

10. 在基于中间件的物联网安全模型中，中间件包括（　　）。

A. 移植层　　B. 安全沙箱层　　C. 业务开发层　　D. 以上都是

二、简答题

1. 简述云计算的基本概念。

2. 请列出有代表性的云计算平台。

3. 请列出三种典型的云服务模式，并分别说明每一种服务模式的内容。

4. 云计算的核心技术有哪些？

5. 与传统安全相比，云计算安全具备哪些新的特征？

6. 云安全的核心问题有哪些？
7. 请列举几个最严重的云计算安全威胁事件。
8. 云计算安全关键技术包括哪些？
9. 虚拟机中的安全问题是什么？
10. 虚拟机中采用的防护方法有哪些？
11. 云计算环境下的用户隐私保护和数据安全主要包括哪些内容？
12. 云计算与物联网有哪些关系？
13. 云计算与物联网的结合方式是什么？
14. 云计算与物联网结合面临哪些问题？
15. 什么是中间件？请给出 IDC 对中间件的定义。
16. 中间件产生与迅速发展的原因是什么？
17. 基于目的和实现机制的不同，可以将中间件平台分为哪几类？
18. RFID 中间件的发展可以分为哪些阶段？
19. 请简要说明 RFID 中间件的特点。
20. 请简要说明国际上 RFID 中间件的发展现状。
21. 设计 RFID 中间件至少要解决哪些问题？
22. 在通用的中间件安全模型中，可以将引用监视器的功能分成哪些部分？
23. 请遵循整体的分层设计原则，画图描述中间件的框架。
24. 请画图表示通用中间件的安全模式。

第 11 章 应用层数据安全与隐私安全

11.1 应用层数据安全

11.1.1 数据安全的概念

数据安全指数据在产生、传输、处理、存储等过程中的安全。数据信息安全指数据信息不会因偶然的或者恶意的因素而遭到破坏、更改、泄露，系统可以连续可靠地运行，数据信息服务不中断。数据信息安全是一门涉及计算机科学、网络技术、通信技术、密码技术、信息安全技术、应用数学、数论、信息论等多种学科的综合性学科。数据信息安全包括的范围很广，大到国家军事政治等机密的安全，小到企业机密、个人数据信息的安全等。

进入网络时代后，数据信息安全保障工作的难度大大提高。人们日益受到来自网络的安全威胁，诸如网络的数据窃贼、黑客的侵袭、病毒发布者，甚至系统内部的泄密者。数据信息安全已经成为各行业信息化建设中的首要问题。

随着互联网+的时代到来，数据信息安全工作更是难上加难。据数据信息安全专家称，现有的搜索引擎已经有能力在 15min 内将全世界的网页存储一遍。换言之，无论用加密账号，还是所谓的公司内网，只要信息被数据化，并接入互联网，信息就已经自动进入失控状态，人们将永远无法删除它，并且无从保密。

数据信息安全从来没有变得让人如此不安。数据信息安全技术作为一个独特的领域越来越受到各个行业的关注。

根据国际标准化组织的定义，数据安全的含义主要指数据信息的完整性、可用性、保密性和可靠性。信息安全的内涵在不断延伸，从最初的数据信息保密性发展到数据信息的完整性、可用性、可控性和不可否认性，进而又发展为“攻（攻击）、防（防范）、测（检测）、控（控制）、管（管理）、评（评估）”等多方面的基础理论和实施技术。

数据安全的实质就是保护信息系统或信息网络中的数据资源免受各种威胁、干扰和破坏，即保证数据的安全性。

11.1.2 数据安全的要素

数据安全的要素体现在以下六方面。

1. 保密性

保密性，又称机密性，指个人或团体的信息不为其他不应获得者获得。在计算机中，许多软件包括邮件软件、网络浏览器等，都有保密性相关的设定，用以维护用户资讯的保密性，另外间谍档案或黑客有可能引发保密性问题。

2. 完整性

数据的完整性也称为可延展性，是信息安全的三个基本要点之一，指在传输、存储信息或数据的过程中，确保信息或数据不被篡改或在篡改后能够被迅速发现。在信息安全领域使用过程中，完整性常常和保密性混淆。以普通 RSA 对数值信息加密为例，黑客或恶意用户在未获得密钥破解密文的情况下，可以通过对密文进行线性运算，相应改变数值信息的值。例如，交易金额为 X 元，通过对密文乘 2，可以使交易金额成为 $2X$。为解决以上问题，通常使用数字签名或散列函数对密文进行保护。

3. 可用性

数据的可用性是一种以使用者为中心的设计概念，易用性设计的重点在于让产品的设计能够符合使用者的习惯与需求。以互联网网站的设计为例，希望让使用者在浏览的过程中不会产生压力或感到挫折，并能让使用者在使用网站功能时，能用最少的努力发挥最大的效能。

4. 可控性

可控性是指授权机构可以随时控制信息的机密性。“密钥托管”“密钥恢复”等措施就是实现信息安全的可控性例子。

5. 可靠性

可靠性是指信息能够在规定条件下和规定时间内完成规定操作的特性。可靠性是信息安全的最基本要求之一。

6. 不可抵赖性

不可抵赖性也称不可否认性（non-repudiation），指在信息交互过程中，确信参与者的真实同一性，即所有参与者都不可能否认或抵赖曾经完成的操作和承诺。利用信息源证据可以防止发信方不真实地否认已发送信息，利用递交接收证据可以防止收信方事后否认已经接收的信息。

11.1.3　威胁数据安全的因素

威胁数据安全的因素有很多，比较常见的有以下几种。

1. 存储设备损坏

存储设备的物理损坏意味着数据丢失。设备的运行损耗、存储介质失效、运行环境及人为的破坏等，都能给存储设备造成影响。

2. 人为错误

由于操作失误，使用者可能会误删除系统的重要文件，或者修改影响系统运行的参数，甚至因未按照规定要求操作或操作不当导致系统宕机。

3. 黑客攻击

黑客通过网络远程非法入侵系统，侵入途径有很多，如系统漏洞、管理不力等。

4. 计算机病毒

由于感染计算机病毒破坏计算机系统所造成的重大经济损失屡屡发生。

5. 数据信息窃取

从计算机上复制、删除数据信息甚至直接把计算机偷走。

11.1.4 数据安全制度

一般要根据国家法律和有关规定制定适合本单位的数据安全制度，大致情况如下。

（1）对应用系统使用、产生的介质或数据，按其重要性进行分类；对存放有重要数据的介质，应备份必要份数，并分别存放在不同的安全位置（保存位置应防火、防高温、防震、防磁、防静电及防盗），建立严格的保密保管制度。

（2）保留在机房内的重要数据（介质），应为系统有效运行所必需的最少数量，除此之外不应保留在机房内。

（3）根据数据的保密规定和用途，确定使用人员的存取权限、存取方式和审批手续。

（4）重要数据（介质）库，应设专人负责登记保管，未经批准，不得随意挪用重要数据（介质）。

（5）在使用重要数据（介质）期间，应严格按国家保密规定控制转借或复制，需要使用或复制的须经批准。

（6）对所有重要数据（介质）应定期检查，要考虑介质的安全保存期限，及时更新复制。损坏、废弃或过时的重要数据（介质）应由专人负责消磁处理，秘密级以上的重要数据（介质）在过保密期或废弃不用时，要及时销毁。

（7）机密数据处理作业结束时，应及时清除存储器、联机磁带、磁盘及其他介质上有关作业的程序和数据。

（8）机密级及以上秘密信息存储设备不得并入互联网。重要数据不得外泄，重要数据的输入及修改应由专人来完成。重要数据的打印输出及外存介质应存放在安全的地方，打印废纸应及时销毁。

11.1.5 密码与加密技术

1. 密码理论

密码理论是一门研究密码编制和密码破译技术的科学。研究密码变化的客观规律，并将该规律应用于密码编制以保守通信秘密，称为编码学；应用于密码破译以获取通信情报，称为破译学，二者总称密码学。

2. 数据加密

数据加密技术是最基本的网络安全技术，被称为信息安全的核心，最初主要用于保证数据在存储和传输过程中的保密性。通过各种方法将被保护信息置换成密文，然后再进行信息的存储或传输，即使加密信息在存储或传输过程被非授权人员获得，也可以保证这些信息不被其认知，从而达到保护信息的目的。该方法的保密性直接取决于所采用的密码算法和密钥长度。

3. 认证

相互认证是客户机和服务器相互识别的过程，它们的识别号用公开密钥编码，并在SSL握手时交换各自的识别号。为了验证持有者是其合法用户，而不是冒名用户，SSL要求证明持有者在握手时对交换数据进行了数字式标识。证明持有者要对包含证明的所有信息数据进行标识，以说明自己是证明的合法拥有者，这样就防止了其他用户冒名使用证明。证明本身并不提供认证，只有证明和密钥一起使用才起作用。

4. 授权与访问控制

为了防止非法用户使用系统及合法用户对系统资源的非法使用，需要对计算机系统实体进行访问控制。对实体系统的访问控制必须对访问者的身份实施一定的限制，这是保证系统安全所必需的。要解决上述问题，访问控制需采取下述两种措施。

（1）识别与验证访问系统的用户。

（2）决定用户对某一系统资源可进行何种访问（读、写、修改、运行等）。

5. 审计追踪

审计追踪指对安防体系、策略、人和流程等对象进行深入细致的核查，目的是找出安防体系中的薄弱环节并给出相应的解决方案。审计追踪的基本任务有两项：一是检查实际工作是否遵循现有规章制度；二是对审计步骤进行调整和编排，以更好地判断安防事件的发生地点或来源。

6. 网间隔离与访问代理

从技术上讲，代理服务是一种网关功能，但它的逻辑位置位于OSI七层协议的应用层之上。代理使用一个客户程序与特定的中间节点连接，然后中间节点与期望的服务器进行实际连接。与应用网关型防火墙所不同的是，使用这类防火墙时外部网络与内部网络之间不存在直接连接，因此，即使防火墙产生了问题，外部网络也无法与被保护的网络连接。

7. 反病毒技术

计算机病毒的预防、检测和清除是计算机反病毒技术的三大内容。也就是说，计算机病毒的防治要从防毒、查毒和杀毒三方面来进行；系统对于计算机病毒的实际防治能力和效果也要从防毒能力、查毒能力和杀毒能力三方面来评判。

防毒指根据系统特性，采取相应的系统安全措施预防计算机病毒侵入计算机；查毒指对于确定的环境，能够准确地报出病毒名称；杀毒指根据不同类型计算机病毒对感染对象的修改，并按照病毒的感染特性所进行的恢复，该恢复过程不能破坏未被病毒修改的内容，感染对象包括内存、引导区（含主引导区）、可执行文件、文档文件、网络等。

（1）防毒能力指预防病毒侵入计算机系统的能力。

（2）查毒能力指发现和追踪病毒来源的能力。

（3）杀毒能力指从感染对象中清除病毒，恢复被病毒感染前的原始信息的能力。

8. 入侵检测技术

入侵检测技术是为保证计算机系统的安全而设计与配置的一种能够及时发现并报告系统中未授权或异常现象的技术，用于检测计算机网络中违反安全策略的行为。入侵检测系统能够识别出网络内外部的不希望有的活动。典型的入侵检测系统包括下述三个功能部件。

（1）提供事件记录流的信息源。

（2）发现入侵迹象的分析引擎。

（3）基于分析引擎的分析结果产生反应的响应部件。

11.1.6 网络安全技术的综合应用

数据信息安全不仅是单一计算机的问题，也不仅是服务器或路由器的问题，而是整体网络系统的问题。所以信息安全要考虑整个网络系统，结合网络系统来制定合适的信息安全策略。网络安全涉及的问题非常多，如防病毒、防入侵破坏、防信息盗窃、用户身份验证等，这些都不是由单一产品来完成的，也不可能由单一产品来完成，最重要的是，各种各样的产品堆砌依然无法给予数据信息安全完整的保护。数据信息安全也必须从整体策略来考虑，可以采用功能完善、技术强大的数据信息安全保障系统，如 SD-DSM 系统等。这也是欧美国家近年来数据信息安全技术领域研发的方向。

11.2 数据保护

11.2.1 数据保护的概念

数据保护既要保证数据可用性，也要保证业务连续性。数据保护的核心是建立和使用数据副本的技术。

随着互联网的发展，各企业、政府部门都经历了数据量的爆炸性增长，数据正日益成为实际的资产，对任何组织来说，数据丢失都会带来严重的后果，甚至是灾难。

美国明尼苏达大学的研究报告指出：如果在发生数据丢失灾难后的两个星期内，无法恢复公司的业务系统，75% 的公司业务将会完全停顿，43% 的公司将再也无法开业。

11.2.2 衡量数据保护的重要标准

衡量数据保护的重要标准有两个：RTO 和 RPO。

（1）恢复时间目标（Recovery Time Object，RTO）：指信息系统从灾难状态恢复到可运行状态所需要的时间，用来衡量容灾系统的业务恢复能力。

（2）恢复点目标（Recovery Point Object，RPO）：指业务系统所允许的在灾难过程中的最大数据丢失量，用来衡量容灾系统的数据冗余备份能力。

11.2.3　数据保护技术实现的层次与分类

数据保护技术涉及设备、网络、系统和应用四个层次。在设备层，主要有备份和拷贝技术；在网络层，随着对备份系统容量和速度的需求越来越高，附网存储（NAS）、存储区域网（SAN）已逐渐取代了传统的直连存储（DAS）；在系统层，主要是镜像技术、快照技术和连续数据保护技术；在应用层，典型的有数据库备份技术。数据的持续增长和应用的高连续性对备份性能的要求越来越高，未来该领域尚有待于在数据去重、备份验证、I/O 优化、节能技术等方面进行更深入的研究。

数据保护技术主要分为备份技术、镜像技术和快照技术三类。

11.2.4　备份技术

备份就是将数据加以保留，以便在系统遭受破坏或其他特定情况下，重新加以利用进行系统恢复的一个过程。

数据备份与数据恢复是保护数据的最后手段，也是抵御信息攻击的最后一道防线。数据备份的根本目的是重新利用数据，备份工作的核心是恢复。一个无法恢复的备份，对任何系统来说都是毫无意义的。另外，数据备份的意义不仅在于防范意外事件的破坏，而且还是历史数据保存归档的最佳方式。

1. 备份策略

数据备份要根据实际情况来制定不同的备份策略。目前采用最多的备份策略主要有以下三种。

（1）全备份（full backup）：对数据做完全备份。

（2）增量备份（incremental backup）：对上次全备份或者增量备份后被修改了的文件做备份。

（3）差分备份（differential backup）：备份自上次全备份后被修改过的文件。

在实际应用中，备份策略通常是以上三种的结合。例如，每周一至每周六进行一次增量备份或差分备份，每周日进行一次全备份，每月底进行一次全备份，每年底进行一次全备份。

2. 数据备份模式

数据备份有 LAN 备份、LAN-Free 备份和 SAN Server-Free 备份三种备份模式。LAN 备份针对所有存储类型，LAN-Free 备份和 SAN Server-Free 备份只针对 SAN 架构的存储。

（1）基于 LAN 备份。传统备份需要在每台主机上安装磁带机备份本机系统，采用 LAN 备份策略，在数据量不是很大时候可集中备份。一台中央备份服务器将会安装在 LAN 中，然后将应用服务器和工作站配置为备份服务器的客户端。中央备份服务器接收运行在客户机上的备份代理程序的请求，将数据通过 LAN 传递到它所管理的与其连接的本地磁带机资源上。这一方式提供了一种集中的、易于管理的备份方案，并通过在网络中共享磁带机资源提高效率。

（2）LAN-Free 备份。由于数据通过 LAN 传播，当需要备份的数据量较大，备份时间窗口紧张时，网络容易发生堵塞。在 SAN 环境下，可采用存储网络的 LAN-Free 备份模式，需要备份的服务器通过SAN连接到磁带机上，在LAN-Free备份客户端软件的触发下，读取需要备份的数据，然后通过SAN备份到共享的磁带机。这种独立网络不仅可以使LAN流量得以转移，而且运转所需的CPU资源低于LAN模式。这是因为光纤通道连接不需要经过服务器的TCP/IP栈，而且某些层的错误检查可以由光纤通道内部的硬件完成。在许多解决方案中需要一台主机来管理共享的存储设备及用于查找和恢复数据的备份数据库。

（3）SAN Server-Free备份。LAN-Free备份需要占用备份主机的CPU资源，如果备份过程能够在SAN内部完成，而大量数据流无须流过服务器，则可以极大降低备份操作对生产系统的影响。SAN Server-Free备份就是这样的技术。

11.2.5 镜像技术

数据镜像技术如图11-1所示，通过同样的I/O读写操作，在独立的2个存储区域（通常是逻辑卷）中保存相同的数据，并且支持同时进行I/O读写操作。

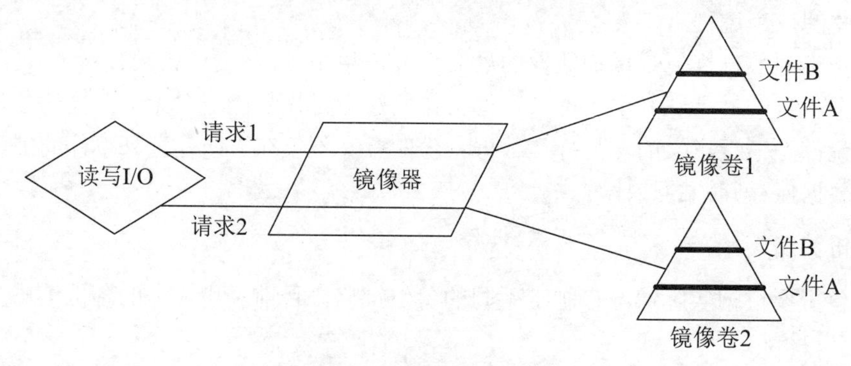

图11-1 对数据的镜像读写

1. 镜像的工作模式

数据镜像包括一个主镜像系统和一个从镜像系统。按主从镜像存储系统所处的位置又可分为本地镜像和远程镜像。远程镜像按请求镜像的主机是否需要镜像站点的确认信息，又可分为同步远程镜像和异步远程镜像。

同步远程镜像数据的每一个“写”操作会同时在主镜像卷和从镜像卷上完成，主镜像卷的“写”操作完成后，还需要等待从镜像卷完成“写”操作，才能进行下一个I/O操作。数据随机写入，每一个I/O操作需等待主镜像卷和从镜像卷都完成，确认信息方可释放，要求存储主从镜像设备的性能保持一致，一般用于要求数据零丢失、严格数据一致性的关键场所。

异步远程镜像虽然同时将“写”命令和数据发送给主镜像卷和从镜像卷，但主镜像卷的“写”操作完成后并不需要等待从镜像卷完成“写”操作，从镜像卷的“写”操作可以通过数据复制进程异步完成。数据的每个I/O顺序写入缓存（cache），再由缓存随机写入主镜像卷和从镜像卷；系统只需等待写缓存的确认信息。异步远程镜像的主从镜像设备的性能可以不同，一般用于对性能要求高，允许少量数据丢失的重要应用。

2. 卷镜像复制和RAID卷镜像

卷镜像复制工作方式的系统结构如图11-2所示。

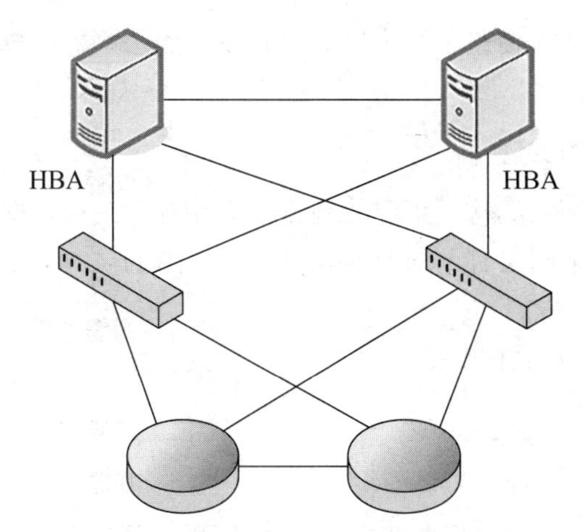

图 11-2　卷镜像复制工作方式的系统结构

根据两台存储设备之间工作方式的不同，数据同步和复制机制的不同，又可分为两种方式，第一种是卷镜像复制方式，第二种是 RAID 卷镜像方式。

图 11-2 中，左侧为主存储设备，右侧为备用存储设备，再通过卷镜像复制软件、数据备份软件、网络层的存储虚拟化设备、存储设备自带的卷镜像复制功能等多种方式来实现主、备两个存储设备之间的卷镜像复制，以此来保障数据的安全性。同时，备份存储设备也可作为数据存储服务功能的一种后备方式，一旦主存储设备发生故障，就需要自动或手动切换到备份存储设备上。

RAID 卷镜像工作方式的系统结构如图 11-3 所示。

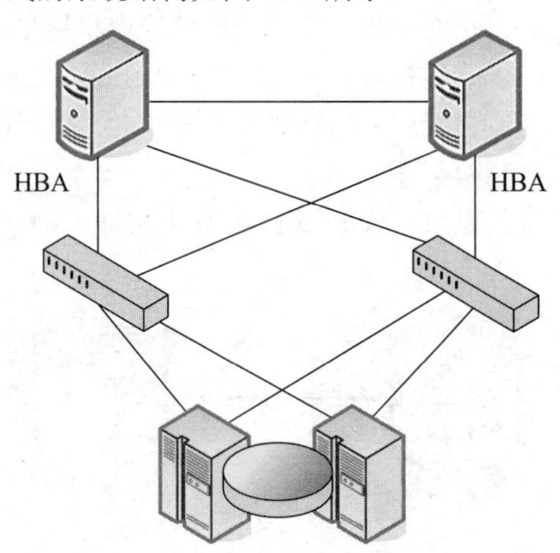

图 11-3　RAID 卷镜像复制工作方式的系统结构

两台存储设备之间可以是跨越一台存储设备的 RAID 卷镜像，数据库服务器主机对该卷镜像进行数据读写操作。由于 RAID 卷镜像跨越两台存储设备，因此即使一台存储设备发生整体故障，RAID 卷镜像也不会发生故障，也不会影响数据库服务器端业务的正常进行。

与图 11-2 相比，图 11-3 中的存储设备对外提供的是一个卷镜像，而不是两个卷。当一台存储设备发生故障时，不需要在两个卷之间进行切换，主机端不需要加载新卷，数据库服务器也不需要重新启动。

在图 11-3 系统中，两台存储设备通过控制器内含的集群功能，创建了一个 RAID 卷镜像，实现双机工作，从而使整个数据库存储系统达到了主机、软件、网络和存储等所有层面的双机冗余高可用性。

3. 卷镜像复制功能的实现

根据数据库系统的网络结构，可以将数据库系统分成三层，即主机层、网络层和存储设备层，卷镜像复制在不同层有不同的实现方式，如图 11-4 所示。

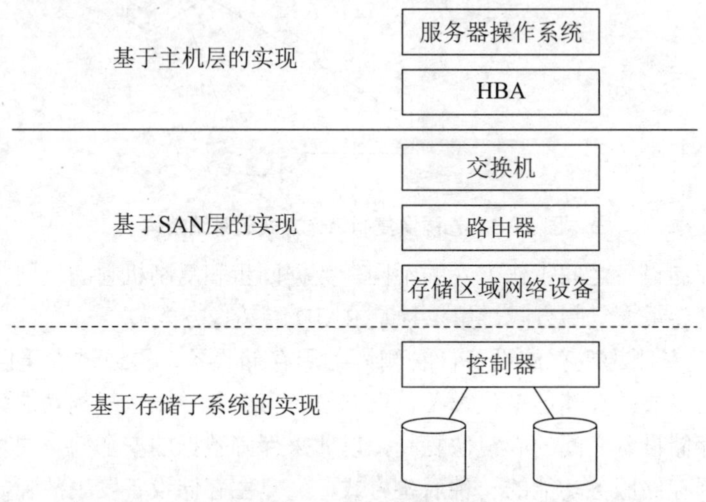

图 11-4　卷镜像复制在不同层有不同的实现方式

（1）主机层实现卷镜像复制。

主机层实现卷镜像复制，指在主机上实现卷镜像管理和卷复制的软件，并依靠软件来实现数据在两个卷之间的同步或复制。其典型软件是 Veritas Volume Replication。

在主机层实现卷镜像复制方式中，数据先写入一个卷，然后由软件再定时复制到从卷内，或直接由软件同步写入到两个卷。

主机层实现卷镜像复制的系统结构如图 11-5 所示。

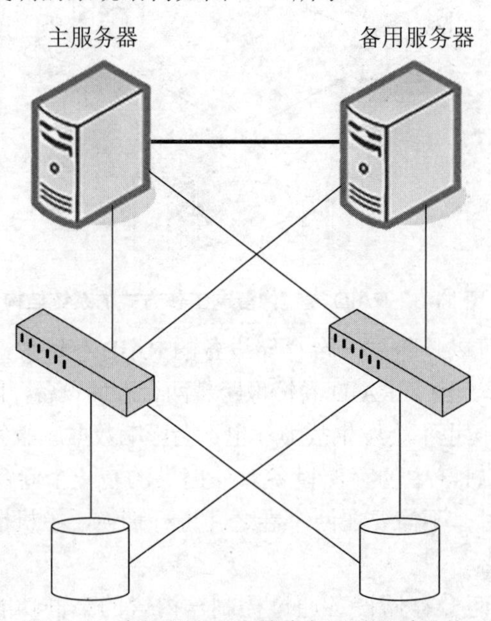

图 11-5　主机层实现卷镜像复制的系统结构

这种方式的缺点是数据同步操作由软件实现，占用主机资源和网络资源非常大。当一台存储设备发生故障时，主机端并不总能正常地启用另一台存储设备。

（2）智能存储层实现卷镜像复制。

许多中高端的智能型存储设备，如 EMC Symmetrix 系列、IBM ESS 系列、HP XP512 系列、HDS 9900 系列和 UIT BM6800 系列产品，都可以通过 ShadowImage、SRDF、Timefinder、Flashcopy 或 TrueCopy、Remote Volume Mirror 等功能实现卷镜像复制功能。分别位于不同存储设备上的两个卷之间建立卷复制镜像功能，存储设备控制器自动将写入主卷的数据复制到从卷中。当主存储设备发生故障时，业务将会切换到备用存储设备上，并启用从卷，保证数据库业务不会中断，数据不会丢失，其系统结构如图 11-6 所示。

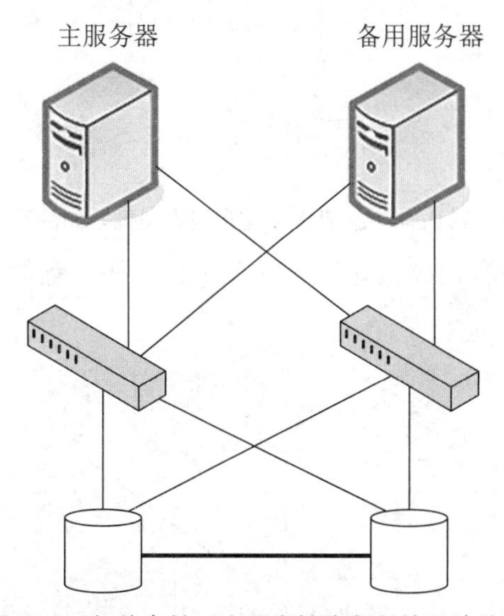

图 11-6　智能存储层实现卷镜像复制的系统结构

这种方式的优点是数据复制和镜像功能在存储设备内部由控制器来完成，不需要主机或第三方软件的参与，数据复制进程安全稳定，安装调试及维护简单。缺点是卷镜像复制进程占用存储设备的资源非常大。主备存储设备切换时，必须先断开两个卷之间的镜像复制关系，才能启动从卷。主机在切换主从卷的过程中必须停止数据库服务，导致业务中断。整个切换时间较长，一般需要 10 ～ 30min，根本无法满足数据库系统所要求的 99.99% 的高可用性。

（3）网络层实现卷镜像复制。

网络层的数据复制或镜像功能一般由网络层的存储虚拟化设备来实现，这种方式的特点是依靠外加的网络层设备来实现两个存储设备之间的数据复制，数据复制过程不占用主机资源，两个存储设备之间的数据同步在网络层完成。根据存储虚拟化设备工作机制的不同，一般来说，可以分为带内和带外两种类型。

图 11-7 所示为常见的带内存储虚拟化设备实现卷镜像复制的系统结构。

存储虚拟化设备分别连接主机端虚拟化和存储端虚拟化，主要功能是管理存储设备上的逻辑卷，对已有逻辑卷进行虚拟化或创建虚拟的条带卷，消除存储设备异构对主机系统的影响，提高存储设备的可用性和总体性能。其另一个功能就是卷复制和镜像，通过存储虚拟化设备实现两个虚拟卷之间的数据安全保护。

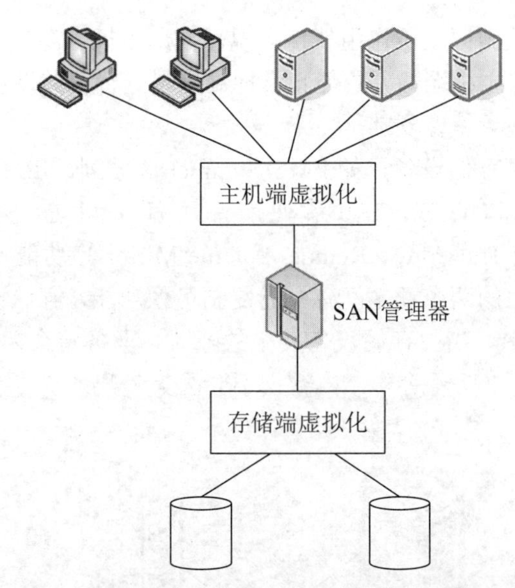

图 11-7　带内存储虚拟化设备实现卷镜像复制的系统结构

图 11-8 为常见的带外存储虚拟化设备的系统结构图。存储虚拟化设备所提供的功能也类似。

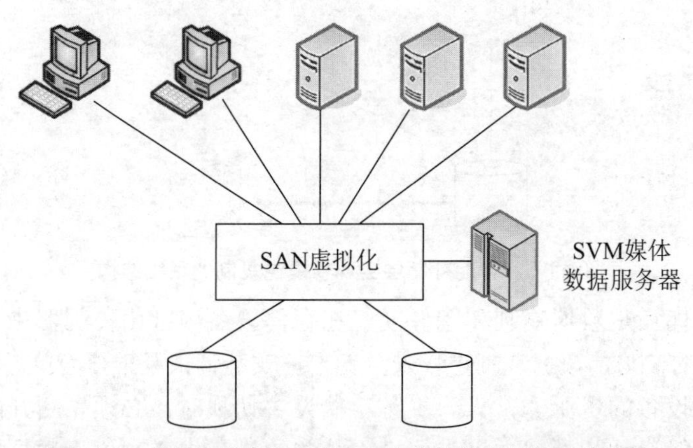

图 11-8　带外存储虚拟化设备实现卷镜像复制的系统结构

通过存储虚拟化设备实现卷镜像复制功能的优势在于，操作由存储虚拟化设备来完成、压力集中在存储虚拟化设备上，不需要主机参与，数据复制进程安全稳定。

其缺点是需要增加专用存储虚拟化设备，带外方式有的需要在主机端安装存储虚拟化设备的客户端软件，如 UIT SVM，有的需要依赖高端智能交换机，如 EMC VSM。而带内虚拟化设备则极易成为整个系统的性能瓶颈和故障点。

网络层的数据复制主要依靠快照来实现，由于两次快照之间有时间间隔，因此两个存储设备之间的数据并不是完全同步的，一旦主存储设备发生故障，即使能启用备用存储设备，也有可能丢失一个快照周期的数据。

4. RAID 卷镜像功能实现分析

RAID 卷镜像一般有两种实现方式，一是在主机层由卷管理软件来实现，二是在存储层通过存储设备集群来实现。

（1）主机层实现卷镜像。

一般来说，主机层的卷镜像功能都是由安装在主机上的卷管理软件来实现的，如Veritas Volume Manager。

主机层实现 RAID 卷镜像的系统结构如图 11-9 所示。

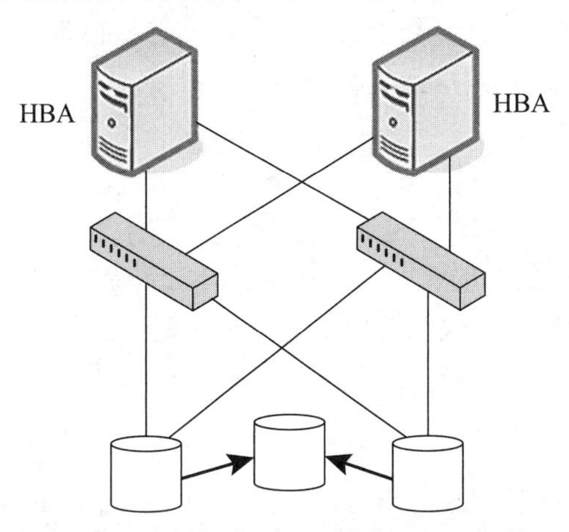

图 11-9　主机层实现 RAID 卷镜像的系统结构

在图 11-9 中，两台存储设备分别创建了两个容量和参数相同的卷，并映射给数据库主机，卷管理软件用这两个卷创建了一个软的卷镜像 RAID1。这样当数据库写入数据时，数据按照 RAID1 的机制会同步写入两个存储系统，并保证两个存储系统间数据的同步和一致性。

这种实现方式的缺点是：卷镜像由卷管理软件来实现，卷的长期安全性和稳定性无法保障。卷管理软件占用主机资源非常多，且会随着存储设备、网络层或 HBA 卡发生故障而大幅增加，极易引起数据库死机。很多实际应用证明了该实现方式在大型数据库系统中非常不稳定。

（2）存储层实现卷镜像。

存储层实现 RAID 卷镜像的系统结构如图 11-10 所示。存储设备层的镜像功能一般指通过存储设备自身强大的集群功能，跨存储设备创建卷镜像。卷镜像由两台存储设备共同管理，数据同步写入两个存储系统。

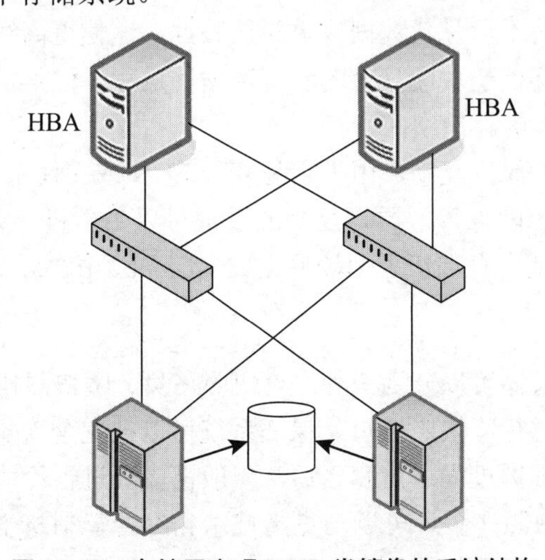

图 11-10　存储层实现 RAID 卷镜像的系统结构

这种方式的特点是两个存储设备的控制器以集群方式工作，共同管理卷镜像，主机端识别到的只是一个卷镜像，而不是前三种方式中识别到的两个卷。因此即使是一台存储设备发生瘫痪，卷镜像也不会出现故障或报错，主机端也不会发生逻辑卷“丢失”、报错或需要进行切换的情况，当然更不需要重新启动数据库服务。

镜像功能由存储设备层实现，数据同步写入两台存储设备，不需要主机或任何客户端软件的参与，因此不会占用网络层或主机资源。

11.2.6 快照技术

快照是关于指定数据集合的一个完全可用副本，该副本包括相应数据在某个时间点（复制开始的时间点）的映像。快照可以是其所表示的数据的一个副本，也可以是数据的一个复制品。

1. 快照技术分类

快照技术有两大类存储快照，一种是即写即拷贝（copy-on-write）快照，另一种是分割镜像快照。

（1）即写即拷贝快照。即写即拷贝快照可以在每次输入新数据或已有数据被更新时生成对存储数据改动的快照。这样做可以在发生硬盘写错误、文件损坏或程序故障时迅速恢复数据。但是，如果需要对网络或存储媒介上的所有数据进行完全存档或恢复时，所有以前的快照都必须可供使用。

即写即拷贝快照表现在数据外观的特征是“照片”。这种方式通常也被称为“元数据”备份，即所有的数据并没有被真正备份到另一个位置，只是指示数据实际所处位置的指针被备份了。在使用这项技术的情况下，当已经有了快照时，如果有人试图改写原始LUN上的数据，快照软件将首先将原始的数据块备份到一个新位置（专用于复制操作的存储资源池），然后再进行写操作。后续引用原始数据时，快照软件将指针映射到新位置，或者引用快照时将指针映射到老位置。

（2）分割镜像快照。分割镜像快照引用镜像硬盘组上的所有数据。每次应用运行时，都生成整个卷的快照，而不只是新数据或更新的数据。这使得离线访问数据成为可能，并且简化了恢复、复制或存档一块硬盘上的所有数据的过程。但是，这是个较慢的过程，而且每个快照需要占用更多的存储空间。

分割镜像快照也称为原样复制，由于它是某一LUN或文件系统上的数据的物理备份，有的管理员称之为克隆、映像等。原样复制的过程可以由主机（Windows上的MirrorSet、Veritas的Mirror卷等）或在存储级上用硬件完成（Clone、BCV、ShadowImage等）。

2. 实现快照的方法

实现快照的方法，具体可以分为三种：冷快照拷贝、暖快照拷贝和热快照拷贝。

（1）冷快照拷贝。进行冷快照拷贝是保证系统可以被完全恢复的最安全的方式。在进行任何大的配置变化或维护过程之前和之后，一般都需要进行冷快照拷贝，以保证完全恢复原状（rollback）。冷快照拷贝还可以与克隆技术相结合复制整个服务器系统，以实现各种目的，如扩展、制作生产系统的复本供测试（开发）使用及向二层存储迁移。

（2）暖快照拷贝。暖快照拷贝利用服务器的挂起功能。当执行挂起行动时，程序计数器被停止，所有的活动内存都被保存在引导硬盘所在的文件系统中的一个临时文件（.vmss 文件）中，并且暂停服务器应用。在这个时间点上，复制整个服务器（包括内存内容文件和所有的 LUN 及相关的活动文件系统）的快照拷贝。在这个拷贝中，机器和所有的数据将被冻结在完成挂起操作时的处理点上。

当快照操作完成时，服务器可以被重新启动，在挂起行动开始的点上恢复运行。应用程序和服务器过程将从同一时间点上恢复运行。从表面上看，就好像在快照活动期间按下了暂停键一样。对于服务器的网络客户机，这就像网络服务暂时中断了一下一样。对于适度加载的服务器来说，这段时间通常为 30 ～ 120s。

（3）热快照拷贝。在这种状态下，发生的所有的写操作都立即应用在一个虚拟硬盘上，以保持文件系统的高度一致性。服务器提供让持续的虚拟硬盘处于热备份模式的工具，以通过添加 REDO 日志文件在硬盘子系统层上复制快照拷贝。

一旦 REDO 日志被激活，复制包含服务器文件系统的 LUN 的快照是安全的。在快照操作完成后，可以发出另一个命令，这个命令将 REDO 日志处理提交给下面的虚拟硬盘文件。当提交活动完成时，所有的日志项都将被应用，REDO 文件将被删除。在执行这个操作的过程中，处理速度会略微下降，不过所有的操作将继续执行。但是，在多数情况下，快照进程几乎是瞬间完成的，REDO 的创建和提交之间的时间非常短。

热快照操作过程从表面上看，基本上察觉不到服务器速度的下降。在最差情况下，它看起来就是网络拥塞或 CPU 超载导致的一般服务器速度下降。在最好情况下，不会出现可察觉的影响。

快照技术都是在应用层或文件层实现的，在备份的过程中开销较大，应用范围也相对较窄。

11.2.7　持续数据保护技术

持续数据保护（Continuous Data Protection，CDP）技术是数据保护领域的一项重大突破。传统的数据保护解决方案都将主要精力放在定期的数据备份上。但是，在定期备份状态下一直伴随有备份窗口、数据一致性及对生产系统的影响等问题。而 CDP 技术则将注意力的焦点从备份转向了恢复。它可以为重要数据中的变化提供连续的保护，IT 管理员无须考虑备份的问题。当灾难发生时，基于 CDP 的解决方案可以迅速恢复到任何一个需要的还原点，从而为用户提供更高的灵活性和更优的性能。

1. CDP 的概念

SNIA 数据保护论坛（DMF）的持续数据保护特别兴趣小组（CDP SIG）对 CDP 的定义是“持续数据保护是一套方法，它可以捕获或跟踪数据的变化，并将其在生产数据之外独立存放，以确保数据可以恢复到过去的任意时间点。”持续数据保护系统可以基于块、文件或应用实现，能够为恢复对象提供足够细的恢复粒度，实现几乎无限多的恢复时间点。

SNIA 给出的概念中明确指出 CDP 可以“确保数据能恢复到过去的任意时间点”，因此可以提供较以往更为灵活的恢复点目标（RPO）和更快的恢复时间目标（RTO），从而捕获和保护数据中所有的变化，而非仅仅是某个预先选定的时间点。这样就可以随时访问数据，减少数据损失并消除代价高昂的停机损失，同时数据的检索也变得非常可靠、快速和精细。

2. CDP 的实现方式

实现持续数据保护的关键就是对数据变化的记录和保存。它一般有三种实现方式：基准参考数据模式、合成参考数据模式和复制参考数据模式。

（1）基准参考数据模式。

先来看一下基准参考数据模式的工作原理：首先，根据已产生的数据来建立供恢复时用的参考数据副本（这个副本只需建立一次）；然后，在参考数据副本的基础上向前顺序记录数据变化事件日志；最后，当需要对某些数据进行恢复时，便可以根据数据变化事件日志，在参考数据副本的基础上完成恢复操作。

基准参考数据模式的工作原理如图 11-11 所示。

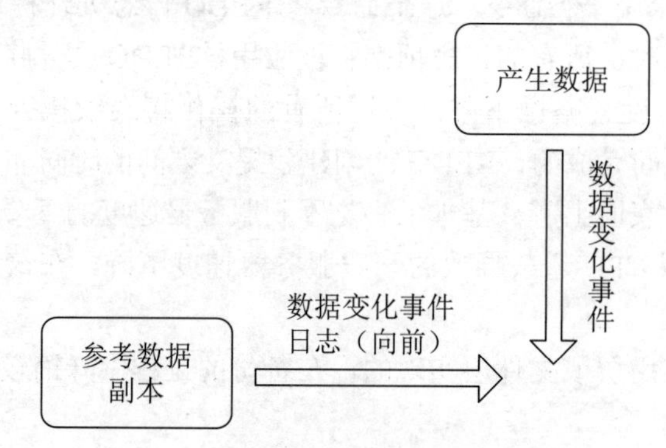

图 11-11　基准参考数据模式的工作原理

从图 11-11 可以看出，基准参考数据模式原理简单，实现也较容易，但因为数据恢复时需要从最原始的参考数据开始，依次进行数据恢复，所以恢复时间较长。特别是越靠近当前的恢复时间点，恢复所需要的时间就越长。

（2）复制参考数据模式。

复制参考数据模式的工作原理如图 11-12 所示。

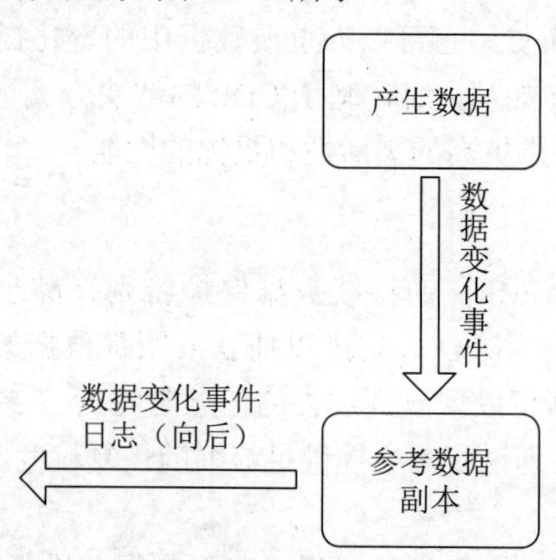

图 11-12　复制参考数据模式的工作原理

首先，在原始数据产生的同时同步产生恢复所需的参考数据；然后，在同步产生参考数据副本的同时，数据变化事件日志以当前产生的数据为基础，回退地记录以前数据的变化情况；当需要恢复时，则在当前数据的基础上，依据数据变化事件日志，回退到过去任意时间点。

比较图 11-11 与图 11-12 可以看出，复制参考数据模式与基准参考数据模式在实现原理上是相反的。复制参考数据模式在数据恢复时，恢复的时间点越靠近当前，所需要的恢复时间就越短。但是在数据的保存过程中，它需要同时进行数据和日志记录的同步，因此需要较多的系统资源。

（3）合成参考数据模式。

合成参考数据模式的工作原理如图 11-13 所示。

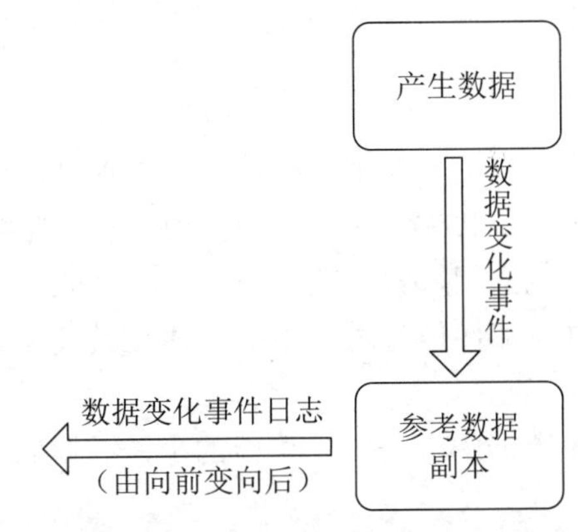

图 11-13　合成参考数据模式的工作原理

首先，同基准参考数据模式一样，建立参考数据副本和顺序向前记录的数据变化事件日志；然后，定期根据前一次的参考数据副本和数据变化事件日志，将最初的参考数据副本向前移动，使参考数据副本记录的是当前产生的数据，而数据变化日志也回退地记录以前数据的变化情况。这样在需要恢复的时候，就可以像复制参考模式那样进行了。

通过图 11-13 可以看出，合成参考数据模式是基准参考数据模式和复制参考数据模式的折中，实现了较好的资源占用和恢复时间效果。但是，它的实现需要复杂的软件管理和数据处理功能，因此真正实现起来比较复杂。

3. CDP 的分类

从操作方式来看，CDP 解决方案的设计方法可以分为基于数据块的、基于文件的和基于应用的三种类型。因此，CDP 的实现模式也可分为以下三种类型。

（1）基于数据块实现的 CDP。

基于数据块实现的 CDP，其功能直接运行在物理存储设备或逻辑卷管理器上，甚至可以运行在数据传输层上。当数据块写入生产数据的主存储设备时，CDP 系统可以捕获数据的副本，并将其存放在另一个存储设备中。它的实现方式又可分为三类：基于主机层、基于传输层和基于存储层。

（2）基于文件实现的 CDP。

基于文件实现的 CDP，其功能运行在文件系统上。它可以捕捉文件系统数据或者元数据的变化事件（例如，文件的创建、修改、删除等），并及时记录文件的变动，以便将来实现任意时间点的文件恢复。

（3）基于应用实现的 CDP。

基于应用实现的 CDP，直接运行在受保护的特定应用上。对于需要保护的关键应用程序，可以在其中直接嵌入和运行 CDP 功能。这种实现方式能够和应用进行深度整合，确保应用数据在持续保护中的一致性。此外，它作为应用自身的内置功能，也可以利用特殊的应用 API 在发生变化时赋予其连续访问应用内部状态的权限。它最大的好处就是与应用程序结合紧密，管理比较灵活，便于用户部署和实施。

通过上述的介绍，可以看出基于块和基于文件的 CDP，可以利用通用方法来支持多种不同的应用。而基于应用的 CDP 则只为某种应用提供持续数据保护功能，但它的表现形式则是一种更为深入的集成方式。

4. CDP 技术的应用

虽然 CDP 技术是近年来兴起的新技术，但是它已经逐渐被人们运用到了实际工作中。

由于 CDP 技术的恢复时间（RTO）和恢复点（RPO）的粒度更细，因此 CDP 技术对当前数据的备份更及时，对数据的恢复则更具有随意性。特别是在备份、恢复那些变化较快的数据，如服务器中的电子邮件信息时，CDP 技术比传统数据备份技术更具优势。因此，它在这方面的应用较为广泛。

CDP 技术的应用可以使数据的丢失量尽可能的少，因此它也应用于对关键数据的备份和恢复。

CDP 技术目前已经成为备份领域中最为热点的技术，各存储巨头也纷纷推出了这方面的产品，其中包括来自 IBM 的文件级 CDP 软件产品（IBM Tivoli Continuous Data Protection for Files）、来自 HP、EMC 和来自 Mendocino 的数据块级 CDP 及来自微软和赛门铁克的基于应用实现的 CDP。总之，随着人们对 CDP 技术关注程度的提高，不久的将来，它一定会得到更为广泛的应用。

11.3 数据库保护

11.3.1 数据库保护概述

为了适应和满足数据共享的环境和要求，数据库管理系统（Database Management System，DBMS）要保证整个系统的正常运转，防止数据意外丢失和不一致数据的产生，以及当数据库遭受破坏后能迅速地恢复正常。这就属于数据库保护的范畴。

数据库保护又称为数据库控制，是通过四方面实现的，即安全性控制、完整性控制、并发性控制和数据恢复。数据库的安全性是保护数据库，以防止因非法使用数据库而造成数据泄露、更改或破坏；数据库的完整性是保护数据库中的数据的正确性、有效性和相容性；并发控制是防止多个用户同时存取同一数据，造成数据不一致；数据恢复是将因破坏或故障而导致的数据库数据的错误状态恢复到最近一个正确状态。

11.3.2　威胁数据库安全的因素

数据库系统中的数据由DBMS统一管理与控制，为了保证数据库中数据的安全、完整和正确有效，要求对数据库实施保护，使其免受某些因素对其中数据造成的破坏。

一般来说，对数据库的破坏来自以下4方面。

1. 非法用户

非法用户指那些未经授权而恶意访问、修改甚至破坏数据库的用户，包括那些越权访问数据库的用户。一般来说，非法用户对数据库的危害相当严重。

2. 非法数据

非法数据指那些不符合规定或语义要求的数据，一般由用户的误操作引起。

3. 各种故障

各种故障指各种硬件故障（如磁盘介质故障）、系统软件与应用软件的错误、用户的失误等。

4. 多用户的并发访问

数据库是共享资源，允许多个用户并发访问，由此会出现多个用户同时存取同一个数据的情况。如果对这种并发访问不加以控制，各个用户就可能存取到不正确的数据，从而破坏了数据库的一致性。

11.3.3　数据库安全保护措施

针对以上4种对数据库破坏的可能情况，DBMS核心可以采取以下相应措施对数据库实施保护，具体如下。

（1）利用权限机制。利用权限机制，即只允许有合法权限的用户存取所允许的数据，这是“数据库安全性”应解决的问题。

（2）利用完整性约束。利用完整性约束，即防止非法数据进入数据库，这是“数据库完整性”应解决的问题。

（3）提供故障恢复能力。提供故障恢复能力，即保证在各种故障发生后，能将数据库中的数据从错误状态恢复到正确状态。

（4）提供并发控制机制。提供并发控制机制，即控制多个用户对同一数据的并发操作，以保证多个用户并发访问的顺利实现。

11.3.4　数据库安全性机制

数据库的安全性，指在信息系统的不同层次保护数据库，防止未授权的数据访问，避免数据泄露、被非法修改或破坏。安全性问题不是数据库系统所独有的，它来自各个方面，其中既涉及数据库本身的安全机制，如用户认证、存取权限、视图隔离、跟踪与审查、数据加密、数据完整性控制、数据访问的并发控制、数据库的备份和恢复等，也涉及计算机硬件系统、计算机网络系统、操作系统、组件、Web 服务、客户端应用程序、网络浏览器等。只是在数据库系统中，大量数据集中存放，并且为众多最终用户直接共享，使安全性问题变得尤为突出，每个方面产生的安全问题都可能导致数据库数据泄露、被意外修改或丢失等后果。

一般来说，在计算机系统中，安全措施是一级接着一级地设置的。数据库系统安全模型如图 11-14 所示。

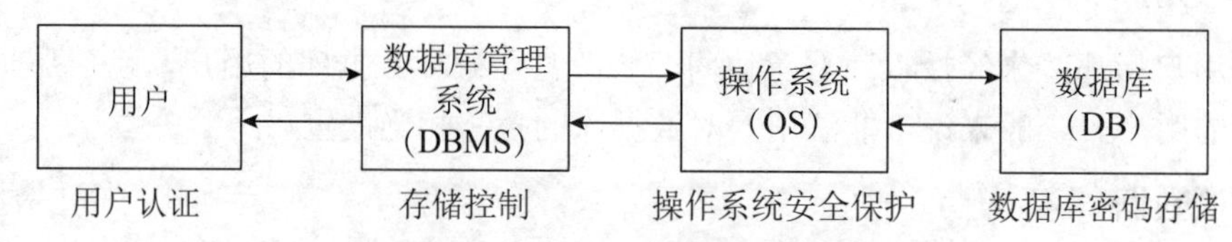

图 11-14　数据库系统安全模型

在图 11-14 的数据库系统安全模型中，用户要进入计算机系统，系统首先根据输入的用户标识进行用户身份鉴定，只有合法的用户才准许进入计算机系统。对已经进入系统的用户，DBMS 要进行存取控制，只允许用户执行合法操作。操作系统一级也会有自己的保护措施。数据最后还可以以密码形式存储在数据库中。

在本节中，将对数据库的一些逻辑安全机制进行介绍，包括用户认证、存取控制、视图隔离、数据加密、审查等。

1. 用户认证

数据库系统不允许一个未经授权的用户对数据库进行操作。用户认证是系统提供的最外层安全保护措施。其方法是由系统提供一定的方式让用户标识自己的名字或身份，每次用户要求进入系统时，由系统进行核对，通过鉴定后才提供机器使用权。获得机器使用权的用户，若要使用数据库，数据库管理系统还会对其进行用户标识和鉴定。

用户标识和鉴定的方法有很多种，而且在一个系统中往往多种方法并用，以得到更强的安全性。常用的方法是用户名和口令。

通过用户名和口令来鉴定用户的方法简单易行，但其可靠程度差，容易被他人猜出或测得。因此，设置口令法对安全强度要求比较高的系统不适用。近年来，一些更加有效的身份认证技术迅速发展起来。例如，智能卡技术、物理特征（指纹、声音、手势等）认证技术等高强度身份认证技术日益成熟，并取得了不少应用成果，为将来达到更高的安全强度要求打下了坚实的理论基础。

2. 存取控制

数据库安全性所关心的主要是 DBMS 的存取控制机制。数据库安全最重要的一点就是确保只授权给有资格的用户数据库访问权限，同时令所有未被授权的人员无法接近数据，这主要通过数据库系统的存取控制机制来实现。存取控制是数据库系统内部对已经进入系统的用户的访问控制机制，是安全数据保护的前沿屏障，是数据库安全系统的核心技术，也是最有效的安全手段。

在存取控制技术中，DBMS 所管理的所有实体分为主体和客体两类。主体是系统中的活动实体，包括 DBMS 所管理的实际用户，也包括代表用户的各种进程。客体是存储信息的被动实体，受主体操作，包括文件、基本表、索引和视图等。

数据库存取控制机制包括以下两部分。

第一部分是定义用户权限，并将用户权限登记到数据字典中。用户权限指不同的用户对不同的数据对象所拥有的操作权限。系统必须提供适当的语言定义用户权限，这些定义经过编译后存放在数据字典中，称为系统的安全规则或授权规则。

第二部分是合法性权限检查。当用户发出存取数据库的操作请求后（请求一般应包括操作类型、操作对象、操作用户等信息），数据库管理系统查找数据字典，根据安全规则进行合法权限检查，若用户的操作请求超出了定义权限，系统将拒绝执行此操作。

3. 视图隔离

视图是数据库系统提供给用户以多种角度观察数据库中数据的重要机制，是从一张或几张基表（或视图）导出的表，它与基表不同，是一张虚表。数据库中只存放视图的定义，而不存放视图对应的数据，这些数据仍存放在原来的基表中。

从某种意义上讲，视图就像一个窗口，透过它可以看到数据库中自己感兴趣的数据及其变化。进行存取权限控制时，可以为不同的用户定义不同的视图，把访问数据的对象限制在一定的范围内。换言之，通过视图机制把要保密的数据对无权存取的用户隐藏起来，从而对数据提供一定程度的安全保护。

需要指出的是，视图机制最主要的功能在于提供数据独立性。在实际应用中，常常将视图机制与存取控制机制结合使用，首先用视图机制屏蔽一部分保密数据，再在视图上进一步定义存取权限。通过定义不同的视图及有选择地授予视图上的权限，可以将用户、组或角色限制在不同的数据子集内。

4. 数据加密

前面介绍的几种数据库安全措施，都是防止从数据库系统中窃取保密数据。但数据存储在存盘、磁带等介质上，还常常通过通信线路进行传输，为了防止数据在这些过程中被窃取，最好对数据加密。

数据加密的基本思想是根据一定的算法将原始数据（术语为明文）变换为不可直接识别的格式（术语为密文），从而使得不知道解密算法的人无法获知数据的内容。数据解密是加密的逆过程，即将密文数据转变成可见的明文数据。

一个数据加密系统包含明文集合、密文集合、密钥集合和算法，其中密钥和算法构成了密码系统的基本单元。算法是一些公式、法则或程序，它们规定了明文与密文之间的变换方法，密钥可以看作算法中的参数。

数据加密系统的结构如图 11-15 所示。

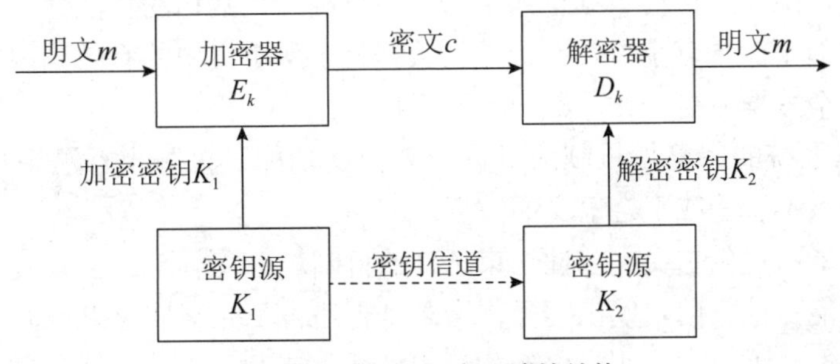

图 11-15　数据加密系统的结构

加密方法又分为对称加密与非对称加密两种类型。

对称加密，指其加密所用的密钥与解密所用的密钥相同。非对称加密，指其加密所用的密钥与解密所用的密钥不相同，其中加密的密钥可以公开，而解密的密钥不可以公开。

数据加解密是相当费时的操作，过程中会占用大量系统资源，因此数据加密功能通常是可选特征，允许用户自由选择，一般只对机密数据加密。

5. 审计

审计功能是 DBMS 达到 C2 级以上安全级别必不可少的指标。这是数据库系统的最后一道安全防线。

审计功能把用户对数据库的所有操作自动记录下来，存放在日志文件中。DBA 可以利用审计跟踪的信息，重现导致数据库现有状况的一系列事件，找出非法访问数据库的人、时间、地点，以及所有访问数据库的对象和所执行的动作等。

一般来说，有两种审计方式，即用户审计和系统审计。

（1）用户审计。DBMS 的审计系统会记录所有对表或视图进行访问的企图（包括成功的和不成功的）及每次操作的用户名、时间、操作代码等信息。这些信息一般都被记录在数据字典（系统表）之中，利用这些信息用户可以进行审计分析。

（2）系统审计。由系统管理员进行，其审计内容主要是系统一级命令及数据库客体的使用情况。

审计通常时间和空间开销很大，所以 DBMS 往往将其作为可选特征，一般主要用于安全性要求较高的部门。

11.3.5 数据库的完整性机制

1. 数据库的完整性机制概述

数据库的完整性机制用于防止合法用户使用数据库时向数据库中加入不符合语义的数据，完整性措施的防范对象是不合语义的数据。

数据库的安全性和完整性是数据库安全保护的两个不同的方面。数据库的安全性，防止非法用户故意造成破坏，而数据库的完整性则以防止合法用户无意中造成破坏。从数据库的安全保护角度来讲，完整性和安全性是密切相关的。

数据库的完整性的基本含义是数据库中的数据具备正确性、有效性和相容性，即数据库中的数据与现实世界的实际情况是相符合的或数据库中数据自身不存在自相矛盾的现象。其主要目的是防止错误的数据进入数据库。正确性指数据的合法性，例如，数值型数据只能含有数字而不能含有字母。有效性指数据处于所定义域的有效范围内。相容性指表示同一事实的两个数据应当一致，不一致即不相容。

数据库管理系统的完整性机制应具有三方面的功能，以防止合法用户在使用数据库时，向数据库注入不合法或不合语义的数据。

（1）定义功能：提供定义完整性约束条件的机制。

（2）验证功能：检查用户发出的操作请求是否违背了完整性约束条件。

（3）处理功能：如果发现用户的操作请求使数据违背了完整性约束条件，则采取一定动作来保证数据的完整性。

2. 数据库完整性的分类

数据完整性检查是围绕完整性约束条件进行的，因此完整性约束条件是完整性控制机制的核心。

数据库完整性约束分为两种：静态完整性约束和动态完整性约束。完整性约束条件涉及三类作用对象，即属性级、元组级和关系级。这三类对象的状态可以是静态的，也可以是动态的。

静态完整性约束，简称静态约束，指数据库每一确定状态时数据对象所应满足的约束条件，是反映数据库状态合理性的约束，也是最重要的一类完整性约束，故也称为“状态约束”。

动态完整性约束，简称动态约束，不是对数据库状态的约束，而是指数据库从一个正确状态向另一个正确状态转化过程中新、旧值之间所应满足的约束条件，是反映数据库状态变迁的约束，故也称为“变迁约束”。

结合这两种状态，一般将这些约束条件分为静态属性级约束、静态元组级约束、静态关系级约束、动态属性级约束、动态元组级约束、动态关系级约束 6 种约束。

（1）静态属性级约束。静态属性级约束是对属性值域的说明，是最常用也是最容易实现的一类完整性约束，包括以下几方面。

① 对数据类型的约束。包括数据的类型、长度、单位、精度等。例如，学号必须为字符型，长度为 8。

② 对数据格式的约束。例如，规定学号的前两位表示入学年份，中间两位表示系的编号，后四位表示顺序编号，出生日期的格式为 YY.MM.DD。

③ 对取值范围或取值集合的约束。例如，规定学生的成绩取值为 0 ～ 100 分，性别的取值集合为 [男，女]，大学本科学生年龄的取值为 14 ～ 29 岁。

④ 对空值的约束。空值表示未定义或未知的值，与零值和空格不同。有的属性允许空值，有的不允许取空值。例如，学生学号不能取空值，成绩可以为空值。

⑤ 其他约束。例如，关于列的排序说明、组合列等。

（2）静态元组级约束。一个元组由若干列值组成，静态元组级约束是对元组中各个属性值之间关系的约束。例如，订货关系中包含订货数量与发货数量这两个属性，其中发货量不得超出订货量；又如，教师关系中包含职称、工资等属性，规定教授的工资不低于 1000 元。

（3）静态关系级约束。静态关系级约束是一个关系中各个元组之间或者若干关系之间常常存在的各种联系的约束。常见的静态关系级约束有实体完整性约束、参照完整性约束、函数依赖约束、统计依赖约束等。

① 实体完整性约束和参照完整性约束。这是关系模型中两个极其重要的约束，也称为关系的两个不变性。

② 函数依赖约束。大部分函数依赖约束都在关系模式中定义。

③ 统计依赖约束。统计依赖约束指的是字段值与关系中多个元组的统计值之间的约束关系，例如，规定总经理的工资不得高于本部门职工平均工资的 4 倍，不得低于本部门

职工平均工资的 3 倍，其中，本部门职工的平均工资是一个统计值。

（4）动态属性级约束。动态属性级约束是修改定义或属性值时应该满足的约束条件。其中包括修改定义时的约束和修改属性值时的约束。

① 修改定义时的约束。例如，将原来允许空值的属性修改为不允许空值时，如果该属性当前已经存在空值，则规定拒绝修改。

② 修改属性值时的约束。修改属性值有时需要参考该属性的原有值，并且新值和原有值之间需要满足某种约束条件。例如，职工工资调整不得低于其原有工资，学生年龄只能增长等。

（5）动态元组级约束。动态元组级约束指修改某个元组的值时要参照该元组的原有值，并且新值和原有值间应当满足某种约束条件。例如，职工工资调整不得低于其原有工资 + 工龄 ×1.5 等。

（6）动态关系级约束。动态关系级约束就是加在关系变化前后状态上的限制条件。例如，事务的一致性、原子性等约束。动态关系级约束实现起来开销较大。

11.3.6 数据库完整性的约束

如前所述，要实现由现实系统转换而来的数据库的完整性约束，需先定义约束，并存储于 DBMS 的约束库中。一旦数据库中的数据要发生变化，DBMS 就将根据约束库中的约束，对数据库的完整性进行“验证”。

1. 固有约束与隐式约束

固有约束是数据模型所固有的，在 DBMS 实现时已经考虑，不必额外说明和定义，只需在数据库设计时遵从这一约束即可。

隐式约束需利用数据库的数据定义语言（Data Definition Language，DDL）显式定义说明。约束存储在约束库中，当数据库被更新时，由数据库管理系统进行完整性约束验证。例如，对关系模型来说，利用 SQL 定义语言，定义相应的实体完整性约束、参照完整性约束、CHECK 约束、唯一约束等。

2. 显式约束

显式约束的定义方法有过程化定义、断言定义、触发器定义等。

过程化定义方法利用过程（或函数）来定义和验证约束。由程序员将约束编写成过程，加入到每个更新数据库的事务中，用以检验数据库更新是否有违反规定的约束，如果违反约束条件，则相应的数据更新事务将被异常中止。对于过程化定义的约束，DBMS 只提供定义途径，不负责约束的验证，过程的定义和验证由程序员在一个过程中使用通用程序设计语言编制。这种方法既为程序员编制高效率的完整性验证程序提供了有利的条件，同时也给程序员带来了很大的负担。

断言定义方法使用一种约束定义语言来定义显式约束，是一种形式化方法。一个断言就是一个谓词，表达了数据库在任何时候都应该满足的一个条件。约束递归语言通常是关系演算语言的变种。显式约束的断言定义方法把约束集合和完整性验证子系统严格分开。约束集合存储在约束库中，完整性验证子系统存取约束库中的约束，将其应用到相应的数据库更新事务中，验证该事务是否违背完整性约束。如发现更新事务违反约束，即退回该事务，否则，允许更新事务进行。

触发器定义方法是当特定事件（如对一个表的插入、删除、修改）发生时，对规则条件进行检查，如果条件成立，执行规则中的动作，否则不执行该动作。其验证由数据库管理系统负责。

3. 动态约束的定义

动态约束的定义，可以利用 DBMS 为显式约束定义提供的过程化定义方法和触发器定义方法实现，开发人员通过比较变化前后的数据，决定是否允许数据状态的改变。动态约束的验证过程遵循显式约束的验证过程。

11.3.7　数据库并发控制

1. 并发控制概述

数据库的最大特点之一就是数据资源是共享的，串行执行意味着一个用户在运行程序时，其他用户程序必须等待该用户程序结束才能对数据库进行存取。这样一来，如果一个用户程序涉及大量数据的输入输出交换，则数据库系统的大部分时间将处于闲置状态。

因此，为了充分利用数据库资源，很多时候数据库用户都是并行存取数据的，这样就会发生多个用户并发存取同一数据块的情况，如果对并发操作不加以控制则可能会产生不正确的数据，破坏数据的完整性。并发控制就是用来解决这类问题的。

2. 事务

并发控制是以事务（transaction）为单位进行的。事务是数据库的逻辑工作单位，是用户定义的一组操作序列。但并不是任意数据操作序列都能成为事务，为了保护数据的完整性，事务要求处理时必须满足 ACID 原则，即事务必须具有以下四个特征。

（1）原子性。原子性（atomic）指一个事务是一个不可分割的工作单位，事务在执行时，应该遵守“要么不做，要么全做”的原则，即不允许事务部分地完成。

（2）一致性。一致性（consistency）指事务执行的结果必须是使数据库从一个一致性状态变到另一个一致性状态。例如，前面的转账如果只执行其中一个操作，数据库就处于不一致状态，账务会出现问题。也就是说，两个操作要么全做，要么全不做，否则就不能成为事务。

（3）隔离性。隔离性（isolation）指数据库中一个事务的执行不能被其他事务干扰，即，一个事务内部的操作及其使用的数据对并发的其他事务是隔离的。并发控制就是为了保证事务间的隔离性。

（4）持久性。持久性（durability）指一个事务一旦提交，对数据库中数据的改变就应该是持久的，即使数据库因故障而受到破坏，DBMS 也应该能够恢复。

正确调度，保证事务 ACID 特性是事务处理的重要任务，而事务 ACID 特性可能遭到破坏的原因之一是多个事务对数据库进行并发操作。为了保证事务的隔离性更一般，以及数据库的一致性，DBMS 需要对并发操作进行正确调度。这些就是数据库管理系统中并发控制机制的责任。

3. 并发操作导致的不一致性

一般来说，并发操作导致的数据不一致性问题主要包括以下三类。

（1）丢失修改。事务 1 与事务 2 从数据库中读取同一数据并修改，事务 2 的提交结果破坏了事务 1 的提交结果，导致事务 1 的修改被丢失。

（2）不可重复读。事务 1 读取数据后，事务 2 执行更新操作，使事务 1 无法再现前一次读取结果。

（3）读“脏”数据。事务 1 修改某一数据，并将其写回磁盘，事务 2 读取该修改后的数据后，事务 1 由于某种原因被撤销，这时事务 1 已修改过的数据恢复原值，事务 2 读到的数据就与数据库中的数据不一致，是不正确的数据，即“脏”数据。

导致上述三类数据不一致的主要原因是并发操作破坏了事务的隔离性。并发控制就是要用正确的方式调度并发操作，使一个用户事务的执行不受其他事务的干扰，从而避免造成数据的不一致性。

另一方面，对数据库的应用有时允许某些不一致性，如，有些统计工作涉及数据量很大，读到一些“脏”数据对统计精度没什么影响，这时可以降低对一致性的要求以减少系统开销。

并发控制的主要方式是封锁机制，即加锁（locking）。

4. 加锁

加锁就是事务 *T* 在对某个数据操作之前，先向系统发出请求，对其加锁。加锁后事务 *T* 就对其要操作的数据具有了一定的控制权，在事务 *T* 释放它的锁之前，其他事务不能操作这些数据。

确切的控制由封锁的类型决定。基本的封锁类型有两种：排他锁（exclusive locks，X 锁）和共享锁（share locks，S 锁）。排他锁又称为写锁。若事务 *T* 对数据对象 *A* 加上 X 锁，则只允许 *T* 读取和修改 *A*，其他任何事务都不能再对 *A* 加任何类型的封锁，直到 *T* 释放 *A* 上的封锁。这就保证了其他事务在 *T* 释放 *A* 上的封锁之前不能再读取和修改 *A*。

共享锁又称为读锁。若事务 *T* 对数据对象 *A* 加上 S 锁，则事务 *T* 可以读 *A* 但不能修改 *A*，其他事务只能再对 *A* 加 S 锁，而不能加 X 锁，直到 *T* 释放 *A* 上的 S 锁。这就保证了其他事务可以读 *A*，但在 *T* 释放 *A* 上的 S 锁之前不能对 *A* 做任何修改。

5. 封锁协议

封锁可以保证合理地进行并发控制，保证数据的一致性。在封锁时，要考虑一定的封锁规则，例如，何时开始封锁、封锁多长时间、何时释放等，这些封锁规则称为封锁协议。对封锁方式规定不同的规则，就形成了各种不同的封锁协议。封锁协议在不同程序上对正确控制并发操作提供了一定的保证。并发操作所带来的丢失修改、污读和不可重读等数据不一致性问题，可以通过三级封锁协议在不同程度上给予解决。

（1）一级封锁协议。一级封锁协议指事务 *T* 在修改数据 *R* 之前必须先对其加 X 锁，直到事务结束才释放 X 锁。事务结束包括正常结束（COMMIT）和非正常结束（ROLLBACK）。

一级封锁协议可防止丢失修改，并保证事务 *T* 是可恢复的。

在一级封锁协议中，如果仅仅是读数据，不对其进行修改，是不需要加锁的，所以它不能保证可重复读和不读“脏”数据。

（2）二级封锁协议。二级封锁协议是在一级封锁协议基础上，事务 T 在读取数据 R 之前必须先对其加 S 锁，读完后即释放 S 锁。

在二级封锁协议中，除了可以防止丢失修改，还可以进一步防止读“脏”数据。由于读完数据后即释放 S 锁，因此它不能保证可重复读。

（3）三级封锁协议。三级封锁协议是在一级封锁协议基础上，事务 T 在读取数据 R 之前必须先对其加 S 锁，直到事务结束才释放 S 锁。三级封锁协议除了防止丢失修改和不读“脏”数据外，还进一步防止了不可重复读。

上述三级协议的主要区别在于什么操作需要申请封锁，以及何时释放封锁（即持锁时间）。

6. 活锁和死锁

和操作系统一样，封锁的方法可能引起活锁和死锁。

（1）活锁。如果事务 T_1 封锁了数据 R，事务 T_2 又请求封锁 R，于是 T_2 等待。T_3 也请求封锁 R，当 T_1 释放了 R 上的封锁之后，系统首先批准了 T_3 的请求，T_2 仍然等待。然后 T_4 又请求封锁 R，当 T_3 释放了 R 上的封锁之后系统又批准了 T_4 的请求……T_2 有可能永远等待，这就是活锁的情形，避免活锁的简单方法是采用先来先服务的策略。当多个事务请求封锁同一数据对象时，封锁子系统按请求封锁的先后次序对事务排队，数据对象上的封锁一旦释放就批准申请队列中第一个事务获得封锁。

（2）死锁。封锁技术可有效解决并行操作的一致性问题，但也可产生新的问题，即死锁问题。在同时处于等待状态的两个或多个事务中，其中的每一个在它能够进行之前，都等待着某个数据，而这个数据已被它们中的某个事务所封锁，这种状态称为死锁。

7. 预防死锁的方法

死锁一旦发生，系统效率将会大大下降，因此要尽量避免死锁的发生。预防死锁的方法有多种，常用的有以下两种方法。

（1）一次封锁法。每个事务一次将所有要使用的数据全部依次加锁，并要求加锁成功。只要一个加锁不成功，表示本次加锁失败，则应该立即释放所有已加锁成功的数据对象，然后重新开始从头加锁。

（2）顺序封锁法。预先对所有可加锁的数据对象规定一个加锁顺序，每个事务都需要按此顺序加锁，在释放封锁时，按逆序进行。

在操作系统中广为采用的预防死锁的策略并不很适合数据库的特点，因此 DBMS 在解决死锁的问题上普遍采用的是诊断并解除死锁的方法。

数据库系统中诊断死锁的方法与操作系统类似，一般使用超时法或事务等待图法。

① 超时法：如果一个事务的等待时间超过了规定的时限，就认为发生了死锁。超时法实现简单，但其不足也很明显。一是有可能误判死锁，事务因为其他原因使等待时间超过时限，系统会误认为发生了死锁。二是时限若设置得太长，死锁发生后不能及时发现。

② 事务等待图法：事务等待图是一个有向图 $\boldsymbol{G}=(\boldsymbol{T}, \boldsymbol{U})$。$\boldsymbol{T}$ 为节点的集合，每个节点表示正运行的事务；$\boldsymbol{U}$ 为边的集合，每条边表示事务等待的情况。若 T_1 等待 T_2，则在 T_1，T_2

之间划一条有向边，从 T_1 指向 T_2。事务等待图动态地反映了所有事务的等待情况。并发控制子系统周期性地（如每隔 1min）检测事务等待图，如果发现图中存在回路，则表示系统中出现了死锁。

DBMS 的并发控制子系统一旦检测到系统中存在死锁，就要设法解除它。通常采用的方法是选择一个处理死锁代价最小的事务，将其撤销，释放此事务持有的所有的封锁，使其他事务得以继续运行下去。当然，对撤销的事务所执行的数据修改操作必须加以恢复。

11.3.8 数据库的恢复

虽然数据库系统中已采取一定的措施，来防止数据库的安全性和完整性被破坏，以保证并发事务的正确执行，但数据库中的数据仍然无法保证绝对不遭受破坏。如，计算机系统中的硬件故障、软件错误、操作员误操作、恶意破坏等都有可能发生，从而影响数据库数据的正确性，甚至破坏数据库，使数据库中的数据全部或部分丢失。

系统必须具有检测故障并把数据库从错误状态恢复到某一正确状态的功能，这就是数据库的恢复功能。

1. 数据恢复策略

数据库运行过程中可能会出现各种各样的故障，这些故障可分为以下三类：事务故障、系统故障和介质故障。根据故障类型的不同，应该采取不同的恢复策略。

（1）事务故障的恢复。事务故障指事务在运行到正常结束前被终止，这时恢复子系统可以利用日志文件撤销此事务对数据库已做的修改。

日志文件是用来记录事务对数据库的更新操作的文件。日志文件内容包括事务标识（标明是哪个事务）、操作类型（插、删或改）、操作前后的数据值等，目的是为数据库的恢复保留详细的数据。

事务故障恢复过程：反向扫描日志文件并执行相应操作的逆操作，事务故障的恢复由系统自动完成，对用户是透明的。

（2）系统故障的恢复。系统故障指系统在运行过程中，由于某种原因，造成系统停止运转，致使所有正在运行的事务都以非正常方式终止，要求系统重新启动。

引起系统故障的原因可能有硬件错误（如 CPU 故障）、操作系统或 DBMS 代码错误、突然断电等。

系统故障的恢复是系统在重启时自动完成的，无须用户干预。

系统故障恢复过程：正向扫描日志文件，找出故障发生前已提交的事务，将其重做；同时找出并撤销故障发生时未完成的事务。

（3）介质故障的恢复。介质故障指系统在运行过程中，由于外存受到破坏，使存储在外存中的数据部分或全部丢失。

介质故障发生后，磁盘上的物理数据和日志文件均遭到破坏。

介质故障恢复过程：重装数据库，使数据库管理系统能正常运行，然后利用介质损坏前的数据库备份或利用镜像设备恢复数据库。

2. 数据恢复的方法

（1）数据转储。将整个数据库进行转储，把它复制到备份介质中保存起来。这些备用的数据文本称为后备副本，以备恢复之用。

数据转储通常又分为静态转储和动 …… 静态转储在系统无事务时进行，转储开始时数据库处于一致性 …… 数据库进行任何存取、修改。动态转储在转储期间允 …… 与用户事务并发进行。动态转储不能保证副本中的数 …… 事务对数据库的修改活动记录下来，建立日志文件， …… 恢复到某一时刻的正确状态。

（2）利 …… 完整事务：从非完整事务当前值按事务日志记录的顺 …… 数据库值为止。

11.4　数据 ……

11.4.1　数据 ……

1. 数据容灾 ……

数据容灾，就 …… 数据尽量少丢失的情况下，维持系统业务的连续运行 ……

数据容灾常与 …… 机系统软硬件发生故障时，保证系统能继续运行的能 …… 技术来实现；数据容灾是通过系统冗余、灾难检测和 …… 指灾难发生后，系统恢复正常运行的能力；而数据容 …… 能力。

2. 数据容灾的分类

由于数据容灾包含 …… 个方面分类。总体上，可以从容灾的范围和数据容灾 ……

从数据容灾的范围可 …… 容灾和远距离容灾。这三种数据容灾能容忍的灾难是 ……

目前有很多数据容灾 …… 以分为离线式容灾（冷容灾）和在线容灾（热容灾）……

离线式容灾主要依靠备 …… 。首先通过备份软件将数据备份到磁带上，然后将磁带异地保存、管理。数据的备份过程可以实现自动化管理，整个方案的部署和管理比较简单，投资较少。其缺点在于，系统的数据恢复较慢，备份窗口内的数据丢失严重，实时性差。对 RTO 和 RPO 要求较低的用户可以选择这种方式。

在线容灾中，源数据中心和灾备中心同时工作。数据在写入源数据中心的同时，实时地被复制传送到灾备中心。在此基础上，可以在应用层进行集群管理，当生产中心遭受灾难、出现故障时，可由灾备中心自动接管并继续提供服务。应用层的管理一般由专门的软件来实现，可以代替管理员实现自动管理。在线容灾可以实现数据的实时复制，因此，数据恢复的 RTO 和 RPO 都可以满足用户的高要求。数据重要性高的用户应选择这种方式，如金融行业的用户等。实现这种方式的数据容灾需要很高的投入。

数据容灾备份系统按照灾难防御程度的不同，又可分为数据容灾和应用容灾。

数据容灾是对应用系统数据按照一定的策略进行异地容灾备份，当灾难发生时，应用系统暂时无法正常运行，必须花费一定时间从灾备中心恢复应用关键数据至本地系统以保证业务的连续性和数据的完整性。由于异地容灾备份系统只保存了灾难发生前应用系统的备份数据，因此数据容灾可能会发生部分数据丢失的情况。

应用容灾是在异地建立一个与本地应用系统相同的备份应用系统，两个系统同步运行，当灾难发生时，异地系统会迅速接管本地系统继续业务的运行，不需要中断业务，应用系统使用者几乎察觉不到灾难的发生。应用容灾比数据容灾防御灾难破坏的能力要强，它能够更好地保持业务的连续性和数据的完整性，而数据容灾会出现业务暂时中断，需要花费一定时间后才能重新维持业务的连续性，并且部分数据可能丢失。

3. 数据容灾等级的划分

数据容灾备份通过在异地建立和维护一个存储备份系统，利用地理上的分离来保证系统和数据对灾难性事件的抵御能力。

根据对灾难的容忍能力、系统恢复所用的时间及数据丢失的程度，数据容灾备份系统可以分为七个等级。

第 0 级：本地数据容灾。即只能在本地进行数据备份和保存。当灾难发生时，只有很低的灾难恢复能力，而且无法保证业务的连续性。

第 1 级：本地应用容灾。当磁盘损坏等灾难发生时，系统能够迅速切换，保证业务的连续性。

第 2 级：异地数据冷备份。将本地关键数据进行备份，并送往异地保存。当灾难发生时，对系统关键数据进行恢复。该级别的数据备份成本低，但存储介质难管理，当灾难出现时，损失的数据量大。

第 3 级：异地异步数据容灾。在异地建立一个数据备份站点，通过网络采用异步方式进行数据备份。当灾难发生时，利用备份站点的数据进行恢复。它与第 2 级的灾难容忍程度相同，但它通过网络进行数据复制，两站点数据同步程度高。

第 4 级：异地同步数据容灾。在异地建立一个数据备份站点，通过网络以同步方式进行数据备份。当灾难发生时，数据丢失量比第 3 级小，但与第 3 级存在同样的问题，就是数据恢复速度慢，无法保证业务连续性。

第 5 级：异地异步应用容灾。在异地建立一个与源应用系统完全相同的备用系统，并采用异步方式进行数据同步。当灾难发生时，备用系统接替源问题系统继续工作，但有可能丢失少量数据。

第 6 级：异地同步应用容灾。在异地建立一个与源应用系统完全相同的备用系统，并采用同步方式进行数据复制。当灾难发生时，备用系统完全接替源问题系统进行工作，并可以实现数据零丢失。

4. 容灾系统的指标

从技术上看，衡量容灾系统有三个主要指标：RPO、RTO 和备份窗口。

（1）RPO：数据恢复点目标。

（2）RTO：恢复时间目标。

（3）备份窗口：一个备份窗口指在不严重影响使用待备份数据的应用程序的情况下，完成一次给定备份的时间间隔，它取决于需要备份数据的总量和处理数据的服务架构的速度。为了保证备份数据的一致性，在备份过程中数据不能被更改，所以在某些情况下，备份窗口是数据和应用不可用的间隔时间。

5. 容灾系统评审标准

目前，国际上通用的容灾系统的评审标准为Share78，其主要内容如下。

（1）备份 / 恢复的范围。

（2）灾难恢复计划的状态。

（3）业务中心与容灾中心之间的距离。

（4）业务中心与容灾中心之间如何连接。

（5）数据是怎样在两个中心之间传输的。

（6）允许有多少数据被丢失。

（7）怎样保证更新的数据在容灾中心被更新。

（8）容灾中心可以开始容灾进程的能力。

Share78只是建立容灾系统的一种评审标准，在设计容灾系统时，还需要提供更加具体的设计指标。建立容灾系统的最终目的是在灾难发生后能够以最快的速度恢复数据服务，所以容灾中心的设计指标主要与容灾系统的数据恢复能力有关。

11.4.2　数据容灾技术

传统的容灾技术通常指针对数据生产系统的灾难采用的远程备份系统技术。随着对容灾系统要求的不断提高，容灾技术也在不断进步。

一般来说，在容灾系统中，实现数据容灾和应用容灾可以采取不同的技术。数据容灾技术主要包括数据备份技术、数据复制技术等，而应用容灾技术则主要包括灾难检测技术、系统迁移技术等。

1. 数据备份技术

数据备份就是把数据从生产系统备份到备份系统中的介质中的过程。数据备份技术最初是备份到本地磁带，随着网络技术的发展，备份技术也有了飞速的进步。

（1）主机备份。这种备份就是传统意义上的基于主机（host-based）的备份。主机负责将数据备份到和主机直接相连的存储介质（一般是磁带）上。虽然这种备份的速度快，管理简单，但是仅适用于单台服务器备份，并且在灾难恢复过程中，系统恢复的时间长。

（2）网络备份。随着网络技术的发展，传统的主机备份渐渐转向了网络备份，即系统中备份数据的传输以网络为基础。根据备份系统中备份服务器、介质服务器是否在同一个LAN中，可以将网络备份分为基于局域网的备份和远程网络备份。

基于局域网的备份的特点是应用服务器、备份服务器和介质服务器共用一个局域网，备份服务器统一管理备份的过程，多个应用服务器可以将各自的数据备份到介质服务器上。这种备份方式的优点可以共享介质资源，实现集中的备份管理；缺点是对网络带宽和备份时间的压力比较大，并且不具备远程容灾能力。当然通过将介质（磁盘、磁带或光盘）运输到远方保存，也可以具备一定的容灾能力。

远程网络备份，则是介质服务器与应用服务器不属于同一个局域网，备份服务器依然统一管理备份的过程，备份数据则是通过 WAN、ATM 或 Internet 等公共网络传输到远程介质服务器上。这种备份方式基本上构成了一个异地备份容灾方案。由于备份数据在公共网络上传输，备份的速度、备份数据的完整性和安全性等方面都需要考虑。

（3）专有存储网络备份。当存储系统成为一个独立于备份系统的系统之后，特别是存储局域网的发展，使得备份过程可以在存储局域网中实现。根据备份过程对应用服务器的影响，专有存储网络备份又可以分为 LAN-Free 备份和 Server-Free 备份。LAN-Free 备份，是在存储网络之上建立的一种备份系统。在该备份系统中，生产系统的存储和介质服务器的存储直接通过专用存储网络进行连接，在备份过程中，庞大的备份数据不经过主机系统所在的网络，而是通过专用的存储网络传输到介质上。这种备份方式的优点是共享介质资源，实现集中管理，不会对主机系统网络产生影响，缺点是实现比较复杂，成本相对较高。

Server-Free 备份，则是建立在存储区域网的基础上，备份过程无须应用服务器参与数据传输的备份系统。这种备份方式可以保证生产系统及其网络不受影响。目前这种备份技术还不太成熟，对硬件性能和兼容性的要求都很高。

专用存储网络备份更多关注的是存储系统的扩展性、可用性及性能等方面的因素，也可以说，存储局域网的发展将会在更大程度上提高系统的数据容灾能力。

2. 数据复制技术

和数据备份相比，数据复制技术则是通过不断将生产系统的数据复制到另一个不同的备份系统中，保证当灾难发生时，生产系统的数据丢失量最少。

按照备份系统中数据是否与生产系统同步，数据复制又可分成同步数据复制和异步数据复制。同步数据复制就是将本地生产系统的数据以完全同步的方式复制到备份系统中。由于发生在生产系统中的每一次 I/O 操作都需要等待远程复制完成才能返回，这种复制方式虽然可能做到数据零丢失，但是对系统的性能有很大的影响。异步数据复制则是将本地生产系统中的数据在后台异步地复制到备份系统中。这种复制方式会有少量的数据丢失，但是对生产系统的性能影响较小。根据数据复制的层次，数据复制技术的实现可以分成以下四种。

（1）存储系统数据复制。数据的复制过程通过本地存储系统和远端的存储系统之间的通信完成。这种方式的复制对应用来说是透明的，可以直接实现数据容灾功能，也可以提供很高的性能，但是对存储系统的要求比较高。

（2）交换层数据复制。这种复制技术是伴随着存储局域网的出现而引入的，即在存储局域网的交换层上实现数据复制。这既可以通过专有的复制服务器实现，也可以通过存储局域网交换机将数据同步复制到远端存储系统中。

（3）操作系统层数据复制。这种复制技术主要通过操作系统或者数据卷管理器来实现对数据的远程复制，往往要求本地系统和远端系统是同构的，并且由于数据复制由主机系统完成，在效率和管理上也存在不少问题。

（4）应用程序层数据复制。例如，数据库的异地复制技术，通常采用日志复制功能，依靠本地和远程主机间的日志归档与传递来实现两端的数据一致性。这种复制技术的优点是对系统的依赖性小，有很好的兼容性；缺点是本地应用程序向远端复制的是日志文件，需要远端应用程序重新执行和应用才能生产可用的备份数据。另外，由于各个应用程序采取的复制技术不同，无法以一种技术实现多种应用的数据复制。

3. 灾难检测技术

对于一个容灾系统来说，在灾难发生时，尽早地发现生产系统端的灾难，尽快地恢复生产系统的正常运行或者尽快地将业务迁移到备用系统上，都可以将灾难造成的损失降低到最低。除了依靠人力来对灾难进行确定之外，对于系统意外停机等灾难还需要容灾系统能够自动检测灾难的发生。目前容灾系统的检测技术一般采用心跳技术。

心跳技术的实现方法：生产系统在空闲时每隔一段时间向外广播一下自身的状态；检测系统在收到这些“心跳信号”之后，便认为生产系统是正常的，否则，在给定的一段时间内没有收到“心跳信号”，检测系统便认为生产系统出现了非正常的灾难。心跳技术的另外一个实现是，每隔一段时间，检测系统就对生产系统进行一次检测，如果在给定的时间内，被检测的系统没有响应，则认为被检测的系统出现了非正常的灾难。心跳技术中的关键点是心跳检测的时间和时间间隔周期。如果间隔周期短，会对系统带来很大的开销；如果间隔周期长，则无法及时发现故障。

4. 系统迁移技术

灾难发生后，为了保持生产系统的业务连续性，需要实现系统的透明性迁移，利用备用系统透明地代替生产系统进行运作。一般对于实时性要求不高的容灾系统，如 Web 服务、邮件服务器等，都可以通过修改 DNS 或者 IP 来实现；对于实时性要求较高的容灾系统，则需要将生产系统的应用透明地迁移到备用系统上。目前基于本地机群的进程迁移算法可以应用在远程容灾系统中，但是需要对迁移算法进行改进，使之适应复杂的网络环境。

上述只是容灾系统中应用最为广泛的几种技术，随着技术的更新发展，现在有许多新技术也已经开始应用于容灾系统，例如，存储技术中的 SAN、NAS、虚拟化技术和快照技术、持续数据保护（CDP）等，数据管理中的数据归档、迁移和内容存储技术等，还有基于冗余技术和机群技术的高可用技术等。这些技术的引入必将对数据容灾系统产生深远的影响。

11.4.3 容灾方案的应用方案

目前比较完善的容灾系统的设计一般都采用三级体系结构，整个系统包括存储子系统、备份子系统和灾难恢复子系统三大部分。

下面以惠普公司生产的备份服务器、模块化磁盘阵列、备份磁带库和相关容灾软件为例，介绍基于三级体系结构建立容灾系统的方案。

1. 数据存储子系统

在正常情况下，业务系统运行在主中心服务器上，业务数据存储在主中心存储磁盘阵列 EMA12000 中。EMA12000 具有从 12 个磁盘驱动器到最多 126 个磁盘驱动器的扩展能力，能跨越多个大型主机和混合的 UNIX、多厂商的 Windows NT、Windows 2000 及其他开放系统的平台。

惠普为 EMA12000 系统设计的 ASC 阵列控制软件，实现了对跨多服务器平台数据的集中式控制，使数据不管在何时、何地，以及以何种方式被需要，其可用性都能以真正的零停机时间得到充分保证。

2. 数据备份子系统

为了实现业务数据的实时灾难备份功能，关键应用可设置两个数据中心，分别是主中心和备份中心。主中心系统配置主机包括两台或多台 HP ALPHA 服务器及其他相关服务器，通过构成 SCSI CLUSTER 组成多机高可靠性环境。主中心通过 ATM、E3、WDM 与备份中心连接。

在容灾系统解决方案中，正常情况下，业务系统运行在主中心服务器上，业务数据存储在主中心存储磁盘阵列 EMA12000 中，同时在备份中心配置 EMA12000 存储磁盘阵列。主中心存储磁盘阵列通过 ATM、E3、WDM 连接到备份中心磁盘阵列，数据复制管理器（Data Replication Manager，DRM）使主中心存储数据与备份中心数据保持实时完全一致。

3. 灾难恢复子系统

方案中，备份数据的磁带库安置在备份中心，利用备份服务器直接连接到存储阵列 EMA12000 和磁带库 TL895，通过 EBS（企业数据备份）和 Legato NetWorker 数据存储管理系统控制系统的备份。一旦主数据中心出现意外灾难，系统可以自动切换到备份数据中心，在保持连续运行的基础上，快速恢复主数据中心的业务数据。

该套三级体系容灾方案具有高度的可用性。第一级，为了避免系统单点失败而影响整个系统的情况出现，采用了冗余的手段，大到主机、存储设备，小到光纤适配器，均具备冗余容错功能；第二级，无论是主机还是存储设备出现故障，均可通过主备中心光纤交换机之间的连接来保证通信和数据的完整性；第三级，一旦主数据中心出现意外灾难，系统可以自动切换到备份数据中心。三级体系的科学设计保证了数据容灾系统的高度可用性和可靠性。

不仅如此，惠普独有的 HP OpenView 网络设备管理软件从根本上将系统管理人员解脱出来。整个系统的设备虽然很多，但不论是主机系统、存储设备，还是光纤交换机、光纤卡，均能通过一台工作站进行集中管理和监控，从另一方面保证了整个业务系统连续不断地运行。除正常的计划性停机外，该系统可以做到 365×24 小时的可用性。

11.5 应用层隐私保护技术

11.5.1 隐私的基本概念

简言之，隐私就是个人、机构等实体不愿意被外部世界知晓的信息。在具体应用中，隐私即数据所有者不愿意被披露的敏感信息，包括敏感数据及数据所表征的特性。人们通常所说的隐私均指敏感数据，如个人的亲属、薪资、病人的患病记录、公司的财务信息等。但当针对不同的数据及数据所有者时，隐私的定义也存在差别。保守的病人会视某种疾病（如癌症）信息为隐私，而开放的病人却不视之为隐私。

一般来说，从隐私所有者的角度看，隐私可以分为两类：个人隐私和共同隐私。从隐私的具体内容来分类，隐私又可以分为三类：数据隐私、位置隐私和轨迹隐私。

（1）个人隐私。个人隐私（individual privacy），指任何可以确认特定个人或与可确认的个人相关但个人不愿被暴露的信息，如身份证号、医疗记录等。

（2）共同隐私。共同隐私（corporate privacy）不仅包含个人的隐私，还包含所有个人共同表现出来但不愿被暴露的信息，如公司员工的平均薪资、薪资分布等信息。

11.5.2　隐私的度量

数据隐私保护的效果，是通过攻击者披露隐私的多少来侧面反映的。现有的隐私度量都可以统一用“披露风险”（disclosure risk）来描述。披露风险表示攻击者根据所发布的数据和其他背景知识（background knowledge），可能披露隐私的概率。通常，关于隐私数据的背景知识越多，披露风险越大。

若 s 表示敏感数据，事件 S_k 表示“攻击者在背景知识 K 的帮助下揭露了敏感数据 s”，则披露风险 $r(s, K)$ 可以表示为

$$r(s, K)=Pr(S_k)$$

对于数据集来说，若数据所有者最终发布数据集 D 的所有敏感数据的披露风险都小于阈值 α，$\alpha \in [0, 1]$，则称该数据集的披露风险为 α。例如，静态数据发布原则 l-diversity 保证发布数据集的披露风险小于 $1/l$，动态数据发布原则 m-Invariance 保证发布数据集的披露风险小于 $1/m$。

特别地，不做任何处理所发布数据集的披露风险为 1；当所发布数据集的披露风险为 0 时，这样发布的数据被称为实现了完美隐私（perfect privacy）。完美隐私实现了对隐私最大程度的保护，但由于对攻击者先验知识的假设本身就是不确定的，因此实现对隐私的完美保护也只在具体假设、特定场景下成立，真正的完美保护并不存在。

11.5.3　数据隐私保护技术的分类

没有任何一种隐私保护技术能够适用于所有的应用。本书将数据隐私保护技术分为以下三类。

1. 基于数据失真的技术

这是一类使敏感数据失真（distorting）但同时保持某些数据或数据属性不变的技术方法。例如，采用添加噪声（adding noise）、交换（swapping）等技术对原始数据进行扰动处理，但要求保证处理后的数据仍然可以保持某些统计方面的性质，以便进行数据挖掘等操作。

2. 基于数据加密的技术

这是一类采用加密技术在数据挖掘过程中隐藏敏感数据的技术方法，多用于分布式应

用环境下，如安全多方计算（Secure Multiparty Computation，SMC）。

3. 基于限制发布的技术

这是一类根据具体情况有条件地发布数据的技术方法。例如，不发布数据的某些域值、数据泛化（generalization）等。

此外，许多隐私保护的新技术，由于其融合了多种技术，很难将其简单地归到以上某一类，但它们在利用某类技术的优势的同时，将不可避免地引入其他缺陷。基于数据失真的技术，效率比较高，但存在一定程度的信息丢失；基于数据加密的技术则刚好相反，它能保证最终数据的准确性和安全性，但计算开销比较大；而基于限制发布的技术能保证所发布的数据一定真实，但发布的数据会有一定的信息丢失。

11.5.4 隐私保护技术的性能评估

隐私保护技术需要在保护隐私的同时，兼顾对应用的价值及计算开销。通常从以下三方面对隐私保护技术进行度量。

（1）隐私保护度。通常通过发布数据的披露风险大小来反映，披露风险越小，隐私保护度越高。

（2）数据缺损。这是对发布数据质量的度量，反映了通过隐私保护技术处理后数据的信息丢失：数据缺损越高，信息丢失越多，数据利用率（utility）越低。具体的度量指标有信息缺损、重构数据与原始数据的相似度等。

（3）算法性能。一般利用时间复杂度对算法性能进行度量。例如，采用抑制（suppression）实现最小化的 k- 匿名问题已经证明是 NP-hard 问题；时间复杂度为 $O(k)$ 的近似 k- 匿名算法，显然优于复杂度为 $O(k\log k)$ 的近似算法。均摊代价（amortized cost）是一种类似时间复杂度的度量指标，表示算法在一段时间内平均每次操作所花费的时间代价。除此之外，在分布式环境中，通信开销（communication cost）也常常关系到算法性能，常作为衡量分布式算法性能的一个重要指标。

11.6 基于数据失真的数据隐私保护技术

数据失真技术通过扰动（perturbation）原始数据来实现隐私保护。扰动后的数据要同时满足以下条件。

（1）攻击者不能发现真实的原始数据。也就是说，攻击者通过发布的失真数据不能重构出真实的原始数据。

（2）失真后的数据仍然保持某些性质不变，即利用失真数据得出的某些信息等同于从原始数据上得出的信息。这就保证了基于失真数据的某些应用的可行性。

当前，基于数据失真的数据隐私保护技术包括数据随机化（data random）、阻塞（blocking）、凝聚（condensation）等。一般地，当进行分类器构建和关联规则挖掘，而数据所有者又不希望发布真实数据时，可以预先对原始数据进行扰动再发布。

11.6.1　数据随机化

数据随机化是一种对原始数据添加随机噪声，然后发布扰动后数据的方法。需要注意的是，随意对数据进行随机化并不能保证数据和隐私的安全，因为利用概率模型进行分析往往能披露随机化过程的众多性质。随机化技术包括两类：随机扰动（random perturbation）和随机化应答（randomized response）。

1. 随机扰动

随机扰动采用随机化过程来修改敏感数据，从而实现对数据隐私的保护。

对外界来说，只可见扰动后的数据，从而实现了对真实数据值的隐藏。但扰动后数据仍然保留着原始数据分布 X 的信息，通过对扰动后的数据进行重构，可以恢复原始数据分布 X 的信息，但不能重构原始数据的精确值 x_1，x_2，…，x_n。

随机扰动技术可以在不暴露原始数据的情况下进行多种数据挖掘操作。由于通过扰动数据重构后的数据分布几乎等同于原始数据的分布，因此利用重构数据的分布进行决策树分类器训练后，得到的决策树能很好地对数据进行分类。在关联规则挖掘中，通过往原始数据注入大量伪项来对频繁项集进行隐藏，再通过在随机扰动后的数据上估计项集支持度，从而发现关联规则。除此之外，随机扰动技术还可以应用到 OLAP 上实现对隐私的保护。

2. 随机化应答

随机化应答的基本思想是，数据所有者对原始数据扰动后发布，使攻击者不能以高于预定阈值的概率得出原始数据是否包含某些真实信息或伪信息。虽然发布的数据不再真实，但在数据量比较大的情况下，统计信息和汇聚（aggregate）信息仍然可以较为精确地被估算出。随机化应答技术与随机扰动技术的不同之处在于敏感数据是通过一种应答特定问题的方式间接提供给外界的。

随机化应答模型有两种：相关问题模型（related-question model）和非相关问题模型（unrelated-question model）。相关问题模型会设计两个关于敏感数据的对立问题，如：

（1）我含有敏感值 A。

（2）我没有敏感值 A。

数据所有者根据自己拥有的数据随机选取一个问题进行应答，但不让提问者知道回答的具体问题。当大量数据所有者进行回答后，通过计算可以得出含有敏感值的应答者比例和不含敏感值应答者的比例。假设应答者随机选取问题 1 的概率为 θ，则以下等式成立。

$$P^*(A=\text{yes})=P(A=\text{yes})\cdot\theta+P(A=\text{no})\cdot(1-\theta)$$

$$P^*(A=\text{no})=P(A=\text{no})\cdot\theta+P(A=\text{yes})\cdot(1-\theta)$$

其中，$P^*(A=\text{yes})$ 是回答中 yes 的比例，$P(A=\text{yes})$ 是含有敏感值 A 的数据所有者的比例。通过以上两个等式，联合对所有应答进行估计得出的 $P^*(A=\text{yes})$ 和 $P^*(A=\text{no})$，可以得到含有（或不含有）敏感值 A 的数据所有者比例 $P(A=\text{yes})$（或 $P(A=\text{no})$）。

在这整个过程中，由于不能确定应答者回答的相关问题，因此不能确定其是否含有敏感数据值。由于基于随机化应答技术采用应答模式提供信息，因此多用于处理分类数据（categorical data）。

MASK（Mining Associations with Secrecy Konstraints）是一种基于随机化应答技术的布尔关联规则挖掘算法。它利用预先定义的分布函数产生随机数并对原始数据进行扰动，数据使用者基于扰动数据，结合应答信息对数据进行重构，在此基础上，估计出项集的支持度，从而找出频繁项集。Rizvi 等学者于 2002 年提出了一种基于随机扰动的隐私保护算法（MASK），此算法以随机扰动的方式变换原始数据，扰动的依据是数学领域的伯努利概率模型，主要应用于购物篮事务数据集的挖掘分析。在进行数据挖掘的过程中，根据已知的扰动参数，对数据的真实支持度进行重构，以实现基于隐私保护的关联规则数据挖掘。MASK 算法在进行数据挖掘的过程中，主要通过两个步骤实现对事务数据集关联规则的隐私挖掘。第一步是运用数学伯努利模型实现数据的随机化扰乱过程；第二步是通过进行支持度重构获得频繁项集，实现对事务数据集的关联规则挖掘。

11.6.2 阻塞技术

与随机化技术修改数据、提供非真实数据的方法不同，阻塞技术采用的是不发布某些特定数据的方法，因为某些应用更希望基于真实数据进行研究。阻塞技术具体反映到数据表中，即是将某些特定的值用一个不确定的符号代替。例如，通过引入除 {0，1} 外的代表不确定值的符号“？”可以实现对布尔关联规则的隐藏。由于某些值被“？”代替，那么对某些数据项集的计数则为一个不确定的值，位于一个最小估计值和最大估计值之间。因此，对于敏感关联规则的隐藏即是设计一种算法，在阻塞尽量少的数据值情况下，将敏感关联规则可能的支持度和置信度控制在预定的阈值以下。类似于对关联规则的隐藏，利用阻塞技术还可以实现对分类规则的隐藏。

11.6.3 凝聚技术

随机化技术一个不可避免的缺点是，针对不同的应用需要设计特定的算法对转换后的数据进行处理，因为所有的应用都需要重建数据的分布。针对这一缺点，研究者提出了凝聚技术，将原始数据记录分成组，每一组内存储由 k 条记录产生的统计信息，包括每个属性的均值、协方差等。这样，只要是采用凝聚技术处理的数据，都可以使用通用的重构算法进行处理，并且重构后的记录并不会披露原始记录的隐私，因为同一组内的 k 条记录是两两不可区分的。

11.7 基于数据加密的数据隐私保护技术

在分布式环境下实现隐私保护，要解决的重要问题是通信的安全性，而加密技术正好满足这一需求。因此，基于数据加密的隐私保护技术多用于分布式应用中，如分布式数据挖掘、分布式安全查询、几何计算、科学计算等。在分布式环境下，具体应用通常依赖于数据的存储模式和站点（site）的可信度及其行为。

分布式应用通常采用两种模式存储数据：水平划分（horizontally partitioned）的数据

模式和垂直划分（vertically partitioned）的数据模式。水平划分数据是将数据记录存储到分布式环境下的多个站点，所有站点存储的数据不重复；而垂直划分数据则是分布式环境下每个站点只存储部分属性的数据，所有站点存储的数据不重复。

对于分布式环境下的站点（参与者），根据其行为又可分为准诚信攻击者（semi-honest adversary）和恶意攻击者（malicious adversary）。其中，准诚信攻击者是遵守相关计算协议但仍试图进行攻击的站点；恶意攻击者则是不遵守协议且试图披露隐私的站点。一般地，假设所有站点为准诚信攻击者。

11.7.1　分布式环境安全多方计算

在众多分布式环境下，基于隐私保护的数据挖掘应用都可以抽象为无可信第三方（trusted third party）参与的 SMC 问题，即怎样使两个或多个站点通过某种协议完成计算后，每一方都只知道自己的输入数据和所有数据计算后的最终结果。

以分布式环境下计算集合的并运算为例：假设有 N 个独立站点 S_1，S_2，…，S_N，站点 S_i 拥有数据 D_i，这 N 个站点可以在不暴露每个站点具体数据的情况下计算出来。

可以证明，由于采用了可交换加密技术的顺序无关性，在整个求集合并集的过程中，除了集合交集的大小和最终结果被披露外，没有其他私有信息泄露，所以该计算集合的并运算是安全的。

由于多数 SMC 都基于“准诚信模型”假设，因此应用范围有限。SCAMD（Secure Centralized Analysis of Multi-party Data）协议在去除该假设的基础上，引入准诚信第三方来实现当站点都是恶意时的安全多方计算；有些研究者提出抛弃传统分布式环境下对站点行为约束的假设，转而根据站点的动机，将站点分为弱恶意攻击者和强恶意攻击者，用可交换加密技术解决分布式环境下的信息共享问题。

11.7.2　分布式环境匿名化

匿名化即隐藏数据或数据来源。对大多数应用而言，首先需要对原始数据进行处理以保证敏感信息的安全；然后在此基础上，进行数据挖掘、发布等操作。分布式环境下的数据匿名化，都面临在通信时如何既保证站点数据隐私又能收集到足够的信息，来实现利用率尽量大的数据匿名的问题。

分布式匿名化是利用可交换加密在通信过程中隐藏原始信息，再构建完整的匿名表判断是否满足 k- 匿名条件来实现的。

在水平划分的数据环境下，可以通过引入第三方，利用满足以下性质的密钥来实现数据的 k- 匿名化：每个站点加密私有数据并传递给第三方，当且仅当有 k 条数据记录的准标志符属性值相同时，第三方的密钥才能解密这 k 条数据记录。

更一般地，不考虑数据的具体存储模式，一种能确保分布式环境下隐私安全的模型是 k-TTP（k-Trusted Third Party）。k-TTP 利用信任第三方，确保了当且仅当至少有 k 个站点的信息改变时，所有站点的相关统计信息才能被披露。k-TTP 模型的约束，使人们不能揭露少于 k 个站点的统计信息。

由于分布式固有的复杂性，实现分布式数据匿名化的主要挑战是解决数据分散、站点自治、安全通信等之间的矛盾和冲突。

11.7.3　分布式关联规则挖掘

在分布式环境下，关联规则挖掘的关键是计算项集合的全局计数，加密技术能保证在计算项集合计数的同时不泄露隐私信息。

例如，在数据垂直划分的分布式环境中，需要解决的问题是，如何利用分布在不同站点的数据计算项集合（item set）计数，找出支持度大于阈值的频繁项集。此时，计算项集合计数的问题被简化为在保护隐私数据的同时，在不同站点间计算标量积的问题。已有计算标量积的方法包括引入随机向量进行安全计算或用随机数代替真实值，然后用代数方法进行计算等。

11.7.4　分布式聚类

基于隐私保护的分布式聚类的关键是安全地计算数据间的距离，有以下 2 种常用模型：Naive 聚类模型和多次聚类模型。

1. Naive 聚类模型

在 Naive 聚类模型中，各个站点将数据用加密的安全信道传递给可信第三方，再由可信第三方进行聚类后返回结果。

2. 多次聚类模型

在多次聚类模型中，首先由各个站点对本地数据进行聚类并发布结果，再通过对各个站点发布的结果进行二次处理，实现分布式聚类。

无论哪种分布式聚类模型，都利用了加密技术以实现信息的安全传输。当然，还有基于隐私保护的其他分布式聚类方法，如在任意划分数据的环境下的 *k*-means 聚类算法，通过引入随机数来保证安全传输的最大期望（expectation maximization）聚类算法等。

11.8　基于限制发布的数据隐私保护技术

限制发布即有选择地发布原始数据、不发布或者发布精度较低的敏感数据，以实现隐私保护。这类技术研究的重点是“数据匿名化”，即在隐私披露风险和数据精度间进行折中，有选择地发布敏感数据及可能披露敏感数据的信息，但保证对敏感数据及隐私的披露风险在可容忍范围内。

数据匿名化一般采用两种基本操作：抑制和泛化。

抑制是抑制某数据项，即不发布该数据项；泛化则是对数据进行更概括、抽象的描述。例如，对整数 5 的一种泛化形式是 [3，6]，因为 5 在区间 [3，6] 内。

11.8.1　数据匿名化的原则

1. 数据匿名化的属性

数据匿名化所处理的原始数据，如医疗数据、统计数据等，一般以数据表形式存在：表中每一条记录（或每一行）对应一个个人，包含多个属性值。这些属性可以分为以下三类。

（1）显式标识符（explicit identifier）：能唯一标识单一个体的属性，如身份证号码、姓名等。

（2）准标识符（quasi-identifiers）：联合起来能唯一标识一个人的多个属性，如邮编、生日、性别等。

（3）敏感属性（sensitive attribute）：包含隐私数据的属性，如疾病、薪资等。

例如，表 11-1 为一原始医疗数据，每一条记录对应一个唯一的病人，其中 {“姓名”} 为显式标识符属性，{“年龄”，“性别”，“邮编”} 为准标识符属性，{“疾病”} 为敏感属性。表 11-2 则是匿名化数据。

表 11-1　原始数据

姓名	年龄	性别	邮编	疾病
Andy	4	M	12000	胃溃疡
Bill	5	M	14000	消化不良
Ken	6	M	18000	肺炎
Nash	9	M	19000	支气管炎
Alice	12	F	22000	流感
Betty	19	F	24000	肺炎

表 11-2　匿名化数据

年龄	性别	邮编	疾病
[1，5]	M	[10k，15k]	胃溃疡
[1，5]	M	[10k，15k]	消化不良
[6，10]	M	[15k，20k]	肺炎
[6，10]	M	[15k，20k]	支气管炎
[11，20]	F	[20k，25k]	流感
[11，20]	F	[20k，25k]	肺炎

2. *k*- 匿名

Samarati 和 Sweeney 提出的 *k*- 匿名原则要求所发布的数据表中的每一条记录不能区分于其他（*k*–1）条记录。人们称不能相互区分的 *k* 条记录为一个等价类（equivalence class）。这里的不能区分只对非敏感属性项而言。一般 *k* 值越大，对隐私的保护效果更好，但丢失的信息越多。

k- 匿名的缺陷在于没有对敏感数据做任何约束，攻击者可以利用一致性攻击（homogeneity attack）和背景知识攻击（background knowledge attack）来确认敏感数据与个人的联系，导致隐私泄露。（α，k）- 匿名原则在此基础上进行了改进，其在保证发布的数据满足 *k*- 匿名化原则的同时，还保证发布数据的每一个等价类中，与任一敏感属性值相关的记录的百分比不高于 α。

3. *l*-diversity

l-diversity 保证每一个等价类的敏感属性至少有 l 个不同的值。*l*-diversity 使得攻击者最多以 1/*l* 的概率确认某个体的敏感信息。同样，在 2-diversity 中，每一个等价类中至少有 2 个不同的敏感属性值。另外，*l*-diversity 还有两种其他形式，具体如下。

（1）基于熵的 *l*-diversity：如果每个等价类的熵 Entropy(E) ＞ log *l*，那么所发布的数

据满足基于熵的 l-diversity。其中，等价类的熵定义为

$$\text{Entropy}(E) = -\sum_{s \in S} p(E,s) \log p(E,s)$$

$p(E，s)$ 为等价类 E 中敏感属性值为 s 的记录的百分比。熵越大，表示等价类的敏感属性值分布越均匀，攻击者揭露个人的隐私也就越困难。

（2）递归（c，l）-diversity：如果每个等价类都满足 $r_1 < c(r_l+r_{l+1}+\cdots+r_m)$，那么就说所发布的数据满足递归（$c$，$l$）-diversity。这里，$r_i$ 表示该等价类中第 i 频繁的敏感属性值的个数。递归（c，l）-diversity 保证了等价类中频率最高的敏感属性值不至于出现频度太高。

4. *t*-Closeness

t-Closeness 在 l-diversity 基础之上，考虑了敏感属性的分布问题，它要求所有等价类中敏感属性值的分布尽量接近该属性的全局分布。

t-Closeness 的定义：令 $P=\{p_1, p_2, \cdots, p_m\}$，$Q_i=\{q_1, q_2, \cdots, q_m\}$ 分别表示各敏感值的全局分布和在等价类 C_i 中的分布。对任意等价类 C_i，若 P 与 Q_i 的距离 $D[P,Q_i]$ 满足公式：

$$D[P,Q_i] < t$$

则认为发布的数据满足匿名化原则 t-Closeness。其中，阈值 $t \in [0,1]$；度量距离可采用可变距离或 KL 距离。

除以上匿名化原则外，也有学者提出了个性化隐私保护（personalized privacy preservation）的匿名化原则，以满足不同个人隐私保护的要求和级别，并克服了统一匿名化所造成的数据“过分”保护和保护“不足”。

一般来说，遵循 k-匿名、l-diversity 等匿名化原则发布数据都采用泛化技术，这在很大程度上降低了数据的精度和利用率。

一种改进的高精度的数据发布方法是 Anatomy：首先利用原始数据产生满足 l-diversity 原则的数据划分，然后将结果分成两张数据表发布，一张表包含每个记录的准标识符属性值和该记录的等价类 ID，另一张表包含等价类 ID、每个等价类的敏感属性值及其计数。这种将结果“切开”发布的方法，在提高准标识符属性数据精度的同时，保证了发布的数据满足 l-diversity 原则，对敏感数据提供了较好的保护。

11.8.2 数据匿名化算法

数据匿名化场景如图 11-16 所示。

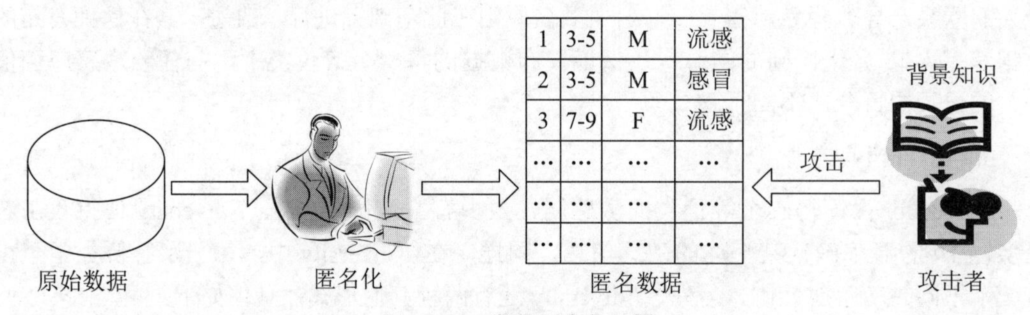

图 11-16 数据匿名化场景

大多数匿名化算法致力于解决根据通用匿名原则，怎样更好地发布匿名数据。另一部分工作致力于解决在具体应用背景下，如何使发布的匿名数据更有利于应用。因此，又出现了采用聚类思想进行匿名化的算法，它能够在发布数据精度和计算开销间达到较好的平衡。

1. 基于通用原则的匿名化算法

不同情况下，实现 *k*- 匿名的算法有多种度量可采用，如等价类所包含的平均记录条数、数据的信息缺损、实现数据匿名的操作数、可识别度量（discernability metrics）等。通常采用泛化（抑制）技术来实现最优化的 *k*- 匿名原则算法，对泛化空间（抑制策略）的搜索直接影响了算法的性能。然而，在很多简单限制条件下的最优化 *k*- 匿名问题已经被证明是 NP-hard，因此，很大一部分实现 *k*- 匿名的算法研究着眼于设计高效的近似算法。

如图 11-17 所示，基于通用原则的匿名化算法常包括泛化空间枚举、空间修剪、选取最优泛化、结果判断与输出等步骤。例如，最早提出的 MinGen 算法逐步完全搜索泛化空间，选出最优的泛化操作，直到数据满足 *k*- 匿名原则。但 MinGen 算法由于采用完全搜索，时间复杂度高，因此并不实用。Datafly 算法在 MinGen 算法的基础上，引入了抑制与启发式泛化指导原则，以提升效率。

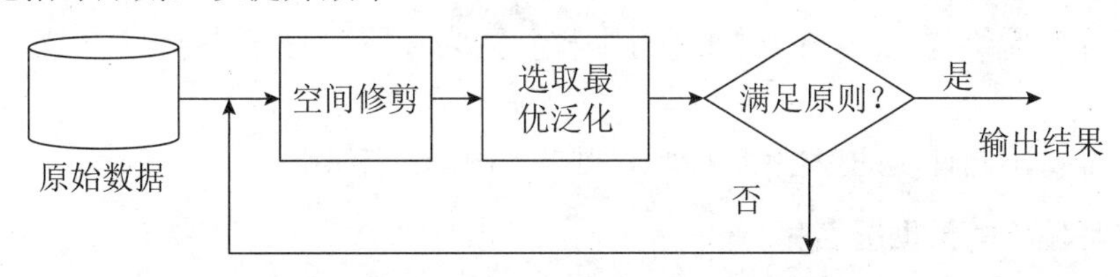

图 11-17 基于通用原则的匿名化算法

另一种广泛应用的 *k*- 匿名算法是 Incognito，它首先构建包含所有全域泛化（一种全局重编码技术）方案的泛化图（generalization graph），然后自底向上对原始数据进行泛化，每次选取最优泛化方案前，预先对泛化图进行修剪以缩小搜索范围，不断进行以上操作直到数据满足 *k*- 匿名原则。其他优化的 *k*- 匿名算法基本上也是采用修剪泛化空间来提升性能的。

多维 *k*- 匿名算法能够发布精度较高的数据，它将原始数据映射到一个多维空间，这样 *k*- 匿名问题即转换为在空间中对多维数据进行最优化划分的问题。

其他的匿名化原则算法，大多是基于 *k*- 匿名算法的，不同之处在于判断算法结束的条件，而泛化策略、对搜索空间的修剪等均基本相同。

2. 面向特定目标的匿名化算法

在特定的应用场景下，通用的匿名化算法可能无法满足特定目标的要求，因此需要设计具有针对性的匿名化算法。例如，考虑到数据应用者需要利用发布的匿名数据构建分类器，则设计匿名化算法时需要考虑在保护隐私的同时，怎样使发布的数据更有利于分类器的构建，并且采用的度量指标要能直接反映出对分类器构建的影响。已有的自底向上的匿名化算法和自顶向下的匿名化算法都采用信息增益（information gain）作为度量。发布的数据信息丢失越少，构建的分类器的分类效果将越好。自底向上的匿名化算法逐步搜索泛化空间，并采用使信息丢失最少的泛化方案进行泛化，直到数据满足匿名原则的要求。自顶向下的匿名化算法的操作过程与之相反。

类似地，针对以发布数据利用率最大化为特定目标的应用，有研究者提出了Anonymized Marginals信息发布方法；针对以防止关联规则推导为首要目标的应用，采用抑制、不发布能最大化降低关联规则支持度和置信度的属性值，从而破坏关联规则推导攻击；当发布的信息是多个视图时，也有研究者提出了保证发布的信息满足 *k*-匿名原则的算法。

3. 基于聚类的匿名化算法

基于聚类的匿名化算法将原始记录映射到特定度量空间中，再对空间中的点进行聚类来实现数据匿名。类似于 *k*- 匿名，算法保证每个聚类中至少有 k 个数据点。

根据度量的不同，有研究者提出了 *r*-gather 和 *r*-cellular 聚类算法。以 *r*-gather 算法为例，它以所有聚类中的最大半径为度量，需要达到的目标是，对所有数据点进行聚类，在保证每个聚类至少包含 k 个数据点的同时，使所有聚类中的最大半径尽量小。由于发布的结果只包含聚类中心、半径及相关的敏感属性值，同一个等价类中的记录不可区分，因此实现了对个人敏感信息的隐藏。

基于聚类的匿名化算法主要面临以下两个挑战。

（1）怎样对原始数据的不同属性进行加权？因为对属性的度量越准确，聚类的效果也就越好。

（2）怎样将不同性质的属性统一映射到同一个度量空间中。

4. 动态环境下的数据匿名化算法

以上所提到数据匿名化算法，针对的都是静态数据，并未考虑数据动态变化时带来的挑战。而在动态环境下，数据通常会随时间的推移增加或减少，数据发布要求也会有所不同。在动态环境下直接应用基于静态数据的匿名化算法，虽然在某一时刻发布的匿名化数据能很好地保护隐私，但是当攻击者利用多个时刻发布的数据进行联合攻击时，很容易就能获取敏感信息。

（1）基于动态递增数据的多次发布。

考虑到现实生活中很多情况是数据不断的增加，如医院所拥有的病例信息，学者们提出并解决了基于动态递增数据的多次发布问题。

假设原始数据为 T，关于 T 的一系列增量更新为 ΔT_1，ΔT_2，…。令根据 T 与前 i 次的增量更新发布数据，其中 f_i 为匿名算法。当同时满足以下 3 个条件时，一系列发布对数据实现了 *k*- 匿名隐藏。

① T^* 是 *k*- 匿名化的：$T^*=f(T)$。

② $\forall i \geqslant 1$，T_i^* 是 *k*- 匿名化的。

③ 对每个非空整数集 $\{i_1, i_2, \cdots, i_n\}$，推导表 $I(f_{i_1}(T_1), \cdots, f_{i_n}(T_n))$ 亦是 *k*- 匿名化的问题的复杂性在于，不仅要保证每一次单独发布数据的匿名化，而且要保证即使联合多次发布数据进行攻击，隐私仍然能够得到保护。

（2）基于“攻击检测与防止”的方法。

首先对当前的数据进行匿名化处理，然后检测是否有攻击联合先前发布的数据而披露隐私，直到没有攻击能够披露数据隐私时，停止对数据的进一步匿名化。

只有增量更新的数据集被称为“准动态”数据集，同时有数据增加和减少的数据集则称为动态数据集。学者们提出了一种在动态环境下保护隐私的匿名化原则 *m*-Invariance。假设 $T^*(1)$，…，$T^*(n)$ 是在动态环境下先后发布的一系列数据，则称这一系列发布的数据满足 *m*-Invariance 匿名化原则，当且仅当同时满足：

① 对 i 时刻发布的数据 $T^*(i)$，其每一个等价类中都至少有 m 条记录，且这些记录都有不同的敏感属性值。

② 如果某条记录出现在不同时刻的多次发布中，那么每一次发布这条记录所在的等价类包含的敏感属性值形成的集合须相等。

第一个条件保证了每个时刻发布的数据的隐私披露风险不会高于 $1/m$，同时两个条件联合起来保证攻击者利用多次发布的数据进行攻击时，不会披露新增加和已经减少的数据的隐私。

满足 *m*-Invariance 匿名化原则的数据发布算法执行过程如下。

首先，将前后两次共有的数据分配到包含相同的敏感属性值集合的等价类中。

然后，尝试将新增加的记录分配到这些等价类中，同时保证剩下的未分配的数据足以形成满足第 1 个条件的等价类。

最后，为剩下未分配的数据建立新的等价类，并对过大、可以分裂的等价类进行调整。

除了数据的插入、删除会引起数据的动态变化外，每条记录属性值的更新，同样会导致数据动态变化。

其假设敏感属性值由永远不变和随机动态变化两种值组成：对后者来说，由于其随时间随机变化，对其进行多次发布不会带来新的威胁；而对始终不变（permanent）的敏感属性值来说，如果在多次发布中不考虑它不变的特点，将变得不再安全。因此，该问题的关键在于如何实现不变敏感属性值的匿名发布。

数据匿名化由于能处理多种类型的数据，并发布真实的数据，能满足众多实际应用的需求，因此受到广泛关注。由此可见，数据匿名化是一个复杂的过程，需要同时权衡原始数据、匿名数据、背景知识、匿名化技术、攻击等众多因素。

总之，每类隐私保护技术都有不同的特点，在不同应用需求下，它们的适用范围、性能表现等不尽相同。当针对特定数据实现隐私保护且对计算开销要求比较高时，基于数据失真的隐私保护技术更加适用；当更关注于对隐私的保护甚至要求实现完美保护时，则应该考虑基于数据加密的隐私保护技术，但代价是较高的计算开销（在分布式环境下，还会增加通信开销）。而数据匿名化技术在各方面都比较平衡，能以较低的计算开销和信息缺损实现对隐私的保护。

11.9　应用层位置隐私保护

11.9.1　基于位置的服务

基于位置的服务（Location-Based Service，LBS），指通过无线通信和定位技术获得移动终端的位置信息（如经纬度的坐标数据），将此信息提供给移动用户本人或他人或应用系统，以实现各种与当前用户位置相关的服务。

近年来，随着移动通信设备和无线通信技术的快速发展、定位技术的不断成熟，以及服务与内容提供商的不断增加，LBS 呈现出迅猛增长的态势。然而，在 LBS 中，由于用户的位置频繁变换，LBS 必须不间断地跟踪用户当前所在位置，导致用户的位置信息越来越多地暴露给 LBS 服务提供商，使得用户位置信息这一个人隐私信息的保护变得更加重要。研究表明，位置信息能否得到妥善的保护，将成为影响 LBS 服务进一步推广和普及的关键因素之一。LBS 中对用户隐私信息的保护已成为亟待解决的问题。

位置隐私保护不是指要保护用户的个人信息不被他人使用，而是指用户对个人的位置信息进行有效控制的权利。位置信息是一种特殊的个人隐私信息，对其进行保护就是要给予所涉及的个人决定和控制自己所处位置的信息何时、如何及在何种程度上被他人获知的权利。因此，按照对用户隐私信息进行保护的要求，LBS 服务提供商必须为用户提供一种完全由用户本人控制其位置信息能否被他人获取的方式，用户可以自行决定在何种环境下将其位置信息告知何人。

目前，已有多种针对 LBS 中用户位置信息的隐私保护方式，如通过立法或行业规范的方式进行保护、通过匿名的方式进行保护、通过区域模糊的方式进行保护、通过隐私策略的方式进行保护等。由于隐私信息的保护被视为是用户对个人隐私信息的访问和使用提供有效控制的权利和手段，再加上个人对隐私保护需求的不同，因此用户分别设置相应的隐私策略来保护个人的隐私，成为目前众多隐私信息保护方式中最有效的一种方式。另外，在某些 LBS 中，对一个用户的位置信息的访问可能需要被多个用户同时控制。例如，家长可以使用 GPS 设备提供的 LBS 跟踪孩子的位置，以确保孩子的安全。家长也同时有权利控制孩子的位置信息可以被他人访问，LBS 服务提供商还必须提供在同时获得父母亲授权前提下他人也可以访问孩子位置信息的机制，以达到更灵活、更完善地进行保护的目的。因此，隐私保护方法必须能方便、灵活地满足在所有的情况下每个用户对隐私保护的不同需求。

针对上面所述亟待解决的用户位置隐私保护问题，何泾沙等学者提出了一种面向隐私保护的访问控制模型，用于支持用户灵活地设置隐私策略，实现对 LBS 中用户位置信息隐私的有效保护。

11.9.2 面向隐私保护的访问控制模型

面向隐私保护的访问控制模型是一个基于三维访问控制的矩阵，是对传统的面向安全保护的二维访问控制矩阵的扩展，目的是更好地保护用户的位置隐私信息。

传统的二维访问控制矩阵是实现访问控制机制的经典安全模型。在该模型中，可以在一个二维访问控制矩阵 $\boldsymbol{M}$ 中设定任意主体 s（即 LBS 用户）对任意客体 o（即位置信息）的访问权限 r。因此，矩阵 $\boldsymbol{M}$ 是一个由 p 个主体和 q 个客体组成的二维矩阵，$\boldsymbol{M}$ 中的每一行代表某个主体对所有系统中的客体进行访问的权限属性，$\boldsymbol{M}$ 中的每一列代表某个客体被所有系统中的主体访问的权限属性，$\boldsymbol{M}$ 中每一个矩阵元素 $M[s, o]$ 的内容为所在行的主

体 s 对所在列的客体 o 的访问权限设置。系统中访问控制机制的任务就是确保任何主体对客体的访问请求，都是按照访问控制矩阵中主体对客体的访问权限的设置，来确定是否授权访问请求的。

为了满足对隐私信息进行保护的特殊需求，对以上传统的二维访问控制矩阵进行扩充。不同于面向安全的信息保护，隐私保护的特点是，信息的隐私属性不能独立定义，而是与主体相关联，即信息的隐私属性取决于一个或多个相关联的具体的主体。某些主体认为是隐私的信息对于其他主体来说却并不一定是隐私，同时一份隐私信息可能涉及多于一个与该信息相关联的主体。例如，一份公司的项目文件可能包含与公司内部多个部门相关联的商业机密信息，因此，这些部门的负责人都应该拥有控制用户对这份文件进行访问的能力。

为了反映隐私信息的特点，满足对隐私信息进行保护的需要，人们引入了隐私相关者的概念。隐私相关者指一份信息中所包含的涉及隐私的所有相关用户，因此，对这份信息的未授权访问会侵犯这些用户的隐私。由于一份信息可以对应多个隐私相关者，因此针对这个特点和要求，人们将隐私相关者加入到传统的访问控制模型中，在传统二维访问控制矩阵的基础上增加一个维度来表达隐私相关者对访问请求实施控制的能力。扩充后的面向隐私保护的访问控制模型基于一个三维访问控制矩阵，可以用来使所有隐私相关者共同控制对一份涉及他们隐私信息的访问，由此来达到保护用户隐私的目的。

在新的三维访问控制矩阵中，由主体（即提出访问请求的用户）、客体（即隐私信息）和隐私相关者（即隐私信息所涉及的相关用户）这 3 个因素共同确定主体是否拥有对客体的访问权限。三维访问控制矩阵 $\boldsymbol{M}$ 中的第一维 S（$s \in S$）代表主体的集合、第二维 O（$o \in O$）代表客体的集合、第三维 S'（$s' \in S'$）代表隐私相关者的集合。该三维矩阵中的元素 $M[s, o, s']$ 表达信息 o 的隐私相关者 s' 赋予信息请求者 s 对隐私信息 o 的访问权限。其访问控制的基本规则如下。

（1）若 $M[s, o, s']$ 中的内容为空，表示 s' 并不是隐私信息 o 的隐私相关者，对 o 进行访问不需要得到 s' 的任何授权。

（2）若对所有 s'（$s' \in S'$），$M[s, o, s']$ 中的内容均不包含某特定的访问权限，表示 s 对 o 没有该特定的访问权限。

（3）若对任意 s'（$s' \in S'$），$M[s,o,s']$ 中的内容包含有＜"访问权限","不允许"＞，表示 s 对 o 没有该访问权限。

在以上三维访问控制矩阵模型中，每一个 $M[s, o, s']$ 中的内容或者为空，或者为隐私相关者 s' 授权主体 s 对客体 o 的一种或多种访问权限的设置，如读（read）、写（write）、执行（execute）等。如果主体 s 请求对客体 o 进行 r 访问，该访问请求必须得到客体 o 的所有隐私相关者 s_i'（$s_i' \in S'$）的授权才允许执行，即所有 o 的隐私相关者 s_1'，s_2'，…，s_k'（$s_i' \in S'$）所对应的矩阵元素 $M[s, o, s_1']$，$M[s, o, s_2']$，…，$M[s, o, s_k']$ 中都必须包含访问权限＜"r"，"允许"＞。确定客体 o 的所有隐私相关者 s_1'，s_2'，…，s_k'（$s_i' \in S'$）及是否授权访问的基本规则如下。

（1）查看所有 s'（$s' \in S'$）对应的矩阵元素 $\boldsymbol{M}[s, o, s']$，若 $\boldsymbol{M}[s, o, s']$ 的内容中包含＜"r"，"允许"＞或＜"r"，"不允许"＞，则表明 s' 为 o 的隐私相关者。由此可以

确定客体 o 的所有隐私相关者 s_1'，s_2'，…，s_k'（$s_i' \in S'$）。

（2）若对于所有 s_i'（$s_i' \in S'$，$1 \leqslant i \leqslant k$），在 $\boldsymbol{M}[s, o, s_i']$（$1 \leqslant i \leqslant k$）中存在至少 1 个访问权限设置＜"r"，"不允许"＞，则拒绝访问请求 r。此 $M[s, o, s_i']$ 中的＜"r"，"不允许"＞意味着 o 的隐私相关者 s_i' 明确拒绝 s 对 o 进行 r 访问。

为了满足不同环境下对隐私保护的需求，三维访问控制模型允许设置其他更加灵活的访问权限及授权方式，例如，可以设置若半数以上的隐私相关者允许访问，则授权访问请求，或更加通用地设置若 n 个隐私相关者中至少有 m 个隐私相关者允许访问，则授权访问请求。

在以上的解释中，授权的原则是，只要有任何隐私相关者不允许访问，则拒绝该访问请求，这样做可以最大化地保护用户的隐私信息。

11.9.3 LBS 中的位置隐私信息保护

可以将用于保护用户隐私的三维访问控制模型和方法用于对 LBS 中用户位置隐私的保护。整个过程可以分为两部分：访问权限设置和访问控制决策。

首先，某一位置信息的所有隐私相关者设置相对于该位置信息对所有信息请求者的访问权限。通过权限的设置，隐私相关者可以设置哪些信息请求者、可以在什么环境下（如时间、地点等）获取该位置信息的全部或某些部分。例如，在每天的 8：00—17：00，当位置信息的隐私相关者在北京王府井时，允许某些请求者得知其所在的精确位置信息，即北京市东城区王府井步行街王府井百货 6 楼；而对另外一些请求者，只允许得知其所在的大概位置是在北京。

在访问控制矩阵中设置了所有的权限之后，访问决策部分对访问请求者提出的具体访问请求按照矩阵中的设置做出具体的允许或拒绝访问的决策。在每次信息访问请求者提出访问位置信息的请求时，系统中的访问控制决策机制会查询设置在三维访问控制矩阵中的隐私权限，并根据隐私权限确定允许或拒绝访问请求。

分析在一个 LBS 典型服务中的场景：母亲为保护孩子的安全，让孩子随身携带一个定位设备（如智能手环或手机），以随时了解孩子所处的位置。这是最常见的应用场景，因为很多研究表明，有孩子的家长更加倾向于使用定位服务。同时，出于保护孩子安全的考虑，母亲并不希望任何人都能获得孩子的位置信息，但却希望孩子的老师在某些特定的情况下可以获知孩子的位置信息。因此，需要为此设置访问控制策略及权限，以决定何人能够在何时、何种情况下访问孩子的位置信息。由于孩子是未成年人，没有能力制定最合适的访问策略，他们的安全由家长来负责，因此母亲就成为孩子位置信息的隐私相关者，负责制定相关的访问控制策略，保护孩子的位置隐私信息。

在允许母亲在任何时间、任何情况下都可以查询孩子位置信息的要求下，在访问控制模型的三维矩阵中，所对应的主体为母亲、所对应的客体为孩子位置信息的矩阵元素 $\boldsymbol{M}$[母亲，孩子位置信息，s']（$s' \in S'$）中，访问权限均可设置为＜"读"，"允许"＞，因此，母亲可以任意获取包含孩子位置信息的文件。

此外，孩子的父亲也希望能与母亲一同控制对孩子位置信息的访问，以更好地保护孩子的隐私。有些访问请求需要父母亲双方的授权才允许执行，任何对孩子位置信息未经授权的访问都可以视为是对父母亲隐私的侵犯，父母亲双方都成为孩子位置信息的隐私相关者。

在 LBS 位置服务中，对客体（即孩子位置信息）的访问需要得到所有隐私相关者（即父亲和母亲双方）的授权。

首先，父母确定何人可以访问孩子位置信息，以此确定允许访问存放孩子位置信息的文件作为客体的主体。

然后，在分别由父亲和母亲作为隐私相关者的 2 个矩阵元素中设置“读”权限。例如，如果在所对应的 2 个矩阵元素中均设置了权限＜"读"，"询问"＞，即在该矩阵元素所对应的主体请求访问孩子位置信息时，需要立即“询问”父亲和母亲，以获得父母亲的实时授权。在这种情况下，只有当对父母双方的实时询问都得到访问授权时，才允许访问请求者读取孩子位置信息的文件。对于任何隐私相关者未设置相关权限的主体，都不能访问作为客体的孩子位置信息文件。

为了描述提供 LBS 位置服务的服务器在接收到位置信息查询的请求时，做出访问控制决策的过程，这里假设用户 s 请求访问存放孩子位置信息的文件 o。服务器在接收到 s 的访问请求后，由访问控制机制通过以下过程进行访问控制决策。

（1）检索三维访问控制矩阵中对应于主体 s 和客体 o 的所有矩阵元素 $\boldsymbol{M}[s, o, s']$（$s' \in S'$），获取所有矩阵元素 $\boldsymbol{M}[s, o, s']$（$s' \in S'$）的内容。

（2）检测所有 $\boldsymbol{M}[s, o, s']$（$s' \in S'$）的内容中是否包含“读”权限，如＜"读"，"…"＞。

（3）如果检索结果为空，即没有任何矩阵元素包含“读”权限，则拒绝此访问请求，即父母亲不允许信息请求者 s 访问包含孩子位置信息的文件 o。

（4）如果检索结果不为空，即矩阵元素 $\boldsymbol{M}$［s，o，母亲］或 $\boldsymbol{M}$［s，o，父亲］中至少有一个包含的内容有＜"读"，"…"＞，如果有任何矩阵元素的内容为＜"读"，"不允许"＞，则拒绝此访问请求，即父亲或母亲不允许信息请求者 s 访问包含孩子位置信息的文件 o。

（5）根据矩阵元素 $\boldsymbol{M}$［s，o，母亲］和 $\boldsymbol{M}$［s，o，父亲］中的内容，如果 $\boldsymbol{M}$［s，o，母亲］和 $\boldsymbol{M}$［s，o，父亲］的内容均为＜"读"，"允许"＞，则授权此访问请求；如果矩阵元素 $\boldsymbol{M}$［s，o，母亲］或 $\boldsymbol{M}$［s，o，父亲］中包含内容＜"读"，"询问"＞，则向孩子母亲或父亲发送实时位置信息访问请求，然后等待母亲或父亲的实时决策，在向父母亲发送访问请求询问时，访问控制机制会将相关信息（如信息请求者 s、当前时间及目前孩子所处的位置等）同时发送给父母亲，父母亲根据以上综合信息做出允许或者拒绝访问的决策，并将决策结果传回访问控制机制，由访问控制机制根据决策原则做出访问控制决策。

从以上过程可以看出，所有隐私相关者（如本例中的父母亲）可以同时控制信息请求者对隐私信息的访问。此外，模型可以灵活地增加隐私相关者的人数，使所有与某份隐私信息相关的用户均可以对该隐私信息的访问进行控制，即面向隐私保护的访问控制模型对隐私相关者的数量没有限制，可以满足 LBS 中对隐私信息进行灵活保护的要求。

11.10 应用层轨迹隐私保护

11.10.1 轨迹隐私保护概述

1. 轨迹隐私保护的概念

轨迹隐私是一种特殊的个人隐私，是个人运行轨迹本身含有的敏感信息（如访问过的敏感位置），或者由运行轨迹推导出的其他个人信息（如家庭住址、工作地点、生活习惯、健康状况等）。因此，轨迹隐私保护既要保证轨迹本身的敏感信息不泄露，又要防止攻击者通过轨迹推导出其他的个人信息。

2. 轨迹隐私保护技术大致可以分为以下 3 类

（1）基于假数据的轨迹隐私保护技术。该技术通过添加假轨迹对原始数据进行干扰，同时又保证了被干扰的轨迹数据的某些统计属性不发生严重失真。

（2）基于泛化法的轨迹隐私保护技术。该技术将轨迹上所有的采样点都泛化为对应的匿名区域，从而达到隐私保护的目的。

（3）基于抑制法的轨迹隐私保护技术。该技术根据具体情况有条件地发布轨迹数据，不发布轨迹上的某些敏感位置或频繁访问的位置，从而达到隐私保护的目的。

基于假数据的轨迹隐私保护技术，简单、计算量小，但易造成假数据的存储量大及数据可用性降低；基于泛化法的轨迹隐私保护技术，可以保证数据都是真实的，然而计算开销较大；基于抑制法的轨迹隐私保护技术，限制发布某些敏感数据，实现简单，但信息丢失较大。目前，基于泛化法的轨迹 *k*- 匿名技术在隐私保护度和数据可用性上取得了较好的平衡，是目前轨迹隐私保护的主流方法。

3. 轨迹隐私保护度量标准

在轨迹数据发布中，由于发布后的数据要供第三方分析和使用，隐私保护技术要在保护轨迹隐私的同时提供较高的数据可用性；在基于位置的服务中，隐私保护技术既要保护移动对象的轨迹隐私，又要保证移动用户获得较高的服务质量。

总言之，轨迹隐私保护技术的度量标准包括以下两方面。

（1）隐私保护度。一般通过轨迹隐私的披露风险来反映隐私保护度，披露风险越小，隐私保护度越高。披露风险指在一定情况下，轨迹隐私泄露的概率。披露风险与隐私保护算法的好坏和攻击者掌握的背景知识有很大的关联。攻击者掌握的背景知识越多，披露风险越高。在轨迹隐私保护中，攻击者掌握的背景知识可能是在空间中的移动对象的分布情况、移动对象的运行速度、该区域的道路网络情况等。

（2）数据质量和服务质量。在轨迹数据发布中，数据质量指发布数据的可用性，数据的可用性越高，数据质量越好。一般采用信息丢失率（又称为信息扭曲度）来衡量数据质量的好坏。在基于位置的服务中，采用服务质量来衡量隐私保护算法的好坏，在相同的隐私保护度下，移动对象获得的服务质量越高则隐私保护技术越成熟。一般情况下，服务质量由响应时间、查询结果的准确性来衡量。

4. 轨迹隐私保护系统的结构

在基于位置的服务中，轨迹隐私保护系统的结构又分为分布式点对点结构和中心服务器结构两种。分布式点对点结构由客户端和服务提供商两个部件组成，客户端之间通过P2P协议通信，判断客户端之间的距离，通过彼此协作完成隐私保护过程。中心服务器结构由客户端、服务提供商和匿名服务器三部分组成，如图11-18所示。

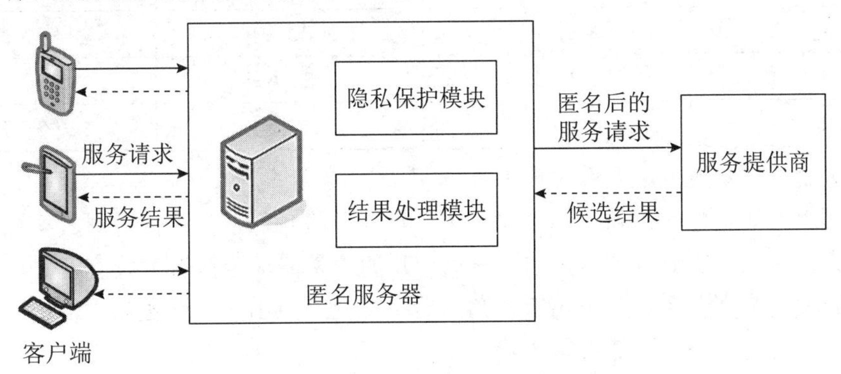

图11-18　中心服务器结构

匿名服务器包含隐私保护模块和结果处理模块两个模块。隐私保护模块负责收集客户端的位置，对客户端进行隐私保护处理；结果处理模块负责接收服务提供商返回的候选结果，对候选结果求精，并将最终结果返回给客户端。中心服务器结构由于具有容易实现、掌握全局数据等优点，已经成为目前最常用的系统结构。

在轨迹隐私保护技术度量标准和系统架构的基础上，下面分别对当前三种主流的轨迹隐私保护技术进行分析。

11.10.2　基于假数据的轨迹隐私保护技术

1. 基于假数据的轨迹隐私保护技术概述

在位置隐私保护技术中，假位置是经常使用的一种简单有效的技术。假位置即不发布真实位置，用假位置获得相应的服务。在轨迹数据隐私保护中，同样可以使用假轨迹方法。假轨迹方法通过为每条轨迹生成一些假轨迹来降低披露风险。例如，表11-3中存储了原始轨迹数据，移动对象O_1、O_2、O_3在t_1、t_2、t_3时刻的位置存储在数据库中，形成了3条轨迹。

表11-3　原始数据

移动对象	t_1	t_2	t_3
O_1	(1，2)	(3，3)	(5，3)
O_2	(2，3)	(2，7)	(3，8)
O_3	(1，4)	(3，6)	(5，8)

表11-4是对原始数据进行假数据扰动后的结果。I_1、I_2、I_3分别是移动对象O_1、O_2、O_3的假名。I_4、I_5、I_6是生成的假轨迹的假名。经过假轨迹扰动后的数据库中含有6条假轨迹，每条真实轨迹的披露风险降为1/2。简言之，产生的假轨迹越多，披露风险就越低。

表 11-4 用假数据法干扰后的轨迹数据库

移动对象	t_1	t_2	t_3
I_1	(1，2)	(3，3)	(5，3)
I_2	(2，3)	(2，7)	(3，8)
I_3	(1，4)	(3，6)	(5，8)
I_4	(1，1)	(2，2)	(3，3)
I_5	(2，4)	(2，6)	(4，6)
I_6	(1，3)	(2，5)	(3，7)

一般来说，假轨迹方法要考虑以下三方面。

（1）假轨迹的数量。假轨迹的数量越多，披露风险越低，但是同时对真实数据产生的影响也越大。因此，假轨迹的数量通常根据用户的隐私需求选择折中数值。

（2）轨迹的空间关系。从攻击者的角度看，从交叉点出发的轨迹易于混淆。因此，应尽可能产生相交的轨迹以降低披露风险。

（3）假轨迹的运行模式。假轨迹的运动模式要和真实轨迹的运动模式相近，不合常规的模式容易被攻击者识破。

2. 基于假数据的轨迹隐私保护的实现

针对上述 3 种要求，出现了两种生成假轨迹的方法：随机模式生成法和旋转模式生成法。

（1）随机生成法。随机生成一条连接起点和终点、连续运行且运行模式一致的假轨迹。

（2）旋转模式生成法。以移动用户的真实轨迹为基础，以真实轨迹中的某些采样点为轴点进行旋转，旋转后的轨迹为生成的假轨迹。旋转点的选择和旋转角度的确定需要和信息扭曲度进行关联权衡。

旋转模式生成法生成的假轨迹与真实用户的运动模式相同，并和真实轨迹有交点，因此难以被攻击者识破。

11.10.3 基于泛化法的轨迹隐私保护技术

在轨迹隐私保护中，最常用的方法是轨迹 k- 匿名技术。k- 匿名模型主要应用于关系数据库的隐私保护中。其核心思想是将 QI 属性泛化，使得单条记录无法和其他 k–1 条记录区分开来。Marco Gruteser 最先将 k- 匿名技术应用到位置隐私保护中，产生了位置 k- 匿名模型：当移动对象在某一时刻的位置无法与其他 k–1 个用户的位置相区别时，则称此位置满足位置 k- 匿名。随后，k- 匿名模型也应用到轨迹隐私保护技术中，产生了轨迹 k- 匿名。一般来说，k 值越大则隐私保护效果越好，然而丢失的信息也越多。

给定若干条轨迹，对于任意一条轨迹 T_i，当且仅当在任意采样时刻 t_i，至少有 k–1 条轨迹在相应的采样位置上与 T_i 泛化为同一区域时，称这些轨迹满足轨迹 k- 匿名。满足轨

迹 *k*- 匿名的轨迹被称为在同一个 *k*- 匿名集中。采样位置的泛化区域（又称匿名区域）可以是最小边界矩形，也可以是最小边界圆形，可以根据具体需求进行调整。

下面的例子展示了轨迹 *k*- 匿名的概念。

表 13-5 是对表 13-3 中的原始数据进行轨迹 3- 匿名后的结果。

表 13-5　轨迹 3- 匿名

移动对象	t_1	t_2	t_3
I_1	[（1，2），（2，4）]	[（2，3），（3，7）]	[（3，5），（3，8）]
I_2	[（1，2），（2，4）]	[（2，3），（3，7）]	[（3，5），（3，8）]
I_3	[（1，2），（2，4）]	[（2，3），（3，7）]	[（3，5），（3，8）]

表 13-5 中的 I_1、I_2 和 I_3 分别是移动对象 O_1、O_2、O_3 的假名。3 个时刻的位置也泛化为 3 个移动对象的最小边界矩形。匿名区域用左下坐标和右上坐标来表示，如 [（1，2），（2，4）] 表示左下角坐标为（1，2），右上角坐标为（2，4）的最小边界矩形。

在数据发布中和基于位置的服务中均有关于轨迹 *k*- 匿名技术的研究，两种场景下对轨迹 *k*- 匿名的侧重点不同，下面分别介绍这两个场景中的轨迹 *k*- 匿名方法。

1. 数据发布中的轨迹 *k*- 匿名

在轨迹数据发布的隐私保护中，轨迹 *k*- 匿名要将静态的轨迹数据库 *D* 转换为 *D**，使得 *D** 中的任意一条轨迹 T_i* 都属于某个轨迹 *k*- 匿名集，且 *D** 和 *D* 之间的信息扭曲度最小。在信息扭曲度最小的情况下达到轨迹 *k*- 匿名是 NP-hard 问题，其中有以下几个关键的问题。

（1）QI 属性的识别。

QI 属性又称为准标识符，指联合起来能唯一识别某个个体的多个属性的集合。在关系数据隐私保护中，属性一般分为 QI 属性和敏感信息，隐私保护技术将 QI 属性泛化，使得发布的数据中每一条记录不能区分于其他（*k*–1）条记录。然而在轨迹数据中，QI 属性与敏感信息很难界定，轨迹上任何位置或位置的集合都有可能成为区分于其他轨迹的 QI 属性。

例如，在某个时刻，T_i 是唯一一个经过了位置 L_i 和 L_j 的轨迹，那么 L_i 和 L_j 就可以作为 T_i 的 QI 属性。

多数算法在保护轨迹数据隐私时，并不考虑 QI 属性与其他属性的区别，而是对整条轨迹上的所有采样点均做泛化处理；也有些方法从动态 QI 属性的角度出发进行隐私保护。所谓动态 QI 属性，指某条轨迹的 QI 属性在不同的时刻 t_i 由不同的位置组成。由于动态 QI 属性自身的特性，必须找到在所有时刻 t_1，t_2，…，t_n 上距离 *O* 的聚集距离最小的（*k*–1）个对象，并将这 *k* 个对象匿名到一个匿名区域中以达到轨迹 *k*- 匿名。

（2）轨迹 *k*- 匿名集的形成。

寻找轨迹 *k*- 匿名集的原则是使得 *D** 与 *D* 的信息扭曲度尽可能小，因此，匿名集中的 *k* 条轨迹在时空上要尽可能地相近，即匿名集中的轨迹既要分布在相同的时间段内又要在空间距离上相近。为了能达到时间相近的目的，大多数算法采用预处理方式，将分布在相同时间段内的轨迹放入同一个等价类中。然后，在同一个等价类中寻找空间距离相近的轨迹 *k*- 匿名集。寻找轨迹 *k*- 匿名集的方法有两大类，一类是通过整条轨迹聚类找到距离

相近的轨迹形成 *k*- 匿名集；另一类是通过某条轨迹上最近邻采样点位置找到轨迹 *k*-匿名集。不管用何种方式，为了达到较小的信息扭曲度，都必须遵循 *k* 条轨迹之间距离尽可能小的原则。

（3）轨迹距离的计算。

轨迹聚类或寻找最近邻采样点均需要计算轨迹或者采样位置之间的距离。目前，研究者们已经提出了多种轨迹距离的计算方法，如欧氏距离（Euclidean distance）、编辑距离（edit distance）、最长共同序列距离（longest common sequences distance）、对数距离等。目前，大多数方法采用欧氏距离计算轨迹或采样点之间的距离，也有些方法采用对数距离计算轨迹之间的距离。选择何种距离计算函数与信息扭曲度的衡量函数有直接关系。例如，如果信息扭曲度由数据库 *D* 和 *D** 之间的欧氏距离衡量，那么，相应的轨迹距离也应采用欧氏距离。

2. LBS 中的轨迹 *k*- 匿名

基于位置的服务，指服务提供商根据移动用户的位置信息提供各种服务，如紧急救援服务、基于位置的娱乐信息服务、生活信息服务及基于位置的广告服务等。由于 LBS 与用户提出请求的位置有关，因此，使用基于位置的服务最大的隐私威胁就是位置隐私的泄露，也就是暴露用户的位置及获知位置后用户受到的与时空相关的推理攻击。例如，用户不想让别人知道自己目前所在的位置（如酒吧），以及将要去的位置（如查询最近的宾馆等）。位置隐私保护技术的出现解决了这类问题，它可以保护移动用户在某个时刻的位置信息，以及用户在发出连续查询时的位置信息。

不过，更严重的问题是，保护了用户的位置隐私并不一定能保护用户的轨迹隐私。例如，使用位置隐私保护技术，移动对象在发出 LBS 请求时会发布一个匿名框，将这些匿名框连接起来，移动对象的大致轨迹就会暴露。

在基于位置的服务中，轨迹 *k*- 匿名与位置 *k*- 匿名不同，轨迹 *k*- 匿名要求任一条轨迹在起始点至终止点的所有采样位置都必须和相同的 *k*–1 条轨迹匿名。基于位置的服务中的轨迹 *k*- 匿名与数据发布中的轨迹 *k*- 匿名不同，待匿名的轨迹数据并不是静态的，而是动态变化的。因此，如何从轨迹起始时就能确定轨迹 *k*-匿名集是一个挑战性的问题。在基于位置的服务中，确定轨迹 *k*- 匿名集的方法大致有以下几种。

（1）基于轨迹划分的轨迹 *k*- 匿名。

将轨迹分片，将每个片段与其他轨迹的片段进行匿名，可以解决将整条轨迹匿名带来的不确定性问题，研究者提出了轨迹分片匿名方法。分片方法的关键问题在于如何确定轨迹片段的长度。如果轨迹片段太短，则无益于位置隐私保护，起不到轨迹隐私保护的作用；如果轨迹片段太长，则起不到轨迹划分的效果。轨迹划分的方法是将二维空间划分为大小相等的正方形“格”，根据用户的隐私需求可将一个或多个“格”定义为一个“大格”。假如一条轨迹穿过不同的“大格”，“大格”的边界将这条轨迹分成若干轨迹片段，然后分别对处于不同“大格”中的轨迹片段进行匿名。在划分交界处的位置隐私保护也是需要人们关注的一个问题，有些学者则提出在边界位置延时发布匿名区域的策略。

（2）基于历史轨迹的 *k*- 匿名。

多数匿名方法都是和当前时间段内的移动对象进行匿名，匿名是否成功，很大程度上依赖于路网的稠密度。如果路网过于稀疏，容易造成匿名框过大，从而影响服务质量；若在服务时间内达不到用户设定的隐私级别，则会造成匿名失败。基于上述问题，有些学者提出了基于历史数据和用户的运行轨迹的k-匿名方法。历史数据匿名技术采用中心服务器模式，客户端和位置服务器之间有一个可信的匿名服务器，且匿名服务器中含有存储历史轨迹数据的数据库。移动对象增量地向匿名服务器发送运行轨迹$T_0=\{c_1, c_2, \cdots, c_n\}$，匿名服务器需要为$T_0$产生匿名区域的序列$T=\{c_1, c_2, \cdots, c_n\}$，使$T$完全覆盖$T_0$，且包含（$k$–1）条历史轨迹。该方法通过为每一条历史轨迹建立基于格的索引来获取距离T_0最近的历史轨迹。在基于格的索引中，先使用四分树将二维空间划分为大小不等的“格”，为每个“格”维护一张表，表中存储了经过该“格”的轨迹ID及其他信息。通过该索引可以找到与T_0经过相同“格”的轨迹，并将这些轨迹存入集合B中，如果B中的轨迹数据不足（k–1）个，则继续查找经过与T_0相邻的格的轨迹放入B中，直至B中含有至少（k–1）条轨迹为止。由于B中的轨迹和T_0经过相同或相邻的“格”，距离T_0较近，形成轨迹k-匿名的轨迹从集合B中选取，这样就完成了轨迹k-匿名。

11.10.4 基于抑制法的轨迹隐私保护技术

抑制法，指有选择地发布原始数据，抑制某些数据项，即不发布某些数据项。表11-7和表11-8展示了通过抑制法进行轨迹隐私保护的例子。表11-6中存储了坐标与语义位置之间的对应关系（该信息可以结合反向地址解析器和黄页相得到），假如攻击者获得该信息，就可以作为背景知识对发布的数据进行推理攻击。

表11-6 位置信息表

位　置	名　称
（1，2）	体育馆
（2，7）	图书馆
（5，8）	网吧
（3，9）	酒店

表11-7是经过简单抑制之后发布的轨迹数据，可以看出，所有敏感位置信息都被限制发布，移动对象的隐私得到了保护。

表11-7 用抑制法隐私保护的数据

移动对象	t_1	t_2	t_3
O_1	—	（3，3）	（5，3）
O_2	（2，3）	—	（3，8）
O_3	（1，4）	（3，6）	—

简言之，基于抑制法的轨迹隐私保护技术包括以下两个重要原则。

（1）抑制敏感和频繁访问的位置信息。

（2）抑制增大整条轨迹披露风险的位置信息。

如何找到需要抑制的位置信息以降低披露风险，且尽可能地提高数据的可用性，是该技术需要解决的一个关键问题。抑制法的研究者根据攻击者掌握移动对象的部分轨迹的情况，提出了抑制某些信息来保护移动用户轨迹隐私的方法。该方法要解决的问题是将轨迹数据库 D 转换为 D^*，使得攻击者 A 不能以高于 P_{br} 的概率推导出轨迹上的位置属于哪个移动对象。

假定轨迹 T 上的位置 p_j 来源于位置集合 P，不同的攻击者拥有不同的位置集合，攻击者 A 的位置集合表示为 P_A，攻击者 A 掌握的轨迹片段表示为 T_A。

因此，需要计算出某个不属于 P_A 的位置可能被 A 推导出其所有者的概率，如果这个概率大于 P_{br}，则 p_j 必须被抑制。使用抑制法进行隐私保护时，如果抑制的数据太多，势必会严重影响数据的可用性。

也有些研究者采用了另一种抑制法进行隐私保护。该方法根据某个区域访问对象的多少将地图上的区域分为敏感区域和非敏感区域，一旦移动对象进入敏感区域，将抑制或推迟其位置更新，以保护其轨迹隐私。对于非敏感区域，算法并不限制移动对象的位置更新。

基于抑制法的轨迹隐私保护技术简单有效，能处理攻击者持有部分轨迹数据的情况。在保证数据可用性的前提下，这是一种效率较高的方法。然而，上面提到的方法仅适用于了解攻击者拥有某种特定背景知识的情形，当隐私保护方不能确切地知道攻击者的背景知识时，这种方法就不再适用了。

11.10.5 各类轨迹隐私保护方法的对比

以上对常用的 3 类轨迹隐私保护方法进行了介绍，本节将对比这 3 类方法，介绍其优缺点及代表技术，如表 11-8 所示。

表 11-8 各种轨迹隐私保护方法的对比

方　法	主要优点	主要缺点	代表技术
假数据法	计算开销较小 比较容易实现	数据失真严重 算法移植性差	假数据轨迹 隐私保护技术
泛化法	算法移植性好 数据比较真实 比较容易实现	实现最优化轨迹 匿名开销较大； 有隐私泄露风险	基于轨迹划分的轨迹 *k*- 匿名隐私保护技术； 基于历史轨迹的 *k*- 匿名隐私保护技术
抑制法	隐私保护度高 比较容易实现	数据失真严重	基于抑制法的轨迹隐私保护技术

总言之，这 3 类方法各有优缺点：假数据法计算开销小，实现简单，但是算法移植性较差、数据可用性与服务质量较差；而泛化法虽然算法移植性、数据可用性和服务质量有较高的提升，实现代价却也大大提高；抑制法实现简单且隐私保护度较高，然而数据失真严重。设计隐私保护方法时，要根据隐私保护的需求，并从攻击模型出发，设计合适的隐私保护算法。

11.11　本章小结

数据信息安全，指数据信息的硬件、软件及数据受到保护，不受偶然的或者恶意的原因而遭到破坏、更改、泄露，系统连续可靠正常地运行，数据信息服务不中断。数据安全主要指数据信息的完整性、可用性、保密性和可靠性。

数据保护既保证数据可用性，也保证业务连续性。数据保护的核心是建立和使用数据副本的技术。数据保护技术主要涉及备份、复制技术、镜像技术、快照技术和连续数据保护技术等。

为了适应和满足数据共享的环境和要求，DBMS要保证整个系统的正常运转，防止数据意外丢失和不一致数据的产生，以及当数据库遭受破坏后能迅速地恢复正常。数据库保护又称为数据库控制，是通过四方面实现的，即安全性控制、完整性控制、并发性控制和数据恢复。

数据容灾，就是在灾难发生时，在保证应用系统的数据尽量少丢失的情况下，维持系统业务的连续运行。衡量容灾系统有三个主要指标：RPO、RTO和备份窗口。一个容灾系统中，数据容灾和应用容灾通常采取不同的实现技术。数据容灾技术包括数据备份技术、数据复制技术和数据管理技术等，而应用容灾技术包括灾难检测技术、系统迁移技术和系统恢复技术等。

简言之，隐私就是个人、机构等实体不愿意被外部世界知晓的信息。在具体应用中，隐私即数据所有者不愿意被披露的敏感信息，包括敏感数据及其所表征的特性。

隐私可以分为两类：个人隐私、共同隐私。

数据隐私保护的效果是通过攻击者披露隐私的多少来侧面反映的。现有的隐私度量都可以统一用“披露风险”（Disclosure Risk）来描述。披露风险表示攻击者根据所发布的数据和其他背景知识可能披露隐私的概率。

数据隐私保护技术分为三类：基于数据失真的技术、基于数据加密的技术和基于限制发布的技术。

位置隐私保护不是保护用户的个人信息不被他人使用，而是保护用户对个人的位置信息进行有效控制的权利。位置信息是一种特殊的个人隐私信息，对其进行保护就是要给予所涉及的个人决定和控制自己所处位置的信息何时、如何及在何种程度上被他人获知的权利。

轨迹隐私是一种特殊的个人隐私，指个人运行轨迹本身含有的敏感信息（如访问过的敏感位置），或者由运行轨迹推导出的其他个人信息（如家庭住址、工作地点、生活习惯、健康状况等）。因此，轨迹隐私保护既要保证轨迹本身的敏感信息不被泄露，又要防止攻击者通过轨迹推导出其他的个人信息。

轨迹隐私保护技术大致可以分为以下3类：基于假数据的轨迹隐私保护技术、基于泛化法的轨迹隐私保护技术、基于抑制法的轨迹隐私保护技术。

复习思考题

一、单选题

1. 数据安全的要素体现在（　　）方面。

A. 6　　　　B. 7　　　　C. 8　　　　D. 9

2. 数据安全制度的制定，一般包括（　　）方面。

A. 6　　B. 7　　C. 8　　D. 9

3. 数据保护的核心是建立和使用（　　）技术。

A. 磁带机　　B. 服务器　　C. 硬盘阵列　　D. 数据副本

4. 数据保护技术包括（　　）。

A. 备份技术　　B. 镜像技术　　C. 快照技术　　D. 以上都是

5. 根据数据库系统的网络结构，可以将数据库系统分成（　　）层。

A. 2　　B. 3　　C. 4　　D. 5

6. 数据库并发控制是以（　　）为单位进行的。

A. 事务　　B. 记录　　C. 锁　　D. 时间

7. 从技术上看，衡量容灾系统有（　　）个主要指标。

A. 2　　B. 3　　C. 4　　D. 5

8. 根据对灾难的容忍能力、系统恢复所用的时间及数据丢失的程度，数据容灾备份系统可以分为（　　）个等级。

A. 5　　B. 6　　C. 7　　D. 8

9. 目前比较完善的容灾系统的设计，一般都采用三级体系结构，整个系统包括存储子系统、（　　）和灾难恢复子系统三大部分。

A. 备份子系统　　B. 传输子系统　　C. 审计子系统　　D. 编译子系统

10. 典型的入侵检测系统包括（　　）个功能部件。

A. 2　　B. 3　　C. 4　　D. 5

11. 基于数据失真的隐私保护技术包括（　　）。

A. 随机化　　B. 凝聚技术　　C. 阻塞技术　　D. 以上都是

12. 基于位置的服务指通过无线通信和（　　）技术获得移动终端的位置信息，将此信息提供给移动用户本人或他人或应用系统。

A. 遥感　　B. 监控镜头　　C. 定位　　D. 以上都不是

13. 轨迹隐私保护技术可以基于（　　）。

A. 假数据　　B. 泛化法　　C. 抑制法　　D. 以上都是

14. 一般来说，假轨迹方法要考虑（　　）方面。

A. 3　　B. 4　　C. 5　　D. 6

15. 现有的隐私度量都可以统一用（　　）来描述。

A. 披露风险　　B. 窥视风险　　C. 隐私风险　　D. 系统风险

二、简答题

1. 数据安全的含义是什么？数据安全要素是哪些？

2. 用于数据安全的技术主要有哪些？

3. 数据保护的含义是什么？衡量数据保护的两个重要标准是什么？

4. 数据保护技术实现分几个层次？各层次使用的技术是什么？

5. 对数据库的保护是通过哪几方面实现的？

6. 数据库怎样进行并发控制？怎样避免数据库操作的死锁？

7. 简述数据库的恢复方法。

8. 数据容灾的含义是什么？衡量数据容灾的主要指标是什么？
9. 数据容灾的主要技术有哪些？
10. 根据数据复制的层次，数据复制技术的实现可以分成哪几种？
11. 什么是隐私？隐私保护技术分为哪些类别？
12. 请画图说明基于通用原则的匿名化算法。
13. 什么是位置隐私保护？如何实现位置隐私保护？
14. 什么是轨迹隐私保护？
15. 如何实现基于假数据的轨迹隐私保护技术？
16. 如何实现基于泛化法的轨迹隐私保护技术？
17. 如何实现基于抑制法的轨迹隐私保护技术？
18. 请列表比较各种轨迹隐私保护方法。
19. 请画图说明轨迹隐私保护系统的中心服务器结构。
20. 请简要说明面向隐私保护的访问控制模型。

第 12 章 物联网安全技术的典型应用

毫无疑问，物联网时代的来临，一定会给人们的工作和生活带来翻天覆地的变化。物联网技术的用途十分广泛，遍及智慧城市、智能交通、智能家居、智慧医疗、环境保护、政府管理、公共安全、智能消防、工业监测、环境监测、路灯管控、食品溯源等众多领域。

物联网能够把新一代的信息技术充分应用到各行各业之中。具体来说，就是把传感器和物联网设备连接到电网、铁路、桥梁、隧道、公路、建筑、供水系统、大坝、油气管道等各种物体中，然后将“物联网”与现有的互联网整合起来，实现人类社会与物理系统的整合。在这个整合的网络当中，存在能力超级强大的中心计算机群，能够对整合网络内的人员、机器、设备和基础设施实施实时的管理和控制。在此基础上，人类可以以更加精细和动态的方式管理生产和生活，达到“智慧”状态，从而提高资源利用率和生产力水平，改善人与自然间的关系。

12.1 物联网的安全体系架构

物联网的安全体系架构如图 12-1 所示。

图 12-1 物联网的安全体系架构

物联网安全体系架构包括感知层安全、网络层安全、应用层安全，但是从体系及应用方面看，物联网安全技术是一个有机的整体，各部分的安全技术不是相互孤立的。

物联网安全支撑平台的作用是将物联网安全中各个层次都要用到的安全基础设施，包括安全云计算云存储、PKI、统一身份认证、密钥管理服务等集成起来，使得全面的安全基础设施成为一个整体，而不是各个层次相互隔离。例如，身份认证在物联网中应该是统一的，用户应该能够单点登录，一次认证、多次使用，而无须多次输入同样的用户名和口令。

感知层安全是物联网中最具特色的部分。感知节点数量庞大，直接面向物理世界。感知层安全技术的最大特点是“轻量级”，不管是密码算法还是各种协议，都不能太复杂。“轻量级”安全技术的结果是感知层安全的等级比网络层和应用层要“弱”，因此在应用时，需要在网络层和感知层之间部署安全汇聚设备。安全汇聚设备将信息安全增强之后，再与网络层交换，以弥补感知层安全能力的不足。

物联网纵向防御体系需要实现感知层、网络层、应用层协同防御，防止各个层次的安全问题扩散到上层，防止一个安全问题摧毁整个物联网应用。物联网纵向防御体系和已有的横向防御体系结合在一起，形成全方位的安全防护。

对于具体的物联网应用来说，其安全防护措施应当如本书前文的物联网安全体系架构及本节的物联网安全技术应用框架所述那样进行配置。首先，建立安全支撑平台，包括物联网安全管理、身份和权限管理、密码服务及管理系统、证书系统等；其次，根据实际情况，在感知层采用安全标签、安全芯片或安全通信技术，其中涉及各种轻量级算法和协议；最后，在网络层和感知层之间部署安全汇聚设备。在网络层，需要部署多种安全防护措施，包括网络防火墙、入侵检测、传输加密、网络隔离、边界防护等设备；在应用层，需要部署Web防火墙、主机监控、防病毒，以及各种数据安全、处理安全措施，如果采用云计算平台，还需要部署云安全措施。

总之，物联网安全技术在具体的应用中，必须整体考虑其安全需求，系统性地部署多种安全防护措施，以便从整体上应对多种安全威胁，防止安全短板，从而能够全方位地进行安全防护。

12.2　物联网安全技术在智慧城市中的应用

12.2.1　智慧城市简介

智慧城市如图12-2所示。智慧城市（smart city），指在城市规划、设计、建设、管理与运营等领域中，通过物联网、云计算、大数据、空间地理信息集成等智能计算技术的广泛应用，使得平安城市、智慧园区、智慧交通、电子政务、应急联动、智慧环保、智慧旅游、食品安全、数字城管、智慧医疗和智慧物流等城市组成的关键基础设施、组件和服务更互连、高效和智能，从而为市民提供更美好的生活和工作服务，为企业创造更有利的商业发展环境，为政府赋能更高效的运营与管理机制。

图 12-2 智慧城市

12.2.2 智慧城市的关键技术

智慧城市不仅仅是物联网、云计算等新一代信息技术的应用，更重要的是通过物联网基础设施、云计算基础设施、地理空间基础设施等新一代信息技术，实现全面透彻的感知、宽带泛在的互连、智能融合的应用。智慧城市的关键技术包括物联网、大数据分析、人工智能、第五代移动通信技术和增强现实等。

1. 物联网

智慧城市，以及与此相关的智慧治理，都依赖于大量微小实时数据的收集、分析和处理，而这只有借助物联网（IoT）传感器才能实现。

物联网传感器和摄像头可以不断以各种形式实时收集详细信息。可以使用不同类型的传感器实时收集诸如火车站的人流、道路上的交通状况、水源中的污染水平及住宅区中的能耗等数据。使用这些数据，政府机构可以做出与不同资源和资产分配有关的快速决策。

例如，根据火车站的客流量和售票信息，运输机构可以重新安排火车路线，以满足不断变化的需求。同样，健康、安全和环境机构可以监控水体的污染水平，并通知负责人员采取补救措施。在某些情况下，物联网执行器可以在紧急情况下自动启动响应措施，例如，停止向家庭住户供应受污染的水。

因此，物联网和传感器将本质上构成智慧城市的神经系统，将关键信息传递给控制实体，并将响应命令中继到适当的端点。

2. 大数据分析

智慧城市各个方面的应用将主要由数据驱动。所有决策，从公共政策这样的长期战略决策，到评估每个公民的福利价值之类的短期决策，都将通过对相关数据的分析来做出。

借助物联网传感器和其他先进的数据收集方法，随着生成的数据量、速度和种类的增加，对大容量分析工具的需求将比以往任何时候都要大。大数据分析工具已被政府部门广泛应用，从预测城市特定区域的犯罪可能性到预防贩卖儿童和虐待儿童等犯罪等。随着物联网能够从大量新资源中收集数据，大数据分析将在包括教育、医疗保健和运输等所有关键领域中得到广泛应用。

实际上，大数据分析已经是物联网不可分割的一部分。大数据可以使政府通过发现反映城市趋势的模式来理解其拥有的数据。

例如，大数据分析可以帮助教育部门发现诸如入学率低之类的趋势，从而防止出现此类结果。大数据还可以用于查找导致此类问题的原因并规划补救措施。因此，大数据将成为智慧城市政府的关键决策支持。

3. 人工智能

物联网和大数据的重要基础是人工智能（Artificial Intelligence，AI）。人工智能可以通过自动化智能决策来支持智慧城市的大数据和物联网计划。

实际上，物联网发起响应性行动的能力将在很大程度上由某种或其他形式的人工智能驱动。在智慧城市中，人工智能最明显的应用领域是自动化执行大量与数据密集型相关任务，例如，以聊天机器人的形式提供基本的公民服务。又如，基于AI的聊天机器人可用于处理简单的请求，如提供新的水、电和气连接，更改财产所有权详细信息，以及更改政府记录上的地址和其他注册详细信息。然而，人工智能的真正价值可以通过利用深度学习和计算机视觉等先进的AI应用，以应对智慧城市运营中面临的问题。例如，交通管理人员可以使用计算机视觉来分析交通画面，以识别驾驶员非法停车的情况。计算机视觉还可以用来查找和举报与犯罪行为有关的车辆，以帮助执法部门追踪罪犯。

深度强化学习还可以用于根据智慧城市中的新兴需求自动优化资源。在强化学习的帮助下，政府部门可以提高其运营效率，因为这些AI系统可以凭经验变得更好。

4. 第五代移动通信技术

智慧城市建立在其不同部门的实时通信和共享信息能力之上，以确保运营中的完全同步。通过实现这种同步，政府可以确保其公民及时获得关键服务，如医疗保健、紧急响应和运输。从而不仅可以确保公民城市生活的便利，还可以改善他们的安全和整体福祉。

例如，在发生爆炸或火灾之类的紧急情况时，消防部门、城市救护车服务和交通控制部门之间的实时通信可以确保这些实体之间实现完美的实时协调，从而将人员伤亡降至最低。

为了实现不同政府实体之间的这种无缝通信，拥有一个能够以低延迟和高可靠性处理大量通信的通信网络非常重要。尽管实时共享大量数据，但使用第五代移动通信技术，政府可以确保所有政府机构都能无缝协作。

5. 增强现实

为公民提供及时的服务意味着确保为政府人员提供有效执行任务所需的信息。例如，必须向政府卫生中心的医生提供有关所治疗患者的信息。或者，应该给负责修复受损铁路线的工人更新轨道的布局，并准确确定受损零件的位置。

通过使用增强现实（AR）头戴式设备，此类信息可以在工人需要时立即实时转发给他们。这样可以最大限度地减少工人查找必要信息所需的精力和时间，从而使得他们可以立即采取行动。交通管理人员还可以使用AR通过智能眼镜或智能手机应用程序获取有关违章停车和被盗车辆的实时信息，提供城市交通运营管理的效率。

总言之，以上这些智慧城市技术中的每一种都是相互依赖的。因此，应制定综合战略，在考虑它们各自拥有的优势的同时，综合运用这些技术。

12.2.3 智慧城市发展面临的难题

1. 规划缺乏顶层设计

智慧城市是一个复杂的系统，城市的治理面临多层次、多维度的复杂“城市病”问题。由于初期缺乏顶层设计，很多城市不能从全局和长远的角度统筹规划，数据“聚而不通、通而不用”。智慧城市建设在总体规划中往往不能达成跨领域、跨系统之间接口和标准的统一，在维持城市常规运行时尚可，一旦遇到重大突发事件就难免出现混乱。

2. 建设盲目追求规模速度

“重硬件、轻应用”的观念和跟风建设的现象仍然存在。一些城市盲目追求建设的规模和速度，把智慧城市建设作为“形象工程”，将大量资金投入到硬件设备的采购和基础设施的搭建，忽视了城市公共服务的有效供给和社会生态结构的合理布局，没有充分考虑“技术为人所用”的人本价值。

3. 管理运营能力不足

第一，数据治理能力不足，智慧城市的核心是数据，数据的核心是互连互通，数据治理体系不健全，数据就无法高效流转与整合，也就无法快速匹配高精度要求的疫情追踪场景；第二，应急保障能力不足，一些城市的监督监管体系不够完备，导致疫情期间系统故障、个人隐私泄露等问题时有发生；第三，运行反馈机制不健全，智慧城市建设是一个迭代演进的过程，既要有自上而下的设计，也要有自下而上的反馈。

12.2.4 建设智慧城市的策略

1. 让智慧城市具备全域全量全时的综合感知能力

一方面，要统一规划和集成利用，构建一体化的城市空间新型基础设施。另一方面，要高度重视社会感知，构建多维融合的泛在感知体系。要在保护个人隐私和保障数据安全的前提下，把城市感知的触角延伸到社交媒体、电商平台、交通出行等应用场景，从感知市民诉求、诊断城市问题、监测社会风险等维度构建立体化的泛在感知体系。

2. 打造城市“智脑”的三个着力点

首先，着力于“高质量”，要分级分类完善标准规范体系，以数据质量和数据流动逻辑为抓手，构建高质量数据治理体系，推进资源整合共享；第二，着力于“优协同”，要坚持市级统筹原则，强化平台协作能力，聚焦打造公共服务超级应用；第三，着力于“可使用”，要在推动政府数据共享和开放的基础上，尽可能多地从相关主体（如公共事业单位、科研机构及互联网企业等）掌控的数据资源中识别公共数据并纳入城市公共数据体系中，着眼并落脚于让公共数据处于“可使用”的状态。

3. 深耕细作，把“智慧城市”运营好

首先，建立上下联动高效组织体系，既要有智慧城市建设领导机构，又要着力培养一支专业化的运营队伍，形成纵横协作模式。第二，强化“全周期管理”模式，把“数字政府”的政务服务应用向“共治共理”模式延伸，利用“新基建”拓宽多元主体表达意见、提供决策支持的渠道。第三，打造持续创新的应用生态，围绕“政府主导分清角色、市场主体打造生态”的主要原则优化市场参与机制，以智能化场景的供给来培育解决“城市病”的新业态新产品，推广以人为本的智慧化应用，建立动态、人本、全周期的智慧城市运营机制，打造可持续发展的城市创新生态。

12.3　物联网安全技术在智慧医疗中的应用

12.3.1　智慧医疗概述

如图 12-3 所示，智慧医疗（smart healthcare）也称为医疗物联网，指把物联网技术应用于医疗、患者身体状况监测、医疗信息化、远程医疗、医疗器械设备等医学领域。

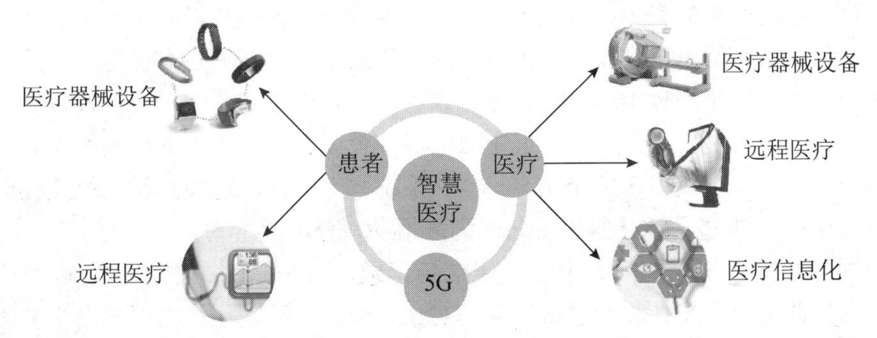

图 12-3　智慧医疗

医疗物联网中的“物”，就是各种与医疗服务活动相关的人和事物，如健康者、亚健康者、病人、医生、护士、医疗仪器、医疗设备、药品等。医学物联网中的“联”，即信息交互连接，把上述“事物”产生的相关信息交互、传输和共享。医学物联网中的“网”，即把“物”有机地连成一张“网”，感知医学服务对象、各种数据的交换和无缝连接，实现对医疗卫生保健服务的实时动态监控、连续跟踪管理和精准的医疗健康决策。

那么什么是“感”“知”“行”呢？“感”就是数据采集和信息获得，例如，连续监测患者的体温、血压、脉搏、呼吸等人体特征参数，监测周边环境信息、感知设备和人员情况等。“知”特指数据分析，例如，测得高血压患者的连续血压值之后，计算机会自动分析出他的血压状况是否正常，如果不正常，就会生成警报信号，通知医生知晓情况，调整用药，加以处理，这就是“行”。

应用物联网技术的智慧身体状况监测系统，将数字健康档案、动态健康管理、医疗服务平台三者有机结合起来，通过自我健康管理（健康教育、健康记录等）、健康监测（包括智能健康指标检测、健康预警、健康指导等）、远程医疗协助（包括用药指导、膳食指导、运动指导、慢性康复指导等），相互作用，环环相扣，实现对个体健康的全程智能管理。

如果你拥有了智慧身体状况监测系统，你可以随时用电子秤、人体脂肪分析仪、电子体温计、血压计和心率监测仪等人体状况传感设备，自动测量自己的血压、血糖、血氧、心率等与健康有关的数据，管理自己的健康记录；你也可以选择让自己的健康数据自动传输到健康控制中心，健身教练将根据健康数据帮助制订下一步的健身计划和健康食谱，特约医生将根据健康数据了解你的健康状况，必要时可以对你进行远程会诊，再提出医疗意见；如果家中老人意外摔倒，信息会自动发送给子女，并自动传输到医院的急救中心……

在改善患者体验方面，与物联网相连的医疗应用程序可以提供远程监控，并使得物理空间更智能。手术过程中，临床任务和基本资源管理效率的提升，也有助于改善患者体验。

此外，物联网医疗设备收集的数据非常准确，可帮助医疗专业人员做出更全局的决策，从而改善治疗效果。

12.3.2 智慧医疗面临的安全威胁

在医疗卫生和健康保障领域，物联网具有巨大的潜力。物联网技术发挥着越来越大的作用。但是，随之而来的安全威胁也不可轻视，这些威胁若不加以制止，可能会造成巨大的伤害。在保护众多的医疗物联网设备免受网络攻击方面，医院面临着更多的挑战。

首先，每张病床平均有 10 ～ 15 台医疗设备，如输液泵和呼吸机，但许多设备在设计时并没有考虑到安全性。目前，医院近半数的医疗设备仍然在不受支持的操作系统或旧版的操作系统（如安全漏洞很多的 Windows XP 系统）上运行，这些操作系统往往已停止了安全更新。这使得 B 超、MRI 等设备，成为网络勒索分子攻击的重点目标。

在美国，被黑客窃取的病人电子健康信息记录，每个病例在黑市的售价高达数百美元。如此高昂的售价，使其成为黑客关注的对象。因此，医院往往需要向网络勒索分子支付巨额费用，来赎回这些电子健康信息记录，阻止医疗信息的进一步泄露。

医疗设备并不是唯一被黑客攻击的目标，医院的智能办公网络和楼宇管理系统等也是重要目标之一。

当医院希望升级其医疗设备底层的操作系统时，由于操作上的考虑，以及需要对设备进行重新测试和重新认证，使得实施难度极大。

对于保护和监视医疗机构的物联网设备、旧版的操作系统和病人健康记录，即使在不可修补的设备上，以及直观的“零信任”网络分段和管理中，也必须确保完整的物联网设备可见性和风险可分析性，为漏洞填补和黑客攻击的防护打好基础。这将有助于识别和分类物联网设备，如发现弱密码、过时的固件和已知漏洞等风险。

12.3.3 智慧医疗系统应对安全威胁的措施

智慧医疗系统应对安全威胁的措施主要包括以下五点。

1. 员工培训

培训员工，让其知道如何识别和避免潜在的勒索软件攻击至关重要。由于当前许多网络攻击都始于看似安全的邮件，而入侵的开始，便来自邮件中引导用户点击恶意链接的内容。因此，对员工的日常教育，是最为重要的、也是最容易的防御措施之一。

2. 数据备份

定期进行维护和数据备份，不仅可以防止数据丢失，而且可以保证在磁盘硬件出现故障时及时恢复数据。数据备份还可帮助医疗保健组织从勒索软件攻击中恢复。

3. 修补漏洞

由于网络犯罪分子通常会在可用的修补程序中寻找最新的漏洞，然后将目标锁定为尚未修补的系统，因此，组织必须确保所有系统都已应用最新的补丁程序，从而减少企业内部潜在的漏洞数量。

医院的众多物联网设备应定时修复安全漏洞，即使对于固件无法修补或使用旧操作系统的设备，也是如此。同时应主动识别并阻止未经授权的访问，以及与设备和服务器之间未经授权的访问和流量，防止针对物联网的恶意软件攻击。

4. 端点保护

传统的基于签名的反病毒程序是防止已知攻击的有效解决方案，应在所有医疗保健组织中实现。它可以阻止多数恶意软件的攻击。

5. 网络保护

企业网络中的高级防护系统，如部署入侵防御系统（Intrusion Prevention System，IPS）、网络防火墙等，在抵御已知的网络攻击方面非常重要。

此外，沙箱技术能够分析新的、未知的恶意软件，并且实时执行，同时寻找恶意代码存在的迹象，予以阻止，防止感染端点传播到组织的其他位置。因此，沙箱也是一种重要的预防机制，可防止恶意软件的破坏，并防御多种类型的未知攻击。

12.4　物联网安全技术在智能家居中的应用

12.4.1　智能家居系统的总体架构

智能家居系统的总体架构如图 12-4 所示。

智能家居系统利用先进的物联网、计算机、网络通信、云计算、综合布线、智慧医疗等技术依照人体工程学原理，融合个性需求，将与家居生活有关的各个子系统，如安防、灯光控制、窗帘控制、煤气阀控制、智能家电、场景联动、地板采暖、健康保健、卫生防疫、安防保安等，有机地结合在一起，通过网络化综合智能控制和管理，实现“以人为本”的全新家居生活体验。

智能家居系统以住宅为平台，利用综合布线技术、网络通信技术、安全防范技术、自动控制技术、音 / 视频技术将与家居生活有关的设施集成在一起，构建高效的住宅设施与家庭日常事务的管理系统，提升家居安全性、便利性、舒适性、艺术性，并实现在居住环境下环保节能的目的。将自动化控制系统、网络通信技术和计算机网络系统融于一体之后，智能家居产品能将各种家庭设备通过智能家庭网络接入网络，并且可以通过 4G、5G 无线网络和光纤、固话网络等远程管理和操控家庭设备。这些设备包括安防监控、智能灯光、背景音乐、智能机器人、智能影音、智能家电、智能窗帘、烟雾报警、视频通话等。

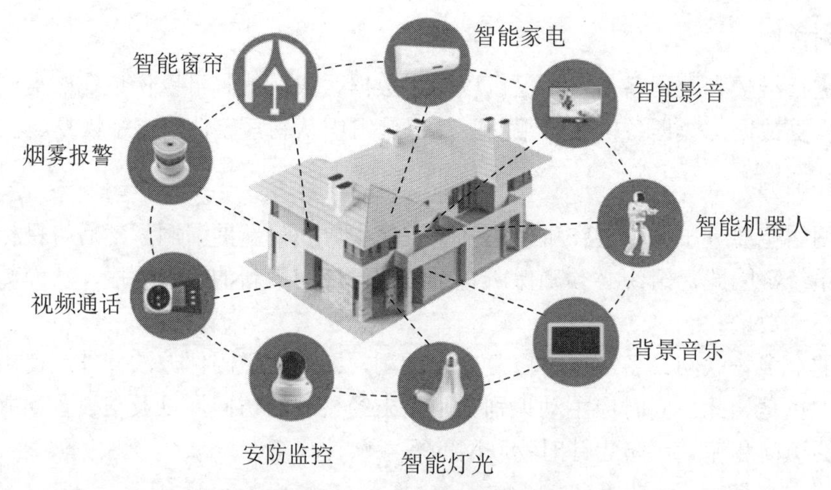

图 12-4　智能家居系统的总体架构

与普通家居相比，智能家居系统不仅创建了舒适、高品位的家庭生活环境，还实现了家庭安防系统的智能化。此外，还将原来的被动静止结构的家居环境变为具有能动智慧的工具，实现全方位的信息交互。

从网络架构上看，一方面，所有的智能家电或设备，包括电视机、电冰箱、空调等，都通过家用的路由器或机顶盒连接通信，并通过手机 App 进行控制；另一方面，由于终端侧的计算能力有限，推荐信息、语音识别、图像识别等计算量较大的任务均需要与云计算平台进行交互，由云计算平台来完成。

12.4.2　智能家居系统的安全

1. 智能家居的防盗系统

智能家居系统的首要任务是家居智能安防。随着微电子技术与网络技术的飞速发展，人们对居住环境的安全、方便、舒适提出了越来越高的要求，因此智能家居逐步普及。随着城市外来流动人口的大量增加，带来了许多不安定因素，刑事案件特别是入室盗窃、抢劫等屡见不鲜，因此家庭智能安全防范系统是智能化小区建设中不可缺少的一项。

以往的做法包括防盗门、防盗网，但是大多有碍美观，不符合防火要求，而且无法有效防范犯罪分子的入侵，因此，基于物联网技术的智能家居防盗报警系统应运而生。

智能家居安全防盗报警系统的传感器一般由红外入侵探测器、门磁及窗磁传感器、感烟探测器、气体传感器和水浸传感器五大部分组成。

（1）红外入侵探测器。红外入侵探测器主要用于防范非法入侵，探测器一般采用热释电人体红外传感器，工作原理主要是人体红外线监测。其实，自然界中的物体，如人体、火焰、冰块等都会发射红外线，但是波长各不相同。

利用不同的波长，人体的红外线辐射不断改变热释电体的温度，使它输出一个又一个相应的信号。热释电人体红外传感器的特点是只有在外界辐射引起它本身的温度发生变化时，才给出一个相应的电信号，当温度的变化趋于稳定时不会有信号输出，所以信号的产生不会随自身温度的变化而变化，而是对运动的人体敏感，从而检测到人体的移动。

（2）门磁及窗磁传感器。门磁系统也是用得比较广泛的安防系统之一，一般包括门磁、窗磁传感器。门磁、窗磁其实是门磁开关、窗磁开关的简称，它们主要由门磁主体和磁控条组成。当开始布控后，一旦磁控条和门磁主体脱离就会产生相应的信号，通过网络传输到设备，从而及时提醒主人。

（3）感烟探测器。此种探测器主要用来探测可见或不可见的燃烧产物，以及起火速度缓慢的初期火灾，分为离子型、光电型、激光型和红外线束型四种类型。

（4）气体传感器。气体传感器是一种将某种气体体积分数转化成对应电信号的转换器。探测头通过气体传感器对气体样品进行探测，通常包括滤除杂质和干扰气体、干燥或制冷处理仪表显示部分。

（5）水浸传感器。水浸传感器基于液体导电原理，用电极探测是否有水存在，再用传感器转换成干节点输出。一般分为接触式水浸探测器和非接触式水浸探测器。接触式水浸探测器，利用液体导电原理进行检测；非接触式水浸探测器，利用光在不同介质截面的折射与反射原理进行检测。

2. 智能家居的防火系统

智能家居也在家居防火中扮演着重要角色，传感器监测到报警信息后，智能主机会立刻通过语音系统通知户内所有人员，准确告知发生报警的位置、时间及报警的类型，并根据提前预设的逃生指南提醒用户逃离。

随着时代的发展，我国已经进入高层建筑时代。但是，高层救火是一个世界性的难题，每年都会因为高层火灾而产生众多人员伤亡和财产损失。火灾要防患未然，智能家居可以实现防火。

智能家居系统包括远程控制系统，这个系统可以远程操控家里的家电，以及开关插座。据统计，目前90%以上的火灾都是家用电器引起的火灾，这样一来远程控制系统就能发挥很大的作用。例如，如果出门前忘记关家里的某个电器或者开关，只要打开手机操作一下就可以远程关闭某个家用电器。智能家居系统大大增加了用电安全，是家庭防火的好帮手。

天然气也是家里的防火重点，有时候人们会因为疏忽而忘记关天然气，造成泄漏从而引发火灾。有时候因为时间久远，天然气软管老化引起煤气泄漏，而这种情况，往往是不易发现的，这时智能家居中的煤气报警系统就派上了用场。例如，探测器探测到有煤气泄漏后会立刻响起警报，并发送短信到主人的手机上；同时，煤气报警系统也可以联动智能家居其他系统，自动打开窗户让新鲜空气进来，解除煤气中毒危险。

3. 聊天机器人及安全风险

聊天机器人可以胜任家庭保姆的职责，例如，看护老人、教小孩背诵唐诗、唱儿歌和给小孩讲故事等。有些聊天机器人会搭载自然语言处理系统，但大多简单的系统只会撷取输入的关键字，再从数据库中找寻最合适的应答句子。聊天机器人是虚拟助理（如Google智能助理）的一部分，可以与许多组织的应用程序、网站及即时消息平台（Facebook Messenger）连接。

聊天机器人的工作原理，是研发者把自己感兴趣的回答放到数据库中，当一个问题被抛给聊天机器人时，它通过算法，从数据库中找到最贴切的答案，回复给它的聊伴。

此外，聊天机器人的成功之处在于，研发者将大量网络流行的俏皮语言加入了词库，当人们发送的词组和句子被词库识别后，程序通过算法把预先设定好的回答回复给人们。而词库的丰富程度、回复的速度，是一个聊天机器人能不能得到大众喜欢的重要因素。千篇一律的回答不能得到大众青睐，中规中矩的话语也不会引起人们的共鸣。此外，只要程序启动，聊天机器人能够24小时在线，随叫随到，堪称贴心之至。

评价聊天机器人的智能，并不依据其数据库的大小，而应重点关注以下3方面。

（1）学习能力。这是最根本，也是最难以提升的一个标准，一个可以自动成长但数据量很小（能够回答的问题较少）的机器人显然比一个不能自动成长但数据量庞大（能够回答的问题较多）的机器人实用。机器人的基本用途是帮助人类，减少人类在各个领域的劳动量，如果一个机器人需要人工录入所有的知识，这本身就增加了人类的负担，与制造机器人的初衷相违背，这也是当前聊天机器人虽然较热，但应用较少的一个根本原因。

（2）数据筛选能力。在拥有了自学习能力之后，机器人是对知识照单全收，还是有选择地学习较为正确的知识，是进一步评判机器人智能程度的一个标准。

如果机器人只能对知识照单全收，它的学习能力就是不完整的。机器人还应或多或少拥有自动筛选能力。

（3）自升级能力。在机器人利用设计者的数据结构、算法实现了自学习，并且拥有了一定程度的知识筛选能力之后，自升级能力会成为下一个堡垒。

学习能力的本质是按照设计者的算法将输入数据结构化为这个机器人的数据组织结构。当"按照初始算法去结构化各类输入数据"之后，经过统计，发现这类规则不能适应某类知识组织形式或某领域知识时（错误率提高时），设计者们应考虑如何让机器人尝试调整算法规则和数据组织结构，使得在错误率较高的知识组织形式或领域降低学习的错误率。

ChatGPT（Chat Generative Pre-trained Transformer）是美国OpenAI公司研发的一款聊天机器人程序，于2022年11月30日正式发布。ChatGPT是人工智能技术驱动的自然语言处理工具，能够通过学习和理解人类的语言来进行对话，还能根据聊天的上下文进行互动，真正像人类一样来聊天交流，甚至能完成撰写邮件、视频脚本、文案、翻译、代码、论文等任务。

2023年2月7日，微软宣布推出由ChatGPT支持的最新版人工智能搜索引擎Bing（必应）和Edge浏览器。微软CEO表示，"搜索引擎迎来了新时代"。2023年2月8日凌晨，在华盛顿雷德蒙德举行的新闻发布会上，微软宣布把OpenAI开发的传闻已久的GPT-4模型集成到Bing及Edge浏览器中。

ChatGPT受到广泛关注的重要原因是引入了基于人类反馈的强化学习（Reinforcement Learning with Human Feedback，RLHF）的新技术。RLHF解决了生成模型的一个核心问题，即如何让人工智能模型的产出和人类的常识、认知、需求、价值观保持一致。ChatGPT是人工智能生成内容（AI-Generated Content，AIGC）技术进展的成果。该模型能够促进人们利用人工智能进行内容创作、提升内容生产效率与丰富度。

然而，ChatGPT潜在的安全风险也引起了业界的担忧。2023年4月10日，中国支付清算协会表示，ChatGPT等工具引起了各方的广泛关注，已有部分企业员工使用ChatGPT

等工具开展工作。但是，此类智能化工具已暴露出跨境数据泄露等安全风险。为了有效应对风险、保护客户隐私、维护数据安全，提升支付清算行业的数据安全管理水平，根据《中华人民共和国网络安全法》《中华人民共和国数据安全法》等法律规定，中国支付清算协会向行业发出倡议，倡议支付行业的从业人员谨慎使用ChatGPT。

4. 智能冰箱及其安全隐患

智能冰箱如图12-5所示。

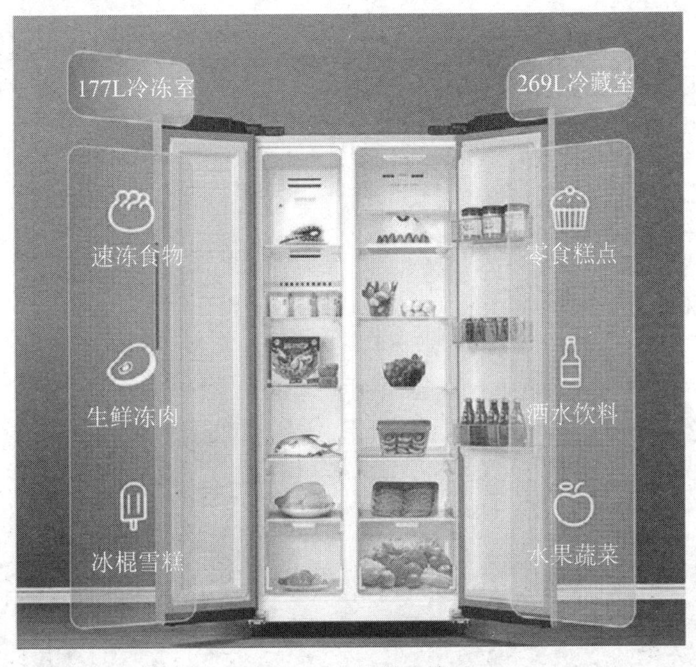

图12-5　智能冰箱

智能冰箱，就是通过物联网技术全面地保障冰箱内食品的新鲜和安全，对冰箱进行智能化控制，对食品进行智能化管理。具体来说，就是能自动进行冰箱模式调换，始终让食物保持最佳储存状态，可让用户通过手机或电脑，随时随地了解冰箱里食物的数量、保鲜保质信息，可为用户提供健康食谱和营养禁忌，可提醒用户定时补充食品等。

智能冰箱的功能主要包括智能控温、干湿分离和杀菌等。

（1）智能控温。很多冰箱的控温表现并不理想，但是智能冰箱应用了精控微风道技术。可以根据冰箱各个区域不同的温度需求，通过多个送风口进行差异送风，从而实现精准控温。这一点提高了冰箱的工作效率，而且在使用过程中，温度的升降幅度较小，保鲜效果也更加理想。

（2）干湿分离。虽然都是风冷技术，但是智能冰箱可以使用不同的送风方式。冰箱里划分干区和湿区，湿区保持在90%上下的湿度，干区保持在45%上下的湿度。可以很好地实现干区干而不燥，湿区湿而不腐。依据不同食材之需，定制专属储存环境，延长保鲜时效，保留更多营养。有了干区的功能，就算是干果类和珍品类也可以在冰箱里储存了。

（3）动态杀菌。冰箱里拿出来的食物，经常会有一股特殊的味道，就是人们所说的“冰箱味”。这是冰箱里有细菌，并且不通风导致的。而智能冰箱自带杀菌功能，可以有效防止冰箱异味。智能冰箱的杀菌率可以达到99%，让用户享受更安全、更健康的生活。

此外，很多智能冰箱还搭载了在线购物功能，用户能够在冰箱的系统中直接下单购买自己需要的商品，无论是新鲜食材还是家电产品都能快速到家。

但是，智能冰箱的在线购物功能并不方便。这个在线购物功能听起来不错，但消费者的体验并不好。在智能冰箱的在线商城单次购物所花时间远远超出在手机 App 上购物的时间。智能冰箱的触摸屏在操作的精准度和使用感受上比手机差很多，而且在使用搜索时，输入非常困难，无论是使用手写输入还是拼音输入，几乎不可能一次性完成，费时费力，严重影响使用体验。

除此之外，智能冰箱在线购物需要人们登录各购物平台的账号，但是智能冰箱存在安全隐患，很容易受到黑客的入侵，用户在智能冰箱上输入自己的个人账号很不安全，甚至危及人们的财产安全。

12.5　物联网智慧交通安全

12.5.1　智慧交通系统概述

智慧交通系统如图 12-6 所示。

图 12-6　智慧交通系统

应用物联网技术的智慧交通系统，利用交通信息系统、交通监控系统、旅行信息系统、智能旅游系统、车载智能信息设备等，提供实时的交通路况和停车信息，进行智能的分析、控制与引导，提高出行者的方便感和舒适度。

如果拥有了智慧交通系统，当你开车出门时，智能手机和车载智能导航仪能显示实时路况、自动帮你选择最近或最快路径；要停车，可以查到附近停车场的位置和路径，现在还剩下多少车位、你进入该停车场时还有空车位的概率是多少等信息，还可以预订车位；你停车时万一忘了锁车门，离开 20m 以外的时间超过 30s，车子将会自动把车门锁好；当有人挪动你的车子，你的手机会收到报警信号；当你在半路上想就餐，只要打开手机，输入“饭店”，搜索引擎就把你所在位置附近的餐厅的地图呈现在手机屏幕上；当你到某个风景区旅游，智能导游仪可以图文并茂地为你讲解每个景点的详细情况……

12.5.2 智慧交通系统的安全

安全是交通管理最重要的一环。对于智能交通规划和管理来说，交通安全也是规划中不可或缺的一部分。要保障交通安全，需要各种各样的手段进行综合配套管理，包括对酒驾行为的严厉打击、交通设施的完善、交通行为的规范等。

疲劳驾驶，是交通事故、交通意外的最重要的诱因之一，所以对于疲劳驾驶的预防和管理一直备受重视。早期的措施一般是从管理制度上去要求，如持续行驶在高速上 4h 需要进入服务站休息、更换司机等。现在随着物联网感知技术的发展，基于智能视频分析的疲劳检测技术也开始进入实用阶段。

基于智能视频分析的疲劳检测技术，是通过对人眼、面部细微特征进行分析，并结合车辆行驶速度等要素，对处于疲劳状态的驾驶员实现本地的声光提醒，使驾驶员一直处于良好的精神状态，防止安全事故的发生。通过智能视频分析技术，普通视频采集设备将变身为智能物联网感知器，可以感知很多关键信息。

在智慧交通系统中，通过对客流统计数据、违规车牌照片、司机疲劳状态等关键信息的再利用，为智能交通中的交通调度、交通规划、交通行为管理及交通安全预防都提供了非常优秀的应用。

12.6 物联网智能制造安全

12.6.1 智能制造系统概述

智能制造系统（Intelligent Manufacturing System，IMS）是一种由智能机器和人类专家共同组成的人机一体化智能系统，它在制造过程中能进行智能活动，如分析、推理、判断、构思和决策等。通过人与智能机器的协作，可以扩大、延伸和部分地取代人类专家在制造过程中的脑力劳动。它把制造自动化的概念更新、扩展到柔性化、智能化和高度集成化。

提到智能制造，首先应介绍日本在 1990 年 4 月所倡导的“智能制造系统 IMS”国际合作研究计划。世界上许多国家和组织如美国、欧盟、加拿大、澳大利亚等都参加了该项计划。该计划共投资 10 亿美元，对 100 个项目实施前期科研工作。

毫无疑问，智能制造是工业自动化的发展方向。在智能制造过程中的各个环节几乎都广泛应用到了人工智能技术。专家系统技术可用于工程设计、工艺过程设计、生产调度、故障诊断等。也可以将神经网络和模糊控制技术等先进的计算机智能方法应用于产品配方、生产调度等，以实现制造过程智能化。而人工智能技术尤其适用于解决特别复杂和不确定的问题。但很明显，要在企业制造的全过程中全部实现智能化，即使不能说完全不可能，至少也是在遥远的将来。有人甚至提出这样的问题：下个世纪会实现智能自动化吗？而如果只是在企业的某个局部环节实现智能化，而又无法保证全局的优化，则这种智能化的意义是有限的。

12.6.2 智能制造系统的特征

与传统制造相比，智能制造系统具有以下特征。

1. 智能制造自律能力

智能制造自律能力，指智能设备搜集与理解环境及自身信息，并进行分析判断和规划自身行为的能力。具有自律能力的设备称为“智能机器”，“智能机器”在一定程度上表现出独立性、自主性和个性，甚至相互间还能协调运作与竞争。强有力的知识库和基于知识的模型是自律能力的基础。

2. 智能制造人机一体化

IMS 不单纯是“人工智能”系统，而是人机一体化智能系统，是一种混合智能。基于人工智能的智能机器只能进行机械式的推理、预测、判断，只能具有逻辑思维（专家系统），最多做到形象思维（神经网络），完全做不到灵感（顿悟）思维。只有人类专家才真正同时具备以上三种思维能力。因此，想以人工智能全面取代制造过程中人类专家的智能，独立承担起分析、判断、决策等任务是不现实的。人机一体化一方面突出了人在制造系统中的核心地位，同时又在智能机器的配合下，更好地发挥出人的潜能，使人机之间表现出一种平等共事、相互“理解”、相互协作的关系，使二者在不同的层次上各显其能，相辅相成。因此，在智能制造系统中，高素质、高智能的人将发挥更好的作用，机器智能和人的智能将真正地集成在一起，互相配合，相得益彰。

3. 智能制造虚拟现实技术

这是实现虚拟制造的支持技术，也是实现高水平人机一体化的关键技术之一。虚拟现实技术以计算机为基础，融合信号处理、动画技术、智能推理、预测、仿真和多媒体技术；借助各种音像和传感装置，虚拟展示现实生活中的各种过程、物件等，因而也能拟实制造过程和未来的产品，从感官和视觉上使人获得完全如同真实的感受。这是智能制造的一个显著特征。

4. 智能制造自组织超柔性

智能制造系统中的各组成单元能够依据工作任务的需要，自行组成一种最佳结构。其柔性不仅突出在运行方式上，而且突出在结构形式上，所以称这种柔性为超柔性，如同一群人类专家组成的群体，具有生物特征。

5. 智能制造学习与维护

智能制造系统能够在实践中不断地充实知识库，具有自学习功能。同时，在运行过程中自行故障诊断，并具备对故障自行排除、自行维护的能力。这种特征使智能制造系统能够自我优化并适应各种复杂的环境。

12.6.3 智能制造的安全防御系统

深入推进“中国制造 2025”战略目标的过程既给智能化制造企业带来了提质增效的机遇，也给其网络安全保障带来了新的挑战。智能化制造企业应从实际需求和长远规划出发，积极主动地构建和发展具有企业特色的智能化制造网络安全保障系统，为企业工业控制网络和生产安全提供保障。

建立智能制造工控安全监测与攻防研究技术体系，可以实现攻防对抗研究、模拟试验环境构建的安全测评、重点问题监控与预警推送、关键风险点安全防护监测与预警防护等深度安全防御体系，确保智能制造体系下工业控制系统安全运行。

根据三类安全防护的重点“基本类、结构类、行为类”，构建基于基本安全、结构安全、行为安全的三重安全技术，实现了三重安全技术融合动态、持续安全管理与安全运维的安全保障体系；采用纵向分层、横向分割的纵深防御体系策略，结合工业控制系统总线协议复杂多样、实时性要求高、节点计算资源有限、设备可靠性要求高、故障恢复时间短等特点，实现了可信、可控、易管的系统安全互连、区域边界安全防护和计算环境安全。

1. 基本安全

基本安全包括工装安全检测和增强型安全系统。

工装安全检测是一套工业自动化检测系统，针对工厂或车间级智能制造自动化控制现场设备的信息安全保护需要，并与工厂级生产管理设备巡检、作业习惯等具体特点紧密结合，突出自动化控制专用网络、协议应用，以具备深度解析工业属性的信息安全扫描设备为依托，具有数字化、逻辑存储器控制能力，并配有自带增材制造系统、工业传感器、数控机床、机械臂、智能仪器仪表等，可用于脆弱性和漏洞的早期探测、信息安全风险诊断。

增强型安全系统根据所发现的工业设备问题，设计工业控制系统的安全调整方案，进行离线仿真评估。在未来的智能制造生产系统中，仅仅在事故后期向系统注入信息安全元素是不够的，必须从设计阶段就着手注入系统，根据前一个信息安全生命周期的恢复情况，对设计环节进行反馈性安全调整。脱机仿真评价即对整个生产过程进行脱机仿真、评价和优化。根据恢复、控制和工艺条件，适时进行脱机仿真评价，形成闭环，并通过措施补偿、安全加固等手段，可以达到持续改进的目的。

2. 结构安全

结构安全包括网络结构划分领域安全和地区边界接入控制安全。

网络结构划分领域安全将智能制造企业的办公、生产网络划分为不同层次，根据功能和安全需求对车间网络进行不同的安全域划分。当系统受到攻击时，可以快速地确定故障点，并将危害限制在一定范围内。

地区边界接入控制安全利用系统加强、隔离等方法，增强系统抵御内外攻击事件的能力，对系统可能存在的潜在威胁和风险采取相应的安全措施，例如，采用工业防火墙、工控专用网络和公共网络之间的隔离网关、信息传输加密或敏感数据存储加密、VPN、应用程序白名单保护软件、鉴别认证等方法，对各个生产地区的信息安全进行保护。

3. 行为安全

行为安全包括反常态势分析和入侵反应审计追溯。

反常态势分析通过对办公和生产网络中的数据流量、网络日志、行为特征等的分析，实现对企业网络异常的动态监控预警，构建智能制造的信息安全主动防御系统。

入侵反应审计追溯监控智能制造系统中的网络层和功能领域，实现动态、实时的安全检测与联动，待问题等级确认后，启动相应的应急响应机制。应根据相应的要求对网络中的通信量进行日志和数据保存，以便审计追溯。

总之，智能制造的安全防御系统将智能制造企业信息系统划分为“基本安全”“结构安全”“行为安全”三个层次，并对其进行不同安全域的划分。基于网络层和安全域自身的特点和重要性，制定相应的安全防护策略，结合安全管理与安全运营，建立一个完整的、持续改进的安全防御系统。

12.7 本章小结

毫无疑问，物联网时代的来临，一定会给人们的工作和生活带来翻天覆地的变化。物联网技术的用途十分广泛，遍及智慧城市、智能交通、智能家居、智慧医疗、环境保护、政府管理、公共安全、智能消防、工业监测、环境监测、路灯管控、食品溯源等众多领域。

物联网安全体系结构包括感知层安全、网络层安全、应用层安全，但是从体系及应用方面看，物联网安全技术是一个有机的整体，各部分的安全技术不是相互孤立的。

智慧城市的关键技术包括物联网、大数据分析、人工智能、第五代移动通信技术、增强现实等。智慧城市发展面临规划缺乏顶层设计、建设盲目追求规模速度和管理运营能力不足等难题。建设智慧城市的策略包括让智慧城市具备全域全量全时的综合感知能力、打造城市“智脑”的三个着力点、深耕细作，把“智慧城市”运营好。

智慧医疗也称为医疗物联网，指把物联网技术应用于医疗、患者身体状况监测、医疗信息化、远程医疗、医疗器械设备等医学领域。在医疗卫生和健康保障领域，物联网具有巨大的潜力。物联网技术发挥着越来越大的作用。但是，随之而来的安全威胁也不可轻视，这些威胁若不加以制止，可能会造成巨大的伤害。在保护众多的医疗物联网设备免受网络攻击方面，医院面临着更多的挑战。

智能家居系统利用先进的物联网、计算机、网络通信、云计算、综合布线、智慧医疗等技术依照人体工程学原理，融合个性化需求，将与家居生活有关的各个子系统，如安防、灯光控制、窗帘控制、煤气阀控制、智能家电、场景联动、地板采暖、健康保健、卫生防疫、安防保安等，有机地结合在一起，通过网络化综合智能控制和管理，实现“以人为本”的全新家居生活体验。

智能家居的安全防盗报警系统的传感器一般由红外入侵探测器、门窗磁传感器、感烟探测器、气体传感器和水浸传感器等组成。

智能家居在家居防火中也扮演着重要角色。传感器监测到报警信息后，智能主机会立刻通过语音系统通知户内所有人员，准确告知发生报警的位置、时间及报警的类型，并根据提前预设的逃生指南提醒用户逃离。

聊天机器人的工作原理，是研发者把自己感兴趣的回答放到数据库中，当一个问题被抛给聊天机器人时，它通过算法，从数据库中找到最贴切的答案，回复给它的聊伴。

ChatGPT，是美国 OpenAI 公司研发的新一代聊天机器人程序，于 2022 年 11 月 30 日发布。ChatGPT 是人工智能技术驱动的自然语言处理工具，它能够通过理解和学习人类的语言来进行对话，还能根据聊天的上下文进行互动，真正像人类一样来聊天交流，甚至能完成撰写邮件、视频脚本、文案、翻译、代码、论文等任务。

在智慧交通系统中，通过对客流统计数据、违规车牌照片、司机疲劳状态等关键信息的再利用，为智能交通中的交通调度、交通规划、交通行为管理及交通安全预防都提供了非常优秀的应用。

疲劳驾驶，是交通事故、交通意外的最重要的诱因之一，所以疲劳驾驶的预防和管理都一直受到高度重视。早期的措施一般侧重于管理制度，如持续行驶在高速上4h需要进入服务站休息、更换司机等。现在，随着物联网感知技术的发展，基于智能视频分析的疲劳检测技术也开始进入实用阶段。

基于智能视频分析的疲劳检测技术，通过对人眼、面部细微特征进行分析，并结合车辆行驶速度等要素，对处于疲劳状态的驾驶员实施声光提醒，使驾驶员一直处于良好的精神状态，防止安全事故的发生。通过智能视频分析技术，普通视频采集设备将变身为智能物联网感知器，感知很多关键信息。

智能制造系统（IMS）是一种由智能机器和人类专家共同组成的人机一体化智能系统，它在制造过程中能进行智能活动，如分析、推理、判断、构思和决策等。

智能制造系统具有以下特征。

（1）智能制造自律能力。

（2）智能制造人机一体化。

（3）智能制造虚拟现实技术。

（4）智能制造自组织超柔性。

（5）智能制造学习与维护。

智能制造的深度防御系统将智能制造企业信息系统划分为“基本安全”“结构安全”“行为安全”三个层次，对其进行不同安全域的划分。并基于网络层和安全域自身的特点和重要性，制定相应的安全防护策略，结合安全管理与安全运营，建立一个完整的、持续改进的安全防御系统。

复习思考题

一、单选题

1. 物联网安全技术在具体的应用中，必须从（　　）考虑其安全需求，系统性地部署多种安全防护措施。

A. 整体　　B. 感知层　　C. 传输层　　D. 应用层

2. 智慧城市的关键技术包括物联网和（　　）和增强现实等。

A. 大数据分析　　B. 人工智能　　C. 5G　　D. 以上都是

3. 黑客针对智慧医疗系统攻击的目标是（　　）。

A. 医疗设备　　B. 智能办公网络　　C. 楼宇管理系统　　D. 以上都是

4. 智慧医疗系统应对安全威胁的措施主要包括（　　）点。

A. 3　　B. 4　　C. 5　　D. 6

5. 智能家居的安全防盗报警系统的传感器一般由（　　）、气体传感器和水浸传感器等部分组成。

A. 红外入侵探测器　　B. 门磁及窗磁传感器

C. 感烟探测器　　D. 以上都是

6. 评价聊天机器人的智能，并不是比较其数据库的大小，而是重点关注（　　）个方面。

A. 3　　B. 4　　C. 5　　D. 6

7. 智能冰箱的功能包括（　　）。

A. 智能控温　　B. 干湿分离　　C. 杀菌　　D. 以上都是

8. ChatGPT 是美国 OpenAI 公司研发的聊天机器人程序，于（　　）年 11 月 30 日正式发布。

A. 2020　　B. 2021　　C. 2022　　D. 2023

9. 基于智能视频分析的疲劳检测技术，是通过对（　　）、面部细微特征进行分析，并结合车辆行驶速度等要素，对处于疲劳状态的驾驶员实施声光提醒，使驾驶员一直处于良好的精神状态，防止安全事故的发生。

A. 人眼　　B. 手　　C. 脚　　D. 声音

10. 与传统制造相比，智能制造系统具有（　　）个特征。

A. 3　　B. 4　　C. 5　　D. 6

二、简答题

1. 请画图说明物联网的安全体系架构。
2. 请简述智慧城市的关键技术。
3. 物联网安全支撑平台的作用是什么？
4. 智慧城市发展面临哪些难题？
5. 请画图说明智慧医疗。
6. 在医疗物联网中，什么是“感”“知”“行”？
7. 什么是智慧健康系统？
8. 智慧医疗系统应对安全威胁采取了哪些措施？
9. 请画图说明智能家居系统的总体架构。
10. 智能家居的防盗系统由哪些部分组成？
11. 智能家居的防火系统具有哪些功能？
12. 如何评价聊天机器人的智能？
13. ChatGPT 受到广泛关注的重要原因是什么？
14. 为什么中国支付清算协会向行业发出倡议谨慎使用 ChatGPT？
15. iRobot 扫地机器人是由哪个公司发明的？具有哪些功能？
16. 智能冰箱主要包括哪些功能？有什么安全隐患？
17. 什么是智慧交通系统？
18. 智慧交通系统如何检测疲劳驾驶？
19. 智能制造系统具有哪些特征？
20. 请简要说明智能制造的安全防御系统。

第 13 章 物联网系统安全相关新技术

系统安全是物联网技术大规模应用必须面对的一个问题，物联网系统安全具有普适性、特殊性的特征和需求。广阔的市场应用前景和丰厚的商业投资回报，使得各种新技术都可以应用到物联网系统安全领域中，包括人工智能技术、区块链技术和大数据技术等。

13.1 人工智能技术

13.1.1 人工智能技术发展概述

人工智能（AI）是研究、开发用于模拟、延伸和扩展人的智能的理论、方法、技术及应用系统的一门新技术。

人工智能是计算机科学的一个分支，它企图了解智能的实质，并生产出一种新的能以人类智能相似的方式做出反应的智能机器。该领域的研究范围包括机器人、语言识别、图像识别、自然语言处理和专家系统等。人工智能从诞生以来，理论和技术日益成熟，应用领域也不断扩大，可以设想，未来人工智能带来的科技产品，将会是人类智慧的“容器”。人工智能可以实现对人的意识、思维过程的模拟。人工智能不是人的智能，但能像人那样思考，也可能超过人的智能。

人工智能技术的一个令人信服的实例，是在围棋人机对战的领域中，人工智能已经超越了人类。

阿尔法围棋（AlphaGo）是第一个击败人类职业围棋选手、第一个战胜围棋世界冠军的人工智能机器人，由谷歌（Google）旗下 DeepMind 公司戴密斯 · 哈萨比斯领衔的团队研发。其工作原理是深度学习。

深度学习是人工智能的技术之一，通过学习样本数据的内在规律和表示层次，这些学习过程中获得的信息对诸如文字、图像和声音等数据的解释有很大的帮助。它的最终目标是让机器能够像人一样具有学习和分析能力，能够识别文字、图像和声音等数据。深度学习是一种复杂的机器学习算法，在语音和图像识别方面取得的效果，远远超过先前的人工智能技术。

2016 年 3 月，AlphaGo 与围棋世界冠军、职业九段棋手李世石进行围棋人机大战，结果以 4 比 1 的总比分获胜；2016 年末至 2017 年初，该程序在中国棋类网站上以“大师”（Master）为注册账号与中日韩数十位围棋高手进行快棋对决，连续 60 局无一败绩。

图 13-1 所示为 2017 年 5 月在中国乌镇围棋峰会上围棋世界冠军柯洁与 AlphaGo 对弈的照片，结果 AlphaGo 以 3 比 0 的总比分获胜。

图 13-1　围棋世界冠军柯洁与 AlphaGo 对战

目前，围棋界公认 AlphaGo 围棋的棋力已经超过人类职业围棋顶尖高手的水平。

近年来，全球人工智能技术快速发展，亚马逊、谷歌、微软、腾讯、百度、阿里巴巴等国内外科技大企业、各高校和相关研究机构都在积极抢滩布局人工智能产业链。人工智能技术在商用领域的快速发展必将推动其在军事领域的应用传播。网络空间作为陆、海、空、天传统军事作战领域外的第五维作战空间，也期望借助人工智能技术开发新一代的网络安全技术，主动识别物联网漏洞，并采取措施预防或减轻未知的网络攻击。

目前，全球人工智能产业已经进入快速增长期，为了能够抢占人工智能技术的制高点，包括美国、英国、德国、日本、中国在内的科技强国均加强了对人工智能技术的关注，努力将其上升为国家战略。

2015 年，美国发布了《国防 2045：为国防政策制定者评估未来的安全环境及影响》报告，指出人工智能是影响未来安全环境的重要因素；2016 年 9 月，在空、天、网会议上，美国国防部明确了把人工智能和自主化作战作为两大技术支柱，并积极研发和部署智能型军事系统，使美军重新获得作战优势并强化常规威慑：2016 年 10 月，美国政府相继发布了《为人工智能的未来做好准备》和《国家人工智能研究与发展战略规划》两份文件，推进人工智能产业在内的新兴技术产业发展；2017 年 12 月，美国白宫发布了《国家安全战略》，其中特别提到人工智能将正式成为美国关注的重点工程之一，足见五角大楼已将人工智能置于其主导全球军事大国地位的战略核心；2018 年 3 月，美国众议院军事委员会新兴威胁与能力应对小组委员会提出了一项关于人工智能的议案，旨在承认美国对人工智能的依赖，使战争发生革命性的变化，同时也让美国准备好应对这些技术可能带来的任何威胁。

英国 2013 年就把人工智能及机器人技术列为国家重点发展的八大技术之一；2016 年 11 月，英国政府科学办公室发布了《人工智能对未来决策的机会和影响》报告，描绘了一条清晰明确而有针对性的人工智能发展路线；2017 年 1 月，英国政府宣布了“现代工业战略”，加大对人工智能的投资和支持；2017 年 3 月，英国新的财政预算案确定政府将拨出2.7亿英镑用于支持本国大学和商业机构开展研究和创新，尤其是人工智能技术。人工智能、5G、智能能源技术，以及机器人技术，已被英国政府列为“脱欧”之后的工业战略核心。

2012年，德国发布了10项未来高科技战略计划，以“智能工厂”为重心的工业4.0是其中的重要计划之一，包括人工智能、工业机器人、物联网、云计算等在内的技术得到大力支持；2015年，德国经济部启动了“智慧数据项目”，以千万欧元的资金资助了13个项目，人工智能也是其中的重点；2016年10月，由德国政府设立的德国研究与创新专家委员会推出了年度研究报告，建议政府制定机器人战略。

日本依托在智能机器人领域的全球领先地位，积极推动人工智能的快速发展。2015年1月，日本发布了“机器人新战略”，先期投入10亿日元在东京成立“人工智能研究中心”，集中开发人工智能相关技术；2016年，日本政府制定了高级综合智能平台计划，并发布《2016年人工智能战略研发目标》，确立日本人工智能的战略目标和未来发展方向：2017年，日本政府制定了人工智能产业化路线图，加紧推进人工智能和机器人等尖端技术成果转化。

2017年7月，我国国务院印发了《新一代人工智能发展规划》，将人工智能提升到一个新的高度，其中提出了面向2030年我国新一代人工智能发展的指导思想、战略目标、重点任务和保障措施，部署构筑我国人工智能发展的先发优势，加快建设创新型国家和世界科技强国。

2018年4月3日，中国高校人工智能人才国际培养计划启动仪式在北京大学举行。时任教育部国际合作与交流司司长许涛透露，教育部将进一步完善中国高校人工智能学科体系，在研究设立人工智能专业，推动人工智能一级学科建设。教育部在研究制定《高等学校人工智能创新行动计划》，通过科教融合、学科交叉，进一步提升高校人工智能科技创新能力和人才培养能力。

2019年3月21日，我国教育部印发了《教育部关于公布2018年度普通高等学校本科专业备案和审批结果的通知》，经申报、公示、审核等程序，根据普通高等学校专业设置与教学指导委员会评议结果，并征求有关部门意见，确定了新增审批专业名单。根据通知，全国共有35所高校获首批“人工智能”新专业建设资格。

2020年2月21日，教育部印发了《教育部关于公布2019年度普通高等学校本科专业备案和审批结果的通知》，在新增备案本科专业名单中，“人工智能”专业新增最多。此外，“智能制造工程”“智能建造”“智能医学工程”“智能感知工程”等智能领域相关专业，也同样是高校的新增备案和新增审批本科专业名单中的热门。

13.1.2　人工智能的关键技术

人工智能是一门以计算机科学为基础，由计算机、心理学、哲学等多学科交叉融合而成的交叉学科、新兴学科，是研究、开发用于模拟、延伸和扩展人的智能的理论、方法、技术及应用系统的一门新的技术，企图了解人的智能的实质，并生产一种新的能以人类智能相似的方式做出反应的智能机器。

人工智能所涉及的关键技术如下。

1. 机器人

机器人（robot）是一种自动化的机器，只不过这种机器具备一些与人或生物相似的综合思考能力，如感知能力、规划能力、动作能力和协同能力，是一种具有高度灵活性的自动化机器。

随着人们对机器人技术智能化本质认识的加深，机器人技术开始源源不断地向人类活动的各个领域渗透。结合这些领域的应用特点，人们发展了各式各样的具有感知、决策、行动和交互能力的特种机器人和各种智能机器人。

机器人是自动执行工作的机器装置。它既可以接受人类指挥，又可以运行预先编排的程序，也可以根据以人工智能技术制定的原则纲领行动。它的任务是协助或取代人类的工作。它是高级整合控制论、机械电子、计算机、材料和仿生学的产物，在工业、医学、农业、服务业、建筑业甚至军事等领域中均有重要用途。

机器人分为两大类，即工业机器人和特种机器人。工业机器人，指面向工业领域的多关节机械手或多自由度机器人；特种机器人，指除工业机器人之外的用于非制造业并服务于人类的各种先进机器人，包括服务机器人、水下机器人、娱乐机器人、军用机器人、农业机器人等。在特种机器人中，有些分支发展很快，有发展成独立体系的趋势，如服务机器人、水下机器人、军用机器人、微操作机器人等。

2. 语音识别

语音识别技术属于人工智能方向的一个重要分支，涉及许多学科，如信号处理、计算机科学、语言学、声学、生理学、心理学等，是人机自然交互技术中的关键环节。

语音识别较语音合成而言，技术上更复杂，但应用却更加广泛。语音识别技术的最大优势在于使得人机用户界面更加自然和容易使用。

目前在大词汇语音识别方面处于领先地位的 IBM 语音研究小组，就是从 20 世纪 70 年代开始进行语音识别研究工作的。AT&T 的贝尔研究所也开始了一系列有关非特定人语音识别的实验。这一研究历经 10 年，其成果是确立了如何制作用于非特定人语音识别的标准模板的方法。

语音识别所取得的重大进展还包括以下几项。

（1）隐马尔可夫模型（HMM）技术的成熟和不断完善成为语音识别的主流方法。

（2）以知识为基础的语音识别的研究日益受到重视。在进行连续语音识别的时候，除了识别声学信息外，更多地利用各种语言知识，诸如构词、句法、语义、对话背景方面等的知识来帮助进一步对语音做出识别和理解。同时在语音识别研究领域，还产生了基于统计概率的语言模型。

（3）人工神经网络在语音识别中的应用研究的兴起。在这些研究中，大部分采用基于反向传播算法（BP 算法）的多层感知网络。人工神经网络具有区分复杂的分类边界的能力，显然它十分有助于模式划分。特别是在电话语音识别方面，由于其具有广泛的应用前景，成为了当前语音识别应用的一个热点。

另外，面向个人用途的连续语音识别技术也日趋完善。这方面，最具代表性的是 IBM 公司的 ViaVoice 和 Dragon 公司的 Dragon Dictate 系统。这些系统具有说话人自适应能力，新用户不需要对全部词汇进行训练，便可在使用中不断提高识别率。

3. 图像识别

图像识别（image identification），指利用计算机对图像进行处理、分析和理解，以识别各种不同模式的目标和对象的技术，是应用深度学习算法的一种实践应用。

目前，图像识别技术一般分为人脸识别与商品识别两大类。人脸识别主要运用在安全检查、身份核验与移动支付中；商品识别主要运用在商品流通过程中，特别是无人货架、智能零售柜等无人零售领域。

图像的传统识别流程分为四个步骤：图像采集→图像预处理→特征提取→图像识别。图像识别软件国外的代表是康耐视，国内的代表是图智能、海深科技等。另外，在地理学中图像识别指遥感图像分类技术。

图像识别是人工智能的一个重要领域。为了编制模拟人类图像识别活动的计算机程序，人们提出了多种不同的图像识别模型。例如，模板匹配模型，这个模型认为，识别某个图像，必须在过去的经验中有这个图像的记忆模式，又称为模板。当前的刺激如果能与大脑中的模板相匹配，这个图像也就被识别了。例如，有一个字母A，如果在脑中有个A模板，字母A的大小、方位、形状都与这个A模板完全一致，字母A就被识别了。这个模型简单明了，也容易得到实际应用。但这种模型强调图像必须与脑中的模板完全符合才能加以识别，而事实上人不仅能识别与脑中的模板完全一致的图像，也能识别与模板不完全一致的图像。例如，人们不仅能识别某一个具体的字母A，也能识别印刷体的、手写体的、方向不正、大小不同的各种字母A。同时，人能识别的图像是大量的，如果所识别的每一个图像在脑中都有一个相应的模板，也是不可能的。

为了解决模板匹配模型存在的问题，由德国3位心理学家韦特海默、苛勒和考夫卡创立的格式塔心理学理论又提出了一个原型匹配模型。这种模型认为，在长时记忆中存储的并不是所要识别的无数个模板，而是图像的某些“相似性”。从图像中抽象出来的“相似性”就可作为原型，用以检验所要识别的图像。如果能找到一个相似的原型，这个图像也就被识别了。这种模型从神经上和记忆探寻的过程上看，都比模板匹配模型更适宜，而且还能说明对一些不规则的，但某些方面与原型相似的图像的识别。但是，这种模型没有说明人是怎样对相似的刺激进行辨别和加工的，难以在计算机程序中得到实现。因此又有人提出了一个更复杂的匹配模型，即“泛魔”识别模型。

在工业应用中，一般采用工业相机拍摄图片，然后利用软件根据图片灰阶差做处理后识别出有用信息。

在人工智能中，图像识别技术具有智能化、便捷化及实用性的优势，为人们的生活与工作带来极大的便利。

4. 自然语言处理

自然语言处理（Natural Language Processing，NLP）是计算机科学领域与人工智能领域中的一个重要研究方向。它研究能实现人与计算机之间用自然语言进行有效通信的各种理论和方法。自然语言处理是一门融语言学、计算机科学、数学于一体的科学。因此，这一领域的研究涉及自然语言，即人们日常使用的语言，所以它与语言学的研究有着密切的联系，但又有重要的区别。自然语言处理并不是一般地研究自然语言，而在于研制能有效地实现自然语言通信的计算机系统，特别是其中的软件系统。因此它是计算机科学的一部分。

自然语言处理主要应用于机器翻译、舆情监测、自动摘要、观点提取、文本分类、问题回答、文本语义对比、语音识别、文字识别等方面。

自然语言处理技术主要研究以下内容。

（1）信息抽取。信息抽取是将嵌入在文本中的非结构化信息提取并转换为结构化数据的过程，从自然语言构成的语料中提取出命名实体之间的关系，是一种基于命名实体识别的更深层次的研究。信息抽取的主要过程有三步：首先，对非结构化数据进行自动化处理；其次，对文本信息做针对性抽取；最后，对抽取的信息进行结构化表示。信息抽取最基本的工作是命名实体识别，而核心在于对实体关系的抽取。

（2）自动文摘。自动文摘是利用计算机按照某一规则自动地对文本信息进行提取、集合成简短摘要的一种信息压缩技术，旨在实现两个目标：使语言简短，保留重要信息。

（3）语音识别技术。语音识别技术就是让机器通过识别和理解过程把语音信号转变为相应的文本或命令的技术，也就是让计算机听懂人类的语音，其目标是将人类语音中的词汇内容转化为计算机可读的数据。要做到这些，首先必须将连续的句子分解为词、音素等单位，还需要建立一套理解语义的规则。语音识别技术从流程上分为前端降噪、语音切割分帧、特征提取、状态匹配等几部分。而其框架可分成声学模型、语言模型和解码三部分。

（4）Transformer 模型。Transformer 模型是 Google 的研发团队于 2017 年首次提出的。Transformer 是一种基于注意力机制来加速深度学习算法的模型，由一组编码器和一组解码器组成，编码器负责处理任意长度的输入并生成其表达，解码器负责把新表达转换为目的词。Transformer 模型利用注意力机制获取所有其他单词之间的关系，生成每个单词的新表示。Transformer 的优点是注意力机制能够在不考虑单词位置的情况下，直接捕捉句子中所有单词之间的关系。模型抛弃之前传统的编码器 - 解码器（Encoder-Decoder）模型必须结合循环神经网络（Recurrent Neural Network，RNN）或卷积神经网络（Convolutional Neural Network，CNN）的固有模式，使用全注意力机制（attention）结构代替了长短期记忆（Long Short Term Memory，LSTM）模型，在减少计算量和提高并行效率的同时不损害最终的实验结果。但是此模型也存在缺陷。一是此模型计算量太大，二是仍存在位置信息利用不明显的问题，无法捕获长距离的信息。

（5）基于传统机器学习的自然语言处理技术。自然语言处理可将处理任务进行分类，形成多个子任务，传统的机械学习方法可利用支持向量机模型、马尔可夫模型、条件随机场模型等方法对自然语言中多个子任务进行处理，以进一步提高处理结果的精度。但是，从实际应用效果上来看，它仍存在着以下的不足。

① 传统机器学习训练模型的性能过于依赖训练集的质量，需要人工标注训练集，降低了训练效率。

② 传统机器学习模型中的训练集在不同应用领域的应用效果差异较大，削弱了训练的适用性，暴露出学习方法单一的弊端。若想让训练数据集适用于多个不同领域，则要耗费大量人力资源进行人工标注。

③ 在处理更高阶、更抽象的自然语言时，机器学习无法人工标注出这些自然语言的特征，使得传统机器学习只能学习预先制定的规则，而不能学习规则之外的复杂语言特征。

（6）基于深度学习的自然语言处理技术。深度学习是机器学习的一大分支，在自然语言处理中需应用深度学习模型，如卷积神经网络、循环神经网络等，通过对生成的词向量进行学习，完成自然语言分类、理解的过程。与传统的机器学习相比，基于深度学习的自然语言处理技术具备以下优势。

① 深度学习能够以词或句子的向量化为前提，不断学习语言特征，掌握更高层次、更加抽象的语言特征，满足大量特征工程的自然语言处理要求。

② 深度学习无须专家人工定义训练集，可通过神经网络自动学习高层次特征。

5. 专家系统

专家系统是一个智能计算机系统，内部含有大量的某领域专家水平的知识与经验。它能够应用人工智能技术和计算机技术，根据系统中的知识与经验，进行推理和判断，模拟人类专家的决策过程，以便解决那些需要人类专家处理的复杂问题。简言之，专家系统是一种模拟人类专家解决领域问题的计算机系统。

专家系统是人工智能中最重要的，也是最活跃的一个应用领域，实现了人工智能从理论研究走向实际应用、从一般推理策略探讨转向运用专门知识的重大突破。专家系统是早期人工智能的一个重要分支，可以看作一类具有专门知识和经验的计算机智能软件系统，一般采用人工智能中的知识表示和知识推理技术来模拟通常由领域专家才能解决的复杂问题。

专家系统通常由人机交互界面、知识库、推理机、解释器、综合数据库、知识获取 6 部分构成。其中尤以知识库与推理机相互分离而别具特色。

专家系统的发展已经历了 3 个阶段，目前正向第 4 个阶段过渡和发展。

第一代专家系统（DENDRAL、MACSYMA 等）以高度专业化、求解专门问题的能力强为特点。但在体系结构的完整性、可移植性、系统的透明性和灵活性等方面存在缺陷，求解通用问题的能力弱。

第二代专家系统（MYCIN、CASNET、Prospector、HEARSAY 等）属于单学科专业型、应用型系统。其体系结构较完整，移植性方面也有所改善，而且在系统的人机接口、解释机制、知识获取技术、不确定推理技术、增强专家系统的知识表示和推理方法的启发性、通用性等方面都有所改进。

第三代专家系统属于多学科综合型系统。其采用多种人工智能语言，综合运用各种知识表示方法和多种推理机制及控制策略，并开始运用各种知识工程语言、骨架系统、专家系统开发工具和环境来研制大型综合专家系统。

在总结前三代专家系统的设计方法和实现技术的基础上，目前研究者已经开始采用大型多专家协作系统、多种知识表示、综合知识库、自组织解题机制、多学科协同解题与并行推理、专家系统工具与环境、人工神经网络知识获取及学习机制等最新人工智能技术来实现具有多知识库、多主体的第四代专家系统。

13.1.3　人工智能在物联网安全领域的应用前景

人工智能在物联网安全领域中将发挥越来越重要的作用，在针对网络空间安全领域的

恶意软件攻击、威胁攻击检测、防御体系建设等方面，人工智能领域的新兴技术将会构成基础的通用体系。

1. 人工智能技术在物联网网络入侵检测中的应用

网络入侵检测，指利用各种手段方式对异常网络流量等数据进行收集、筛选、处理，自动生成安全报告提供给用户，如 DDoS 检测、僵尸网络检测等。基于人工智能的网络入侵检测技术可以有效提升恶意代码检测效率和精度。目前，神经网络、分布式 Agent 系统、专家系统等都是重要的人工智能入侵检测技术。

2016 年 4 月，美国麻省理工学院计算机科学与人工智能实验室及人工智能初创企业 PatternEx 联合开发了名为 AI2 的基于人工智能的网络安全平台，通过分析挖掘 360 亿条安全相关数据，能够高精度地预测、检测和阻止 5% 的网络攻击，比之前检测成功率提高了近 3 倍，且误报率也有所降低。研究人员表示，AI2 系统检测的攻击行为越多，系统接收分析人员反馈的结果就越多，系统预测未来发生的网络攻击行为的准确率就会越高。

2016 年 5 月，IBM 公司发布了一项新计划：Watson for Cyber Security。该技术的理念是利用 IBM 的 Watson 认知计算技术，帮助分析师创建并保持更强的网络安全性能。Watson 的目标是吸收并理解所有这些非结构化数据，来处理并响应非结构化的查询请求。最终，网络专家将能够直接查询“如何应对 XX 零日漏洞攻击”，甚至“当前的零日漏洞威胁都是什么”，Watson 将使用之前从研究论文、博客上收集并处理的信息来进行回答。

2016 年 5 月，美国国防信息系统局（Defense Information System Agency，DISA）发布了《大数据平台和网络分析态势感知能力》文件，介绍了其利用人工智能技术的大数据平台在增强网络空间态势感知能力上的应用情况，试图通过人工智能技术，加强海量数据的融合分析，挖掘恶意行为的特征，实现网络攻击的智能检测。

2017 年 7 月，美国空军成立了“Maven 无人机项目”，该项目应用无人机控制技术及谷歌的 TensorFlow AI 技术，结合机器学习 API 来分析无人机拍摄的大量图片，从而更好地提高无人机监视水平。

2018 年 3 月，美国国防高级研究计划局（Defense Advanced Research Projects Agency，DARPA）启动了“通过规划活动态势场景收集和监测”（COMPASS）项目，旨在开发能够评估敌方对刺激反应的软件，然后辨别敌方意图并向指挥官提供智能响应方案。该项目的最终目标是为战区级运营和规划人员提供强大的分析和决策支持工具，以减少敌对行动者及其目标的不确定性。

2. 人工智能技术在物联网规模化、自动化漏洞挖掘方面的应用

近年来，随着物联网的广泛应用，黑客利用物联网存在的漏洞和安全缺陷对网络系统硬件、软件及其中数据进行攻击的活动越来越频繁。研究人员通过人工智能自主寻找网络漏洞的方式或将逐步取代人工漏洞挖掘方式，以使网络作战部队的行动更加高效，针对特定网络的攻击手段更加隐蔽和智能，在未来网络作战中掌握主动权的能力进一步提升。

2017 年 10 月，美国斯坦福大学和美国 Infinite 公司联合研发了一种基于人工智能处理芯片的自主网络攻击系统。该系统能够自主学习网络环境并自行生成特定恶意代码，实现对指定网络的攻击、信息窃取等操作。该系统的自主学习能力、应对病毒防御系统的能力得到美国国防高级研究计划局的高度重视，并计划予以优先资助。

此次研发的新型网络攻击系统，基于 ARM 处理器和深度神经网络处理器的通用硬件架构，仅内置基本的自主学习系统程序。它在特定网络中运行后，能够自主学习网络的架构、规模、设备类型等信息，并通过对网络流数据进行分析，自主编写适用于该网络环境的攻击程序。该系统每 24h 即可生成一套攻击代码，并能够根据网络实时环境对攻击程序进行动态调整，由于攻击代码完全是全新生成的，因此依托现有病毒库和行为识别的防病毒系统难以识别，并且隐蔽性和破坏性极强。

美国国防高级研究计划局认为该系统具有极高的应用潜力，能够在未来的网络作战中帮助美军取得技术优势。除人工智能自主网络攻击系统之外，美国国防高级研究计划局早在 2015 年就新增了“大脑皮质处理器”“高可靠性网络军事系统”等研发项目。“大脑皮质处理器”项目旨在通过模拟人类大脑皮质结构，开发出数据处理性能更优的新型类脑芯片；“高可靠性网络军事系统”项目则应用了一些所谓“形式化方法”的数学方法来识别并关闭网络漏洞，该项目的首个目标是为无人机研发网络安全解决方案，并将该解决方案运用于其他的网络军事平台。

人工智能在密码破译领域的探索也已经开始。谷歌已经开发出能够自创加密算法的机器学习系统，这是人工智能在网络安全领域取得的最新成果。谷歌位于加利福尼亚州的人工智能子公司 Google Brain 通过神经网络之间的互相攻击，设计了两套神经网络系统，即 Bob 和 Alice，它们的任务就是确保通信信息不被第三套神经网络系统 Eve 破解。这些机器都使用了不同寻常的算法，这些算法通常在人类开发的加密系统中十分罕见。

3. 人工智能技术在物联网恶意软件防御方面的应用

物联网恶意软件及僵尸网络病毒防御技术通过机器学习和统计模型，寻找恶意代码家族特征，预测进化方向，提前进行防御。2007 年以来，美国国防高级研究计划局接连启动了多个人工智能项目，用以提高网络空间安全防御能力。2007 年，美国国防高级研究计划局启动了“深绿”（Deep Green）计划，目的是将仿真嵌入指挥控制系统，利用计算机生成一个智能化辅助系统，从而提高指挥员临阵决策的速度和质量，并随着作战进程不断调整和改进，使作战效能大幅提高。

2010 年，美国国防高级研究计划局启动了“自适应电子战行为学习”项目，该项目着重发展新的人工智能算法和技术，使电子战系统能够在战场上自主学习，对抗新的通信威胁。

2011 年，美国国防高级研究计划局启动了“感知开发与执行中的数学”项目，该项目开发了一种可升级的自主系统，它拥有共享感知、理解、学习、规划和执行复杂任务的算法。该项目将开发一种类似人类语言的算法，该算法可应用于情报、监视和侦察（Intelligence，Surveillance and Reconnaissance，ISR）系统和视觉导航机器人。

2012 年，美国国防高级研究计划局启动了“X 计划”项目，该项目包含了在网络作战过程中对大规模动态网络环境的理解和规划，其中应用了人工智能技术的统计分析方法。

除美国国防高级研究计划局之外，美国的军政部门及其他国家的政府机构也都在积极研发人工智能技术，并力图将其应用于现有的军政系统中，帮助军队及政府工作人员有效抵御外来威胁的入侵。

2015 年，美国国土安全部提出的“爱因斯坦 3”计划，增加了自动响应、阻止恶意攻击的功能，进一步加强了网络防御的主动性和可行性。其核心支持技术使用了基于人工智能的相关技术，用于识别和检测恶意行为。

2017 年 2 月，美国国土安全部在 RSA 安全大会上展示了 12 项基于人工智能技术的网络安全系统。其中，“REDUCE”系统能快速识别恶意软件样本间的关联关系，提取已知和未知的威胁特征；“无声警报”系统可在缺乏威胁特征的前提下，检测零日攻击和多态恶意软件；“类星体”系统可为网络防御规划人员提供可视化和定量分析工具，以评估网络防御效果。

2018 年 1 月，日本防卫省确定要将人工智能引入日本自卫队信息通信网络的防御系统中。此举的主要目的是依靠人工智能的“深度学习”能力，对网络攻击的特点和规律进行分析，以期为未来的网络攻击做好准备。

13.2 区块链技术

13.2.1 区块链技术的起源与发展

在 2008 年，日本学者中本聪第一次提出了区块链技术的概念，在随后的几年中，区块链技术迅速发展成为电子货币比特币的核心组成部分：作为所有交易的公共账簿。通过利用点对点网络和分布式时间戳服务器，区块链数据库能够进行自主管理。为比特币而发明的区块链技术使它成为第一个解决重复消费问题的数字货币。比特币的设计已经成为其他应用程序的灵感来源。

2014 年，“区块链 2.0”成为一个关于去中心化区块链数据库的术语。对于这个第二代可编程区块链技术，经济学家们认为它是一种编程语言，支持用户编写更精密和智能的协议。因此，当利润达到一定程度的时候，就能够从完成的货运订单或者共享证书的分红中获得收益。区块链 2.0 技术跳过了交易和“价值交换中担任金钱和信息仲裁的中介机构”。它们被用来使人们远离全球化经济，使隐私得到保护，使人们“将掌握的信息兑换成货币”，并且有能力保证知识产权的所有者得到收益。第二代区块链技术使存储个人的“永久数字 ID 和形象”成为可能，并且对“潜在的社会财富分配不平等”提供解决方案。

2019 年 1 月 10 日，国家互联网信息办公室发布《区块链信息服务管理规定》。2019 年 10 月 24 日，在中央政治局第十八次集体学习时，习近平总书记强调，“把区块链作为核心技术自主创新的重要突破口”，“加快推动区块链技术和产业创新发展”。近年来，区块链技术已经走进大众视野，成为社会的关注焦点。

2021 年，国家高度重视区块链行业发展，各部委发布的区块链相关政策已超 60 项，区块链不仅被写入“十四五”规划纲要中，各部门更是积极探索区块链发展方向，全方位推动区块链技术赋能各领域发展，积极出台相关政策，强调各领域与区块链技术的结合，加快推动区块链技术和产业创新发展，区块链产业政策环境持续利好发展。

2022 年 11 月，蚂蚁集团在云栖大会上宣布，其历经 4 年的关键技术攻关与测试验证的区块链存储引擎 LETUS（Log-structured Efficient Trusted Universal Storage）首次对外开放。

2022 年 11 月 14 日，北京微芯区块链与边缘计算研究院长安链团队成功研发了海量存储引擎 Huge（中文名称为“泓”），其支持 PB 级数据存储，是目前全球支持量级最大的区块链开源存储引擎。

2023 年 2 月 16 日，区块链技术公司 Conflux Network 宣布与中国电信达成合作，将在香港地区试行支持区块链的 SIM 卡。

2023 年 3 月 30 日，全国医保电子票据区块链应用启动仪式在浙江省杭州市举行。医保电子票据区块链应用是全国统一医保信息平台建设的重要组成部分。医保电子票据和区块链技术全领域、全流程应用将为医疗费用零星报销业务操作规范化、标准化和智能化提供强大的技术支撑，实现即时生成、传送、存储和报销全程“上链盖戳”。

13.2.2　区块链的定义与特征

区块链（block chain），指通过去中心化和去信任的方式集体维护一个可靠数据库的技术方案。该技术方案让参与系统的任意多个节点，把一段时间内系统全部信息交流的数据，通过密码学算法计算和记录到一个数据块（block），并且生成该数据块的指纹用于链接（chain）下一个数据块，校验系统所有参与的节点共同认定记录是否为真。

结合区块链的定义，区块链的主要特征有去中心化（decentralized）、去信任（trustless）、集体维护（collectively maintain）、可靠数据库（reliable database）。去中心化，指整个网络没有中心化的实体，任意节点之间的权利和义务都是均等的，且任一节点的损坏都不影响整个系统的运行。去信任，指整个系统中的每个节点之间进行数据交换是无须互相信任的，整个系统的运作规则是公开透明的，所有的数据内容也是公开的，因此在系统指定的规则范围和时间内，节点之间不能也无法欺骗其他节点。集体维护，指系统中的数据块由整个系统中所有具有维护功能的节点共同维护，而且这些具有维护功能的节点是任何人都可以参与的。可靠数据库，指整个系统将通过分布式数据库的形式，让每个节点都能获得一份完整数据库的备份。除非能同时控制整个系统中超过 51% 的节点，否则在单个节点上对数据库的修改是无效的，也无法影响其他节点上的数据内容。

目前，许多国内外标准组织包括 ISO、ITU-T、IEEE 等均已开展区块链及其与物联网融合的标准化工作。其中，ITU-T 启动了分布式账本的总体需求安全及物联网应用研究。2017 年 3 月，中国联通联合众多公司和研究机构在 ITU-T SG20 成立了全球首个物联网区块链标准项目，定义去中心化的可信物联网服务平台框架。ISO TC307 区块链和分布式账本技术委员会开展区块链标准的制定工作，目前已经有 8 项标准项目正在开展中。IEEE 建立了区块链应用在物联网下的框架标准。中国通信标准化协会（China Communications Standards Association，CCSA）物联网技术工作委员会（TC10）启动了物联网区块链子项目组，负责区块链技术在物联网及其涵盖的智慧城市、车联网等行业的应用，在物联网技术工作委员会下启动区块链行业标准制定。中国数据中心产业发展联盟（Data Center Industry Alliance of China）于 2016 年 12 月 1 日成立了可信区块链工作组，工作组成员包括中国联通、中国电信、腾讯、华为、中兴通讯等 30 多家企业及机构。

13.2.3 区块链技术的系统架构

一个完整的基于区块链技术的系统架构如图 13-2 所示，共分为 6 层，即数据层、网络层、共识层、激励层、合约层和应用层。

图 13-2 区块链技术的系统架构

其中，数据层封装了底层数据区块，以及相关的数据加密和时间戳等基础数据和基本算法；网络层则包括分布式组网机制、数据传播机制和数据验证机制等；共识层主要封装网络节点的各类共识算法；激励层将经济因素集成到区块链技术体系中来，主要包括经济激励的发行机制和分配机制等；合约层主要封装各类脚本、算法和智能合约，是区块链可编程特性的基础；应用层则封装了区块链的各种应用场景和案例。在这个系统架构中，基于时间戳的链式区块结构、分布式节点的共识机制、基于共识算力的经济激励和灵活可编程的智能合约是区块链技术最具代表性的创新点。

13.2.4 区块链系统的关键技术

1. 分布式账本

分布式账本指的是交易记账由分布在不同地方的多个节点共同完成，且每一个节点记录的都是完整的账目，因此它们都可以参与监督交易合法性，同时也可以共同为其作证。

与传统的分布式存储有所不同，区块链的分布式存储的独特性主要体现在以下两个方面：一是区块链每个节点都按照区块链式结构存储完整的数据，传统分布式存储一般是将数据按照一定的规则分成多份进行存储；二是区块链每个节点存储都是独立的、地位平等的，它们依靠共识机制保证存储的一致性，而传统分布式存储一般是通过中心节点往其他备份节点同步数据。没有任何一个节点可以单独记录账本数据，从而避免了单一记账人被控制或者被贿赂而记假账的可能性。由于记账节点足够多，理论上除非所有节点都被破坏，否则账目就不会丢失，从而保证了账目数据的安全性。

2. 非对称加密

存储在区块链上的交易信息是公开的，但是账户身份信息是高度加密的，只有在数据拥有者授权的情况下才能访问，从而保证了数据的安全和个人的隐私。

3. 共识机制

共识机制就是所有记账节点之间怎么达成共识，去认定一个记录的有效性，这既是认定手段，也是防篡改手段。区块链提出了四种不同的共识机制，它们分别适用于不同的应用场景，并在效率和安全性之间取得了平衡。

区块链的共识机制具备“少数服从多数”及“人人平等”的特点，其中“少数服从多数”并不完全指节点个数，也可以是计算能力、股权数或者计算机可以比较的其他特征量。“人人平等”是当节点满足条件时，所有节点都有权优先提出共识结果，直接被其他节点认同后有可能成为最终共识结果。以比特币为例，采用的是工作量证明，只有在控制了全网超过51%的记账节点的情况下，才有可能伪造一条不存在的记录。当加入区块链的节点足够多的时候，这基本上不可能，从而杜绝了造假的可能。

4. 智能合约

智能合约基于这些可信的、不可篡改的数据，可以自动化地执行一些预先定义好的规则和条款。以保险为例，如果说每个人的信息（包括医疗信息和风险发生的信息）都是真实可信的，那就很容易在一些标准化保险产品中进行自动化理赔。在保险公司的日常业务中，虽然交易不像银行和证券行业那样频繁，但是对可信数据的依赖仍有增无减。因此，利用区块链技术，从数据管理的角度切入，能够有效地帮助保险公司提高风险管理能力。

13.2.5　区块链技术的应用领域

区块链技术的应用领域很广泛，包括物联网与物流领域、金融领域、公共服务领域、数字版权领域、保险领域、公益领域和司法领域等。

1. 物联网与物流领域

区块链在物联网与物流领域可以天然结合。通过区块链可以降低物流成本，追溯物品的生产和运输过程，并且提高供应链管理的效率。该领域被认为是区块链一个很有前景的应用方向。区块链通过节点连接的散状网络分层结构，能够在整个网络中实现信息的全面传递，并能够检验信息的准确程度。这种特性一定程度上提高了物联网交易的便利性和智能化程度。区块链+大数据的解决方案就利用了大数据的自动筛选过滤模式，在区块链中建立信用资源可双重提高交易的安全性，并提高物联网交易便利程度，为智能物流模式应用节约时间成本。区块链节点具有十分自由的进出能力，可独立地参与或离开区块链体系，不对整个区块链体系有任何干扰。区块链+大数据的解决方案利用了大数据的整合能力，使物联网基础用户拓展更具有方向性，便于在智能物流的分散用户之间实现用户拓展。

2. 金融领域

区块链在国际汇兑、信用证、股权登记和证券交易所等金融领域有着潜在的巨大应用价值。将区块链技术应用在金融行业中，能够省去第三方中介环节，实现点对点的直接对接，从而在大大降低成本的同时，快速完成交易支付。

例如，VISA 推出基于区块链技术的 VISA B2B Connect，它能为机构提供一种费用更低、更快速和安全的跨境支付方式来处理全球范围的企业对企业的交易。VISA 还联合 Coinbase 推出了首张比特币借记卡，花旗银行则在区块链上测试运行加密货币“花旗币”。

2022 年 8 月，中国首例数字人民币穿透支付业务在雄安新区成功落地，实现了数字人民币在新区区块链支付领域应用场景的新突破。

3. 公共服务领域

公共管理、能源、交通等领域与民众的生产生活息息相关，但是这些领域的中心化特质也带来了一些问题，这些都可以用区块链来改造。区块链提供去中心化的完全分布式 DNS 服务，通过网络中各个节点之间的点对点数据传输服务，能实现域名的查询和解析，可用于确保某个重要的基础设施的操作系统和固件没有被篡改，可以监控软件的状态和完整性，发现不良的篡改，并确保使用了物联网技术的系统所传输的数据没有经过篡改。

4. 数字版权领域

通过区块链技术，可以对作品进行鉴权，证明文字、视频、音频等作品的存在，保证权属的真实性、唯一性。作品在区块链上被确权后，后续交易都会进行实时记录，实现数字版权的全生命周期管理，也可作为司法取证中的技术性保障。例如，美国纽约一家创业公司 Mine Labs 开发了一个基于区块链的元数据协议，这个名为 Mediachain 的系统利用 IPFS 文件系统，实现数字作品版权保护，主要是面向数字图片的版权保护应用。

5. 保险领域

在保险理赔方面，保险机构负责资金归集、投资、理赔，管理和运营成本往往较高。通过智能合约的应用，既无须投保人申请，也无须保险公司批准，只要触发理赔条件，即可实现保单自动理赔。一个典型的应用案例就是 LenderBot，它允许人们通过 Facebook Messenger 的聊天功能，注册定制化的微保险产品，为个人之间交换的高价值物品进行投保，而区块链在其中扮演第三方角色。

6. 公益领域

区块链上存储的数据，高可靠且不可篡改，天然适用于社会公益场景。公益流程中的相关信息，如捐赠项目、募集明细、资金流向、受助人反馈等，均可以存放于区块链上，并且有条件地进行透明公开公示，方便社会监督。

7. 司法领域

为进一步加强区块链在司法领域应用，充分发挥区块链在促进司法公信、服务社会治理、防范化解风险方面的作用，最高人民法院在充分调研、广泛征求意见、多方论证的基础上，制定了《最高人民法院关于加强区块链司法应用的意见》，并于 2022 年 5 月 25 日发布。该意见明确了人民法院加强区块链司法应用总体要求及人民法院区块链平台建设的要求，提出区块链技术在提升司法公信力、提高司法效率、增强司法协同能力、服务经济社会治理四方面典型场景的应用方向，明确了区块链应用保障措施。

13.2.6　区块链技术在网络安全中的应用

由于区块链上的数据无法篡改，因此能够应用于一些高度强调数据安全性的场景和应用中。例如，跨机构的去中心化投票、医疗和科学数据协作及去中心化元数据。

在金融领域中，区块链的透明度和可追溯性可以提升支付透明度，减少对中央经纪人的需求。同时，还可以提高汇款和跨境支付等交易的安全性和隐私性。

区块链的应用并不限于金融领域，也可用于任何可验证的交互。由于供应链攻击中恶意的软件“更新”越来越频繁，对软件更新进行身份验证已经成为一种良好的习惯。

区块链可以帮助组织与产品开发人员验证更新、下载和安装软件补丁。这也有助于防止对供应链的攻击。

区块链的组件可以应用于身份保护、身份验证、访问管理等，这些功能具有许多安全优势，可以对敏感数据进行保护。区块链技术可以保护链上存储的信息。

区块链还可以用来预防身份盗窃。由于区块链使用加密密钥来验证身份属性和凭证，通过多重签名访问控制和分散管理，可以帮助防止任何身份冒用者的欺诈行为。

例如，业主可以证明他们的所有权和委托权；专业人士可以拥有自己的“不可篡改”证书，且不受司法管辖区的限制，从而减少假冒证书；创作者也可以保留对其媒体的全部权利，从而加强版权保护。

13.3　大数据技术

13.3.1　大数据的基本概念

大数据又称巨量资料，指所涉及的资料量规模巨大到无法通过主流的软件工具，在有限的时间内达到撷取、管理、处理并整理成为帮助企业经营决策更积极目的的资讯。

在维克托·迈尔·舍恩伯格及肯尼斯·库克耶编著的《大数据时代》一书中指出：大数据不是使用随机分析法（抽样调查）这样的捷径来分析的，而是采用所有数据进行分析处理的。

IBM公司提出大数据应具有5V的特点，即Volume（大量）、Velocity（高速）、Variety（多样）、Value（低价值密度）、Veracity（真实性）。

对于“大数据”，研究机构Gartner给出了这样的定义：“大数据”是需要新处理模式才能具有更强的决策力、洞察发现力和流程优化能力来适应海量、高增长率和多样化的信息资产。

麦肯锡全球研究所给出的定义：一种规模大到在获取、存储、管理、分析方面大大超出了传统数据库软件工具能力范围的数据集合，具有海量的数据规模、快速的数据流转、多样的数据类型和价值密度低四大特征。

大数据技术的战略意义不在于掌握庞大的数据信息，而在于对这些含有意义的数据进行专业化处理。换言之，如果把大数据比作一种产业，那么这种产业实现盈利的关键，在于提高对数据的“加工能力”，通过“加工”实现数据的“增值”。

从技术上分析，大数据与云计算的关系就像一枚硬币的正反面，二者密不可分。大数据必然无法用单台的计算机进行处理，必须采用分布式架构。它的特色在于对海量数据进行分布式数据挖掘。但它必须依托云计算的分布式处理、分布式数据库和云存储、虚拟化技术。

随着云时代的来临，大数据也吸引了越来越多的关注。大数据分析师团队认为，大数据通常用来形容一个公司创造的大量非结构化数据和半结构化数据，这些数据在下载到关系型数据库用于分析时会花费过多的时间和金钱。大数据分析常和云计算联系到一起，因为实时的大型数据集分析需要像 MapReduce 一样的框架来向数十台、数百台甚至数千台计算机分配工作。

大数据分析需要特殊的技术，以有效地处理大量的容忍经过时间内的数据。适用于大数据的技术，包括大规模并行处理数据库、数据挖掘、分布式文件系统、分布式数据库、云计算平台、互联网和可扩展的存储系统。

13.3.2　大数据的系统结构

大数据分析的数据又可以分为结构化数据、半结构化数据和非结构化数据，其中非结构化数据日益成为数据的主要部分。据 IDC 的调查报告显示：企业中 80% 的数据都是非结构化数据，这些数据每年都按指数增长 60%。

首先，大数据仅仅是互联网发展到现今阶段的一种表象或特征而已，没有必要神话它或对它保持敬畏，在以云计算为代表的技术创新大幕的衬托下，这些以往看起来很难收集和利用的大数据，变得很容易就能够被人们利用起来。通过各行各业的不断创新，大数据将会逐步为人类创造更多的价值。

其次，想要系统地认知大数据，必须要全面而细致地分解它。

大数据的系统结构如图 13-3 所示，可以从三个维度来分析大数据。

第一个维度是理论，理论是认知的必经途径，也是被广泛认同和传播的基线。该维度从大数据的特征定义理解行业对大数据的整体描绘和定性；从对大数据价值的探讨来深入解析大数据的珍贵所在；洞悉大数据的发展趋势；从大数据隐私这个特别而重要的视角审视人和数据之间的长久博弈。

第二个维度是技术，技术是大数据价值体现的手段和前进的基石。该维度从云计算、分布式处理平台、存储技术和感知技术的发展来说明大数据从采集、处理、存储到形成结果的整个过程。

第三个维度是实践，实践是大数据的最终价值体现。该维度分别从互联网的大数据、政府的大数据、企业的大数据和个人的大数据四方面来描绘大数据已经展现的美好景象及即将实现的蓝图。

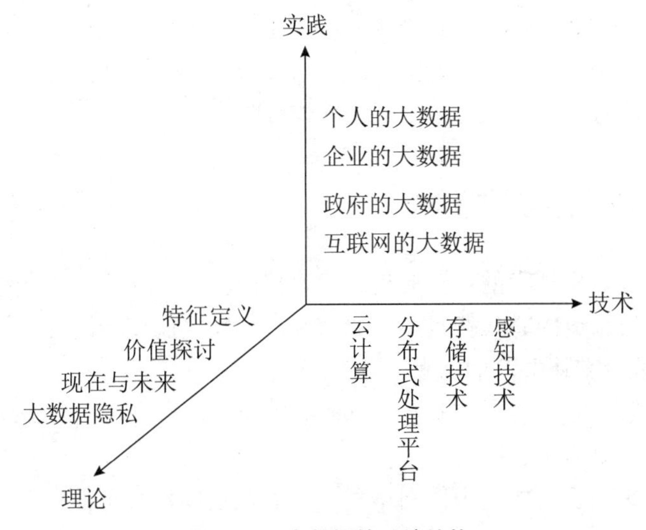

图 13-3　大数据的系统结构

13.3.3　大数据分析的重要意义

当今社会是一个高速发展的社会，科技发达、信息流通，人们之间的交流越来越密切，生活也越来越方便，大数据就是这个高科技时代的产物。

阿里巴巴的创始人马云在一次演讲中指出，未来的时代将不是IT时代，而是DT时代，DT就是数据科技（Data Technology），这显示了阿里巴巴集团无比重视大数据分析。

有人把数据比喻为蕴藏能量的煤矿。煤炭按照性质有焦煤、无烟煤、肥煤、贫煤等分类，而露天煤矿、深山煤矿的挖掘成本又不一样。与此类似，大数据并不在于“大”，而在于“有用”。价值含量、挖掘成本比数量更为重要。对于很多行业来说，如何利用好这些大规模数据是赢得竞争的关键。

大数据分析的价值主要体现在以下几方面。

（1）对大量消费者提供产品或服务的企业可以利用大数据进行精准营销。

（2）做“小而美”模式的中小微企业可以利用大数据做服务转型。

（3）面临互联网压力必须转型的传统企业需要与时俱进，充分利用大数据的价值。

但是，大数据分析在经济发展中的巨大意义并不代表其能取代一切对于社会问题的理性思考，科学发展的逻辑不能被湮没在海量数据中。

在这个快速发展的智能硬件时代，困扰应用开发者的一个重要问题就是如何在功率、覆盖范围、传输速率和成本之间找到那个微妙的平衡点。企业组织利用相关数据和分析可以帮助它们降低成本、提高效率、开发新产品、做出更明智的业务决策等。例如，结合大数据和高性能的分析，下面这些对企业有益的情况都可能会发生。

（1）及时解析故障、问题和缺陷的根源，每年可能为企业节省数十亿美元。

（2）为成千上万的快递车辆规划实时交通路线，躲避拥堵。

（3）分析所有最小存货单位（Stock Keeping Unit，SKU），以利润最大化为目标来定价和清理库存。

（4）根据客户的购买习惯，为其推送他可能感兴趣的优惠信息。

（5）从大量客户中快速识别出金牌客户。

（6）使用点击流分析和数据挖掘来规避欺诈行为。

13.3.4 大数据安全防护技术

近年来，随着大数据技术的广泛应用，大数据时代的信息安全也变得越来越重要。在我国数字经济进入快车道的时代背景下，如何开展大数据的安全治理，提升全社会的“安全感”，已成为全社会普遍关注的问题。

大数据时代来临，各行业数据规模呈TB级增长，拥有高价值数据源的企业在大数据产业链中占有至关重要的核心地位。

在实现大数据集中后，如何确保网络大数据的完整性、可用性和保密性，不受到信息泄露和非法篡改的安全威胁影响，已经成为政府部门、企事业单位信息化健康发展所要考虑的核心问题。

大数据安全的防护技术包括：数据资产梳理（敏感数据、数据库等的梳理）、数据库加密（核心数据存储加密）、数据库安全（防止黑客恶意攻击和高危操作）、数据脱敏（敏感数据匿名化）、数据库漏洞扫描（数据安全脆弱性检测）等。

数据资产梳理通过对数据资产的梳理，可以确定敏感数据在系统内部的分布，确定敏感数据是如何被访问的，确定当前的账号和授权的状况。根据数据资产的数据价值和特征，梳理出本单位的核心数据资产，对其分级分类。在此基础之上，针对数据的安全管理才能确定更加精细的措施。

数据资产梳理能有效地解决企业对资产安全状况的摸底及资产管理工作，改善以往传统方式下企业资产管理和梳理的工作模式，提高工作效率，保证资产梳理工作的质量。合规合理的梳理方案，能做到风险预估和异常行为评测，从而在很大程度上避免了核心数据遭破坏或泄露的安全事件。

数据库加密是一款基于透明加密技术、主动防御机制的数据库防泄露系统，该产品能够实现对数据库中的敏感数据加密存储、访问控制增强、应用访问安全、安全审计及三权分立等功能。它能有效防止明文存储引起的数据泄密、突破边界防护的外部黑客攻击、来自于内部高权限用户的数据窃取，防止绕开合法应用系统直接访问数据库，从根本上解决数据库敏感数据泄露问题，真正实现了数据高度安全、应用完全透明、密文高效访问等技术特点。

数据库安全包含两层含义：第一层是系统运行安全，第二层是系统信息安全。系统运行安全通常受到的威胁如下：一些网络不法分子通过网络、局域网等途径入侵计算机使系统无法正常启动，或超负荷让机器运行大量算法，并关闭CPU风扇，使CPU过热烧坏等破坏性活动。系统信息安全通常受到的威胁如下：黑客入侵数据库并盗取想要的资料。数据库系统的安全特性主要是针对数据来说的，包括数据独立性、数据安全性、数据完整性、并发控制、故障恢复等几方面。

数据脱敏，指将某些敏感信息依照脱敏规则进行数据变形，实现敏感隐私数据的可靠保护。在涉及客户安全数据或者一些商业性敏感数据的情况下，在不违反系统规则的前提下，应对真实数据进行改造并提供测试使用，如身份证号、手机号、银行卡号、客户号等个人信息都需要进行数据脱敏。数据安全技术中的数据库安全技术主要包括数据库漏洞扫描、数据库加密、数据库防火墙、数据脱敏、数据库安全审计系统。

数据库漏洞扫描也被称为数据库安全评估系统，主要功能是为一个或多个数据库创建扫描任务，用户可以通过自动扫描和手动输入发现数据库，经授权扫描、非授权扫描、弱口令、渗透攻击等多种检测方式发现数据库安全隐患，形成修复建议报告并提供给用户。

13.4　本章小结

信息安全是物联网技术大规模应用必须面对的问题，物联网安全总体上具有普适性、特殊性的特征和需求。广阔的市场应用前景和丰厚的商业投资回报，使得各种信息安全新技术应用到物联网系统中，例如，人工智能安全、区块链安全、大数据安全等。

人工智能（AI）是研究、开发用于模拟、延伸和扩展人的智能的理论、方法、技术及应用系统的一门新的技术科学。

机器人是一种自动化的机器，只不过这种机器具备一些与人或生物相似的智能能力，如感知能力、规划能力、动作能力和协同能力，是一种具有高度灵活性的自动化机器。

机器人分为两大类，即工业机器人和特种机器人。工业机器人，指面向工业领域的多关节机械手或多自由度机器人；特种机器人则指除工业机器人之外的、用于非制造业并服务于人类的各种先进机器人。

目前在大词汇语音识别方面处于领先地位的是IBM语音研究小组，它于20世纪70年代开始这方面的研究。AT&T的贝尔实验室也开始了一系列有关非特定人语音识别的实验。这一研究历经了10余年，其成果是确立了如何制作用于非特定人语音识别的标准模板的方法。

图像识别，指利用计算机对图像进行处理、分析和理解，以识别各种不同模式的目标和对象，是应用深度学习算法的一种实践应用。

目前，图像识别技术一般分为人脸识别与商品识别两类，人脸识别主要运用于安全检查、身份核验与移动支付中；商品识别主要运用于商品流通过程中，特别是无人货架、智能零售柜等无人零售领域。

自然语言处理是计算机科学领域与人工智能领域中的一个重要方向。它研究能实现人与计算机之间用自然语言进行有效通信的各种理论和方法。自然语言处理是一门融语言学、计算机科学、数学于一体的科学。

专家系统是一种智能计算机程序系统，其内部含有大量的某个领域专家水平的知识与经验。它能够应用人工智能技术和计算机技术，根据系统中的知识与经验，进行推理和判断，模拟人类专家的决策过程，以便解决那些需要人类专家处理的复杂问题。简言之，专家系统是一种模拟人类专家解决领域问题的计算机程序系统。

人工智能在物联网安全领域中将发挥越来越重要的作用，在针对网络空间安全领域的恶意软件攻击、威胁攻击检测、防御体系建设等方面，人工智能领域的新兴技术将会构成基础的通用体系。

2008年，日本的中本聪第一次提出了区块链技术的概念，在随后的几年中，区块链技术成为了电子货币——比特币的核心组成部分：作为所有交易的公共账簿。通过利用点对点网络和分布式时间戳服务器，区块链数据库能够进行自主管理。为比特币而发明的区块链使它成为第一个解决重复消费问题的数字货币。比特币的设计已经成为其他应用程序的灵感来源。

区块链，指通过去中心化和去信任的方式集体维护一个可靠数据库的技术方案。该技术方案让参与系统的任意多个节点，把一段时间内系统全部信息交流的数据，通过密码学算法计算和记录到一个数据块，并且生成该数据块的指纹用于链接下一个数据块和校验，系统所有参与的节点共同认定记录是否为真。

结合区块链的定义，区块链的主要特征有去中心化、去信任、集体维护、可靠数据库。去中心化，指整个网终没有中心化的实体，任意节点之间的权利和义务都是均等的，且任一节点的损坏都不影响整个系统的运行。去信任，指参与整个系统中的每个节点之间进行数据交换是无须互相信任的，整个系统的运作规则是公开透明的，所有的数据内容也是公开的，因此在系统指定的规则范围和时间内，节点之间不能也无法欺骗其他节点。

一个完整的基于区块链技术的系统，其系统架构共分为6层，即数据层、网络层、共识层、激励层、合约层和应用层组成。

大数据的系统结构包括理论、技术、实践三个维度。

大数据的价值主要体现在以下几方面。

（1）对大量消费者提供产品或服务的企业可以利用大数据进行精准营销。

（2）做“小而美”模式的中小微企业可以利用大数据做服务转型。

（3）面临互联网压力必须转型的传统企业需要与时俱进，充分利用大数据的价值。

大数据安全的防护技术包括：数据资产梳理（如敏感数据、数据库等的梳理）、数据库加密（核心数据存储加密）、数据库安全（防止黑客恶意攻击和高危操作）、数据脱敏（敏感数据匿名化）、数据库漏洞扫描（数据安全脆弱性检测）等。

复习思考题

一、单选题

1.（　　）是第一个击败人类职业围棋选手的机器人。

A. AlphaGo　　B. ChatGPT　　C. IBM　　D. OpenAI

2. IBM 公司的 ViaVoice 是一种（　　）软件。

A. 语音识别　　B. 图像识别　　C. 聊天　　D. 深度学习

3. 2018 年 1 月，日本防卫省已经确定要将人工智能引入日本自卫队信息通信网络的防御系统中。此举的主要目的是依靠人工智能的（　　）能力，对网络攻击的特点和规律进行分析，以期为未来的网络攻击做好准备。

A. 语音识别　　B. 图像识别　　C. 聊天　　D. 深度学习

4. 自然语言处理是计算机科学领域与人工智能领域中的一个重要方向。它研究能实现人与计算机之间用（　　）进行有效通信的各种理论和方法。

A. 机器语言　　B. 汇编语言　　C. 高级语言　　D. 自然语言

5. 据 IDC 的调查报告显示：企业中（ ）的数据都是非结构化数据，这些数据每年都按指数增长 60%。

A. 50%　　B. 60%　　C. 70%　　D. 80%

6. 区块链系统的关键技术包括（ ）和智能合约。

A. 分布式账本　　B. 非对称加密　　C. 共识机制　　D. 以上都是

7. 区块链的主要特征是（ ）和可靠数据库。

A. 去中心化　　B. 去信任　　C. 集体维护　　D. 以上都是

8. 一个完整的基于区块链技术的系统，其系统架构共分为（ ）层。

A. 4　　B. 5　　C. 6　　D. 7

9. 大数据分析的价值主要体现在以下（ ）方面。

A. 2　　B. 3　　C. 4　　D. 5

10. 我们可以从（ ）个维度来分析大数据。

A. 2　　B. 3　　C. 4　　D. 5

二、简答题

1. 请简述 AlphaGo 的工作原理。它战胜了哪些围棋世界冠军？
2. 请简要说明人工智能所涉及的关键技术。
3. 人工智能在物联网安全领域中的应用前景如何？
4. 什么是区块链？区块链的主要特征是什么？
5. 请画图说明区块链技术的系统架构。
6. 区块链系统的关键技术是什么？
7. 请简述区块链技术在网络安全中的应用。
8. IBM 公司提出大数据应具有 5V 的特点，是什么特点？
9. 请画图说明大数据的系统结构。
10. 大数据安全的防护技术包括哪些内容？

附录A

各章复习思考题答案

第1章　物联网系统的安全体系

一、单选题

1. B	2. A	3. A	4. D	5. A
6. A	7. C	8. A	9. A	10. D
11. B	12. A	13. D	14. B	15. D
16. D	17. D	18. B	19. D	20. D
21. A	22. C	23. D	24. D	25. D

二、简答题

略

第2章　物联网系统安全基础

一、单选题

1. C	2. D	3. D	4. B	5. A
6. A	7. A	8. D	9. B	10. D
11. B	12. D	13. C	14. A	15. B

二、简答题

略

第3章　感知层RFID系统安全

一、单选题

1. D	2. D	3. B	4. A	5. D
6. D	7. B	8. B	9. A	10. A
11. A	12. D	13. A	14. C	15. B

二、简答题

略

第 4 章　感知层无线传感器网络安全

一、单选题

1. A	2. D	3. B	4. D	5. A
6. A	7. D	8. D	9. D	10. D

二、简答题

略

第 5 章　感知层智能终端与接入安全

一、单选题

1. A	2. C	3. B	4. A	5. A
6. B	7. A	8. C	9. C	10. D

二、简答题

略

第 6 章　感知层摄像头与条形码及二维码安全

一、单选题

1. D	2. D	3. D	4. D	5. A
6. D	7. D	8. D	9. C	10. D

二、简答题

略

第 7 章　网络层近距离无线通信安全

一、单选题

1. B	2. B	3. D	4. B	5. A
6. C	7. C	8. D	9. C	10. D

二、简答题

略

第 8 章　网络层移动通信系统安全

一、单选题

1. C	2. A	3. A	4. A	5. A
6. A	7. B	8. D	9. C	10. D

二、简答题

略

第 9 章　网络层网络攻击与防范

一、单选题

1. B	2. D	3. D	4. C	5. C
6. C	7. D	8. B	9. C	10. D
11. B	12. B	13. A	14. D	15. D

二、简答题

略

第 10 章　应用层云计算与中间件安全

一、单选题

1. D	2. C	3. A	4. A	5. C
6. D	7. A	8. D	9. A	10. D

二、简答题

略

第 11 章　应用层数据安全与隐私安全

一、单选题

1. A	2. C	3. D	4. D	5. B
6. A	7. B	8. C	9. A	10. B
11. D	12. C	13. D	14. A	15. A

二、简答题

略

第 12 章　物联网安全技术的典型应用

一、单选题

1. A	2. D	3. D	4. C	5. D
6. A	7. D	8. C	9. A	10. C

二、简答题

略

第 13 章　物联网系统安全相关新技术

一、单选题

1. A	2. A	3. D	4. D	5. D
6. D	7. D	8. C	9. B	10. B

二、简答题

略

附录B

两套模拟试题及参考答案

模拟试题一

一、单项选择题（每小题 2 分，本题共 20 分）

1. 物联网的概念最早是在（　　）年由美国麻省理工学院凯文·阿什顿教授提出的。

A. 1988　　B. 1989　　C. 1990　　D. 1991

2. 在物联网体系结构中，传感器位于物联网的（　　）层。

A. 感知　　B. 传输　　C. 网络　　D. 应用

3. RFID 是一种（　　）识别技术。

A. 红外线　　B. 紫外线　　C. 射频　　D. 超声波

4. ZigBee 是一种（　　）无线通信技术。

A. 近距离　　B. 中距离　　C. 远距离　　D. 超远距离

5. IPv6 中地址长度为（　　）位。

A. 32　　B. 64　　C. 128　　D. 256

6. 以下属于非对称加密技术的是（　　）。

A. DES　　B. AES　　C. IDEA　　D. RSA

7. 入侵检测技术可以分为异常检测和（　　）检测两大类。

A. 正常　　B. 误用　　C. 适用　　D. 认证

8. 无线城域网的国际标准是（　　）。

A. 802.3　　B. 802.14　　C. 802.15　　D. 802.16

9. 云计算安全关键技术包括（　　）安全技术、海量用户的身份认证、隐私保护与数据安全技术。

A. 云计算平台　　B. 数据管理　　C. 数据存储　　D. 虚拟机

10. 衡量数据保护的重要标准（　　）。

A. 恢复时间目标（Recovery Time Object，RTO）

B. 恢复点目标（Recovery Point Object，RPO）

C. 以上都是

D. 以上都不是

二、填空题（每小题 4 分，本题共 20 分）

1. 物联网的四个特征是__________、__________、__________、__________。

2. 一套完整的RFID系统包括__________、__________、__________、__________等组成部分。

3. RFID系统的物理安全机制包括__________、__________、__________、__________、__________等五类。

4. 无线传感器网络系统通常包括__________、__________、__________。

5. 云计算的服务可以分为三个层次：__________、__________、__________。

三、名词解释（每小题4分，本题共20分）

1. 对称加密算法

2. 数字签名

3. 防火墙技术

4. 数据库保护

5. 隐私

四、简答题（每小题8分，本题共40分）

1. 请画图表示物联网的体系结构，并分别说明每一层实现的功能。

2. 请简要说明物联网云计算平台的安全机制。

3. PKI的优势主要表现在哪些方面？

4. RFID系统安全的密码机制包括哪些典型的安全认证协议？

5. 什么是黑客？黑客常用的攻击方法包括哪些？

模拟试题二

一、单项选择题（每小题 2 分，本题共 20 分）

1.“感知中国”的概念是温家宝总理在（　　）年提出的。

A. 2008　　B. 2009　　C. 2010　　D. 2011

2. 在物联网体系结构中，云计算平台位于物联网的（　　）层。

A. 感知　　B. 传输　　C. 网络　　D. 应用

3. WiMAX 是一种无线（　　）网技术。

A. 个域　　B. 局域　　C. 城域　　D. 广域

4. 蓝牙是一种（　　）无线通信技术。

A. 近距离　　B. 中距离　　C. 远距离　　D. 超远距离

5. 数据保护技术主要分为（　　）大类。

A. 2　　B. 3　　C. 4　　D. 5

6. 以下属于对称加密技术的是（　　）。

A. DES　　B. RSA　　C. 椭圆曲线　　D. ECC

7. 入侵检测技术可以分为（　　）检测和误用检测两大类。

A. 正常　　B. 异常　　C. 适用　　D. 认证

8. 无线传感器网络网络层安全协议 SPINS 包括 SNEP 协议和（　　）协议两部分。

A. TESLA　　B. μTESLA　　C. LEACH　　D. Rumor

9. 根据工作原理分类，防火墙可以分为四类：网络级防火墙、应用级网关、（　　）、规则检查防火墙。

A. 感知级防火墙　　B. 感知级网关　　C. 电路级网关　　D. 软件级网关

10. 目前被采用最多的备份策略主要有（　　）种。

A. 2　　B. 3　　C. 4　　D. 5

二、填空题（每小题 4 分，本题共 20 分）

1. 物联网系统面临的安全威胁主要包括________、________、________、________、________、________、________等七方面。

2. 无线传感器网络分布式的密钥管理方案包括________、________和________。

3. RFID 系统的密码安全机制包括________、________、________、________、________、________等。

4. 近距离无线网络可以分为________、________、________、________、________等。

5. GPS 全球卫星定位系统包括________、________、________等三大部分。

三、名词解释（每小题 4 分，本题共 20 分）

1. 非对称加密算法

2. 公钥基础设施

3. 入侵检测技术

4. RFID

5. 云计算

四、简答题（每小题 8 分，本题共 40 分）

1. 请画图表示 RFID 的系统结构，并分别说明每一个组成部分的功能。

2. 请简要说明 DES 算法的工作原理。

3. 请简要说明散列链协议的工作原理。

4. 请简要说明 RFID 中间件的工作原理。

5. 什么是数据安全？数据安全的要素体现在哪些方面？

模拟试题一参考答案

一、单项选择题（每小题2分，本题共20分）

1. D	2. A	3. C	4. A	5. C
6. D	7. B	8. D	9. D	10. C

二、填空题（每小题4分，本题共20分）

1. 全面感知、可靠传输、智能处理、综合应用
2. 电子标签、读写器、中间件、应用软件
3. 杀死命令机制、休眠机制、阻塞机制、静电屏蔽、主动干扰
4. 传感器、感知对象、观察者
5. 基础设施即服务（IaaS）、平台即服务（PaaS）、软件即服务（SaaS）

三、名词解释（每小题4分，本题共20分）

1. 对称加密算法

对称加密算法（Symmetric Algorithm）也称为传统密码算法，指加密和解密使用相同密钥的加密算法，就是加密密钥能够从解密密钥中推算出来，同时解密密钥也可以从加密密钥中推算出来。而在大多数的对称算法中，加密密钥和解密密钥是相同的，所以也称这种加密算法为秘密密钥算法或单密钥算法。

2. 数字签名

数字签名，又称为公钥数字签名、电子签章，是只有信息的发送者才能产生的、别人无法伪造的一段数字串，这段数字串同时也是对信息的发送者发送信息真实性的有效证明。

3. 防火墙技术

防火墙技术，最初是针对互联网的不安全因素所采取的一种防御保护措施。顾名思义，防火墙就是用来阻挡网络外部不安全因素影响的网络屏障，其目的就是防止外部网络用户未经授权的访问。它是一种计算机软件和硬件相互融合的技术，可使Internet与Internet之间建立起一个安全网关（Security Gateway），从而保护内部网络免受非法用户的侵入。

4. 数据库保护

为了适应和满足数据共享的环境和要求，DBMS要保证整个系统的正常运转，防止数据意外丢失和不一致数据的产生，以及当数据库遭受破坏后能迅速地恢复正常，这就是数据库保护。

数据库保护又叫作数据库控制，是通过四方面实现的，即安全性控制，完整性控制，并发性控制和数据恢复。

5. 隐私

简单地说，隐私就是个人、机构等实体不愿意被外部世界知晓的信息。在具体应用中，隐私即为数据所有者不愿意被披露的敏感信息，包括敏感数据以及数据所表征的特性。通常我们所说的隐私都指敏感数据，如个人的亲属、薪资、病人的患病记录、公司的财务信息等。

四、简答题（每小题 8 分，本题共 40 分）

1. 请画图表示物联网的体系结构，并分别说明每一层实现的功能。

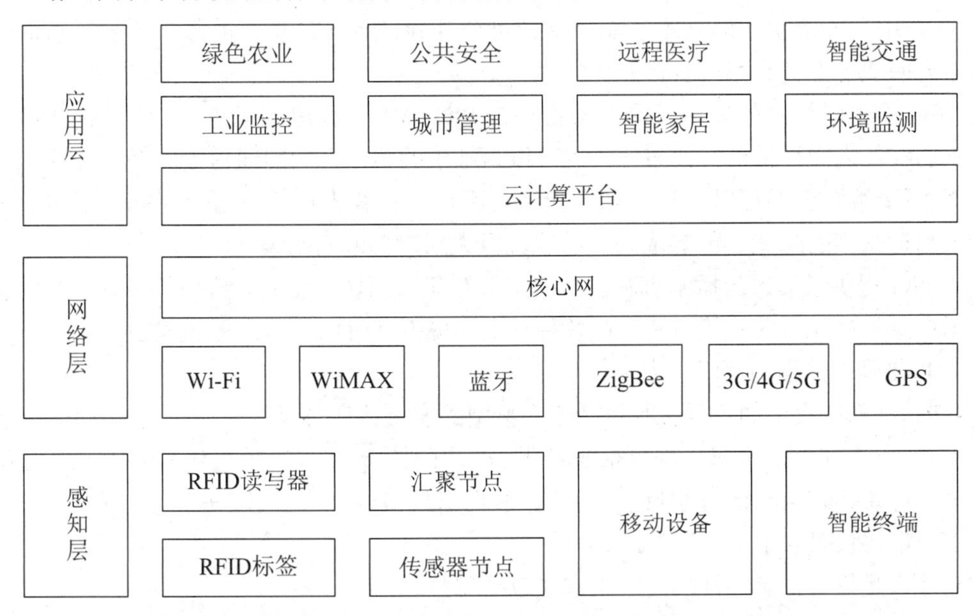

感知层由传感器节点和接入网关等组成。传感器感知外部世界的温度、湿度、声音和图像等信息，并传送到上层的接入网关，由接入网关将收集到的信息通过网络层提交到后台处理。后台对数据处理完毕后，发送执行命令到相应的执行机构，完成对被控对象或被测对象的控制参数调整，或者发出某种信号以实现远程监控。

网络层的主要功能是传输和预处理感知层所获得的数据。这些数据可以通过移动通信网、互联网、企业内部网、各类专线网、局域网、城域网等进行传输。

应用层位于物联网体系结构的最上层。应用层与各种不同的行业相结合，实现广泛智能化。应用层是物联网与行业专业技术的深度融合，与行业需求结合，实现行业智能化。这类似于人们逐渐分化出社会分工，最终构成人类社会。

2. 请简要说明物联网云计算平台的安全机制。

云计算安全关键技术主要包括虚拟机安全技术、海量用户的身份认证、隐私保护与数据安全等三方面。

虚拟机中的安全问题主要指针对虚拟机控制器的各类攻击（对虚拟机控制器的恶意修改和嵌套等），以及基于虚拟机的 Rootkit。目前，针对这些问题主要采用的防护方法有基于虚拟机的入侵检测，基于虚拟机的内核保护和基于虚拟机的可信计算等。

在云计算时代，因为用户更加关心云计算提供商是否按照 SLA 实施双方约定好的访问控制策略，所以在云计算模式下，研究者开始关注如何通过身份认证来保证用户自身资源或信息数据等不会被提供商或者他人滥用。

虽然云计算从服务提供方式上可以划分为 IaaS（基础设施即服务）、PaaS（平台即服务）和 SaaS（软件即服务）3 个层次，但本质上都是将数据中心外包给云计算服务提供商的模式。因此，如何保证用户数据的私密性，以及如何让用户相信他们的数据能够获得必要的隐私保护，是云计算服务提供商需要特别关注的问题。

3. PKI 的优势主要表现在哪些方面？

PKI 的优势主要表现在：

① 采用公开密钥密码技术，能够支持可公开验证且无法仿冒的数字签名，从而在支持可追究的服务上具有不可替代的优势。

② 由于密码技术的采用，保护机密性是 PKI 最得天独厚的优点。PKI 不仅能够为相互认识的实体之间提供机密性服务，也可以为陌生的用户之间的通信提供保密支持。

③ 由于数字证书可以由用户独立验证，不需要在线查询，原理上能够保证服务范围的无限制扩张，因此 PKI 能够成为一种服务巨大用户群的基础设施。

④ PKI 提供了证书的撤销机制，从而使得其应用领域不受具体应用的限制。撤销机制提供了在意外情况下的补救措施，在各种安全环境下都可以让用户更加放心。

⑤ PKI 具有极强的互联能力。

4. RFID 系统安全的密码机制包括哪些典型的安全认证协议？

RFID 系统安全的密码机制包括 hash-lock（散列锁）协议、随机化 hash-lock（随机化散列锁）协议、hash-chain（散列链）协议、散列函数构造算法、基于矩阵密钥的认证协议、数字图书馆协议等安全认证协议。

5. 什么是黑客？黑客常用的攻击方法包括哪些？

黑客一般是指网络的非法入侵者，他们往往是优秀的程序员，具有计算机网络和物联网的软件及硬件的高级知识，并有能力通过一些特殊的方法剖析和攻击网络。黑客以破坏网络系统为目的，往往采用某些不正当的手段找出网络的漏洞，并利用网络漏洞破坏计算机网络或物联网，从而危害网络的安全。

黑客常用的攻击方法包括：

① 窃取密码。

② 特洛伊木马程序。

③ WWW 欺骗技术。

④ 电子邮件攻击。

⑤ 通过一个节点来攻击其他节点。

⑥ 网络监听。

⑦ 寻找系统漏洞。

⑧ 利用账号进行攻击。

⑨ 获取特权。

模拟试题二参考答案

一、单项选择题（每小题2分，本题共20分）

1. B　　2. D　　3. C　　4. A　　5. B

6. A　　7. B　　8. B　　9. C　　10. B

二、填空题（每小题4分，本题共20分）

1. 点到点消息认证、重放攻击、拒绝服务攻击、篡改或泄露标签数据、权限提升攻击、业务安全、隐私安全

2. 预置全局密钥的方案、预置所有节点对密钥的方案、随机密钥预分配方案

3. 散列锁协议、随机散列锁协议、散列链协议、散列函数构造算法、基于矩阵密钥的认证协议、改进型David数字图书馆协议

4. Wi-Fi、ZigBee、蓝牙、UWB、红外通信

5. GPS卫星星座、地面监控系统、GPS信号接收机

三、名词解释（每小题4分，本题共20分）

1. 非对称加密算法

非对称密码系统的解密密钥与加密密钥是不同的，一个称为公开密钥，另一个称为私人密钥（或秘密密钥），因此这种密码体系也称为公钥密码体系。

2. 公钥基础设施

PKI（Public Key Infrastructure，公钥基础设施）是一种遵循既定标准的密钥管理平台，它能够为所有网络应用提供加密和数字签名等密码服务及所必需的密钥和证书管理体系。简单来说，PKI就是利用公钥理论和技术建立的提供安全服务的基础设施。

3. 入侵检测技术

入侵检测系统可以定义为对计算机和网络资源的恶意使用行为进行识别和相应处理的系统，可检测系统外部的入侵和内部用户的非授权行为，是为保证计算机系统的安全而设计与配置的一种能够及时发现并报告系统中未授权或异常现象的技术，是一种用于检测计算机网络中违反安全策略行为的技术。

4. RFID

射频识别（Radio Frequency Identification，RFID）技术是一种非接触式自动识别技术。它通过无线射频方式自动识别特定目标的电子标签，并读写标签中的相关信息。

一套完整的RFID系统，通常由物品（physical thing）、电子标签（tag）、天线（antenna）、读写器（reader and writer）、中间件（middleware）和应用软件（application software）等六部分组成。

5. 云计算

云计算是一种新兴的商业计算模型，它利用高速互联网的传输能力，将数据的处理过程从个人计算机或服务器转移到一个大型的计算中心，并将计算能力、存储能力当作服务来提供，就如同电力、自来水一样按使用量进行计费。

云计算的基本原理是计算分布在大量的分布式计算机上，而非本地计算机或远程服务器中，从而使企业数据中心的运行与互联网相似。这使企业能够将资源切换到需要的应用上，根据需求访问计算机和存储系统。

四、简答题（每小题 8 分，本题共 40 分）

1. 请画图表示 RFID 的系统结构，并分别说明每一个组成部分的功能。

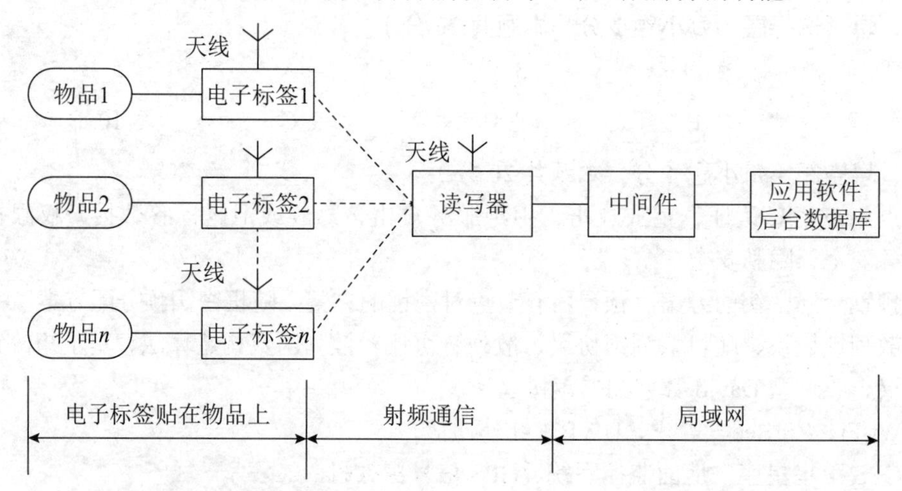

（1）物品（physical thing）。

物品是物理世界中实实在在的物体，如服装、食物、汽车、文具、书刊、家具等各种各样的物品。在物联网中，这些物品都是可以互联的。

（2）电子标签（tag）。

RFID 标签俗称电子标签（tag），也称为应答器（responder），利用电感耦合或电磁反向散射耦合原理实现与读写器之间的通信。

（3）天线（antenna）。

天线是 RFID 标签和读写器之间实现射频信号空间传播和建立无线通信连接的设备。

（4）读写器（reader and writer）。

读写器也称为阅读器或询问器（interrogator），它是对 RFID 标签进行读 / 写操作的设备，主要包括射频模块和数字信号处理单元两部分。读写器是 RFID 系统中最重要的工作单元。

（5）中间件（middleware）。

中间件是一种面向消息的、可以接受应用软件端发出的请求、对指定的一个或者多个读写器发起操作并接收、处理后向应用软件返回结果数据的特殊软件。

（6）应用软件（application software）。

应用软件采用位于后台的数据库管理系统来实现其管理功能，它提供直接面向 RFID 应用最终用户的人机交互界面。

2. 请简要说明 DES 算法的工作原理。

DES 是 1972 年美国 IBM 公司研制的对称密码体制加密算法。明文按 64 位进行分组，密钥长 64 位。密钥事实上只有 56 位参与 DES 运算（第 8、16、24、32、40、48、56、64 位是校验位，使得每个密钥都有奇数个 1）。分组后的明文组和 56 位的密钥以按位替代或交换的方式形成密文组的加密方法。

DES 算法把 64 位的明文输入块变为 64 位的密文输出块，它所使用的密钥也是 64 位。整个算法的主流程如图所示。DES 算法大致可以分成三部分：初始置换、迭代过程和逆置换。迭代过程中又涉及置换表、函数 f、S 盒以及子密钥生成等流程。

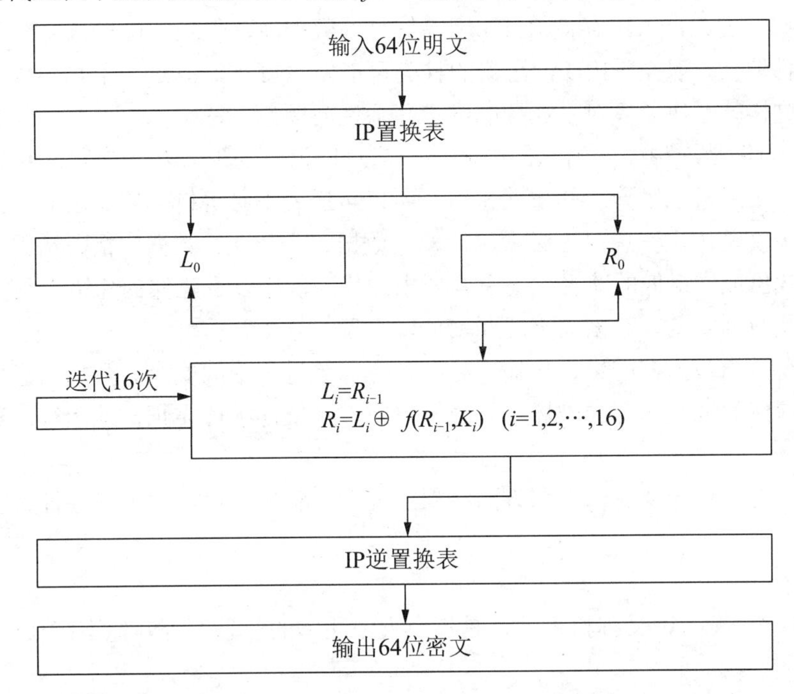

3. 请简要说明散列链协议的工作原理。

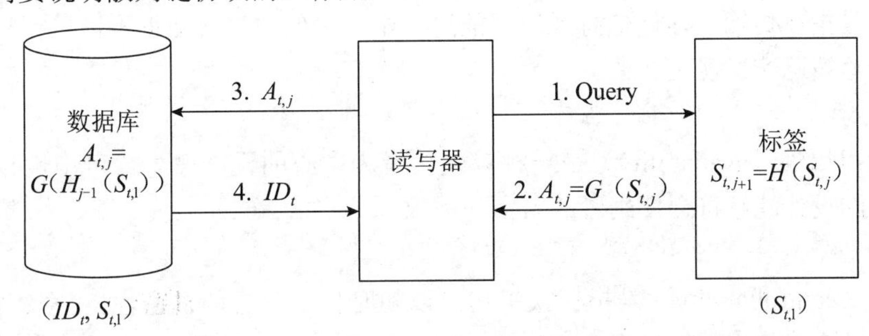

散列链协议是一种共享秘密的“询问 - 应答”协议。当不同的读写器发起认证请求时，如果读写器中的散列函数不同，标签的应答就不同。其认证过程如图所示。

在系统运行之前，电子标签和后台数据库首先要共享一个初始密钥 $S_{t,j}$，标签与读写器之间执行第 j 次散列链协议的过程如下：

（1）读写器向标签发送认证请求 Query，即向标签问询其标识。

（2）标签使用当前的密钥 $S_{t,j}$ 计算 $A_{t,j}=G(S_{t,j})$（注：G 也是一个安全的散列函数），并更新其密钥为 $S_{t,j+1}=\text{Hash}(S_{t,j})$，标签将 $A_{t,j}$ 发送给读写器。

（3）读写器将 $A_{t,j}$ 转发给后台数据库。

（4）后台数据库针对所有的标签项查找并计算是否存在某个 $ID_t(1\leqslant t\leqslant n)$ 和是否存在某一个 $j(1\leqslant j\leqslant m)$，使得 $A_{t,j}=G(H_{j-1}(S_{t,1}))$ 成立，其中 m 为系统预先设定的最大链长度。如果有，则认证通过，并将 ID_t 发送给标签；否则，认证失败。

4. 请简要说明 RFID 中间件的工作原理。

RFID 中间件扮演 RFID 的标签和应用程序之间的中介角色，在应用程序端使用中间件提供一组通用的应用程序接口（API）。中间件可以连接到RFID的读写器，读取RFID标签中的数据。因此，虽然存储RFID标签信息的数据库软件或后端应用程序可能被修改或被其他软件取代，甚至RFID读写器的种类可能发生变化，但是应用端不需修改也同样能够处理。这样就解决了多对多连接的维护复杂性问题。

RFID中间件是一种面向消息的中间件，信息以消息的形式从一个程序传送到另一个或多个程序。信息可以以异步的形式传送，所以传送者不必等待响应。面向消息的中间件包含的功能不仅是传递信息，还必须包括解译数据、安全性、数据广播、错误恢复、定位网络资源、找出成本最低的路径、消息与要求的优先次序以及延伸的除错工具等服务。

5. 什么是数据安全？数据安全的要素体现在哪些方面？

数据安全是指数据在产生、传输、处理、存储等过程中的安全。数据信息安全是指数据信息不受偶然的或者恶意的破坏、更改、泄露，系统连续可靠正常地运行，数据信息服务不中断。

数据安全的要素体现在以下六方面：保密性、完整性、可用性、可控性、可靠性、不可抵赖性。

① 保密性。

保密性（secrecy），又称机密性，是指个人或团体的信息不为其他不应获得者获得。

② 完整性。

数据的完整性（integrity）也称为可延展性（malleability），是信息安全的三个基本要点之一，它是指在传输、存储信息或数据的过程中，确保信息或数据不被未授权的篡改或在篡改后能够被迅速发现。

③ 可用性。

数据的可用性（availability）是一种以使用者为中心的设计概念，可用性设计的重点在于让产品的设计能够符合使用者的习惯与需求。

④ 可控性。

可控性（controllability）是指授权机构可以随时控制信息的机密性。“密钥托管”“密钥恢复”等措施就是实现信息安全的可控性例子。

⑤ 可靠性。

可靠性（reliability）是指信息能够在规定条件下和规定时间内完成规定操作的特性。可靠性是信息安全的最基本要求之一。

⑥ 不可抵赖性。

不可抵赖性也称为不可否认性（non-repudiation），是指在信息交互过程中，确信参加者的真实同一性，即所有参与者都不可能否认或抵赖曾经完成的操作和承诺。

参考文献

[1] 马建峰，朱建明. 无线局域网安全——方法与技术[M]. 北京：机械工业出版社，2005.

[2] 孙利民. 无线传感器网络[M]. 北京：清华大学出版社，2005. 5.

[3] 郎为民. 无线传感器网络安全研究[J]. 计算机研究与发展，2005，32（5）：54–58.

[4] 崔莉. 无线传感器网络研究进展[J]. 计算机研究与发展，2005，142（1）：163–174.

[5] 邓秀华. 计算机网络病毒的危害与防治[J]. 电脑知识与技术，2005，27：10–12.

[6] 束红. 信息安全相关标准的分析与研究[J]. 网络安全技术与应用，2005，3：60–62.

[7] 吴志刚. 信息安全标准体系初探[J]. 信息网络安全，2005，3：37.

[8] 周涛. 软计算与人工智能[J]. 福建电脑，2006，01：55–56.

[9] STALLINGS W. 密码编码学与网络安全[M]. 张焕国，等，译. 北京：电子工业出版社，2006.

[10] 薛锐，冯登国. 安全协议的形式化分析技术与方法[J]. 计算机学报，2006，29（1）：1–20.

[11] 张福泰. 密码学教程[M]. 武汉：武汉大学出版社，2006. 9.

[12] 周永彬，冯登国. RFID安全协议的设计与分析[J]. 计算机学报，2006，29（4）：581–589.

[13] 周琴. 计算机病毒研究与防治[J]. 计算机与数字工程，2006，03：86–90.

[14] 赵育新，赵连凤. 计算机病毒的发展趋势与防治[J]. 辽宁警专学报，2006，06：45–47.

[15] 韩权印，张玉清，聂晓伟. BS7799风险评估的评估方法设计[J]. 计算机工程，2006，02：140–143.

[16] 魏亮. 网络与信息安全标准研究现状[J]. 电信技术，2006，05：24–27.

[17] 周琴. 计算机病毒研究与防治[J]. 计算机与数字工程，2006，03：86–90.

[18] 孙璇. WAPI协议的分析及在WLAN集成认证平台中的实现[D]. 西安：西安电子科技大学，2006.

[19] 苏忠. 无线传感器网络密钥管理的方案和协议[J]. 软件学报，2007，18（5）：1218–1231.

[20] 任秀丽，于海斌. ZigBee无线通信协议实现技术的研究[J]. 计算机工程与应用，2007（6）：143–145.

[21] 游战清. 无线射频识别系统安全指南[M]. 北京：电子工业出版社，2007. 11.

[22] 龙涛. 开放网格服务架构下的安全策略研究[D]. 武汉：华中科技大学，2007.

[23] 曹大元. 入侵检测技术[M]. 北京：人民邮电出版社，2007. 5.

[24] 裴庆祺. 无线传感器网络安全技术综述[J]. 通信学报，2007，28（8）：113–122.

[25] 高长喜. IEEE 802. 16安全机制的研究与实现[J]. 无线电工程，2007，37（10）：1–4.

[26] 潘晓，肖珍，孟小峰. 位置隐私研究综述[J]. 计算机科学与探索，2007，1（3）：268–281.

[27] 朱勤，骆轶姝，乐嘉锦. 数据库加密与密文数据查询技术综述[J]. 东华大学学报（自然科学版），2007，33（4）：543–548.

[28] 邓峰，张航. 计算机网络威胁与黑客攻击浅析[J]. 网络安全技术与应用，2007，11：23–24.

[29] 曹莉兰. 基于防火墙技术的网络安全机制研究[D]. 成都：电子科技大学，2007.

[30] 李声. 防火墙与入侵检测系统联动技术的研究与实现[D]. 南京：南京航空航天大学，2007.

[31] 郭曙光. 信息安全评估标准研究与比较[J]. 信息技术与标准化，2007，11：27–29.

[32] 朱方洲. 基于BS7799的信息系统安全风险评估研究[D]. 合肥：合肥工业大学，2007.

[33] 李剑. 入侵检测技术[M]. 北京：高等教育出版社，2008.

[34] 侯春萍，宋梅，蔡涛. 蓝牙核心技术[M]. 北京：机械工业出版社，2008.

[35] 刘宗伟. IPv6安全技术研究[D]. 长春：吉林大学，2008.

[36] 关振胜. 公钥基础设施PKI及其应用[M]. 北京：电子工业出版社，2008. 1.

[37] 荆继武，林璟锵，冯登国. PKI技术[M]. 北京：科学出版社，2008.

[38] 郎为民. 射频识别（RFID）技术原理与应用[M]. 北京：机械工业出版社，2008.

[39] 王晓华. RFID系统的安全问题及其解决方案. 设施与设备，2008，27（1）：110–116.

[40] 裴友林，杨善林. 基于密钥矩阵的RFID安全协议[J]. 计算机工程，2008，34（19）：170–173.

[41] 步山岳. 计算机信息安全技术[M]. 北京：高等教育出版社，2009.

[42] 顾丽，王广泽，乔佩利. 基于改进遗传算法的入侵检测的研究[J]. 信息技术，2009（7）：5.

[43] 戴沁芸，等. 浅析下一代移动通信网络的安全问题[J]. 信息安全与通信保密，2009（9）：55-59.

[44] FOROUZAN B. 密码学与网络安全[M]. 马振晗，贾军保，译. 北京：清华大学出版社，2009.

[45] 曹天杰，张永平，汪楚娇. 安全协议[M]. 北京：北京邮电大学出版社，2009.

[46] 落红卫. 手机病毒及应对技术探究[J]. 信息网络安全，2009（9）：24-29.

[47] 张宝军. 网络入侵检测若干技术研究[D]. 杭州：浙江大学，2009.

[48] 周伟. 异构网络中的移动管理和安全机制研究[D]. 合肥：中国科学技术大学，2009.

[49] 孙立新，张栩之. 关于计算机网络系统物理安全研究与分析[J]. 网络安全技术与应用，2009，10：67–68.

[50] 邓清华. 计算机病毒传播模型及防御策略研究[D]. 武汉：华中师范大学，2009.

[51] 刘扬. 防火墙安全策略管理系统设计与实现[D]. 长沙：国防科学技术大学，2009.

[52] 张磊. 安全网络构建中防火墙技术的研究与应用[D]. 济南：山东大学，2009.

[53] 马利. 计算机信息安全技术[M]. 北京：清华大学出版社，2010.

[54] 边瑞昭，等. 3G中安全增强的AKA协议设计与分析[J]. 计算机应用与软件，2010

（1）：5.

[55] 李建华. 公钥基础设施（PKI）理论及应用[M]. 北京：机械工业出版社，2010. 3.

[56] 戴沁芸. 第三代移动通信系统网络接入安全机制分析[J]. 现代电信科技，2010（4）：6.

[57] 吴文玲. 鲁班锁轻量级分组密码详细设计[C]. 信息安全国家重点实验室技术报告，2010.

[58] 武传坤. 物联网安全架构初探[J]. 战略与决策研究，2010，25（4）：411–419.

[59] 杨庚，等. 物联网安全特征与关键技术[J]. 南京邮电大学学报，2010，30（4）：20–29.

[60] 陈柳钦. 物联网国内外发展动态及亟待解决的关键问题[J]. 决策咨询通讯，2010，（5）：15–25.

[61] 洪帆. 访问控制概论[M]. 武汉：华中科技大学出版社，2010.

[62] 宁焕生. RFID重大工程与国家互联网[M]. 北京：机械工业出版社，2010.

[63] 姜奇，等. 基于WAPI的WLAN与3G网络安全融合[J]. 计算机学报，2010，33（9）：1675–1685.

[64] 王凤英. 访问控制原理与实践[M]. 北京：北京邮电大学出版社，2010.

[65] 中国密码学会组. 中国密码学发展报告2010[M]. 北京：电子工业出版社，2011.

[66] 吴刚. 基于多Agent的物联网信息融合方法的研究[D]. 南京：南京邮电大学，2011.

[67] 温蜜，邱卫东. 基于传感器网络的物联网密钥管理[J]. 上海电力学院学报，2011，27（1）：66-69.

[68] 周洪波. 物联网：技术、应用、标准和商业模式[M]. 2版. 北京：电子工业出版社，2011.

[69] 王杰. 计算机网络安全的理论与实践[M]. 2版. 北京：高等教育出版社，2011.

[70] 艾浩军. 物联网：技术与产业发展[M]. 北京：人民邮电出版社，2011.

[71] 彭春燕. 基于物联网的安全架构[J]. 网络安全技术与应用. 2011，（5）：13–14.

[72] 王汝林. 物联网基础及应用[M]. 北京：清华大学出版社，2011.

[73] 李志清. 物联网安全问题研究[J]. 网络安全技术与应用. 2011，（10）：33–35.

[74] 刘海涛. 互联网之感知社会论[M]. 上海：华东师范大学出版社，2011.

[75] 梁晨. 基于物联网的RFID安全认证协议研究与设计[D]. 西安：西安电子科技大学，2011.

[76] 胡婕，宗平. 面向物联网的RFID安全策略研究[J]. 计算机技术与发展，2011（5）：151–154.

[77] 焦文娟. 物联网安全——认证技术研究[D]. 北京：北京邮电大学，2011.

[78] 何明，江俊. 物联网技术及其安全性研究[J]. 计算机安全，2011，（4）：49–50.

[79] HE Y, BARMAN S, NAUGHTON J F. Preventing equivalence attacks in updated, anonymized data[C]. 2011 IEEE 27th International Conference on Data Engineering （ICDE）. Hannover， 2011：529–540.

[80] Mo Y, KIM T. H. -J, BRANCIK K, et al. Cyber-Physical Security of a Smart Grid

Infrastructure[J]. Proceedings of the IEEE, Vol. 100，no. 1，pp. 195-209，Jan，2012.

[81] 雷吉成. 物联网安全技术[M]. 北京：电子工业出版社，2012.

[82] 任伟. 物联网安全[M]. 北京：清华大学出版社，2012.

[83] 杜芸芸. 云计算安全问题综述[J]. 网络安全技术与应用，2012，（8）：12–14.

[84] 徐小涛，杨志红. 物联网信息安全[M]. 北京：人民邮电出版社，2012.

[85] 李联宁. 物联网安全导论[M]. 北京：清华大学出版社，2013.

[86] 武传坤. 物联网安全基础[M]. 北京：科学出版社，2013.

[87] 于旭，梅文. 物联网信息安全[M]. 西安：西安电子科技大学出版社，2014.

[88] 张凯. 物联网安全教程[M]. 北京：清华大学出版社，2014.

[89] 赵贻竹，鲁宏伟. 物联网系统安全与应用[M]. 北京：电子工业出版社，2014. 5.

[90] 王金甫，施勇，王亮. 物联网安全[M]. 北京：北京大学出版社，2014. 5.

[91] 桂小林，张学军，赵建强. 物联网信息安全[M]. 北京：机械工业出版社，2014.

[92] 余智豪，马莉，胡春萍. 物联网安全技术[M]. 北京：清华大学出版社，2016.

[93] 李永忠. 物联网信息安全[M]. 西安：西安电子科学技术大学出版社. 2016.

[94] 贾铁军. 网络安全实用技术[M]. 2版. 北京：清华大学出版社，2016. 8.

[95] 王浩，等. 物联网安全技术[M]. 北京：人民邮电出版社，2016.

[96] KURNIAWAN A. 智能物联网项目开发实战[M]. 杜长营，译. 北京：清华大学出版社，2018.

[97] 张飞舟，杨东凯. 物联网应用与解决方案[M]. 2版. 北京：电子工业出版社，2018.

[98] BROOKS T T. 物联网安全与网络保障[M]. 李永忠，译. 北京：机械工业出版社，2018.

[99] 李善仓，许立达. 物联网安全[M]. 梆梆安全研究院，译. 北京：清华大学出版社，2018.

[100] 宋航. 万物互联：物联网核心技术与安全[M]. 北京：清华大学出版社，2019. 2.

[101] RUSSELL B，DUREN V. D. 戴超，冷门，张兴超，刘江舟，译. 物联网安全[M]. 2版. 北京：机械工业出版社. 2020.

[102] 李联宁. 物联网安全导论[M]. 2版. 北京：清华大学出版社，2020.

[103] 桂小林. 物联网安全与隐私保护[M]. 北京：人民邮电出版社，2020.

[104] 廉师友. 人工智能导论[M]. 北京：清华大学出版社，2020.

[105] 贺雪晨. 智能家居设计[M]. 北京：清华大学出版社，2020.

[106] 桂小林. 物联网信息安全[M]. 2版. 北京：机械工业出版社，2021.

[107] 楚朋志. 物联网应用案例[M]. 北京：人民邮电出版社，2021.

[108] 吴功宜，吴英. 智能物联网导论[M]. 北京：机械工业出版社，2022.